TRAITÉ

DE MÉCANIQUE

PARIS. — TYPOGRAPHIE LAHURE
Rue de Fleurus, 9

TRAITÉ

DE

MÉCANIQUE

PAR

ÉDOUARD COLLIGNON

Ingénieur des ponts et chaussées, Répétiteur à l'École polytechnique
Professeur à l'École des ponts et chaussées

QUATRIÈME PARTIE

DYNAMIQUE

LIVRES V, VI ET VII

COMPLÉMENTS

PARIS

LIBRAIRIE HACHETTE ET Cᶦᵉ

BOULEVARD SAINT-GERMAIN, 79·

1874

TRAITÉ
DE MÉCANIQUE

TROISIÈME PARTIE
DYNAMIQUE

LIVRE V
DU MOUVEMENT DANS LES MACHINES

CHAPITRE PREMIER
DISCUSSION DE L'ÉQUATION DES FORCES VIVES.

1. Nous avons étudié à la fin de la Statique l'équilibre des machines simples; nous avons admis alors, et depuis nous avons démontré (III, § 178), que les lois de l'équilibre s'appliquent également au mouvement uniforme. Nous nous occuperons dans ce livre du problème général des machines en mouvement. Comme les machines sont en général destinées à prendre un mouvement déterminé, et que pour cette raison on en assujettit les parties à des liaisons qui rendent ce mouvement seul possible, comme, en d'autres termes, les machines sont presque toutes des *systèmes à liaisons complètes*, une seule équation est nécessaire pour définir le mouvement de tout le système mobile, la connaissance de la vitesse d'un point particulier suffisant pour qu'on puisse en déduire les vitesses de tous les autres. L'équation qu'il convient généralement de

prendre pour étudier le mouvement d'une machine est l'*équation des forces vives*.

Cette équation établit une relation entre l'accroissement de la force vive d'un système d'une position à une autre et la somme des quantités de travail développées par les forces, intérieures et extérieures, qui sollicitent le système de la première à la seconde position. Un tel énoncé montre l'usage qu'on peut faire de l'équation des forces vives pour déterminer le mouvement d'une machine, et aussi l'insuffisance de cette même équation pour épuiser les divers problèmes de mécanique auxquels donne lieu l'établissement de cette machine. L'équation des forces vives ne fait entrer en ligne de compte que les forces qui produisent un travail positif ou négatif. Elle élimine toutes celles dont le travail est nul, et ne peut servir par conséquent à les déterminer si elles sont inconnues. Or il y a, dans les machines, des forces qui produisent certains travaux, et dont la détermination exacte dépend d'autres forces qui peuvent n'en pas produire. Le frottement, par exemple, de deux pièces qui glissent l'une sur l'autre, dépend des composantes normales des pressions mutuelles qui se développent au contact de ces deux pièces ; et dans l'ensemble du système, ces composantes ne produisent aucun travail. L'équation des forces vives appliquée à l'ensemble de la machine, contenant alors une inconnue, ne pourra servir à déterminer entièrement le mouvement. Il est vrai que dans certains cas on peut, en partageant le système en deux parties, et en appliquant le théorème des forces vives à chacune d'elles, déterminer les réactions mutuelles qui disparaîtraient dans l'équation appliquée au système pris dans son ensemble.

La connaissance des réactions, lors même qu'elles ne produisent point de travaux, est d'ailleurs nécessaire pour déterminer les pressions auxquelles les organes de la machine sont soumis, et pour vérifier qu'ils ont la résistance convenable. Dans la plupart des problèmes, il y a donc lieu d'appliquer, outre le théorème des forces vives, les autres théorèmes de la mécanique, pour achever de déterminer les éléments qu'il est essentiel de connaître. C'est ainsi que nous avons employé le théorème de d'Alembert pour chercher les pressions exercées sur son axe par un corps tournant, tandis que la question du mouvement autour de l'axe pouvait être traitée à l'aide du théorème des forces vives (III, §§ 256 et 261).

2. En résumé l'établissement d'une machine comprend trois problèmes particuliers :

1° Quelle disposition convient-il de donner à la machine pour qu'elle prenne le mouvement qu'on se propose de produire? Question de cinématique.

2° Parmi tous les mouvements également possibles que la machine peut prendre d'après les formes attribuées à ses divers organes, quel est celui qu'elle prendra quand on lui appliquera le moteur et les résistances? Question de dynamique.

3° A quels efforts les organes de la machine sont-ils soumis pendant le mouvement, et quelles dimensions doit-on donner à chacun, eu égard à la matière qui le compose, pour assurer sa résistance? Question de résistance des matériaux.

On se tromperait si l'on pensait que ces trois problèmes sont entièrement distincts et qu'il est toujours possible de résoudre l'un indépendamment des deux autres. Tel mouvement, possible au point de vue géométrique, cesse d'être admissible dès qu'on tient compte des propriétés des matériaux qui composent les pièces mobiles et des forces qui leur sont appliquées. D'un autre côté la solution du second problème dépend des dimensions et des masses, que les considérations tirées de la résistance des pièces et les résultats obtenus dans le troisième problème peuvent conduire à modifier.

IMPORTANCE PARTICULIÈRE DE LA NOTION DU TRAVAIL.

3. Une des raisons qui font préférer l'équation des forces vives à toutes les autres pour l'étude des machines en mouve-

ment, c'est l'importance toute spéciale de la notion du *travail*.

L'idée de travail est empruntée à la science économique, où l'on reconnaît trois sources de production de valeur : *la terre*, ou l'ensemble des forces naturelles ; le *capital*, ou la somme des valeurs antérieurement acquises, et le *travail*, ou la mise en œuvre des éléments fournis par la terre ou le capital, en vue d'une production nouvelle. Si l'on examine attentivement les différents travaux industriels exécutés par les hommes ou les animaux, on remarque que tous se résument dans un certain effort développé par le moteur animé, accompagné d'un déplacement du point d'application de l'effort dans le sens même où il s'exerce. Quand, par exemple, un manœuvre élève le fardeau qu'il porte sur ses épaules, il y a dans le service qu'il rend deux éléments distincts : le poids du fardeau qui pèse sur lui, et la quantité dont il élève verticalement ce poids. Le produit de ces deux quantités mesure le service rendu ; on double en effet ce service de deux manières, soit en doublant le poids élevé et en conservant la même hauteur, soit en doublant la hauteur et en conservant le fardeau. Le déplacement du poids est essentiel à l'idée de travail, car s'il s'agissait seulement pour l'ouvrier de soutenir le fardeau sans le faire changer de place, on pourrait substituer à l'ouvrier un support inerte, qui rendrait le même service sans fatigue, et par conséquent à moins de frais.

De même, quand une voiture est tirée par un cheval, l'effort du cheval déplace la voiture, malgré les résistances développées par le frottement des essieux et le roulement sur le sol, et malgré l'action de la pesanteur, si le chemin parcouru est en rampe. On trouve ces deux éléments, *force* et *déplacement*, dans tous les travaux industriels, tels que la préparation des métaux, du bois et des pierres, la torsion des fils, le peignage des laines, le labourage des champs, l'écrasement du grain entre les meules, etc. On a été conduit par là à étendre la définition du travail et à l'appliquer à toutes les forces, et on a appelé *travail d'une force* F la somme des produits $F\cos\varphi\,ds$ de la force par la projection, sur sa propre direction, des éléments que son point d'application a succes-sivement parcourus ; c'est une quantité complexe, homogène au produit PH d'un poids P élevé à une hauteur H.

4. *L'unité de travail* est le travail correspondant à un poids égal à l'unité de force, élevé d'une hauteur égale à l'unité de longueur ; c'est le travail que représente l'élévation à 1 mètre du poids de 1 kilogramme. On l'appelle pour cette raison le *kilogrammètre*. L'idée de temps reste étrangère à cette défini-tion. Un kilogrammètre représente le fait complexe de l'élé-vation d'un kilogramme à un mètre de hauteur, ou tout autre fait équivalent, sans rien affirmer du temps que l'opération a pu prendre. Comme le temps a une importance capitale dans l'industrie, on ne se contente pas en général d'évaluer les travaux des forces, on tient encore à les rapporter aux durées que ces travaux ont exigées ; de là une nouvelle idée, celle du *travail par seconde*, notion plus complexe encore que l'idée de travail simple. Le travail d'une force par seconde est, pour ainsi dire, la *vitesse du travail* que cette force produit ; c'est la mesure de la *puissance d'une source de travail*. On peut l'évaluer en donnant le nombre de kilogrammètres produit par la source dans l'unité de temps ; mais un usage emprunté aux mécaniciens anglais a fait adopter pour cette évaluation une unité particulière, à laquelle on donne le nom de *cheval-vapeur* (horse-power). On appelle cheval-vapeur un travail de 75 kilogrammètres accompli en 1 seconde. L'évaluation sur laquelle cette convention repose est entièrement arbitraire, mais elle est aujourd'hui consacrée.

FORME DE L'ÉQUATION DES FORCES VIVES APPLIQUÉE AUX MACHINES.

5. Le théorème des forces vives consiste dans l'égalité

$$\sum \frac{1}{2} mv^2 - \sum \frac{1}{2} mv_0^2 = \sum \int F \cos \mu \, ds,$$

qu'on peut écrire aussi

$$\sum \frac{1}{2} mv^2 - \sum \frac{1}{2} mv_0^2 = \sum \int (X dx + Y dy + Z dz).$$

Quand on l'applique à la théorie générale des machines, il est préférable de l'écrire de la manière suivante :

$$\sum \frac{1}{2}\, mv^2 - \sum \frac{1}{2}\, mv_0^2 = \mathrm{T}_m - \mathrm{T} - \mathrm{T}_r + \mathrm{P}\,(z_0 - z),$$

en distinguant en plusieurs classes les travaux des différentes forces. Le terme T_m représente le *travail moteur*, ou le travail de la puissance appliquée à la machine : c'est un terme toujours positif. Le terme — T représente le *travail utile*, c'est-à-dire le travail de la résistance principale que la machine est destinée à vaincre. Ce terme n'englobe pas la totalité du travail négatif; car, en dehors de la résistance principale, le mouvement de la machine ne peut s'accomplir sans qu'il se développe des frottements, des déformations de pièces, peut-être des chocs, en tous cas des échauffements d'organes en contact, ce qui représente autant de résistances accessoires, improprement nommées *résistances passives*. C'est la somme des travaux de ces résistances que nous représentons par le terme négatif — T_r. Enfin, il est possible que le centre de gravité de la machine change de hauteur par suite du mouvement de ses diverses parties. Dans ce cas, la pesanteur agit comme puissance tant que le centre de gravité s'abaisse, et comme résistance tant qu'il s'élève. Pour faire rentrer le *travail de la pesanteur* dans les termes déjà écrits, il faudrait donc qu'on le comprît tantôt dans le terme T_m, tantôt dans le terme négatif — T_r; pour éviter cette discussion, il n'y a qu'à isoler le travail de la pesanteur dans un terme spécial, $+\mathrm{P}\,(z_0 - z)$; P représente le poids total de la machine, z_0 la hauteur de son centre de gravité au-dessus d'un certain plan horizontal à l'époque ou dans la position où les vitesses sont représentées par v_0, et z la hauteur du centre de gravité au-dessus du même plan, à l'époque ou dans la position où les vitesses sont désignées par v. De cette manière le terme relatif à la pesanteur porte son signe avec lui. Il importe de ne pas oublier qu'il s'agit ici du *travail de la pesanteur sur la machine elle-même*. Le travail moteur T_m peut en effet être fourni par la pesanteur, agissant sur un corps étranger à la machine, de même que le travail utile peut consister dans l'élévation d'un poids. Par exemple, lorsqu'une chute d'eau met en mouvement une roue hydraulique, le travail moteur est bien dû à l'action de la pesanteur sur la masse d'eau que reçoit la roue : et si cette roue hydraulique met en mouvement un treuil au moyen duquel on soulève des fardeaux, c'est encore le travail de la pesanteur sur ces fardeaux que la machine sera destinée à vaincre : ce sera donc le travail utile qui formera dans l'é-quation le terme $- T$. Au contraire le terme $P(z_0 - z)$ s'ap-plique spécialement aux pièces mêmes de la machine. Ce terme conduit à partager les machines en deux grandes classes : les machines *fixes*, et les machines *mobiles*.

Les parties d'une machine fixe s'écartent généralement peu d'une position moyenne ; il en résulte que leur centre de gra-vité reste toujours compris entre deux plans horizontaux peu distants l'un de l'autre. Le terme $P(z_0 - z)$ n'a donc générale-ment qu'une valeur assez limitée, la plupart du temps négli-geable. Les machines mobiles ne sont pas soumises à la même restriction ; une locomotive, par exemple, peut passer succes-sivement par des altitudes très-différentes, de sorte que le terme $P(z_0 - z)$ acquiert dans ce cas des valeurs qu'on ne devra plus négliger.

DISCUSSION DE L'ÉQUATION DES FORCES VIVES APPLIQUÉE A UNE MACHINE.

6. Pour simplifier cette discussion, nous considérerons une machine fixe, destinée à produire un travail utile sensible-ment constant. La machine part du repos lorsqu'on fait agir le moteur ; on introduit successivement les diverses résistances à vaincre ; il arrive bientôt un instant où *le régime est établi*, c'est-à-dire où le mouvement des divers points de la machine est sensiblement uniforme. Plus tard on veut arrêter la ma-chine, et pour cela on supprime le moteur. Alors les vitesses dé-croissent avec plus ou moins de rapidité, et la machine rentre

dans le repos. Son mouvement, considéré dans son ensemble, peut donc se partager en trois phases distinctes : la *mise en train*, le *régime uniforme*, enfin l'*arrêt*.

7. *Première phase. Mise en train.* — A l'origine du mouvement, toutes les vitesses sont nulles. Nous ferons donc $v_0 = 0$. Supposons, ce qui est au moins vrai approximativement puisque la machine est supposée fixe, que le travail de la pesanteur soit nul ou négligeable. L'équation prendra la forme

$$\sum \frac{1}{2}\, mv^2 = \mathrm{T}_m - \mathrm{T} - \mathrm{T}_r.$$

Le premier membre est toujours positif; le second l'est donc aussi, et par conséquent pendant toute cette première phase le travail moteur T_m est plus grand que la somme des travaux résistants, $\mathrm{T} + \mathrm{T}_r$, pris en valeur absolue. Si l'on devait tenir compte du travail de la pesanteur, on poserait

$$\sum \frac{1}{2}\, mv^2 = (\mathrm{T}_m + \mathrm{P}_{z_0}) - (\mathrm{T} + \mathrm{T}_r + \mathrm{P}z),$$

et on en conclurait de même

$$\mathrm{T}_m + \mathrm{P}_{z_0} > \mathrm{T} + \mathrm{T}_r + \mathrm{P}z.$$

Cette inégalité est vraie quelque loin qu'on prolonge la première phase, pourvu que la machine soit encore en mouvement. La différence du travail positif dépensé au travail négatif produit est égale à la demi-force vive de la machine à l'instant où l'on arrête l'évaluation des travaux.

8. *Deuxième phase. Régime uniforme.* — Dans la seconde phase, les vitesses sont sensiblement constantes, ou du moins, si elles sont variables, elles oscillent pour chaque point entre deux valeurs extrêmes peu différentes, et repassent successivement par les mêmes valeurs. En général, on s'attache à produire dans les machines, une fois le régime établi, le *mouvement périodiquement uniforme*, en vertu duquel les vitesses de chaque point reprennent les mêmes valeurs au bout d'intervalles de temps égaux entre eux. Chaque intervalle constitue une *période*. Si de plus la différence des

vitesses extrêmes, pour chaque point, reste suffisamment petite, on aura réalisé un mouvement que l'on peut dans la pratique considérer comme sensiblement uniforme.

S'il en est ainsi, choisissons les deux époques entre lesquelles nous appliquons l'équation des forces vives, de manière que leur intervalle contienne un nombre entier de périodes ; nous aurons constamment pour chaque point $v = v_0$, et l'équation des forces vives deviendra

$$0 = \mathrm{T}'_m - \mathrm{T}' - \mathrm{T}'_r + \mathrm{P}(z'_0 - z').$$

En général, chaque période ramène aussi le centre de gravité à la même hauteur, de sorte qu'on a $z'_0 = z'$; l'équation se réduit donc à

$$\mathrm{T}'_m = \mathrm{T}' + \mathrm{T}'_r,$$

ce qui montre que le travail moteur transmis à la machine pendant un nombre quelconque de périodes est égal au travail résistant. C'est la condition nécessaire du mouvement périodiquement uniforme.

9. *Troisième phase. Arrêt.* — La troisième phase est caractérisée par la suppression du travail moteur ; elle se termine au moment où la machine revient au repos. On fera donc dans l'équation $v = 0$, et on donnera à v_0 la valeur v de la vitesse à la fin de la phase du mouvement régulier. L'équation devient

$$-\sum \frac{1}{2} m v^2 = -\mathrm{T}'' - \mathrm{T}''_r + \mathrm{P}(z''_0 - z'').$$

ou bien

$$\sum \frac{1}{2} m v^2 = \mathrm{T}'' + \mathrm{T}''_r - \mathrm{P}(z''_0 - z'').$$

Supprimons encore le terme $\mathrm{P}\,(z''_0 - z'')$ qui a peu d'importance dans une machine fixe, et il viendra

$$\sum \frac{1}{2} m v^2 = \mathrm{T}'' + \mathrm{T}''_r.$$

La demi-force vive, à l'époque de la suppression du moteur, est donc égale au travail résistant que la machine est susceptible de produire jusqu'à extinction de ses vitesses. Admettons que les vitesses v qui terminent la seconde phase, sont les mêmes que celles qui ont terminé la première, ce qui serait rigoureusement vrai si dans la seconde phase l'uniformité du mouvement était absolue ; l'excès de travail moteur communiqué à la machine pendant la mise en train réapparaîtra alors pendant la phase d'arrêt pour prolonger le travail de la machine.

10. Si l'on considère enfin le mouvement entier de la machine depuis le moment où elle entre en service jusqu'au moment où elle revient au repos, on a à l'origine $v_0 = 0$, à la fin $v = 0$, et par suite, en négligeant toujours le travail de la pesanteur, qui d'ailleurs se trouve identiquement nul quand la machine revient à sa position primitive,

$$T_m = T + T_r,$$

T_m désignant ici le travail moteur total reçu par la machine, T le travail utile, et T_r le travail des résistances accessoires. Le travail moteur est donc égal au travail résistant, soit que l'on considère une ou plusieurs périodes du mouvement quand le régime est établi, soit que l'on considère la totalité du mouvement, depuis la mise en train jusqu'à l'arrêt complet. On peut encore admettre l'équation $T_m = T + T_r$ à titre d'approximation pour un intervalle quelconque, en supprimant dans l'équation des forces vives tous les termes essentiellement limités, $\Sigma \frac{1}{2} mv^2$, $\Sigma \frac{1}{2} mv_0^2$, $\Sigma (z_0 - z)$, et en n'y conservant que ceux qui grandissent indéfiniment.

11. Cette égalité conduit à la définition du *rendement* de la machine. On appelle rendement le rapport $\dfrac{T}{T_m}$ du travail utile produit au travail moteur absorbé. Ce rapport est toujours moindre que l'unité ; plus il approche de l'unité, plus la machine est parfaite au point de vue mécanique. La différence $1 - \dfrac{T}{T_m}$, égale à $\dfrac{T_r}{T_m}$, est le rapport du travail des résistances accessoires au travail moteur ; c'est la fraction du

travail moteur consommé en pure perte par la machine. Cette fraction ne peut être nulle, et le rendement reste toujours inférieur à l'unité; il est même rare qu'il dépasse 0,60. En pratique, une machine dont le rendement atteint ou dépasse 0,75 est considérée comme excellente.

IMPOSSIBILITÉ DU MOUVEMENT PERPÉTUEL.

12. Une machine n'est qu'une sorte d'intermédiaire entre la puissance motrice et la résistance à vaincre; l'esprit se refuse à concevoir un système qui permette d'accomplir un certain travail résistant sans intervention d'un travail moteur. Cependant certains inventeurs ont été ou sont encore à la recherche d'une machine qui serait affranchie de cette nécessité : ils cherchent une solution du problème du *mouvement perpétuel.* Tous les essais qui ont été faits jusqu'à présent pour installer une pareille machine sont restés sans résultat. Les inventeurs se sont ruinés dans leurs tentatives, sans avoir même approché d'une solution acceptable. Cet insuccès continu démontrerait à lui seul que le problème est insoluble; mais les principes de la mécanique conduisent plus vite et à moins de frais à la même conclusion.

L'idée du mouvement perpétuel est sans doute née de l'observation des mouvements du système solaire. Le soleil, les planètes, les satellites, constituent un ensemble dont le mouvement *paraît assuré pour toujours;* nous dirions même, *est assuré à jamais,* si la résistance des milieux ne pouvait pas modifier à la longue les conclusions tirées de l'hypothèse des mouvements accomplis dans le vide absolu. Quoi qu'il en soit, admettons que le mouvement du système solaire mérite la qualification de perpétuel. Ce système a-t-il la moindre analogie avec les machines qu'on propose d'appliquer à l'industrie? Le système solaire n'est pas une machine produisant du travail; c'est un ensemble de masses soumises à des forces déterminées, et sur lesquelles s'opèrent de continuels échanges entre le travail de ces forces et les forces vives dont les masses sont animées. Réduisons, par exemple, le système au soleil et à une planète. La planète, au bout d'une révolution entière, se retrouve dans la position qu'elle occupait d'abord, et possède la même vitesse ; le travail des forces qui ont agi sur elle pendant le parcours entier de son orbite est donc rigoureusement nul, et il n'y a, par conséquent, aucun travail créé par le mouvement qui s'est accompli.

On arriverait au même résultat en considérant certains mouvements produits sur la terre. Tout mouvement qui se renouvelle périodiquement pendant une durée indéfinie, ne représente pas l'accumulation d'un travail dont on puisse disposer pour un usage industriel, car la quantité de travail correspondante à chaque période est rigoureusement nulle. De plus, la résistance de milieux beaucoup plus denses que ceux des espaces planétaires, les frottements au contact des pièces composant la machine, en un mot les *résistances passives*, qu'on peut diminuer, mais qu'on ne peut pas supprimer tout à fait dans la pratique, absorbent peu à peu le travail des forces qui tendent à entretenir le mouvement et ramènent graduellement le système mobile au repos. Ainsi, un pendule, que l'on peut considérer dans la mécanique rationnelle comme animé sous l'action de la pesanteur d'un mouvement indéfini, s'arrête en réalité au bout d'un nombre limité d'oscillations.

13. Jusqu'ici nous avons accepté la question telle qu'elle est posée par les inventeurs, ou plutôt telle qu'elle résulte de l'interprétation naturelle des mots *mouvement perpétuel*.

Le problème qu'ils prétendent résoudre est tout autre. Il s'agit pour eux de construire une machine propre à vaincre des résistances et, comme telle, applicable à l'industrie ; or ils commencent tous par faire abstraction de ces résistances, et par chercher un appareil doué, sous l'action de certaines forces, d'un mouvement indéfiniment prolongé Qu'ils aient découvert un tel appareil, ils ne seraient pas pour cela plus près du véritable but à atteindre ; car une machine marchant indéfiniment à vide ne se retrouverait plus dans les conditions qui assurent la conservation de son mouvement, si on lui appliquait les résistances utiles qu'elle est destinée à surmonter.

Ces mots *mouvement perpétuel* sont donc doublement inexacts : d'abord ils indiquent la continuation indéfinie d'un mouvement, phénomène inadmissible dans la mécanique pratique ; ensuite, ils supposent qu'un mouvement indéfiniment prolongé pourrait servir à produire indéfiniment du travail utile, nouvelle erreur plus grossière encore que la première.

14. L'équation des forces vives fixe les idées à cet égard, en faisant apprécier avec exactitude la limite de ce qui est possible.

La demi-force vive, $\Sigma \frac{1}{2} mv^2$, d'une machine à un instant donné, représente le travail résistant que cette machine peut produire sans travail moteur, jusqu'à extinction de sa vitesse. C'est une quantité finie ; en aucun cas, la machine ne possède donc en soi une source indéfinie de puissance motrice.

Un travail moteur est nécessaire pour faire sortir la machine du repos, et l'amener à un degré quelconque de vitesse.

Il est impossible que le travail moteur soit inférieur au travail utile. Appliquons, en effet, l'équation des forces depuis l'origine du mouvement jusqu'à un instant quelconque. Nous aurons

$$\Sigma \frac{1}{2} mv^2 = (T_m + P z_0) - (T + T_r + P z).$$

Le premier membre étant positif, le second l'est aussi ; donc

$$T_m + P z_0 > T + T_r + P z,$$

le signe $>$ n'excluant pas l'égalité, pour comprendre le cas où la machine serait revenue au repos.

Si la machine est fixe, ce que nous supposerons ici, on peut s'arranger pour que z soit égal ou supérieur à z_0; alors on aura simplement

$$\mathrm{T}_m > \mathrm{T} + \mathrm{T}_r,$$

et par suite

$$\mathrm{T}_m > \mathrm{T},$$

cette dernière inégalité ne pouvant plus se changer en égalité.

Il est donc impossible de concevoir une machine dans laquelle le travail utile soit supérieur au travail moteur; ou, en d'autres termes, une machine où il y ait production spontanée de travail utile.

15. L'emploi d'une machine entraîne toujours une certaine perte de travail moteur, puisqu'une partie est absorbée par le travail des résistances accessoires, tandis que le reste seulement se change en travail utile. Doit-on en conclure que les machines n'ont aucune utilité, et qu'elles dissipent les forces qu'on fait agir en elles? Loin de là. « L'avantage que procurent les machines, dit Carnot[1], n'est pas de produire de grands effets avec de petits moyens, mais de donner à choisir, entre différents moyens qu'on peut appeler égaux, celui qui convient le mieux à la circonstance présente. Pour forcer un poids à monter à une hauteur proposée, un ressort à se fermer d'une quantité donnée, un corps à prendre par degrés insensibles un mouvement donné, ou enfin tel autre agent que ce soit à absorber un moment quelconque donné d'activité (*c'est-à-dire une quantité de travail déterminée*), il faut que les forces mouvantes qui y sont destinées consomment elles-mêmes un moment d'activité (*un travail*) égal au premier; aucune machine ne peut en dispenser. Mais comme ce moment résulte de plusieurs termes ou facteurs, on peut les faire varier à volonté, en diminuant la force aux dépens du temps, ou la vitesse aux dépens de la force, ou bien en employant deux ou plusieurs forces au lieu d'une; ce qui donne une infinité de ressources pour produire le moment d'activité nécessaire.

[1] *Principes de l'équilibre et du mouvement*, p. 255, § 258.

Mais quoi qu'on fasse, il faut toujours que ces moyens soient égaux, c'est-à-dire que le moment d'activité consommé par les forces sollicitantes (*le travail moteur*) soit égal à l'effet ou moment absorbé en même temps par les forces résistantes. »

C'est cette égalité nécessaire entre le travail moteur et le travail résistant, quelle que soit la machine dont on fasse usage, que les anciens mécaniciens exprimaient en disant : *dans les machines en mouvement, on perd toujours en vitesse ce qu'on gagne en force.* Le travail d'une force est le produit de deux facteurs, dont l'un représente l'intensité de la force et l'autre le déplacement du point, lequel est proportionnel à sa vitesse ; ce produit doit être constant pour représenter un effet donné ; l'un des facteurs varie donc en raison inverse de l'autre.

Il y a une autre raison pour laquelle l'emploi des machines est avantageux, bien que le travail moteur qu'on leur applique ne soit jamais entièrement utilisé. La machine n'a pas pour objet de produire ou de créer du travail, chose tout aussi impossible à l'homme que de créer de la matière ; elle a pour but de *créer de la valeur*, ce qui est tout différent. Ici les considérations économiques doivent entrer en ligne de compte. Une machine parfaite, dont le rendement est très-voisin de l'unité, peut être employée à des opérations industrielles désastreuses, tandis qu'une machine très-imparfaite au point de vue mécanique peut, si elle est commode et employée à des travaux rémunérateurs, enrichir celui qui l'emploie. Le point de vue mécanique est tout spécial, et ce qu'on nomme travail *utile* dans la théorie des machines, peut fort bien être inutile, ou même nuisible à d'autres égards. Le travail utile produit par une batterie d'artillerie se mesure par la demi-somme des forces vives de tous les boulets que cette batterie a lancés dans une bataille. Au point de vue économique, il est permis de contester une pareille utilité.

CHAPITRE II

RECHERCHE DES TENSIONS DES LIENS DANS LES MACHINES EN MOUVEMENT.

16. Supposons qu'un certain nombre de corps, A, B, C... liés entre eux par des fils inextensibles, ou par des verges inextensibles et incompressibles, parcourent une droite MN, et soient sollicités chacun par des forces données F, F', F''... dirigées suivant cette même droite. On demande de déterminer les tensions des liens qui réunissent le premier corps au second, le second au troisième, et ainsi de suite.

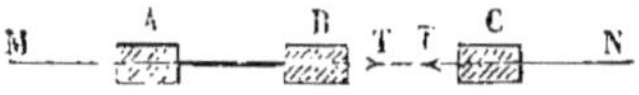

Fig. 1.

Nous conviendrons de prendre positivement les forces F, F', F'',... quand elles agissent dans le sens du mouvement, et négativement quand elles agissent en sens contraire.

Soit proposé de déterminer la tension T du lien qui réunit les corps B et C. Nous couperons ce lien, et nous pourrons le remplacer par une tension T, qui agira, par exemple, comme résistance sur C et comme puissance sur le groupe B et A. Soit donc M la masse totale du groupe A et B, M' la masse totale de C et des corps qui peuvent y faire suite ; la vitesse v est commune à tous les points du système, puisque les liens sont de longueur constante.

Appliquons aux deux groupes le théorème du mouvement du centre de gravité ; les forces F, F' et T agiront comme forces extérieures sur le premier, les forces F'' et $-T$ sur le second, et nous aurons, par conséquent, pour le premier

$$M \frac{dv}{dt} = F + F' + T,$$

et pour le second

$$M' \frac{dv}{dt} = F'' - T.$$

Éliminant $\frac{dv}{dt}$, il vient l'équation

$$\frac{F + F' + T}{M} = \frac{F'' - T}{M'},$$

d'où l'on déduit

$$T = \frac{\dfrac{F''}{M'} - \dfrac{F + F'}{M}}{\dfrac{1}{M} + \dfrac{1}{M'}} = \frac{M F'' - M'(F + F')}{M + M'}.$$

17. Cette formule est facile à généraliser. Concevons une série de n corps, dont les masses soient

$$m_1, \quad m_2, \quad m_3, \quad \cdot \cdot \quad m_n,$$

sollicités par les forces

$$F_1, \quad F_2, \quad F_3, \quad \ldots \quad F_n,$$

auxquelles on attribue les signes $+$ ou $-$, suivant qu'elles agissent dans le sens du mouvement commun ou en sens contraire.

Appelons T_k la tension du lien qui réunit le corps n° k au corps n° $(k+1)$; v étant la vitesse commune au système, nous aurons les deux équations

$$(m_1 + m_2 + \ldots + m_k) \frac{dv}{dt} = F_1 + F_2 + \ldots + F_k + T_k$$

et

$$(m_{k+1} + m_{k+2} + \ldots + m_n) \frac{dv}{dt} = F_{k+1} + F_{k+2} + \ldots + F_n - T_k.$$

On en déduit

$$\frac{dv}{dt} = \frac{F_1 + F_2 + \ldots + F_k + F_{k+1} + \ldots + F_n}{m_1 + m_2 + \ldots + m_n} = \frac{\sum_1^n F_i}{\sum_1^n m_i},$$

équation que donnerait immédiatement le théorème du

mouvement du centre de gravité appliqué à l'ensemble du système, et

$$\frac{F_1 + F_2 + \ldots + F_k + T_k}{m_1 + \ldots + m_k} = \frac{F_{k+1} + \ldots + F_n - T_k}{m_{k+1} + \ldots + m_n},$$

équation qui donné pour la tension cherchée :

$$T_k = \frac{\dfrac{\sum_{k+1}^{n} F_i}{\sum_{k+1}^{n} m_i} - \dfrac{\sum_1^k F_i}{\sum_1^k m_i}}{\dfrac{1}{\sum_1^k m_i} + \dfrac{1}{\sum_{k+1}^{n} m_i}} = \frac{\sum_1^k m_i \sum_{k+1}^{n} F_i - \sum_{k+1}^{n} m_i \sum_1^k F_i}{\sum_1^n m_i}.$$

Cette tension est constante si les forces F sont elles-mêmes constantes.

La condition nécessaire et suffisante pour que le mouvement soit uniforme est

$$\sum_1^n F_i = 0.$$

Si cette condition est remplie, on aura

$$\sum_{k+1}^{n} F_i = -\sum_1^k F_i,$$

et par suite

$$T_k = \frac{-\left(\sum_1^k m_i + \sum_{k+1}^{k} m_i\right)\sum_1^k F_i}{\sum_1^n m_i} = -\sum_1^k F_i,$$

résultat évident, puisque la tension $-T_k$ fait équilibre sur le groupe des corps 1, 2, … k, à la somme des forces $\sum_1^k F_i$ qui agissent sur ce groupe.

ACTIONS MUTUELLES DES CORPS TOURNANTS.

18. La formule que nous venons d'obtenir pour la tension des liens réunissant entre eux des corps animés d'un mouvement commun rectiligne, donne aussi la réaction mutuelle des corps tournants, moyennant certaines conventions préliminaires.

Soient d'abord deux arbres tournants O, O', réunis soit par une courroie, soit par un engrenage, et sollicités l'un par une puissance P, l'autre par une résistance Q.

La force P est appliquée, dans le sens du mouvement, tangentiellement à la circonférence OC du premier treuil; la force Q, dans le sens opposé au mouvement, tangentiellement à la circonférence O'D du second. Les deux treuils communiquent l'un à l'autre par une courroie, dont nous représentons en AB le brin moteur. Elle passe sur le

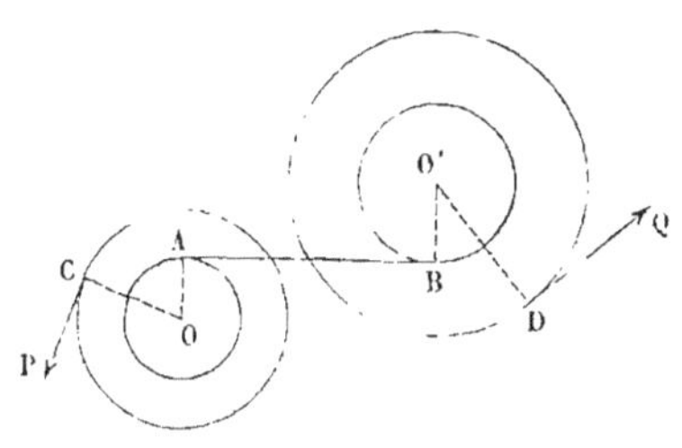

Fig. 2.

tambour OA du premier treuil et sur le tambour O'B du second; par conséquent, les circonférences de ces deux tambours sont animées de la même vitesse linéaire. Le brin moteur AB a une certaine tension supérieure à celle du brin résistant, et la différence de ces tensions est la force qui transmet le mouvement d'un arbre à l'autre. C'est cette différence de tension que nous représenterons par T. Si, au lieu d'une courroie, on employait pour la transmission un engrenage, T serait la réaction mutuelle des deux dents en contact, qu'on pourrait, par approximation, supposer appliquée tangentiellement à des circonférences concentriques aux roues d'engrenage, et animées des mêmes vitesses linéaires. La force T agit comme résistance sur le treuil moteur O, et comme puissance sur le treuil O'.

Soient $OA = a$, $O'B = a'$, $OC = R$, $O'D = R'$. Appelons ω la vitesse angulaire du treuil O, et ω' la vitesse angulaire du treuil O'.

L'équation du mouvement du premier sera, en appelant M sa masse, et K son rayon de giration par rapport à l'axe O,

$$MK^2 \frac{d\omega}{dt} = PR - Ta.$$

De même appelons M' la masse et K' le rayon de giration du

second treuil autour de son axe O'; nous aurons

$$M'K'^2 \frac{d\omega'}{dt} = Ta' - QR'.$$

Les deux vitesses angulaires, ω et ω', sont liées entre elles par la condition d'égalité des vitesses linéaires des circonférences OA et O'B. Donc

$$a\omega = a'\omega'.$$

De ces trois équations on peut tirer les accélérations angulaires $\frac{d\omega}{dt}$, $\frac{d\omega'}{dt'}$, et la tension T. Cherchons cette dernière inconnue. Pour avoir une formule plus simple, observons que l'on peut, sans rien changer aux équations, substituer aux produits PR, QR', MK², M'K'², des produits égaux formés d'autres facteurs. Calculons, par exemple, deux forces auxiliaires, P_1 et Q_1, et deux masses auxiliaires, μ et μ', qui satisfassent aux équations

$$P_1 a = PR,$$
$$Q_1 a' = QR',$$
$$\mu a^2 = MK^2,$$
$$\mu' a'^2 = M'K'^2.$$

En introduisant ces nouveaux facteurs dans les équations du mouvement, nous leur donnerons la forme

$$\mu a^2 \frac{d\omega}{dt} = P_1 a - Ta, \qquad \text{ou} \qquad \mu \times a \frac{d\omega}{dt} = P_1 - T,$$

$$\mu' a'^2 \frac{d\omega'}{dt} = Ta' - Q_1 a' \qquad \text{ou} \qquad \mu' \times a' \frac{d\omega'}{dt} = T - Q_1,$$

et comme $a \dfrac{d\omega}{dt} = a' \dfrac{d\omega'}{dt}$ en vertu de la troisième équation, il viendra, en éliminant ces produits égaux,

$$\frac{P_1 - T}{\mu} = \frac{T - Q}{\mu'},$$

ou bien

$$T = \frac{P_1 \mu' + Q_1 \mu}{\mu + \mu'},$$

équation identique à celle qui donnerait la tension d'un lien réunissant une masse μ, sollicitée par une force mouvante P_1, à une masse μ', sollicitée par une force résistante Q_1, les deux masses étant animées d'un mouvement commun rectiligne.

L'esprit de la transformation que nous avons opérée consiste à ramener les forces et les masses, sans modification des moments des forces et des moments d'inertie, à être appliquées aux circonférences OA et O'B, qui se trouvent, par suite de la liaison, animées d'une même vitesse linéaire.

Si $P_1 = Q_1$, ou si $PR = QR'$, le mouvement des deux treuils est uniforme, et l'on a

$$T = P_1 = Q_1.$$

19. Nous pouvons généraliser cette formule en l'étendant à un système d'autant de corps tournants qu'on voudra. La méthode de calcul consistera encore à ramener sur chaque treuil les forces et la masse à une circonférence animée d'une vitesse linéaire déterminée, la même pour les n treuils en mouvement.

Appelons F_1, F_2, F_3, ... F_n les forces qui sollicitent ces treuils; elles sont prises positivement si elles sont mouvantes, négativement si elles sont résistantes;

R_1, R_2, R_3, ... R_n les rayons des circonférences tangentiellement auxquelles elles sont appliquées;

I_1, I_2, I_3, ... I_n, les moments d'inertie des n treuils par rapport à leurs axes respectifs;

T_1, T_2, ... T_{n-1} les tensions des liens; T_1 est la tension du lien qui réunit le premier treuil au second, T_2 la tension du lien qui réunit le second au troisième, ... T_{n-1} la tension du lien qui rattache l'avant-dernier treuil au dernier.

Ces liens ne sont pas nécessairement appliqués à une même circonférence sur chaque treuil; nous supposerons donc que le lien dont la tension est T_1 embrasse une circonférence de rayon a_1 sur le premier treuil, et une circonférence de rayon b_2 sur le second; que le lien dont la tension est T_2 réunit la circonférence de rayon a_2 sur le second treuil à la circonférence de rayon b_5 sur le troisième, et ainsi de suite, les lettres a représentant les rayons des circonférences sur lesquelles s'enroulent les brins moteurs, tandis que les lettres b représentent les rayons des circonférences d'où les brins moteurs se déroulent.

Soient enfin ω_1, ω_2, ... ω_n, les vitesses angulaires des treuils. Les équations du mouvement seront

$$I_1 \frac{d\omega_1}{dt} = F_1 R_1 - T_1 a_1 \quad \text{pour le premier treuil,}$$

$$I_2 \frac{d\omega_2}{dt} = F_2 R_2 + T_1 b_2 - T_2 a_2 \quad \text{pour le second,}$$

$$\cdots \cdots \cdots \cdots \cdots$$

$$I_k \frac{d\omega_k}{dt} = F_k R_k + T_{k-1} b_k - T_k a_k \quad \text{pour le } k^{\text{me}},$$

$$\cdots \cdots \cdots \cdots \cdots$$

$$I_n \frac{d\omega_n}{dt} = F_n R_n + T_{n-1} b_n \quad \text{pour le dernier.}$$

Entre les vitesses ω, ou mieux entre les accélérations $\dfrac{d\omega}{dt}$, on a les relations :

$$a_1 \frac{d\omega_1}{dt} = b_2 \frac{d\omega_2}{dt},$$

$$a_2 \frac{d\omega_2}{dt} = b_3 \frac{d\omega_3}{dt},$$

$$\cdots \cdots \cdots$$

$$a_k \frac{d\omega_k}{dt} = b_{k+1} \frac{d\omega_{k+1}}{dt},$$

$$\cdots \cdots \cdots$$

$$a_{n-1} \frac{d\omega_{n-1}}{dt} = b_n \frac{d\omega_n}{dt};$$

ce qui fait en tout n équations du mouvement, et $n-1$ relations entre les accélérations angulaires, ou $2n-1$ équations, suffisantes pour déterminer les n accélérations angulaires et les $n-1$ tensions des liens.

Pour simplifier la résolution de ces $n-1$ équations, réduisons les forces et les masses, sur chaque treuil, à une circonférence animée de la même vitesse linéaire que la circonférence de rayon a_1 du premier. Sur le second treuil, ce sera la circonférence de rayon b_2 ; sur le troisième, ce sera une circonférence dont on calculera le rayon β_3 par l'équation

$$\beta_3 \omega_3 = b_2 \omega_2 = a_1 \omega_1.$$

On en déduit

$$\beta_3 = b_2 \frac{\omega_2}{\omega_3};$$

mais

$$\frac{\omega_2}{\omega_3} = \frac{b_3}{a_2}.$$

Donc enfin

$$\beta_3 = \frac{b_2 b_3}{a_2}.$$

De même le rayon β_4 de la circonférence à laquelle il faut réduire les forces et les masses sur le quatrième treuil est donné par l'équation $\beta_4 \omega_4 = \beta_3 \omega_3$, ou par

$$\beta_4 = \beta_3 \times \frac{\omega_3}{\omega_4} = \beta_3 \times \frac{b_4}{a_3} = \frac{b_2 b_3 b_4}{a_2 a_3}.$$

On aurait de même

$$\beta_5 = \frac{b_2 b_3 b_4 b_5}{a_2 a_3 a_4},$$

et généralement

$$\beta_k = \frac{b_2 b_3 \ldots b_k}{a_2 a_3 \ldots a_{k-1}}.$$

La réduction des forces et des masses se fera au moyen des équations suivantes : désignons par φ les forces que l'on obtient en réduisant les forces F, par τ les forces que l'on obtient en réduisant les forces T, et par μ les masses réduites. Nous aurons entre ces diverses quantités les relations :

$$\varphi_1 a_1 = F_1 R_1 \qquad \mu_1 a_1^2 = I_1 \qquad \tau_1 = T_1$$
$$\varphi_2 b_2 = F_2 R_2 \qquad \mu_2 b_2^2 = I_2 \qquad \tau_2 b_2 = T_2 a_2$$
$$\varphi_3 \beta_3 = F_3 R_3 \qquad \mu_3 \beta_3^2 = I_3 \qquad \tau_3 \beta_3 = T_3 a_3$$
$$\ldots \ldots \ldots \qquad \ldots \ldots \ldots \qquad \ldots \ldots \ldots$$
$$\varphi_n \beta_n = F_n R_n \qquad \mu_n \beta_n^2 = I_n \qquad \tau_{n-1} \beta_{n-1} = T_{n-1} a_{n-1}.$$

Substituons les valeurs des F, des I et des T dans les équations du mouvement. Après la substitution, chacune de ces équations aura un facteur commun, a_1 pour la première, b_2 pour la seconde, β_3 pour la troisième, ... β_n pour la dernière. Supprimant ce facteur, il viendra

$$\mu_1 \times a_1 \frac{d\omega_1}{dt} = \varphi_1 - T_1,$$

$$\mu_2 \times b_2 \frac{d\omega_2}{dt} = \varphi_2 + \tau_1 - \tau_2,$$

$$\mu_3 \times \beta_3 \frac{d\omega_3}{dt} = \varphi_3 + \tau_2 - \tau_3,$$

$$\cdot \cdot \cdot \cdot \cdot \cdot \cdot \cdot \cdot \cdot \cdot \cdot \cdot \cdot$$

$$\mu_n \times \beta_n \frac{d\omega_n}{dt} = \varphi_n + \tau_{n-1}.$$

On peut observer, en effet, que l'équation générale

$$I_k \frac{d\omega_k}{dt} = F_k R_k + T_{k-1} b_k - T_k a_k$$

devient par la substitution

$$\mu_k \beta_k^2 \frac{d\omega_k}{dt} = \varphi_k \beta_k + \frac{\tau_{k-1} \times b_k \beta_{k-1}}{a_{k-1}} - \tau_k \beta_k ;$$

or

$$b_k \beta_{k-1} = a_{k-1} \beta_k,$$

puisqu'on a à la fois

$$\beta_{k-1} \omega_{k-1} = \beta_k \omega_k$$

et

$$a_{k-1} \omega_{k-1} = b_k \omega_k.$$

L'équation devient donc

$$\mu_k \beta_k^2 \frac{d\omega_k}{dt} = \varphi_k \beta_k + \tau_{k-1} \beta_k - \tau_k \beta_k ,$$

ou, en supprimant β_k,

$$\mu_k \beta_k \frac{d\omega_k}{dt} = \varphi_k + \tau_{k-1} - \tau_k.$$

Mais

$$a_1 \frac{d\omega_1}{dt} = b_2 \frac{d\omega_2}{dt} = \beta_3 \frac{d\omega_3}{dt} \cdots = \beta_k \frac{d\omega_n}{dt}.$$

Par suite, l'élimination des accélérations linéaires égales,
$a_1 \dfrac{d\omega_1}{dt}$, ... donne les $n-1$ équations suivantes, sous forme
d'une suite de rapports égaux :

$$\frac{\varphi_1 - \tau_1}{\mu_1} = \frac{\varphi_2 + \tau_1 - \tau_2}{\mu_2} = \ldots = \frac{\varphi_k + \tau_{k-1} - \tau_k}{\mu_k} = \ldots = \frac{\varphi_n + \tau_{k-1}}{\mu_n}.$$

Pour obtenir une inconnue quelconque, τ_k, *composons* les k
premiers rapports égaux, puis composons les n rapports; il
viendra la proportion

$$\frac{\varphi_1 + \varphi_2 + \ldots + \varphi_k - \tau_k}{\mu_1 + \mu_2 + \ldots + \mu_k} = \frac{\varphi_1 + \varphi_2 + \ldots + \varphi_n}{\mu_1 + \mu_2 + \ldots + \mu_n};$$

on en déduit

$$\tau_k = \frac{(\mu_1 + \mu_2 + \ldots + \mu_n)(\varphi_1 + \varphi_2 + \ldots + \varphi_k) - (\mu_1 + \mu_2 + \ldots + \mu_k)(\varphi_1 + \varphi_2 + \ldots + \varphi_n)}{\mu_1 + \mu_2 + \ldots + \mu_n},$$

ce qu'on peut écrire

$$\tau_k = \frac{(\mu_1 + \ldots + \mu_k)(\varphi_1 + \ldots + \varphi_k) + (\mu_{k+1} + \ldots + \mu_n)(\varphi_1 + \ldots + \varphi_k) - (\mu_1 \ldots + \mu_k)(\varphi_1 + \ldots + \varphi_k) - (\mu_1 + \ldots + \mu_k)(\varphi_{k+1} + \ldots + \varphi_n)}{\mu_1 + \mu_2 + \ldots + \mu_n}$$

$$= \frac{(\varphi_1 + \ldots + \varphi_k)(\mu_{k+1} + \ldots + \mu_n) - (\varphi_{k+1} + \ldots + \varphi_n)(\mu_1 + \ldots + \mu_k)}{\mu_1 + \mu_2 + \ldots + \mu_n}$$

$$= \frac{\sum_1^k \varphi_i \sum_{k+1}^n \mu_i - \sum_{k+1}^n \varphi_i \sum_1^k \mu_i}{\sum_1^n \mu_i},$$

équation de même forme que celle que nous avons obtenue
au § 178.

Connaissant les valeurs des tensions fictives, on peut en
déduire les valeurs des tensions réelles, puisqu'on connaît
les rapports des unes aux autres.

EMPLOI DE L'ÉQUATION DES FORCES VIVES POUR TROUVER DIRECTEMENT LA TENSION T_k.

20. Considérons isolément les deux groupes formés, l'un par les treuils n° 1, n° 2, ... n° k, l'autre par les treuils n° $k+1$, n° $k+2$, ... n° n ; le premier groupe est sollicité par les forces *extérieures* F_1, F_2, ... F_k et par la force $-T_k$, tension du lien qui réunit les deux groupes ; le second, par les forces $+T_k$, F_{k+1}, F_{k+2}, ... F_n. Appliquons le théorème des forces vives à chaque groupe pour un déplacement infiniment petit. La force vive du premier groupe est, à un instant quelconque, la somme

$$I_1\omega_1^2 + I_2\omega_2^2 + \ldots + I_k\omega_k^2 ;$$

la force vive du second est

$$I_{k+1}\omega_{k+1}^2 + \ldots + I_n\omega_n^2.$$

On connaît les rapports de ω_1 à ω_k, de ω_2 à ω_k, de ω_3 à ω_k, et ainsi de suite ; désignons-les par λ_1, λ_2 ... De même on peut déterminer d'avance les rapports de ω_{k+2} à ω_{k+1}, de ω_{k+3} à ω_{k+1}, ... ; appelons λ_{k+2}, λ_{k+3}, ... λ_n ces nouveaux rapports.

La force vive du premier groupe s'exprimera par la somme $\omega_k^2 (I_1\lambda_1^2 + I_2\lambda_2^2 + \ldots + I_k)$, ou, plus brièvement, par $\omega_k^2 \sum_1^k I_i\lambda_i$, en convenant de regarder λ_k comme égal à l'unité.

De même la force vive du second groupe sera égale à $\omega_{k+1}^2 \sum_{k+1}^n I_i\lambda_i$, avec la convention de $\lambda_{k+1} = 1$.

Imprimons au treuil n° k un déplacement angulaire $\omega_k dt$; il en résultera pour le treuil n° 1 un déplacement angulaire $\omega_1 dt$ ou $\omega_k \lambda_1 dt$; pour le treuil n° 2, un déplacement $\omega_k \lambda_2 dt$, et ainsi de suite ; de même pour le treuil n° $k+2$, un déplacement $\omega_{k+1}\lambda_{k+2} dt$; pour le suivant un déplacement $\omega_{k+1}\lambda_{k+2} dt$, etc.

La somme des travaux des forces F et de la force $- T_k$ sera donc pour le premier groupe

$$(F_1 R_1 \lambda_1 + F_2 R_2 \lambda_2 + \ldots + F_k R_k)\, \omega_k dt - T_k a_k \omega_k dt$$

$$= \left(\sum_1^k F_i R_i \lambda_i \right) \times \omega_k dt - T_k a_k \omega_k dt$$

Pour le second, le travail des forces F et de la force $+ T_k$ sera de même

$$\left(\sum_{k+1}^n F_i R_i \lambda_i \right) \times \omega_{k+1} dt + T_k b_{k+1} \omega_{k+} \; dt.$$

Le demi-accroissement de la force vive est égal au travail élémentaire des forces ; les forces extérieures seules donnent un travail, puisqu'on admet l'invariabilité des liens.

D'un autre côté, le demi-accroissement de la force vive se réduit à la moitié de sa différentielle, la variation considérée étant infiniment petite.

On aura donc, pour le premier groupe,

$$\omega_k d\omega_k \sum_1^k I_i \lambda_i = \omega_k dt \left[\sum_1^k F_i R_i \lambda_i - T_k a_k \right],$$

et pour le second

$$\omega_{k+1} d\omega_{k+1} \sum_{k+1}^n I_i \lambda_i = \omega_{k+1} dt \left[\sum_{k+1}^n F_i R_i \lambda_i + T_k b_{k+1} \right].$$

On peut supprimer le facteur ω_k dans la première équation, le facteur ω_{k+1} dans la seconde ; on connaît de plus le rapport constant $\dfrac{\omega_{k+1}}{\omega_k}$, de sorte qu'on peut éliminer $\dfrac{d\omega_k}{dt}$ et $\dfrac{d\omega_{k+1}}{dt}$; l'équation finale fait connaître T_k. Il serait aisé de ramener l'équation définitive à la forme que nous avons trouvée précédemment.

Remarque. — Étant donné un système de corps tournants, liés ensemble par des courroies ou des engrenages, et sollicités respectivement par des forces données F_1, F_2, ... F_k, agissant à des distances R_1, R_2, ... R_k, des axes respectifs, si l'on désigne par ω la vitesse angulaire du premier corps,, et par λ_2,

$\lambda_3, \ldots \lambda_k$, les *raisons* des corps suivants par rapport au premier (I, § 219), la force vive de l'ensemble des corps s'exprime à chaque instant par la somme

$$\omega^2(I_1 + \lambda_2^2 I_2 + \ldots + \lambda_k^2 I_k) = \omega^2 \sum I\lambda^2,$$

et la vitesse angulaire ω est déterminée par l'équation différentielle

$$\frac{d\omega}{dt} = \frac{\sum FR\lambda}{\sum I\lambda^2},$$

généralisation de l'équation de l'*accélération angulaire* (III, § 235).

TENSION DE LA BIELLE D'UNE MACHINE A ACTION DIRECTE.

21. Soit O un arbre tournant, mis en mouvement par une bielle AB et une manivelle BO. A cet arbre est attachée une roue de treuil, OC, à laquelle est suspendu par un fil un poids P.

Une force F, donnée à chaque instant, met en mouvement la bielle et entretient le mouvement de l'arbre. La force F tire de droite à gauche, tant que le bouton B de la manivelle parcourt la demi-circonférence GBH ; elle pousse au contraire la bielle vers la droite pendant que le bouton de la manivelle parcourt l'autre moitié de la circonférence HIG. Le point A est assujetti par des glissières à suivre la droite AO qu'on suppose horizontale. On demande l'équation du mouvement du treuil, la tension du fil CK et celle de la bielle AB.

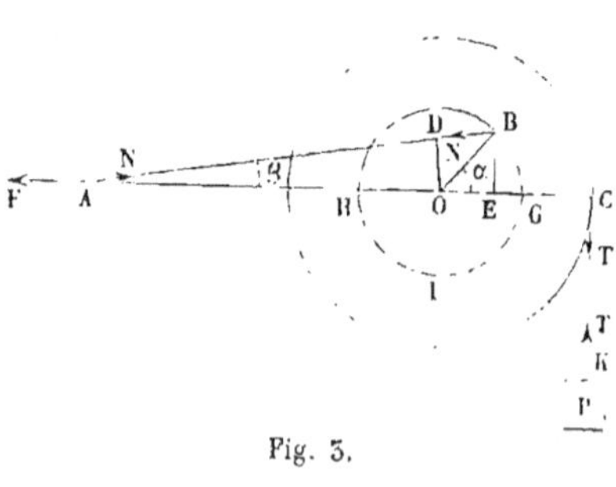

Fig. 3.

Soit T la tension du fil et N la tension de la bielle. Appelons a le rayon OC, R la longueur OB de la manivelle, L la longueur AB de la bielle ; α et β, les angles GOB, OAB, le premier croissant indéfiniment dans le sens GBH, le second oscillant périodiquement entre deux limites, l'une positive, l'autre négative.

Nous ferons abstraction des frottements, ainsi que de la masse de la bielle.

Soit ω la vitesse angulaire du treuil ; ωa sera la vitesse linéaire du poids P, et l'équation de son mouvement sera

$$\frac{Pa}{g}\frac{d\omega}{dt} = T - P.$$

Le treuil est sollicité par la tension du fil et par la tension de la bielle : soit $OD = p$ la distance de la bielle à l'axe O de l'arbre tournant ; soit encore I le moment d'inertie du treuil. L'équation de son mouvement est

$$I\frac{d\omega}{dt} = Np - Ta.$$

Comme nous faisons abstraction du poids et de la masse de la bielle, la tension N se retrouve la même à l'extrémité A, où elle fait équilibre à la force F et aux réactions des glissières. On a par conséquent

$$F = N\cos\beta, \quad \text{d'où l'on tire } N = \frac{F}{\cos\beta}.$$

Pour déterminer $p = OD$, observons que $OD \times AB$, ou pL, est égal à $AO \times BE$, car ces deux produits mesurent chacun le double de l'aire du triangle AOB. Soit $AO = x$. Nous aurons

$$x = AB\cos\beta - OB\cos\alpha = L\cos\beta - R\cos\alpha,$$

avec la relation

$$AB\sin\beta = BE = OB\sin\alpha,$$

ou bien

$$L\sin\beta = R\sin\alpha.$$

On déduit de celle-ci,

$$\sin\beta = \frac{R}{L}\sin\alpha,$$

et par suite

$$\cos\beta = \sqrt{1 - \frac{R^2}{L^2}\sin^2\alpha}.$$

Donc

$$x = L\sqrt{1 - \frac{R^2}{L^2}\sin^2\alpha} - R\cos\alpha$$

et

$$p = \frac{xR\sin\alpha}{L} = R\sin\alpha\sqrt{1 - \frac{R^2}{L^2}\sin^2\alpha} - \frac{R^2\sin\alpha\cos\alpha}{L}.$$

On a aussi

$$N = \frac{F}{\cos\beta} = \frac{F}{\sqrt{1 - \frac{R^2}{L^2}\sin^2\alpha}}.$$

L'équation du mouvement du treuil est donc

$$I\frac{d\omega}{dt} = FR\sin\alpha - \frac{FR^2\sin\alpha\cos\alpha}{L\sqrt{1 - \frac{R^2}{L^2}\sin^2\alpha}} - Ta.$$

Cette équation, jointe à la première, détermine l'accélération angulaire $\frac{d\omega}{dt}$ et la tension T, en fonction de la force F et de l'angle α.

22. La méthode que nous avons suivie n'est qu'approximative, puisqu'elle néglige la masse d'une pièce AB dont le poids peut avoir une certaine importance.

L'équation des forces vives permet de pousser plus loin le calcul. Elle va nous faire connaître une relation entre l'accélération angulaire du treuil, la force F et le poids P, en tenant compte de la masse de la tige AB.

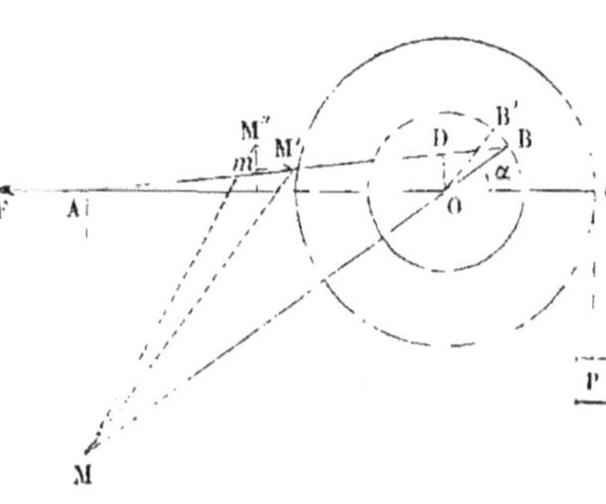

Fig. 4.

Nous supposerons que le treuil soit centré, c'est-à-dire que le centre de gravité de la partie tournante soit sur l'axe O.

Au point A, élevons une perpendiculaire AM sur la droite AO, et prolongeons le rayon OB jusqu'à la rencontre de cette ligne en M. Le point M sera le centre instantané de rotation de la bielle. Appelons ω la vitesse angulaire du treuil, et Ω la vitesse angulaire instantanée de la bielle AB autour du point M. Ces deux vitesses sont liées entre elles par la relation $MB \times \Omega = OB \times \omega$, qui exprime de deux manières différentes la vitesse linéaire du point B. La vitesse linéaire du point A est $MA \times \Omega$; celle du poids P est $OC \times \omega$.

Le centre de gravité de la bielle est un point M', qu'on peut supposer au milieu de la longueur AB. Soit Q le poids de la bielle; $\dfrac{Q}{g}$ sera sa masse; appelons K son rayon de giration par rapport à l'axe projeté en M'. Le rayon de la giration par rapport à l'axe projeté en M sera égal à $\sqrt{K^2 + \overline{MM'}^2}$. Le moment d'inertie de la bielle par rapport à l'axe M est donc

$$\frac{Q}{g} \times (K^2 + \overline{MM'}^2).$$

Mais dans le triangle AMB, M' étant le milieu du côté AB, on a

$$\overline{AM}^2 + \overline{MB}^2 = 2\left(\overline{MM'}^2 + \overline{AM'}^2\right).$$

Donc

$$\overline{MM'}^2 = \frac{\overline{AM}^2 + \overline{MB}^2}{2} - \overline{AM'}^2.$$

Exprimons les longueurs AM, MB, AM' en fonction de la distance $OA = x$. Nous aurons

$$AM = x \tan \alpha,$$

$$OM = \frac{x}{\cos \alpha},$$

$$MB = \frac{x}{\cos \alpha} + R.$$

On a d'ailleurs

$$AM' = \frac{1}{2} L.$$

On en déduit

$$\overline{\mathrm{MM'}}^2 = \dfrac{x^2\,\tan g^2\alpha + \left(\dfrac{x}{\cos\alpha} + \mathrm{R}\right)^2}{2} - \dfrac{1}{4}\,\mathrm{L}^2$$

$$= \dfrac{x^2\left(\tan g^2\alpha + \dfrac{1}{\cos^2\alpha}\right) + \dfrac{2\,\mathrm{R}\,x}{\cos\alpha} + \mathrm{R}^2 - \dfrac{1}{2}\,\mathrm{L}^2}{2}.$$

Le moment d'inertie de la bielle par rapport au point M est donc

$$\frac{\mathrm{Q}}{g}\left(\mathrm{K}^2 + \frac{x^2\left(\tan g^2\alpha + \dfrac{1}{\cos^2\alpha}\right) + \dfrac{2\,\mathrm{R}\,x}{\cos\alpha} + \mathrm{R}^2 - \dfrac{1}{2}\,\mathrm{L}^2}{2}\right),$$

et la force vive de la pièce est égale à

$$\frac{\mathrm{Q}}{g}\left(\mathrm{K}^2 + \frac{x^2\left(\tan g^2\alpha + \dfrac{1}{\cos^2\alpha}\right) + \dfrac{2\,\mathrm{R}\,x}{\cos\alpha} + \mathrm{R}^2 - \dfrac{1}{2}\,\mathrm{L}^2}{2}\right)\Omega^2,$$

fonction que nous exprimerons sous forme abrégée par $\dfrac{\mathrm{Q}}{g}\,\Omega^2\varphi(x)$, en observant que $\tan g\,\alpha$ et $\cos\alpha$ sont des fonctions connues de x.

La force vive du treuil est $\mathrm{I}\omega^2$; celle du poids P est $\dfrac{\mathrm{P}}{g}\,\omega^2 a^2$.

Lorsque le treuil tourne d'un angle infiniment petit $d\alpha = \omega\,dt$, la force vive s'accroît de sa différentielle, et la moitié de son accroissement est égale à

$$\left(\frac{\mathrm{P}}{g}\,a^2 + \mathrm{I}\right)\omega\,d\omega + \frac{1}{2}\,\frac{\mathrm{Q}}{g}\,d.\left(\Omega^2\varphi(x)\right),$$

quantité qu'on doit égaler au travail élémentaire des forces. Or les forces sont au nombre de trois, savoir :

Le poids P, qui monte de la quantité $a\,d\alpha$, ce qui donne un travail négatif égal à $-\mathrm{P}a\,d\alpha$;

La force F, qui produit un travail positif $\mathrm{F}\,dx$;

Le poids de la bielle, qui produit un travail égal à $-\mathrm{Q}\times\mathrm{M''}m$, $\mathrm{M''}m$ étant la projection verticale du déplacement $\mathrm{M'M''}$ du centre de gravité, quand la bielle tourne autour du point M d'un angle Ωdt. Ce terme serait assez difficile à calculer directement; au lieu d'évaluer $M''m$, remarquons que l'on peut, sans changer le travail de la pesanteur, substituer à la bielle un poids $\frac{Q}{2}$ placé au point A, et un poids $\frac{Q}{2}$ placé au point B, car la composition de ces deux poids donne un poids total égal à Q, appliqué au point M'.

Le poids $\frac{Q}{2}$ placé en A ne produit aucun travail, puisque ce point se meut horizontalement. L'autre poids $\frac{Q}{2}$, placé en B, se déplace le long du cercle d'une quantité $BB' = Rd\alpha$, qui fait avec la verticale l'angle α, et dont la projection verticale est $R\cos\alpha\, d\alpha$. Le travail de la pesanteur sur la bielle est donc

$$-\frac{1}{2}QR\cos\alpha\, d\alpha.$$

L'équation des forces vives devient en définitive

$$\left(\frac{P}{g}a^2+1\right)\omega d\omega + \frac{1}{2}\frac{Q}{g}d\cdot\left(\Omega^2\varphi(x)\right) = Fdx - Pad\alpha - \frac{1}{2}QR\cos\alpha\, d\alpha.$$

On peut d'ailleurs exprimer x en fonction de α, et Ω en fonction de ω et de l'angle α; enfin $d\alpha = \omega dt$. Les opérations sont assez laborieuses, mais elles n'ont rien de difficile, et elles conduisent, après l'élimination de Ω, de x et de $d\alpha$, à déterminer $\frac{d\omega}{dt}$ en fonction de la force F et de l'angle α. Pour intégrer cette équation, il faut connaître la valeur de la force F pour chaque position du système tournant.

Connaissant ω en fonction de t, on en déduira la loi du mouvement du treuil par l'intégration de l'équation $d\alpha = \omega dt$; par conséquent la loi du mouvement du poids P. L'équation $\frac{P}{g}a\frac{d\omega}{dt} = T - P$ fera connaître alors la tension T du fil. Pour déterminer la force N exercée par la bielle sur le bouton B de la manivelle, dans le sens de sa propre direction, on appliquera l'équation de l'accélération angulaire au mouvement du treuil considéré seul :

$$1\frac{d\omega}{dt} = N \times 0D - T \times 0C.$$

La force N sera la tension de la bielle au point B ; comme ici nous tenons compte de la masse de la bielle, cette tension ne sera pas la même en tous les points de la longueur AB. Pour la déterminer en chaque point, il faudrait considérer isolément des éléments infiniment petits de cette longueur ; connaissant le mouvement de chaque élément, on pourra exprimer que ce mouvement est produit par les forces qui sollicitent l'élément considéré, savoir, la pesanteur et les réactions des éléments voisins. Le problème analytique qui en résulte est d'une difficulté plus élevée que ceux que nous avons résolus jusqu'ici. On voit qu'en général les réactions de deux éléments consécutifs ne sont pas dirigées suivant la tige AB : les forces d'inertie des divers éléments comprennent, par exemple, des forces centrifuges qui émanent des centres instantanés de rotation M, et qui tendent à courber la tige. De là le *fouettement des bielles* que l'on constate dans toutes les machines où le mouvement des pistons se fait avec une certaine rapidité.

CHAPITRE III

DES VOLANTS.

23. Un *volant* est une roue massive destinée à régulariser
la vitesse d'une machine, une fois la marche normale établie.
On sait qu'alors le mouvement de la machine est en général
devenu périodiquement uniforme, d'où résulte que, pour
chaque période, le travail dépensé par le moteur est égal à la
somme des travaux de toutes les résistances. Cette égalité
suffit pour assurer la périodicité du mouvement d'une
machine, et pour ramener au bout de chaque période les
vitesses de ses différents points matériels aux mêmes valeurs.
Mais elle n'influe en rien sur les variations des vitesses pendant la durée de la période. C'est ici qu'on fait intervenir
un volant pour restreindre l'écart entre la vitesse maximum
et la vitesse minimum, et resserrer les vitesses extrêmes
entre deux limites aussi rapprochées qu'on le voudra.

Considérons un arbre tournant soumis à diverses forces,
que nous pourrons réduire à une puissance et à une résistance.
Nous supposerons que le mouvement soit périodiquement
uniforme et que la période comprenne un tour entier. La vitesse angulaire ω est variable pendant la période, mais elle se
retrouve la même à chaque tour que l'arbre accomplit. Si
l'on appelle T_m le travail moteur correspondant à un tour, et
T_r le travail résistant, y compris le travail utile, on aura pour
la périodicité du mouvement l'égalité

$$T_m = T_r.$$

La vitesse ω étant variable, mais revenant périodiquement à la même valeur ω_0, a un maximum et un minimum dans l'étendue de la période ; soit ω' le minimum, ω'' le maximum, I le moment d'inertie de l'arbre tournant et de toutes les masses qu'il entraîne. Les vitesses ω' et ω'' correspondront à des positions déterminées du système mobile. Appliquons le théorème des forces vives entre ces deux positions : il viendra

$$\frac{1}{2} \, \mathrm{I} \, (\omega''^2 - \omega'^2) = \mathrm{T}'_m - \mathrm{T}'_r,$$

T'_m et T'_r étant les quantités de travail fournies par la puissance et la résistance quand le système passe de la position du minimum à celle du maximum. Le second membre étant une quantité déterminée, on voit que $\omega''^2 - \omega'^2$ sera d'autant moindre que I sera plus grand. Or

$$\omega''^2 - \omega'^2 = (\omega'' - \omega') \times (\omega'' + \omega').$$

La demi-somme $\dfrac{\omega'' + \omega'}{2}$, moyenne des vitesses angulaires extrêmes, diffère peu de la *vitesse moyenne* Ω de l'arbre tournant, quantité constante que l'on peut supposer connue. L'équation devient donc

$$\mathrm{I} \times (\omega'' - \omega') \times \Omega = \mathrm{T}'_m - \mathrm{T}'_r.$$

Posons $\omega'' - \omega' = \dfrac{1}{n}\Omega$; la fraction $\dfrac{1}{n}$ sera ce qu'on appelle le *coefficient de régularisation* de la machine. Il viendra

$$\mathrm{I} = \frac{\mathrm{T}'_m - \mathrm{T}'_r}{\dfrac{1}{n}\Omega^2}.$$

Telle est la valeur à attribuer au moment d'inertie de l'arbre tournant pour que l'écart, $\omega'' - \omega'$, entre les vitesses angulaires extrêmes soit une fraction donnée, $\dfrac{1}{n}$, de la vitesse angulaire moyenne. Si l'arbre n'a pas par lui-même un moment d'inertie suffisant, on devra compléter ce moment d'inertie au moyen d'une masse additionnelle, qui constituera le *volant*.

Le rôle du volant dans la marche d'une machine est indiqué par l'équation des forces vives. Au bout de la période, le volant reprend la vitesse qu'il possédait au commencement ; sa force vive disparaît donc de l'équation appliquée à la période entière, et sa masse n'influe pas sur la vitesse moyenne de la machine. Mais dans l'étendue de la période, le volant tend à retarder la machine quand le travai moteur l'emporte sur le travail résistant, et tend au contraire à l'accélérer quand le travail moteur est inférieur au travail résistant. On peut le comparer à un réservoir qui se remplit quand la machine accélère sa marche, qui se vide quand il y a ralentissement, et qui tend toujours à maintenir un certain niveau moyen, correspondant à la vitesse moyenne. Le volant *emmagasine* sous forme de force vive l'excès du travail moteur, et restitue cet excès quand le travail résistant devient en excès lui-même. Nous allons passer en revue les principaux problèmes qui se présentent dans l'établissement d'un volant pour une machine à bielle et à manivelle ; nous examinerons ensuite la méthode qu'il faudrait suivre dans le cas général où il s'agirait d'une machine quelconque. Enfin nous aurons à étudier l'influence des masses placées dans certaines conditions spéciales, et notamment l'influence des *volants d'outil*.

MANIVELLE SIMPLE A SIMPLE EFFET.

24. La bielle MP met en mouvement l'arbre O au moyen de la manivelle OM (fig. 5). Pour plus de simplicité, nous supposerons que la bielle reste parallèle à la ligne AB. Une force constante P agit sur la bielle dans le sens MP pendant que le bouton de la manivelle décrit la demi-circonférence AMB. Au delà, aucune force ne sollicite plus la bielle, et le bouton par-

court la seconde demi-circonférence BNA en vertu de la vitesse acquise ; une résistance con-
stante Q est appliquée tangentiellement à un cercle de rayon $OC = b$.

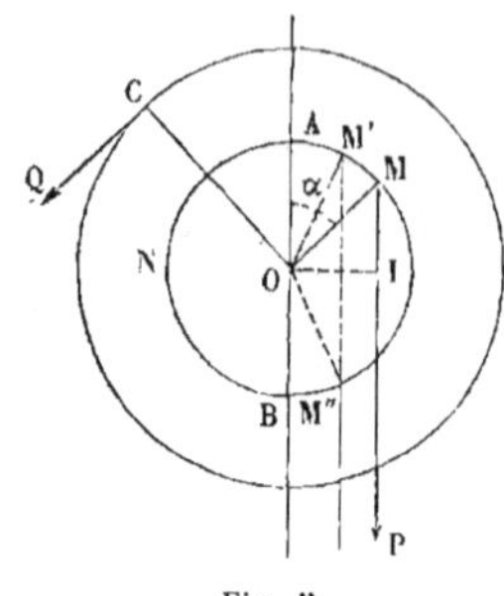

Fig. 5.

Soit a la longueur OA de la manivelle.

Exprimons d'abord la périodicité
du mouvement pour un tour entier
de l'arbre O. Le travail de la puis-
sance est $P \times AB$, ou $P \times 2a$; le travail de la résistance pris positive-
ment est $Q \times 2\pi b$. La périodicité exige qu'on ait l'équation
$P \times 2a = Q \times 2\pi b$, ou bien $\dfrac{Qb}{Pa} = \dfrac{1}{\pi}$.

Cherchons l'équation du mouvement de l'arbre tournant ;
ω étant la vitesse angulaire, on aura, quand le point M parcourt la demi-circonférence AMB,

$$\frac{d\omega}{dt} = \frac{P \times OI - Q \times OC}{I} = \frac{Pa \sin\alpha - Qb}{I},$$

et quand il parcourt la demi-circonférence BNA, $\dfrac{d\omega}{dt} = -\dfrac{Qb}{I}$;
α est l'angle AOM, décrit par la manivelle à partir de la position OA, et I le moment d'inertie de l'arbre tournant et des
masses qui font corps avec lui. Pour déterminer le mouvement
de l'arbre, il faudrait remplacer ω par $\dfrac{d\alpha}{dt}$, $\dfrac{d\omega}{dt}$ par $\dfrac{d^2\alpha}{dt^2}$, et
intégrer cette équation. Mais on peut éviter cette opération. Ce
que nous cherchons, ce sont les positions de la manivelle OA
qui rendent ω maximum et minimum ; ces positions sont ca-
ractérisées par l'équation $\dfrac{d\omega}{dt} = 0$, ou bien

$$Pa \sin\alpha - Qb = 0;$$

on en déduit

$$\sin\alpha = \frac{Qb}{Pa} = \frac{1}{\pi}.$$

A cette valeur de $\sin\alpha$ correspondent deux valeurs supplémentaires de α, l'une égale à $18°33',6$, l'autre à $161°26',4$; elles définissent deux points M′ et M″, situés dans la demi-circonférence AMB, pendant le parcours de laquelle la force P agit. Ces deux points M′ et M″ sont situés sur une parallèle à la direction constante de la bielle.

Il faut distinguer le maximum du minimum. Or, quand le bouton de la manivelle part du point A, le moment de la force P est nul, et va croissant avec l'angle α, tandis que le moment de la force Q reste constant; au point M′, il y a égalité entre les moments des forces P et Q; donc le moment de P est inférieur au moment de Q pour toute valeur de α inférieure à $\alpha' = 18°33',6$. On reconnaîtrait de même qu'entre α' et $\alpha'' = 161°26',4$, le moment de P surpasse le moment de Q. Par conséquent la vitesse angulaire croît quand α passe de la valeur α' à la valeur α'', et décroît quand le bouton de la manivelle achève le reste de son tour, en décrivant l'arc M″BNAM′. Donc enfin α' correspond au minimum, et α'' au maximum de la vitesse angulaire.

Soient ω' et ω'' les valeurs des vitesses angulaires dans les positions OM′ et OM″ de la manivelle.

Appliquons le théorème des forces vives entre les deux positions définies par les valeurs α' et α''. Le travail de la force P sera égal à $P \times M'M''$, ou à $P \times 2a\cos\alpha'$. Le travail de la force Q est égal à son moment, Qb, multiplié par l'angle M′OM″, évalué en parties du rayon; cet angle est égal à $\pi - 2\alpha'$, α' étant cette fois estimé en parties du rayon et non en degrés. Nous avons donc l'équation

$$\frac{1}{2}\,I(\omega''^2 - \omega'^2) = P \times 2a\cos\alpha' - Qb(\pi - 2\alpha').$$

Remplaçons $\dfrac{\omega'' + \omega'}{2}$ par Ω, $\omega'' - \omega'$ par $\dfrac{1}{n}\Omega$, Qb par $\dfrac{Pa}{\pi}$, et il viendra

$$\frac{1}{n}\Omega^2 = 2Pa \times \left(\cos\alpha' - \frac{\pi - 2\alpha'}{2\pi}\right).$$

La quantité entre parenthèses représente un nombre qu'on peut calculer ; on trouve 0,5511, et il vient l'équation

$$I\Omega^2 = 2Pan \times 0,5511.$$

La vitesse Ω se calcule d'après le nombre N de tours que fait la manivelle par minute. On en déduit

$$\Omega = \frac{2\pi \times N}{60}.$$

$P \times 2a$ est le travail moteur pour un tour entier.

Appelons H le *nombre de chevaux-vapeur* qui représente la puissance de la machine. Le travail moteur en kilogrammètres par seconde sera $H \times 75$; par minute, $H \times 75 \times 60$, et pour un tour

$$\frac{H \times 75 \times 60}{N} ;$$

donc

$$2Pa = \frac{H \times 75 \times 60}{N}.$$

Remplaçons Ω et $2Pa$ par ces valeurs ; il vient

$$I \times \frac{4\pi^2 \times N^2}{60^2} = \frac{H \times 75 \times 60}{N} \times n \times 0,5511,$$

et enfin

$$I = \frac{H \times 75 \times 60^3 \times n \times 0,5511}{4\pi^2 N^3} = \frac{Hn}{N^3} \times 2.6144.$$

Le moment d'inertie I se compose de la somme des moments d'inertie de toutes les pièces faisant corps avec l'arbre. Parmi ces pièces, la plus importante est le volant ; négligeons la masse de toutes les autres. Nous aurons $I = MR^2$, M désignant la masse de la couronne métallique, et R son rayon moyen ; si Π est le poids du volant, nous aurons $I = \frac{\Pi R^2}{g}$ et par suite

$$\Pi R^2 = \frac{Hng}{N^3} \times 226144 = \frac{Hn}{N^3} \times 2\,218\,472.$$

On peut satisfaire à cette équation en prenant arbitrairement Π et en en déduisant R, ou réciproquement. Plus on augmentera R, plus on réduira Π, plus on rendra la machine légère, et plus on diminuera les frottements sur les tourillons de l'arbre. Mais nous verrons plus loin qu'il y a une limite pour R, et qu'un trop grand rayon aurait de graves inconvénients au point de vue de la résistance de la couronne.

MANIVELLE SIMPLE A DOUBLE EFFET

25. La force constante P, qui sollicite la bielle parallèle, agit de haut en bas quand le bouton décrit la demi-circonférence AMB, et de bas en haut quand il décrit la demi-circonférence BNA. Le travail moteur pour un tour est

$$P \times 2AB = P \times 4a,$$

et le travail résistant, pris positivement,

$$Q \times 2\pi b.$$

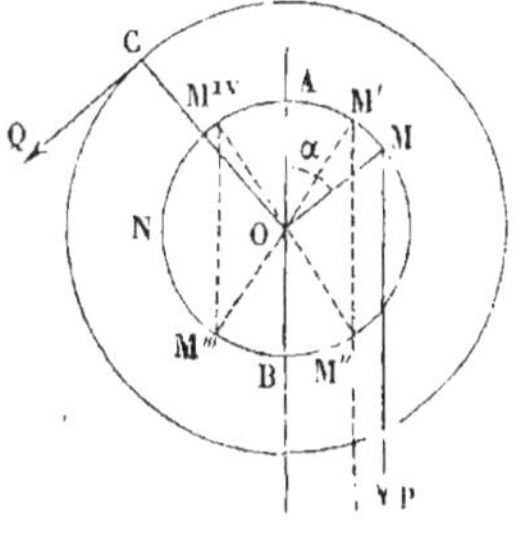

Fig. 6.

La condition du mouvement périodique et uniforme est

$$4Pa = 2\pi Qb,$$

ou bien

$$\frac{Qb}{Pa} = \frac{2}{\pi}.$$

De cette équation on tire $2Pa = \pi Qb$, et cette relation indique que le mouvement est périodique pour chaque demi-circonférence; il suffit de considérer une période; nous prendrons celle qui commence au passage du bouton de la manivelle au point A, et qui finit à son passage au point B. Le maximum et le minimum de la vitesse angulaire dans cet intervalle répondent à la condition $\dfrac{d\omega}{dt} = 0$, ou à l'égalité des moments de la puissance P et de la résistance Q. Les positions cherchées sont donc définies par l'équation

$$Pa \sin \alpha = Qb,$$

c'est-à-dire par l'équation $\sin \alpha = \dfrac{Qb}{Pa} = \dfrac{2}{\pi}$.

On en déduit pour α deux valeurs, l'une α', égale à $39°32',4$, l'autre α'', égale au supplément de la première. Une discussion semblable à celle qui a été faite pour le cas précédent montre que α' répond au minimum de ω, et α'' au maximum. Les deux points M′ et M″ qui correspondent à ces valeurs de l'angle α sont situés sur une parallèle à la droite AB.

Dans la seconde demi-circonférence on trouverait de même pour le minimum un point M‴, opposé diamétralement à M′, et pour le maximum un point M^{IV}, opposé à M″.

Appliquons le théorème des forces vives au système passant de la position M′ à la position M″; il viendra, en appelant ω' et ω'' les vitesses angulaires,

$$\frac{1}{2} I (\omega''^2 - \omega'^2) = \frac{I}{n} \Omega^2 = P \times 2a \cos \alpha' - Qb \times (\pi - 2\alpha'),$$

ou bien

$$\frac{I\Omega^2}{n} = 2Pa \times \left(\cos \alpha' - \frac{\pi - 2\alpha'}{\pi} \right).$$

Dans ces équations α' est évalué en parties du rayon. Le nombre entre parenthèses est égal à $0,2105$.

Soit encore H le nombre de chevaux-vapeur de la machine; N le nombre de tours que fait la manivelle dans une minute. Nous aurons

$$\Omega = \frac{2\pi N}{60}$$

et

$$2Pa = \frac{H \times 75 \times 60}{2N}.$$

L'équation devient donc

$$I \times \frac{4\pi^2 N^2}{60^2 n} = \frac{H \times 75 \times 60}{2N} \times 0,2105.$$

ou bien

$$I = \frac{Hn \times 75 \times 60^3 \times 0{,}2105}{8\pi^2 N^3} = \frac{Hn}{N^3} \times 43189.$$

Appelant Π le poids du volant et R son rayon moyen, on aura donc

$$\Pi R^2 = \frac{Hng}{N^3} \times 43189 = \frac{Hn}{N^3} \times 423684.$$

Comparée à la manivelle à simple effet, la manivelle à double effet réduit le moment d'inertie nécessaire, toutes choses égales d'ailleurs, dans le rapport de 2105 à 5511, ou dans le rapport de 3 à 8 environ.

MANIVELLE DOUBLE A DOUBLE EFFET.

26. Supposons que sur le même arbre tournant O on monte deux manivelles à angle droit, OM, OM′, sollicitées chacune par une bielle MP, M′P′, qui reste constamment parallèle au diamètre AB. Chaque bielle est à double effet, c'est- à-dire qu'elle tire du haut vers le bas quand le bouton de la manivelle parcourt la demi-circonférence AMM′B, et qu'elle pousse du bas vers le haut quand le bouton est passé dans l'autre demi-circonférence A$mm′$A. Les deux forces P, P′ qui agissent suivant ces bielles sont de plus égales et constantes.

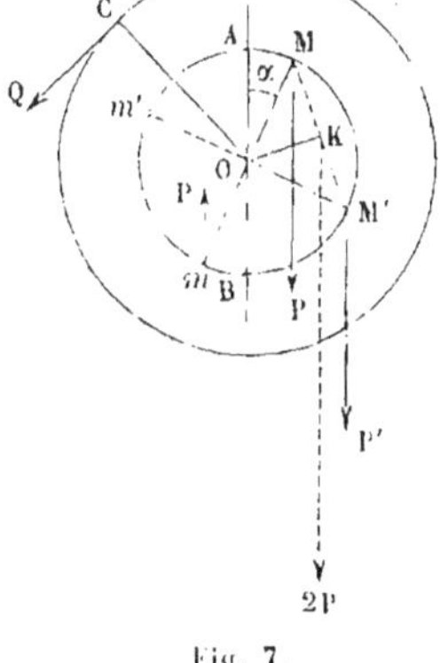

Fig. 7.

Le travail moteur pour un tour sera 8Pa, et le travail résistant, pris en valeur absolue, 2πQb. La condition du mouvement périodique et uniforme est

$$8Pa = 2\pi Qb,$$

ou bien, en divisant par 4,

$$2\mathrm{P}a = \frac{\pi}{2} \times \mathrm{Q}b;$$

elle montre que la périodicité du mouvement a lieu pour un quart de tour. Il est facile de vérifier que la somme des moments des forces mouvantes est la même dans les positions de la figure qui correspondent à une valeur de l'angle $\alpha = \mathrm{AOM}$, et à cette même valeur augmentée de $\frac{\pi}{2}$. En effet, considérons les deux positions des manivelles MOM′ et M′Om. Dans la première, les deux forces égales P et P′ agissent dans le même sens et du même côté du centre O de l'arbre tournant. Dans la seconde, elles agissent de côtés différents du centre, mais dans des sens opposés ; le moment de la force mP est d'ailleurs égal au moment de la force MP, de sorte que dans ces deux positions la somme des moments est la même.

Il suffit donc de considérer ce qui se passe quand le bouton M décrit un angle droit à partir du point A. Les deux forces P, P′, se composent en une seule force 2P, appliquée au point K, milieu de la corde MM′ ; le moment de cette force par rapport à l'axe O est

$$2\mathrm{P} \times \mathrm{OK} \sin \mathrm{KOA},$$

ou

$$2\mathrm{P} \times \frac{a}{\sqrt{2}} \sin\left(\alpha + \frac{\pi}{4}\right) = \mathrm{P}a\sqrt{2}\sin\left(\alpha + \frac{\pi}{4}\right).$$

La condition qui définit le maximum ou le minimum de la vitesse angulaire pendant le parcours du premier quadrant est

$$\mathrm{Q}b = \mathrm{P}a\sqrt{2}\sin\left(\alpha + \frac{\pi}{4}\right);$$

on en déduit

$$\sin\left(\alpha + \frac{\pi}{4}\right) = \frac{\mathrm{Q}b}{\mathrm{P}a\sqrt{2}} = \frac{4}{\pi\sqrt{2}}.$$

A ce sinus correspondent deux arcs positifs et $< \pi$; si on appelle $\frac{\pi}{4} + \alpha'$ le plus petit et $\frac{\pi}{4} + \alpha''$ le plus grand, celui-ci est le supplément du premier, et l'on a par conséquent

$$\frac{5\pi}{4} - \alpha' = \frac{\pi}{4} + \alpha'',$$

d'où résulte la relation

$$\alpha' + \alpha'' = \frac{\pi}{2}.$$

Les deux valeurs de α' et α'', qui correspondent la première au minimum, la seconde au maximum de la vitesse angulaire, sont donc complémentaires. On trouvera pour l'une, en degrés,

$$\alpha' = 19°12',$$

et pour l'autre

$$\alpha'' = 70°48'.$$

Appliquons le théorème des forces vives quand la manivelle OM passe de la position α' à la position α''. Le travail des forces P et P′ sera égal au travail de la force 2P appliquée au point K, c'est-à-dire à

$$2P \times \frac{a}{\sqrt{2}} \left[\cos\left(\frac{\pi}{4} + \alpha' \right) - \cos\left(\frac{\pi}{4} + \alpha'' \right) \right],$$

ou bien à

$$2Pa\sqrt{2} \cos\left(\frac{\pi}{4} + \alpha' \right),$$

puisque $\frac{\pi}{4} + \alpha''$ est le supplément de $\frac{\pi}{4} + \alpha'$.

Le travail de la résistance est égal en valeur absolue à

$$Qb \times (\alpha'' - \alpha'),$$

α'' et α' étant évalués en parties du rayon.

L'équation des forces vives sera donc

$$\frac{1}{2} I (\omega''^2 - \omega'^2) = \frac{I}{n} \Omega^2 = 2Pa\sqrt{2} \cos\left(\frac{\pi}{4} + \alpha' \right) - Qb (\alpha'' - \alpha')$$

$$= 8Pa \left[\frac{\sqrt{2} \cos\left(\frac{\pi}{4} + \alpha' \right)}{4} - \frac{\alpha'' - \alpha'}{2\pi} \right].$$

Réduisant la parenthèse en nombre, il vient

$$\frac{1}{n}\,\Omega^2 = 8\mathrm{P}a \times 0{,}0106.$$

On en déduit successivement

$$\mathrm{I} = \frac{\mathrm{H}n}{\mathrm{N}^5} \times 4347$$

et

$$\mathrm{H}\mathrm{R}^2 = \frac{\mathrm{H}n}{\mathrm{N}^5} \times 42644.$$

27. Les trois cas que nous avons examinés se résument dans le tableau suivant :

			Produit $\mathrm{H}\mathrm{R}^2$.
Manivelle	simple	à simple effet.	$\frac{\mathrm{H}n}{\mathrm{N}^5} \times 2\,248\,472$
		à double effet.	$\times\ \ 423\,684$
	double à double effet.	$\times\ \ \ \ 42\,644$

Le produit $\mathrm{H}\mathrm{R}^2$ serait encore moindre si l'on employait trois manivelles à double effet, montées à 120° les unes des autres.

Mais nos calculs supposent que les bielles restent constamment parallèles à la ligne AB des points morts. Il n'en est pas ainsi dans la pratique : de là une première cause d'irrégularité, qui conduit à augmenter le moment d'inertie du volant[1]. Une autre cause résulte de ce que la force motrice P n'est généralement pas constante.

Observons aussi que notre formule

$$\mathrm{H}\mathrm{R}^2 = \frac{\mathrm{H}ng}{\mathrm{N}^5} \times \mathrm{K},$$

où K désigne un nombre abstrait dépendant de la disposition de la machine, suppose expressément le volant calé sur l'ar-

---

[1] Dans le cas de la manivelle double à double effet, la bielle ayant 5 à 6 fois la longueur de la manivelle, on trouve que le coefficient 0,0106 de l'équation $\frac{\mathrm{I}\Omega^2}{n} = \mathrm{T} \times 0{,}0106$, T étant le travail moteur, doit être remplacé par 0,0355 pour tenir compte de l'obliquité.

bre qui porte les manivelles. Elle devrait être modifiée, si l'on plaçait le volant sur un autre arbre, engrenant avec le premier.

HOMOGÉNÉITÉ DES FORMULES.

28. Proposons-nous de reconnaître l'homogénéité de la formule

$$\mathrm{H}\mathrm{R}^2 = \frac{\mathrm{H}ng}{\mathrm{N}^5} \times \mathrm{K}.$$

H est le travail moteur en chevaux ; c'est le rapport d'un certain travail, Ph, au temps t employé pour le produire. P représente une force ou un poids, et h une longueur. Posons donc

$$\mathrm{H} = \frac{\mathrm{P}h}{t}.$$

n est un nombre absolu, ainsi que K.

g est une accélération, homogène à la quantité $\dfrac{h'}{t'^2}$, h' désignant une longueur, et t' un temps.

N est le nombre de tours accomplis dans un temps donné ; c'est une quantité homogène à $\dfrac{1}{t''}$, t'' désignant un temps.

Donc le produit $\dfrac{\mathrm{H}ng}{\mathrm{N}^5} \times \mathrm{K}$ est homogène à

$$\frac{\dfrac{\mathrm{P}h}{t} \times \dfrac{h'}{t'^2}}{\left(\dfrac{1}{t''}\right)^5} = \mathrm{P} \times hh' \times \frac{t''^5}{tt'^2}.$$

Le rapport de t''^5 à tt'^2 est un nombre ; hh' est homogène au carré d'une longueur, et la formule exprime par conséquent l'égalité de deux produits de même nature.

La formule $\mathrm{H}\mathrm{R}^2 = \mathrm{K}' \dfrac{\mathrm{H}n}{\mathrm{N}^5}$ n'est pas homogène, parce qu'on a remplacé g par sa valeur numérique, ce qui implique le choix de *l'unité d'accélération.*

MÉTHODE GÉNÉRALE POUR L'ÉTABLISSEMENT D'UN VOLANT.

29. Nous supposerons qu'une machine comprenne un *arbre principal* sur lequel le volant doit être placé, et divers arbres liés à l'arbre principal par des engrenages ou des courroies, de manière que la vitesse angulaire de chacun soit dans un rapport connu avec la vitesse angulaire du premier arbre. Ces divers corps tournants sont sollicités par des forces qui peuvent être mouvantes ou résistantes. Appelons $I_1, I_2, I_3, \ldots I_p$, les moments d'inertie des treuils, chacun par rapport à son axe particulier; $\omega_1, \omega_2, \omega_3, \ldots \omega_p$, leurs vitesses angulaires simultanées autour des mêmes axes; appelons encore λ_2, $\lambda_3, \ldots \lambda_p$, les rapports $\dfrac{\omega_2}{\omega_1}, \dfrac{\omega_3}{\omega_1}, \ldots \dfrac{\omega_p}{\omega_1}$, des vitesses angulaires des treuils, à partir du second, à la vitesse angulaire du premier. Soit, pour l'arbre dont le numéro est k, P_k la puissance appliquée tangentiellement à une circonférence de rayon a_k, et Q_k la résistance, appliquée tangentiellement à une circonférence de rayon b_k.

Soit enfin $\dfrac{\Pi R^2}{g}$ le moment d'inertie du volant qu'on se propose d'établir sur l'arbre n° 1.

L'équation des forces vives, appliquée à ce système, sera, en accentuant les vitesses angulaires pour la seconde époque, ou pour la seconde position prise par le système :

$$\frac{1}{2}\frac{\Pi R^2}{g}(\omega_1'^2 - \omega_1^2) + \frac{1}{2}\sum_1^p I_k(\omega_k'^2 - \omega_k^2) = \sum_1^p \int (P_k a_k - Q_k b_k)\, \omega_k\, dt.$$

L'intégrale du second membre doit être prise entre les deux positions.

Réduisons à une valeur infiniment petite l'intervalle compris entre la première et la seconde position. L'équation se changera en celle-ci

$$\frac{\Pi R^2}{g}\,\omega_1 d\omega_1 + \sum I_k \omega_k d\omega_k = \sum (P_k a_k - Q_k b_k)\,\omega_k dt.$$

Remplaçons ω_k par $\lambda_k \omega_1$, $d\omega_k$ par $\lambda_k d\omega_1$, et supprimons le facteur ω_1; nous aurons, en divisant par dt, l'équation de l'accélération angulaire du treuil principal :

$$\frac{d\omega_1}{dt}\left(\frac{\Pi R^2}{g} + \sum_1^p I_k \lambda_k^2\right) = \sum_1^p (P_k a_k - Q_k b_k)\lambda_k.$$

Au point de vue du mouvement, tout se passe donc comme si l'on séparait le treuil principal de tous les autres, en lui faisant porter, outre sa masse propre et la masse de son volant, des masses additionnelles ayant par rapport à son axe un moment d'inertie total égal à

$$\sum_2^p I_k \lambda_k^2,$$

et en le soumettant à de nouvelles forces ayant par rapport au même axe une somme de moments égale à

$$\sum_2^p (P_k a_k - Q_k b_k)\lambda_k,$$

en outre des forces P_1 et Q_1 qui le sollicitent directement. Le problème est donc ramené à régulariser le mouvement d'un arbre unique, soumis à des forces données, constantes ou variables, et animé d'un mouvement périodiquement uniforme dont la période est d'un tour.

30. L'équation du mouvement, après ces préparations, prend la forme

$$\frac{d\omega_1}{dt}\left(\frac{\Pi R^2}{g} + 1\right) = Pa - Qb,$$

1 étant le *moment d'inertie réduit*, P, Q les forces mouvantes et résistantes réduites, a et b leurs bras de levier. Une méthode graphique très-simple conduit à la détermination du volant.

Traçons dans un plan deux axes rectangulaires OX, OY. Le premier, OX, sera *l'axe des arcs* ou des angles au centre décrits par l'arbre tournant;

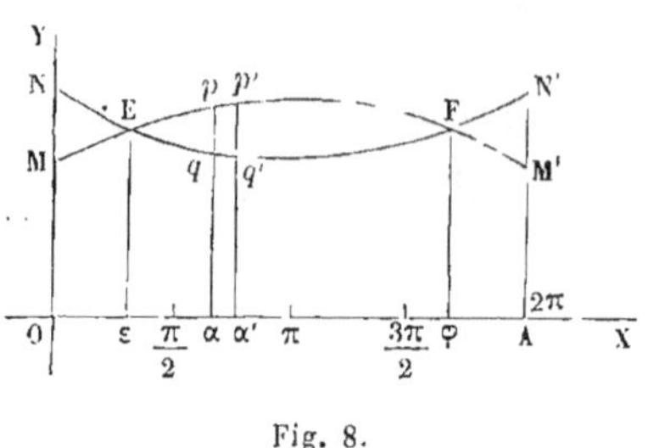

le second, OY, sera *l'axe des moments des forces* P et Q.

Sur le premier axe, prenons arbitrairement une longueur OA pour représenter la circonférence entière, 2π. Chaque point de l'intervalle OA correspondra à un certain angle α. On connaît pour cet angle les valeurs des moments Pa et Qb. Portons en ordonnées au point α les longueurs $\alpha p = \mathrm{P}a$, $\alpha q = \mathrm{Q}b$.

En répétant cette construction un certain nombre de fois, on tracera par points deux lignes, dont l'une, MpM', représentera les moments successifs de la force mouvante P, et l'autre NqN', les valeurs absolues des moments successifs de la force résistante Q. Le travail élémentaire de la force P, pour un déplacement angulaire de l'arbre égal à $d\alpha$, est P$a \times d\alpha$; il est représenté sur la figure par l'aire $p\alpha\alpha'p'$ d'un rectangle infinitésimal, ayant $\alpha p = \mathrm{P}a$ pour hauteur et $\alpha\alpha' = d\alpha$ pour base. De même le travail élémentaire de Q, pris positivement, est représenté par l'aire $\alpha qq'\alpha'$; de sorte que l'aire $qpp'q'$, comprise entre les deux courbes, représente la différence des deux travaux, c'est-à-dire le produit $(\mathrm{P}a - \mathrm{Q}b)\, d\alpha$. Cette différence est positive quand le point p est au-dessus du point q; alors le travail élémentaire des forces P et Q est moteur; il en est ainsi entre les points E et F où les courbes se rencontrent. La différence est au contraire négative à gauche du point E et à droite du point F, et en même temps le travail élémentaire des forces est négatif. La périodicité du mouvement tour par tour exige que la somme algébrique des travaux élémentaires des forces P et Q soit nulle pour un tour entier. On doit donc avoir

$$\text{aire E}p\text{F}q\text{E} = \text{aire ENM} + \text{aire FN'M'}.$$

En général, les forces P et Q repassent par les mêmes positions et les mêmes grandeurs à chaque tour, de sorte que les ordonnées extrêmes des deux courbes doivent se retrouver les mêmes. On a donc $AM' = OM$ et $AN' = ON$, égalités qui entraînent comme conséquence un double croisement au moins des courbes MM' et NN' entre les abscisses 0 et 2π, sans quoi la somme algébrique des aires comprises entre les deux courbes ne serait pas nulle. Les courbes peuvent se couper deux fois, comme le représente la figure, ou 4 fois, 6 fois, ... toujours en nombre pair. Les points E et F, où les courbes se rencontrent, définissent les angles $O\varepsilon$, $O\varphi$, pour lesquels les moments des forces P et Q sont égaux et se détruisent. Ce sont donc les positions d'équilibre de ces forces, et par suite les positions qui rendent la vitesse angulaire ω_1 maximum ou minimum.

Pour distinguer les maxima des minima, on observera qu'aux environs d'un minimum, la vitesse angulaire décroissant pour croître ensuite, le travail des forces passe du négatif au positif. Le point E correspond donc à un minimum, car, un peu avant, la courbe des valeurs de Qb est au-dessus de la courbe des valeurs de Pa; le contraire a lieu un peu après. On reconnaîtrait de même que F correspond à un maximum. Généralement, les minima et les maxima alternent ainsi dans l'étendue de la circonférence.

Admettons, pour fixer les idées, qu'il n'y ait, dans le tour entier, qu'un minimum, correspondant au point E, et un maximum, correspondant au point F. Nous appliquerons le théorème des forces vives entre la position définie par l'angle $O\varepsilon$ et la position définie par l'angle $O\varphi$. Appelant ω' et ω'' les vitesses angulaires correspondantes, Ω la vitesse moyenne, supposée égale à la moyenne des vitesses extrêmes, et n le coefficient de régularisation, il viendra

$$\frac{1}{2}\left(\frac{\Pi R^2}{g} + 1\right)(\omega''^2 - \omega'^2) = \left(\frac{\Pi R^2}{g} + 1\right)\frac{\Omega^2}{n} = T,$$

T étant le travail des forces P et Q depuis l'abscisse $O\varepsilon$ jusqu'à l'abscisse $O\varphi$. Ce travail est mesuré sur l'épure par l'aire $E\rho F q E$. Pour l'évaluer en kilogrammètres, on pourra chercher son rapport à l'aire $OME\rho FM'AO$, qui représente le travail moteur total pour un tour entier de l'arbre principal. Connaissant le travail moteur et le rapport de ces deux aires, on en déduira le travail T. L'équation précédente détermine ensuite le poids H.

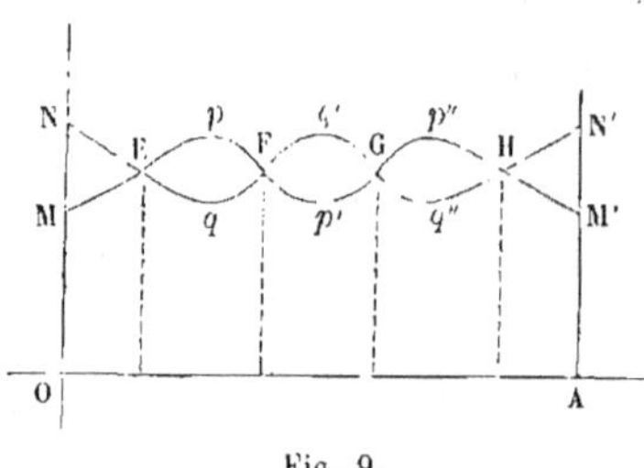

Fig. 9.

31. La méthode à suivre serait analogue s'il y avait 4 ou un plus grand nombre de positions d'équilibre. Supposons qu'il y en ait 4, et qu'elles correspondent au point E, F, G et H. Les points E et G seront des minima, les points F et H des maxima. On pourra alors essayer diverses combinaisons d'un maximum avec un minimum, savoir :

E et F, auquel cas l'aire à évaluer est l'aire $E\rho F q$,

E et H,	» »	$E\rho F q - F\rho'G q' + G\rho''H q''$,
F et G,	» »	$- F q'G\rho'$,
Enfin G et H,	» »	$G\rho''H q''$,

On devra prendre parmi ces 4 combinaisons celle qui donne pour le travail T la plus grande valeur absolue.

VOLANT POUR UNE MACHINE A BALANCIER.

52. La machine dont nous allons nous occuper est une machine à vapeur à balancier; la puissance P agit suivant une droite PF, sensiblement fixe, et éloignée du centre C du balancier de la quantité $CF = r$, sensiblement constante. Le balancier DCE oscille autour du point C; son extrémité E est articulée à la bielle EM, qui est articulée elle-même au bouton M de la manivelle. Les positions extrêmes du balancier sont D'E' et D''E'', qui correspondent, l'une au cas où la bielle et la manivelle sont en prolongement l'une de l'autre, en

E′M′, M′O, l'autre au cas où les deux pièces ont la même direction, E″M″, M″O, la seconde étant en retour de la première.

La rotation s'effectue autour du point C dans le sens M′MM″, tandis que le balancier a un mouvement alternatif; la force P change de sens à chaque oscillation simple, et agit dans le sens du mouvement du balancier.

La résistance Q est appliquée à une distance OH constante du point O.

Soit $OM = a$, $OH = b$, $EM = L$, $CE = c$. Nous avons déjà posé $CF = r$. Nous compterons les angles décrits par le rayon OM dans le sens de son mouvement, à partir du point mort supérieur M′. Soit donc $M′OM = \alpha$.

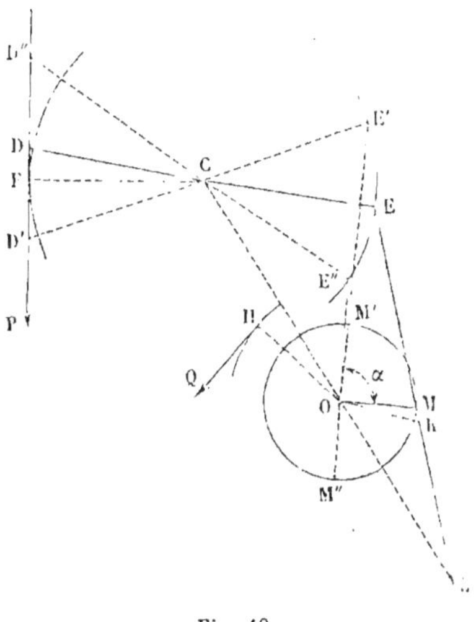

Fig. 10.

Nous représenterons par I le moment d'inertie de l'arbre tournant par rapport à l'axe O, y compris le volant qu'on y suppose monté, et par I′ le moment d'inertie du balancier par rapport à l'axe C. Appelons ω_0 la vitesse angulaire de l'arbre tournant quand le bouton de la manivelle passe au point mort M′, ω la vitesse angulaire du même arbre quand le bouton de la manivelle passe en un point M quelconque. La vitesse angulaire du balancier est nulle quand la machine est à l'un des points morts; appelons ω' la vitesse angulaire de la même pièce dans la position DCE qui correspond au passage du bouton de la manivelle en M. Soit T_m le travail de la puissance P entre ces deux positions, et T_r le travail de la résistance Q. Nous aurons, en négligeant la force vive de la bielle EM, l'équation

$$(1) \qquad \frac{1}{2} I (\omega^2 - \omega^2_0) + \frac{1}{2} I'\omega'^2 = T_m - T_r.$$

Joignons OC, et prolongeons cette droite et la droite EM jusqu'à leur rencontre en L. Nous savons (I, § 139) que $\frac{\omega'}{\omega} = \frac{OL}{CL}$. Si donc par le point O nous menons OK, parallèle à CE, jusqu'à la rencontre de la bielle prolongée, les triangles semblables CLE, OLK, nous donneront la proportion

$$\frac{OL}{CL} = \frac{OK}{CE},$$

et par suite

$$\omega' = \frac{OK}{CE} \times \omega;$$

CE est une quantité constante, c; OK est une grandeur variable avec la position de la manivelle et du balancier. Nous la représenterons par l, et nous aurons la relation

$$\omega' = \frac{l\omega}{c}.$$

Le travail de la force P peut s'évaluer de la manière suivante. Le travail élémentaire, pour un déplacement angulaire du balancier égal à $\omega'dt$, est

$$Pr \times \omega'dt,$$

ce qu'on peut écrire aussi

$$\frac{Prl}{c} \times \omega dt,$$

ou enfin

$$\frac{Prl}{c}\, d\alpha.$$

Le travail moteur $\mathcal{T}_m$ sera donc égal à

$$\int_0^\alpha \frac{Prl d\alpha}{c},$$

ou à

$$\frac{r}{c}\int_0^\alpha Pl d\alpha.$$

Le travail élémentaire de Q sera de même représenté en

valeur absolue par $Qb \times \omega dt$, ou $Qbd\alpha$, et le travail total, quand α varie de 0 à sa valeur $\alpha = M'OM$, sera

$$\int_0^\alpha Qbd\alpha = b \int_0^\alpha Qd\alpha.$$

L'équation (1) devient donc

$$(2) \qquad \frac{1}{2} I(\omega^2 - \omega_0^2) + \frac{1}{2} I' \frac{l^2\omega^2}{c^2} = \frac{r}{c} \int_0^\alpha Pld\alpha - b \int_0^\alpha Qd\alpha.$$

Les intégrales indiquées peuvent se calculer par des quadratures. Il suffit de partager la circonférence en un certain nombre m de parties égales; on suppose données les valeurs de P et de Q pour chacune des positions correspondantes du bouton de la manivelle; la variable l est donnée sur la figure par une construction géométrique. On peut donc calculer les valeurs des deux intégrales, et déterminer avec une suffisante approximation les valeurs successives du second membre. Une condition doit être remplie par les forces P et Q, c'est de satisfaire à l'équation

$$\frac{r}{c} \int_0^{2\pi} Pld\alpha - b \int_0^{2\pi} Qd\alpha = 0;$$

elle est nécessaire pour assurer tour par tour le mouvement périodiquement uniforme de la machine. On simplifiera le premier membre de l'équation (2) en observant que dans le terme $\frac{1}{2} I' \frac{l^2\omega^2}{e^2}$ la vitesse angulaire ω diffère peu de sa valeur moyenne Ω, puisque la présence du volant assure la presque uniformité du mouvement. L'équation prend alors la forme

$$(3) \qquad \frac{1}{2} I(\omega^2 - \omega_0^2) = \frac{r}{c} \int_0^\alpha Pld\alpha - b \int_0^\alpha Qd\alpha - \frac{I'l^2\Omega^2}{2c^2},$$

et dans le dernier terme, l^2 est la seule quantité variable. On pourra donc former un tableau des valeurs du second membre pour les m valeurs de α; appelant H l'une quelconque de ces valeurs, H sera une fonction continue de α, qui, s'annulant pour $\alpha = 0$ et pour $\alpha = 2\pi$, a dans l'intervalle un maximum et un minimum, ou deux maxima et deux minima, ou trois maxima et trois minima, et ainsi de suite. On déterminera ces maxima et ces minima d'après l'inspection du tableau ou la construction d'une courbe. Appelons H_1 le plus grand des maxima, et H_2 le plus petit des minima (eu égard aux signes). A la différence $H_1 - H_2$ correspondra le plus grand écart entre les vitesses angulaires de l'arbre tournant ; appelons ω_1 et ω_2 la vitesse maximum et la vitesse minimum, et soit n le coefficient de régularisation, nous aurons, en posant encore $\dfrac{\omega_1 + \omega_2}{2} = \Omega,$

$$\frac{1}{2} I (\omega_1{}^2 - \omega_2{}^2) = \frac{I\Omega^2}{n} = H_1 - H_2.$$

Cette équation fait connaître I et détermine le moment d'inertie qu'il est nécessaire de donner au volant.

CALCUL DE LA PLUS GRANDE TENSION DE LA BIELLE.

35. Le balancier est soumis d'une part à la force P, d'autre part à la tension N de la bielle. L'équation de son mouvement est donc

$$I' \frac{d\omega'}{dt} = Pr + Nc\sin\beta,$$

β étant l'angle de la bielle avec le balancier. Si l'on suppose P sensiblement constant, le maximum de N correspond à peu près au maximum de $\dfrac{d\omega'}{dt}$; or $\omega' = \dfrac{l\omega}{c}$, et

$$\frac{d\omega'}{dt} = \frac{l}{c} \frac{d\omega}{dt} + \frac{\omega}{c} \frac{dl}{dt};$$

$\dfrac{d\omega}{dt}$ étant toujours très-petit, par suite de la régularité du mouvement, $\dfrac{d\omega'}{dt}$ est sensiblement proportionnel à $\dfrac{dl}{dt}$, ou à

$\dfrac{dl}{d\alpha} \times \dfrac{d\alpha}{dt}$, ou enfin $\omega \dfrac{dl}{d\alpha}$; nous poserons donc approximativement

$$\frac{d\omega'}{dt} = \frac{\omega^2}{c}\frac{dl}{d\alpha}.$$

Cette équation est rigoureuse aux points morts, car alors $l = 0$, et $\dfrac{d\omega'}{dt} = \dfrac{\omega}{c}\dfrac{dl}{dt}$. Alors ω prend la valeur particulière ω_0.

La question est ramenée à trouver le maximum du rapport $\dfrac{dl}{d\alpha}$; il a lieu pour $\alpha = 0$.

Prenons un point M infiniment voisin du point mort M' sur la circonférence décrite par le bouton de la manivelle. Joignons E'M, et menons OK parallèle à CE'.

L'élément MM' étant normal à OE', la droite E'M est égale, aux infiniment petits d'ordre supérieur près, à la droite E'M'. La bielle passe donc de la position E'M' à la position E'M, en même temps que la manivelle décrit l'angle M'OM $= d\alpha$. La quantité dl est représentée sur la figure par OK, puisque l est nul pour $\alpha = 0$. Or on a dans le triangle OMK

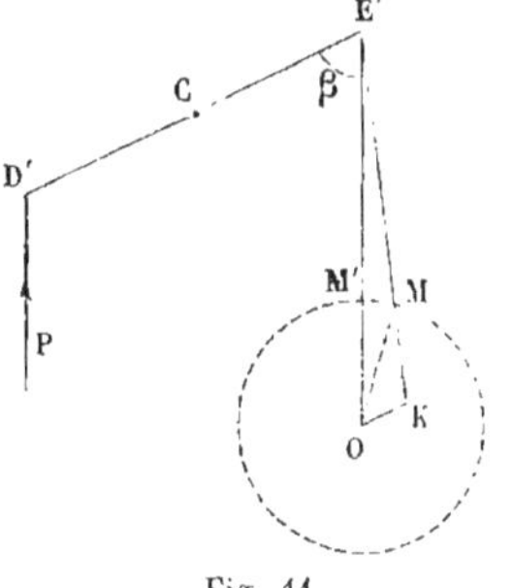

Fig. 11.

$$\frac{OK}{OM} = \frac{\sin OMK}{\sin OKM}.$$

L'angle OKM est le supplément de l'angle β, en négligeant l'angle infiniment petit MOM'; donc $\sin OKM = \sin \beta$. Quant au sinus de l'angle infiniment petit OMK, il est égal à l'arc qui mesure cet angle dans le cercle de rayon égal à l'unité. Or OMK est la somme des angles infiniment petits M'E'M et MOM'; le premier a pour mesure $\dfrac{MM'}{E'M'} = \dfrac{a\,d\alpha}{L}$, le second

$$\frac{MM'}{OM} = d\alpha.$$

Donc

$$\sin OMK = d\alpha \times \left(1 + \frac{a}{L}\right),$$

et par suite

$$OK = dl = \frac{a\,d\alpha}{\sin \beta}\left(1 + \frac{a}{L}\right).$$

Donc enfin

$$\frac{dl}{d\alpha} = \frac{a}{\sin \beta}\left(1 + \frac{a}{L}\right) = a \times \frac{L + \alpha}{L \sin \beta}.$$

Substituons cette valeur dans l'équation, et nous aurons pour déterminer N l'équation

$$I'\,\frac{\omega_0^2 a}{c}\,\frac{L + \alpha}{L\alpha \sin \beta} = Pr + Nc\sin \beta.$$

Pour en faire usage, il faut distinguer l'instant qui précède le passage au point mort de l'instant qui le suit, car la force P change de signe de l'un à l'autre.

Avant le passage au point mort, le rayon CE' monte et en même temps son mouvement se ralentit : l'accélération $\dfrac{d\omega'}{dt}$ sera négative si l'on prend pour positif le sens du mouvement, et positive dans le cas contraire. Adoptons cette dernière hypothèse, c'est-à-dire regardons comme sens positif celui dans lequel le point E' s'abaisse. Avant le passage au point mort, le sens de la force P tend à faire descendre le point D et à faire monter le point E. Le moment Pr doit donc être pris négativement, et on a par conséquent l'équation

$$Nc\sin \beta = I'\,\frac{\omega_0^2 a}{c}\,\frac{L + a}{L\sin \beta} + Pr.$$

Après le passage du point mort, l'accélération $\dfrac{d\omega'}{dt}$ reste positive, mais la force P change de sens, et la formule devient

$$Nc\sin \beta = I'\,\frac{\omega_0^2 a}{c}\,\frac{L + a}{L\sin \beta} - Pr.$$

Une valeur positive de N indique une traction exercée par la bielle sur le point E' dans le sens descendant ; la réaction du balancier sur la bielle est donc dirigée en sens contraire, c'est-à-dire dans le sens qui tend à allonger la bielle. En d'autres termes, N positif indique une tension; N négatif indiquerait une compression.

Pour l'application des formules, on remplacera ω_0, qui n'est pas déterminé, par la vitesse angulaire moyenne Ω, qui en diffère très-peu.

EFFORTS INTÉRIEURS AUXQUELS UN VOLANT EST SOUMIS.

34. Le volant n'est utile que si sa vitesse angulaire ω varie entre deux limites déterminées, et qu'elle se trouve alternativement inférieure et supérieure à la vitesse moyenne Ω. Lorsque la vitesse de la machine tend à décroître, une partie de la force vive du volant se transforme en travail moteur et tend à ramener la vitesse moyenne; quand au contraire le mouvement de la machine s'accélère, le volant intervient pour restreindre cette accélération, en emmagasinant à l'état de force vive une partie de l'excès du travail moteur.

Le volant est formé d'une jante massive réunie à l'arbre tournant par des bras métalliques. Chaque point de ce système tournant décrit un certain cercle avec une vitesse angulaire ω et une accélération $\dfrac{d\omega}{dt}$.

La force d'inertie du point se réduit donc à deux composantes, l'une centrifuge et égale à $m\omega^2 r$, m étant la masse de ce point et r sa distance à l'axe, l'autre tangentielle, égale à $-mr\dfrac{d\omega}{dt}$, dans le sens du mouvement ou en sens contraire suivant le signe de l'accélération $\dfrac{d\omega}{dt}$. Le volant doit être capable de résister aux forces réelles qui le sollicitent et aux forces d'inertie. Pour vérifier sa résistance, il convient donc de tenir compte non-seulement du poids de l'appareil, des réactions de l'axe et des efforts exercés par les corps voisins, si le volant mène d'autres roues, mais encore des forces centrifuges et des forces d'inertie tangentielles de ses propres molécules.

La force centrifuge agit pour étendre les bras dans le sens de leur longueur, et pour distendre la couronne. Elle est proportionnelle pour chaque point à $m\omega^2 r$. On voit qu'elle croît proportionnellement à r; la force centrifuge serait donc très-grande dans un volant de très-grand diamètre. Soit O le centre du volant, MN un fragment de la couronne, R son rayon moyen, et p le poids de l'unité de longueur de la couronne, mesurée sur sa circonférence moyenne. Cherchons la condition d'équilibre d'un élément compris entre deux plans ABO, A'B'O, faisant entre eux un angle infiniment petit θ. Négligeant le poids de cet élément et la force d'inertie tangentielle, nous exprimerons qu'il est en équilibre sous l'action des deux tensions égales t et t', normales aux faces AB, A'B', et de la force centrifuge dirigée suivant la bissectrice CF. La force F coupant en deux parties égales l'angle tct', on aura

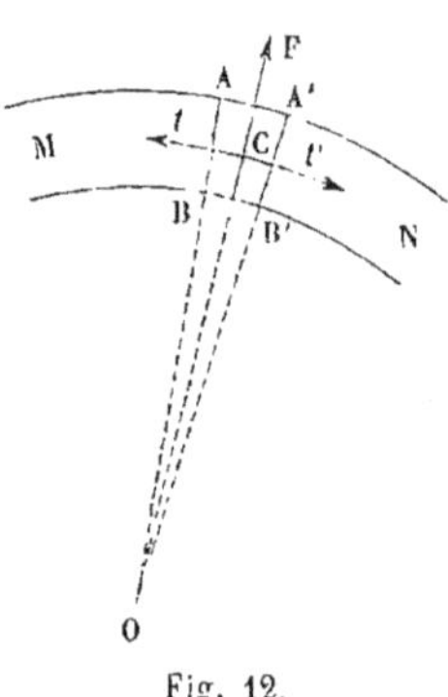

Fig. 12.

$$2t\cos tCO = F.$$

L'angle tCO est le complément de la moitié de θ; donc $\cos tCO = \sin \dfrac{\theta}{2} = \dfrac{\theta}{2}$, en remplaçant le sinus par l'arc lui-même. Donc

$$t\theta = F.$$

Mais le poids de l'élément est $p \times R\theta$; sa masse est $\dfrac{p}{g} R\theta$, et la force F est par conséquent égale à

$$\frac{p}{g} R\theta \times \omega^2 R = \frac{p}{g} R^2\omega^2\theta.$$

Donc

$$t = \frac{p}{g} R^2\omega^2 = \frac{p}{g} v^2,$$

v étant la vitesse linéaire moyenne du volant.

La tension t développée dans la couronne par la force centrifuge est donc égale à la force vive de la couronne par unité de longueur.

Le poids p est le produit du poids spécifique ϖ du métal qui compose le volant, par la section transversale S de la couronne; ce qui donne

$$t = \frac{\varpi}{g}\, SR^2\omega^2$$

et

$$\frac{t}{S} = \frac{\varpi}{g}\, R^2\omega^2.$$

Le rapport $\dfrac{t}{S}$ est la tension moyenne de la couronne par unité de surface; on voit qu'elle est indépendante de S, et qu'elle croît proportionnellement au carré de R. Il importe donc que R ne soit pas trop grand, sans quoi la tension $\dfrac{t}{S}$ excéderait la limite de résistance du métal, et le volant, quelque section qu'on lui ait donnée, serait brisé par la seule force centrifuge.

La force d'inertie tangentielle, $-\,mr\,\dfrac{d\omega}{dt}$, agit sur les bras pour les infléchir, tantôt dans un sens, tantôt dans le sens opposé. Elle fait aussi varier d'un point à l'autre les tensions t de la couronne. On calculera la section à donner aux bras du volant d'après la plus grande valeur que puisse avoir le produit $mr\,\dfrac{d\omega}{dt}$; pour cela, on supposera que les divers fragments du volant compris entre deux bras consécutifs soient concentrés au bout de chaque bras. La masse m est alors égale au poids Π du volant divisé par le nombre de bras et par le nombre g; r est égal à R, rayon moyen de la couronne. Enfin on doit attribuer à l'accélération $\dfrac{d\omega}{dt}$ la plus grande valeur qu'elle puisse avoir. Le reste du problème dépend de la théorie de la résistance des matériaux.

VOLANTS D'OUTILS.

35. Reprenons la question traitée dans le § 18. Deux treuils O et O′, sollicités le premier par une puissance P, le second par une résis-tance Q, sont réunis par une courroie dont le brin moteur est AB. Si l'on appelle T la tension de cette courroie, P_1 et Q_1 les valeurs des forces P et Q *quand on les réduit*

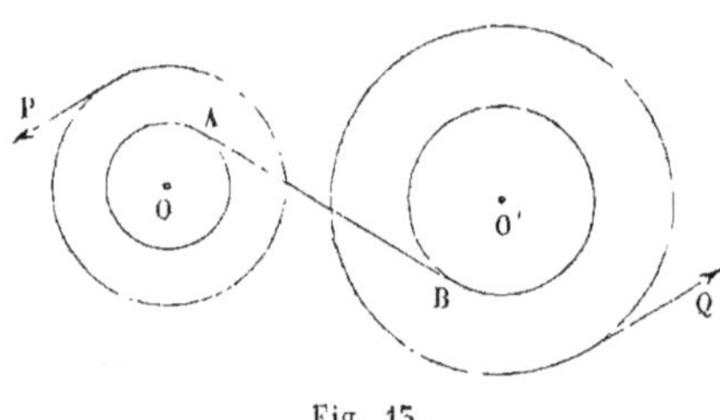

Fig 15.

aux circonférences OA et O′B, μ et μ′ les masses des treuils réduites à ces mêmes circonférences, on aura

$$T = \frac{P_1 \mu' + Q_1 \mu}{\mu + \mu'}.$$

Les accélérations $\dfrac{d\omega}{dt}$ et $\dfrac{d\omega'}{dt}$ des treuils O et O′ sont don-nées par les équations

$$\mu r \frac{d\omega}{dt} = P_1 - T \quad \text{et} \quad \mu' r' \frac{d\omega'}{dt} = T - Q.$$

Ces équations montrent que les accélérations sont nulles si l'on a $P_1 = Q_1$, hypothèse qui rend la tension T égale à la valeur commune des forces réduites. Le mouvement des treuils est alors uniforme.

Supposons que la force Q_1 reçoive un accroissement p, po-sitif ou négatif, en sorte qu'on ait $Q_1 = P_1 + p$.

Il en résultera

$$T = P_1 + p \times \frac{\mu}{\mu + \mu'} = P_1 + p \times \frac{1}{1 + \frac{\mu'}{\mu}}.$$

On voit que la variation $T - P_1$ aura le signe de p, et par suite $P_1 - T$ aura un signe contraire. Donc $\dfrac{d\omega}{dt}$ sera positif si

p est négatif, et négatif s'il est positif. Il en sera de même de $\frac{d\omega'}{dt}$, à cause de la relation $r\frac{d\omega}{dt} = r'\frac{d\omega'}{dt}$. Mais il importe que la tension T soit toujours positive, et que ses variations soient les plus petites possible. Pour satisfaire à ces conditions, il suffit de rendre très-petite la fraction $\dfrac{1}{1 + \dfrac{\mu'}{\mu}}$, ce qui revient à donner à la masse μ' une grande valeur par rapport à la masse μ. Moyennant cette précaution, la variation de T devient négligeable, et le signe de la tension reste toujours le même. L'artifice consiste en résumé *à augmenter la masse, ou plutôt le moment d'inertie du treuil auquel est appliquée la force variable :* on y parvient en montant un volant sur l'axe de ce treuil. Un tel volant s'appelle un *volant d'outil,* pour le distinguer des volants qu'on applique à l'arbre principal de la machine pour en régulariser la marche.

36. La même solution s'applique à un nombre quelconque de treuils liés les uns aux autres par des courroies ou des engrenages. Reprenons la formule du § 19

$$\tau_k = \frac{\sum_1^k \varphi_i \sum_{k+1}^n \mu_i - \sum_{k+1}^n \varphi_i \sum_1^k \mu_i}{\sum_1^n \mu_i}.$$

Si l'on introduit la condition du mouvement uniforme,

$$\sum_1^n \varphi_i = 0,$$

il vient

$$\tau_k = \sum_1^k \varphi_i = -\sum_{k+1}^n \varphi_i.$$

Supposons maintenant que l'une des forces φ_j reçoive un accroissement $\Delta\varphi_j$; la nouvelle valeur de τ_k sera $\tau_k + \Delta\tau_k$, et nous calculerons l'accroissement $\Delta\tau_k$ par l'équation

$$\Delta\tau_k = \frac{\Delta\varphi_j \sum_{k+1}^n \mu_i}{\sum_1^n \mu_i},$$

si j est au plus égal à k, et l'équation

$$\Delta\tau_k = -\,\frac{\Delta\varphi_j \sum_1^k \mu_i}{\sum_1^n \mu_i},$$

si j surpasse k.

Le coefficient de $\Delta\varphi_j$ comprend une somme de masses parmi lesquelles ne se trouve pas la masse du treuil j. Au contraire les masses de tous les treuils entrent en dénominateur. Il y a donc intérêt, pour rendre $\Delta\tau_k$ le plus petit possible en valeur absolue, à augmenter la masse μ_j, c'est-à-dire le moment d'inertie du treuil soumis aux actions de la force variable.

INFLUENCE DES MASSES EN GÉNÉRAL.

37. Les équations

$$m\frac{dv}{dt} = F,$$

$$\frac{d\omega}{dt} = \frac{\Sigma P p}{I},$$

dont l'une définit le mouvement d'un point matériel sur sa trajectoire, et l'autre le mouvement d'un solide autour d'un axe de rotation sous l'action de forces données, montrent que plus les facteurs m ou I sont grands, plus la variation des vitesses v et ω est lente. Mais cette conclusion suppose que les forces F et P sont constantes; que la force F, par exemple, ne varie pas proportionnellement à la masse de son point d'application comme cela arrive pour la pesanteur; dans ce cas le facteur m disparaîtrait de l'équation et la masse perdrait toute influence.

Le mouvement d'un système de grande masse, soumis à des forces motrices variables entre des limites fixes, tend en général à être uniforme. Par exemple, un train de chemin de fer a en palier horizontal une vitesse sensiblement constante, malgré les variations périodiques de la traction exercée par la locomotive. Le travail de la machine est très-variable dans l'étendue de chaque tour de roue; mais la masse du train fait l'office d'un volant, et donne à la roue motrice un mouvement sensiblement uniforme.

Le balancier dont se sert un danseur de corde montre une application du même principe. La stabilité du danseur sur la corde raide suppose l'intervention continuelle des pressions développées par les différentes parties de ses pieds. S'il s'abandonnait à la pesanteur, le danseur tomberait en pivotant autour de la corde pendant les premiers instants de sa chute. Ce mouvement de renversement doit être rendu le plus lent possible; le balancier, formé d'une longue tige terminée par deux boules massives, a, sous un faible poids, un grand moment d'inertie par rapport à la corde, et ce moment d'inertie s'ajoute à celui du danseur pour réduire l'accélération angulaire que la pesanteur tendrait à lui communiquer. Grâce à cet artifice, le danseur trouve le temps de faire des mouvements qui ramènent son centre de gravité dans la verticale de la corde, et c'est ainsi qu'il retrouve son équilibre.

CHAPITRE IV

DES CONTRE-POIDS.

---

38. On introduit souvent des contre-poids dans les machines; ils peuvent y remplir trois fonctions principales :

1° Ils servent à réduire à zéro le travail de la pesanteur sur les pièces de la machine;

2° Ils régularisent le mouvement de la machine à la façon d'un volant, non-seulement par leur poids, mais encore par leur masse;

3° Ils augmentent la stabilité de la machine, en détruisant dans une certaine mesure les oscillations qu'elle tend à prendre par suite des mouvements de ses divers organes.

DES CONTRE-POIDS QUI RÉDUISENT A ZÉRO LE TRAVAIL DE LA PESANTEUR.

39. Pour donner un exemple de cet emploi d'un contre-poids, considérons la transmission du balancier à l'arbre tournant de la machine à vapeur, à l'aide d'une bielle et d'une manivelle. Soit BA le balancier, OD la manivelle, C le centre du balancier, et O l'arbre tournant. La droite AD représente la bielle. La pièce BA peut être *centrée*; son centre de gravité reste alors immobile au point C. Il en est de même de l'arbre tournant

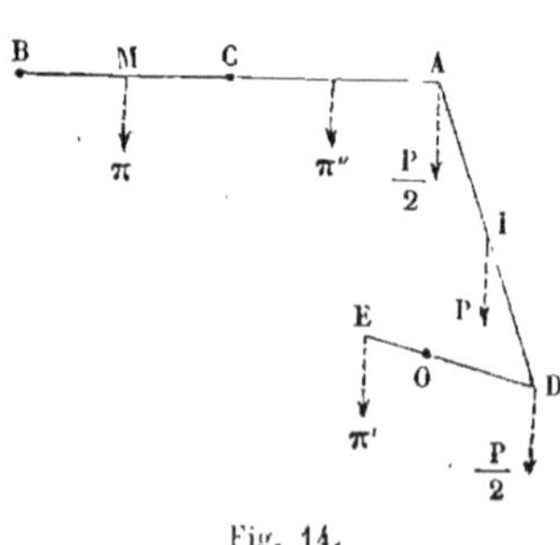

Fig. 14.

O et de toutes les pièces qui font corps avec lui, y compris la manivelle OD. On peut disposer les masses de telle sorte que le centre de gravité de cette partie de la machine soit au point O. Ces deux conditions détruisent le travail de la pesanteur sur le balancier et sur l'arbre tournant. Pour détruire le travail de la pesanteur sur la bielle, nous observerons, comme au § 22, que le poids total P de cette pièce peut être supposé partagé par moitié entre les deux points A et D : la composition de ces deux poids donne pour résultante le poids total appliqué au milieu I de la droite AD, c'est-à-dire au centre de gravité de la bielle. On pourra détruire le travail du poids $\frac{P}{2}$ appliqué en A, en fixant sur le balancier, en un point M situé de l'autre côté du point C, un contre-poids Π satisfaisant à l'égalité

$$\Pi \times CM = \frac{P}{2} \times CA.$$

Car cette relation fixe au point C le centre de gravité des poids Π et $\frac{P}{2}$. De même, on détruira le travail de la pesanteur sur le poids $\frac{P}{2}$ placé en D, en fixant en E, sur le prolongement de la manivelle, un contre-poids Π' satisfaisant à l'égalité

$$\Pi' \times OE = \frac{P}{2} \times OD,$$

en vertu de laquelle le centre de gravité des poids Π' et $\frac{P}{2}$ est au point O.

On reconnaîtrait de la même manière qu'on peut, à l'aide d'un contre-poids Π'' appliqué en un point de la branche CA du balancier, réduire approximativement à zéro le travail de la pesanteur sur les pièces reliées à la branche CB, c'est-à-dire sur le piston moteur de la machine et sur les pistons des pompes, y compris leurs tiges et leurs accessoires. Les deux contre-poids Π et Π'' peuvent d'ailleurs se composer en un seul, situé en leur centre de gravité commun.

Il y a intérêt à réduire le poids des pièces, puisqu'il en résulte une diminution des pressions et des frottements. Cette considération conduit à éloigner les contre-poids le plus possible des arbres tournants C et O.

Les machines *à action directe* dans lesquelles le cylindre moteur est horizontal ont cet avantage sur les machines à balancier que la pesanteur ne produit aucun travail sur le piston, ni sur la moitié du poids de la bielle que l'on peut supposer appliquée à l'articulation avec la tige. Il suffit donc d'un contre-poids placé sur le prolongement de la manivelle pour détruire le travail de la pesanteur. Ce n'est pas le seul avantage de ces sortes de machines.

DES CONTRE-POIDS DESTINÉS A RÉGULARISER LE MOUVEMENT.

40. Tout contre-poids entraîné dans le mouvement d'un arbre tournant agit par sa masse pour accroître le moment d'inertie de cet arbre; de-là un premier effet de régularisation, puisque la régularité d'un mouvement de rotation est d'autant mieux assurée que le moment d'inertie du corps tournant est plus considérable. Cette conclusion est indépendante de la position donnée au contre-poids autour de l'arbre, et elle subsisterait encore si on en répartissait la masse tout autour en couronne circulaire. Mais on peut déterminer la position du contre-poids de manière à faire servir le travail de la pesanteur à la régularisation de la machine. Pour cela, il est nécessaire que le contre-poids soit excentrique.

CONTRE-POIDS POUR UNE MANIVELLE SIMPLE A SIMPLE EFFET.

41. Considérons d'abord une manivelle simple à simple effet, et supposons que la bielle reste verticale, et soit solli-

citée par une force P, constante pendant sa course dans un seul sens. L'emploi d'un contre-poids placé sur le prolongement de la manivelle donnera à la bielle le double effet.

Soit OM la manivelle, MP la bielle, sollicitée par la force P, de haut en bas, quand le bouton M parcourt la demi-circonférence ACB, et revenant libre dans l'autre sens quand le bouton parcourt la seconde demi-circonférence BDA.

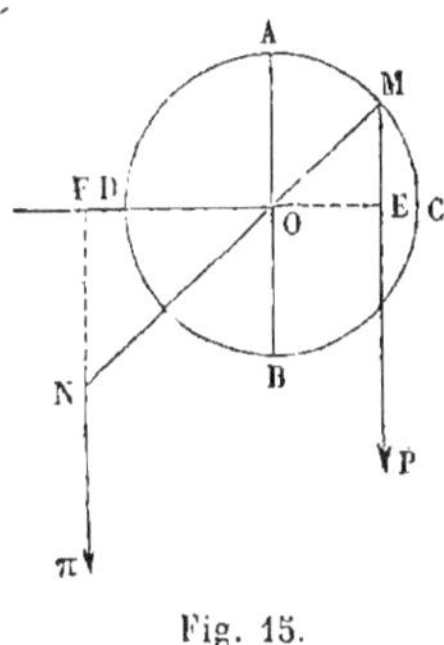

Fig. 15.

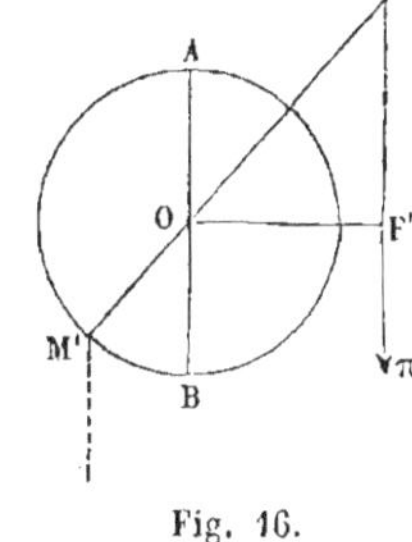

Fig. 16.

Plaçons en un point quelconque N, pris sur MO prolongée, un poids Π déterminé par la relation

$$\Pi \times ON = \frac{1}{2} P \times OM.$$

La somme des moments des forces P et N par rapport au point O, à un instant quelconque du mouvement descendant du point M, sera

$$P \times OE - \Pi \times OF ;$$

mais

$$\Pi \times OF = \frac{1}{2} P \times OE$$

en vertu de la condition posée ci-dessus et de la similitude des triangles ONF, OME. La somme des moments à cet instant est donc

$$\frac{1}{2} P \times OE.$$

Prenons maintenant la figure dans la position qu'elle occupe quand la manivelle a avancé d'une demi-circonférence. Le contre-poids est alors en N′, et la force qui sollicite la bielle est nulle. Donc la somme des moments des forces se réduit à $\Pi \times OF'$, qui est égal à $\Pi \times OF$, ou enfin à $\frac{1}{2} P \times OE$. Tout se passe donc comme si la force P, réduite à la moitié de sa valeur, agissait de haut en bas pendant la marche descendante du bouton de la manivelle, et de bas en haut pendant la marche ascendante, en d'autres termes, comme si la bielle possédait le double effet.

Nous avons vu (§ 27) que la machine à double effet demande un volant bien moindre que la machine à simple effet, à égalité de régularisation. L'emploi d'un contre-poids, équivalant au double effet, entraîne une pareille réduction.

La solution que nous venons de donner suppose la bielle MP constamment verticale. Mais elle s'applique aussi à une direction quelconque de la bielle dans le plan vertical, pourvu que le parallélisme de cette direction soit conservé. Pour s'en assurer, il suffit d'observer que nos calculs reposent uniquement sur la considération des moments des forces, et que rien n'y serait changé si l'on faisait tourner d'un certain angle la bielle et la manivelle autour du point O, le poids Π, qui doit toujours agir verticalement, n'étant pas entraîné dans cette rotation. Soit, par exemple, AB la ligne des points morts, OM la manivelle, MP la bielle parallèle à AB, et sollicitée seulement dans le sens MP. Pour placer le contre-poids, menons par le centre O la verticale $\alpha\beta$, *ligne des points morts du contre-poids*; puis prenons sur la circonférence décrite par le bouton M un arc $\beta\gamma = $ AM. Nous placerons le contre-poids Π en un point N de la droite Oγ, et nous déterminerons sa valeur par l'équation

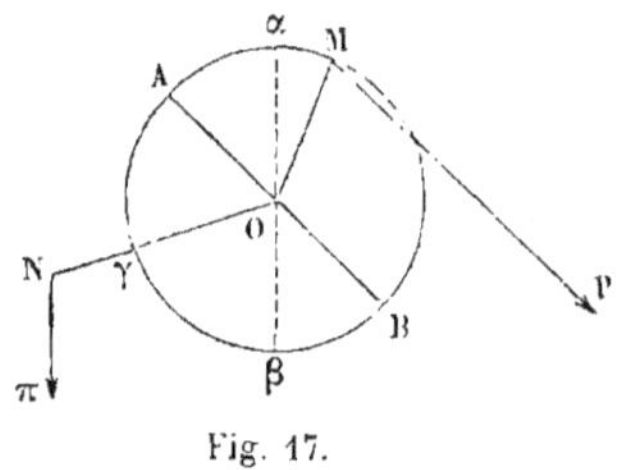

Fig. 17.

$$\Pi \times ON = \frac{1}{2} P \times OM.$$

Le contre-poids montera tant que la force P sera appliquée

à la bielle, pendant que le bouton M parcourt l'arc AMB. Il descendra et agira comme moteur tant que l'action de la bielle sera supprimée, ou tant que le bouton parcourra l'arc BβγA, et le double effet sera assuré.

CONTRE-POIDS POUR UNE MANIVELLE SIMPLE A DOUBLE EFFET.

42. Pour régulariser au moyen d'un contre-poids une machine à manivelle simple à double effet, il convient de placer le contre-poids II sur un arbre particulier, O′, engrenant avec l'arbre principal, O, et animé d'une vitesse angulaire double. On place le contre-poids de manière qu'à l'instant où le bouton de la manivelle passe au point mort A, le contre-poids II soit en D sur le diamètre horizontal de la circonférence qu'il décrit, et à l'extrémité descendante de ce diamètre. Alors le moment du poids II par rapport au centre O′ est maximum à l'instant où la force P cesse d'agir par

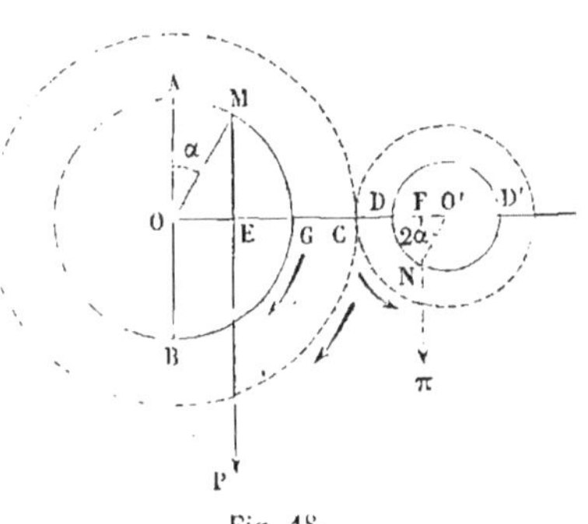

Fig. 18.

suite de son passage au point mort. Le contre-poids se retrouve d'ailleurs en D dans des conditions identiques, lorsque le bouton de la manivelle passe au second point mort B, puisque l'arbre du contre-poids fait un tour entier quand l'arbre principal fait la moitié d'un tour.

La transmission entre les deux arbres s'opère par l'engrenage de deux roues OC, CO′ dont la première a un rayon double du rayon de la seconde.

A un instant quelconque, le moment de la force P par rapport au point O est $P \times OE$, ou $P \times a \sin \alpha$, en désignant par α l'angle AOM, décrit par la manivelle à partir du point mort, et par a la longueur OM de la manivelle. Cette formule s'applique à toute valeur de α comprise entre 0 et π. Au delà, de π à 2π, il faut la changer de signe, puisque P agit en sens contraire.

Le moment du poids Π par rapport au point O' est $\Pi \times O'F$, ou $\Pi b \cos 2\alpha$, en appelant b le rayon $O'N$ de la circonférence décrite par le contre-poids, et en observant que l'angle $DO'N$, décrit par ce rayon à partir de l'horizontale $O'D$, est égal à 2α. Cette formule est vraie sans restriction.

Si on donne un déplacement $d\alpha$ à la manivelle OM, il en résulte un déplacement $2d\alpha$ du rayon $O'N$, et par suite le travail élémentaire des forces P et Π est

$$P a \sin\alpha\, d\alpha + 2\Pi b \cos 2\alpha\, d\alpha,$$

si α est compris entre 0 et π, et

$$- P a \sin\alpha\, d\alpha + 2\Pi b \cos 2\alpha\, d\alpha,$$

si α est compris entre π et 2π.

Nous pouvons nous borner à étudier la première formule, car tout se passe dans la seconde moitié du tour de la manivelle OM comme dans la première, le contre-poids faisant un nouveau tour entier, et la force P ayant changé de sens. Or, lorsque α varie de 0 à π, le produit $P a \sin\alpha$ varie de 0 pour $\alpha = 0$ à Pa pour $\alpha = \dfrac{\pi}{2}$, et revient à 0 pour $\alpha = \pi$. Le produit $2\Pi b \cos 2\alpha$ varie en même temps de $2\Pi b$ pour $\alpha = 0$, à $- 2\Pi b$ pour $\alpha = \dfrac{\pi}{2}$, et à $2\Pi b$ pour $\alpha = \pi$. Le coefficient de $d\alpha$ a donc les valeurs suivantes

$$2\Pi b, \qquad\qquad Pa - 2\Pi b, \qquad\qquad 2\Pi b,$$

pour

$$\alpha = 0, \qquad\qquad \alpha = \dfrac{\pi}{2}, \qquad\qquad \alpha = \pi.$$

La régularité de la transmission serait parfaite si le coefficient de $d\alpha$ restait constant. Si l'on ne peut satisfaire à cette condition, on peut du moins s'arranger pour que les trois valeurs calculées soient les mêmes; il suffit pour cela de faire

$$Pa - 2\Pi b = 2\Pi b,$$

ce qui donne la condition $\Pi b = \dfrac{1}{2} Pa$.

43. Nous allons chercher quel volant il conviendrait de donner à une machine à manivelle simple et à double effet, déjà régularisée par un contre-poids animé d'une vitesse angulaire double, et satisfaisant soit à la condition qu'on vient de trouver, soit plus généralement à la condition $\Pi b = \theta Pa$, θ étant un nombre constant que nous déterminerons plus tard de manière à obtenir le plus de régularité possible. Nous supposerons que la résistance soit une force constante Q, tangente à un cercle de rayon q, concentrique à l'arbre principal.

L'équation qui établit la périodicité du mouvement pour chaque tour de cet arbre, ou pour chaque demi-tour, est

$$2Pa = \pi Q q,$$

d'où on tire

$$\frac{Qq}{Pa} = \frac{2}{\pi}.$$

Le contre-poids n'influe pas sur cette condition, puisque le travail de la pesanteur est nul quand l'arbre principal fait la moitié d'un tour. Nous avons donc seulement à considérer ce qui se passe quand le bouton de la manivelle décrit la demi-circonférence AGB.

Les maxima et les minima de la vitesse angulaire correspondront à des angles α satisfaisant à l'équation d'équilibre, ou à l'équation du travail virtuel

$$(Pa \sin\alpha + 2\Pi b \cos 2\alpha - Qq)d\alpha = 0.$$

Remplaçons Πb par θPa, Qq par $\dfrac{2}{\pi} Pa$; il vient pour déterminer α l'équation

$$\sin\alpha + 2\theta \cos 2\alpha = \frac{2}{\pi},$$

ou bien, en remplaçant $\cos 2\alpha$ par $1 - 2\sin^2\alpha$, et en divisant par -4θ,

$$\sin^2\alpha - \frac{1}{4\theta}\sin\alpha + \frac{1}{2}\left(\frac{1}{\pi\theta} - 1\right) = 0,$$

équation du second degré en $\sin\alpha$, qui donne pour α deux valeurs comprises entre 0 et $\frac{\pi}{2}$, et par suite deux valeurs supplémentaires des premières, comprises entre $\frac{\pi}{2}$ et π.

Soient α' et α'', par ordre de grandeur, les deux premières valeurs de α comprises entre 0 et $\frac{\pi}{2}$; les autres seront $\pi - \alpha''$ et $\pi - \alpha'$, et on reconnaîtra, par une discussion facile, que les angles α' et $\pi - \alpha''$ correspondent au minimum de la vitesse angulaire, tandis que α'' et $\pi - \alpha'$ correspondent au maximum.

Appliquons l'équation des forces vives. I étant le moment d'inertie du treuil principal, y compris le volant cherché, I' le moment d'inertie du treuil du contre-poids (abstraction faite de ce contre-poids dont le moment d'inertie est $\frac{\mathrm{II}}{g}b^2$), ω_0 la vitesse angulaire du treuil principal quand la manivelle passe dans la position OA, ω la vitesse angulaire du même treuil dans la position définie par l'angle α; nous aurons

$$\frac{1}{2}\mathrm{I}(\omega^2 - \omega_0^2) + \frac{1}{2}\left(\mathrm{I}' + \frac{\mathrm{II}}{g}b^2\right)(4\omega^2 - 4\omega_0^2)$$

$$= \mathrm{P}a\int_0^\alpha\left(\sin\alpha + 2\theta\cos 2\alpha - \frac{2}{\pi}\right)d\alpha = \left(1 - \cos\alpha - \frac{2\alpha}{\pi} + \theta\sin 2\alpha\right)\mathrm{P}a.$$

Le coefficient de $\mathrm{P}a$ atteint ses maxima et ses minima pour les valeurs de α déterminées tout à l'heure, et le problème est ramené aux termes suivants : Déterminer le coefficient θ de manière que la différence entre la plus grande et la plus petite valeur de la fonction

$$(1)\qquad \mathrm{X} = 1 - \cos\alpha - \frac{2\alpha}{\pi} + \theta\sin 2\alpha,$$

quand α varie de 0 à π, soit la moindre possible.

Les valeurs de α qui correspondent au maximum et au minimum de X sont données par l'équation

$$(2) \qquad 0 = \sin\alpha - \frac{2}{\pi} + 2\theta \sin 2\alpha,$$

que l'on obtient en prenant la dérivée de l'équation (1) par rapport à α. Les deux équations (1) et (2), prises ensemble, représentent donc l'enveloppe des droites définies par l'équation (1), dans laquelle X serait l'ordonnée, θ l'abscisse, et α un paramètre variable. Nous pouvons construire cette enveloppe en traçant ses tangentes.

On obtient par là une courbe formée de deux branches MOM′, NCN′, symétriques par rapport à l'axe OC, et symétriques par rapport à un certain axe AA′, perpendiculaire à OC ; les points O et C sont pour les deux branches des points de rebroussement. Pour une valeur OH de θ, on a quatre valeurs de X, savoir HP, HP′, — HP″, — HP‴, correspondantes à quatre valeurs de α définies par les tangentes PK, P′K′, P″K′, P‴K. La plus grande différence de ces valeurs est

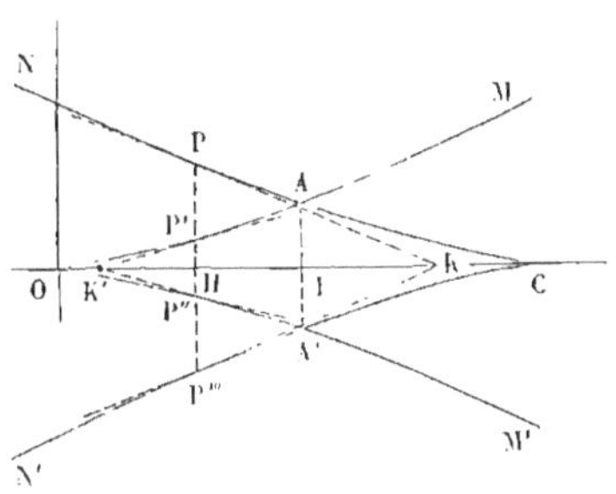

Fig. 19.

PP‴ ; le minimum de cette différence est AA′, distance des points où se coupent les deux branches de la courbe[1]. La valeur cherchée de θ est donc $\theta = $ OI. On trouve, en faisant l'épure, que cette valeur est comprise entre $\frac{1}{5}$ et $\frac{1}{4}$.

CONTRE-POIDS POUR UNE MANIVELLE DOUBLE A DOUBLE EFFET.

44. La période de la machine à manivelle double et à double effet est du quart de tour. Les forces P, P′ étant paral-

---

[1] Cette méthode a été donnée par M. Drouets, ingénieur des ponts et chaussées.

lèles et égales, le travail moteur pour un quart de tour des manivelles est $2Pa$; le travail de la résistance Q, appliquée tangentiellement au cercle de rayon $OD = q$, est $Qq \times \frac{\pi}{2}$; la condition de périodicité est donc $2Pa = Qq \times \frac{\pi}{2}$, ou bien $Qq = \frac{4}{\pi} Pa$. Le contre-poids Π ne devant pas altérer cette

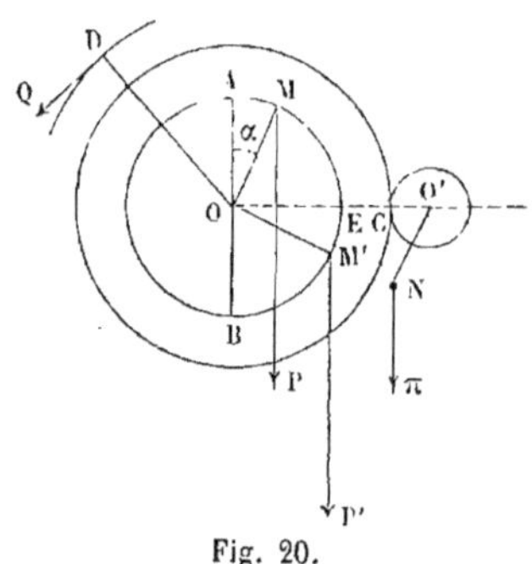

Fig. 20.

condition, nous le supposerons monté sur un arbre tournant O′ dont la vitesse angulaire soit quadruple de celle de l'arbre O. Le contre-poids revient alors au même point N quand l'arbre principal fait un quart de tour, et le travail correspondant de la pesanteur est nul.

Le travail élémentaire des forces pour un déplacement angulaire $d\alpha$ de l'arbre principal sera donc

Pour les forces P et P′,	$(Pa \sin\alpha + Pa\cos\alpha)d\alpha$,
Pour la force Q,	$- Qqd\alpha$,
Et pour le contre-poids Π,	$\Pi b\cos(4\alpha + \beta) \times 4d\alpha$,

en appelant b la longueur du rayon O′N, et β l'angle que fait ce rayon avec l'horizontale O′C quand $\alpha = 0$. La somme de ces travaux élémentaires est

$$[Pa(\sin\alpha + \cos\alpha) - Qq + 4\Pi b\cos(4\alpha + \beta)] d\alpha.$$

Remplaçons Qq par $\frac{4}{\pi} Pa$, puis Πb par $Pa \times \theta$, θ étant un nombre qui reste à déterminer. Le travail élémentaire devient

$$Pa\left[\sin\alpha + \cos\alpha - \frac{4}{\pi} + 4\theta\cos(4\alpha + \beta)\right] d\alpha.$$

Le mouvement serait uniforme si la quantité entre parenthèses était constamment nulle pour toute valeur de α comprise entre 0 et $\frac{\pi}{2}$. On ne peut satisfaire à cette condition ; mais on peut déterminer les constantes inconnues θ et β de manière que la fonction entre parenthèses ait en valeur absolue les plus petites valeurs possibles.

Sans entrer dans tous les détails de ce problème, observons que pour $\alpha = 0$ et pour $\alpha = \frac{\pi}{2}$, la fonction prend pour valeur $1 - \frac{4}{\pi} + 4\theta\cos\beta$; et que pour $\alpha = \frac{\pi}{4}$, elle est égale à $\sqrt{2} - \frac{4}{\pi} - 4\theta\cos\beta$. Si l'on voulait annuler l'une ou l'autre de ces deux expressions, on ferait $\theta\cos\beta = \frac{1}{\pi} - \frac{1}{4}$, ou bien

$$\theta\cos\beta = \frac{\sqrt{2}}{4} - \frac{1}{\pi}.$$

Ces deux déterminations étant inégales, on peut prendre pour $\theta\cos\beta$ une valeur moyenne, savoir : $\dfrac{\sqrt{2}-1}{8} = 0{,}051\ldots$, et comme il y a intérêt à faire θ le plus petit possible, on fera en même temps $\beta = 0$. Le produit 4θ est alors sensiblement égal à $0{,}20$, et le travail élémentaire des forces est exprimé par la fonction

$$\mathrm{P}a\left(\sin\alpha + \cos\alpha - \frac{4}{\pi} + 0{,}20\cos 4\alpha\right)d\alpha,$$

applicable seulement entre les limites $\alpha = 0$ et $\alpha = \frac{\pi}{2}$.

GÉNÉRALITÉS SUR LES CONTRE-POIDS.

45. Théoriquement on peut, en multipliant les contrepoids, régulariser complètement un mouvement de rotation. Supposons que la période soit d'un tour entier. Prenons un des rayons OM de l'arbre tournant pour repère entraîné dans le mouvement de la machine, et soit $MOA = \alpha$ l'angle que fait ce rayon mobile avec un rayon

fixe OA, pris pour axe polaire. Dans la situation de la machine qui correspond à la position OM du rayon mobile, les forces mouvantes et les forces résistantes ont des grandeurs et des positions données; on pourra calculer par conséquent le travail élémentaire dT qui correspond à une rotation infiniment petite $d\alpha$; le quotient $\dfrac{dT}{d\alpha}$ sera une certaine fonction de α que nous représenterons par $F(\alpha)$, et qui dépendra de la situation et de la grandeur des forces. Cette fonction est, par exemple, la somme des moments des forces par

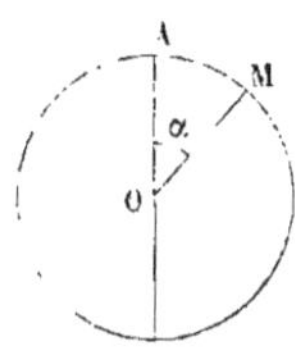

Fig. 21.

rapport à l'axe O, si toutes les forces sont appliquées à l'arbre principal. Dans tous les cas, c'est la dérivée du travail des forces par rapport à l'angle α qui fixe la position de la machine. Cette fonction peut être regardée comme connue pour toutes les valeurs de α comprises de 0 à 2π; au delà, elle reprend par hypothèse les mêmes valeurs. Elle reste finie, mais elle n'est pas assujettie à la loi de continuité. Enfin, on doit ajouter la condition de la périodicité $\displaystyle\int_0^{2\pi} F(\alpha)\, d\alpha = 0$.

Pour régulariser le mouvement de la machine, imaginons qu'on fasse engrener avec l'arbre principal un nombre indéfini d'arbres tournants, dont les vitesses angulaires soient respectivement égales, pour le premier, au double de celle de l'arbre principal, au triple pour le second, au quadruple pour le troisième, et ainsi de suite. Nous attacherons à l'arbre principal un contre-poids Π_1 à la distance b_1 de son axe, un contre-poids Π_2 au premier arbre additionnel à la distance b_2 de son axe, un contre-poids Π_3 à la distance b_3 de l'axe du second, etc.; et nous supposerons que quand α est nul, chacun de ces contre-poids soit situé dans le plan horizontal mené par le centre du cercle qu'il décrit. Chaque produit Πb sera d'ailleurs pris positivement ou négativement, suivant que le poids Π tend dans cette position à accélérer ou à retarder le mouvement de la machine.

Le travail élémentaire de la pesanteur sur le premier contre-poids sera, dans la position définie par l'angle α,

$$\Pi_1 b_1 \cos \alpha \, d\alpha.$$

Le travail élémentaire du second sera de même

$$2\Pi_2 b_2 \cos 2\alpha \, d\alpha,$$

le travail du troisième,

$$3\Pi_3 b_3 \cos 3\alpha \, d\alpha,$$

et ainsi des autres ; de sorte que la somme des travaux élémentaires des forces données et des contre-poids sera représentée par la fonction

$$[F(\alpha) + \Pi_1 b_1 \cos\alpha + 2\Pi_2 b_2 \cos 2\alpha + 3\Pi_3 b_3 \cos 3\alpha + \ldots] \, d\alpha.$$

Le mouvement du système sera uniforme si la parenthèse est constamment nulle. Pour satisfaire à cette condition, développons la fonction $F(\alpha)$ suivant les cosinus de l'angle α et de ses multiples. Si l'on a identiquement

$$(1) \qquad F(\alpha) = A_1 \cos\alpha + A_2 \cos 2\alpha + A_3 \cos 3\alpha + \ldots,$$

on devra poser

$$\Pi_1 b_1 = - A_1,$$
$$\Pi_2 b_2 = - \frac{1}{2} A_2,$$
$$\Pi_3 b_3 = - \frac{1}{3} A_3,$$
$$\cdot \quad \cdot \quad \cdot \quad \cdot \quad \cdot \quad \cdot \quad \cdot$$

Or il est toujours possible de développer une fonction $F(\alpha)$ sous cette forme. Les coefficients se déterminent par la méthode suivante. Soit proposé de trouver le coefficient A_m de $\cos m\alpha$; nous multiplierons l'équation (1) par $\cos m\alpha \, d\alpha$, et nous intégrerons entre les limites 0 et 2π.

Il viendra

$$\int_0^{2\pi} F(\alpha) \cos m\alpha \, d\alpha = A_1 \int_0^{2\pi} \cos\alpha \cos m\alpha \, d\alpha + A_2 \int_0^{2\pi} \cos 2\alpha \cos m\alpha \, d\alpha + \cdots$$
$$\cdots + A_m \int_0^{2\pi} \cos^2 m\alpha \, d\alpha + \cdots.$$

Toutes les intégrales sont de la forme

$$\int \cos n\alpha \cos m\alpha \, d\alpha,$$

et sont prises entre les limites 0 et 2π.

Or $\cos n\alpha \cos m\alpha = \dfrac{1}{2} \cos(m+n)\alpha + \dfrac{1}{2} \cos(m-n)\alpha$.

Multiplions par $d\alpha$ et intégrons ; il viendra

$$\int \cos n\alpha \cos m\alpha = \frac{1}{2} \int \cos(m+n)\alpha \, d\alpha + \frac{1}{2} \int \cos(m-n)\alpha \, d\alpha$$

$$= \frac{1}{2} \, \frac{1}{m+n} \sin(m+n)\alpha + \frac{1}{2(m-n)} \sin(m-n)\alpha,$$

quantité identiquement nulle aux limites 0 et 2π, toutes les fois que n est différent de m.

Donc tous les coefficients de A_1, A_2, ... sont nuls, à l'exception de celui de A_m. Pour celui-là, l'intégrale générale où l'on ferait $m = n$ prendrait la forme $\dfrac{0}{0}$, ce qui n'apprend rien.

Mais le coefficient de A_m est l'intégrale

$$\int_0^{2\pi} \cos^2 m\alpha \, d\alpha,$$

dont la valeur est connue.

On a en effet

$$\int \cos^2 m\alpha \, d\alpha + \int \sin^2 m\alpha \, d\alpha = \int d\alpha = \alpha,$$

et

$$\int \cos^2 m\alpha \, d\alpha - \int \sin^2 m\alpha \, d\alpha = \int \cos 2m\alpha \, d\alpha$$

$$= \frac{1}{2m} \cdot \int \cos 2m\alpha \, d(2m\alpha)$$

$$= \frac{1}{2m} \sin 2m\alpha.$$

Ajoutant, il vient

$$\int \cos^2 m\alpha \, d\alpha = \frac{1}{2} \alpha + \frac{1}{4m} \sin 2m\alpha,$$

fonction qui, prise entre les limites 0 et 2π, donne en défi-nitive π. Donc

$$\int_0^{2\pi} \cos^2 m\alpha\, d\alpha = \pi\,;$$

par conséquent

$$A_m = \frac{1}{\pi} \int_0^{2\pi} F(\alpha) \cos m\alpha\, d\alpha.$$

On devra calculer directement cette dernière intégrale au moyen d'une quadrature.

La méthode que nous venons de suivre n'est au fond qu'une application de la *Méthode de Bezout*, ou méthode des multiplicateurs indéterminés. Si l'on conçoit l'équation (1) écrite un nombre infini de fois pour une infinité de valeurs de l'angle α, on aura à résoudre ce système d'équations par rapport aux coefficients inconnus A_1, A_2, A_3... Pour trouver la valeur de l'un quelconque d'entre eux, A_m, on devra multi-plier chaque équation par un coefficient particulier, choisi de telle sorte qu'en faisant la somme des équations ainsi multipliées, tous les termes disparaissent, sauf celui qui con-tient A_m. Le multiplicateur cherché est pour chaque équation $\cos m\alpha\, d\alpha$, et l'addition des équations, qui se trouvent en nombre infini, se change en une intégration.

Les valeurs des coefficients A_1, A_2, font connaître les pro-duits $\Pi_1 b_1$, $\Pi_2 b_2$..., et l'on a les relations définitives :

$$\Pi_1 b_1 = -\frac{1}{\pi} \int_0^{2\pi} F(\alpha) \cos \alpha\, d\alpha,$$

$$\Pi_2 b_2 = -\frac{1}{2\pi} \int_0^{2\pi} F(\alpha) \cos 2\alpha\, d\alpha,$$

$$\Pi_3 b_3 = -\frac{1}{3\pi} \int_0^{2\pi} F(\alpha) \cos 3\alpha\, d\alpha,$$

$$\cdots\cdots\cdots\cdots\cdots\cdots$$

$$\Pi_m b_m = -\frac{1}{m\pi} \int_0^{2\pi} F(\alpha) \cos m\alpha\, d\alpha.$$

APPLICATION A LA MANIVELLE SIMPLE A SIMPLE EFFET.

46. La périodicité du mouvement tour par tour exige la relation

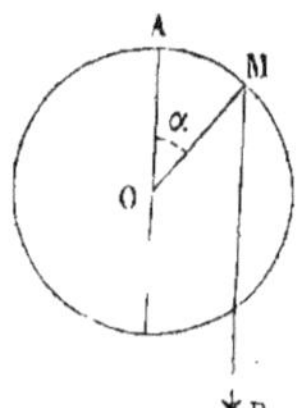
Fig. 22.

$$2\mathrm{P}a = 2\pi \mathrm{Q}q,$$

qui donne

$$\mathrm{Q}q = \frac{1}{\pi}\,\mathrm{P}a.$$

Le travail total T à partir du point mort A est

$$\mathrm{P}a(1 - \cos\alpha) - \mathrm{Q}q \times \alpha,$$

formule admissible tant que α est compris entre 0 et π, et

$$2\mathrm{P}a - \mathrm{Q}q \times \alpha,$$

quand α varie de π à 2π.

On a donc entre 0 et π

$$\mathrm{F}(\alpha) = \frac{d\mathrm{T}}{d\alpha} = \mathrm{P}a\sin\alpha - \mathrm{Q}q = \mathrm{P}a\left(\sin\alpha - \frac{1}{\pi}\right),$$

et entre π et 2π

$$\mathrm{F}(\alpha) = -\mathrm{Q}q = -\mathrm{P}a \times \frac{1}{\pi}.$$

Calculons le coefficient A_m. La formule générale nous donne

$$\mathrm{A}_m = \frac{1}{\pi}\int_0^{2\pi}\mathrm{F}(\alpha)\cos m\alpha\, d\alpha$$

$$= \frac{1}{\pi}\int_0^{\pi}\mathrm{P}a\left(\sin\alpha - \frac{1}{\pi}\right)\cos m\alpha\, d\alpha - \frac{1}{\pi}\int_\pi^{2\pi}\mathrm{P}a \times \frac{1}{\pi}\cos m\alpha\, d\alpha,$$

ou bien

$$\mathrm{A}_m = \frac{\mathrm{P}a}{\pi}\int_0^{\pi}\sin\alpha\cos m\alpha\, d\alpha - \frac{\mathrm{P}a}{\pi^2}\int_0^{2\pi}\cos m\alpha\, d\alpha.$$

Mais

$$\sin\alpha\cos m\alpha = \frac{1}{2}\left[\sin(m+1)\alpha - \sin(m-1)\alpha\right],$$

et par suite

$$\int \sin\alpha\cos m\alpha\, d\alpha = -\frac{1}{2}\frac{\cos(m+1)\alpha}{m+1} + \frac{1}{2}\frac{\cos(m-1)\alpha}{m-1},$$

formule applicable seulement dans le cas où m est différent de l'unité.

L'intégrale prise entre les limites 0 et π nous donne

$$-\frac{1}{2}\frac{\cos(m+1)\pi}{m+1} + \frac{1}{2}\frac{\cos(m-1)\pi}{m-1} + \frac{1}{2(m+1)} - \frac{1}{2(m-1)}.$$

D'un autre côté

$$\int \cos m\alpha\, d\alpha = \frac{1}{m}\int \cos m\alpha\, d(m\alpha) = \frac{1}{m}\sin m\alpha,$$

quantité nulle aux limites, 0 et 2π, du second terme de l'intégrale. Il vient donc seulement

$$A_m = -\frac{Pa}{2\pi}\left(\frac{\cos(m+1)\pi - 1}{m+1} - \frac{\cos(m-1)\pi - 1}{m-1}\right).$$

Le nombre entier m est pair ou impair.

S'il est impair, $m+1$ et $m-1$ sont pairs, et $\cos(m+1)\pi$ et $\cos(m-1)\pi$ sont égaux tous deux à $+1$. La parenthèse se réduit alors à zéro.

Si m est pair, $m+1$ et $m-1$ sont impairs, et $\cos(m+1)\pi$ et $\cos(m-1)\pi$ sont tous deux égaux à -1.

On pourrait poser dans tous les cas

$$\cos(m+1)\pi = \cos(m-1)\pi = (-1)^{m+1}.$$

Si m est impair, $A_m = 0$; ce résultat s'applique aussi à $m=1$, bien que nous ayons exclu ce cas, qu'il est aisé de traiter à part; et

$$A_m = \frac{Pa}{\pi}\left(\frac{1}{m+1} - \frac{1}{m-1}\right) = -\frac{2Pa}{\pi(m^2-1)},$$

pour toutes les valeurs paires de m.

On aura ainsi

$$A_2 = -\frac{2}{5}\frac{Pa}{\pi}, \quad \text{et par suite } \Pi_2 b_2 = \frac{1}{3}\frac{Pa}{\pi},$$

$$A_4 = -\frac{2}{15}\frac{Pa}{\pi}, \qquad \Pi_4 b_4 = \frac{1}{30}\frac{Pa}{\pi},$$

$$A_6 = -\frac{2}{35}\frac{Pa}{\pi}, \qquad \Pi_6 b_6 = \frac{1}{105}\frac{Pa}{\pi},$$

$$A_8 = -\frac{2}{63}\frac{Pa}{\pi}, \qquad \Pi_8 b_8 = \frac{1}{252}\frac{Pa}{\pi},$$

$$\text{etc.} \qquad\qquad \text{etc.}$$

Les contre-poids Π_1, Π_3, ... de rang impair sont tous nuls.

La fonction qui, au facteur $d\alpha$ près, représente le travail élémentaire, y compris le travail des contre-poids, est

$$F(\alpha) + \frac{2Pa}{\pi}\left(\frac{1}{3}\cos 2\alpha + \frac{1}{15}\cos 4\alpha + \frac{1}{35}\cos 6\alpha + \frac{1}{63}\cos 8\alpha + ...,\right.$$

fonction qui doit être identiquement nulle pour toute valeur de α.

Il est clair que ce procédé de régularisation est inadmissible en pratique, car il exigerait pour être un peu exact un nombre considérable de contre-poids, d'arbres tournants et de roues dentées, dont les frottements suffiraient pour rendre les transmissions impossibles.

DÉTERMINATION PRATIQUE D'UN CONTRE-POIDS POUR UNE MACHINE QUELCONQUE.

47. Le contre-poids que nous nous proposons de déterminer est lié à un arbre tournant dont la vitesse angulaire est double de la vitesse de l'arbre principal. Soit α l'angle décrit par la manivelle de l'arbre principal à partir du point mort. Appelons β l'angle que fait avec l'horizontale le rayon sur lequel est fixé le contre-poids, quand $\alpha = 0$, c'est-à-dire quand la manivelle passe au point mort. Appelons Π le contre-poids, b la distance à l'axe autour duquel il tourne; enfin, appelons T le travail des forces, tant mouvantes que résistantes, depuis le passage du point mort jusqu'à la valeur α de l'an-

gle décrit par la manivelle. Appliquons le théorème des forces vives entre le point mort et la position de la manivelle définie par cet angle α. Il viendra, en appelant I et I′ les moments d'inertie de l'arbre principal et de l'arbre additionnel, celui-ci ne comprenant pas le contre-poids Π, l'équation

$$(1) \quad \frac{1}{2}\left(I + 4I' + 4\frac{\Pi b^2}{g}\right)(\omega^2 - \omega_0^2) = T + \Pi b \left[\sin(2\alpha + \beta) - \sin\beta\right].$$

La régularité du mouvement sera d'autant plus complète que les valeurs numériques absolues du second membre seront moindres.

La quantité T est une fonction de l'angle α qui s'annule pour $\alpha = 0$, et qui reprend les mêmes valeurs quand α augmente de 2π : condition nécessaire pour que le mouvement soit périodiquement uniforme par chaque tour de roue.

Il suffit donc de faire varier α de 0 à 2π. Dans cet intervalle, le terme qui exprime le travail du contre-poids s'annule pour trois valeurs de α, savoir : pour $\alpha = 0$, pour $\alpha = \pi$, et pour $2\alpha + \beta = \pi - \beta$, c'est-à-dire pour $\alpha = \dfrac{\pi}{2} - \beta$. Il reprend d'ailleurs la même valeur quand α augmente de π.

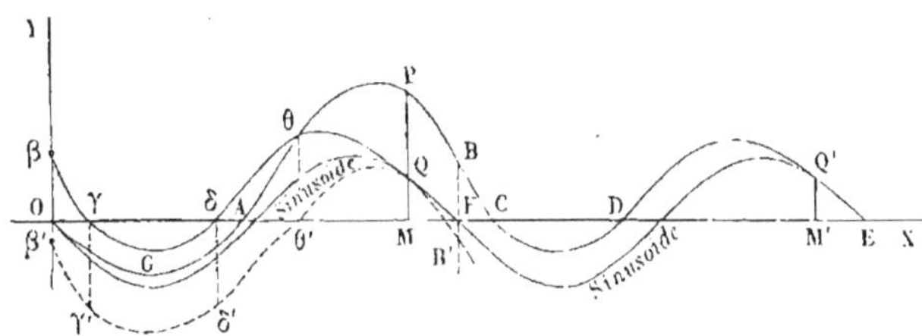

Fig. 23.

Traçons une courbe dont α soit l'abscisse et T l'ordonnée. Sur l'axe horizontal OX portons des longueurs proportionnelles à α, entre les limites 0 et 2π. Nous aurons par exemple OF $= \pi$ et OE $= 2\pi$. Puis portons en ordonnées les valeurs correspondantes de T. Nous obtiendrons ainsi une courbe continue, OABCDE, qui coupe l'axe OX aux points extrêmes O et E, et en outre en un certain nombre de points intermédiaires, A, C, D.

L'ordonnée FB qui correspond à $\alpha = \pi$ partage l'épure en deux moitiés, et l'on peut reporter la seconde moitié sur la première, en faisant coïncider les axes des abscisses. On obtient ainsi la courbe $\beta\gamma\delta$F, qui n'est autre que la courbe BCDE qu'on aurait déplacée vers la gauche d'une longueur égale à π. A chaque abscisse prise sur OF correspondent donc en général deux ordonnées : l'une MP, appartenant à la courbe primitive, représente la valeur de T pour $\alpha = $ OM ; l'autre MQ, égale à M'Q', représente la valeur de T pour $\alpha = $ OM' ou pour $\alpha = $ OM $+ \pi$. Soit T' cette seconde valeur MQ. Le terme $\Pi b\,(\sin(2\alpha + \beta) - \sin\beta)$ ayant la même valeur pour deux déterminations de α qui diffèrent entre elles de la demi-circonférence, si y représente la valeur de ce terme pour $\alpha = $ OM, y sera aussi sa valeur pour $\alpha = $ OM' ; de sorte qu'en appliquant le théorème des forces vives entre les positions $\alpha = $ OM et $\alpha = $ OM', le travail du contre-poids disparaîtra et on aura simplement l'équation

$$(2) \qquad \frac{1}{2}\left(I + 4I' + 4\frac{\Pi}{g}\,b^2\right)(\omega'^2 - \omega^2) = T' - T.$$

Le contre-poids est donc sans effet sur l'écart des vitesses correspondantes à deux positions contraires de la manivelle. Il n'est pas possible par conséquent de réduire au moyen d'un contre-poids le second membre de l'équation des forces vives à une valeur numérique moindre que la plus grande des différences T $-$ T', prises en valeur absolue. Soit PQ cette plus grande différence, c'est-à-dire le maximum de la distance verticale entre les deux courbes.

Construisons maintenant la courbe dont les ordonnées sont $- y$. Ce sera une *sinusoïde* qui passera par le point O et par le point F ; on peut choisir à volonté l'angle β et *l'amplitude verticale*, $2\Pi b$, de la courbe. La différence des ordonnées de cette sinusoïde et des courbes OAB, $\beta\delta$F, fera connaître pour chaque point la valeur numérique du second membre de l'équation (1). Abaissons verticalement de la quantité PQ le *trait supérieur* βγδθPB, de manière à lui faire occuper la position β'γ'δ'θ'QB'. Dans cette nouvelle position, il est tout entier au-dessous du *trait inférieur* OGAθQF, sauf au point Q où ces deux traits sont tangents, puisque PQ est le maximum de leur distance verticale. Cela posé, *s'il est possible de tracer dans l'intervalle compris entre le trait inférieur* OGAθQF *et le trait abaissé* β'γ'δ'θ'QB' *une sinusoïde passant par les points* O *et* F, *et passant de plus par le point* Q, *cette sinusoïde sera la courbe du travail du contre-poids qu'il convient de choisir.*

En effet, la différence entre l'ordonnée de la sinusoïde et l'ordonnée du *trait inférieur* a partout le même signe, et son maximum, en valeur absolue, est moindre que PQ. La différence avec l'ordonnée du trait supérieur a ce même signe, et elle est partout moindre en valeur absolue que PQ. Donc, dans l'équation des forces vives appliquées à deux positions quelconques α' et α'', les deux différences se retrancheront, et comme elles sont de même signe, la valeur absolue du résultat sera moindre que PQ, limite au-dessous de laquelle l'écart des valeurs absolues du second membre ne peut descendre.

Cette méthode a été donnée par M. Gouin, ingénieur des Ponts et Chaussées.

On déterminera Πb et β par tâtonnements, de manière à faire passer la sinusoïde au point Q. S'il n'est pas possible de satisfaire à ces conditions, la régularisation de la machine n'est plus aussi complète tant qu'on se borne à un contre-poids unique. On devra prendre alors la sinusoïde qui imite le mieux la courbe OGAPBCDQ'E, et déterminer le poids du volant d'après le maximum des écarts entre les valeurs numériques du second membre de l'équation (1).

DES CONTRE-POIDS DESTINÉS A AUGMENTER LA STABILITÉ DES MACHINES.

48. Dans une machine en mouvement, il y a à chaque instant, en vertu du théorème de d'Alembert, équilibre entre toutes les forces qui sollicitent la machine et les

forces d'inertie. Parmi les premières forces figurent les réactions des corps voisins, sur lesquels la machine repose. L'état de mouvement les fait varier, et si la machine n'est pas solidement fixée sur ses appuis, il peut en résulter non-seulement des variations de charges, mais encore de petits mouvements oscillatoires qui viennent troubler le mouvement principal. C'est ce qui arrive notamment dans les locomotives, parce que la grande vitesse dont elles sont animées donne une grande importance aux forces d'inertie. Les locomotives sont d'ailleurs posées sur les rails, et peuvent prendre un certain jeu sans sortir de la voie. Si l'on suppose la machine parfaitement ajustée, parfaitement entretenue, et circulant sur une voie parfaite, le mouvement rapide des pièces *mobiles* de la machine détermine des mouvements de *lacet*, de *galop*, de *roulis*, de *tangage*, qui consistent, les trois premiers en rotations autour de trois axes rectangulaires, le quatrième en une oscillation linéaire parallèle à la voie.

M. Nollau, ingénieur allemand, fit dès 1847 des expériences pour déterminer ces différents mouvements; il opérait sur une locomotive suspendue par des chaînes aux fermes d'un atelier, et il constata ainsi l'existence des deux principaux mouvements, celui de galop et celui de tangage. Il essaya ensuite de détruire ces mouvements en attachant un contre-poids à chaque roue motrice, sur le prolongement des rayons des manivelles. On peut en effet, à l'aide de contre-poids ainsi placés et convenablement déterminés, annuler soit l'un, soit l'autre des deux mouvements constatés; mais il est impossible de les annuler tous les deux.

49. Sans entrer dans le détail des calculs de l'établissement des contre-poids, pour lesquels nous renverrons aux mémoires de MM. Le Chatelier, Yvon Villarceau, Resal, Couche, etc., remarquons que les principales parties mobiles de la locomotive sont, pour un côté de la machine, la roue motrice O, la manivelle OA, la bielle AB, le piston D et sa tige C. Le mouvement de la roue motrice est uniforme une fois le

régime régulier établi. Les forces d'inertie se réduisent donc
aux forces centrifuges, qui se font équilibre deux à deux. La
manivelle OA possède le même mouvement uniforme de rotation ; mais les forces centrifuges n'y sont pas équilibrées
comme pour la roue. La bielle AB a un mouvement très-com-
pliqué ; on peut, comme approximation grossière, partager sa
masse en deux parties égales, AI, IB ; l'une AI sera supposée
concentrée au point A ;
l'autre IB sera supposée
ramenée au point B. La
première vient grossir
la masse de la mani-
velle, et accroître les
forces centrifuges du
rayon mobile OA. Dans

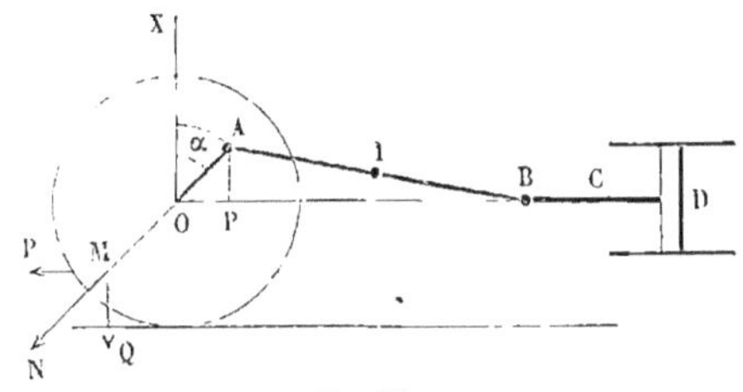

Fig. 24.

tous les cas, on pourra placer quelque part en M, sur le rayon
AO prolongé, une masse assez grande pour équilibrer la
force centrifuge de la manivelle ainsi grossie. Le système
de la roue se trouve alors équilibré, pourvu que le mouvement soit uniforme, car autrement il y aurait à tenir compte
des forces d'inertie tangentielles, qui ne s'équilibreraient plus.
Mais bornons-nous au mouvement uniforme de la roue. Le
mouvement du piston, grossi de la demi-bielle, n'est pas uniforme ; si l'on désigne par x l'espace qu'il a décrit à partir
du passage du bouton de la manivelle sur la verticale OX, on
aura sensiblement $x = OP = a \sin \alpha$, α étant l'angle XOA et a
la longueur OA. Soit P le poids du piston, la demi-bielle y
étant comprise ; la force d'inertie de l'ensemble de ce système
animé d'un mouvement rectiligne sera

$$- \frac{P}{g} \frac{d^2x}{dt^2} = + \frac{P}{g} a\omega^2 \sin\alpha,$$

ω étant la vitesse angulaire de la roue O.

De l'autre côté de la machine, on trouve une roue et un
piston respectivement égaux à la roue et au piston que nous
venons de considérer. Seulement l'angle α relatif à ce côté

surpasse de $\frac{\pi}{2}$ l'angle α relatif au côté opposé. La somme des forces d'inertie du second piston est donc

$$\frac{\mathrm{P}}{g}\,a\omega^2\sin\left(\alpha+\frac{\pi}{2}\right)=\frac{\mathrm{P}}{g}\,a\omega^2\cos\alpha.$$

Ces deux forces sont généralement horizontales; transportées au centre de gravité de la machine, elles y donnent une résultante égale à leur somme algébrique

$$\frac{\mathrm{P}}{g}\,a\omega^2(\sin\alpha+\cos\alpha)=\frac{\mathrm{P}}{g}\,a\omega^2\sqrt{2}\sin\left(\frac{\pi}{4}-\alpha\right),$$

et un couple résultant égal à

$$\frac{\mathrm{P}}{g}\,a\omega^2\sin\alpha\times\frac{\mathrm{H}}{2}-\frac{\mathrm{P}}{g}\,a\omega^2\cos\alpha\times\frac{\mathrm{H}}{2},$$

ou à

$$\frac{\mathrm{PH}}{2g}\,a\omega^2(\sin\alpha-\cos\alpha)=\frac{\mathrm{PH}}{2g}\,a\omega^2\sqrt{2}\sin\left(\alpha-\frac{\pi}{4}\right),$$

en appelant H la distance des plans verticaux des deux cylindres.

La résultante atteint son maximum en valeur absolue quand $\alpha=\frac{\pi}{4}$ et $\alpha=\frac{5\pi}{4}$; elle est nulle quand $\alpha=\frac{3\pi}{4}$ et $\alpha=\frac{7\pi}{4}$. Le couple est nul pour $\alpha=\frac{\pi}{4}$ et $\frac{5\pi}{4}$, et maximum en valeur absolue pour $\alpha=\frac{3\pi}{4}$ et $\alpha=\frac{7\pi}{4}$. Rien ne s'oppose à l'action de la résultante, qui cause le mouvement de tangage de la machine. Les rebords des roues contribuent à réduire l'effet du couple, qui tend à produire le mouvement de lacet.

Si l'on ajoute un poids Π au contre-poids déjà placé en M, à la distance r du centre O, ce poids sera le siége d'une force d'inertie $\frac{\Pi}{g}\,\omega^2 r$, dirigée dans le sens MN; elle se décompose en deux : une horizontale dirigée dans le sens MP, et égale à $\dfrac{\Pi}{g}\,\omega^2 r \sin\alpha$; l'autre verticale, dans le sens MQ, et égale

à $\dfrac{\Pi}{g}\,\omega^2 r \cos\alpha$. La première peut servir à annuler la force d'i-

nertie, $\dfrac{P}{g}\,a\omega^2 \sin\alpha$, du piston D et de son attirail, et par suite

à réduire à zéro la résultante et le mouvement de tangage qui
en est la suite. Mais, outre que ce procédé n'annule pas le
couple qui produit le mouvement de lacet, il introduit des composantes verticales MQ, qui, prises dans les deux roues et transportées au centre de gravité, donnent naissance à une résultante verticale, peu dangereuse il est vrai, puisqu'elle est
loin de détruire le poids de la machine, et à un couple qui
produit à la fois le mouvement de roulis et un léger mouvement de galop. On voit donc naître les oscillations verticales
en même temps qu'on réduit celles qui s'opèrent dans le
plan horizontal.

50. Un moyen sûr, mais peu pratique, de supprimer les
oscillations, serait d'accoupler deux cylindres de chaque côté
de la locomotive, en faisant agir les pistons de ces cylindres
sur des manivelles en prolongement l'une de l'autre. La résultante des forces d'inertie transportées au centre de gravité
est alors

$$\frac{P}{g}\,a\omega^2\left(\left[\sin\alpha + \sin(\alpha+\pi)\right] + \left[\sin\left(\alpha+\frac{\pi}{2}\right) + \sin\left(\alpha+\frac{3\pi}{2}\right)\right]\right)$$

$$= \frac{P}{g}\,a\omega^2\left(\sin\alpha + \cos\alpha - \sin\alpha - \cos\alpha\right) = 0,$$

et le couple résultant est de même

$$\frac{P\Pi}{2g}\,a\omega^2\left(\left[\sin\alpha - \cos\alpha\right] + \left[\sin(\alpha+\pi) - \cos(\alpha+\pi)\right]\right)$$

$$= \frac{P\Pi}{2g}\,a\omega^2\left(\sin\alpha - \cos\alpha - \sin\alpha + \cos\alpha\right) = 0.$$

Les forces d'inertie sont donc alors équilibrées par la seule
présence des contre-poids placés sur les roues motrices en
prolongement des manivelles.

Il ne faut pas oublier que tous ces résultats sont purement approximatifs, et qu'ils supposent établie l'uniformité du mouvement moyen de la machine.

USAGE DES CONTRE-POIDS DANS LES MACHINES MARINES.

51. La stabilité d'un bâtiment dépend de la position de son centre de gravité, et par suite, le bâtiment tend à s'incliner d'un côté ou d'un autre, quand on modifie l'arrimage de sa cargaison. Les pièces mobiles des machines à vapeur destinées à mettre en mouvement les appareils de propulsion peuvent occasionner par leur mouvement des déplacements du centre de gravité général, à moins qu'on ne les ait disposées de telle sorte que leur centre de gravité reste immobile malgré le jeu alternatif de leurs organes. Cette compensation, peu nécessaire pour les machines des bâtiments à aubes, voisines du centre de gravité, devient indispensable pour les machines des bateaux à hélice, dirigées transversalement, et placées d'ailleurs plus près de l'arrière.

CHAPITRE V

DES FREINS ET DES RÉGULATEURS.

---

52. Les *freins* servent à modérer la vitesse des machines, ou à arrêter tout à fait le mouvement, en faisant naître une résistance dont le travail négatif s'ajoute aux travaux des autres résistances et réduit la force vive du système à zéro. Les *régulateurs* sont des appareils destinés à agir à la façon des freins quand la vitesse de la machine tend à s'accélérer, et à supprimer au contraire certaines résistances quand le mouvement tend à se ralentir. Une différence essentielle entre ces deux genres d'appareils, c'est que les freins doivent être à la disposition de ceux qui conduisent la machine, tandis que les régulateurs doivent agir par eux-mêmes, dès que la vitesse de la machine s'écarte d'une moyenne fixée d'avance.

53. Le *frein à bande*, employé dans les grues, sert à arrêter la rotation d'un arbre tournant. Nous en avons donné la description dans le § 348 de la Statique. Nous avons trouvé quelle force on doit appliquer à l'extrémité du levier pour produire une différence donnée, $T - T'$, entre les tensions de la bande à ses deux extrémités. Cette différence mesure le

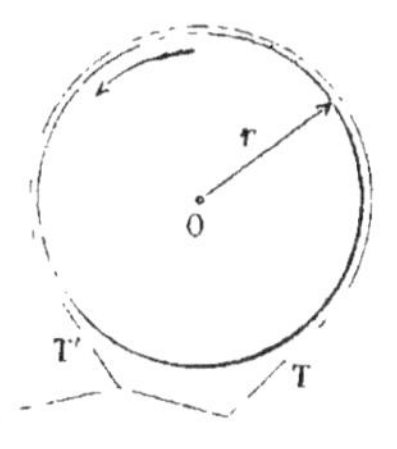

Fig. 25.

frottement total développé au contact de la bande avec la surface du cylindre. Pour un déplacement angulaire $d\alpha$ de ce cylindre, le travail négatif du frottement sera donc $(T - T') r\, d\alpha$, en appelant r le rayon. Si ω est la vitesse angulaire du cylindre à l'instant où l'on met le frein, et I le moment d'inertie *réduit* de tous les treuils qui engrènent avec l'arbre du cylindre, on déterminera l'angle total décrit par le cylindre jusqu'à l'arrêt complet au moyen de l'équation des forces vives

$$(T - T')r\alpha = \frac{1}{2}I\omega^2.$$

Cette équation suppose que le frottement de la bande soit la seule force qui agisse sur l'appareil pendant toute la période de l'arrêt.

En divisant α par 2π, on aura le nombre de tours que fera le cylindre pendant cette période. Ce nombre est d'autant plus petit que $T-T'$ est plus grand. Or (II, § 344)

$$T = T' \times e^{f\theta},$$

f étant le coefficient du frottement, et θ l'arc embrassé par la bande. La tension T' est proportionnelle à la force appliquée à l'autre bout du levier ; donc $T-T'$ est proportionnel au produit de cette force par le facteur $e^{f\theta} - 1$, qui croît très-rapidement avec l'exposant $f\theta$.

54. Les freins ont une importance capitale sur les chemins de fer.

Les anciens procédés, toujours conservés comme mesures de sécurité, consistaient à enrayer les roues et à substituer un glissement sur le rail au roulement qui se fait presque sans effort. Nous avons déjà exposé la théorie sommaire de ce phénomène (III, § 123). Pour donner ici un peu plus de détails sur cette question, appelons P le poids total d'un train moins les roues et les essieux, p la partie de ce poids qui pèse sur les roues que l'on enraye, q le poids d'une paire de roues, v la vitesse du train au moment où l'on met les freins, r le rayon des roues, et I le moment d'inertie d'une paire de roues autour de son axe ; soit enfin i l'inclinaison de la rampe que le train gravit pendant l'arrêt, ou la tangente de l'angle qu'elle fait avec l'horizon ; cette inclinaison sera prise avec le signe — si le chemin est en pente. Elle est supposée très-petite en valeur absolue.

Au moment où les freins commencent à agir, la force vive totale du train se compose de plusieurs parties :

$\dfrac{P}{g} v^2$, pour la translation du train moins les roues ;

$\dfrac{q}{g} v^2$ pour la translation de chaque paire de roues ;

Enfin $I \dfrac{v^2}{r^2}$ pour la rotation de chaque paire de roues autour de son axe.

Comme les roues du train peuvent être inégales, nous ne multiplierons pas ces deux dernières quantités par le nombre des essieux ; nous nous bornerons à en indiquer la somme au moyen du signe Σ.

La force vive totale du train sera donc représentée par l'expression

$$\frac{P}{g} v^2 + \Sigma \frac{q}{g} v^2 + \Sigma I \frac{v^2}{r^2},$$

ou, en mettant v^2 en facteur commun,

$$v^2 \left[\frac{P}{g} + \Sigma \left(\frac{q}{g} + \frac{I}{r^2} \right) \right].$$

Nous devons égaler la moitié de cette quantité à la somme des travaux accomplis par les forces jusqu'à l'arrêt complet.

Parmi ces forces, les principales sont la pesanteur et le frottement de glissement des roues enrayées sur les rails.

Soit L la longueur décrite par le train pendant la période d'arrêt, et f le coefficient du frottement de *fer sur fer*. La pression sur les roues enrayées est $p + p'$, en désignant par p' la somme des poids des paires de roues qui se trouvent enrayées ; le frottement est donc $f(p + p')$, et le travail du frottement est jusqu'à l'arrêt $f(p + p') \times L$.

Le travail de la pesanteur, pris de même positivement, est

$$(P + \Sigma q) \times Li.$$

Donc enfin on a pour déterminer L l'équation

$$\frac{1}{2}v^2\left[\frac{P}{g}+\Sigma\left(\frac{q}{g}+\frac{1}{r^2}\right)\right]=[f(p+p')+(P+\Sigma q)i]L.$$

On voit que le parcours L dépend du coefficient du frottement f, du poids enrayé, de la pente, enfin de la vitesse de la marche normale, qui entre au carré dans la formule. Il faut bien remarquer aussi que, dans la mise des freins à sabot, il y a des *temps perdus* inévitables : d'abord pour amener le sabot au contact de la jante de la roue, ensuite pour faire croître la pression du sabot contre la jante jusqu'à la limite qui empêche la rotation de la roue et qui produit son glissement sur le rail. Il est vrai que, pendant cette période du serrage, il se produit un travail du frottement de la roue contre le sabot, travail qui intervient pour une part dans la réduction graduelle de la force vive du train. Malgré cette petite compensation, malgré la résistance de l'air, qui, dans les premiers moments surtout, a encore une grande influence, la valeur observée du parcours L est en général supérieure à la valeur calculée, circonstance dont il est prudent de tenir compte dans la pratique des chemins de fer, notamment quand il s'agit de fixer la distance à laquelle doivent être portés les signaux d'arrêt.

55. On voit en même temps l'inutilité, au point de vue de la durée de l'arrêt, de tout excès de pression du sabot contre la roue. Mais ici il faut distinguer deux périodes :

1° La roue qu'on enraye étant animée à l'origine d'une vitesse angulaire ω_0, l'effet du sabot qu'on y applique est de détruire cette rotation ; or cette suppression de la rotation n'est pas instantanée. Pour savoir ce qui se passe, appliquons au mouvement de la roue autour de son axe le théorème de l'accélération angulaire. Soit, à un instant donné, ω la vitesse de la rotation dans le sens de la flèche (fig. 26) ; r le rayon de la roue, F la pression du sabot sur la roue, f' le frottement de bois sur fer. Le train ayant encore sensiblement la vitesse v, et ω étant $< \omega_0$, vitesse angulaire primitive de la roue égale à $\dfrac{v}{r}$, la roue glisse sur le rail, et subit un frottement qui

tend à la faire tourner autour de son centre. Les forces qui agissent sur la roue sont donc le frottement du sabot Ff', dans le sens contraire à la rotation, et le frottement du rail $(p+p')f$ dans le sens favorable à la rotation. Ces deux forces sont appliquées à la distance r de l'axe. I étant le moment d'inertie du système tournant, on aura l'équation

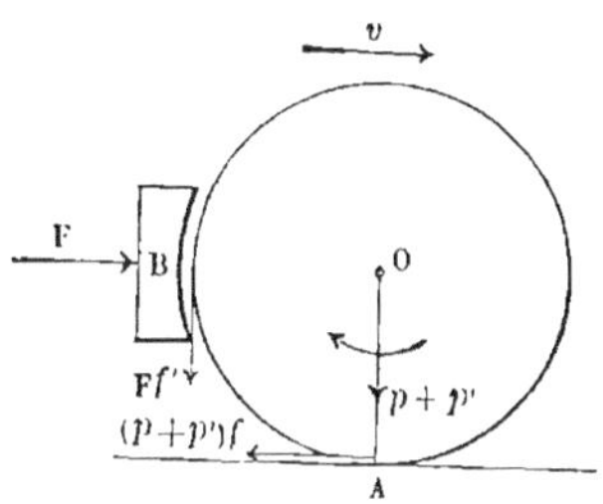

Fig. 26.

$$I\frac{d\omega}{dt} = [(p+p')f - Ff']r.$$

Cette équation montre que ω diminue si Ff' est supérieur à $(p+p')f$. La vitesse de rotation à l'instant t sera donnée par l'équation

$$\omega = \omega_0 - \frac{[Ff' - (p+p_1)f]rt}{I}.$$

Pendant cette première période, il y a intérêt à augmenter F, car on détruit ainsi la force vive de rotation $I\omega^2$ de chaque paire de roues enrayée; de plus, le frottement $(p+p')f$ de la roue sur le rail dans le glissement mixte qui s'opère, produit dans chaque élément de temps dt un travail négatif égal à

$$-(p+p')f \times (v - \omega r)dt,$$

qui se retranche de la demi-force vive du train.

Du reste, s'il y a avantage à augmenter F pour arrêter la rotation des roues, il ne faut pas que cet arrêt soit trop brusque, sans quoi il produirait sur l'essieu des efforts qui pourraient le fausser et entraîner de graves accidents.

2° Dans la seconde période, la vitesse ω est nulle, et il y a glissement simple des roues enrayées sur le rail. Il suffit alors que la limite Ff' soit un peu supérieure à $(p+p')f$, pour que la rotation ne puisse s'y mêler, et toute augmenta-

tion de la force F pendant cette seconde période est sans
utilité.

Comme conclusion générale, on peut dire qu'il est bon que
la force F appliquée aux freins ne reçoive que des valeurs mo-
dérées.

56. On a proposé de nombreux perfectionnements pour ces
freins à sabot. Les uns consistent à les mettre à la disposition
directe du mécanicien placé sur la machine. On emploie pour
cela soit des transmissions électriques (système Achard), soit un
déclanchement particulier, qui s'opère de lui-même à l'aide de
la force centrifuge quand la vitesse du train a atteint une certaine limite, et qui permet au mécanicien de serrer les sabots
par un simple refoulement, sans cependant rendre le refoulement impossible dans les manœuvres à petite vitesse (frein
Guérin; frein Lefèvre et Dorré). D'autres perfectionnements
ont pour objet unique de réduire la limite du parcours L. On
y parvient avec les systèmes que nous venons d'indiquer,
car la facilité de la manœuvre, exécutée par le mécanicien
seul, permet d'enrayer toutes les roues d'un train, chose
impossible avec les appareils ordinaires, qui exigent chacun
un agent spécial. Mais on peut aussi réduire le parcours limite
en augmentant le coefficient f du frottement de glissement,
ou en augmentant la pression $(p + p')$ exercée par le rail. Dans
le frein Didier, ce n'est pas la roue qui glisse, c'est un patin en
bois qui porte sur le rail; cela revient à remplacer le coefficient
f (fer sur fer) par le coefficient f' (bois sur fer). Dans le frein
Molinos, le rail est pincé par une sorte d'étau dont on accroît
à volonté la pression. La seule limite de cet effort additionnel
est la résistance de la voie.

Mais les *freins à contre-vapeur* ont récemment réalisé un pro-
grès bien plus considérable. Nous ne pouvons ici en donner
qu'une indication très-sommaire. Ils font de la locomotive une
machine également propre à développer des efforts pour ralentir et pour accélérer la marche d'un train. L'emploi de la
contre-vapeur, connu dès les premiers essais de locomotive,
avait de graves inconvénients : c'était un procédé dangereux

pour le mécanicien et très-nuisible aux machines; on ne s'en servait qu'en cas de détresse. La création du *tube d'inversion*, et la substitution d'un appareil à vis à l'ancien levier de changement de marche, a supprimé ces inconvénients et ces dangers et a fait de la contre-vapeur une manœuvre courante, au moyen de laquelle le mécanicien peut parfaitement régler le travail de sa machine et la marche du train qu'il conduit.

Citons encore le frein américain de M. Westinghouse, où la manœuvre des sabots se fait dans tout le train au moyen d'une transmission à air comprimé.

RÉGULATEUR DE WATT.

57. Le *régulateur de Watt*, ou *régulateur à boules*, a été imaginé par Watt pour maintenir à sa valeur normale la vitesse moyenne d'une machine à vapeur, malgré les variations du travail résistant. Les volants et les contre-poids peuvent servir, comme nous l'avons vu, à régulariser le mouvement d'une machine lorsqu'il est déjà périodiquement uniforme, ce qui suppose une relation entre le travail résistant et le travail moteur pendant la durée d'une période. Ces appareils sont sans effet pour le maintien d'une vitesse moyenne constante d'une période à une autre, lorsque le travail résistant vient à croître ou à décroître tandis que le travail moteur reste le même. Pour résoudre ce nouveau problème, il faut faire varier le travail moteur dans le même sens que le travail résistant. Si la machine est mise en mouvement par une chute d'eau, il faudra qu'au moment où le travail résistant diminue, la quantité d'eau donnée au récepteur diminue dans la même proportion, et que si le travail résistant augmente, la quantité d'eau utilisée par la machine augmente dans le même rapport. Dans les machines à vapeur, on fait varier le travail moteur en ouvrant plus ou moins une valve placée à l'entrée du tuyau qui amène la vapeur aux cylindres ; plus on ouvre cette valve, plus la vapeur afflue en abondance dans les appareils de distribution ; plus on la ferme, plus la vapeur perd de pression au passage de cet obstacle, et plus le travail moteur utilisé se trouve réduit.

58. Le régulateur est un correctif qui fait disparaître certains inconvénients en en créant d'autres. Pour le faire voir, supposons qu'une roue hydraulique puisse disposer d'une chute d'eau déterminée, c'est-à-dire d'un poids P d'eau tombant chaque seconde d'une hauteur H. Le travail total moteur aura pour limite supérieure PH, et le récepteur employé permettra d'en utiliser une certaine fraction. L'intérêt de l'usinier est d'utiliser toute cette puissance disponible ; s'il ne trouve pas un travail résistant égal à lui faire accomplir, il doit diminuer proportionnellement la quantité P d'eau qu'il admet dans sa roue, ce qui laisse une partie de cette eau tomber en pure perte de la hauteur H sans produire de travail utile. Le régulateur, qui étrangle l'orifice d'amenée de l'eau motrice au moment où le travail résistant diminue, agit de la même manière. L'effet est inverse quand le travail résistant augmente, mais l'emploi du régulateur n'en suppose pas moins que dans le régime normal de la machine on a introduit d'avance un obstacle à l'affluence de l'eau, sauf à faire disparaître partiellement cet obstacle quand on veut augmenter le travail à produire.

Dans la machine à vapeur, la variation du travail moteur pourrait s'obtenir *théoriquement* en faisant varier la quantité de charbon brûlée sur la grille du foyer. C'est là un moyen difficile à mettre en pratique, surtout quand il s'agit de suivre de près les variations incessantes du travail résistant. Le régulateur résout approximativement le problème, mais toujours en introduisant dans la machine un obstacle à l'écoulement de la vapeur, c'est-à-dire une cause de perte de travail.

59. Le régulateur de Watt comprend un arbre vertical, GH, auquel un engrenage E, F donne un mouvement de rotation proportionnel au mouvement angulaire de l'arbre principal

de la machine. A l'arbre GH sont attachées deux tiges égales AB, AB', qui portent à leur extrémité inférieure des boules B, B', de même diamètre et de même poids. Les deux tiges

sont situées dans un même plan vertical, et sont articulées sur les côtés de l'arbre GH, de manière à recevoir dans ce plan telle inclinaison qu'on voudra.

Deux autres tiges égales CD, C'D, s'articulent en C, C' aux premières, à une même distance des articulations A, et viennent se réunir par des articulations à un manchon D, qui peut glisser librement le long de l'axe GH. Un levier à fourchette M, entraîné par le manchon, pivote

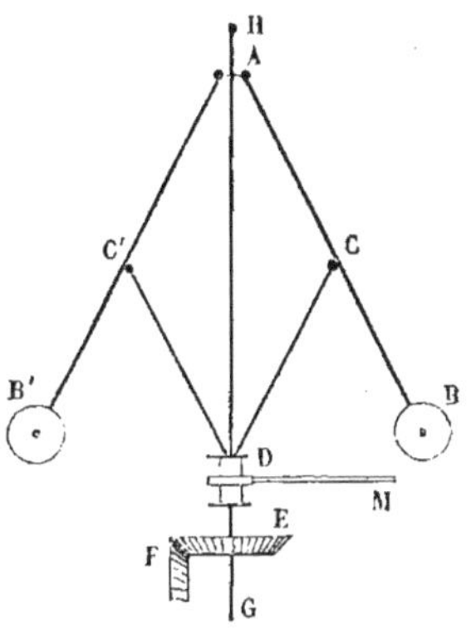

Fig. 27.

autour de son point d'appui dans un sens ou dans l'autre, suivant que le manchon monte ou descend, c'est-à-dire suivant que les boules s'écartent ou se rapprochent. Il communique le mouvement à la vanne des roues hydrauliques, ou à la valve des machines à vapeur. Si le travail résistant diminue, la vitesse angulaire de l'arbre principal tend à augmenter ; la vitesse angulaire de l'arbre du régulateur augmente aussi, les boules s'écartent, et le levier est soulevé par le manchon ; ce mouvement se transmet à l'appareil d'admission, qui se ferme en partie. Si le travail résistant augmente, c'est l'effet contraire qui se produit. *Le problème semble donc résolu*, pourvu que les boules s'écartent si la vitesse augmente, et qu'elles se rapprochent si elle diminue. Or il est facile de voir qu'elles subissent cette tendance, et de calculer l'angle d'écart qui correspond à une vitesse donnée.

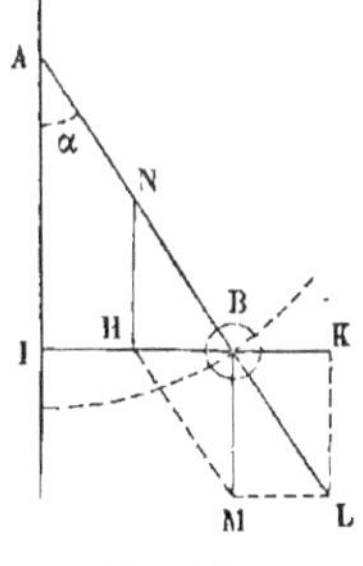

Fig. 28.

Faisons abstraction des résistances subies par le manchon ainsi que du poids des tiges, quantités peu importantes en comparaison du poids des boules. Soit ω la vitesse du régulateur autour de son axe vertical. Dans ce mouvement, une boule B décrit uniformément autour de l'axe AI un cercle dont le rayon est égal à BI. Elle est sollicitée par deux forces réelles : son poids, mg, dirigé suivant la verticale BM, et la tension N de la tige AB, dirigée de B vers A. La résultante de ces deux forces est, puisque le point considéré est animé d'un mouvement circulaire uniforme, la force centripète BH, dirigée suivant BI, et égale à

$$m \times \omega^2 \times \mathrm{BI}.$$

Si l'on change le sens de la résultante BH, et qu'on en fasse la force centrifuge BK, les trois forces BM, BN, BK se feront équilibre : résultat qu'on aurait obtenu sur-le-champ en remarquant que le point B est en équilibre relatif sous l'action de ces trois forces.

Donc BL, force égale et contraire à BN, est la résultante des forces $\mathrm{BK} = m\omega^2 \times \mathrm{BL}$ et $\mathrm{BM} = mg$; la condition d'équilibre est

$$\tan\alpha = \frac{\mathrm{ML}}{\mathrm{BM}} = \frac{m\omega^2 \times \mathrm{BI}}{mg} = \frac{\omega^2}{g} \times \mathrm{BI}.$$

Soit l la longueur AB de la tige qui porte la boule B. Nous aurons $\mathrm{BL} = l \sin\alpha$; ce qui change l'équation précédente en celle-ci :

$$\frac{\sin\alpha}{\cos\alpha} = \frac{\omega^2 l}{g} \times \sin\alpha.$$

Cette nouvelle équation se partage en deux autres :

$$\sin\alpha = 0, \quad \text{ou} \quad \cos\alpha = \frac{g}{\omega^2 l}.$$

La première nous indique les positions d'équilibre de la tige AB placée verticalement le long de l'axe.

La seconde définit un angle α positif et aigu, pourvu toutefois que g soit $< \omega^2 l$, ou que ω soit $> \sqrt{\dfrac{g}{l}}$.

Lorsque $\omega < \sqrt{\dfrac{g}{l}}$, le régulateur reste plié le long de son axe vertical et c'est la solution $\alpha = 0$ qui donne seule l'équilibre stable (III, § 91, 2°).

Si ω atteint ou dépasse $\sqrt{\dfrac{g}{l}}$, la solution fournie par l'équation $\cos \alpha = \dfrac{g}{\omega^2 l}$ correspond à l'équilibre stable, et les positions $\alpha = 0$ et $\alpha = \pi$, qui répondent à $\sin \alpha = 0$, définissent des équilibres instables.

C'est sur cette propriété du régulateur de rester fermé tant que la vitesse angulaire ne dépasse pas une certaine limite, qu'est fondé le déclanchement produit dans les freins dont il a été question plus haut (§ 56).

Remarquons que cette théorie ne tient aucun compte de la masse des boules, qui disparaît comme facteur commun. Cette masse joue cependant un rôle important : c'est elle qui donne de la sensibilité à l'appareil.

THÉORIE PLUS COMPLÈTE DU RÉGULATEUR A FORCE CENTRIFUGE.

60. Dans la théorie précédente, nous n'avons tenu aucun compte des résistances que le régulateur avait à vaincre pour déplacer le manchon ; nous n'avons pas tenu compte non plus des masses des tiges qui forment l'appareil. Nous supposerons ici, d'après une analyse empruntée à Poncelet, que le manchon D soit retenu dans la position que représente la figure, par une force F, qui peut croître jusqu'à une certaine limite, dans un sens ou dans l'autre ; et nous ferons entrer dans le calcul les masses de toutes les parties matérielles du système.

Soit $AB = l$, $AC = kl$, k étant un nombre donné, plus petit que l'unité, et $CD = l'$.

Nous appellerons

P le poids de chacune des boules B, B' ;

p, le poids par unité de longueur de la tige AB, que nous supposerons prolongée jusqu'au centre de la boule B, pour tenir compte du petit renflement qui précède l'insertion de cette tige dans la sphère B, et dont on fait abstraction en attribuant à la tige une section uniforme;

p' le poids par unité de longueur de la tige CD, mesurée de la ligne d'axe de la tige AB jusqu'à la ligne d'axe du manchon, de manière à compenser de même par un petit excès de longueur l'excès de masse dû aux renflements de la tige à l'endroit des articulations.

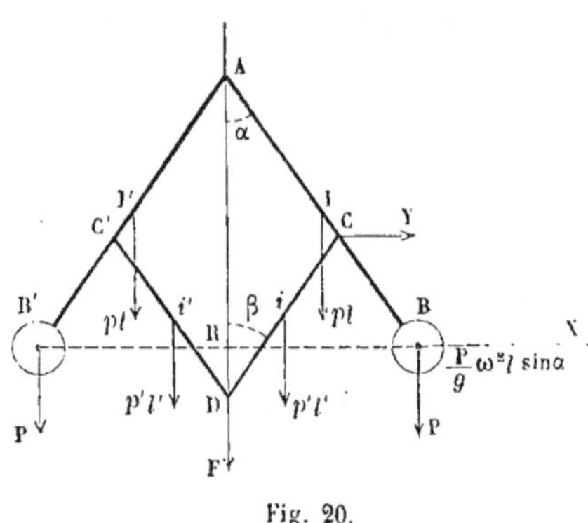

Fig. 20.

Nous exprimerons qu'il y a équilibre, dans la position de la figure, entre la force F, les poids des pièces, et les forces d'inertie d'entraînement, qui se réduisent aux forces centrifuges. Occupons-nous d'abord des poids.

1° Le poids de la boule B est une force P, verticale et appliquée au centre de gravité de cette boule. Il en est de même pour la boule B'.

Le poids de la tige AB est une force verticale pl, appliquée au milieu I de la longueur AB. Mais nous pouvons y substituer deux forces parallèles, égales à $\frac{1}{2}pl$ chacune, et appliquées l'une en A, l'autre en B. La première, appliquée à un point fixe, ne produira aucun travail dans le déplacement du système; la seconde travaillera seule. La force pl, appliquée en I' au milieu de la tige AB', est susceptible d'une décomposition analogue.

Le poids $p'l'$ de la tige DC est une force verticale appliquée au milieu i de cette longueur; on peut y substituer une force $\frac{1}{2}p'l'$ appliquée en D au manchon, et une force $\frac{1}{2}p'l'$ appliquée à l'articulation C de la tige AB. Celle-ci est décomposable en deux forces parallèles appliquées l'une en A, l'autre en B ; la dernière de ces deux composantes travaillera seule, et elle est égale à $\dfrac{1}{2}\,p'l' \times \dfrac{AC}{AB} = \dfrac{1}{2}\,p'l' \times k$.

La même décomposition s'applique au poids de la tige C′D.

La marche à suivre consiste à ramener toutes les forces à être appliquées aux points A, B, B′ et D ; nous venons de l'achever pour les poids, il faut en faire autant pour les forces centrifuges.

2° Quand un corps tourne uniformément autour d'un axe principal, les forces d'inertie se réduisent à une résultante unique, que l'on peut obtenir en supposant toute la masse du corps concentrée en son centre de gravité (III, § 260). Ici l'axe de rotation du système est un axe principal au point R pour chacune des boules B, B′. Car si l'on mène un plan par l'axe AR et par le point B, centre de la boule, ce plan partage la boule en deux moitiés symétriques ; il en est de même du plan mené par le point R perpendiculairement à l'axe de rotation. Rapportons les points matériels de la boule à ces deux plans et à un troisième mené par AR perpendiculairement aux deux premiers ; la droite RB deviendra par exemple l'axe des x, la droite RA l'axe des z, et la perpendiculaire commune élevée au point B à ces deux droites l'axe des y. On aura alors, à cause de la symétrie de la sphère homogène B par rapport aux plans des zx et des xy, $\Sigma mxz = 0$ et $\Sigma mxy = 0$, équations qui montrent que l'axe AR est principal au point R pour le corps solide formée par la boule B.

La résultante des forces centrifuges des points de cette boule est donc une force égale à $\dfrac{P}{g}\,\omega^2 l \sin x$, dirigée dans le prolongement du rayon RB.

Cherchons la résultante des forces centrifuges des différents éléments matériels de la tige AB. Considérons (fig. 30) un élément de longueur MM′ de cette tige, situé à la distance $AM = x$ du point A. Soit dx la longueur de cet élément. La force centrifuge f est dirigée

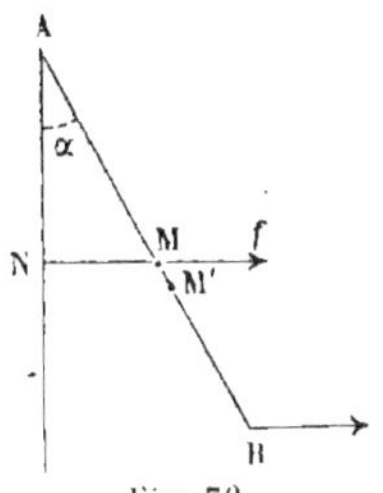

Fig. 30.

suivant le prolongement du rayon NM, et elle est égale à

$$\frac{p\,dx}{g}\,\omega^2 \times MN = \frac{p\omega^2 dx}{g}\,x\sin\alpha.$$

Toutes ces forces centrifuges sont parallèles ; elles ont pour résultante une force Φ, qui serait donnée par le théorème des moments, et dont le point d'application est aux $\dfrac{2}{3}$ de AB à partir du point A. Cette force Φ peut être décomposée en deux forces parallèles, l'une appliquée en A, qui ne produira aucun travail, et l'autre appliquée en B ; pour obtenir celle-ci, nous nous servirons de l'équation des moments, en prenant pour centre des moments le point A. Soit X la composante cherchée. Nous aurons

$$X \times AB\cos\alpha = \int_0^l \frac{p\,\omega^2\,dx}{g}\,x\sin\alpha \times x\cos\alpha,$$

ou bien, en supprimant le facteur $\cos\alpha$,

$$Xl = \frac{p\omega^2}{g}\,\sin\alpha \times \int_0^l x^2 dx = \frac{p\omega^2}{g}\,\sin\alpha \times \frac{l^3}{3}.$$

Donc

$$X = \frac{1}{3}\frac{p}{g}\,\omega^2 l^2 \sin\alpha.$$

La même méthode s'applique à la tige DC. La résultante Φ' des forces centrifuges se décompose en deux forces ; l'une, appliquée en D, est détruite par la composante égale et contraire qui provient de la tige symétrique C'D ; elle ne produit d'ailleurs pas de travail, puisqu'elle est normale au déplacement du manchon le long de la tige AD ; mais on voit de plus qu'elle est équilibrée par une force symétrique, de sorte que l'axe AD ne subit de ce fait aucune pression de la part du manchon. L'autre composante, Y, est appliquée à l'articulation C, et est donnée par la même formule que la composante X :

$$Y = \frac{1}{3}\frac{p'}{g}\,\omega^2 l'^2 \sin\beta.$$

La force Y, appliquée en C, se décompose encore en deux

forces, l'une appliquée en A, qu'il est inutile de considérer puisque ce point est fixe, l'autre appliquée en B et égale à

$$\mathrm{Y} \times \frac{\mathrm{AC}}{\mathrm{AB}} = \mathrm{Y} \times k,$$

c'est-à-dire égale à

$$\frac{k}{3} \frac{p'}{g} \omega^2 l'^2 \sin \beta.$$

61. Résumons les résultats obtenus, en laissant de côté les forces appliquées au point fixe A.

1° En B, nous avons, suivant la verticale, les forces

$$\mathrm{P} + \frac{pl}{2} + \frac{kp'l'}{2} = \mathrm{Q},$$

et suivant l'horizontale, les forces

$$\frac{\mathrm{P}}{g} \omega^2 l \sin\alpha + \frac{1}{3}\frac{p}{g} \omega^2 l^2 \sin\alpha + \frac{k}{3}\frac{p'}{g} \omega^2 l'^2 \sin\beta = \mathrm{Z}.$$

2° En B′, des forces Q′ et Z′ respectivement égales à Q et à Z ; les forces verticales Q′ agissent dans le même sens que Q, les forces horizontales Z′ agissent en sens contraire de Z.

3° Au point D, suivant la verticale, et agissant de haut en bas, les forces

$$\mathrm{F} + 2\frac{p'l'}{2} = \mathrm{F} + p'l' = \mathrm{H}.$$

Les forces horizontales se font équilibre.

Il reste à exprimer l'équilibre de ces trois groupes de forces ; on y parviendra en donnant au système un déplacement virtuel, c'est-à-dire en faisant varier infiniment peu l'angle α. Soit $\delta\alpha$ la variation de cet angle, et δu la variation correspondante de la distance AD ; le travail des forces Q et Z, dont le point d'application tourne de l'angle $\delta\alpha$ autour de A, s'obtiendra en multipliant par $\delta\alpha$ la somme de leurs moments par rapport au point A. Ce sera donc

$$(\mathrm{Z}l\cos\alpha - \mathrm{Q}l\sin\alpha)\,\delta\alpha.$$

Les forces Q′ et Z′, appliquées en B′, donnent la même somme, ce qui double le résultat.

Le travail de la force H est $H\delta u$. L'équation d'équilibre est donc

$$2\,(Z\cos\alpha - Q\sin\alpha)\,l\delta\alpha + H\delta u = 0.$$

Or

$$u = AD = AC\cos\alpha + CD\cos\beta = kl\cos\alpha + l'\cos\beta.$$

L'angle β est lié à l'angle α par la relation

$$AC\sin\alpha = CD\sin\beta,$$

ou bien

$$\sin\beta = \frac{kl}{l'}\sin\alpha.$$

On en déduit

$$\cos\beta = \sqrt{1 - \frac{k^2 l^2}{l'^2}\sin^2\alpha},$$

et par suite

$$u = kl\cos\alpha + \sqrt{l'^2 - k^2 l^2 \sin^2\alpha}.$$

La différentiation donne donc

$$\delta u = -\,kl\sin\alpha\,\delta\alpha - \frac{k^2 l^2 \sin\alpha\cos\alpha\,\delta\alpha}{\sqrt{l'^2 - k^2 l^2 \sin^2\alpha}}.$$

Le radical doit être pris positivement dans ces formules.

62. L'équation finale, débarrassée du facteur auxiliaire $\delta\alpha$, lie entre elles les quantités variables F, ω et α. Elle montre notamment quelle variation la vitesse angulaire ω doit subir, pour que le régulateur se déplace malgré la résistance F exercée sur le manchon : plus cette variation sera petite, plus l'appareil sera sensible, et il est facile de voir à ce sujet l'influence de la masse des boules.

Pour simplifier, ne tenons compte que des poids des boules en négligeant ceux des tiges articulées ; la force Q se réduira à P, la force Z à $\dfrac{P}{g}\,\omega^2 l\sin\alpha$, et la force H à F ; l'équation d'équilibre, divisée par $\sin\alpha$, sera

$$2\left(\frac{P}{g}\,\omega^2 l\cos\alpha - P\right)l - F\times\left(kl + \frac{k^2 l^2 \cos\alpha}{\sqrt{l'^2 - k^2 l^2 \sin^2\alpha}}\right) = 0.$$

Cela posé, imprimons à l'appareil une autre vitesse angulaire ω', en faisant varier la force F de telle sorte que le régulateur n'éprouve aucun déplacement ; l'angle α restant le même, mais la force ayant pris une autre valeur F', il viendra

$$2 \left(\frac{P}{g} \omega'^2 l \cos \alpha - P \right) l - F' \left(kl + \frac{k^2 l^2 \cos \alpha}{\sqrt{l'^2 - k^2 l^2 \sin^2 \alpha}} \right) = 0.$$

Retranchons les deux équations l'une de l'autre :

$$\frac{2P}{g} (\omega'^2 - \omega^2) l^2 \cos \alpha - (F' - F) \left(kl + \frac{k^2 l^2 \cos \alpha}{\sqrt{l'^2 - k^2 l^2 \sin^2 \alpha}} \right) = 0.$$

Plus le poids P des boules sera grand, plus la différence, $\omega'^2 - \omega^2$, des carrés des vitesses angulaires sera faible pour une même variation, F'—F, des résistances subies par l'appareil, de sorte que la sensibilité du régulateur est d'autant plus grande que la masse des boules est plus considérable.

IMPERFECTION DU RÉGULATEUR DE WATT.

63. Nous avons dit plus haut ($\S$ 59) que le régulateur de Watt *semblait* résoudre le problème ; il faut faire voir que la solution n'est qu'apparente. Pour cela, nous supposerons que les boules soient assez pesantes pour que l'appareil ait une sensibilité pour ainsi dire infinie, de telle sorte qu'il se déforme dès que la vitesse angulaire vient à varier. Cela revient à négliger la résistance F développée par l'inertie et les frottements des organes en communication avec le régulateur. Nous supposerons en même temps que l'arbre principal porte un volant, de telle sorte que le mouvement de rotation soit uniforme et non périodiquement uniforme. S'il en était autrement, l'extrême sensibilité du régulateur lui ferait faire des oscillations continuelles à chaque tour de l'arbre principal, par suite des variations de la vitesse angulaire ; ces oscillations seraient plutôt nuisibles qu'utiles à la marche de la machine, l'objet du régulateur étant de rendre constante une certaine vitesse

moyenne, et non d'agir sur les variations de la vitesse dans l'étendue d'une période.

Supposons donc que le régulateur ait pendant la marche normale une vitesse angulaire ω; il se placera de manière à former avec la verticale un angle d'écart α donné par la formule

$$\cos \alpha = \frac{g}{\omega^2 l}.$$

Le travail résistant venant tout à coup à diminuer, la vitesse de la machine augmente, et la vitesse angulaire du régulateur augmente dans le même rapport. Soit ω' sa nouvelle valeur. A cette valeur ω' correspondra un nouvel angle α', plus grand que α, et donné par l'équation

$$\cos \alpha' = \frac{g}{\omega'^2 l}$$

La déformation subie par le régulateur produit un déplacement du manchon, et une fermeture partielle de la vanne qui alimente la machine. Le travail moteur diminue aussitôt et prend la valeur qui assure à la machine sa vitesse normale, eu égard à la diminution du travail résistant. Il résulte de là que la vitesse de rotation des boules reprend sa valeur ω. Mais aussitôt le régulateur se ferme pour revenir à l'angle α de l'écart primitif. Le manchon rétrograde donc jusqu'à sa première position, la vanne se rouvre, et le travail moteur reprend son excès de valeur. Par suite la vitesse de la machine augmente, ce qui entraîne pour le régulateur le retour de la vitesse angulaire ω'. On reconnaît ainsi que, au lieu d'assurer le maintien de la vitesse normale ω, le régulateur de Watt subira une série d'oscillations limitées aux angles α et α', et la vitesse de la machine une série de variations entre les limites ω et ω'.

On peut corriger cet inconvénient au moyen d'un embrayage alternatif, dont le manchon est mis en mouvement par le levier du régulateur. Quand la vitesse augmente, le levier, déplacé par l'écartement des boules, pousse le manchon d'embrayage vers la droite par exemple ; ce mouvement a pour effet d'embrayer une roue dentée commandant la vanne régulatrice ; le système régulateur n'entre en action que si l'augmentation de la vitesse angulaire est assez grande pour que le manchon d'embrayage arrive au bout de sa course. Alors commence la fermeture partielle de la vanne ; à mesure qu'elle se ferme, le travail moteur décroît et la vitesse diminue. Les boules du régulateur se resserrant, l'embrayage ne tarde pas à être interrompu, de sorte que la vanne régulatrice reste dans la position qu'elle occupe, bien que le régulateur soit revenu à la position qui correspond à la vitesse normale. Si la vitesse diminue plus tard par suite d'une augmentation du travail résistant, le manchon d'embrayage, déplacé à fond vers la gauche, vient agir sur une autre roue qui relève la vanne, de manière à augmenter le travail moteur : augmentation qui persistera, l'embrayage cessant, quand le régulateur reviendra vers sa position primitive.

RÉGULATEUR PARABOLIQUE.

64. La meilleure manière d'utiliser le régulateur à force centrifuge, c'est d'en faire un appareil à équilibre indifférent. Supposons que la boule M soit assujettie à décrire dans le plan du système une courbe AB. Elle sera en équilibre au point M si la résultante MN de la force centrifuge, $MK = m\omega^2 r$, et de la pesanteur, $ML = mg$, est normale à la courbe. Prolongeons la droite MN jusqu'à la rencontre de l'axe AC. Les triangles semblables CPM, MLN donnent la proportion

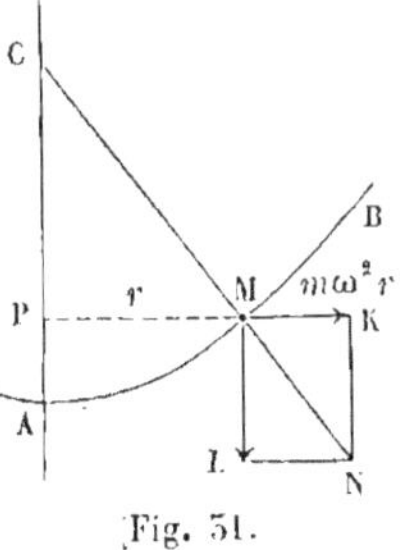

Fig. 51.

$$\frac{CP}{PM} = \frac{ML}{LN},$$

ou bien

$$\frac{CP}{r} = \frac{mg}{m\omega^2 r}.$$

d'où l'on déduit $CP = \dfrac{g}{\omega^2}$.

La longueur CP, sous-normale de la courbe cherchée AB, est égale à $\dfrac{g}{\omega^2}$, quantité constante si la vitesse angulaire ω est donnée.

La boule M est donc en équilibre en tous points de la courbe AMB, pour une vitesse ω déterminée, si la courbe AMB a une sous-normale constante et égale à $\dfrac{g}{\omega^2}$: la courbe cherchée est une parabole dont AC est l'axe.

Si l'on fait en sorte que le centre de la boule suive cette courbe, la boule pourra rester en équilibre en toutes ses positions, la vitesse ω conservant sa valeur normale. Un petit excès de vitesse angulaire l'écartera davantage, mais cet écart entraînant la fermeture partielle de la vanne régulatrice, le travail moteur diminuera au même instant, et la vitesse angulaire sera ramenée par là à sa valeur ω, sans que le régulateur retourne à sa position primitive, puisqu'il se trouve aussi bien en équilibre, sous cette vitesse ω, dans sa seconde position que dans la première. La vanne régulatrice conserve donc le degré de fermeture qui assure la réduction convenable du travail moteur.

RÉGULATEUR A BRAS CROISÉS DE M. FARCOT.

65. Il est assez difficile en pratique de disposer le régulateur de telle sorte que la boule suive exactement la parabole AMB. Les normales successives, MC, enveloppent la *développée* Q'RQ de la courbe, ou le lieu de ses centres de courbure. Le centre de courbure au point M est le point de contact, I, de la normale avec l'arc de courbe RQ. Si, au lieu d'attacher

au point C la tige qui soutient la boule, on l'attache en ce point I, le centre de la boule sera assujetti à décrire un cercle osculateur à la parabole, et qui en différera très-peu dans l'étendue d'un certain arc à droite et à gauche du point M. On peut, sans erreur bien grande, remplacer la parabole par cet arc de cercle dans toute la région que les boules peuvent être appelées à parcourir. Tel est le principe du *régulateur à bras croisés* de M. Farcot. Les deux tiges IM, I'M' qui soutiennent les boules, sont fixées en deux points symétriques I et I', voisins de la développée de la parabole. La transmission de ces tiges au manchon se fait par d'autres

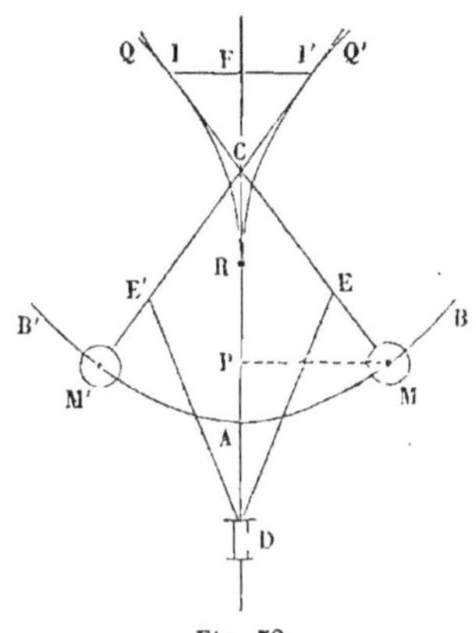

Fig. 32

tiges ED, E'D. Les premières se croisent au point C sur l'axe de rotation. Des contre-poids permettent de corriger la petite erreur résultant de la substitution d'un arc de cercle à l'arc de parabole.

M. Marcel Deprez a indiqué une méthode pour déterminer l'angle MCP qui correspond au meilleur emploi de l'appareil.

Soit $IF = I'F = a$ et $IM = L$. La solution serait rigoureuse si la sous-normale CP était constante; le meilleur angle $\alpha = MCP$ est donc celui pour lequel CP varie le moins possible, c'est-à-dire celui qui rend la longueur CP maximum ou minimum. Or

$$IC = \frac{IF}{\sin \alpha} = \frac{a}{\sin \alpha},$$

$$CM = L - \frac{a}{\sin \alpha},$$

et

$$CP = CM \cos \alpha = L \cos \alpha - \frac{a}{\tang \alpha}.$$

Prenons la dérivée de cette fonction par rapport à α et égalons à zéro : il vient pour la condition du maximum

$$-\frac{a}{\sin^2\alpha} - \mathrm{L}\sin\alpha = 0,$$

ou

$$\sin\alpha = \sqrt[3]{\frac{a}{\mathrm{L}}}.$$

RÉGULATEUR DE FOUCAULT.

66. Le régulateur de Foucault est, comme le régulateur parabolique, un appareil à équilibre indifférent. Seulement au lieu de faire intervenir la pesanteur et la force centrifuge, se composant ensemble pour donner une résultante normale à une certaine courbe, Foucault assujettit les boules de son régulateur à rester dans le plan horizontal, et il équilibre la force centrifuge par la tension d'un ressort élastique. Voici la disposition de l'appareil, réduit à ses parties essentielles.

Le manchon A glisse le long de l'axe vertical OA, autour duquel l'appareil tourne avec la vitesse ω. Il porte deux tiges articulées égales, AB, AB', au bout desquelles sont placées les boules B, B'. Pour leur faire décrire les droites OB, OB', il suffit de joindre par des tiges OI, OI', le point fixe O aux milieux I et I' des tiges AB, AB', et de donner à ces nouvelles tiges des longueurs égales à la moitié des premières. Car si OI = AI = IB, le triangle AOB est rectangle en O dans toutes les positions de la figure, et OB est une droite perpendiculaire à OA.

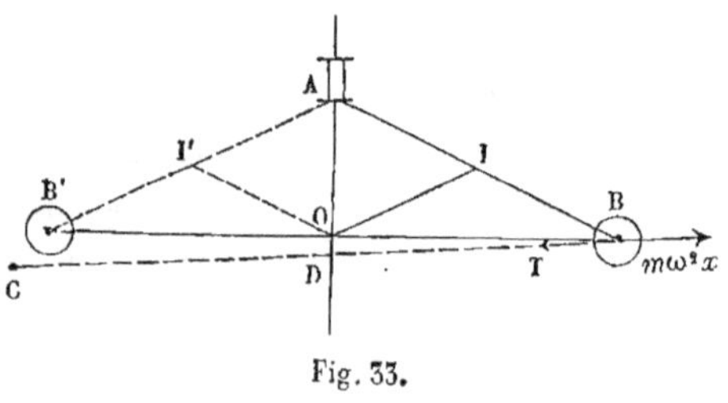

Fig. 33.

Le ressort qui retient la boule B est attaché en un point C très-voisin de la droite OB', de telle sorte qu'il agisse sensiblement dans la direction BO, sans gêner le mouvement de la boule opposée B′.

Soient x la distance OB, sensiblement égale à DB, et a la distance CD, longueur naturelle du ressort. Lorsque la boule B est arrivée à la position qu'elle a sur la figure, le ressort a passé de la longueur a à la longueur $a+x$; il s'est donc allongé de la quantité x, ce qui suppose en lui une tension T donnée par l'équation

$$T = \frac{Ex}{a},$$

en appelant E la tension correspondante à $x=a$, c'est-à-dire à l'allongement qui double la longueur naturelle du ressort. Le coefficient E, qui dépend de la fabrication du ressort, doit être déterminé par expérience.

La boule B est dans son équilibre relatif soumise à deux forces horizontales : l'une, $m\omega^2 x$, qui tend à l'écarter de l'axe, l'autre $\dfrac{E}{a}x$ qui tend à l'en rapprocher. L'équilibre exige qu'on ait l'égalité

$$\frac{Ex}{a} = m\omega^2 x,$$

d'où x disparaît comme facteur commun. La condition unique de l'équilibre est donc $E = m\omega^2 a$: si elle est remplie pour une certaine vitesse ω, la boule B sera en équilibre dans toutes ses positions le long de la droite OB, tant que la vitesse de rotation conservera la même valeur. Le manchon A se déplaçant en conséquence et entraînant des mouvements correspondants de la vanne régulatrice, on aura dans cet appareil très-simple un moyen de ramener la vitesse de l'arbre tournant à sa valeur normale. On a soin de détruire par des contre-poids le travail de la pesanteur sur le manchon et les tiges, de manière à ne laisser agir que la force centrifuge et la tension du ressort.

La solution suppose, il est vrai, que les tensions d'un ressort sont proportionnelles aux allongements ; mais cette loi, qui est vraie des petits allongements pour tous les prismes élastiques, est aussi très-voisine de la réalité pour les ressorts hélicoïdaux, tant que les allongements ne dépassent pas une certaine limite.

LIVRE VI

MÉCANIQUE DES FLUIDES

INTRODUCTION

67. Les principes de la mécanique s'appliquent à tous les systèmes matériels, de quelque nature qu'ils soient ; il suffit, pour les étendre aux liquides et aux gaz, de poser quelques nouvelles définitions.

Les *liquides* et les *gaz* sont compris sous la dénomination commune de *fluides*. La différence entre un corps solide et un corps fluide est que, dans un corps solide, chaque point matériel a une place à peu près fixe par rapport à tous les autres, de sorte que la *déformation* du corps exige des efforts plus ou moins considérables ; tandis que, dans un fluide, chaque point matériel est comme libre au milieu des autres points, et que le système n'a par lui-même aucune forme définie. Un liquide pesant, versé dans un vase, prend exactement la forme de ce vase, excepté sur la surface libre, qui dans l'état de repos est un plan horizontal. Un gaz renfermé dans une enceinte tend à en occuper tout le volume, et se dilate jusqu'à ce qu'il en ait atteint de tous côtés la surface-limite. Ces trois états, l'état solide, l'état liquide, l'état gazeux, appartiennent à presque tous les corps, et dépendent principalement de la *température*. Ainsi l'eau est un liquide à la température moyenne de nos climats ; elle se gèle et passe à l'état solide vers 0° ; elle se change en vapeur, c'est-à-dire en gaz, quand on élève suffisamment la températur changer la pression extérieure. Il y a cependant un certain nombre de corps gazeux qu'on n'a pu encore ramener à l'état liquide ; l'air atmosphérique est du nombre. D'autres ne peuvent être liquéfiés qu'à une température extrêmement basse. On les appelle *gaz permanents*, non pas pour indiquer que la réduction à l'état liquide soit absolument impossible, mais pour les distinguer des *vapeurs*, qui sont en général à une température voisine du point où s'opère le changement d'état.

68. La distinction entre les liquides et les gaz s'établit en considérant les changements de volume.

Un liquide enfermé dans une enceinte qu'il remplit entièrement, ne peut être amené qu'au prix des plus grands efforts à occuper un volume moindre ; en d'autres termes, les liquides sont très-peu *compressibles*. On peut ajouter qu'ils sont très-peu *dilatables*. Longtemps on a cru qu'ils étaient incompressibles d'une manière absolue ; c'était une erreur que la physique moderne a redressée. Les liquides, pouvant transmettre les vibrations sonores, se comportent à cet égard comme des corps élastiques, et sont par conséquent susceptibles de subir de petites compressions et de petites dilatations. L'expérience directe a d'ailleurs fait connaître les *coefficients de compressibilité* des divers liquides ; ce sont, il est vrai, des nombres extrêmement petits.

Un gaz permanent, au contraire, est pour ainsi dire indéfiniment compressible, indéfiniment dilatable. Si sous une pression égale à l'unité une masse gazeuse occupe un volume représenté aussi par l'unité, la même masse occupera des volumes égaux à 2, 3, . . . n, lorsque la pression sera réduite à $\frac{1}{2}, \frac{1}{3}, \ldots \frac{1}{n}$; elle occupera des volumes $\frac{1}{2}, \frac{1}{3}, \ldots \frac{1}{n}$, lorsque la pression sera portée à 2, 3, . . . n C'est dans cet énoncé très-simple que consiste *la loi de Mariotte*, loi qui n'est pas vraie sans restriction, et qui suppose notamment cette condition nécessaire, que *la masse gazeuse soumise à l'expérience ve toujours la même température*. Quand la température de la masse gazeuse change, la loi de Mariotte doit être complétée par celle de *Gay-Lussac*, et l'ensemble des deux lois s'exprime par la formule suivante :

$$(1) \qquad pV = R(1 + \alpha\tau),$$

dans laquelle p représente la pression à laquelle est soumise la masse gazeuse,

      V le volume qu'elle occupe,

      τ la température,

      α le coefficient de dilatation des gaz,

et   R un nombre constant.

69. Les mêmes lois s'appliquent aux vapeurs, mais avec certaines restrictions ; lorsqu'il s'agit de vapeurs, il ne faut pas oublier que dans des conditions particulières de température et de pression la masse gazeuse se change en liquide. Le changement d'état a lieu lorsque la pression p est une fonction déterminée de la température τ. Soit donc

$$(2) \qquad p = f(\tau)$$

l'équation qui définit les conditions du changement d'état. L'équation (1) ne sera pas applicable aux vapeurs pour toutes valeurs des variables p et τ, mais seulement pour celles qui correspondent à l'état gazeux, c'est-à-dire celles **qui satisfont** à l'inégalité $p < f(\tau)$.

Pour traduire géométriquement cette condition, traçons dans un plan deux axes rectangulaires OX, OY (fig. 34). Nous prendrons OX pour l'axe des températures τ, et OY pour l'axe des pressions p. Convenons d'appliquer l'équation (1) à une masse de gaz dont le poids soit égal à l'unité. Le poids spécifique Π du gaz sera alors égal à l'inverse de son volume V ; car le produit ΠV est égal au poids total du gaz, qui reste constant dans toute la série des expériences. On peut donc remplacer pV par $\dfrac{p}{\Pi}$, et écrire

$$(3) \qquad \frac{p}{\Pi} = R(1 + \alpha\tau).$$

Cela posé, si l'on donne à Π une valeur arbitraire, l'équation (3) représente une droite AM, qui coupe l'axe OX au point A, pour lequel $1 + \alpha\tau = 0$, et l'axe OY au point B, pour lequel $p = \Pi R$. Faisant varier Π, on aura autant de droites que l'on voudra, AM, AM', AM'',... passant toutes par le point A, et dont les ordonnées à l'origine, OB, OB', OB'',... sont proportionnelles aux valeurs successives de Π.

Traçons sur cette épure la courbe représentée par l'équation du changement d'état

$$p = f(\tau);$$

nous obtiendrons une certaine courbe PQ, qui définit *l'état de saturation* de la vapeur, c'est-à-dire le passage de l'état liquide à l'état gazeux. Pour tout point C, pris à gauche ou au-dessus de la courbe, on a $p > f(\tau)$, et le fluide est à l'état liquide. Pour tout point D, pris à droite et au-dessous, $p < f(\tau)$ et le fluide est à l'état gazeux; c'est seulement alors que la vapeur obéit à la loi exprimée par la formule (3); cette formule n'est donc applicable qu'aux valeurs simultanées de p et de τ qui satisfont à la condition $p < f(\tau)$; en d'autres termes, l'épure n'est applicable que dans la région située à droite de la courbe PQ.

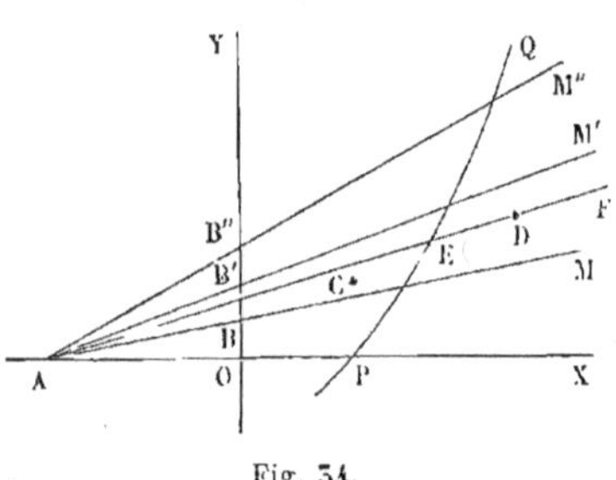

Fig. 54.

Si, par exemple, on fait varier la pression et la température de manière à conserver constant le poids spécifique d'une vapeur dont l'état de température et de pression est représenté par le point D, les valeurs simultanées des deux variables seront représentées par la droite EDF, qui se termine vers la gauche au point E, sur la courbe du changement d'état. Le prolongement AE de cette droite n'est qu'une ligne parasite de l'épure.

Les gaz dits *permanents* sont sans doute des vapeurs loin de leur état de saturation. Les courbes PQ qui limitent pour eux vers la gauche la partie utile de l'épure, sont peu éloignées du point A; ce point correspond à une température de — 273° centigrades, tandis qu'on ne peut guère dans les expériences abaisser la température au-dessous d'une cinquantaine de degrés négatifs. Il n'y a donc aucun inconvénient pratique à traiter ces gaz comme s'ils étaient permanents d'une manière absolue.

70. Toutes ces lois générales ne constituent qu'une première approximation, et dès qu'on introduit plus d'exactitude dans les observations, on voit paraître des termes correctifs. La mécanique rationnelle peut se dispenser d'entrer dans ces détails, moyennant qu'elle se borne à étudier l'équilibre et le mouvement des fluides *parfaits*, par opposition aux fluides *naturels*. Un *liquide parfait* est un liquide hypothétique, dépouillé de toute espèce de *viscosité*, et devenu rigoureusement incompressible. Par viscosité, on entend la propriété qu'ont les parties des fluides de développer des frottements quand elles glissent les unes contre les autres. La viscosité, ainsi définie, existe dans tous les fluides naturels, dans les gaz comme dans les liquides. On appelle *gaz parfait* un gaz permanent dénué de viscosité, et suivant indéfiniment les lois de Mariotte et de Gay-Lussac. Dans le même ordre d'idées, on pourrait définir *solide parfait* les solides invariables que l'on considère en statique et en dynamique.

DÉFINITION DE LA PRESSION A L'INTÉRIEUR D'UN FLUIDE.

71. Nous avons déjà eu égard, dans les paragraphes précédents, aux pressions extérieures subies par une masse gazeuse. On s'en fait une idée exacte en imaginant la masse renfermée dans un vase, dont une paroi seule reste mobile; cette paroi mobile serait chassée en dehors par l'action du fluide, et il faudra pour l'équilibrer lui appliquer une certaine force, qui mesurera la pression subie par la masse gazeuse. On concevrait de même la pression extérieure exercée sur un liquide. Une surface infiniment petite étant tracée sur l'enveloppe d'une

masse fluide quelconque, la pression exercée par cet élément de surface sur le fluide contigu est égale et contraire à la pression exercée par le fluide sur cet élément ; c'est la force qu'il faudrait appliquer à l'élément supposé mobile pour équilibrer l'action que le fluide exerce sur lui.

Pour étendre cette définition à la pression sur tout élément de surface pris à l'intérieur d'une masse fluide, il suffit de concevoir une surface qui contienne cet élément et qui partage la masse en deux parties, égales ou inégales. On imaginera ensuite que l'une de ces deux parties se solidifie sans rien changer à la disposition des parties matérielles dont elle est formée. L'élément de surface intérieure devient alors un élément de paroi, et supporte de la part du fluide qui le touche une certaine pression, laquelle n'a pas changé par suite de la solidification fictivement opérée dans la région voisine. La pression s'exerce donc sur les deux faces de l'élément, lorsqu'elles sont toutes les deux en contact avec le fluide. Cette définition fait dépendre la pression à la fois de l'étendue de l'élément pressé et de l'orientation de cet élément.

72. La théorie moléculaire éclaircit les notions précédentes.

Un fluide est, comme un corps solide, formé de molécules extrêmement petites, séparées les unes des autres par des intervalles comparables à leurs propres dimensions, et subissant chacune, de la part des autres molécules, des actions attractives ou répulsives dont l'intensité varie avec les distances mutuelles. Considérons au sein d'un fluide un élément très-petit de surface plane A ;

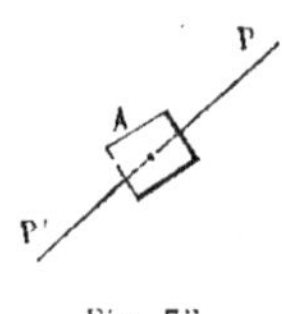

Fig. 55.

chaque molécule de fluide comprise dans cet élément subit certaines actions de la part des molécules voisines situées d'un côté de la surface, et certaines actions de la part des molécules situées du côté opposé. Considérons en particulier les actions provenant des molécules situées d'un certain côté de la surface. Leurs résultantes, prises séparément pour chacune des molécules de la surface A, seront toutes sensiblement parallèles, et se composeront en une force unique P, qui sera la *pression* exercée par le liquide sur l'élément A. Composant de même les actions exercées sur les molécules du plan A par la masse fluide du côté opposé, nous obtiendrons une résultante P′, qui sera égale et opposée à la résultante P : car, que le fluide soit en repos ou en mouvement, il y aura toujours équilibre entre les forces P, P′, et les forces directement appliquées aux molécules du plan A, y compris les forces d'inertie ; or ces dernières classes de forces, étant de l'ordre de grandeur des masses des molécules qui les subissent, sont négligeables vis-à-vis des pressions P et P′.

75. La pression P se trouve ainsi définie pour un élément de surface ω, aussi petit qu'on voudra, ayant une orientation particulière ; elle est du même ordre de grandeur que la surface ω, et si l'on divise P par ω, le quotient $\dfrac{P}{\omega}$ est la *pression moyenne du fluide par unité de surface dans l'étendue de l'aire plane A*. On appelle *pression du fluide en un point donné* M, *suivant un plan* A, la limite ou vraie valeur p du rapport $\dfrac{P}{\omega}$,

quand on réduit graduellement la surface ω, de manière à y comprendre toujours le point M. Ces définitions posées, la première proposition à établir est la suivante : *Dans un fluide parfait la pression* p *en un point donné* M, *suivant un plan d'orientation donnée* A, *est normale à ce plan.*

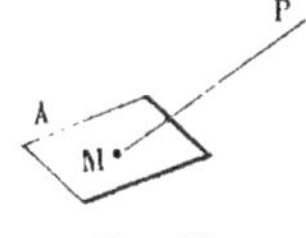

Fig. 56.

Cela résulte de l'absence de viscosité. La pression totale $p\,d\omega$ est la résultante des actions des parties voisines du fluide sur les molécules situées dans l'élément $d\omega$; si elle était oblique au plan de l'élément, elle aurait dans ce plan une composante tangentielle qui constituerait un frottement, ou un effet de la viscosité, conclusion contraire à l'hypothèse. On peut aussi s'expliquer la direction normale de la pression en admettant que les molécules des fluides se disposent toujours, en vertu de leur mobilité même, de manière à créer une sorte de symétrie par rapport à une direction quelconque. S'il en est ainsi, les actions obliques au plan A, exercées sur une molécule contenue dans ce plan, se composent deux à deux pour donner des résultantes normales.

L'expérience démontre que dans les fluides, contrairement à ce qu'on observe pour les solides, le frottement est nul à l'état de repos relatif, et dépend des vitesses avec lesquelles les molécules glissent les unes sur les autres. Il en résulte qu'un fluide naturel à l'état de repos est sensiblement dans les mêmes conditions qu'un fluide parfait. Le seul point par lequel il en diffère, c'est que les fluides naturels ont des *propriétés capillaires*, dont on fait ordinairemant abstraction quand on traite l'équilibre des fluides parfaits. Mais ces propriétés ne font pas exception aux lois de l'hydrostatique, et il suffit, pour en tenir compte, d'introduire dans les calculs les forces capillaires au même titre que les autres forces extérieures.

74. Venons enfin au théorème fondamental de la mécanique des fluides.

Dans un fluide parfait en équilibre, la pression par unité de surface en un point donné O est la même dans toutes les directions autour de ce point.

Pour démontrer ce théorème, on s'appuie sur ce que les pressions subies par les faces d'un polyèdre plongé dans le fluide sont du même ordre de grandeur que ces faces, tandis que la force extérieure qui le sollicite est du même ordre de grandeur que sa masse ou que son volume.

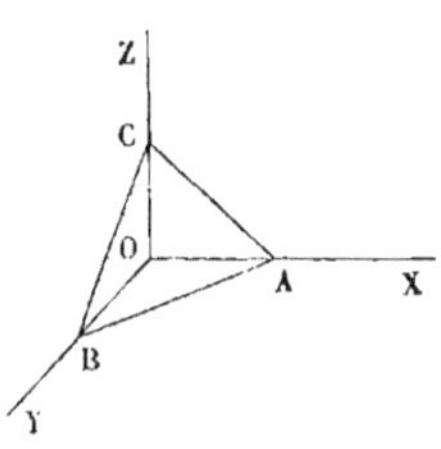

Fig. 57.

Au point O, menons dans le fluide trois axes rectangulaires OX, OY, OZ, et prenons sur ces trois axes des longueurs $OA = a$, $OB = b$, $OC = c$, infiniment petites.

Nous pouvons regarder le tétraèdre matériel compris sous les faces OAB, OBC, OCA, ABC, comme en équilibre sous l'action d'une force extérieure, telle que la pesanteur, qui lui serait appliquée, et des pressions développées sur ses quatre faces, pressions normales, en vertu du lemme précédemment établi.

Soient p, p', p'', p''' les pressions moyennes par unité de surface sur chacune des faces ABC, OBC, OCA, OAB;

α, β, γ les angles que fait la normale au plan ABC avec les trois axes OX, OY, OZ;

λ, μ, ν, les angles que fait avec les mêmes axes la force extérieure qui sollicite le tétraèdre. Nous exprimerons cette force par le produit $\varphi \times \rho \times$ volume (OABC), ρ désignant la *densité* ou *masse spécifique* du fluide, et φ *la force rapportée à l'unité de masse*, ou, en d'autres termes, l'accélération que cette force imprimerait à la masse du tétraèdre s'il était libre dans l'espace. De même, les pressions totales subies par les forces seront représentées respectivement par les produits

$$p \times \text{surf. ABC}, \quad p' \times \text{surf. OBC} \quad p'' \times \text{surf. OCA}, \quad p''' \times \text{surf. OAB};$$

la première fait les angles α, β, γ avec les trois axes; les autres sont respectivement parallèles à OX, OY et OZ. Projetons ces cinq forces sur les axes et écrivons les équations d'équilibres; nous aurons :

$$p \times \text{surf. ABC} \times \cos\alpha = p' \times \text{surf. OBC} + \varphi\rho\,\text{vol. (OABC)}\cos\lambda,$$
$$p \times \text{surf. ABC} \times \cos\beta = p'' \times \text{surf. OCA} + \varphi\rho\,\text{vol. (OABC)}\cos\mu,$$
$$p \times \text{surf. ABC} \times \cos\gamma = p''' \times \text{surf. OAB} + \varphi\rho\,\text{vol. (OABC)}\cos\nu.$$

Or le plan ABC fait avec les plans coordonnés les mêmes angles α, β, γ, que la normale à ce plan fait avec les axes. On a donc

$$\text{surf. ABC} \times \cos\alpha = \text{surf. OBC},$$
$$\text{surf. ABC} \times \cos\beta = \text{surf. OCA},$$
$$\text{surf. ABC} \times \cos\gamma = \text{surf. OAB}.$$

Divisant la première équation par surf. OBC, la seconde par surf. OCA, la troisième par surf. OAB, il viendra

$$p = p' + \varphi\rho\cos\lambda \times \frac{\text{vol. OABC}}{\text{surf. OBC}} = p' + \frac{1}{3}\varphi\rho\cos\lambda \times a,$$
$$p = p'' + \varphi\rho\cos\mu \times \frac{\text{vol. OABC}}{\text{surf. OCA}} = p'' + \frac{1}{3}\varphi\rho\cos\mu \times b.$$
$$p = p''' + \varphi\rho\cos\nu \times \frac{\text{vol. OABC}}{\text{surf. OAB}} = p''' + \frac{1}{3}\varphi\rho\cos\nu \times c.$$

Ces équations sont vraies, quelque petites que soient les dimensions a, b, c; elles sont donc encore vraies à la limite quand on réduit a, b, c, à zéro; elles donnent alors

$$p = p' = p'' = p''';$$

donc la pression par unité de surface du fluide au point O est la même sur tous les plans conduits par ce point. Car on peut disposer des rapports $\dfrac{a}{b}$, $\dfrac{b}{c}$, de telle sorte que le plan ABC ait une direction quelconque.

75. La pression par unité de surface est ainsi la même en tous sens autour d'un point pris au sein d'un fluide parfait en équilibre, et ne dépend pas de l'orientation de l'élément plan sur lequel on la considère. Il en est de même pour un fluide naturel en repos, car les pressions y sont encore normales, ce qui suffit pour la démonstration du théorème. Il en est aussi de même pour un fluide parfait en mouvement, : en vertu du théorème de d'Alembert, le tétraèdre infiniment petit se trouve en équilibre à chaque instant sous l'action des pressions, de la force extérieure qui lui est réellement appliquée, et de la force d'inertie, et la force d'inertie, $- mj$, du même ordre de grandeur que la masse, disparaît comme toute autre force extérieure quand on réduit indéfiniment les arêtes du tétraèdre.

Ce n'est qu'aux fluides naturels en mouvement que le théorème sur l'égalité de pression en tous sens ne s'applique pas en toute rigueur. On l'admet néanmoins comme approximation, sauf à corriger s'il y a lieu les résultats que l'on peut en déduire. Le problème du mouvement des fluides est déjà très-difficile quand on les suppose parfaits; il acquiert, quand on veut tenir compte de la viscosité, un nouveau degré de complication.

CHAPITRE PREMIER

HYDROSTATIQUE.

76. L'*hydrostatique*, ou *statique des fluides*, a pour but de résoudre la question suivante : *Dans une masse fluide en équilibre sous l'action de forces extérieures données, quelle est la répartition des pressions ?* Deux méthodes conduisent à la solution : l'une, fondée sur le théorème du travail virtuel ; l'autre, plus analytique et plus directe, fondée sur l'application des équations générales de l'équilibre. Nous exposerons d'abord la première.

1° Soit AB un tuyau de section constante, mais infiniment petite, contenant une masse en équilibre, liquide ou gazeuse, qui n'est soumise à aucune force autre que les pressions de son enveloppe. Le tuyau est fermé en A et en B par deux pistons mobiles, auxquels on applique deux forces normales P et P' ; l'équilibre exige que la force P soit égale à la pression totale exercée par le fluide sur la surface du piston A, et que la force P' soit de même égale à la pression totale du fluide sur la surface du piston B. Cela posé, je dis que P = P'.

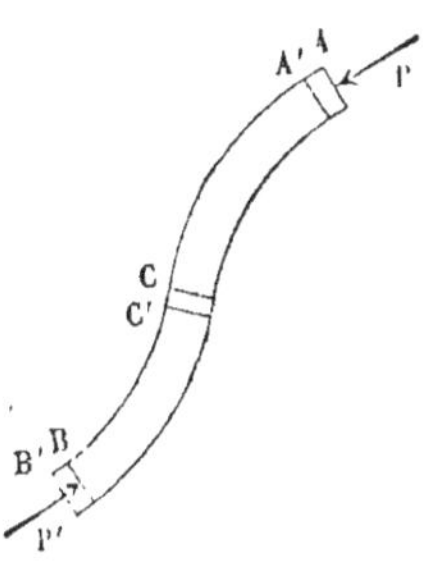

Fig. 58.

En effet, le système matériel formé par le fluide compris entre les plans A et B étant supposé en équilibre, la somme des travaux virtuels de toutes les forces appliquées à ses différents points est nulle pour tout déplacement infiniment petit qui lui serait imprimé. Les forces sont ici les forces intérieures du fluide et les pressions des parois qui l'entourent. Pour éliminer les travaux des forces intérieures, choisissons un déplacement virtuel qui n'altère pas les positions relatives des molécules. Il suffit pour cela d'imaginer que toutes les molécules glissent d'une même quantité infiniment petite, ε, le long du tuyau; le piston A avancera de cette quantité $AA' = \varepsilon$; le piston B, de la même quantité $BB' = AA'$. Ce déplacement particulier annule non-seulement les travaux des forces intérieures, mais aussi les travaux des pressions de toute la paroi courbe du tuyau, car ces pressions, normales à sa surface, sont perpendiculaires aux chemins décrits par leurs points d'application. Les seules forces qui produisent du travail sont donc les forces P et P′; la première a un travail égal à $P \times \varepsilon$; la seconde, un travail égal à $-P' \times \varepsilon$, et l'équation du travail virtuel donne

$$P \times \varepsilon - P' \times \varepsilon = 0.$$

c'est-à-dire

$$P = P'.$$

Les pressions totales du fluide sont donc égales dans la section A et dans la section B, et par suite les pressions par unité de surface sont aussi égales aux deux bouts du tuyau. On démontrerait d'une manière identique que la pression par unité de surface est la même en une section quelconque C, de sorte qu'*elle est constante dans toute l'étendue du tuyau.*

2° *Dans une masse fluide en équilibre qui n'est soumise à aucune autre force que les pressions de son enveloppe, la pression par unité de surface est la même en tous points.*

En effet, nous pouvons imaginer au sein de la masse fluide un tuyau de section constante AB, comprenant dans une de ses sections C un point M quelconque. En vertu du lemme précédent, les pressions se trouvent les mêmes en tous les points intérieurs à ce tuyau, et par suite la pression en M est égale à la pression en A ou en B, points pris arbitrairement dans la masse.

Ce théorème est connu en hydrostatique sous le nom de *principe de la transmission des pressions*.

3° Proposons-nous de résoudre le problème de la réparti-tion des pressions à l'intérieur d'un liquide pesant, dont le poids spéci-fique Π est donné.

Nous imaginerons un tuyau de sec-tion ω constante, infiniment petite, joignant dans l'intérieur du liquide un point A à un autre point B, et nous exprimerons que le liquide contenu

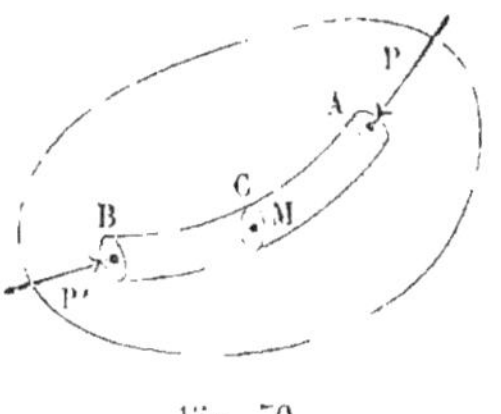

Fig. 39.

dans ce tuyau entre les sections A et B est en équilibre sous l'action de la pression P, de la pression P', qui s'exercent sur les pistons mobiles A et B, et de la pe-santeur appliquée à toutes les molé-cules liquides comprises entre ces deux pistons.

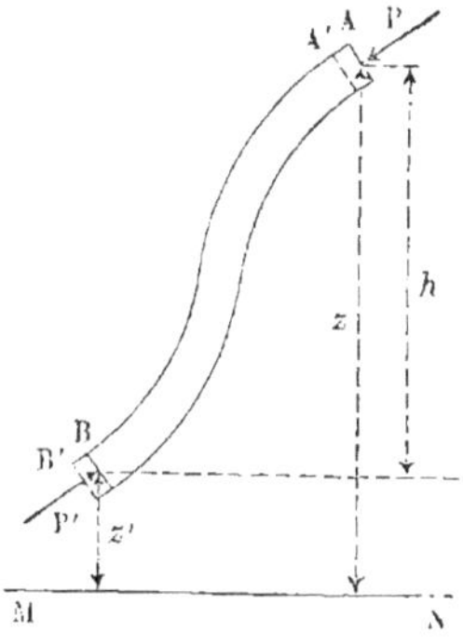

Imprimons-pour cela un déplace-ment commun ε, le long du tuyau, aux deux pistons et à tout le liquide qui les sépare. Les réactions de la partie convexe du tuyau ne produisent aucun travail. Nous retrouvons d'abord les termes $P\varepsilon - P'\varepsilon$ pour somme des tra-vaux des forces P et P'. Mais il faut y joindre le travail de la pesanteur.

Fig. 40.

En général, le travail de la pesanteur s'évalue en multi-pliant le poids total du système pesant par la quantité, posi-tive ou négative, dont s'est abaissé verticalement le centre de gravité. Au lieu de suivre cette règle, observons qu'on ne change rien à la position du centre de gravité du système dans la position A'B', en supposant que le liquide placé à l'ori-gine entre les sections A et A' vienne occuper dans la seconde position l'intervalle des sections B et B', le liquide compris entre les sections A' et B restant fixe dans cet échange. Il en résulte qu'au lieu de multiplier le poids entier du liquide AB par la perte de hauteur de son centre de gravité général, il suffit de multiplier le poids commun des masses AA' et BB' par la différence des hauteurs de leurs centres de gravité respectifs. Ce poids est égal à $\Pi\omega\varepsilon$, et les centres de gravité des deux masses sont infiniment peu différents des centres des sections A et B ; soient z et z' les hauteurs de ces derniers points au-dessus d'un même plan horizontal MN ; le travail de la pesanteur dû au déplacement virtuel ε est donc égal à

$$+\ \Pi\omega\varepsilon \times (z - z').$$

L'équation d'équilibre est par suite

$$P\varepsilon - P'\varepsilon + \Pi\omega\varepsilon(z - z') = 0;$$

supprimant le facteur ε, et divisant par ω, il vient

$$\frac{P'}{\omega} = \frac{P}{\omega} + \Pi(z - z'),$$

ou bien

$$p' = p + \Pi h,$$

en appelant p et p' les pressions par unité de surface en A et en B, et h la différence de niveau des points A et B.

Dans un liquide pesant en équilibre, tous les points d'une même surface horizontale sont également pressés : car la différence de pression entre deux points ne dépend que de la différence d'altitude de ces deux points. La pression se trouve donc la même pour deux points situés au même niveau.

4° Cette dernière proposition s'applique aussi aux gaz pesants en équilibre ; mais elle ne peut se démontrer de même, car le poids spécifique Π d'un gaz n'est pas constant comme celui d'un liquide, et il varie avec la pression. Pour établir le théorème, on sera donc forcé de raisonner sur des différences de niveau infiniment petites. La pression à l'intérieur d'un gaz en équilibre variant d'une manière continue, deux points infiniment rapprochés, A et B, ont des pressions infiniment peu différentes, et par suite

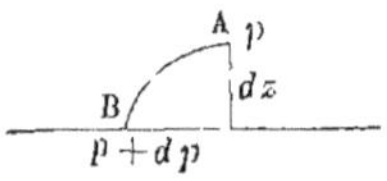

Fig. 41.

le poids spécifique du gaz est sensiblement constant dans toute l'étendue de la région AB. Le gaz se comportant dans cette étendue comme un liquide, on peut lui appliquer l'équation

$$p' = p + \Pi h,$$

qui devient ici

$$p + dp = p + \Pi dz,$$

en appelant p la pression en A, $p + dp$ la pression en B et dz la différence de hauteur des points A et B. On en déduit

$$dp = \Pi dz.$$

Or le poids spécifique Π est une fonction de la pression p ; donc p est une fonction de z, et la proposition est démontrée pour les gaz pesants comme pour les liquides.

Nous arrivons par là à reconnaître au sein des fluides pesants en équilibre des *surfaces d'égale pression* ou *surfaces isopiésiques*, qui ne sont autre chose que des plans horizontaux. La pression a une même valeur pour chacun d'eux ; elle varie de l'un à l'autre. Ce sont ces surfaces qu'on appelle *surfaces de niveau* en hydrostatique. Nous n'avons qu'à généraliser ce résultat pour résoudre dans toute son étendue le problème de l'équilibre des fluides. La considération des surfaces de niveau simplifie la question, car au premier abord la pression d'un fluide, variant d'un point à l'autre de sa masse, ne paraît exprimable que par une fonction des trois coordonnées de chaque point. Les surfaces de niveau permettent de réduire ces trois coordonnées à une, à savoir, le paramètre qui définit la surface de niveau particulière passant par le point donné.

DES SURFACES DE NIVEAU DANS LE CAS GÉNÉRAL.

77. Nous supposerons ici qu'un fluide soit en équilibre sous l'action de forces quelconques, appliquées à chacun des points matériels qui le composent, et données pour chacun en direction et en grandeur. La pression varie d'une manière

continue au sein de cette masse fluide ; les surfaces de niveau sont les lieux géométriques des points où elle a une même valeur. Cela posé, nous commencerons par démontrer ce théorème : *en chaque point d'une surface de niveau, la force extérieure appliquée en ce point est normale à la surface.*

Soit en effet SS' une surface de niveau, tout le long de laquelle la pression par unité de surface est égale à p. Prenons sur cette surface un point A, et soit AF la direction de la force qui sollicite ce point. Les points voisins du point A seront sollicités par des forces sensiblement parallèles à la direction AF. Considérons un prisme droit AB, de longueur infiniment petite ds et de section ω, dont l'axe soit situé dans la surface SS'.

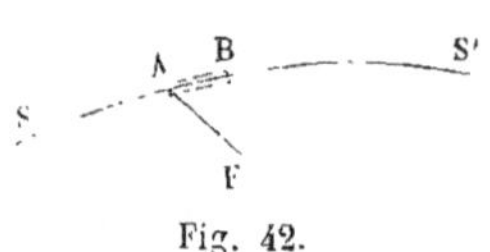

Fig. 42.

Ce prisme est en équilibre sous l'action des pressions développées sur ses faces par le fluide ambiant, et des forces appliquées à ses molécules parallèlement à la direction AF. Projetons toutes ces forces sur l'axe du prisme ; les pressions exercées sur la surface convexe sont normales à l'axe et ne donnent rien en projection. Les pressions sur les deux bases ω sont égales et contraires, leur somme algébrique se détruit ; il reste donc la projection de la résultante des forces extérieures, qui est nécessairement nulle aussi ; et comme la force elle-même n'est pas supposée nulle, la direction de la force est normale à l'axe du prisme. Mais la direction de l'axe est arbitraire sur la surface S. Donc la force extérieure appliquée au point A est normale à la surface de niveau qui passe par ce point.

Les surfaces de niveau coupent à angle droit les directions des forces appliquées à leurs divers points : nouvelle définition qui rattache la théorie hydrostatique des surfaces de niveau à la théorie dynamique exposée à propos des forces vives (III, § 49).

78. Examinons ensuite comment varie la pression d'une surface de niveau à une autre infiniment voisine.

Soit SS une surface de niveau sur laquelle la pression est p ;

S′S′ une surface de niveau infiniment voisine, le long de laquelle la pression est $p + dp$. En un point A de la première, menons la normale AF; ce sera la direction de la force qui sollicite le point A. Les directions des forces appliquées aux molécules voisines de ce point sont parallèles à la droite AF; de plus, comme les surfaces SS, S′S′ sont infiniment voisines, la droite AF est sensiblement normale à S′S′ au point B.

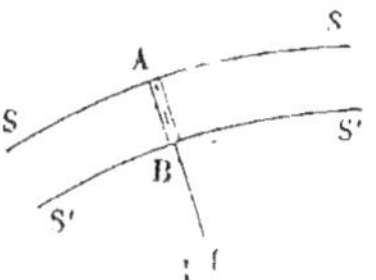

Fig. 45.

Considérons un prisme droit infiniment petit AB, dont la section soit ω, et la longueur $AB = ds$; exprimons qu'il est en équilibre sous l'action des pressions qui s'exercent sur sa surface et de la résultante des forces appliquées à ses diverses molécules. Projetons toutes ces forces sur la direction AF; elles devront avoir une somme algébrique égale à zéro.

Les pressions sur les faces latérales du prisme sont normales à l'axe de projection, et disparaissent dans la somme. Il reste les pressions sur la face A, sur la face B, et la résultante des forces.

La pression totale en A est $p\omega$; la pression en B est $(p + dp)\omega$ et agit en sens contraire. Pour évaluer la force, remarquons que le prisme a pour volume ωds, pour masse $\rho\omega ds$, en appelant ρ la *masse spécifique* ou *densité* du fluide au point A; la résultante des forces appliquées au prisme peut s'exprimer par le produit $\rho\omega ds \times \varphi$, où φ représente la force rapportée à l'unité de masse, ou l'accélération qu'imprimerait au prisme matériel AB auquel elle est appliquée la force totale si elle le sollicitait dans le vide.

Toutes ces forces agissant parallèlement à l'axe de projection, on a l'équation

$$p\omega - (p + dp)\omega + \rho\omega ds \times \varphi = 0.$$

Réduisant et supprimant le facteur commun ω, il vient l'équation très-simple

$$dp = \rho\varphi ds,$$

qui résout la question en donnant la loi suivant laquelle la pression varie d'une surface de niveau à une surface de niveau voisine.

L'équation $dp = \Pi dz$, obtenue dans le cas d'un fluide pesant, est un cas particulier de cette équation différentielle, car les surfaces de niveau étant alors des plans horizontaux, dz est la distance de deux surfaces, et le poids spécifique Π n'est autre chose que le produit $\rho\varphi$ ou ρg de la masse spécifique par l'accélération g due à la pesanteur.

79. Cette équation se transforme aisément, quand on y introduit les coordonnées des différents points du fluide rapportées à trois axes rectangulaires. Appelons x, y, z les coordonnées d'un point M; X, Y, Z, les composantes parallèles aux axes de la force φ appliquée à ce point et rapportée à l'unité de masse; soient $x + dx$, $y + dy$, $z + dz$ les coordonnées d'un

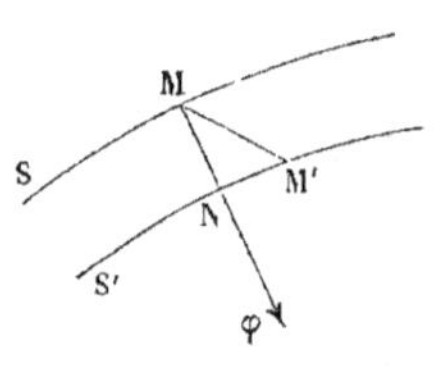

Fig. 44.

point M′, infiniment voisin du point M. De ce point abaissons une perpendiculaire M′N sur la direction de la force Mφ. Le point N fera partie de la même surface de niveau S′ que le point M′; posons $ds = \mathrm{MN}$, nous aurons $dp = \rho\varphi\,ds$, équation qui nous fera connaître l'excès de la pression en M′ sur la pression en M. Mais φds est le travail de la force φ quand son point d'application reçoit un déplacement MM′; appliquant la formule connue (II, § 113), on aura

$$\varphi ds = \mathrm{X}dx + \mathrm{Y}dy + \mathrm{Z}dz.$$

Donc enfin

$$dp = \rho(\mathrm{X}dx + \mathrm{Y}dy + \mathrm{Z}dz),$$

équation générale de l'hydrostatique.

L'équation différentielle des surfaces de niveau est $dp = 0$, ou bien

$$\mathrm{X}dx + \mathrm{Y}dy + \mathrm{Z}dz = 0.$$

Sous cette forme, on peut vérifier que la direction de la force φ, résultante des forces X, Y et Z, est normale à l'élément

dont les projections sur les axes sont dx, dy, dz, c'est-à-dire
à tout élément tracé sur la surface par le point (x, y, z). La
force φ est donc normale à la surface de niveau.

MÉTHODE DIRECTE.

80. Rapportons les positions des divers points de la masse
fluide à trois axes rectangulaires OX, OY, OZ; soit A le point
dont les coordonnées sont x, y, z; appelons p la pression
par unité de surface en ce point, et ρ la masse spécifique.

Considérons un parallélipipède rectangle ayant pour sommet le point A, et dont les arêtes AB, AD, AF, parallèles aux
axes, soient respectivement égales à dx, dy, dz. Nous exprimerons que la masse fluide comprise
sous ce volume est en équilibre sous
l'action de la force extérieure qui y est
directement appliquée, et des pressions exercées par le fluide ambiant
sur ses différentes faces.

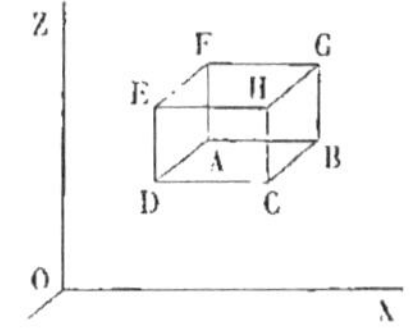

Fig. 45.

La force extérieure s'exprimera en
multipliant par l'accélération donnée φ la masse du parallélipipède
fluide, qui est $\rho\,dx\,dy\,dz$; projetant cette force sur les trois axes,
nous aurons pour composantes :

$$\rho X\,dx\,dy\,dz, \qquad \rho Y\,dx\,dy\,dz \quad \text{et} \quad \rho Z\,dx\,dy\,dz.$$

La pression sur la face ADEF agit parallèlement à OX et dans
le sens positif; la pression sur la face opposée agit parallèlement à la même direction, mais dans le sens négatif. D'ailleurs si p est la pression par unité de surface sur la face AE,
$p + \dfrac{dp}{dx}\,dx$ est la pression par unité de surface sur la face BH;
les pressions totales sont donc respectivement, avec leurs
signes,

$$p\,dy\,dz \quad \text{et} \quad -\left(p + \frac{dp}{dx}\,dx\right)dy\,dz.$$

Faisant la somme algébrique des trois forces, qui sont parallèles à l'axe OX, on aura pour l'équilibre

$$p\,dy\,dz - \left(p + \frac{dp}{dx}\,dx\right)dy\,dz + \rho X\,dx\,dy\,dz = 0,$$

ou bien, en réduisant et en divisant par $dx\,dy\,dz$,

$$(1)\qquad \frac{dp}{dx} = \rho X.$$

Nous avons appelé p, dans ce calcul, la pression moyenne par unité de surface sur la face AE; mais l'équation que nous obtenons est vraie quelque petites que soient les dimensions de cette face par rapport à la dimension $dx=$AB du parallélipipède, de sorte qu'il n'y a aucune erreur à regarder p comme la pression du fluide par unité de surface au point A.

On obtiendrait de même, en projetant les forces sur OY et sur OZ, les équations

$$(2)\qquad \frac{dp}{dx} = \rho Y,$$

$$(3)\qquad \frac{dp}{dy} = \rho Z.$$

Multiplions la première équation par dx, la seconde par dy, la troisième par dz, et ajoutons. La somme $\dfrac{dp}{dx}\,dx + \dfrac{dp}{dy}\,dy + \dfrac{dp}{dz}\,dz$ est la différentielle totale de p quand les variables x, y, z reçoivent les accroissements arbitraires dx, dy, dz; on la représentera par dp, et il viendra l'équation déjà obtenue

$$(4)\qquad dp = \rho\,(X\,dx + Y\,dy + Z\,dz).$$

Nous ne nous sommes pas servis des équations des moments : il est facile de voir qu'elles seraient satisfaites d'elles-mêmes; les pressions sont normales aux faces, et leur résultante sur chacune passe sensiblement par le centre de gravité de cette face; elles passent donc toutes par le centre de gravité du parallélipipède. Les forces extérieures, parallèles et proportionnelles aux masses de chaque molécule, se composent en une force unique passant par le même point. Toutes les forces ont donc un même point d'application, et il suffit pour l'équilibre que la résultante de translation soit nulle. C'est ce qu'expriment les trois équations (1), (2) et (3), ou plus simplement l'équation (4), où les facteurs dx, dy, dz, restent arbitraires.

DISCUSSION DE L'ÉQUATION DE L'HYDROSTATIQUE.

81. Lorsque l'équilibre existe, la pression p est déterminée en chaque point du fluide, et par suite p est une fonction bien déterminée des coordonnées x, y, z. Les composantes X, Y, Z et la densité ρ sont des fonctions données des mêmes variables. Le premier membre de l'équation (4) étant une différentielle exacte, il en est de même du second. Une des premières conditions de l'équilibre est donc que la fonction

$$\rho\,(\mathrm{X}dx + \mathrm{Y}dy + \mathrm{Z}dz)$$

soit la différentielle d'une fonction des variables x, y et z.

82. En général, si une fonction $\mathrm{M}dx + \mathrm{N}dy + \mathrm{P}dz$ est la différentielle d'une fonction $\mathrm{F}(x, y, z)$, on a les identités

$$\mathrm{M} = \frac{d\mathrm{F}}{dx}, \quad \mathrm{N} = \frac{d\mathrm{F}}{dy}, \quad \mathrm{P} = \frac{d\mathrm{F}}{dz},$$

et par suite

$$\frac{d\mathrm{M}}{dy} = \frac{d^2\mathrm{F}}{dx\,dy} = \frac{d\mathrm{N}}{dx}, \qquad \frac{d\mathrm{M}}{dz} = \frac{d^2\mathrm{F}}{dx\,dz} = \frac{d\mathrm{P}}{dx}$$

et

$$\frac{d\mathrm{N}}{dz} = \frac{d^2\mathrm{F}}{dy\,dz} = \frac{d\mathrm{P}}{dy}.$$

Les conditions

$$\frac{d\mathrm{M}}{dy} = \frac{d\mathrm{N}}{dx}, \qquad \frac{d\mathrm{M}}{dz} = \frac{d\mathrm{P}}{dx}, \qquad \frac{d\mathrm{N}}{dz} = \frac{d\mathrm{P}}{dy},$$

sont donc nécessaires pour que la fonction donnée soit une différentielle exacte; elles sont de plus suffisantes, et si elles sont satisfaites, on pourra déterminer la fonction F. Posons, en effet,

$$\mathrm{F} = \mathrm{U} + \mathrm{V} + \mathrm{W},$$

U représentant une fonction des trois variables x, y, z,

V une fonction de y et de z seuls,

et W une fonction de z.

Prenons les dérivées partielles de cette somme par rapport à x, à y et à z, et identifions avec les fonctions données. Il viendra

$$\frac{dF}{dx} = \frac{dU}{dx} = M,$$

$$\frac{dF}{dy} = \frac{dU}{dy} + \frac{dV}{dy} = N,$$

$$\frac{dF}{dz} = \frac{dU}{dz} + \frac{dV}{dz} + \frac{dW}{dz} = P.$$

On en déduit

$$\frac{dU}{dx} = M,$$

$$\frac{dV}{dy} = N - \frac{dU}{dy},$$

$$\frac{dW}{dz} = P - \frac{dU}{dz} - \frac{dV}{dz}.$$

La fonction U s'obtiendra donc par l'intégration de $M dx$ en considérant x comme la seule variable ; la fonction V est de même l'intégrale de $\left(N - \dfrac{dU}{dy} \right) dy$ par rapport à la seule variable y, et la fonction W l'intégrale de $\left(P - \dfrac{dU}{dz} - \dfrac{dV}{dy} \right) dz$ par rapport à z. Mais il faut, pour que notre hypothèse soit vérifiée, que V ne contienne pas x, et que W ne contienne ni x ni y ; or cela résulte des équations de condition ; car on en déduit par la différentiation sous le signe $\int$,

$$\frac{dV}{dx} = \frac{d}{dx} \int \left(N - \frac{dU}{dy} \right) dy = \int \left(\frac{dN}{dx} - \frac{d^2U}{dxdy} \right) dy ;$$

or

$$\frac{d^2U}{dxdy} = \frac{dM}{dy} ;$$

donc $\dfrac{dV}{dx} = 0$, et la fonction V est indépendante de x. De même

$$\frac{dW}{dx} = \frac{d}{dx} \int \left(P - \frac{dU}{dz} - \frac{dV}{dz} \right) dz = \int \left(\frac{dP}{dx} - \frac{d^2U}{dxdz} - \frac{d^2V}{dxdz} \right) dz$$

$$= \int \left(\frac{dP}{dx} - \frac{dM}{dz} \right) dz = 0,$$

puisque $\dfrac{d^2V}{dxdz} = \dfrac{d}{dx}\left(\dfrac{dV}{dz}\right) = 0$, V ne contenant pas x. Enfin

$$\frac{dW}{dy} = \frac{d}{dy}\int\left(P - \frac{dU}{dz} - \frac{dV}{dz}\right)dz = \int\left(\frac{dP}{dy} - \frac{d^2U}{dydz} - \frac{d^2V}{dydz}\right)dz.$$

Or on a successivement

$$U = \int M\,dx,$$

$$\frac{dU}{dy} = \int\frac{dM}{dy}\,dx = \int\frac{dN}{dx}\,dx = N,$$

$$\frac{d^2U}{dydz} = \frac{dN}{dz} = \frac{dP}{dy}.$$

et

$$\frac{d^2V}{dydz} = \frac{d}{dz}\left(N - \frac{dU}{dy}\right) = \frac{dN}{dz} - \frac{d^2U}{dydz} = \frac{dN}{dz} - \frac{d^2}{dydz}\int M\,dx$$

$$= \frac{dN}{dz} - \frac{d}{dy}\int\frac{dM}{dz}\,dx = \frac{dN}{dz} - \frac{d}{dy}\int\frac{dP}{dx}\,dx = \frac{dN}{dz} - \frac{dP}{dy} = 0.$$

La fonction $\dfrac{dP}{dy} - \dfrac{d^2U}{dydz} - \dfrac{d^2V}{dydz}$ étant identiquement nulle,

on a $\dfrac{dW}{dy} = 0$. La fonction W est donc indépendante de x et

de y, et la fonction F se détermine à l'aide de trois quadratures, sous la forme que nous lui avons assignée.

Cauchy a mis la solution cherchée sous la forme d'une somme de trois intégrales définies. Appelant x_0, y_0, z_0 trois constantes arbitraires, on a

$$F = \int_{x_0}^{x} M(x, y, z)\,dx + \int_{y_0}^{y} N(x_0, y, z)\,dy + \int_{z_0}^{z} P(x_0, y_0, z)\,dz,$$

comme il est aisé de le vérifier.

83. Connaissant les fonctions ρ, X, Y, Z, on pourra donc trouver la fonction p, pourvu qu'on ait les relations identiques

$$(5) \qquad \frac{d(\rho X)}{dy} = \frac{d(\rho Y)}{dx}, \quad \frac{d(\rho X)}{dz} = \frac{d(\rho Z)}{dx}, \quad \frac{d(\rho Y)}{dz} = \frac{d(\rho Z)}{dy}.$$

Il y a lieu ici de distinguer deux cas : 1° celui où la fonction

$X dx + Y dy + Z dz$ est d'elle-même la différentielle exacte d'une certaine fonction ; on aura alors

$$(6) \qquad \frac{dX}{dy} = \frac{dY}{dx}, \qquad \frac{dX}{dz} = \frac{dZ}{dx}, \qquad \frac{dY}{dz} = \frac{dZ}{dy} ;$$

2° le cas où le facteur ρ rend la fonction une différentielle exacte ; dans ce cas, ce sont les équations (5) qui doivent être vérifiées. Développant ces équations, il vient, en les écrivant dans un ordre où elles se déduisent l'une de l'autre par permutation tournante :

$$(7) \qquad \begin{cases} \rho\left(\dfrac{dX}{dy} - \dfrac{dY}{dx}\right) + X\dfrac{d\rho}{dy} - Y\dfrac{d\rho}{dx} = 0, \\[2mm] \rho\left(\dfrac{dY}{dz} - \dfrac{dZ}{dy}\right) + Y\dfrac{d\rho}{dz} - Z\dfrac{d\rho}{dy} = 0, \\[2mm] \rho\left(\dfrac{dZ}{dx} - \dfrac{dX}{dz}\right) + Z\dfrac{d\rho}{dx} - X\dfrac{d\rho}{dz} = 0. \end{cases}$$

Multiplions la première par Z, la seconde par X, la troisième par Y et ajoutons ; les termes contenant les dérivées $\dfrac{d\rho}{dx}$, $\dfrac{d\rho}{dy}$, $\dfrac{d\rho}{dz}$ disparaîtront dans les sommes, et ρ pourra être supprimé comme facteur commun. La condition nécessaire pour qu'on puisse trouver un facteur ρ qui rende intégrable la fonction $X dx + Y dy + Z dz$, quand les conditions (6) ne sont pas remplies, est donc exprimée par l'équation unique

$$(8) \qquad Z\left(\frac{dX}{dy} - \frac{dY}{dx}\right) + X\left(\frac{dY}{dz} - \frac{dZ}{dy}\right) + Y\left(\frac{dZ}{dx} - \frac{dX}{dz}\right) = 0.$$

PREMIER CAS : $X dx + Y dx + Z dz$ DIFFÉRENTIELLE EXACTE.

84. Supposons les conditions (6) satisfaites.

Alors on pourra trouver une fonction $f(x, y, z)$ ayant $X dx + Y dy + Z dz$ pour différentielle. L'équation générale des surfaces de niveau sera $f(x, y, z) = C$, et l'équation

$$dp = \rho(X dx + Y dy + Z dz)$$

deviendra

$$dp = \rho\, df.$$

Sous cette forme, on voit que ρ est constant, ou bien fonction de p. En effet, tout le long d'une même surface de niveau, p est le même, et f aussi ; dp et df sont les mêmes dans toute l'étendue de la couche infiniment mince comprise entre les surfaces de niveau $f = C$ et $f + df = C + dC$; donc ρ est constant dans toute l'étendue de cette couche ; si la densité n'est pas constante en tous les points de la masse fluide, elle varie seulement d'une couche à l'autre, ce qui suppose ρ fonction de f, ou, ce qui revient au même, de p.

En tous les points d'une surface de niveau la densité est donc constante. Il est facile d'en déduire qu'en chaque point la distance de deux surfaces de niveau infiniment voisines est inversement proportionnelle à l'intensité de la force. Il suffit pour cela de mettre l'équation d'équilibre sous la forme $dp = \rho\varphi\,ds$ (§ 79).

Lorsque le fluide est un liquide parfait homogène, ρ est constant d'une manière absolue. Lorsque le fluide est un gaz parfait à température τ constante, ρ est lié à p par l'équation de Mariotte et de Gay-Lussac, car de l'équation

$$\frac{p}{\Pi} = R(1 + \alpha\tau)$$

on déduit

$$\frac{p}{\rho} = Rg(1 + \alpha\tau) = k,$$

et k est une constante si τ est constant. L'équation $dp = \rho\,df$ devient alors $\dfrac{dp}{p} = \dfrac{df}{k}$. Enfin si la température du gaz n'était pas partout la même, on tirerait de l'équation de Mariotte et de Gay-Lussac

$$\rho = \frac{p}{Rg(1 + \alpha\tau)},$$

et par suite

$$dp = \frac{p}{Rg(1 + \alpha\tau)}\,df, \quad \text{ou} \quad \frac{dp}{p} = \frac{1}{Rg(1 + \alpha\tau)}\,df,$$

équation qui montre que τ est fonction de f, ce qui revient à dire que la température est la même en tous les points d'une surface de niveau, et varie seulement de l'une à l'autre. Les surfaces de niveau sont donc à la fois des surfaces isopiésiques (§ 76) et des surfaces *isothermes*.

APPLICATION AUX LIQUIDES PESANTS.

85. Prenons l'axe OZ vertical et montant. Nous aurons pour les composantes de la pesanteur rapportée à l'unité de masse

$$X = 0, \qquad Y = 0, \qquad Z = -g;$$

donc

$$X dx + Y dy + Z dz = -g dz,$$

fonction intégrable qui donne $f = C - gz$.

Les surfaces de niveau sont alors des plans horizontaux, ce que nous savions déjà (§ 76).

Supposons d'abord qu'il s'agisse d'un liquide.

La surface libre étant une surface d'égale pression, sera une surface de niveau, c'est-à-dire un plan horizontal.

Si plusieurs liquides, non solubles les uns dans les autres, sont superposés dans la même enceinte, les surfaces de séparation sont des plans horizontaux; autrement la densité ne serait pas constante dans toute l'étendue d'une même surface de niveau.

86. La pression en un point donné s'obtiendra en intégrant l'équation

$$dp = \rho df = -\rho g dz = -\Pi dz,$$

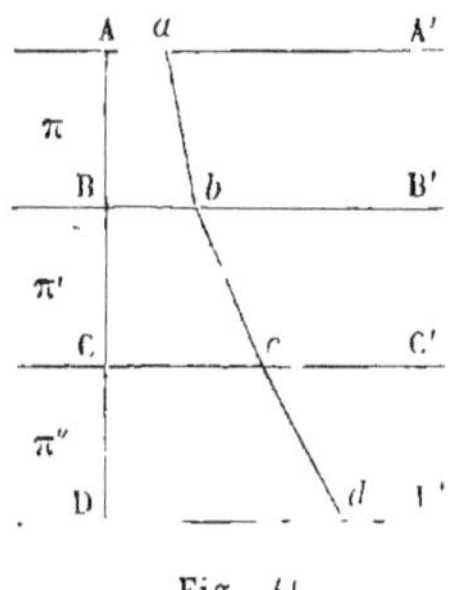

Fig. 41

qui donne $p = p_0 - \Pi z$, lorsque Π est constant dans tous les points du liquide. Si la masse fluide se compose de plusieurs liquides superposés, il faudra donner à Π les valeurs successives qui conviennent à ces différents liquides. Soit AA′ la surface libre, et soient BB′, CC′, DD′, les surfaces de séparation des liquides de différentes densités. Appelons p_0 la pression qui s'exerce sur la surface libre. Ce sera, par exemple, la pression atmosphérique. La pression en B sera égale à

$$p_0 + \Pi \times AB.$$

A partir de ce point jusqu'en C, il faudra appliquer la formule

$$dp = - \Pi' dz,$$

qui donnera pour le point C une pression égale à

$$(p_0 + \Pi \times AB) + \Pi' \times BC.$$

On trouverait de même, en appliquant l'équation $dp = - \Pi'' dz$, que la pression en D est égale à

$$p_0 + \Pi \times AB + \Pi' \times BC + \Pi'' \times CD.$$

Pour représenter les pressions aux différents points de la verticale AD, on peut construire une ligne dont les ordonnées horizontales soient proportionnelles à ces pressions. On prendra sur les horizontales, à une échelle arbitraire,

$$Aa = p_0.$$
$$Bb = p_0 + \Pi \times AB,$$
$$Cc = p_0 + \Pi \times AB + \Pi' \times BC,$$
$$Dd = p_0 + \Pi \times AB + \Pi' \times BC + \Pi'' \times CD,$$

et on n'aura plus qu'à joindre par des lignes droites les points a, b, c... Le contour polygonal $abcd$... sera la ligne demandée.

La figure montre un contour convexe par rapport à AD. Cette condition est nécessaire pour la stabilité de l'équilibre. Il faut en d'autres termes que $\Pi < \Pi' < \Pi''$,... ou que, de haut en bas, les densités des liquides superposés soient croissantes. Nous en donnerons plus loin la raison.

REPRÉSENTATION DES PRESSIONS PAR UNE HAUTEUR DE LIQUIDE.

87. Au lieu de définir la pression par unité de surface en donnant le poids qui s'exerce sur une aire déterminée,

évalué en kilogrammes par centimètre carré, on trouve plus commode en hydrostatique de définir cette pression par une hauteur d'un liquide dont la densité soit connue. La pression p par unité de surface est homogène au produit Πh du poids spécifique par une hauteur ; si on divise ce produit par le poids spécifique Π' d'un certain liquide pris pour type, on pourra définir entièrement la pression p en donnant la hauteur $\dfrac{p}{\Pi'} = \dfrac{\Pi}{\Pi'} \times h$, qui lui est équivalente. Par exemple, la pression normale de l'atmosphère est égale, au niveau de la mer, à 10330 kilogrammes par mètre carré. Si on divise par le poids, 13596 kilogrammes, du mètre cube de mercure, on trouvera qu'elle est représentée par une colonne de mercure de $0^m,760$; si on la divise par 1000, poids du mètre cube d'eau, on trouvera $10^m,33$ pour hauteur représentative en eau de la pression atmosphérique. Cette représentation est surtout utile lorsqu'on n'a à considérer qu'un seul liquide ; en le prenant pour liquide-type, les pressions, abstraction faite de la pression atmosphérique, seront représentées par la hauteur même de la surface libre du liquide au-dessus des divers points où l'on veut les évaluer.

Soit AA' la surface libre d'un liquide pesant ; la pression en B, abstraction faite de la pression extérieure qui s'exerce en A, sera représentée par la colonne AB, et la ligne dont les ordonnées horizontales représentent les pressions aux diverses hauteurs, sera la bissectrice AC de l'angle droit BAA'. Pour revenir de là à la pression évaluée en poids, il suffit de multiplier la hauteur AB par le poids de l'unité de volume du liquide.

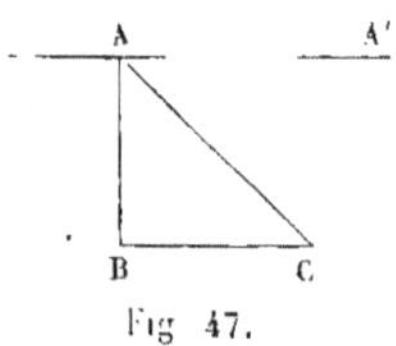

Fig. 47.

GAZ PESANTS.

88. Nous supposerons que la température τ du gaz soit partout la même ; nous pourrons alors nous servir de l'équation

$p = k\rho$, où k remplace la quantité constante $Rg\,(1 + \alpha\tau)$.
L'équation

$$dp = \rho\,df$$

se transforme en celle-ci :

$$\frac{dp}{p} = \frac{1}{k}\,df = -\frac{g}{k}\,dz = -\frac{dz}{R(1 + \alpha\tau)}\cdot$$

Intégrons, et appelons p_0 la pression à la hauteur z_0 : il viendra

$$\log \frac{p}{p_0} = -\frac{z - z_0}{R(1 + \alpha\tau)},$$

ou bien

$$p = p_0 \times e^{-\dfrac{z - z_0}{R(1 + \alpha\tau)}}.$$

La pression décroît donc suivant une loi exponentielle à mesure que $z - z_0$ augmente. Elle est à peu près la même en tous les points d'une masse gazeuse homogène de peu d'étendue ; car alors $z - z_0$ étant très-petit, même quand il reçoit sa plus grande valeur, p est très-peu différent de p_0.

NIVELLEMENT BAROMÉTRIQUE.

89. Le calcul précédent suppose que la pesanteur ne varie pas avec la hauteur à laquelle on s'élève. Il n'est donc pas rigoureusement applicable à la détermination des pressions dans l'atmosphère, dès que les différences de niveau sont grandes. L'accélération g n'est pas, en effet, la même à toute hauteur. Appelons r la distance du centre de la terre au point le plus bas, que nous appellerons *station inférieure*, z la hauteur de la *station supérieure*, qui est supposée située sur la même verticale, g l'accélération due à la pesanteur au premier point, g' l'accélération due à la pesanteur au second ; on aura

$$\frac{g'}{g} = \frac{r^2}{(r + z)^2}$$

en vertu de la loi de Newton. Or, à la hauteur z, l'équation d'équilibre de l'air est

$$dp = -\rho g' dz.$$

On a d'ailleurs toujours pour la densité ρ, sous la pression p et à la température τ, la relation

$$\rho = \frac{p}{Rg\,(1 + \alpha\tau)},$$

où g est l'accélération due à la pesanteur mesurée à la station inférieure, pourvu que le coefficient R ait été déterminé à la même station.

Donc

$$\rho g' = \frac{p}{R\,(1 + \alpha\tau)} \times \frac{g'}{g} = \frac{p}{R\,(1 + \alpha\tau)} \times \frac{r^2}{(r + z)^2}.$$

Substituons cette valeur dans l'équation d'équilibre; il viendra, en séparant les variables,

$$\frac{dp}{p} = -\frac{1}{R\,(1 + \alpha\tau)}\,\frac{r^2}{(r + z)^2}\,dz.$$

Une nouvelle difficulté se présente ici : la température τ n'est pas la même à toutes les hauteurs, et on ignore la loi qui lie les variables τ et z; tant que cette loi sera inconnue, on ne pourra pas intégrer rigoureusement l'équation précédente. On tourne la difficulté en remplaçant τ par la moyenne entre les températures observées à la station inférieure et à la station supérieure. Appelons t la température de l'air à la station inférieure, et t' la température à la station supérieure : nous ferons $\tau = \dfrac{t + t'}{2}$. Le coefficient de dilatation des gaz, $\alpha = 0,00375$, est assez petit pour justifier ce procédé d'approximation. Mais on a reconnu qu'il convient d'en forcer un peu la valeur, pour tenir compte de la présence de la vapeur d'eau contenue dans l'air atmosphérique ; on lui donne dans les calculs barométriques la valeur $0,004$. Le facteur $1 + \alpha\tau$ devient égal à $1 + \dfrac{2(t + t')}{1000}$.

L'équation différentielle peut alors s'intégrer et donne

$$\log p = \frac{r^2}{R\left(1 + \frac{2(t + t')}{1000}\right)} \frac{1}{r + z} + \text{const.},$$

ou bien, en désignant par p_0 la pression observée à la station inférieure, pour $z = 0$,

$$\log \frac{p_0}{p} = \frac{r}{R\left(1 + \frac{2(t + t')}{1000}\right)} \frac{z}{r + z}.$$

Les pressions de l'air p_0 et p s'observent au moyen du baromètre et s'évaluent en hauteurs de mercure ; il est nécessaire de tenir compte dans cette évaluation de la diminution de la pesanteur à mesure qu'on s'élève, et des différences des températures, circonstances qui altèrent la densité du mercure et la hauteur des colonnes représentatives des pressions. Appelons β le coefficient de dilatation absolue du mercure. Soit h la hauteur barométrique lue à la station inférieure, à la température T ; appelons ρ_0 la masse spécifique du mercure à $0°$; $\frac{\rho_0 g}{1 + \beta T}$ sera le poids de l'unité de volume de mercure à T degrés ; la hauteur h correspond par conséquent à une pression $p_0 = \frac{\rho_0 g}{1 + \beta T} \times h$.

De même la hauteur h', observée à la station supérieure sous la température T', représente une pression p égale à $\frac{\rho_0 g'}{1 + \beta T'} h'$. Donc

$$\frac{p_0}{p} = \frac{g}{g'} \times \frac{1 + \beta T'}{1 + \beta T} \times \frac{h}{h'} = \frac{(r + z)^2}{r^2} \times \frac{1 + \beta T'}{1 + \beta T} \times \frac{h}{h'}.$$

Le coefficient β est un très-petit nombre, $\frac{1}{5412}$. Si l'on multiplie haut et bas la fraction $\frac{1 + \beta T'}{1 + \beta T}$ par $1 - \beta T'$, et qu'on néglige le terme $\beta^2 T'^2$ au numérateur et le terme $-\beta^2 TT'$ au dénominateur, elle prend approximativement la valeur

$$\frac{1}{1 + \beta(T - T')};$$

sous cette forme, on voit que la correction des températures du mercure revient à substituer à la hauteur h' lue à la station supérieure, le produit $h' \times (1 + \beta(T - T'))$, sans rien changer à la hauteur h observée à la station inférieure. Appelons H ce produit ou la hauteur barométrique de la station supérieure corrigée, et nous aurons l'équation simplifiée

$$\frac{p_0}{p} = \frac{(r + z)^2}{r^2} \times \frac{h}{H}.$$

Donc

$$\log \frac{p_0}{p} = \log \frac{h}{H} + 2\log\left(\frac{r + z}{r}\right) = \log \frac{h}{H} + 2\log\left(1 + \frac{z}{r}\right),$$

et l'équation dont on doit tirer z est la suivante :

$$\log\left(\frac{h}{H}\right) + 2\log\left(1 + \frac{z}{r}\right) = \frac{r}{R\left(1 + \frac{2(t + t')}{1000}\right)} \frac{z}{r + z}.$$

Les logarithmes sont pris dans le système dont la base est e. Pour les transformer en logarithmes dans le système vulgaire, dont la base est 10, il faut les multiplier par le module de ce système, c'est-à-dire par le nombre $\mu = 0,434295\ldots$

L'équation devient, L désignant les logarithmes vulgaires,

$$L \frac{h}{H} + 2L\left(1 + \frac{z}{r}\right) = \frac{\mu r}{R\left(1 + \frac{2(t + t')}{1000}\right)} \frac{z}{r + z}.$$

Résolvons par rapport au z qui est en numérateur dans le second membre, en traitant comme des quantités connues les autres z contenus dans l'équation. Il vient

$$z = \frac{R}{\mu}\left(1 + \frac{2(t + t')}{1000}\right)\left[L\left(\frac{h}{H}\right) + 2L\left(1 + \frac{z}{r}\right)\right]\left(1 + \frac{z}{r}\right).$$

Cette équation se prête au calcul par approximations successives. On remarquera d'abord que z est très-petit par rapport à la distance r, laquelle est à peu près égale au rayon de la terre, ou à 6,366,200 mètres environ. On pourra donc faire $z = 0$ dans le second membre, ce qui donnera pour z une première valeur approchée. On substituera ensuite cette valeur approchée dans le second membre, et on en déduira pour z une seconde valeur plus approchée que la première. En général, on peut se contenter de la première approximation. La formule devient alors

$$z = \text{A} \left(1 + \frac{2(t + t')}{1000} \right) \log \frac{h}{\text{H}}.$$

Le coefficient A a été déterminé par des expériences très-multipliées de Ramond dans les Pyrénées et dans l'Auvergne. Il varie avec la latitude, comme l'accélération g. Soit ψ la latitude du lieu de l'observation ; Ramond a donné la formule

$$z = 18393^{\text{m}} \times (1 + 0{,}002837 \cos 2\psi) \left(1 + \frac{2(t + t')}{1000} \right) \text{L} \left(\frac{h}{\text{H}} \right).$$

Si l'on veut plus d'exactitude, on aura recours à la formule complète, où le coefficient numérique doit recevoir une valeur un peu différente :

$$z = 18356^{\text{m}} (1 + 0{,}002837 \cos 2\psi) \left(1 + \frac{2(t + t')}{1000} \right) \left[\text{L} \left(\frac{h}{\text{H}} \right) + 2\text{L} \left(1 + \frac{z}{r} \right) \right] \times \left(1 + \frac{z}{r} \right).$$

On peut développer en série le logarithme de $1 + \frac{z}{r}$, et, se bornant au premier terme, on aura l'équation suivante, que Laplace a donnée dans la *Mécanique céleste* :

$$z = \text{L} \left(\frac{h}{\text{H}} \right) \times 18356 \times (1 + 0{,}0028371 \cos 2\psi) \left(1 + \frac{2(t + t')}{1000} \right) \times \left\{ 1 + \frac{\log \left(\frac{h}{\text{H}} \right) + 0{,}868589 \frac{z}{r}}{\log \left(\frac{h}{\text{H}} \right)} \right\}.$$

Il ne faut pas oublier que dans ces formules H remplace le produit $h' \times \left(1 + \frac{\text{T} - \text{T}'}{5412} \right).$

Pour l'évaluation des températures T et T' du mercure, on place un thermomètre dans le baromètre même ; c'est ce thermomètre qui fournit les valeurs de T et T'. Un thermomètre extérieur fournit les températures t et t'. Ajoutons enfin que ces formules ont été réduites en tables d'un emploi commode et rapide.

FORME DE LA SURFACE DE LA MER.

90. La surface libre d'un liquide en repos est une surface de niveau, qui coupe à angle droit les directions des forces appliquées en tous ses points. Les principales forces qui agissent sur un point matériel placé à la surface du globe terrestre se réduisent à la pesanteur, c'est-à-dire à la résultante de la force centrifuge et de l'attraction terrestre: la direction de la pesanteur est la verticale, et, par suite, la surface libre de la mer, quand elle est calme, doit couper à angle droit toutes les verticales menées en ses différents points. Le globe lui-même, d'après la théorie généralement adoptée, a passé par l'état fluide avant que la croûte extérieure suivant les uns, la masse entière suivant les autres, ait été solidifiée par le refroidissement. La surface générale du globe doit donc être une surface de niveau, prolongement de la surface libre des mers. Les dislocations, les basculements, les érosions et autres phénomènes géologiques ont d'ailleurs modifié, suivant les localités, la forme apparente sans altérer profondément la forme générale du globe.

Si l'attraction agissait seule, la figure sphérique satisferait aux conditions; car l'attraction d'une sphère homogène sur un point placé à sa surface est dirigée vers le centre, et est normale à la surface extérieure. Mais l'attraction doit se composer avec la force centrifuge, qui fait dévier chaque verticale dans le plan méridien. La forme sphérique ne convient plus à l'équilibre dans ces nouvelles conditions, et la recherche de la figure de la terre devient un problème beaucoup plus compliqué. L'observation a fait reconnaître que la terre est à très-peu près un ellipsoïde de révolution, et que son grand axe, ou diamètre équatorial, est à son petit axe, ou distance des deux pôles, dans le rapport de 300 à 299. L'analyse montre, en effet, que la forme d'ellipsoïde de révolution satisfait aux conditions d'équilibre. On a reconnu aussi que la forme ellipsoïdale à axes inégaux peut y satisfaire en certains cas. Enfin les formes que l'on observe dans les anneaux de Saturne rentrent également dans les solutions possibles du problème.

91. Les couches de niveau dans l'atmosphère sont des surfaces parallèles à la surface des mers. Ceci suppose, il est vrai, que l'atmosphère soit en équilibre; or l'équilibre assurerait à tous les points d'une même couche de niveau une égalité de température qui est impossible, puisque à chaque instant le soleil échauffe une région de cette couche, tandis que le refroidissement de la nuit se produit sur la région opposée. Le repos de l'atmosphère est donc impossible; de là les vents, qui sont produits par l'inégal échauffement des couches gazeuses. S'il en est ainsi, les formules de nivellement barométrique ne sont pas rigoureusement exactes, car elles sont établies sur l'hypothèse du repos de l'atmosphère et de la constance de la pression en chaque point. Et, en effet, ces formules ne sont pas complétement vraies; les pressions observées ne sont pas rigoureusement constantes. Tout ce qu'on peut dire pour en justifier l'emploi, c'est que les causes qui font varier les pressions de l'atmosphère agissent vraisemblablement dans le même sens lorsque les deux stations où l'on observe le baromètre sont peu éloignées l'une de l'autre, et qu'il s'écoule peu de temps entre la première observation et la seconde. Si la compensation résultante était exacte, le rapport $\frac{h}{H}$ qui entre dans les formules resterait constant malgré les variations de ses deux termes. Quand on veut parvenir à une complète rigueur, il faut répéter les observations aux deux stations, en les faisant autant que possible simultanément dans chacune; de cette manière, on déterminera pour chaque station la *pression moyenne de l'air*, c'est-à-dire la pression qui aurait lieu en ce point si les causes

perturbatrices étaient écartées. Alors l'application de la formule de l'équilibre atmosphérique ne soulève plus les mêmes objections.

MARÉES.

92. Le phénomène des marées, qu'on observe sur les rivages de l'Océan et de certaines mers, est dû au déplacement périodique des verticales de chaque point du globe sous l'action attractive de la lune et du soleil. La surface libre des eaux tendant toujours à faire un angle droit en chaque point avec la verticale qui y passe, si les verticales sont déviées, l'équilibre sera rompu et la surface libre tendra à prendre une nouvelle forme. Or l'attraction de la lune et celle du soleil, jointes aux forces apparentes dues à la translation de la terre, font à chaque instant dévier d'un très-petit angle la verticale de chaque point (III, § 226). Admettons que la surface des mers soit à chaque instant normale aux verticales ainsi modifiées; il en résultera une légère déformation de l'ellipsoïde moyen. On peut d'ailleurs chercher séparément l'action du soleil et l'action de la lune; à chacune correspondrait une nouvelle forme de l'ellipsoïde, et la forme définitive s'obtiendrait *en composant ensemble ces deux formes*, c'est-à-dire en additionnant algébriquement les hauteurs correspondantes. L'influence de la lune sur les marées est beaucoup plus grande que celle du soleil, parce que sa proximité de la terre fait plus que compenser l'infériorité de sa masse. Du reste, la mer ne peut se mettre à chaque instant en équilibre sous les actions variables qu'elle subit, et l'observation montre qu'il y a un retard de 36 heures environ de chaque marée par rapport aux positions des corps célestes qui la produisent. La haute mer a lieu à la fois pour deux points situés aux antipodes l'un de l'autre; la mer basse, pour tous les points du grand cercle dont ces deux points sont les pôles. Les marées sont dites *de vive eau* quand l'action du soleil et de la mer s'ajoutent, c'est-à-dire quand les deux astres sont

en *opposition* (pleine lune), ou en *conjonction* (nouvelle lune);
elles sont dites *de morte eau*, quand ils sont en *quadrature*
(premier et dernier quartier). Enfin, la montée et la descente
des eaux est extrêmement faible en pleine mer, et elle ne
s'accuse avec un peu d'intensité que sur les côtes, surtout
aux points où elles opposent un obstacle à la propagation du
flot. L'heure de la pleine mer et la hauteur moyenne de la
marée sont des éléments qui varient très-rapidement d'un
point à l'autre d'une même côte, et les lois de l'oscillation
du plan d'eau sont aussi extrêmement variables suivant les
localités. Nous reviendrons plus tard sur ce problème.

EXEMPLE D'UN ÉQUILIBRE RELATIF.

93. Comme exemple d'un liquide en équilibre sous l'action
de la pesanteur et de la force centrifuge, cherchons la forme
des surfaces de niveau, pour un liquide
pesant, tournant uniformément avec
une vitesse ω autour d'un axe vertical OZ.

Soit M un point du liquide. Les forces
à faire intervenir sont la pesanteur mg,
agissant parallèlement à OZ, mais dans
le sens négatif, et la force centrifuge,

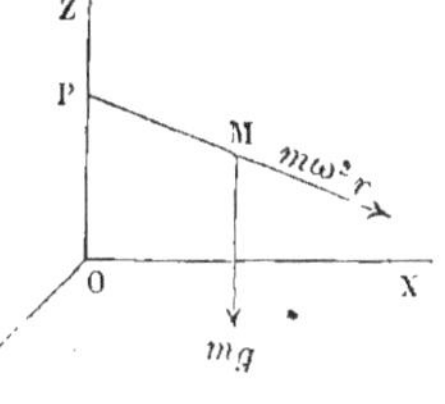

Fig. 48.

dirigée suivant le prolongement de la perpendiculaire PM à
l'axe OZ, et égale à $m\omega^2 r$, en appelant r la distance PM.

Projetons cette force $m\omega^2 r$ sur les trois axes; soient x, y, z
les coordonnées du point M; la composante suivant l'axe OX
sera $m\omega^2 \dfrac{x}{r}$ ou $m\omega^2 x$, la composante suivant OY, $m\omega^2 y$, et la
composante suivant OZ sera nulle. On aura donc, en rappor-
tant les forces à l'unité de masse, ce qui revient à supprimer
le facteur m,

$$X = \omega^2 x, \qquad Y = \omega^2 y, \qquad Z = -g.$$

L'équation des surfaces de niveau est

$$\omega^2 x\,dx + \omega^2 y\,dy - g\,dz = 0.$$

Intégrant, il vient

$$\frac{1}{2}\,\omega^2(x^2 + y^2) - gz = \text{constante}.$$

Cette équation montre que les surfaces de niveau sont des paraboloïdes de révolution autour de l'axe OZ.

On remarquera l'analogie de ce problème avec celui du régulateur parabolique (§ 64). Dans l'un et l'autre, il s'agit de trouver une courbe telle, que la résultante des forces mg et $m\omega^2 r$ lui soit normale en tous ses points; cette courbe est la parabole.

94. Soit proposé de déterminer la surface libre d'une masse liquide pesante, en repos relatif, animée autour de l'axe vertical OZ d'une vitesse angulaire ω, ayant un volume donné V, et renfermée dans un vase cylindrique à arêtes verticales, dont le fond DED'E' est un cercle décrit du point O comme centre.

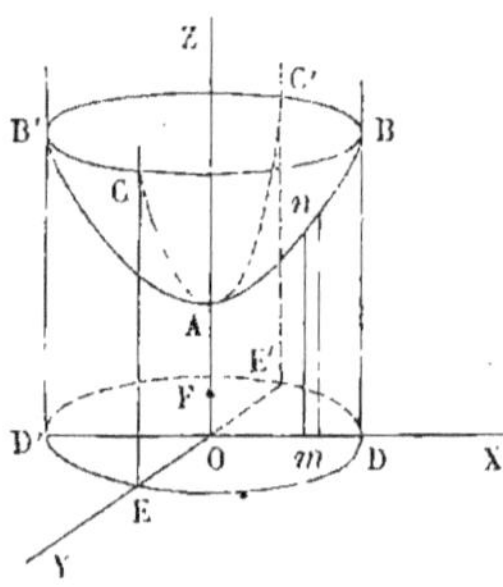

Fig. 49.

Soit OD $=$ R le rayon du cercle de base.

La surface libre est un paraboloïde, dont BAB', CAC' sont les sections par les plans coordonnés, et dont l'équation est

$$\frac{1}{2}\,\omega^2(x^2 + y^2) - gz = C.$$

La constante C doit être déterminée de manière que le volume compris dans le cylindre sous le paraboloïde soit égal à V.

L'équation de la parabole BAB' s'obtient en faisant $y = 0$: ce qui donne

$$\frac{1}{2}\,\omega^2 x^2 - gz = C.$$

Pour évaluer le volume du liquide, nous partagerons l'aire OABD en bandes verticales mn, dont la surface sera $z\,dx$; en tournant autour de l'axe OZ, chaque bande engendre un volume égal à $z\,dx \times 2\pi x$, et le volume total est égal à l'intégrale

$$\int_0^R 2\pi z x\,dx = V.$$

Or

$$z = \frac{\dfrac{1}{2}\omega^2 x^2 - C}{g};$$

$$z x\,dx = \frac{\omega^2}{2g} x^3 dx - \frac{C}{g} x\,dx.$$

L'intégrale de cette expression, entre les limites 0 et R, est

$$\frac{\omega^2}{2g} \frac{R^4}{4} - \frac{C}{g} \frac{R^2}{2}.$$

Multipliant par $2\,\pi$, nous avons l'équation

$$\frac{\pi\omega^2}{4g} R^4 - \frac{\pi R^2}{g} C = V.$$

Donc

$$C = \frac{\dfrac{\pi\omega^2 R^4}{4g} - V}{\dfrac{\pi R^2}{g}} = \frac{R^2\omega^2}{4} - \frac{gV}{\pi R^2}.$$

Si l'on fait x et y égaux à zéro dans l'équation de la surface, on obtient la hauteur OA du liquide au centre du vase. Or il vient dans cette hypothèse $z = -\dfrac{C}{g}$, et par suite

$$OA = \frac{V}{\pi R^2} - \frac{R^2\omega^2}{4g};$$

πR^2 étant la surface du cercle de base, $\dfrac{V}{\pi R^2}$ est la hauteur du liquide lorsque $\omega = 0$. Donc $\dfrac{R^2\omega^2}{4g}$ est la quantité dont la rotation ω fait creuser le liquide au centre du vase. Observons que $R\omega$ est la vitesse linéaire de la surface convexe du vase. Si on l'exprime par v, le creux formé au centre par la rotation sera égal à $\dfrac{v^2}{4g}$, ou à $\dfrac{1}{2}\dfrac{v^2}{2g}$, ou enfin à la moitié de la hauteur due à la vitesse v. Les formules ne sont applicables qu'à des vitesses ω assez faibles pour qu'il reste une certaine quantité de liquide sur l'axe OA. Si, par exemple, on avait

$$\frac{R^2\omega^2}{4} > \frac{g\mathrm{V}}{\pi R^2}$$

ou

$$\omega > \frac{2\sqrt{g\mathrm{V}}}{R^2\sqrt{\pi}},$$

C serait positif, et le creux formé découvrirait le centre du fond. Alors les formules établies dans la supposition qu'il reste du liquide au centre devraient être modifiées.

95. La pression p dans la masse liquide se déterminera par l'intégration de l'équation

$$dp = \rho(\mathrm{X}dx + \mathrm{Y}dy + \mathrm{Z}dz) = \frac{\Pi}{g}(\mathrm{X}dx + \mathrm{Y}dy + \mathrm{Z}dz),$$

en appelant Π le poids de l'unité de volume du liquide, ce qui donne ici

$$p = \frac{\Pi}{g}\left[\frac{\omega^2}{2}(x^2 + y^2) - gz + \mathrm{C}'\right].$$

Sur la surface libre règne la pression atmosphérique p_0; on aura donc au point A

$$p_0 = \frac{\Pi}{g}(\mathrm{C} + \mathrm{C}').$$

Donc

$$p = p_0 + \frac{\Pi}{g}\left[\frac{\omega^2}{2}(x^2 + y^2) - gz - \mathrm{C}\right],$$

équation où C doit être remplacé par sa valeur $\dfrac{R^2\omega^2}{4} - \dfrac{g\mathrm{V}}{\pi R^2}$.

La pression en un point F de l'axe OA est représentée, abstraction faite de la pression atmosphérique, par la colonne AF. Elle est égale à $p_0 + \Pi \times$ AF. Car en tous les points de l'axe OA, la force centrifuge étant nulle, la répartition des pressions est la même que si le liquide était en repos absolu.

L'abaissement du liquide au centre du vase étant proportionné au carré de la vitesse angulaire ω, on pourra mesurer la vitesse angulaire en évaluant à l'aide d'une échelle graduée la quantité dont le liquide s'abaisse au-dessous de son niveau moyen. C'est une manière d'évaluer la vitesse des arbres tournants sans mesurer aucune durée.

96. Supposons en second lieu que la valeur fournie pour C par l'équation $C = \dfrac{R^2\omega^2}{4} - \dfrac{gV}{\pi R^2}$ soit positive, ce qui indique que le fond du vase se découvre en partie par suite de la rotation. La seule différence à introduire dans le calcul consiste à remplacer la limite inférieure $x = 0$ de l'intégrale par la limite $x = OG$, qui correspond à l'intersection de la parabole avec l'axe OX. Nous aurons donc, en posant $OG = x_0$,

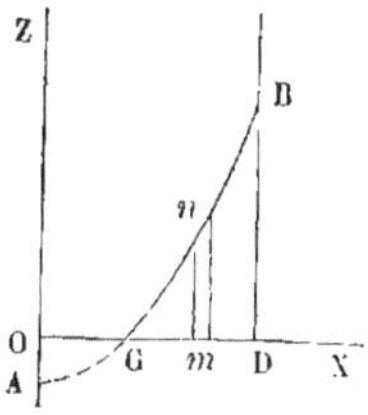

Fig. 50.

$$\int_{x_0}^{R} 2\pi z x \, dx = V,$$

avec l'équation

$$\frac{1}{2}\omega^2 x^2 - gz = C,$$

sachant que x_0 est la valeur de x pour $z = 0$.

On a par conséquent

$$x_0 = \frac{\sqrt{2C}}{\omega},$$

et l'inconnue C entrera dans l'une des limites de l'intégration. Nous aurons encore

$$z x \, dx = \frac{\omega^2}{2g} x^3 \, dx - \frac{C}{g} x \, dx,$$

dont l'intégrale générale est

$$\frac{\omega^2}{2g}\frac{x^4}{4} - \frac{C}{g}\frac{x^2}{2}.$$

L'intégrale prise entre les limites x_0 et R devient

$$\frac{\omega^2}{2g}\frac{R^4}{4} - \frac{C}{g}\frac{R^2}{2} - \left(\frac{\omega^2}{2g}\frac{C^2}{\omega^4} - \frac{C}{g}\times\frac{C}{\omega^2}\right) = \frac{\omega^2}{2g}\frac{R^4}{4} - \frac{C}{g}\frac{R^2}{2} - \frac{C^2}{2g\omega^2} + \frac{C^2}{g\omega^2}$$

$$= \frac{C^2}{2g\omega^2} - \frac{R^2}{2g}C + \frac{R^4\omega^2}{8g}.$$

On obtiendra C en résolvant l'équation du second degré

$$C^2 - R^2\omega^2 C + \frac{R^4\omega^4}{4} - \frac{g V\omega^2}{\pi} = 0,$$

qui a ses racines réelles, car les trois premiers termes forment le carré de $C - \dfrac{R^2\omega^2}{2}$, et l'équation donne par conséquent

$$C = \frac{R^2\omega^2}{2} \pm \omega\sqrt{\frac{g V}{\pi}}.$$

Elles sont toutes deux de même signe, car $\dfrac{R^2\omega^2}{4}$ étant supposé $> \dfrac{g V}{\pi R^2}$, le dernier terme $\dfrac{R^4\omega^4}{4} - \dfrac{g V\omega^2}{\pi}$ est positif; le signe des racines est enfin le signe $+$, puisque la somme des racines, $R^2\omega^2$, est positive.

La parabole-limite a pour équation, en conservant le double signe du radical,

$$\frac{1}{2}\omega^2 x^2 - g z = \frac{R^2\omega^2}{2} \pm \omega\sqrt{\frac{g V}{\pi}},$$

ou encore

$$\frac{\omega^2}{2}(x^2 - R^2) = g z \pm \omega\sqrt{\frac{g V}{\pi}}.$$

Nous ne savons pas encore avec quel signe il faut prendre le radical; mais si nous faisons $x = R$, nous devons avoir pour z une valeur positive; c'est donc le signe inférieur qu'il faut adopter. On obtient ainsi la hauteur $z = DB = \dfrac{\omega}{g}\sqrt{\dfrac{g V}{\pi}}.$

ÉQUILIBRE D'UN MÉLANGE DE GAZ PESANTS.

97. Les gaz ne se superposent pas comme les liquides, mais chacun remplit comme s'il était seul tout l'espace qui lui est ouvert, et les pressions s'ajoutent.

Soit $p = k\rho$ la relation entre la pression et la masse spécifique d'un gaz pesant. L'équation de l'équilibre sera

$$\frac{dp}{p} = -\frac{g}{k}\,dz,$$

d'où l'on déduit

$$p = p_0 e^{-\frac{g(z - z_0)}{k}}.$$

Faisant $z - z_0 = h$, nous pourrons poser

$$p = p_0 e^{-\frac{gh}{k}}.$$

La masse spécifique ρ du gaz à la hauteur h sera $\frac{p}{k}$, ou

$$\frac{p_0 e^{-\frac{gh}{k}}}{k};$$

Si nous admettons que n gaz soient mélangés, et que k, k', k'', … soient les coefficients de ces différents gaz, p_0, p'_0, p''_0, … leurs pressions individuelles au point z_0, la pression totale sera

$$p_0 + p_0' + p_0'' + \dots \text{ à la base de la colonne gazeuse}$$

et

$$p_0 e^{-\frac{gh}{k}} + p_0'e^{-\frac{gh}{k'}} + p_0''e^{-\frac{gh}{k''}} + \dots \text{ à la hauteur } h.$$

La masse spécifique du premier gaz, considéré seul, sera

$\dfrac{p_0 e^{-\frac{gh}{k}}}{k}$ à la hauteur h; celle du second, $\dfrac{p'_0 e^{-\frac{gh}{k'}}}{k'}$; celle du

troisième, $\dfrac{p''_0 e^{-\frac{gh}{k''}}}{k''}$, etc. La proportion du mélange varie avec

la hauteur : car les densités qui, à la base, sont égales aux quotients

$$\frac{p_0}{k}, \qquad \frac{p_0'}{k'}, \qquad \frac{p_0''}{k''} \dots$$

se trouvent respectivement multipliées, à la hauteur h, par les nombres inégaux

$$e^{-\frac{gh}{k}}, \quad e^{-\frac{gh}{k'}}, \quad e^{-\frac{gh}{k''}} \dots$$

Plus le nombre k est petit, plus le nombre $e^{-\frac{gh}{k}}$ est petit lui-même. Or le nombre k est d'autant plus petit que le gaz considéré est plus dense; en effet $k = \frac{p}{\rho}$. La diminution du gaz est donc d'autant plus sensible qu'elle porte sur un gaz plus lourd.

On explique ainsi que certains gaz très-lourds, l'acide carbonique par exemple, se concentrent dans les points bas des enceintes où ils sont mélangés à l'air atmosphérique.

SECOND CAS : $Xdx + Ydy + Zdz$ NON INTÉGRABLE.

98. Lorsque la fonction $Xdx + Ydy + Zdz$ n'est pas une différentielle exacte (§ 83), l'équilibre du fluide est encore possible si le facteur ρ rend intégrable l'équation

$$(4) \qquad Xdx + Ydy + Zdz = 0.$$

Nous avons reconnu que, pour qu'il en soit ainsi, on doit avoir identiquement

$$(8) \qquad Z\left(\frac{dX}{dy} - \frac{dY}{dx}\right) + X\left(\frac{dY}{dz} - \frac{dZ}{dy}\right) + Y\left(\frac{dZ}{dx} - \frac{dX}{dz}\right) = 0.$$

Par exemple, soit $X = y$, $Y = -x$, $Z = 0$.

L'équation de condition est satisfaite par ces données, et par suite l'équation $ydx - xdy = 0$ est intégrable. Le facteur d'intégrabilité est $\dfrac{1}{x^2 + y^2}$, ou $\dfrac{1}{x^2}$, ou $\dfrac{1}{xy}$, etc. Plus généralement, l'équation différentielle (4) est toujours intégrable si l'on a $Z = 0$, et que X et Y ne contiennent pas z; car elle se réduit alors à une équation différentielle à deux variables.

99. La méthode générale qu'on peut suivre pour intégrer l'équation (4) consiste à traiter d'abord l'une des trois variables, z, comme une constante, ce qui revient à faire $dz = 0$, et à intégrer l'équation à deux variables

$$X dx + Y dy = 0.$$

Cette équation est toujours intégrable : soit $U = C$ son intégrale générale, U étant une fonction connue des variables x et y, de la constante z, et C une constante arbitraire. Nous aurons, en différentiant dans la même hypothèse,

$$\frac{dU}{dx} dx + \frac{dU}{dy} dy = 0,$$

équation qui ne doit différer de l'équation donnée que par un certain facteur λ.

On aura par conséquent

$$\frac{dU}{dx} = \lambda X,$$

$$\frac{dU}{dy} = \lambda Y,$$

et le facteur λ sera une fonction connue des variables x et y et du paramètre constant z.

On passe de là à l'intégrale de l'équation donnée par la *variation des constantes*. Différentions l'équation $U = C$, en regardant x, y et z comme variables, et C comme une fonction de z; il viendra

$$\frac{dU}{dx} dx + \frac{dU}{dy} dy + \frac{dU}{dz} dz = \frac{dC}{dz} dz,$$

ou bien

$$\lambda X dx + \lambda Y dy + \frac{dU}{dz} dz = \frac{dC}{dz} dz,$$

équation que l'on doit identifier à l'équation donnée. Multiplions celle-ci par λ et retranchons ; il viendra pour déterminer la fonction C l'équation

$$\frac{dU}{dz} - \lambda Z = \frac{dC}{dz}.$$

Il semble que cette fonction s'obtiendrait par une quadrature, et qu'on aurait

$$C = \int \left(\frac{dU}{dz} - \lambda Z \right) dz.$$

Mais ceci suppose que la fonction sous le signe $\int$ ne contient pas d'autres variables que z. Il faudrait donc qu'on eût à la fois

$$\frac{d^2U}{dz\,dx} - \frac{d(\lambda Z)}{dx} = \frac{d(\lambda X)}{dz} - \frac{d(\lambda Z)}{dx} = 0$$

et

$$\frac{d^2U}{dz\,dy} - \frac{d(\lambda Z)}{dy} = \frac{d(\lambda Y)}{dz} - \frac{d(\lambda Z)}{dy} = 0.$$

Or, comme on a $\dfrac{d(\lambda X)}{dy} = \dfrac{d(\lambda Y)}{dx}$, puisque $\lambda(X dx + Y dx)$ est la différentielle de la fonction U, il s'ensuivrait que le facteur λ rend intégrable non-seulement la fonction $X dx + Y dy$, mais encore la fonction donnée $Y dx + Y dy + Z dz$. La difficulté de déterminer ce facteur λ est donc aussi grande que celle de trouver le facteur ρ.

La méthode ne réussit donc pas toujours. Pour savoir si elle réussit, on tirera de l'équation $U = C$ la valeur de x en fonction de y, z et C. On substituera cette valeur dans l'équation différentielle

$$\frac{dU}{dz} - \lambda Z = \frac{dC}{dz},$$

et la méthode aboutira si la variable y sort d'elle-même de l'équation finale. Alors on déterminera C en intégrant l'équation différentielle, qui ne contiendra plus que les variables C et z.

Le résultat cherché peut être intéressant au point de vue analytique, mais, au point de vue physique, il est sans application. La densité ρ d'un fluide est, en général, ou constante ou fonction de la pression ; dans les deux cas, $\dfrac{dp}{\rho}$ est une différentielle exacte, et, par suite, $X dx + Y dy + Z dz$ est aussi une différentielle, sans intervention d'aucun facteur fonction des coordonnées.

CONDITIONS RELATIVES AUX LIMITES.

100. Les surfaces de niveau, dont l'équation différentielle
est

$$X dx + Y dy + Z dz = 0,$$

n'existent réellement que là où il y a continuité du fluide ;
elles deviennent fictives au delà des parois solides qui limitent l'espace occupé. La pression p conserve la même valeur
dans toute l'étendue réelle de la surface de niveau, et la paroi
doit, pour l'équilibre, exercer cette pression p par l'unité de
surface au point où elle est en contact avec le fluide. L'équilibre n'aurait donc pas lieu, si chaque point de la paroi n'avait
pas une résistance suffisante pour développer la pression p.

101. Dans les *vases communiquants*, un même plan horizontal peut correspondre à des pressions différentes, quand
il traverse des liquides différents.

Soit, par exemple, un tube recourbé PQR, dans lequel on a
versé deux liquides pesants ;
l'un occupe l'espace compris
entre le plan horizontal AB,
dans la branche de gauche, et
le plan horizontal CD, dans
la branche de droite. L'autre
est compris dans la branche
de gauche entre les plans AB
et EF. Appelons Π le poids
spécifique du premier liquide,

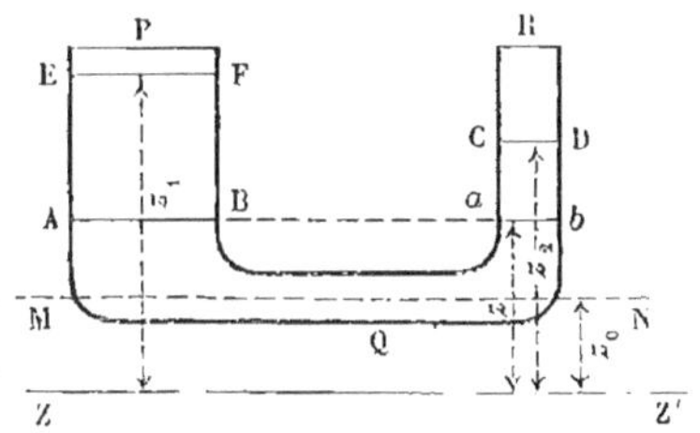

Fig. 51.

Π′ le poids spécifique du second. Toute surface de niveau MN,
qui traverse un même liquide, est partout soumise à la
même pression par l'unité de surface. Appelons z_0, z, z_1, z_2,
les cotes de hauteur des plans MN, AB, EF, CD, au-dessus
d'un plan horizontal de comparaison ZZ′. Si nous prenons la
pression en un point de la surface MN, considérée comme appartenant à la branche R, nous aurons pour cette pression

$\Pi(z_2 - z_0)$, abstraction faite de la pression atmosphérique ; considéré comme appartenant à la branche P, le même point est soumis à la pression $\Pi'(z_1 - z) + \Pi(z - z_0)$, abstraction faite encore de la pression atmosphérique qui s'exerce en EF. Ces deux pressions sont égales, puisque le plan MN est une surface de niveau. Donc

$$\Pi(z_2 - z_0) = \Pi(z - z_0) + \Pi'(z_1 - z),$$

d'où l'on déduit

$$\Pi(z_2 - z) = \Pi'(z_1 - z),$$

c'est-à-dire que *les hauteurs des surfaces libres, dans les deux tubes, au-dessus de la surface de séparation AB, sont réciproquement proportionnelles aux poids spécifiques des liquides.*

Un plan horizontal, qui traverse à la fois le liquide ABEF et le liquide CDba, est, dans chacun de ces tubes, une surface de niveau ; mais les pressions ne sont pas les mêmes dans les tubes. En général, pour passer d'un point pris dans un liquide à un point pris dans un autre, il faut joindre ces deux points par un trait continu, qui reste plongé dans le liquide sur toute sa longueur, puis faire l'intégration de l'équation

$$dp = \rho(X dx + Y dy + Z dz),$$

le long de ce fil conducteur, en ayant soin de changer la valeur de la densité ρ toutes les fois qu'on quitte un liquide pour entrer dans un autre.

102. On peut par cette considération retrouver les conditions d'intégrabilité de la fonction $\rho(X dx + Y dy + Z dz)$. Cette fonction devient toujours intégrable quand on la prend le long d'une ligne continue quelconque ACB, tracée entre deux points A et B ; car alors y et z sont des fonctions de x, et la fonction donnée ne dépend plus que d'une variable unique. On obtiendra, en suivant cette courbe ACB, une certaine valeur, $p - p'$, pour la différence des pressions en A et en B. Mais on doit trouver la même valeur en suivant

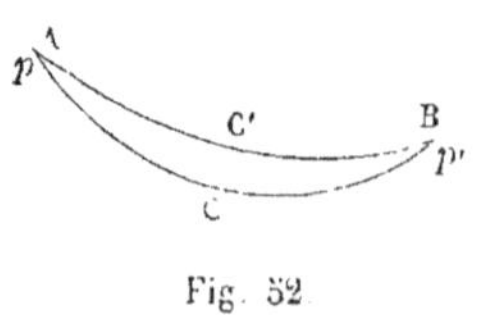

Fig. 52

toute autre ligne AC'B, aboutissant aux mêmes extrémités; s'il en est ainsi, les pressions p et p' aux points A et B ne dépendent que des coordonnées de ces points, et non du chemin suivi pour aller d'un point à l'autre. Les conditions d'intégrabilité se réduisent donc à exprimer que l'intégrale

$$\int \rho \, (Xdx + Ydy + Zdz),$$

prise entre deux points fixes le long d'une ligne continue joignant ces deux points, ne varie pas quand on altère infiniment peu le tracé de cette ligne; en employant la notation du calcul des variations, on devra poser

$$\delta \int \rho \, (Xdx + Ydy + Zdz) = 0;$$

x est la variable indépendante, y et z sont des fonctions de x. On pourrait ne pas faire varier la différentielle dx; mais il est préférable d'admettre une variation pour dx comme pour dy et dz : on conserve ainsi plus de symétrie au calcul.

On aura, en faisant les opérations,

$$\delta \int (\rho Xdx + \rho Ydy + \rho Zdz) = \int \delta(\rho X)\, dx + \int \delta(\rho Y)\, dy + \int \delta(\rho Z)\, dz$$
$$+ \int \rho X \delta dx + \int \rho Y \delta dy + \int \rho Z \delta dz.$$

L'intégration par parties permet de séparer les caractéristiques δ et d : on a, en effet,

$$\int \rho X \delta dx = \int \rho X d\delta x = \rho X \delta x - \int \delta x \, d(\rho X),$$

et ainsi des deux autres sommes.

Il vient donc

$$\delta (p - p') = \rho X \delta x + \rho X \delta y + \rho Z \delta z + \int [\delta(\rho X)\, dx - \delta x \, d(\rho X)]$$
$$+ \int [\delta(\rho Y)\, dy - \delta y \, d(\rho Y)] + \int [\delta(\rho Z)\, dz - \delta z \, d(\rho Z)].$$

Les termes en dehors des signes $\int$ sont nuls aux limites, puisque les points A et B, entre lesquels on fait l'intégration, sont fixes.

On a

$$d\,(\rho X) = \frac{d\,(\rho X)}{dx}\,dx + \frac{d\,(\rho X)}{dy}\,dy + \frac{d\,(\rho X)}{dz}\,dz,$$

et par conséquent

$$\delta\,(\rho X) = \frac{d\,(\rho X)}{dx}\,\delta x + \frac{d\,(\rho X)}{dy}\,\delta y + \frac{d\,(\rho X)}{dz}\,\delta z,$$

avec des équations semblables pour $\delta(\rho Y)$ et $d(\rho Y)$, $\delta(\rho Z)$ et $d(\rho Z)$.

Donc enfin

$$\begin{aligned}
\delta\,(p - p') = \int\Bigg[&\frac{d\,(\rho X)}{dx}\,\delta x dx + \frac{d\,(\rho X)}{dy}\,\delta y dx + \frac{d\,(\rho X)}{dz}\,\delta z dx \\
& - \frac{d\,(\rho X)}{dx}\,dx\delta x - \frac{d\,(\rho X)}{dy}\,dy\delta x - \frac{d\,(\rho X)}{dz}\,dz\delta x \\
& + \frac{d\,(\rho Y)}{dx}\,\delta x dy + \frac{d\,(\rho Y)}{dy}\,\delta y dy + \frac{d\,(\rho Y)}{dz}\,\delta z dy \\
& - \frac{d\,(\rho Y)}{dx}\,dx\delta y - \frac{d\,(\rho Y)}{dy}\,dy\delta y - \frac{d\,(\rho Y)}{dz}\,dz\delta y \\
& + \frac{d\,(\rho Z)}{dx}\,\delta x dz + \frac{d\,(\rho Z)}{dy}\,\delta y dz + \frac{d\,(\rho Z)}{dz}\,\delta z dz \\
& - \frac{d\,(\rho Z)}{dx}\,dx\delta z - \frac{d\,(\rho Z)}{dy}\,dy\delta z - \frac{d\,(\rho Z)}{dz}\,dz\delta z \Bigg].
\end{aligned}$$

Il vient en réduisant

$$\begin{aligned}
\delta\,(p - p') = & \int \left(\frac{d\,(\rho X)}{dy} - \frac{d\,(\rho Y)}{dx} \right) (\delta y dx - dy\delta x) \\
& + \int \left(\frac{d\,(\rho Y)}{dz} - \frac{d\,(\rho Z)}{dy} \right) (\delta z dy - dz\delta y) \\
& + \int \left(\frac{d\,(\rho Z)}{dx} - \frac{d\,(\rho X)}{dz} \right) (\delta x dz - dx\delta z).
\end{aligned}$$

Égalant à zéro les fonctions qui muliplient les indéterminées δx, δy, δz, on retrouve les conditions connues

$$\frac{d\,(\rho X)}{dy} = \frac{d\,(\rho Y)}{dx}, \qquad \frac{d\,(\rho Y)}{dz} = \frac{d\,(\rho Z)}{dy}, \qquad \frac{d\,(\rho Z)}{dx} = \frac{d\,(\rho X)}{dz}.$$

PRESSION D'UN FLUIDE SUR UNE PAROI.

105. Pour trouver la pression exercée par un fluide en équilibre sur une portion de paroi terminée à un contour fermé,

on partage l'aire de ce contour en éléments de surface infiniment petits. On connaît pour chacun de ces éléments la pression par unité de surface p qui s'exerce normalement à son
plan ; le problème est donc ramené à composer et à réduire à
leur moindre nombre les forces infiniment petites $pd\omega$, appliquées à chacun de ces éléments, et connues de grandeur et de
position. Si, par exemple, la surface pressée est une surface
sphérique, toutes les pressions élémentaires passent par le
centre de la sphère, et se composent en une force unique.

Lorsque la paroi donnée est plane, toutes les forces $pd\omega$
sont parallèles et ont une résultante unique. Le point de passage de cette résultante s'appelle le *centre de pression* du contour donné. En général, on restreint le sens de cette expression au cas où le fluide considéré est un liquide pesant,
homogène, et où l'on fait abstraction de la pression atmosphérique. Alors le centre de pression est un point bien déterminé, qui dépend seulement de la forme et de la position de
l'aire pressée.

La recherche du centre de pression ainsi défini se ramène
à la recherche du centre de gravité d'un volume homogène.
Soit AB la surface libre du liquide, qu'on sait être un plan
horizontal, CD une portion
de paroi plane. Prenons
dans cette portion de paroi
un élément de surface infiniment petit m ; la pression
subie par cet élément, rapportée à l'unité de surface,
est représentée, abstraction
faite de la pression atmo-

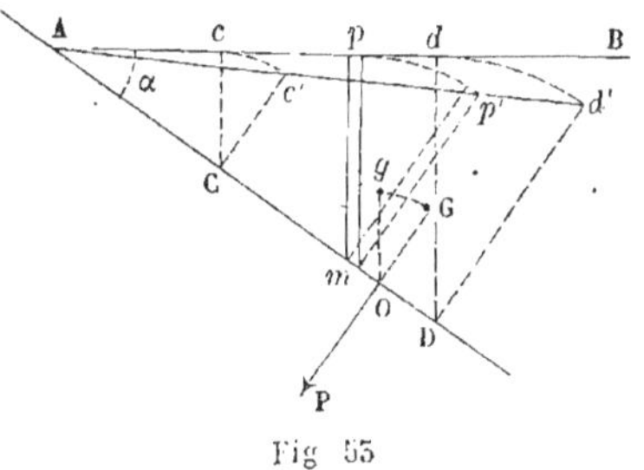

Fig 55

sphérique, par la hauteur mp de la surface libre au-dessus
du point m. Elle est dirigée suivant la normale mp' à l'élément. Elle est donc égale au poids d'une colonne liquide mp',
qui aurait pour base l'élément $d\omega$, et pour hauteur une hauteur mp' égale à mp et reportée sur la normale à la paroi ; imaginons qu'on opère de même pour tous les éléments de l'aire

donnée : on obtiendra un cylindre tronqué, Cc′d′D, qui aura pour base le contour donné et pour hauteur en chaque point la distance de ce point à la surface libre. Les extrémités de toutes les colonnes ainsi obtenues seront situées dans un même plan c′d′, passant par la droite A, suivant laquelle le plan de la paroi coupe la surface libre.

La pression totale P est égale au poids de ce cylindre liquide, et elle passe par son centre de gravité G ; on obtiendra donc le centre de pression O de l'aire donnée en projetant le point G sur le plan de la paroi.

On remarquera que, dans la déformation des colonnes verticales mp, qui deviennent les colonnes normales à la paroi mp', les volumes de ces colonnes sont multipliés tous par un même nombre, $\dfrac{1}{\cos \alpha}$, α étant l'angle dont on fait tourner les droites verticales pour les rendre normales, c'est-à-dire l'angle du plan de la paroi avec l'horizon. Le centre de gravité du cylindre déformé s'obtiendra de même en faisant tourner de l'angle α la droite verticale Og, passant par le centre de gravité du cylindre primitif CcdD. Le centre de pression est donc aussi le pied de la verticale abaissée sur la paroi du centre de gravité g du cylindre à arêtes verticales CcdD. La première construction est préférable à la seconde, parce qu'elle fait connaître dans tous les cas le point cherché, tandis que la seconde ne le définit plus lorsque la paroi est verticale.

104. Exemples. — *Paroi rectangulaire*, dont un côté est dirigé suivant la ligne horizontale A ; le côté opposé occupe la position D ; les deux côtés latéraux sont dirigés suivant des lignes de plus grande pente de la paroi.

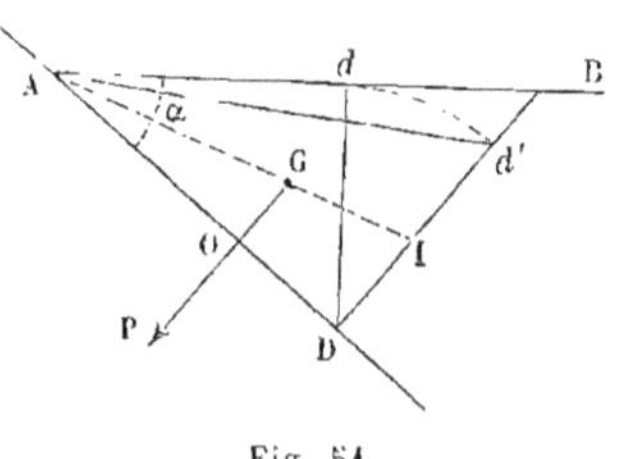

Fig. 54.

Le cylindre tronqué s'obtiendra en prenant sur Dd', normale à la paroi au point D, une longueur Dd' = Dd, et en menant le plan Ad'. On obtient ainsi un prisme droit, ayant pour base le triangle ADd' et pour hauteur la largeur du rectangle.

Soit AD $= a$; l'autre dimension du rectangle sera représentée par b. Nous aurons D$d = a \sin \alpha$; l'aire du triangle ADd' est égale à $\frac{1}{2} a^2 \sin \alpha$, et le volume du prisme est $\frac{1}{2} a^2 b \sin \alpha$. Soit Π le poids spécifique du liquide : on aura pour la pression totale

$$\mathrm{P} = \frac{\Pi}{2} a^2 b \sin \alpha.$$

Le point G, centre de gravité du prisme, est dans son plan vertical moyen aux deux tiers, à partir de l'arête A, de la droite AL qui joint le milieu de cette arête au centre de gravité de la base projetée en Dd'. Donc le centre de pression O est sur la ligne médiane du rectangle, aux deux tiers de la dimension AD à partir du point A.

105. *Triangle* (fig. 55) ayant sa base horizontale b projetée en D, et son sommet au point A, sur la surface libre.

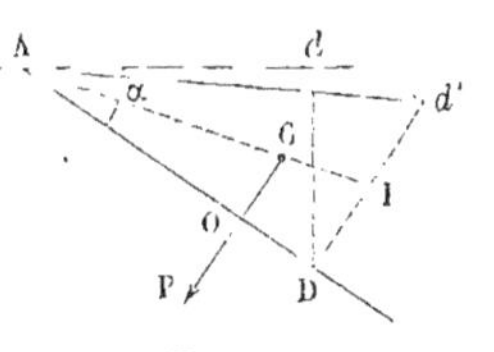

Fig. 55.

Le cylindre tronqué devient une pyramide quadrangulaire, ayant son sommet en A et sa base projetée en Dd'.

Le poids de cette pyramide sera

$$\Pi \times \frac{1}{3} \mathrm{AD} \times (\mathrm{D}d' \times b),$$

ou bien

$$\frac{\Pi}{3} a^2 b \sin \alpha = \mathrm{P}.$$

Le centre de gravité G est aux trois quarts de la droite menée du sommet A au centre de gravité I de la base opposée. Le point O est donc sur la médiane aboutissant au point D, et aux trois quarts de cette médiane à partir du point A.

106. *Triangle* (fig. 56) ayant sa base AA' dans la surface libre et son sommet en D.

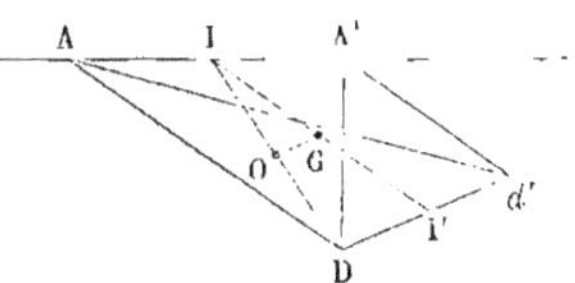

Fig. 56.

Du point D élevons sur le plan DAA' la perpendiculaire

Dd', égale à la distance du point D à la surface libre. Le cylindre tronqué sera la pyramide triangulaire AA'd'D.

Si B est la surface du triangle ADA' et h la distance du sommet D au plan d'eau, le volume de la pyramide est $\frac{1}{3}$ Bh, et par suite

$$P = \frac{\Pi}{3} B h.$$

Le centre de gravité G de la pyramide est au milieu de la droite II', qui joint les milieux des arêtes opposées AA', Dd'. Projetant sur le plan de la paroi la droite II', on obtient la médiane ID du triangle, et le centre de pression O en occupe le milieu.

RECHERCHE ANALYTIQUE DU CENTRE DE PRESSION D'UNE AIRE PLANE.

107. Soit MN la *ligne d'eau*, intersection du plan de la paroi avec la surface libre du liquide;

Soit AB le contour donné dans le plan de la paroi; G son centre de gravité. Nous mènerons par ce point, dans le plan de la paroi, la ligne horizontale GX et la ligne de plus grande pente GY, qui coupe la première à angle droit, et nous rapporterons les divers points R de la section à ces deux droites prises pour axes coordonnés; nous aurons GP $= x$, PR $= y$.

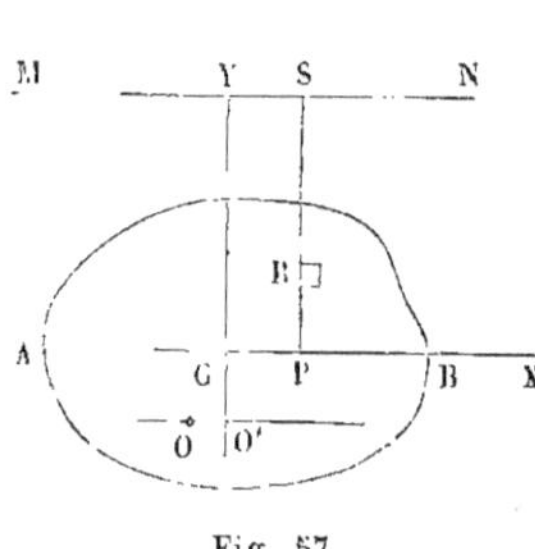

Fig. 57.

La distance GY de la ligne d'eau au centre de gravité est connue et égale à a.

On connaît aussi le poids Π de l'unité de volume du liquide, et l'angle α que le plan de la paroi fait avec l'horizon.

Nous décomposerons l'aire donnée en rectangles infiniment petits par des parallèles aux axes; l'aire d'un rectangle R sera $dx\,dy$; elle supporte par unité de surface une pression égale à Πh, h étant la distance du point R à la surface libre; or

$h = \mathrm{RS} \times \sin \alpha$ et RS est égal à $a - y$. Donc enfin la pression élémentaire subie par le rectangle infiniment petit R a pour expression

$$\Pi (a - y) \sin \alpha \, dx dy.$$

Pour trouver la pression totale P, on fera la somme de tous ces éléments, étendue à toute l'aire donnée; ce que nous exprimerons par l'équation

$$P = \int \int \Pi \sin \alpha (a - y) dx dy.$$

Pour avoir le point d'application O de cette résultante P, prenons les moments par rapport aux axes GX, GY ; appelons x_1 et y_1 les coordonnées du point O. Nous aurons

$$Px_1 = \int \int \Pi \sin \alpha (a - y) x dx dy,$$

$$Py_1 = \int \int \Pi \sin \alpha (a - y) y dx dy.$$

Les facteurs Π et $\sin \alpha$, communs à tous les éléments, sortent du signe $\int\int$, et l'on a

$$P = \Pi \sin \alpha \int \int (a - y) \, dx dy = \Pi \sin \alpha \left(a \int \int dx dy - \int \int y dx dy \right),$$

$$Px_1 = \Pi \sin \alpha \int \int (a - y) x dx dy = \Pi \sin \alpha \left(a \int \int x dx dy - \int \int xy dx dy \right),$$

$$Py_1 = \Pi \sin \alpha \int \int (a - y) y dx dy = \Pi \sin \alpha \left(a \int \int y dx dy - \int \int y^2 dx dy \right).$$

La double somme $\int \int dx dy$ représente l'aire totale AB. Nous la représenterons par Ω.

Les deux sommes $\int \int y dx dy$, $\int \int x dx dy$ sont les sommes algébriques des moments des éléments infiniment petits de l'aire totale par rapport aux axes GX et GY, qui passent par le centre de gravité G de cette aire ; ces sommes sont donc nulles toutes deux. Il reste la double somme $\int \int xy dx dy$ et la double somme $\int \int y^2 dx dy$; celle-ci peut être définie, par analogie avec les définitions de la dynamique des corps solides, *le moment*

d'inertie I *de l'aire* AB *par rapport à l'horizontale* GX, *menée par
son centre de gravité* (II, § 205). Les équations simplifiées prennent la forme suivante :

$$P = \Pi \sin \alpha \times a\Omega,$$

$$Px_1 = \Pi \sin \alpha \int \int xy\,dx\,dy,$$

$$Py_1 = -\,\Pi \sin \alpha \times I.$$

La première équation montre que la pression moyenne, $\dfrac{P}{\Omega}$, est égale à la pression par unité de surface au centre de gravité, $\Pi \times a \sin \alpha$.

La double somme $\int \int xy\,dx\,dy$ est nulle quand la section est symétrique par rapport à une ligne de plus grande pente de son plan. En effet, les éléments de l'aire se groupent alors symétriquement deux à deux, et les éléments correspondants, $xy\,dx\,dy$, de la somme se détruisent, parce que les produits $y\,dx\,dy$ sont les mêmes, les x étant égaux en valeur absolue et de signes contraires. On peut remarquer que la même somme serait encore nulle, si la symétrie de la section existait par rapport à l'horizontale GX.

108. Les coordonnées y_1 et x_1 définissent un point O dont la position est indépendante des facteurs Π et $\sin \alpha$. Remarquons que le moment d'inertie I, produit de quatre dimensions linéaires, peut s'exprimer par le produit ΩK^2, de la section Ω par le carré d'une longueur K. Cette longueur K est le *rayon de giration* de la section par rapport à l'axe GX, et, en divisant la troisième équation par la première, il vient

$$y_1 = -\,\frac{I}{a\Omega} = -\,\frac{K^2}{a}.$$

Par le point O, menons l'horizontale OO'; la distance GO' sera égale à $-\,y_1$, et, par suite, le produit GO' $\times$ GY sera constant et égal à K^2. On retrouve la relation qui lie, dans le pendule composé, les distances de l'axe d'oscillation et de l'axe de suspension au centre de gravité (III, § 266). Si l'on suppose que la section AB soit pesante, et que son poids soit uniformément réparti par unité de surface, YO′ sera la longueur du pendule simple synchrone au pendule composé, qu'on obtiendrait en faisant osciller cette section autour de la droite horizontale MN.

109. On peut ajouter que *le centre de pression O est, pour la section massive* AB, *le centre de percussion conjugué de la ligne d'eau* MN.

Soit ρ la masse de la section AB par unité de surface. Cherchons directement en quel point O une percussion normale Q doit être appliquée à la section massive, supposée en repos, pour que le mouvement initial soit une rotation autour de MN. Appelons x_1 et y_1 les coordonnées de ce point.

La vitesse de translation imprimée au centre de gravité sera égale à $\dfrac{Q}{\rho\Omega}$. La rotation autour du centre de gravité doit s'opérer autour d'une droite GX, parallèle à MN; la vitesse angulaire aura une valeur ω telle, que la droite MN reste immobile en vertu de la coexistence des deux mouvements; pour cela, il faut et il suffit que l'on ait

$$\omega \times GY = \frac{Q}{\rho\Omega}.$$

Or le théorème des moments des quantités de mouvement, appliqué à la force instantanée Q, donne

$$\omega = \frac{Q \times (-y_1)}{1} = -\frac{Qy_1}{\Omega K^2},$$

On en déduit $ay_1 = -K^2$, l'une des relations qu'il s'agissait de vérifi er

Il reste à retrouver la valeur de x. Appliquons le théorème de D'Alembert étendu aux forces instantanées, et exprimons que le moment de la pression Qy_1 par rapport à la droite GY est égal à la somme des moments des quantités de mouvements finales par rapport à la même droite. La quantité de mouvement de l'élément de surface R est $\rho\,dx\,dy \times (\omega \times RS)$ ou $\rho\,dx\,dy \times \omega(a-y)$; son moment par rapport à l'axe GY est $\rho\omega\,x(a-y)\,dx\,dy$.

La somme de tous ces moments est donc

$$\int\int \rho\omega x\,(a-y)\,dx\,dy = \rho\omega\left(\int\int axdxdy - \int\int xydxdy\right)$$

$$= -\rho\omega\int\int xydxdy,$$

somme qui doit être égale à Qx.

On en déduit

$$x_1 = \frac{-\rho\omega\displaystyle\int\int xydxdy}{Q} = -\frac{\displaystyle\int\int xydxdy}{\Omega a},$$

équation qui s'accorde avec les équations

$$Px_1 = -\Pi\sin\alpha\int\int xydxdy$$

et

$$P = \Pi\sin\alpha \times a\Omega.$$

TRAVAIL DES PRESSIONS EXERCÉES PAR UNE MASSE GAZEUSE SUR UNE ENVELOPPE QUI SE DÉFORME.

110. Soit AB une enveloppe mobile et déformable, entourée de tous côtés par un fluide non pesant, et supportant en tous points la pression p par unité de surface.

L'enveloppe reçoit un déplacement infiniment petit, accompagné d'une déformation qui la fait passer de la position AB à la position infiniment voisine A′B′. On demande le travail des pressions normales qui s'exercent sur tous ses éléments de surface.

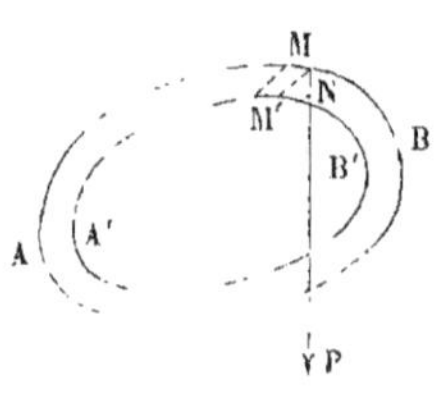

Fig. 58.

Soit M un élément ayant une surface $d\omega$; la pression sur cet élément sera $pd\omega$, et elle aura la direction normale MP. Dans la déformation de l'enveloppe, l'élément M passe en M′; le point d'application de la pression décrit un chemin MM′, qui se projette en MN sur la direction de la force : le travail élémentaire est $pd\omega \times$ MN ou $p \times$ (MN $\times d\omega$); or MN $\times d\omega$ est le volume décrit par l'aire $d\omega$

dans son déplacement MM'. Ce produit doit être pris avec le signe $+$ ou le signe $-$, suivant que le travail correspondant est positif ou négatif.

Faisons la somme algébrique de toutes ces quantités ; il viendra pour le travail total le produit de la pression p par le volume compris entre les deux positions successives de l'enveloppe ; soit donc V le volume primitif AB ; $V + dV$ le volume A'B' ; le travail sera $-pdV$, si la pression p s'exerce extérieurement à l'enveloppe, et $+pdV$, si elle s'exerce intérieurement.

Le déplacement de l'enveloppe sans déformation n'entraine aucun travail des pressions. La déformation elle-même n'en produit aucun quand il n'y a pas changement de volume.

111. Si, au lieu d'un changement de volume infiniment petit, l'enveloppe subit un changement de volume fini, le travail des pressions s'obtiendra par l'intégration de $\pm pdV$, en prenant le signe $+$ quand la pression est intérieure, et le signe $-$ dans le cas contraire.

Supposons, par exemple, qu'il s'agisse d'une masse gazeuse à température constante, et à laquelle la loi de Mariotte soit applicable : elle se dilate d'un volume V à un volume V'. Le travail des pressions exercées par cette masse sur les parois mobiles qui l'entourent sera exprimé par l'intégrale $\int_{V}^{V'} pdV$. Mais la loi de Mariotte donne

$$pV = p_0V_0.$$

Donc

$$pdV = \frac{p_0V_0}{V}\,dV$$

et

$$\int_{V}^{V'} pdV = p_0V_0 \int_{V}^{V'} \frac{dV}{V} = p_0V_0\log\text{nép}\,\frac{V'}{V} = p_0V_0\log\text{nép}\,\frac{p}{p'}.$$

Il est essentiel de noter que *ce résultat suppose la constance de la température* ; et, comme l'expansion d'un gaz ne peut se faire sans une perte de sa chaleur propre, il est nécessaire, pour que la formule soit exacte, que l'on fournisse au gaz de la chaleur à mesure qu'il se détend.

SURFACE FERMÉE UNIFORMÉMENT PRESSÉE SUR TOUS SES ÉLÉMENTS.

112. *Les pressions exercées sur la surface extérieure d'un corps solide de dimensions finies par un fluide non pesant qui enveloppe ce corps de tous côtés, se font équilibre.* On peut démontrer ce théorème de plusieurs manières :

1° Supposons d'abord que le corps ait la forme d'un tétraèdre : chaque face supporte une pression égale à $p\omega$, ω étant l'aire de la face considérée, et comme les pressions sont uniformément réparties, le point d'application de la résultante $p\omega$ est le centre de gravité de cette face. Les pressions se réduisent donc à quatre forces, normales aux faces, proportionnelles à leurs aires respectives, et appliquées à leurs centres de gravité. Nous avons démontré (II, § 231) que ces quatre forces se font équilibre. Le théorème démontré pour un tétraèdre s'étend sans difficulté à un polyèdre quelconque, et ensuite à un corps de forme quelconque, qu'on peut toujours considérer comme un polyèdre ayant un nombre infini de faces infiniment petites.

2° On peut aussi le démontrer directement. Considérons sur la surface du corps un élément de surface infiniment petit $d\omega$, et soient λ, μ et ν les angles que fait la normale à cet élément avec trois axes rectangulaires OX, OY, OZ. La pression $pd\omega$ qui s'exerce sur l'élément peut se décomposer en trois forces parallèles aux axes, et égales à $pd\omega \cos\lambda$, $pd\omega \cos\mu$, $pd\omega \cos\nu$. Projetons l'élément $d\omega$ sur les plans coordonnés. Le cylindre projetant parallèle à l'axe OX rencontrera une seconde fois la surface extérieure du corps suivant un contour $d\omega'$, dont la normale fera avec l'axe OX un angle λ', et l'on aura $d\omega' \cos\lambda' = d\omega \cos\lambda$. La composante $pd\omega \cos\lambda$, parallèle à l'axe OX, est donc égale à la composante $pd\omega' \cos\lambda'$; elles sont de plus dirigées en sens contraires, car l'une et l'autre tendent vers l'intérieur du corps. Si, au lieu de rencontrer deux fois seulement la surface du corps, le cylindre projetant la rencontrait un plus grand nombre de fois, ce serait toujours en nombre pair, et les faces d'entrée pourraient toujours se grouper avec les faces de sortie. En définitive, chaque composante $pd\omega\cos\lambda$ est détruite par une composante égale et opposée, et par suite l'équilibre a lieu.

3° Enfin, on peut appliquer le théorème du travail virtuel. Imprimons un déplacement quelconque infiniment petit au corps solide; le travail de la pression est représenté en général par $-p\delta V$, puisque la pression est extérieure (§ 111). Or ici $\delta V = 0$, car le corps est un solide invariable. La somme des travaux virtuels est nulle, et l'équilibre est par conséquent vérifié.

THÉORÈME D'ARCHIMÈDE.

113. Imaginons, au sein d'un fluide en équilibre sous l'action de forces données, une enveloppe fermée qui entoure de toutes parts une certaine masse fluide. Cette masse étant en équilibre, il y a équilibre entre les forces extérieures qui y sont directement appliquées et les pressions développées sur toute la surface de l'enveloppe. Si donc on remplace la masse contenue dans l'enveloppe fluide par un corps solide de même forme, et sollicité par les mêmes forces, l'équilibre aura encore lieu. Le *théorème d'Archimède* est une application de cette remarque aux corps solides plongés dans un liquide ou dans un gaz pesant.

Dans ce cas particulier, les forces extérieures qui sollicitent le fluide contenu dans l'enveloppe se réduisent à la pesanteur. Elles ont une résultante verticale, égale au poids du fluide, et appliquée en son centre de gravité. Les pressions développées sur la surface de l'enveloppe ont donc aussi une résultante verticale, égale au poids du fluide, appliquée en son centre de gravité, mais dirigée de bas en haut. Le corps solide plongé dans le fluide, où il occupe la place de l'enveloppe, est ainsi soumis à deux forces verticales : son poids, dirigé de haut en bas et appliqué en son centre de gravité, et la résultante des pressions, dirigée de bas en haut, égale au poids du fluide déplacé par le corps, et appliquée au centre de gravité de ce fluide. Le corps sera en équilibre si ces deux forces sont égales et directement opposées, et l'on parvient au théorème suivant :

Un corps solide, plongé dans un fluide pesant en équilibre, est en équilibre lorsque son poids est égal au poids du fluide déplacé, et lorsque le centre de gravité du corps solide et celui de la masse fluide qu'il déplace sont sur une même verticale.

Cet énoncé suppose le corps entièrement plongé dans le fluide. Lorsqu'une partie reste en dehors, comme cela a lieu, par exemple, pour un corps flottant à la surface libre d'un liquide en repos, il faut, en outre, que le liquide baigne sur tout leur périmètre les sections horizontales de la partie plongée. S'il en est ainsi, les composantes horizontales des pressions se détruisent deux à deux, tandis que les composantes verticales seules donnent lieu à une différence toujours dirigée de bas en haut, et égale au poids du liquide occupé par chaque élément de volume immergé.

On peut donc exprimer le théorème de la manière suivante : *Tout corps solide, plongé en tout ou en partie dans un liquide pesant en équilibre, reçoit de ce liquide une poussée verticale, dirigée de bas en haut, égale au poids du liquide déplacé, et appliquée au centre de gravité de ce liquide;* c'est cette poussée de bas en haut à laquelle on donne quelquefois le nom impropre de *perte de poids.*

Lorsque les sections horizontales d'un corps solide, en partie plongé dans un liquide, ne sont pas baignées sur tout leur pourtour, la surface mouillée du solide devient une *paroi latérale* pour le liquide, et l'énoncé du théorème d'Archimède ne s'y applique plus.

ÉQUILIBRE D'UN PRISME DROIT FLOTTANT.

114. Soit ABC la section droite d'un prisme droit homogène qui flotte à la surface d'un liquide en repos; ce prisme pourra avoir différentes positions d'équilibre; dans toutes, le centre de gravité du corps et le centre de gravité du liquide déplacé doivent être placés sur la même verticale, et le poids du corps doit être égal au poids du liquide déplacé.

On peut satisfaire de plusieurs manières à la première condition : 1° En posant horizontalement les arêtes latérales du prisme, et on le faisant tourner jusqu'à ce que les deux centres de gravité soient sur la même verticale; on y arrivera toujours, car la position horizontale des arêtes amène le centre de gravité de la partie plongée dans le plan moyen du prisme qui contient le centre de gravité de ce corps ;

2° En posant le prisme verticalement. Les deux centres de gravité sont alors sur la verticale qui joint les centres de gravité des bases.

Nous nous occuperons seulement de la première solution, la seconde ne présentant point d'intérêt. Cette première solution se décompose d'ailleurs en deux autres, suivant que le prisme a un seul sommet ou deux sommets immergés. Les deux cas peuvent se traiter par la même équation. Nous commencerons par le premier.

I. Soit ACB une position d'équilibre; le prisme plonge jusqu'à la ligne DE. Le centre de gravité du prisme est au point G, aux deux tiers de la ligne AI qui joint le sommet A au milieu du côté opposé BC. Le centre

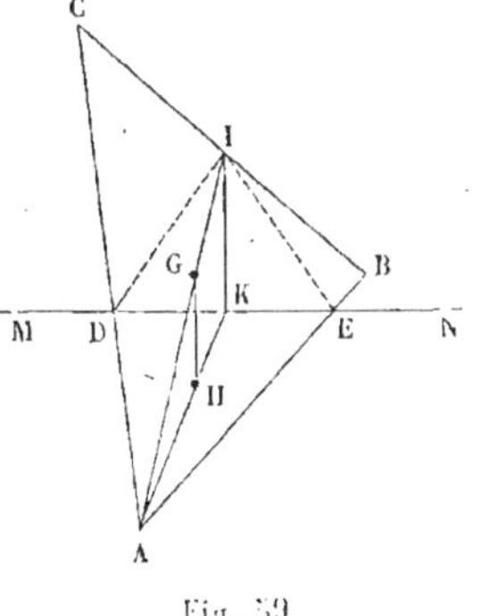

Fig. 59

de gravité de la partie plongée est au point H, aux deux tiers de la ligne AK qui joint le même sommet au milieu de la droite DE. L'équilibre exige

1° Que la droite DH soit verticale ;

2° Que le rapport des sections $\dfrac{ABC}{ADE}$ soit égal au rapport inverse des poids spécifiques du prisme et du liquide. Appelons Π le poids spécifique du prisme, et Π' celui du liquide ; on devra avoir la relation

$$\frac{ABC}{ADE} = \frac{\Pi'}{\Pi}.$$

Le triangle ABC est donné ; soit $AB = c$, $AC = b$ les deux côtés qui comprennent l'angle A ; pour définir le triangle ADE, nous ferons $AD = x$, $AE = y$. Les deux triangles, ayant un angle égal A, sont entre eux comme les produits des côtés qui comprennent cet angle. Donc

$$(1) \qquad \frac{bc}{xy} = \frac{\Pi'}{\Pi}.$$

Il s'agit d'exprimer que la droite GH est verticale ; or elle est parallèle à IK ; la droite IK est donc verticale, et par suite perpendiculaire sur la droite DE ; et comme K est le milieu de DE, le point I est à égale distance des points D et E.

Appelons p la longueur de la médiane AI du triangle ABC, et soient $\beta = IAC$, $\gamma = IAB$, les angles qu'elle fait avec les côtés. Les triangles DIA, EIA, nous donnent les relations :

$$\overline{DI}^2 = x^2 + p^2 - 2px\cos\beta,$$
$$\overline{IE}^2 = y^2 + p^2 - 2py\cos\gamma,$$

et la seconde condition s'exprime par l'équation

$$(2) \qquad x^2 - y^2 - 2px\cos\beta + 2py\cos\gamma = 0.$$

Les deux équations (1) et (2) permettent de trouver les inconnues x et y. En les considérant comme les abscisses et les ordonnées de deux courbes, les valeurs cherchées sont fournies par les intersections de deux hyperboles, ce qui conduit au plus à quatre solutions.

On peut éliminer y entre les équations (1) et (2) ; on tire de la première

$$y = \frac{\Pi bc}{\Pi' x},$$

et substituant dans la seconde,

$$x^2 - \frac{\Pi^2 b^2 c^2}{\Pi'^2 x^2} - 2px\cos\beta + \frac{2p\Pi bc\cos\varphi}{\Pi' x} = 0,$$

ou, en multipliant par $\Pi'^2 x^2$,

$$(3) \qquad \Pi'^2 x^4 - 2p\Pi'^2\cos\beta\, x^3 + 2p\Pi\Pi'bc\cos\gamma\, x - \Pi^2 b^2 c^2 = 0.$$

Cette équation, étant de degré pair et ayant son dernier terme négatif, a au moins deux racines réelles, l'une positive, l'autre négative. La règle des signes de Descartes nous apprend qu'elle ne peut avoir plus de trois racines positives, ce que nous savions déjà, et en changeant x en $-x$, plus d'une racine négative. Mais elle peut avoir deux racines imaginaires. Enfin, les racines réelles ne conduisent pas toujours à une solution admissible, car il faut qu'on ait $x < b$ et $y < c$. En résumé, il peut y avoir pour le problème trois solutions ou une seule; il est certain qu'il y en a une au moins toutes les fois que

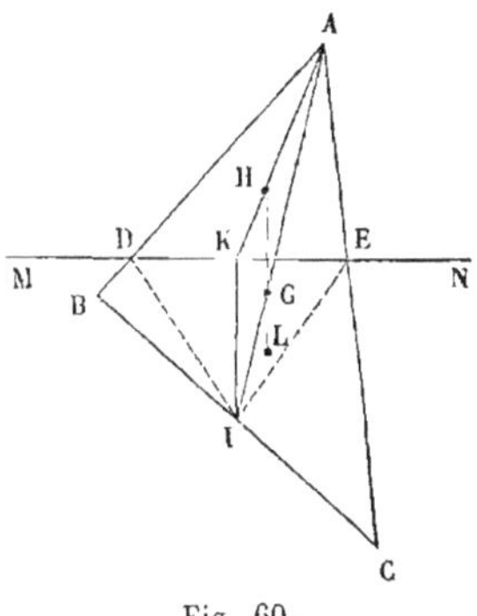

Fig. 60.

$\Pi < \Pi'$, condition nécessaire pour que le prisme puisse flotter.

II. Supposons en second lieu que le triangle ABC ait deux sommets plongés (fig. 60). Il faudra qu'on ait la proportion

$$\frac{ABC}{DECB} = \frac{\Pi'}{\Pi},$$

mais elle revient à celle-ci

$$\frac{ABC}{ADE} = \frac{\Pi'}{\Pi' - \Pi}.$$

L'autre condition d'équilibre exige que le centre de gravité G du triangle total, et le centre de gravité L du trapèze plongé DECB, soient sur la même verticale. Or soit H le centre de gravité du triangle qui émerge hors du liquide. Le centre de gravité G s'obtiendra en composant les poids du triangle ADE

et du trapèze DECB, appliqués respectivement aux points
et L. Donc le point H est situé sur la droite GL, et la condition
d'équilibre est encore que la droite GL soit perpendiculaire à
DE, ou qu'on ait DI = ID.

L'équation (2) subsiste donc comme dans le premier cas :
l'équation (1) est seule modifiée, et la modification se résume
dans le changement de H en H' — H.

On aura donc encore au plus trois solutions correspondantes à cette disposition de la figure.

Ce que nous avons fait pour le sommet A, nous pouvons le faire pour chacun des sommets B et C ; à six solutions
au plus pour chacun, cela fait en tout dix-huit positions
d'équilibre.

Mais ces solutions peuvent n'être pas toutes admissibles.
Le nombre minimum de solutions est égal à six, chaque
sommet étant alternativement seul plongé et seul hors de
l'eau ; de ces six positions, trois correspondent à un équilibre
stable, et trois à un équilibre instable ; elles alternent dans
l'ordre où on les obtient en faisant tourner successivement le
prisme à la surface de l'eau. Car entre deux positions stables
consécutives, positions auxquelles le prisme tend à revenir
quand on l'en dérange, il y a nécessairement une position
d'équilibre instable, celle où le prisme subit des tendances
égales et contraires vers les deux positions stables voisines.
Le nombre des solutions est donc nécessairement pair, autrement cette alternance entraînerait la stabilité et l'instabi-
lité de l'équilibre pour une même position ; ce qui indiquerait
un équilibre indifférent.

115. L'équilibre des liquides pesants superposés exige que
les surfaces de séparation soient des plans horizontaux ; pour
que cet équilibre soit stable, il faut que les liquides les plus
denses soient au-dessous des liquides les plus légers.

En effet, troublons infiniment peu l'équilibre, en altérant les surfaces de séparation ou en faisant pénétrer de petites masses de l'un des liquides dans l'espace occupé par le liquide voisin; pour fixer les idées, nous supposerons que l'on fasse entrer une portion du liquide supérieur dans l'espace occupé par le liquide inférieur. Si la densité du premier liquide est moindre que celle du second, la poussée du second liquide sur la masse étrangère qui y aura pénétré, sera plus grande que le poids de cette masse, et la résultante de ces deux forces tendra à ramener la masse étrangère au-dessus du liquide inférieur, c'est-à-dire à rétablir la superposition telle qu'elle existait primitivement. Si, au contraire, la densité du liquide supérieur était plus grande que celle du liquide inférieur, la masse empruntée au premier liquide traverserait le second, et l'équilibre ne se rétablirait pas.

Si l'on introduit dans une fiole fermée plusieurs liquides insolubles les uns dans les autres, et qu'après avoir agité la fiole, on la laisse reposer, les liquides se séparent au bout d'un temps plus ou moins long et se rangent, de haut en bas, dans l'ordre croissant des densités.

STABILITÉ DE L'ÉQUILIBRE DES CORPS PLONGÉS DANS
UN LIQUIDE PESANT

116. Quand un corps solide pesant est en équilibre au sein d'un fluide pesant en repos, le poids du corps est égal au poids du fluide déplacé, et les centres de gravité du corps solide et du volume fluide qu'il déplace sont situés sur la même verticale. Ces conditions suffisent pour l'équilibre. Pour que l'équilibre soit stable, il faut de plus que le centre de gravité du corps solide soit plus bas que le centre de gravité du fluide déplacé. Dérangeons infiniment peu le corps de sa position d'équilibre, de manière à incliner la droite qui joint les deux centres de gravité. La poussée du liquide et le poids du corps formeront alors un couple, qui tendra à ramener le

corps dans sa situation primitive si le point d'application de la poussée est au-dessus du point d'application du poids, et qui, dans le cas contraire, tendra à faire chavirer le corps.

L'équilibre est d'ailleurs indifférent à tout déplacement du corps qui n'altère pas le parallélisme de la droite joignant les deux centres de gravité. Si les deux centres coïncident, l'équilibre est complétement indifférent, et le corps solide peut, dans toutes ses positions, tenir lieu d'un volume égal de liquide.

STABILITÉ DE L'ÉQUILIBRE DES CORPS FLOTTANTS.

117. Avant d'étudier la question des corps flottants, nous résoudrons quelques problèmes préliminaires.

1° *Un solide pesant étant entièrement plongé dans un liquide pesant en repos, quel est le travail de la pesanteur et des pressions, lorsqu'on déplace le solide en le maintenant toujours entièrement plongé?*

Soit A le corps dans sa position primitive, au sein d'un liquide dont la surface libre est MN ; soit G le centre de gravité du corps, O le centre de gravité du liquide déplacé, que nous appellerons le *centre de poussée*. Soient enfin P le poids du corps, qu'on peut supposer appliqué en G, et P' la poussée du liquide, appliquée en O.

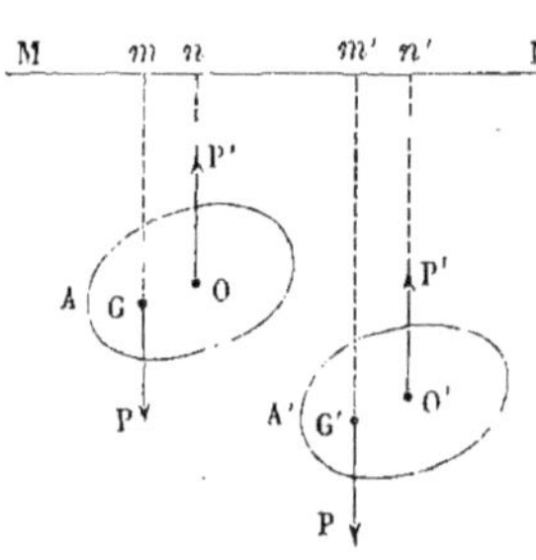

Fig. 61.

Soit A' la seconde position du corps ; G' et O' sont les positions prises par les points G et O.

Le travail du poids du corps sera mesuré par le produit du poids P par la quantité verticale dont s'est abaissé le centre de gravité G. Prenons les distances Gm et G'm' des points G et G' au plan de comparaison MN ; le travail cherché sera

$$P \times (G'm' - Gm).$$

La poussée P′ est assimilable à un poids qui agirait en sens contraire de la pesanteur ; son travail sera donc égal au produit de la force P′ par la différence des distances On, O′$n′$, des points O et O′ à la surface libre, sauf à changer le signe de cette différence, ce qui donne $-\,P′(O′n′ - On)$.

La somme des travaux de ces deux forces est

$$P\,(G′m′ - Gm) - P′(O′n′ - On),$$

ou bien

$$P\,(G′m′ - Gm) - \Pi V\,(O′n′ - On),$$

si l'on appelle V le volume du corps et Π le poids spécifique du liquide.

2° Trouver le travail de la pression exercée par un liquide sur un prisme droit qu'on enfonce verticalement d'une certaine quantité.

On suppose que la section droite du prisme est assez petite par rapport à la section du vase contenant le liquide, pour que la surface libre reste à la même hauteur, malgré l'enfoncement plus ou moins grand du prisme.

Soit ab le prisme, déjà enfoncé de la quantité $cb = x$; appelons sa section droite ω. La poussée du liquide sur le prisme, dans cette position, sera $\Pi\omega x$, en appelant Π le poids spécifique du liquide.

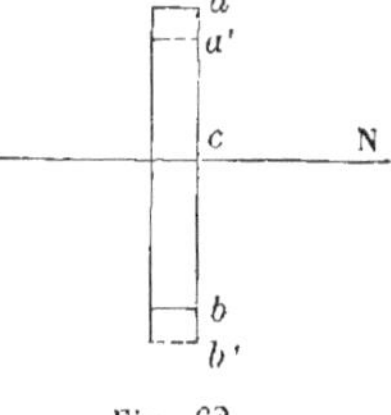

Fig. 62.

Elle est verticale et dirigée de bas en haut. Si on enfonce le prisme de la quantité infiniment petite $bb′ = dx$, le travail de la pression sera

$$-\,\Pi\omega x\,dx$$

et pour un enfoncement total h, le travail cherché sera l'intégrale

$$\int_0^h -\,\Pi\omega x\,dx = -\,\Pi\omega\,\frac{h^2}{2}.$$

Cette formule suppose h moindre que la hauteur totale ab du prisme donné. On peut mettre le résultat sous la forme

$$\Pi\omega h \times \frac{h}{2}.$$

Or $\Pi\omega h$ est le poids du liquide déplacé, et $\dfrac{h}{2}$ est la distance de

son centre de gravité à la surface libre. Le produit $\Pi\omega h \times \dfrac{h}{2}$ est

donc le moment du poids du liquide déplacé par rapport au plan MN.

Si, au lieu d'enfoncer le prisme dans un liquide, on l'en retirait entièrement, en le laissant toujours vertical, le travail

de la pression de l'eau serait positif et égal à $\Pi\omega\dfrac{h^2}{2}$, h étant la

quantité dont le prisme plongeait à l'origine.

Cette démonstration suppose que le prisme est resté vertical pendant l'enfoncement; mais le résultat obtenu est indépendant de cette hypothèse.

En effet, le travail des pressions pendant l'enfoncement est la somme des travaux afférents à l'enfoncement de chaque élé-

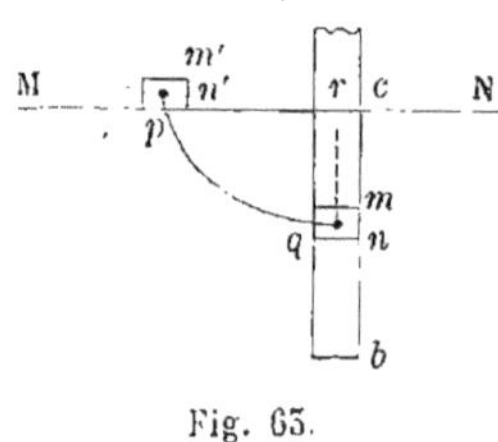

Fig. 65.

ment mn infiniment petit du prisme, à partir de la position $m'n'$ que cet élément occupait à la surface de l'eau, et, quelle que soit la route pq suivie par l'élément, le travail de la pression sera le produit du poids de liquide déplacé par la distance finale qr à la

surface libre. Le travail total est donc la somme, depuis 0 jusqu'à h, des produits $-\omega\Pi dz \times z$, en appelant z la distance qr, et dz la hauteur mn de l'élément considéré. Ce qui donne

encore $-\Pi\omega\dfrac{h^2}{2}$.

118. *Trouver le travail de la pesanteur et des pressions sur un corps flottant à la surface du liquide qui recevrait un déplacement infiniment petit à partir de sa position d'équilibre.*

Nous supposons que le corps flottant AB soit en équilibre, quand il est immergé jusqu'à la section CD. Imaginons qu'il reçoive un déplacement infiniment petit, tel que la section qui limite la nouvelle portion immergée soit C'D'. Il y aura à tenir compte, dans l'évaluation des travaux des pressions, du plus grand enfoncement imprimé à la portion déjà plongée CDR, et de l'enfoncement nouveau de la tranche comprise entre les sections CD et C'D'.

Soit G le centre de gravité du corps ;

O le centre de poussée ou *centre de carène*. L'équilibre ayant lieu, par hypothèse, quand la section CD est dans le plan MN, la droite GO est perpendiculaire au plan CD. Désignons la distance GO par a et l'angle de la droite OG avec la verticale par θ ; cet angle, qui mesure l'inclinaison de la droite OG sur la verticale, mesure aussi l'inclinaison du plan CD par rapport à l'horizon. Quant à la quantité a, nous lui donnerons le signe $+$ si le point O est au-dessus du point G dans l'état d'équilibre, et le signe $-$ si O est au-dessous.

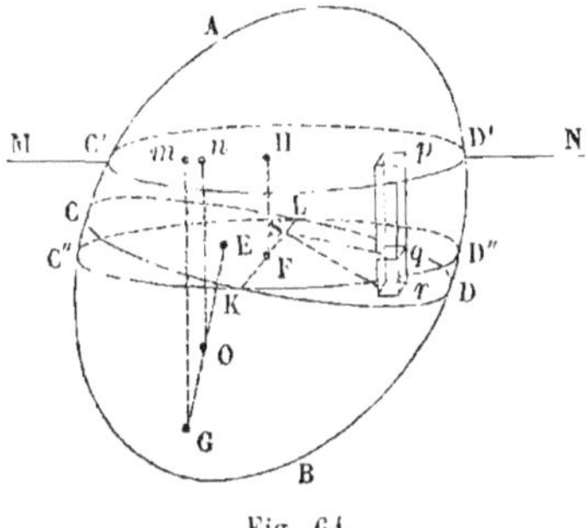

Fig. 64.

Des points O et G, abaissons sur le plan MN les perpendiculaires On, Gm ; soit GE $= z$, G$m = z_1$; nous aurons OE $= z - a$ et O$n = z_1 - a\cos\theta$.

Soit F le centre de gravité de la section de flottaison CD ; appelons ζ la distance FH de ce point au plan MN. Le travail cherché pourra s'évaluer en fonction des quantités variables θ et ζ.

Soit encore Π le poids spécifique du liquide, et V le volume CBD du liquide déplacé dans la position d'équilibre. Le poids du corps sera égal à ΠV.

1° Le travail de la pesanteur correspondant au déplacement du corps sera

$$\Pi V (z_1 - z).$$

2° Le travail des pressions exercées par le liquide sur la carène CBD sera de même

$$- \Pi V \times (On - OE),$$

ou bien

$$- \Pi V [z_1 - a \cos\theta - (z - a)] = - \Pi V (z_1 - z) - \Pi V a (1 - \cos\theta)$$
$$= - \Pi V (z_1 - z) - 2\Pi V a \sin^2 \frac{\theta}{2}.$$

3° Pour évaluer le travail des pressions sur la tranche CDD'C' nouvellement immergée, décomposons-la en prismes verticaux pr infiniment petits. Soit $d\omega$ l'aire de la section faite dans le prisme pr par le plan CD. Il s'agit d'en trouver la hauteur. Pour cela, menons par le point F, centre de gravité de la section CD, parallèlement à C'D', un plan C"D", qui coupera le plan CD suivant la droite KL; il coupera le prisme pr suivant la section droite q, égale à $d\omega \cos\theta$. Du point r abaissons rS perpendiculaire à KL. La droite qS sera aussi perpendiculaire à KL, et l'angle rSq sera égal à θ. Faisons $rS = x$. Nous aurons $qr = x \sin\theta$, et $pr = x \sin\theta + FH = \zeta + x \sin\theta$.

Le prisme pr était d'abord hors du liquide, et il s'y est enfoncé de la quantité $\zeta + x \sin\theta$; le travail correspondant de la poussée est donc

$$- \Pi d\omega \cos\theta \frac{(\zeta + x \sin\theta)^2}{2},$$

expression dont il faut faire la somme, en l'étendant à tous les éléments $d\omega$ de la section CD. L'erreur que l'on commet en substituant à la tranche CDC'D' le cylindre qui projette la section CD sur le plan horizontal, est infiniment petite par rapport à la quantité cherchée.

La somme de tous ces éléments s'exprime par l'intégrale double

$$- \Pi \int\int d\omega \cos\theta \frac{(\zeta + x \sin\theta)^2}{2},$$

ou bien, en développant le carré,

$$- \frac{\Pi}{2} \left(\int\int \zeta^2 d\omega \cos\theta + 2 \int\int \zeta x \sin\theta \cos\theta \, d\omega + \int\int x^2 d\omega \cos\theta \sin^2\theta \right).$$

Les quantités ζ et θ sont des constantes dans ces intégrations, ce qui permet d'écrire

$$- \frac{\Pi}{2} \zeta^2 \cos\theta \int\int d\omega - \Pi \zeta \sin\theta \cos\theta \int\int x d\omega - \frac{\Pi}{2} \cos\theta \sin^2\theta \int\int x^2 d\omega.$$

$\int\int d\omega$ est l'aire Ω de la section CD ;

$\int\int x d\omega$ est la somme des moments des éléments de surface $d\omega$ par rapport à la droite KL, qui passe par leur centre de gravité : cette somme est donc nulle ;

$\int\int x^2 d\omega$ est la somme des *moments d'inertie* des mêmes éléments par rapport à la même droite ; nous la représenterons par I.

La somme des travaux des pressions sur la tranche CDD′C′ est en définitive

$$- \frac{\Pi\Omega}{2}\,\zeta^2\cos\theta - \frac{\Pi I}{2}\cos\theta\sin^2\theta,$$

et comme l'angle θ est infiniment petit, on peut remplacer $\cos\theta$ par l'unité, et $\sin\theta$ par θ, en ne conservant dans les termes écrits que les infiniment petits du second ordre ; ce qui réduit la somme cherchée à

$$- \frac{\Pi\Omega}{2}\,\zeta^2 - \frac{\Pi I\theta^2}{2}.$$

Réunissant les trois parties que nous venons d'évaluer successivement, il vient

$$T = \Pi V(z_1 - z') - \Pi V(z_1 - z) - 2\Pi V a\sin^2\frac{\theta}{2} - \frac{\Pi\Omega}{2}\zeta^2 - \frac{\Pi I\theta^2}{2},$$

ou bien, en réduisant et en remplaçant encore $\sin^2\frac{\theta}{2}$ par $\frac{\theta^2}{4}$,

$$T = - \frac{\Pi}{2}(aV + I)\theta^2 - \frac{\Pi}{2}\Omega\zeta^2.$$

Cette formule est générale, quel que soit le déplacement infiniment petit imprimé au solide, pourvu que les sections du corps par des plans varient d'une manière continue dans le voisinage du plan de flottaison.

119. La stabilité de l'équilibre d'un corps flottant s'établit par la discussion de l'équation des forces vives (Cf. III, § 187).

Supposons le corps en équilibre ; imprimons-lui un déplacement très-petit. Ce déplacement peut toujours se ramener à trois translations et à trois rotations simultanées. Nous supposerons que les trois translations soient parallèles respectivement à trois axes rectangulaires, dont deux horizontaux, et le troisième vertical ; les rotations s'opéreront autour de ces mêmes axes. Les translations horizontales et la rotation autour de l'axe vertical ne donnent naissance à aucun travail des pressions du liquide sur la partie plongée. Les seuls déplacements qui donnent lieu à une production de travaux sont la translation verticale et les rotations autour des axes horizontaux, que l'on peut réduire à une seule rotation autour d'un axe horizontal. Les quantités ζ et θ, qui mesurent le déplacement linéaire du corps le long de la verticale et le déplacement angulaire autour d'un axe horizontal, interviendront donc seules dans l'équation du travail.

Soit $\Sigma m v_0^2$ la somme des forces vives imprimées au corps dans une position initiale, définie par des valeurs infiniment petites ζ_0 et θ_0 des variables ζ et θ. Nous pouvons supposer la somme $\Sigma m v_0^2$ aussi petite que nous voudrons ; et appelant $\Sigma m v^2$ la somme des forces vives du corps dans une position quelconque ζ et θ, il viendra l'équation

$$\Sigma m v^2 - \Sigma m v_0^2 = 2\,(T - T_0)$$
$$= -\,\Pi\,(a V + I)\,\theta^2 - \Pi\Omega\zeta^2 + \Pi\,(a V + I)\,\theta_0^2 + \Pi\Omega\zeta_0^2.$$

Donc

$$\Sigma m v^2 = C - \Pi\,(a V + I)\,\theta^2 - \Pi\Omega\zeta^2,$$

en appelant C la constante

$$\Sigma m v_0^2 + \Pi\,(a V + I)\,\theta_0^2 + \Pi\Omega\zeta_0^2,$$

qui correspond aux conditions initiales, et qui est nécessairement positive et infiniment petite.

La somme $\Sigma m v^2$ est toujours positive ; donc le second membre est positif, et par suite on aura toujours

$$\Pi\,(a V + I)\,\theta^2 + \Pi\Omega\zeta^2 < C.$$

Les quantités Π, V, I et Ω sont des quantités absolues : θ^2 et ζ^2 sont toujours positifs. Il n'y a dans l'inégalité précédente que a qui soit susceptible de changer de signe. Si a est positif, ou si le point O, centre de carène, est au-dessus du point G, centre de gravité du solide, le premier membre est la somme de deux termes positifs, et, pour qu'il soit toujours moindre que la constante C, qui est infiniment petite, il faut que θ et ζ soient eux-mêmes infiniment petits. *Si donc le centre de carène est au-dessus du centre de gravité, l'équilibre est stable;* car θ et ζ ne peuvent pas croître indéfiniment, et ont pour limites supérieures, en valeur absolue,

$$\theta = \sqrt{\frac{C}{\Pi\,(aV + I)}}, \text{ avec } \zeta = 0,$$

et

$$\zeta = \sqrt{\frac{C}{\Pi\Omega}}, \text{ avec } \theta = 0.$$

Si a est négatif et égal à $-a'$, l'inégalité prend la forme

$$\Pi\,(I - a'V)\,\theta^2 + \Pi\Omega\zeta^2 < C,$$

et la conclusion que nous venons de tirer reste la même, pourvu que $1 - a'V$ soit positif, ou que a' soit $< \dfrac{I}{V}$. *La stabilité est donc encore assurée,* et les valeurs absolues de θ et ζ ont des limites, *quand le centre de carène est au-dessous du centre de gravité, pourvu que la distance de ces deux points soit moindre que le moment d'inertie de la section de flottaison, par rapport à une droite menée dans son plan par son centre de gravité, divisé par le volume de la carène.*

Si on avait $a' > \dfrac{I}{V}$, le signe du premier membre de l'inégalité ne serait pas défini, et on pourrait y satisfaire par de très-grandes valeurs absolues de θ et de ζ. L'équilibre n'aurait alors aucune stabilité.

La condition $a' < \dfrac{I}{V}$ doit être remplie pour toutes les valeurs du moment d'inertie I, qui varie avec la position de la droite KL, par rapport à laquelle il est déterminé. Il faut donc qu'elle soit satisfaite pour la moindre valeur de ce moment d'inerlie. Les moments d'inertie des aires planes donnent lieu à une théorie analogue à celle des moments d'inertie des so-

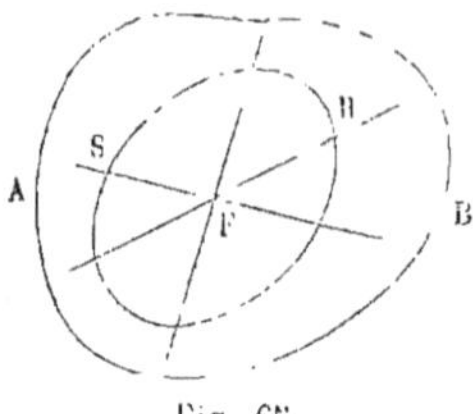

Fig. 65.

lides (III, § 243). On démontre facilement que si l'on considère les moments d'inertie d'une aire plane AB par rapport à une infinité de droites menées dans son plan par un même point F, on obtient une ellipse RS en prenant sur chaque droite, à partir du point F, une longueur FR, inversement proportion-nelle au *rayon de giration*, $\sqrt{\dfrac{I}{\Omega}}$, de l'aire plane par rapport à la direction FR. Le minimum du moment d'inertie I correspond à la direction du grand axe de l'ellipse ainsi construite au centre de gravité de la section de flottaison.

Cette théorie de la stabilité, qui a remplacé l'ancienne théorie du *métacentre*, due à Bouguer, est loin d'être complète, car elle néglige les *actions dynamiques* du fluide, c'est-à-dire les excès de pression dus au mouvement relatif du solide. Ces actions dynamiques contribuent à accroître la stabilité, quand elles proviennent du déplacement du solide au sein d'un fluide en repos ; elles peuvent, au contraire, compromettre la stabilité du corps flottant, lorsqu'elles sont dues à un mouvement propre du fluide. L'expérience de la navigation maritime a fait connaître depuis longtemps des formes qui assurent la stabilité des corps flottants, et vérifie la règle déduite de la théorie que nous venons d'exposer.

CHAPITRE II

HYDRODYNAMIQUE.

120. L'équation de l'hydrostatique donne pour chaque point d'un fluide en équilibre les valeurs de la pression en fonction des coordonnées. Le problème de l'hydrodynamique est beaucoup plus compliqué. Il s'agit, en effet, de déterminer pour chaque valeur du temps t et pour chaque point (x, y, z) de l'espace occupé par le fluide, non-seulement la pression p, mais encore la vitesse, en grandeur et en direction, du point matériel fluide qui occupe ce point géométrique ; et, en outre, si le fluide n'est pas un liquide homogène, la valeur ρ de la masse spécifique de ce point matériel. La vitesse sera connue en grandeur et en direction si l'on définit ses trois composantes parallèles aux axes ; nous les appellerons u, v, w. Le problème consiste donc à déterminer les cinq fonctions

$$u,\ v,\ w,\ p,\ \rho,$$

au moyen des quatre variables indépendantes

$$x,\ y,\ z,\ t.$$

Supposons cette détermination opérée ; pour trouver la trajectoire d'un point matériel, il suffira d'observer que, dans le temps dt, les coordonnées x, y, z, du point s'accroissent respectivement de $u\,dt$, $v\,dt$, $w\,dt$, de sorte que les équations du mouvement du point considéré seront données par l'intégration des équations différentielles

$$dx = udt,$$
$$dy = vdt,$$
$$dz = wdt.$$

121. Cherchons aussi ce que deviennent la pression p et la densité ρ du même point matériel.

En général, soit $f(x, y, z, t)$ une certaine fonction, relative à un point géométrique défini (x, y, z), et à une valeur déterminée du temps t. Si l'on suppose que les variables indépendantes x, y, z et t s'accroissent respectivement de dx, dy, dz et dt, l'accroissement df de la fonction sera donné par l'équation générale :

$$df = \frac{df}{dx}\, dx + \frac{df}{dy}\, dy + \frac{df}{dz}\, dz + \frac{df}{dt}\, dt.$$

Mais si, au lieu de prendre arbitrairement dx, dy, dz, on prend ces différentielles le long de la trajectoire du point matériel M, quand il se transporte de M en M′ pendant le temps dt, il faudra faire $dx = udt$, $dy = vdt$, $dz = wdt$, et on aura

$$df = \left(\frac{df}{dx}\, u + \frac{df}{dy}\, v + \frac{df}{dz}\, w + \frac{df}{dt}\right) dt$$

pour l'accroissement de la fonction f le long de la trajectoire du point M.

Cette formule est applicable à toute fonction des variables x, y, z, t, et par suite aux fonctions u, v, w, p, ρ, qu'il s'agit de définir. Nous aurons donc

$$du = \left(u\frac{du}{dx} + v\frac{du}{dy} + w\frac{du}{dz} + \frac{du}{dt}\right) dt,$$
$$dv = \left(u\frac{dv}{dx} + v\frac{dv}{dy} + w\frac{dv}{dz} + \frac{dv}{dt}\right) dt,$$
$$dw = \left(u\frac{dw}{dx} + v\frac{dw}{dy} + w\frac{dw}{dz} + \frac{dw}{dt}\right) dt,$$
$$dp = \left(u\frac{dp}{dx} + v\frac{dp}{dy} + w\frac{dp}{dz} + \frac{dp}{dt}\right) dt,$$
$$d\rho = \left(u\frac{d\rho}{dx} + v\frac{d\rho}{dy} + w\frac{d\rho}{dz} + \frac{d\rho}{dt}\right) dt.$$

Le rapport de du à dt sera l'*accélération* du point M, projetée sur l'axe des x; de même $\dfrac{1}{dt}\,dv$ et $\dfrac{1}{dt}\,dw$ seront les accélérations projetées sur les axes des y et des z.

122. Reprenons les équations de l'équilibre d'une molécule fluide (§ 80); on peut les mettre sous la forme

$$\frac{dp}{dx} = \rho X,$$

$$\frac{dp}{dy} = \rho Y,$$

$$\frac{dp}{dz} = \rho Z,$$

ou encore, sous la forme

$$X - \frac{1}{\rho}\,\frac{dp}{dx} = 0,$$

$$Y - \frac{1}{\rho}\,\frac{dp}{dy} = 0,$$

$$Z - \frac{1}{\rho}\,\frac{dp}{dz} = 0.$$

X, Y, Z sont les composantes de la force rapportée à l'unité de masse. Sous la seconde forme, on voit que les pressions développées autour de la molécule équivalent, au point de vue de l'équilibre, à des composantes $-\dfrac{1}{\rho}\dfrac{dp}{dx}$, $-\dfrac{1}{\rho}\dfrac{dp}{dy}$, $-\dfrac{1}{\rho}\dfrac{dp}{dz}$, parallèles aux axes et appliquées à l'unité de masse supposée libre.

Dans le cas du mouvement, au lieu d'égaler à 0 les sommes algébriques de ces forces, il faudra les égaler aux accélérations projetées sur les mêmes axes, ce qui donne les trois équations

$$(1)\qquad \left\{\begin{array}{l} X - \dfrac{1}{\rho}\dfrac{dp}{dx} = u\dfrac{du}{dx} + v\dfrac{du}{dy} + w\dfrac{du}{dz} + \dfrac{du}{dt}, \\[2ex] Y - \dfrac{1}{\rho}\dfrac{dp}{dy} = u\dfrac{dv}{dx} + v\dfrac{dv}{dy} + w\dfrac{dv}{dz} + \dfrac{dv}{dt}, \\[2ex] Z - \dfrac{1}{\rho}\dfrac{dp}{dz} = u\dfrac{dw}{dx} + v\dfrac{dw}{dy} + w\dfrac{dw}{dz} + \dfrac{dw}{dt}. \end{array}\right.$$

On obtient une quatrième équation en exprimant que le mouvement du fluide ne crée pas de vide au milieu de la masse ; cette équation porte le nom d'*équation de continuité*. Elle restreint la généralité du problème ; car rien ne prouve *a priori* que la masse fluide ne doive pas se diviser par suite de son mouvement.

La vitesse u, parallèle à OX (fig. 45, p. 135), règne sensiblement dans toute l'étendue de la face ADEF, perpendiculairement à cette face, et amène dans l'intérieur du parallélépipède ABCDEFGH, pendant le temps dt, une masse fluide égale à

$$\rho u\,dt\,dy\,dz,$$

ρ étant la densité du fluide au point A.

Mais, en même temps, la vitesse qui règne dans toute l'étendue de la face opposée BGHC fait sortir du parallélépipède une masse de fluide égale à la masse $\rho u\,dt\,dy\,dz$, augmentée de sa différentielle partielle relative à x, ce que nous exprimerons par la notation

$$\rho u\,dt\,dy\,dz + \frac{d(\rho u)}{dx}\,dx\,dt\,dy\,dz,$$

de sorte que les débits simultanés des faces opposées ADEF, BCHG, augmentent la masse fluide contenue dans le parallélépipède, de la différence

$$-\frac{d(\rho u)}{dx}\,dx\,dy\,dz\,dt.$$

Par la même raison, les débits simultanés des faces ABGF, DCHE, augmentent la même masse de

$$-\frac{d(\rho v)}{dy}\,dx\,dy\,dz\,dt,$$

et les débits des faces ABCD, FGHE, de

$$-\frac{d(\rho w)}{dz}\,dx\,dy\,dz\,dt.$$

La somme de ces trois variations simultanées est égale à la

variation totale de la masse pendant le temps dt ; or la varia-tion de la densité est égale à $\dfrac{d\rho}{dt}\,dt$; multipliée par le volume, elle donne la variation de la masse totale $\dfrac{d\rho}{dt}\,dxdydzdt$.

Donc enfin

$$\frac{d\rho}{dt}\,dxdydzdt = -\,\frac{d\,(\rho u)}{dx}\,dxdydzdt - \frac{d\,(\rho v)}{dy}\,dxdydzdt - \frac{d\,(\rho w)}{dz}\,dxdydzdt,$$

ou bien, en divisant par $dx\,dy\,dz\,dt$,

$$(2)\qquad \frac{d\,(\rho u)}{dx} + \frac{d\,(\rho v)}{dy} + \frac{d\,(\rho w)}{dz} + \frac{d\rho}{dt} = 0,$$

équation qui peut encore s'écrire

$$\left(u\,\frac{d\rho}{dx} + v\,\frac{d\rho}{dy} + w\,\frac{d\rho}{dz} + \frac{d\rho}{dt} \right) + \rho\left(\frac{du}{dx} + \frac{dv}{dy} + \frac{dw}{dz} \right) = 0.$$

La première parenthèse est égale à $\dfrac{1}{dt}\,d\rho$, et l'équation prend la forme

$$(4)\qquad d\rho + \rho dt\left(\frac{du}{dx} + \frac{dv}{dy} + \frac{dw}{dz} \right) = 0.$$

Si le fluide est un liquide homogène ou un mélange de liquides, on a $d\rho = 0$, car une molécule liquide ne change pas de densité le long de sa trajectoire ; l'équation (2) se scinde alors en deux autres :

$$(5)\qquad \left\{ \begin{aligned} u\,\frac{d\rho}{dx} + v\,\frac{d\rho}{dy} + w\,\frac{d\rho}{dz} + \frac{d\rho}{dt} &= 0, \\ \frac{du}{dx} + \frac{dv}{dy} + \frac{dw}{dz} &= 0. \end{aligned} \right.$$

S'il s'agit d'un gaz à température constante, on a entre p et ρ la relation (6) $p = K\rho$, qui, jointe à l'équation (2), complète le nombre des équations destinées à définir analytiquement les cinq fonctions inconnues.

Les équations (1) et (5) ou (1), (2) et (6), sont d'ailleurs tellement *rebelles*[1], qu'elles ont rebuté tous les efforts des analystes. On a renoncé à en chercher les intégrales générales, qui peuvent fort bien n'être pas exprimables par les signes de l'analyse. Pour en déduire quelques résultats utiles, il faut en restreindre singulièrement la généralité.

SIMPLIFICATION DES ÉQUATIONS DANS DES HYPOTHÈSES PARTICULIÈRES.

123. Nous supposerons d'abord que la fonction

$$X dx + Y dy + Z dz$$

soit la différentielle exacte d'une fonction T des coordonnées x, y, z, et nous poserons

$$X dx + Y dy + Z dz = dT.$$

Nous supposerons, en outre, qu'à une certaine époque, définie par une valeur t du temps, la fonction $u dx + v dy + w dz$ soit aussi la différentielle exacte, par rapport à x, y, z, d'une fonction φ des quatre variables x, y, z, t. Je dis que, s'il en est ainsi, la fonction $u dx + v dy + w dz$ sera une différentielle à toute époque, c'est-à-dire pour toute valeur du temps t.

Soit, en effet, pour une valeur t' du temps,

$$u dx + v dy + w dz = d\varphi',$$

φ' étant une fonction de x, y, z et t, et $d\varphi'$ la différentielle totale de cette fonction, où t est traité comme une constante, et où l'on fait $t = t'$.

On aura à cette époque

$$u = \frac{d\varphi'}{dx}, \qquad v = \frac{d\varphi'}{dy}, \qquad w = \frac{d\varphi'}{dz},$$

et à l'époque $t' + \theta$, θ étant un temps infiniment petit,

$$u = \frac{d\varphi'}{dx} + \theta \frac{du}{dt}, \qquad v = \frac{d\varphi'}{dy} + \theta \frac{dv}{dt}, \qquad w = \frac{d\varphi'}{dz} + \theta \frac{dw}{dt},$$

[1] Lagrange.

$\dfrac{du}{dt}$, $\dfrac{dv}{dt}$, $\dfrac{dw}{dt}$ étant les dérivées partielles de u, v, w, par rapport à t.

La somme $u\,dx + v\,dy + w\,dz$ devient, au bout du temps θ, égale à

$$\left(\frac{d\varphi'}{dx}\,dx + \frac{d\varphi'}{dy}\,dy + \frac{d\varphi'}{dz}\,dz\right) + \theta\left(\frac{du}{dt}\,dx + \frac{dv}{dt}\,dy + \frac{dw}{dt}\,dz\right),$$

ou bien à

$$d\varphi' + \theta\left(\frac{du}{dt}\,dx + \frac{dv}{dt}\,dy + \frac{dw}{dt}\,dz\right).$$

La nouvelle valeur de la fonction est donc une différentielle exacte par rapport aux variables x, y, z, si la parenthèse est une différentielle par rapport à ces mêmes variables.

Substituons les valeurs de u, v, w, dans les équations (1) ; elles deviendront, pour l'époque t',

$$X - \frac{1}{\rho}\frac{dp}{dx} = \frac{d\varphi'}{dx}\frac{d^2\varphi'}{dx^2} + \frac{d\varphi'}{dy}\frac{d^2\varphi'}{dy\,dz} + \frac{d\varphi'}{dz}\frac{d^2\varphi'}{dz\,dx} + \frac{du}{dt},$$

$$Y - \frac{1}{\rho}\frac{dp}{dy} = \frac{d\varphi'}{dx}\frac{d^2\varphi'}{dx\,dy} + \frac{d\varphi'}{dy}\frac{d^2\varphi'}{dy^2} + \frac{d\varphi'}{dz}\frac{d^2\varphi'}{dz\,dy} + \frac{dv}{dt},$$

$$Z - \frac{1}{\rho}\frac{dp}{dz} = \frac{d\varphi'}{dx}\frac{d^2\varphi'}{dx\,dz} + \frac{d\varphi'}{dy}\frac{d^2\varphi'}{dy\,dz} + \frac{d\varphi'}{dz}\frac{d^2\varphi'}{dz^2} + \frac{dw}{dt}.$$

Multiplions la première par dx, la seconde par dy, la troisième par dz, et ajoutons ; il vient, en faisant les réductions,

$$dT - \frac{1}{\rho}\,dp = \frac{1}{2}\,d\left[\left(\frac{d\varphi'}{dx}\right)^2 + \left(\frac{d\varphi'}{dy}\right)^2 + \left(\frac{d\varphi'}{dz}\right)^2\right] + \left(\frac{du}{dt}\,dx + \frac{dv}{dt}\,dy + \frac{dw}{dt}\,dz\right),$$

les différentielles étant prises sans faire varier le temps.

Le premier membre est une différentielle exacte si ρ est constant (liquide homogène), ou si ρ est fonction de p (gaz à température constante). Le premier terme du second membre est aussi une différentielle exacte. Le second terme l'est donc également, et par suite $u\,dx + v\,dy + w\,dz$ est une différentielle exacte au temps $t' + \theta$, si elle l'est au temps t'. Donc elle l'est à toute époque.

Si, par exemple, le fluide part du repos, on a à cette époque

$u=0, v=0, w=0$, ce qui rend $udx + wdy + wdz$ différentielle exacte; on est assuré alors que la condition est remplie dans toute la suite du mouvement.

124. Soit donc à la fois

$$X dx + Y dy + Z dz = dF,$$
$$u dx + v dy + w dz = d\varphi.$$

On déduit de la seconde équation

$$u = \frac{d\varphi}{dx}, \qquad v = \frac{d\varphi}{dy}, \qquad w = \frac{d\varphi}{dz},$$

et l'équation de continuité (2) prend la forme

$$(6) \qquad \frac{d\rho}{dt} + \frac{d\left(\rho \frac{d\varphi}{dx}\right)}{dx} + \frac{d\left(\rho \frac{d\varphi}{dy}\right)}{dy} + \frac{d\left(\rho \frac{d\varphi}{dz}\right)}{dz} = 0.$$

La transformation opérée dans le paragraphe précédent nous donne d'ailleurs à toute époque

$$dT - \frac{1}{\rho} dp = \frac{1}{2} d\left[\left(\frac{d\varphi}{dx}\right)^2 + \left(\frac{d\varphi}{dy}\right)^2 + \left(\frac{d\varphi}{dz}\right)^2 \right] + d\frac{d\varphi}{dt},$$

les différentielles étant prises seulement par rapport à x, y, z, sans faire varier le temps. Intégrant dans la même hypothèse, il vient l'équation

$$(7) \qquad T - \int \frac{dp}{\rho} = \frac{1}{2}\left[\left(\frac{d\varphi}{dx}\right)^2 + \left(\frac{d\varphi}{dy}\right)^2 + \left(\frac{d\varphi}{dz}\right)^2 \right] + \frac{d\varphi}{dt}.$$

$\int \frac{dp}{\rho}$ peut s'effectuer d'ailleurs si ρ est constant, ou fonction de p, et même si ρ était fonction du temps t, puisque le temps, dans tous ces calculs, est traité comme une constante.

L'équation (7) pourrait être complétée par une fonction arbitraire du temps; mais cette fonction peut être supposée contenue dans la fonction φ, qui n'est définie que par sa différentielle $d\varphi$ relative à x, y, z, abstraction faite du temps t.

125. Dans le cas des liquides homogènes, ρ étant une constante absolue, l'équation (6) devient

$$(8) \qquad \frac{d^2\varphi}{dx^2} + \frac{d^2\varphi}{dy^2} + \frac{d^2\varphi}{dz^2} = 0,$$

et l'équation (7)

$$(9) \qquad T - \frac{p}{\rho} = \frac{1}{2}\left[\left(\frac{d\varphi}{dx}\right)^2 + \left(\frac{d\varphi}{dy}\right)^2 + \left(\frac{d\varphi}{dz}\right)^2\right] + \frac{d\varphi}{dt}.$$

Le problème analytique est ramené à intégrer l'équation aux différences partielles (8); après avoir trouvé l'expression la plus générale de φ en fonction de x, y, z et t, l'équation (9) fera connaître p. Ensuite les équations

$$u = \frac{d\varphi}{dx}, \qquad v = \frac{d\varphi}{dy}, \qquad w = \frac{d\varphi}{dz},$$

donneront u, v, w.

PETITES OSCILLATIONS.

126. Lorsqu'un fluide est animé d'un mouvement oscillatoire très-petit, les équations du mouvement se simplifient également. On peut négliger d'abord dans les équations (1) les produits $u\dfrac{du}{dx}$, $v\dfrac{du}{dy}$,... dont deux dimensions sont petites, et réduire approximativement ces équations à la forme :

$$X - \frac{1}{\rho}\frac{dp}{dx} = \frac{du}{dt},$$
$$Y - \frac{1}{\rho}\frac{dp}{dy} = \frac{dv}{dt},$$
$$Z - \frac{1}{\rho}\frac{dp}{dz} = \frac{dw}{dt}.$$

Multipliant la première par dx, la seconde par dy, la troisième par dz, et ajoutant, il vient

$$dT - \frac{1}{\rho}dp = \frac{du}{dt}\,dx + \frac{dv}{dt}\,dy + \frac{dw}{dt}\,dz.$$

Donc $udx + vdy + dwz$ est une différentielle exacte par rapport à x, y, z. Car l'équation précédente peut s'écrire

$$dT - \frac{1}{\rho}dp = \frac{d}{dt}(udx + vdy + wdz),$$

et par suite $udx + vdy + wdz$ est l'intégrale de $\left(dT - \dfrac{dp}{\rho}\right)dt$ prise par rapport à t seul, ou, ce qui revient au même, la différentielle par rapport à x, y, z de la fonction $\displaystyle\int Tdt - \int dt \int \dfrac{dp}{\rho}$. Soit donc $udx + vdy + wdz = d\varphi$. Il viendra

$$dT - \frac{dp}{\rho} = \frac{d}{dt}(d\varphi) = d\left(\frac{d\varphi}{dt}\right);$$

les différentielles indiquées sont prises seulement par rapport à x, y, z.

On en déduit en intégrant

$$(10) \qquad\qquad T - \int \frac{dp}{\rho} = \frac{d\varphi}{dt},$$

équation à joindre à l'équation (6), s'il s'agit d'un gaz à température constante, auquel cas $\displaystyle\int \frac{dp}{\rho} = \int \frac{K\,dp}{p} = K \log \text{nép.}\, p$. S'il s'agit d'un liquide homogène, on aurait $\displaystyle\int \frac{dp}{\rho} = \frac{p}{\rho}$, et on devrait joindre l'équation (10) à l'équation (8).

INTÉGRATION DE L'ÉQUATION (8).

127. L'équation

$$(8) \qquad\qquad \frac{d^2\varphi}{dx^2} + \frac{d^2\varphi}{dy^2} + \frac{d^2\varphi}{dz^2} = 0,$$

ayant une forme linéaire, si l'on en a plusieurs solutions, $\varphi = \alpha$, $\varphi = \beta$, $\varphi = \gamma$, ... on en obtiendra une autre en posant $\varphi = \alpha + \beta + \gamma$..., ou encore en égalant φ à la somme des produits de chaque solution par des constantes arbitraires :

$$\varphi = C\alpha + C'\beta + C''\gamma + \dots$$

Or on trouvera autant de solutions particulières qu'on voudra de la manière suivante : soit M (fig. 66) le point dont les coordonnées sont x, y, z. Soit M' un autre point tout à fait arbitraire, dont les coordonnées seront ξ, η, ζ, et auquel nous attribuerons une masse μ quelconque.

Appelons Δ la distance MM' :

$$\Delta^2 = (x - \xi)^2 + (y - \eta)^2 + (z - \zeta)^2.$$

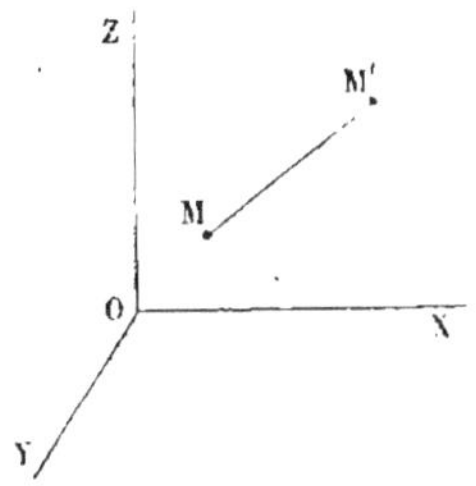

La fonction $\dfrac{\mu}{\Delta}$, considérée comme fonction de x, y, z, satisfait à l'équation (8). En effet, on en déduit, en prenant la dérivée partielle par rapport à x,

Fig. 66.

$$\frac{d\,\dfrac{\mu}{\Delta}}{dx} = -\frac{\mu}{\Delta^2}\frac{d\Delta}{dx} = -\frac{\mu}{\Delta^2} \times \frac{x - \xi}{\Delta}.$$

De même

$$\frac{d\,\dfrac{\mu}{\Delta}}{dy} = -\frac{\mu}{\Delta^2} \times \frac{y - \eta}{\Delta},$$

$$\frac{d\,\dfrac{\mu}{\Delta}}{dz} = -\frac{\mu}{\Delta^2} \times \frac{z - \zeta}{\Delta}.$$

Les rapports $\dfrac{x - \xi}{\Delta}$, $\dfrac{y - \eta}{\Delta}$, $\dfrac{z - \zeta}{\Delta}$ sont les cosinus des angles que la direction MM' fait avec les axes coordonnés : $\dfrac{\mu}{\Delta^2}$ est proportionnel à l'attraction que le point M exercerait sur la masse μ placée en M', suivant la loi de la gravitation universelle. La fonction $\dfrac{\mu}{\Delta}$ a donc cette propriété que ses dérivées partielles par rapport à x, y, z, donnent respectivement les composantes de l'attraction subie par le point M' de la part du point M.

Passons aux secondes dérivées :

$$\frac{d^2 \frac{\mu}{\Delta}}{dx^2} = \frac{3\mu(x - \xi)^2}{\Delta^5} - \frac{\mu}{\Delta^3},$$

$$\frac{d^2 \frac{\mu}{\Delta}}{dy^2} = \frac{3\mu(y - \eta)^2}{\Delta^5} - \frac{\mu}{\Delta^3},$$

$$\frac{d^2 \frac{\mu}{\Delta}}{dz^2} = \frac{3\mu(z - \zeta)^2}{\Delta^5} - \frac{\mu}{\Delta^3}.$$

La somme des trois équations nous donne

$$\frac{d^2 \frac{\mu}{\Delta}}{dx^2} + \frac{d^2 \frac{\mu}{\Delta}}{dy^2} + \frac{d^2 \frac{\mu}{\Delta}}{dz^2} = \frac{3\mu[(x - \xi)^2 + (y - \eta)^2 + (z - \zeta)^2]}{\Delta^5} - \frac{3\mu}{\Delta^3} = 0,$$

et par suite $\dfrac{\mu}{\Delta}$ est une solution de l'équation (8).

Si donc on considère autant de points M' que l'on voudra, ayant chacun une masse distincte, on satisfera à l'équation (8) en posant

$$\varphi = \Sigma \frac{\mu}{\Delta}.$$

Nous pouvons admettre que les points M' se touchent de manière à constituer un milieu attractif, où la masse spécifique, ρ', sera exprimée en fonction des coordonnées ξ, η, ζ de chaque point; la masse élémentaire sera alors $\rho d\xi d\eta d\zeta$, et la somme Σ se changera en une intégrale triple :

$$\varphi = \int \int \int \frac{\rho' d\xi d\eta d\zeta}{\sqrt{(x - \xi)^2 + (y - \eta)^2 + (z - \zeta)^2}}.$$

La fonction φ est ce qu'on appelle le *potentiel* du système matériel par rapport au point x, y, z; la propriété fondamentale du potentiel est que ses dérivées partielles par rapport à x, y, z, sont les composantes de l'attraction exercée par le point (x, y, z) sur le système (ξ, η, ζ) d'après la loi de Newton.

Dans le problème spécial qui nous occupe, ξ, η, ζ peuvent être supposés fonction du temps t; ρ' est une fonction arbitraire des variables ξ, η, ζ et t; enfin les limites de l'intégration sont des fonctions entièrement arbitraires des variables ξ, η et ζ.

Il reste dans chaque cas particulier à déterminer ces arbitraires, mais cette question constitue un problème très-épineux d'analyse.

RÉGIME PERMANENT, THÉORÈME DE DANIEL BERNOULLI.

128. Le *régime permanent* a lieu dans un fluide en mouvement quand, en chaque point, passe à chaque instant une molécule possédant la même densité, soumise à la même pression, et animée de la même vitesse. Analytiquement, le régime permanent est défini par cette condition que les cinq fonctions u, v, w, p, ρ soient indépendantes du temps t. Le mouvement du système reproduit à chaque instant l'état qui existait l'instant d'avant, ce qui constitue une sorte d'équilibre mobile. Un cours d'eau, dans lequel chaque masse liquide qui s'écoule est immédiatement remplacée par une masse identique et animée du même mouvement, offre à peu près l'image de la permanence du régime.

Faisons donc dans nos équations

$$\frac{du}{dt} = 0, \quad \frac{dv}{dt} = 0, \quad \frac{dw}{dt} = 0, \quad \frac{dp}{dt} = 0, \quad \frac{d\rho}{dt} = 0.$$

Les équations (1) se réduisent à la forme suivante :

$$X - \frac{1}{\rho}\frac{dp}{dx} = u\frac{du}{dx} + v\frac{du}{dy} + w\frac{du}{dz} = u',$$

$$Y - \frac{1}{\rho}\frac{dp}{dy} = u\frac{dv}{dx} + v\frac{dv}{dy} + w\frac{dv}{dz} = v',$$

$$Z - \frac{1}{\rho}\frac{dp}{dz} = u\frac{dw}{dx} + v\frac{dw}{dy} + w\frac{dw}{dz} = w',$$

en appelant u', v', w' les projections de l'accélération sur les axes coordonnés. Car on a en général ($\S$ 121)

$$u' = \frac{1}{dt}\,du = u\frac{du}{dx} + v\frac{du}{dy} + w\frac{du}{dz} + \frac{du}{dt};$$

mais ici on suppose $\dfrac{du}{dt}$ constamment nul, et la valeur de u' se réduit à ses trois premiers termes. Multipliant ces trois équations par dx, dy, dz, et ajoutant, il vient, en appelant T la fonction dont la différentielle est $X dx + Y dy + Z dz$,

$$dT - \frac{1}{\rho}\, dp = u'dx + v'dy + w'dz.$$

Faisons $dx = udt$, $dy = vdt$, $dz = w\,dt$, ce qui revient à suivre la molécule mobile le long de sa trajectoire. Le second membre se réduira à

$$u'udt + v'vdt + w'wdt,$$

ou à

$$udu + vdv + wdw,$$

puisque $u'dt$ est égal à du, $v'dt$ à dv, $w'dt$ à dw. Il vient donc

$$dT - \frac{1}{\rho}\, dp = udu + vdv + wdw = \frac{1}{2}\, d\,(u^2 + v^2 + w^2).$$

Or $u^2 + v^2 + w^2$ est le carré de la vitesse absolue V^2 de la molécule fluide qui passe au point x, y, z. On peut donc écrire

$$dT - \frac{1}{\rho}\, dp = \frac{1}{2}\, d(V^2)$$

Intégrant, on a

$$T - \int \frac{dp}{\rho} - \frac{V^2}{2} = \text{constante.}$$

Dans le cas des liquides homogènes, on a $\displaystyle\int \frac{dp}{\rho} = \frac{p}{\rho}$; dans le cas des gaz à température constante, on aurait $\displaystyle\int \frac{dp}{\rho} = K \log\,\text{nép.}\,p.$

129. Le théorème de Daniel Bernoulli, qui forme la base de l'*hydraulique*, résulte de l'application de cette équation aux liquides homogènes pesants. Les forces se réduisant à la pesanteur, on aura

$$X = 0, \qquad Y = 0, \qquad Z = -g.$$

Donc

$$dT = - g\,dz.$$
$$T = - gz.$$

L'équation du régime permanent devient, en changeant les signes :

$$gz + \frac{p}{\rho} + \frac{V^2}{2} = \text{constante},$$

ou bien

$$z + \frac{p}{\rho g} + \frac{V^2}{2g} = z + \frac{p}{\Pi} + \frac{V^2}{2g} = H,$$

H désignant une hauteur constante, et Π le poids spécifique du liquide.

z est la hauteur d'un point du liquide au-dessus d'un plan de comparaison horizontal;

p est la pression en ce point; $\frac{p}{\Pi}$ est la hauteur représentative de la pression;

V est la vitesse des molécules qui passent en ce point, et $\frac{V^2}{2g}$ la hauteur due à cette vitesse.

En ajoutant ces trois hauteurs en tout point d'un même filet liquide soumis au régime permanent, on obtient un niveau constant, que l'on appelle en hydraulique le *plan de charge*. Le théorème de Daniel Bernoulli s'exprimera donc en disant qu'*en tous les points d'un filet liquide pesant, satisfaisant aux conditions de la permanence du régime, la hauteur du plan de charge est constante.*

Cette conclusion suppose que le liquide n'a aucune *viscosité*; autrement la pression autour d'un point ne serait pas la même dans toutes les directions; les équations générales du mouvement devraient être modifiées; enfin on constaterait d'un point à l'autre du même filet des différences de niveau dans le plan de charge, dues au travail des frottements intérieurs. Ce sont ces différences qu'on appelle en hydraulique *pertes de charge.*

DÉMONSTRATION DIRECTE DU THÉORÈME DE DANIEL BERNOULLI.

130. Le théorème de Daniel Bernoulli peut se démontrer directement, sans recourir aux équations générales de l'hydrodynamique, en appliquant au filet liquide pesant le théorème des forces vives.

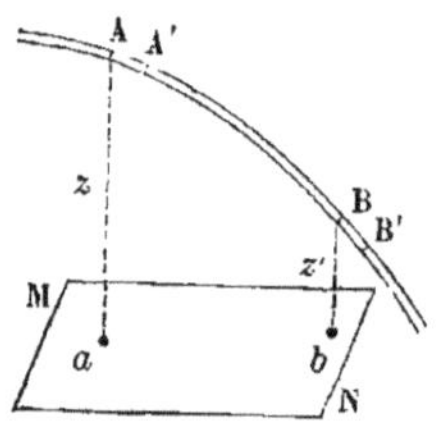

Fig. 67.

Soit AB le filet considéré, animé d'un mouvement permanent, en vertu duquel il se déplace dans sa propre direction, chaque petit volume liquide prenant la place du volume égal qui y fait suite.

Prenons deux points A et B sur ce filet ; soient au point A,

ω la section,

p la pression,

V la vitesse,

et z la hauteur Aa au-dessus du plan horizontal MN.

Soient de même au point B,

ω' la section,

p' la pression,

V' la vitesse,

et z' la hauteur Bb au-dessus du même plan.

Les produits ωV, $\omega'V'$ représenteront chacun le *débit* ou la *dépense* du filet, c'est-à-dire le volume écoulé dans l'unité de temps par les sections A et B. Ce volume est le même en ces deux points à cause de l'incompressibilité du liquide et de la permanence du régime. Désignons-le par la lettre Q. Le volume écoulé pendant un temps infiniment petit dt sera égal à Qdt, en tout point du filet AB.

Suivons le filet AB pendant le temps infiniment petit dt qu'il met à passer de la position AB à la position A'B', et appliquons le théorème des forces vives entre ces deux positions.

La région A'B, commune à ces deux positions, est occupée aux deux époques par des molécules de même masse et animées des mêmes vitesses; les forces vives correspondantes sont donc égales à ces deux époques, et elles se détruisent dans la différence. Il reste à compter la différence entre la force vive de la masse BB′ et la force vive de la masse AA′. Or le volume commun occupé par ces deux masses est Qdt; Π étant le poids spécifique du liquide, $\dfrac{\Pi Qdt}{g}$ est la masse, et

$\dfrac{\Pi Qdt}{2g}(V'^2 - V^2)$ est le demi-accroissement de la force vive du système, quand il passe de la position AB à la position A′B′.

Il faut égaler ce demi-accroissement au travail des forces, qui sont ici la pesanteur et les pressions.

Pour le travail de la pesanteur, on l'évaluera comme on l'a déjà fait en hydrostatique (§ 76, 3°), en supposant que le poids AA′ passe en BB′, la partie AB restant immobile. Le travail cherché est donc égal à $\Pi Qdt \times (z - z')$.

Les pressions latérales au filet ont un travail nul, puisqu'elles sont normales au chemin décrit par leurs points d'application. Il suffit de considérer la pression en amont et la pression en aval; la pression totale sur la section A est une force mouvante égale à $p\omega$, et le chemin décrit par son point d'application dans la direction même de la force est AA′ ou Vdt; son travail est donc $p\omega Vdt = pQdt$. On reconnaîtrait de même que le travail de la pression en B est négatif et égal à $-p'Qdt$. Réunissant tous ces travaux et égalant la somme au demi-accroissement des forces vives, il vient

$$\frac{\Pi Qdt}{2g}(V'^2 - V^2) = \Pi Qdt\,(z - z') + pQdt - p'Qdt,$$

et divisant par ΠQdt,

$$\frac{V'^2}{2g} - \frac{V^2}{2g} = z - z' + \frac{p}{\Pi} - \frac{p'}{\Pi},$$

ou bien

$$z + \frac{p}{\Pi} + \frac{V^2}{2g} = z' + \frac{p'}{\Pi} + \frac{V'^2}{2g},$$

c'est-à-dire l'équation que nous avions obtenue.

APPLICATION DU THÉORÈME DE BERNOULLI A L'ÉCOULEMENT EN MINCE PAROI.

131. Le théorème de Bernoulli permet de déterminer la vitesse V en un point d'un filet liquide animé d'un mouvement permanent, lorsqu'on connaît la pression en ce point.

Soit PQ un vase dans lequel un liquide est entretenu à un niveau constant AB.

On pratique dans la paroi une ouverture très-petite CD, par laquelle le liquide s'échappe. Au bout d'un temps assez court le régime permanent est établi. On demande la vitesse v du liquide dans la section ab, où l'écoulement s'opère par filets parallèles, et qu'on appelle *section contractée*. Cette section est peu éloignée de l'orifice CD, lorsque l'épaisseur de la paroi est suffisamment mince.

La pression dans tous les points de la section ab est égale à la pression atmosphérique ; car, autrement, la veine liquide tendrait soit à se dilater, soit à se contracter sous la pression de l'atmosphère qui s'exerce au dehors.

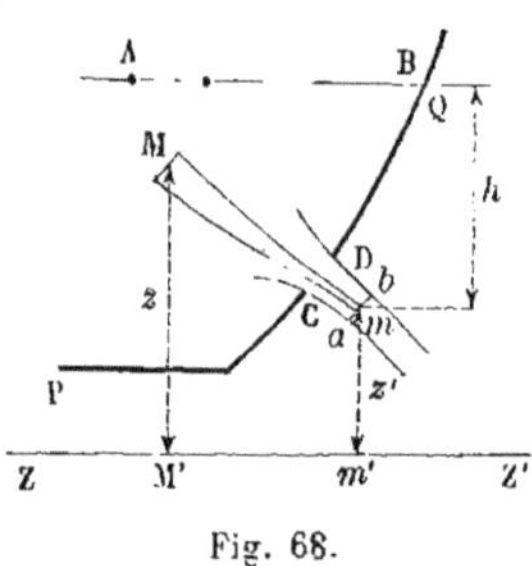

Fig. 68.

Considérons en particulier le filet qui passe en un point m de cette section ; soit Mm le tracé du filet à l'intérieur du vase. Nous pouvons le prolonger ainsi jusque dans une région M où la vitesse du liquide soit très-peu sensible. L'équation du débit,

$$\omega v = \omega' v' = Q,$$

montre, en effet, que la vitesse varie en raison inverse de la section. La section du vase étant beaucoup plus grande que la section de la veine en ab, les vitesses à l'intérieur du vase sont nécessairement beaucoup moindres que la vitesse à la sortie.

Nous pouvons donc admettre que la vitesse en M soit négligeable.

Soit z la hauteur MM′ du point M au-dessus d'un plan horizontal ZZ′ ; soit p la pression au point M. Appelons v la vitesse en m, z' la hauteur mm', et p_0 la pression en m, égale, comme on sait, à la pression atmosphérique. Nous aurons, en appliquant l'équation de Bernoulli,

$$z + \frac{p}{\Pi} = \frac{v^2}{2g} + \frac{p_0}{\Pi} + z'.$$

Nous ne connaissons ni z, ni p ; mais, comme au point M le liquide est à peu près en repos, la distribution des pressions ne diffère pas sensiblement de la loi hydrostatique, et on peut prendre la somme $z + \frac{p}{\Pi}$ comme s'il s'agissait d'un liquide pesant en repos. Cette fonction est alors indépendante de la position du point M ; prenons-la pour un point A de la surface AB ; en ce point, la pression est égale à la pression atmosphérique, ou à p_0, si le vase est ouvert à l'air libre, et si les niveaux de AB et de ab sont peu éloignés l'un de l'autre. Soit donc Z la hauteur du plan libre AB au-dessus du plan ZZ′ ; on aura

$$z + \frac{p}{\Pi} = Z + \frac{p_0}{\Pi}.$$

L'équation devient

$$Z + \frac{p_0}{\Pi} = \frac{v^2}{2g} + \frac{p_0}{\Pi} + z',$$

d'où l'on déduit

$$v = \sqrt{2g(Z - z')} = \sqrt{2gh},$$

en appelant h la hauteur verticale du plan AB au-dessus de la section contractée. *La vitesse d'écoulement d'un liquide par un orifice en mince paroi est donc égale à la vitesse due à la hauteur de la surface libre au-dessus du centre de l'orifice.*

Ce théorème est connu en hydraulique sous le nom de *théorème de Torricelli.*

La *dépense* Q de l'orifice par unité de temps est égale au produit Vω de la vitesse par l'aire ω de la section contractée :

$$Q = \omega \sqrt{2gh}.$$

On a déterminé par l'observation le rapport $\dfrac{\omega}{A}$ de l'aire de la section contractée à l'aire de l'orifice ; ce rapport, auquel on donne le nom de *coefficient de contraction*, est, en moyenne, égal à 0, 62. On peut donc poser

$$Q = 0{,}62\,A \sqrt{2gh}.$$

ÉCOULEMENT D'UN LIQUIDE PAR FILETS RECTILIGNES PARALLÈLES, DANS UN CANAL OU DANS UN TUYAU.

132. *Quand un liquide, animé d'un mouvement satisfaisant aux conditions de la permanence, s'écoule dans un canal ou dans un tuyau par filets sensiblement rectilignes et parallèles, les pressions se distribuent dans une même section transversale conformément aux lois de l'hydrostatique, c'est-à-dire comme si le liquide était en repos dans le vase qui le contient.*

Les équations du mouvement d'un liquide homogène sont

$$X - \frac{1}{\rho} \frac{dp}{dx} = u',$$

$$Y - \frac{1}{\rho} \frac{dp}{dy} = v',$$

$$Z - \frac{1}{\rho} \frac{dp}{dz} = w',$$

avec l'équation de continuité

$$\frac{du}{dx} + \frac{dv}{dy} + \frac{dw}{dz} = 0.$$

Les quantités u', v', w', sont les accélérations projetées sur les axes coordonnés.

Prenons l'axe des x parallèle au mouvement des filets. Les vitesses v et w seront nulles, ainsi que les accélérations v' et w'. Donc $\dfrac{dv}{dy} = 0$, $\dfrac{dw}{dz} = 0$, et l'équation de continuité donne $\dfrac{du}{dx} = 0$. Mais on a toujours

$$u' = u\,\frac{du}{dx} + v\,\frac{du}{dy} + w\,\frac{du}{dz} + \frac{du}{dt}.$$

La dérivée $\dfrac{du}{dt}$ est nulle, puisque le régime permanent est supposé établi. On a d'ailleurs $\dfrac{du}{dx} = 0$, $v = 0$ et $w = 0$. Donc $u' = 0$, et la vitesse u est constante pour un même filet. Le mouvement est donc uniforme.

Les dérivées $\dfrac{du}{dy}$, $\dfrac{du}{dz}$ peuvent être différentes de zéro, la vitesse u variant d'un filet à l'autre.

Les trois premières équations du mouvement se réduisent ainsi aux équations suivantes :

$$\frac{dp}{dx} = \rho X,$$

$$\frac{dp}{dy} = \rho Y,$$

$$\frac{dp}{dz} = \rho Z,$$

c'est-à-dire aux équations de l'hydrostatique, et les pressions se distribuent au sein de la masse liquide comme si elle était en repos. Cette conclusion doit être restreinte à une longueur infiniment petite de courant, s'il s'agit d'un liquide naturel ; autrement il faudrait tenir compte des effets de la viscosité. Le théorème ne s'applique en définitive qu'à la répartition des pressions dans une même section transversale.

133. Faisons une application de ce théorème à l'écoulement *par un orifice suivi d'un coursier*. L'orifice CD (fig. 69) donne issue au liquide contenu dans le vase ABC et maintenu à un niveau constant AB ; le liquide s'écoule par filets parallèles dans un canal dont le fond DH est représenté sur la figure.

Soit EF la section là plus rapprochée de l'orifice où l'écoulement par filets parallèles soit établi.

Appelons v la vitesse du filet liquide qui traverse la section EF au point P ; soit p' la pression en ce point et z' la hauteur Pp

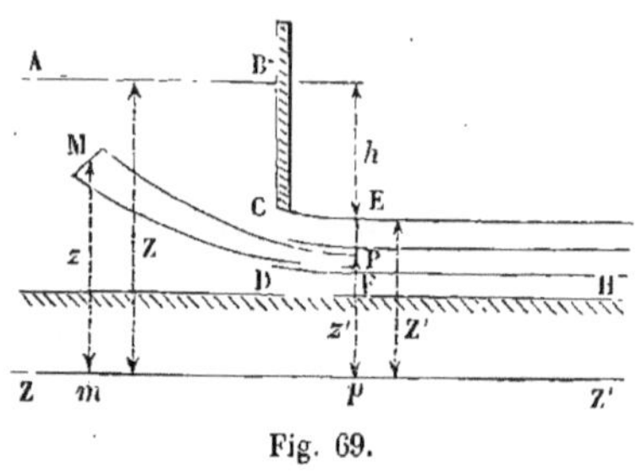

Fig. 69.

au-dessus du plan de comparaison ZZ'. Soient z et p les quantités analogues en un autre point M du même filet, pris dans le vase assez loin de l'orifice pour que la vitesse soit sensiblement nulle : le théorème de Bernoulli appliqué au filet MP

nous donnera l'équation

$$z + \frac{p}{\Pi} = \frac{v^2}{2g} + \frac{p'}{\Pi} + z'.$$

Nous savons que $z + \dfrac{p}{\Pi}$ est égal à $Z + \dfrac{p_0}{\Pi}$, Z étant la hauteur du plan libre AB, et p_0 la pression atmosphérique. De même, l'écoulement en EF se faisant par filets parallèles, les pressions dans la section EF sont distribuées comme si le liquide était en repos. Donc $z' + \dfrac{p'}{\Pi}$ est égal à $Z' + \dfrac{p_0}{\Pi}$, Z' étant le z' de la surface libre dans le coursier. Il vient en définitive

$$Z + \frac{p_0}{\Pi} = Z' + \frac{p_0}{\Pi} + \frac{v^2}{2g},$$

ou bien

$$v = \sqrt{2g\,(Z - Z')} = \sqrt{2gh},$$

h étant la différence de niveau entre la surface libre du liquide dans le vase et la surface libre dans le canal de fuite. Tous les filets liquides qui traversent la section EF sont animés d'une même vitesse v.

On prouverait de même que, *lorsqu'un liquide pesant sort par un orifice noyé, c'est-à-dire lorsque la veine liquide pénètre dans un liquide en repos, la vitesse de l'écoulement est égale à la vi-*

*tesse due à la différence de hauteur comprise entre le niveau
du liquide dans le bief d'amont et le niveau du liquide dans le bief
d'aval.*

APPLICATION DE L'ÉQUATION DES FORCES VIVES AUX MACHINES HYDRAULIQUES.

134. Les machines hydrauliques sont mises en mouvement
par une chute d'eau. Considérons, pour fixer les idées, une
roue hydraulique O (fig. 70), sur les aubes ab, $a'b'$... de laquelle
l'eau agit en passant du *bief d'amont* AB au *bief d'aval* CD.

Le mouvement du liquide est sensiblement permanent, le
système mobile se retrouvant dans une situation exactement
semblable à celle qu'il occupait, au bout du temps très-court
que l'aube ab met à prendre la place de l'aube suivante $a'b'$.
Appelons θ cette durée, et appliquons le théorème des forces
vives à la masse liquide pendant cet espace de temps.

Faisons deux sections transversales, l'une, EF, un peu en
amont de la roue, l'autre, GH, un peu en aval. Tout filet liquide
qui traverse la section EF en un point m se retrouvera dans la
section GH en un certain point n. Soit ω la section du filet et
v la vitesse de l'eau au point m.

Le volume écoulé pendant le temps θ sera $\omega v \theta$, et le volume
total, débité par la section, sera $\Sigma \omega v \theta = \theta \Sigma \omega v = Q\theta$, en désignant par Q le débit du cours d'eau par unité de temps.

Pendant le temps θ, la section EF se transporte en E'F', et
si l'on admet que la vitesse v soit commune à tous les filets,
la distance parcourue est égale à $v\theta$.

Soient v', ω', les quantités analogues relatives au filet n
dans la section GH. Le volume débité pendant le temps θ sera
encore $Q\theta$, et la section GH s'avancera à G'H', en parcourant
une longueur $v'\theta$.

La partie du système liquide comprise entre les sections
E'F' et GH est composée aux deux époques des mêmes molécules animées des mêmes vitesses ; l'accroissement de force

vive entre les deux époques est donc la différence entre la force vive de la masse GHH'G' et la force vive de la masse EFF'E', ce qui donne

$$\frac{\Pi}{g} Q\theta (v'^2 - v^2).$$

Nous égalerons la moitié de cette différence à la somme algébrique des travaux subis par le système. Or les forces qui agissent sont la pesanteur, la pression atmosphérique, les pressions propres du liquide, la résistance opposée par la roue, enfin certaines résistances accessoires, analogues aux résistances passives.

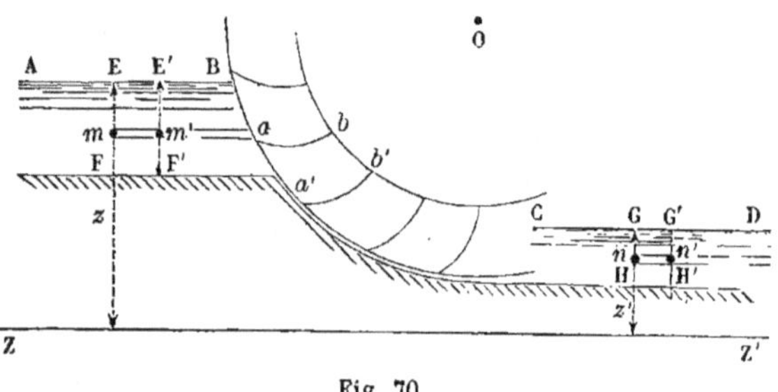

Fig. 70.

Le travail de la pesanteur est égal à celui qui résulterait du passage de la masse EFF'E' dans la section GHH'G'. Le poids de cette masse est $\Pi Q\theta$. Soient h et h' les profondeurs du cours d'eau dans les sections EF, GH ; z et z' les hauteurs des niveaux E et G au-dessus d'un même plan horizontal ZZ'. Le centre de gravité de la masse d'amont sera à la cote $z - \dfrac{h}{2}$, et celui de la masse d'aval à la cote $z' - \dfrac{h'}{2}$, les sections étant supposées rectangulaires. Donc le travail de la pesanteur est

$$\Pi Q\theta \left(z - \frac{h}{2} - z' + \frac{h'}{2} \right)$$

La pression atmosphérique peut être considérée comme agissant sur tout le pourtour du volume liquide, car elle se transmet dans les sections d'amont et d'aval, ainsi que sur les parois latérales. Son travail est nul, puisque le liquide ne change pas de volume (§ 111).

Les pressions latérales ne donnent pas de travail non plus, si on les suppose normales aux chemins décrits par leurs points d'application. Il n'y a plus à compter que les pressions d'amont et celles d'aval, dans les sections EF et GH, abstraction faite de la pression de l'atmosphère.

Elles se répartissent dans ces deux sections suivant la loi hydrostatique (§ 132).

La pression moyenne dans la section EF est égale à la pression sur le centre de gravité, ou à $\Pi \dfrac{h}{2}$; elle s'applique à toute la section EF ; son travail s'obtiendra en multipliant $\Pi \dfrac{h}{2}$ par la section EF, puis par le chemin décrit $v\theta$, ce qui revient à multiplier par $Q\theta$. Donc, enfin, le travail de la pression d'amont, qui est mouvante, est égal à $+ \Pi \dfrac{h}{2} \times Q\theta$; le travail de la pression d'aval, qui est résistante, est de même $- \Pi \dfrac{h'}{2} \times Q\theta$.

Le travail de la résistance de la roue est égal et contraire au travail des *actions normales* exercées par l'eau sur la roue, ou au travail moteur transmis à l'appareil. Nous représenterons ce travail par $T_m\theta$, en appelant T_m le travail transmis à la roue dans l'unité de temps.

Enfin, nous désignerons par $- T_f$ la somme des travaux des résistances accessoires, rapportés à l'unité de temps.

L'équation des forces vives nous donne, en définitive,

$$\frac{\Pi}{2g} Q\theta (v'^2 - v^2)$$
$$= \Pi Q\theta \left(z - \frac{h}{2} - z' + \frac{h'}{2} \right) + \Pi \frac{h}{2} Q\theta - \Pi \frac{h'}{2} Q\theta - T_m\theta - T_f\theta,$$

ou bien, après réduction,

$$T_m = \Pi Q \left(z - z' + \frac{v^2}{2g} \right) - \Pi Q \frac{v'^2}{2g} - T_f.$$

$\Pi Q \dfrac{v^2}{2g}$ est la demi-force vive de l'eau débitée dans l'unité de temps par le canal d'amenée.

$(z - z') \times \Pi Q$ est le travail dû à la *chute de superficie*. C'est le produit du poids de l'eau par la hauteur de chute $z - z'$.

$\Pi Q \dfrac{v'^2}{2g}$ est la force vive conservée par l'eau quand elle quitte la roue.

Enfin T_f est le travail dû à la viscosité, aux frottements du liquide contre le lit du canal, contre les aubes, contre lui-même. C'est un travail toujours négatif.

Le travail recueilli par la roue augmente avec la chute $z - z'$; il augmente aussi à mesure que la vitesse v' et le terme T_f diminuent. Aussi *le meilleur récepteur hydraulique serait-il celui où l'eau entrerait sans choc, et d'où elle sortirait sans vitesse*. Si elle entre sans choc, le terme T_f est sensiblement nul ; si elle sort sans vitesse, v' est égal à zéro. Mais il est impossible de satisfaire complétement à ces conditions.

Le terme $\Pi Q \left(z - z' + \dfrac{v^2}{2g} \right)$ représente la *puissance abso-lue* de la chute, et le *travail utilisé* par le récepteur n'est jamais qu'une fraction de cette puissance. C'est cette fraction qui mesure le *rendement* de la machine.

FORMULE DE M. GÉRARDIN.

135. La nouvelle formule des moteurs hydrauliques de M. H. Gérardin [1] est fondée sur l'emploi de l'équation des moments des quantités de mouvement, appliquée à la masse fluide, par rapport à l'axe de rotation du récepteur ; cette méthode a l'avantage d'éliminer les forces intérieures.

Considérons à l'instant t une portion de fluide agissant sur la roue et comprise entre une section d'amont du canal d'amenée et une section d'aval du canal de fuite.

---

[1] *Théorie des moteurs hydrauliques*. Paris, 1872, Gauthier-Villars.

Soit m la masse d'une molécule,

u sa vitesse,

ρ sa distance à l'axe du récepteur,

α l'angle que fait la vitesse u avec l'arc infiniment petit que décrirait dans le temps dt le point géométrique occupé par la molécule m, s'il était entraîné par la roue ;

φ la vitesse angulaire, constante ou variable, de la roue.

Le produit $mu \times \rho \cos\alpha$ sera le moment de la quantité de mouvement de la masse m par rapport à l'axe ; $\Sigma\, mu\rho\cos\alpha$ représentera la somme de ces moments, étendue à toutes les molécules comprises entre les limites indiquées.

Appelons M la somme des moments, par rapport à l'axe de la roue, des forces extérieures qui sollicitent la masse fluide, à l'exception des réactions exercées par la roue sur les molécules qui la touchent ; les forces comprises dans la somme M sont donc la pesanteur, les pressions du fluide environnant, les pressions normales des parois fixes, la résistance de l'air et les frottements des parois.

Soit μ la somme des moments par rapport au même axe des actions exercées par la roue sur la masse fluide ; — μ sera la somme des moments des réactions du fluide sur la roue.

Appliquons le théorème des moments des quantités de mouvement à la masse fluide pendant un intervalle de temps dt infiniment petit. Nous aurons

$$d\left(\Sigma mu\rho\cos\alpha\right) = (\mathrm{M} - \mu)\,dt,$$

d'où l'on déduit

$$\mu = \mathrm{M} - \frac{d}{dt}\,\Sigma mu\rho\cos\alpha.$$

Multiplions par $\varphi\,dt$, angle décrit par la roue pendant le temps dt ; le produit $\mu \times \varphi\,dt$ sera le travail élémentaire $d\mathrm{T}$ transmis à la roue, et on aura

$$d\mathrm{T} = \mathrm{M}\varphi\,dt - \varphi\,d\left(\Sigma mu\rho\cos\alpha\right),$$

formule très-remarquable en ce qu'elle ne repose sur aucune hypothèse, et qu'elle ne suppose ni la permanence du régime, ni la continuité de la masse fluide en mouvement. Le travail transmis dT n'est d'ailleurs pas entièrement utilisé par la roue; la meilleure utilisation correspond au cas où la vitesse angulaire φ est constante; autrement une portion du travail moteur est employée en pure perte à produire les variations de vitesse du corps tournant.

CHAPITRE III

---

136. La chaleur est une source de travail; inversement, le travail mécanique est une source de chaleur. Envisagée à ce point de vue, la chaleur est assimilable à la force vive, car le mouvement de tout système matériel présente une suite d'échanges entre la force vive et le travail des forces extérieures et intérieures. La théorie nouvelle de la chaleur n'est que le développement de ce premier aperçu.

Le phénomène le plus apparent parmi les faits calorifiques est résumé par le mot de *température*; c'est ce phénomène qui nous conduit à distinguer les corps plus chauds des corps plus froids. On sait depuis longtemps que cet effet n'est pas le seul que la chaleur produise. Un bloc de glace à 0°, que l'on échauffe, fond et se change en eau liquide sans que sa température s'élève. La chaleur qui s'y introduit, dite *chaleur latente de fusion*, n'est pas sensible au thermomètre. De même, la chaleur qui est employée à réduire de l'eau liquide en vapeur, à 100° et sous la pression normale atmosphérique, n'élève pas la température de l'eau, mais produit son changement d'état; c'est la *chaleur latente de vaporisation*. Dans les deux cas, la quantité de chaleur qu'on fait pénétrer dans le corps opère un certain travail, celui de la *désagrégation des molécules*, qui, de solides, deviennent liquides ou gazeuses, et ce travail équivaut à la chaleur employée à le produire. L'étude des gaz a fait reconnaître une propriété analogue. Quand on échauffe un gaz en vase clos, sans lui permettre d'occuper un plus grand volume, sa température s'élève d'un certain nombre de degrés pour une quantité déterminée de chaleur qui lui a été communiquée, et en même temps sa pression s'accroît. Si, au contraire, on l'échauffe du même nombre de degrés en laissant son volume augmenter de manière que sa pression reste constante, on constate qu'il faut lui communiquer une quantité de chaleur plus grande. Dans le premier cas, la chaleur n'a servi qu'à échauffer le gaz; dans le second, une partie a servi à produire l'échauffement, et l'autre s'est transformée dans le travail de l'expansion du gaz.

La *quantité de chaleur* renfermée dans un corps est mesurée, d'après les nouvelles idées, par la somme des forces vives des molécules correspondantes à des mouvements vibratoires insensibles. Nous avons reconnu (III, § 186) qu'à un instant donné la force vive totale d'un système matériel se décompose en deux parties : l'une est la force vive due à la translation du système, supposé concentré en son centre de gravité; l'autre est la force vive dans le mouvement relatif à des axes de directions constantes menés par le centre de gravité. A ces deux parties, il faut ajouter la force vive due aux vibrations insensibles des molécules matérielles autour de leurs positions moyennes, et c'est ce terme qui mesure la quantité de chaleur contenue dans le système à l'instant considéré.

DÉFINITION DE L'ÉQUIVALENT MÉCANIQUE DE LA CHALEUR.

157. On appelle *calorie* la quantité de chaleur nécessaire pour élever d'un degré centigrade la température de l'unité de poids d'eau liquide. C'est l'unité qui sert à évaluer les quantités de chaleur.

La *chaleur spécifique* d'un corps est le nombre de calories qu'il faut employer pour élever la température de ce corps d'un degré centigrade. Cette définition n'est pas complète; car si le corps en s'échauffant se dilate et accomplit un certain travail, la quantité de chaleur nécessaire pour élever d'un degré sa température est supérieure à celle qui suffit lorsque le volume reste le même. De là deux chaleurs spécifiques, l'une *à volume constant*, l'autre *à pression constante;* ces deux quantités diffèrent pour tous les corps; mais la différence, peu considérable pour les solides et les liquides, dont la dilatation est toujours faible, acquiert une valeur très-sensible pour les gaz, dont le coefficient de dilatation est plus élevé.

La *chaleur latente* de fusion ou de vaporisation d'un corps est la quantité de chaleur nécessaire pour fondre ou pour vaporiser l'unité de poids du corps, *pris sous une pression définie;* cette dernière condition est peu importante pour la fusion, mais elle a, au contraire, une importance capitale en ce qui concerne la vaporisation.

138. Le travail accompli dans la fusion d'un solide ou la vaporisation d'un liquide consiste, en grande partie, en un travail intérieur difficile à évaluer. Il en est de même du travail de la dilatation d'un solide, car outre le travail extérieur accompli sur le milieu ambiant, et égal au produit de la pression du milieu par la variation du volume (§ 111), on doit compter le travail intérieur dû aux déplacements relatifs des molécules, et cette seconde partie échappe à toute mesure précise. Pour trouver avec exactitude le rapport du travail à la chaleur, il convient donc de choisir comme exemples les corps dont les dilatations ne donnent lieu à aucun travail intérieur : les gaz permanents étant parmi les corps ceux dont les molécules ont le plus d'indépendance et le moins de viscosité, satisfont mieux que tous les autres à cette condition, et c'est sur l'étude qu'on en a faite que l'on peut fonder la nouvelle théorie.

139. Prenons un mètre cube d'air sec, à la température zéro du thermomètre centigrade, et sous la pression normale de 760 millimètres de mercure, ou de 10,340 kilogrammes par mètre carré.

Portons la température de cette masse gazeuse à τ degrés, en supposant d'abord que le volume reste le même, la pression augmentant en conséquence. Le nombre des calories à introduire dans le gaz est alors égal à 0,1685 par kilogramme et par degré; ce nombre 0,1685 est la *chaleur spécifique de l'air à volume constant*; or le mètre cube d'air à 0° et sous la pression normale pèse $1^{kil},299$; donc la quantité de chaleur employée à l'échauffement du gaz, sans production de travail extérieur, est le produit $0,1685 \times 1,299 \times \tau = 0^{cal},218\,8815 \times \tau$.

En second lieu, échauffons la même masse du même nombre de degrés, en laissant le volume s'accroître de manière à maintenir la pression constante. Chaque unité de poids du gaz absorbera une quantité de chaleur égale à 0,2375 par degré d'élévation de température; 0,2375 est la *chaleur spécifique de l'air à pression constante*; cela représente en tout une quantité de chaleur égale au produit

$$0,2375 \times 1,299 \times \tau = 0^{cal},308\,5125 \times \tau.$$

Cette quantité de chaleur se décompose en deux parts : l'une, égale, comme tout à l'heure, à $0,218\,8815\,\tau$, est la chaleur absorbée pour l'échauffement du gaz, c'est celle qui dans la masse reste sensible au thermomètre; la seconde, égale à la différence $(0,508\,5125 - 0,218\,8815)\,\tau$ ou à $0,089\,6310 \times \tau$, s'est convertie en travail et représente le travail accompli par la dilatation du gaz.

Or, lorsqu'une masse fluide, soumise de tous côtés à une pression constante, augmente de volume, le travail produit sur le milieu ambiant est égal au produit de la pression par la variation de volume (§ 111). L'air atmosphérique, et en général tous les gaz permanents ont le nombre 0,00367 pour coefficient de dilatation; ce nombre indique de quelle fraction le volume augmente, sous pression constante, quand la température s'accroît de 1°. Le travail cherché sera le produit de $0,00367 \times \tau$ par la pression atmosphérique, 10340 kilogrammes, ce qui donne

$$57,94\,780 \times \tau.$$

Donc le rapport du travail accompli à la chaleur employée
à le produire est le nombre

$$\frac{37,94780 \times \tau}{0,0896310 \times \tau} = 423,378,$$

c'est-à-dire que, dans l'expérience conduite comme nous l'a-
vons indiqué, une calorie se transforme en un travail de 423 kilogrammètres, ou *équivaut* à cette quantité de travail.

139. En général, soit V un certain volume de gaz, à la température zéro, sous la pression p; soit Π le poids spécifique
de ce gaz sous cette pression et à cette température. Appelons
c sa chaleur spécifique à pression constante, c_1 sa chaleur
spécifique à volume constant, et α son coefficient de dilatation.

Si nous portons la température du gaz à τ degrés, la quantité de chaleur à lui communiquer sera égale à $\Pi V \times c_1 \tau$ quand
le volume reste constant. Lorsque le volume augmente et que
la pression reste constante, l'augmentation de volume est égale
à $V \times \alpha \tau$, et le travail produit par la dilatation est

$$p V \times \alpha \tau.$$

Or la quantité de chaleur employée pour produire ce résultat est

$$\Pi V \times c \tau.$$

De cette quantité, la partie $\Pi V \times c_1 \tau$ est employée à échauffer le gaz; le reste, $\Pi V \times (c - c_1) \tau$, est transformé en travail,
et le rapport du travail produit à la chaleur correspondante est
égal à la fraction

$$\frac{p V \alpha \tau}{\Pi V \times (c - c_1) \tau} = \frac{p \alpha}{\Pi (c - c_1)}.$$

Ce nombre est indépendant du volume V soumis à l'expérience et de l'écart des températures. Reportons-nous à l'équation de Mariotte et de Gay-Lussac (§ 69); on pourra l'écrire,
en y faisant $\tau = 0$,

$$\frac{p}{\Pi} = K,$$

puisque p est la pression, et Π le poids spécifique du gaz à la température $\tau = 0$. Nous en déduisons

$$\frac{p\alpha}{\Pi} = K\alpha = R,$$

en remplaçant $K\alpha$ par une autre constante : R est alors la constante qui entre dans la formule de Mariotte et de Gay-Lussac mise sous la forme

$$\frac{p}{\Pi} = R\left(\frac{1}{\alpha} + \tau\right),$$

au lieu de

$$\frac{p}{\Pi} = K(1 + \alpha\tau).$$

La première forme est plus commode que la seconde, et elle conduit à exprimer la température d'un corps par le nombre $\frac{1}{\alpha} + \tau$ au lieu du nombre τ. Cela revient à descendre le zéro de la graduation centigrade à $\frac{1}{\alpha}$ degrés, ou à $273°$, au-dessous du zéro défini par la température de fusion de la glace. Ce nouveau zéro est appelé le *zéro absolu*; si la température du gaz pouvait descendre à ce degré du thermomètre ordinaire, sa pression deviendrait rigoureusement nulle.

Soit θ la température mesurée à partir du zéro absolu, ou ce qu'on appelle la *température absolue* : on aura l'équation fort simple

$$\frac{p}{\Pi} = R\theta$$

pour lier ensemble la pression, le poids spécifique et la température d'une masse gazeuse. Le rapport du travail produit à la chaleur employée à le produire est donc

$$\frac{p\alpha}{\Pi(c - c_1)} = \frac{R}{c - c_1}.$$

C'est ce rapport qu'on appelle *équivalent mécanique de la chaleur*; l'inverse, $\dfrac{c - c_1}{R}$, est *l'équivalent calorifique du travail*. Comme on vient de les définir, ces nombres pourraient être considérés comme des constantes spécifiques, variant avec le corps soumis aux expériences. Nous ferons voir au contraire que l'équivalent mécanique de la chaleur est constant d'une manière absolue; si l'on constate de petites différences entre les résultats que l'on obtient en en cherchant la valeur par diverses méthodes, ces différences tiennent à l'incertitude qui règne sur la détermination des coefficients empiriques des formules, et on est certain qu'elles s'effaceraient si les nombres admis dans les calculs étaient connus avec une parfaite rigueur.

ÉQUATIONS FONDAMENTALES.

140. Nous considérerons dans ce qui suit l'unité de poids d'un corps quelconque; Π étant le poids spécifique de ce corps, dans des conditions déterminées de pression et de température, le volume V de l'unité de poids dans les mêmes conditions sera représenté numériquement par la fraction $\frac{1}{\Pi}$. C'est ce nombre, inverse du poids spécifique, que nous appellerons le *volume spécifique* du corps.

Étant données deux de ces trois quantités, *pression*, *température*, *volume spécifique*, la troisième est entièrement déterminée; désignons par θ la température absolue, par p la pression, par V le volume spécifique : nous aurons entre ces trois quantités une relation de la forme

$$(1) \qquad \theta = f(p, V),$$

sans rien préjuger d'ailleurs sur la nature de la fonction f.

La *quantité de chaleur contenue dans l'unité de poids d'un corps*, ou *quantité de chaleur interne*, dépend des mêmes éléments, pression, volume spécifique, température, et comme la température est déjà exprimable par une fonction de p et V, on aura, en représentant par U la chaleur interne et par F une nouvelle fonction,

$$(2) \qquad U = F(p, V).$$

Lorsque le corps considéré reçoit du dehors une quantité

Q de chaleur et qu'il se dilate en passant du volume V au volume V_1, sous des pressions variables d'après une loi déterminée, la quantité Q se partage en deux parts : l'une s'ajoute à la chaleur interne U, et l'amène à la valeur U_1 ; l'autre est transformée en travail ; or le travail produit par la dilatation du corps est exprimé par l'intégrale

$$\int_{V}^{V_1} p\,dV.$$

Appelons A l'équivalent calorifique du travail, considéré provisoirement comme une constante spécifique relative au corps dont il s'agit. La quantité de chaleur employée à produire cette quantité de travail sera

$$A \int_{V}^{V_1} p\,dV,$$

et nous aurons la troisième équation

$$(3) \qquad\qquad Q = U_1 - U + A \int_{V}^{V_1} p\,dV.$$

La théorie mécanique de la chaleur est le développement de ces trois équations. Elle est fondée sur deux principes que nous allons exposer après avoir établi quelques nouvelles définitions.

CYCLE DIRECT, INVERSE. — REPRÉSENTATION DES CYCLES.

141. Les quantités p et V sont, dans la théorie de la chaleur, des variables indépendantes en fonction desquelles peuvent s'exprimer les quantités U et 0.

Traçons dans un plan deux axes rectangulaires OX, OY ; nous prendrons le premier pour *axe des volumes spécifiques* V, le second pour *axe des pressions* p ; à un point quelconque A

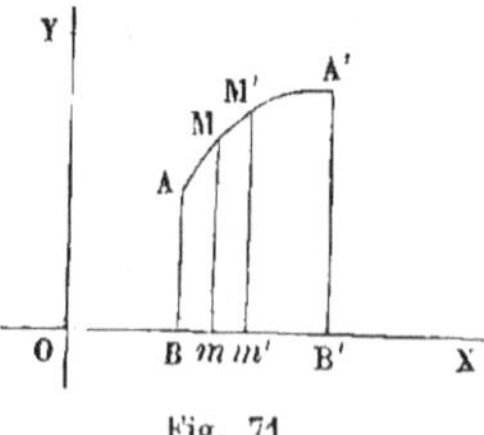

Fig. 71.

du plan correspondent une abscisse OB qui représente une

valeur de V, et une ordonnée AB qui représente une valeur de p ; ces deux quantités définissent complétement *l'état thermique* du corps considéré. Pour abréger, on dira que *le corps est à l'état* A, pour exprimer qu'il a un volume spécifique $V = OB$, une pression $p = BA$, la température θ étant donnée par l'équation (1), et la quantité de chaleur interne U, par l'équation (2).

La suite des états thermiques d'un corps qui passe successivement par différentes valeurs de p et de V est représentée sur l'épure par une certaine ligne AA'. Considérons sur cette ligne deux points infiniment voisins M, M', et menons les ordonnées Mm, M'm'. L'intervalle mm' sera la variation dV du volume occupé par le corps quand il passe de l'état M à l'état M', et l'ordonnée mM représentant la pression p, l'aire infiniment petite Mmm'M' est égale au produit $p\,dV$, et mesure le travail élémentaire extérieur accompli par l'unité de poids du corps, quand son état passe de M en M'. On en conclut que l'aire ABB'A', comprise entre l'axe des volumes, les ordonnées extrêmes, et la courbe des états successifs, est égale au travail total produit par l'unité de poids du corps quand il passe de l'état A à l'état A'.

On voit du même coup que la ligne AMA', qui définit les états successifs du corps, n'est pas sans influence sur la quantité de chaleur à introduire dans le corps pour l'amener de l'état initial A à l'état final A' ; car l'équation (3) nous montre que cette quantité de chaleur Q est la somme de deux parties, dont l'une, $U_1 - U$, dépend seulement des positions des points A' et A, et dont l'autre, $A \int_{V}^{V_1} p\,dV$, est proportionnelle à l'aire AMA'B'B.

Supposons qu'après être parti de l'état A et avoir atteint l'état A', par la route AMA', le corps revienne à l'état initial A par une autre route A'μA (fig. 72) ; les quantités U et θ se retrouveront les mêmes au commencement et à la fin de cette évolution, et par suite la quantité totale Q de chaleur extérieure introduite dans le corps pour l'accomplir se réduit au terme $A \int p\, dV$, l'intégrale étant prise le long du circuit fermé AMA'μA ; cette intégrale, dans laquelle les aires $m \mu \mu' m'$ doivent

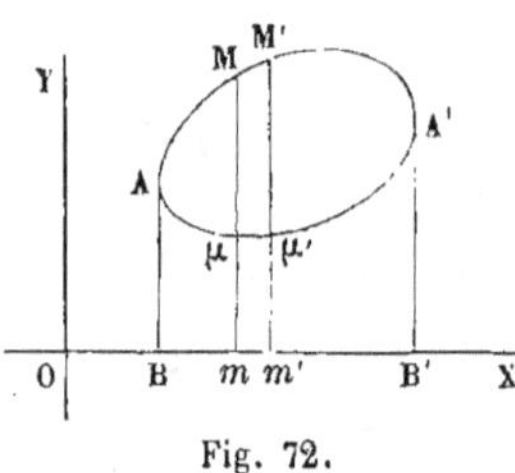

Fig. 72.

être comptées négativement, représente l'aire de ce circuit. Donc, *lorsqu'un corps accomplit une évolution complète qui le ramène à son état primitif, le travail produit par unité de poids est représenté par l'aire du circuit fermé correspondant à cette évolution, et la chaleur dépensée est le produit de cette aire par l'équivalent calorifique.*

Si, au lieu de faire suivre au corps la ligne AMA'μA dans le sens des lettres, on lui fait suivre la même ligne dans le sens inverse, AμA'MA, les aires élémentaires vont toutes changer de signe ; leur somme deviendra donc négative, et représentera, non pas un travail accompli par le corps sur le milieu ambiant, mais *un travail subi par le corps de la part de ce milieu ;* en même temps, la quantité Q de chaleur, égale encore à

$A \int p\, dV$, sera négative, et, prise en valeur absolue, représentera

la *quantité de chaleur émise par le corps au dehors.* Il y a donc lieu de distinguer le sens dans lequel s'opèrent les évolutions complètes, qui ramènent un corps à son état initial. Nous appellerons *cycle direct* l'évolution dans le sens AMA'μA, qui exige l'emploi d'une certaine quantité de chaleur, et qui fait produire au corps un travail positif ; et *cycle inverse*, l'évolution AμA'MA, qui suppose un travail extérieur exercé sur le corps, et le dégagement au dehors d'une quantité de chaleur proportionnelle.

Au moyen des cycles directs, on pourra donc transformer la chaleur en travail, comme cela a lieu dans la machine à vapeur et les autres machines thermiques. Au moyen des cycles inverses, on pourra transformer le travail en chaleur : c'est ce qui a lieu, par exemple, dans la locomotive pendant le renversement de la vapeur.

L'ÉQUIVALENT MÉCANIQUE DE LA CHALEUR EST CONSTANT.

142. Pour démontrer cette proposition, qui est la base même de la théorie mécanique, nous admettrons comme axiome qu'*on ne peut pas plus créer ou détruire de la chaleur que du travail;* nous savons qu'il est impossible de créer gratuitement du travail (§ 14), et comme la chaleur peut se transformer en travail, la création du travail résulterait de la création de la chaleur, si cette dernière création n'était pas également impossible.

Prenons deux corps différents X et Y ; soumettons le premier à une série de m *cycles directs*, dans chacun desquels nous produirons un travail T en dépensant une quantité de chaleur Q. Soumettons le second à une série de n *cycles inverses*, dans chacun desquels nous exercerons sur le corps un travail T' qui produira une quantité de chaleur Q'. Puis faisons le compte des quantités de chaleur dépensées et produites, et des quantités de travail produites et dépensées dans ces $m + n$ opérations.

La quantité de chaleur totale dépensée est mesurée par la différence $mQ - nQ'$, et la quantité de travail produite est de $mT - nT'$. On peut toujours, en choisissant convenablement les entiers m et n, rendre aussi petite qu'on voudra l'une de ces deux différences. Or je dis qu'elles s'annulent ensemble, car, n'admettant dans toutes les opérations faites que des échanges de chaleur en travail et de travail en chaleur, si nous avons

$$mQ - nQ' = 0,$$

sans avoir aussi $mT - nT' = 0$, il y aurait création de travail positif ou négatif sans dépense équivalente, c'est-à-dire *création gratuite et spontanée de travail*. De même, si nous avons $mT - nT' = 0$, nous devons aussi avoir $mQ - nQ' = 0$, sans quoi il y aurait création ou destruction de chaleur sans dépense ou sans production de travail, ce qui est également impossible. On a donc à la fois ·

$$mQ - nQ' = 0, \quad mT - nT' = 0.$$

On en déduit

$$\frac{Q}{Q'} = \frac{T}{T'},$$

et par suite

$$\frac{Q}{T} = \frac{Q'}{T'}.$$

Ce rapport, qui n'est autre chose que l'équivalent calorifique du travail, ou l'inverse de l'équivalent mécanique, est donc le même pour les deux corps X et Y, ce qui revient à dire qu'il est le même pour tous les corps.

PREMIÈRE LOI OU LOI DE HIRN.

143. Nous pourrons formuler comme il suit la première loi de la théorie mécanique de la chaleur, en empruntant les termes mêmes de M. Ad. Hirn :

Toutes les fois que la chaleur, en agissant sur un corps quelconque, donne lieu à la production d'un travail mécanique recueilli en dehors de ce corps, il disparaît une quantité de chaleur proportionnelle au travail produit;

Et réciproquement, toutes les fois qu'un travail mécanique est consommé en actions quelconques sur un corps, il apparaît une quantité de chaleur proportionnelle à ce travail dépensé.

Le rapport qui existe entre les quantités de chaleur disparues ou apparues et les quantités de travail produites ou consommées est une constante.

DÉTERMINATION GÉNÉRALE DE L'ÉQUIVALENT MÉCANIQUE.

144. Prenons un corps quelconque dont l'état thermique est défini par le point A, rapporté aux axes OX, OY des volumes et des pressions, et faisons-lui accomplir un cycle direct, représenté par les côtés du rectangle infiniment petit, ABCD.

Soient p et V la pression et le volume spécifique en A; $p + dp$, V seront ces mêmes quantités correspondantes à l'état B; de même $p + dp$ et $V + dV$ correspondront à l'état C, p et $V + dV$ à l'état D.

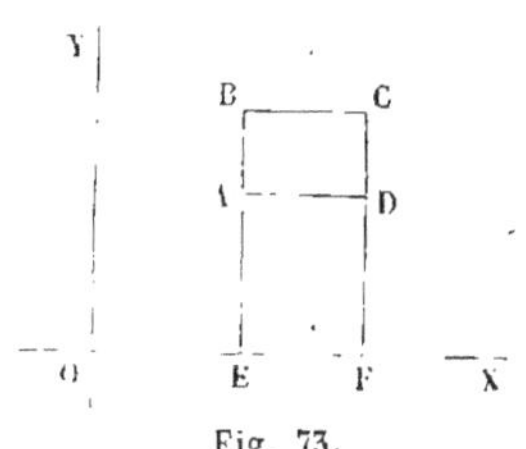

Fig. 73.

Le travail accompli sera mesuré par l'aire ABCD, ou par $dpdV$; et par suite la quantité de chaleur Q, qu'il faut introduire dans le corps pour produire ce travail en accomplissant l'évolution complète ABCDA est le produit A$dpdV$.

Cherchons les quantités de chaleur qu'il faut successivement introduire dans le corps pour lui faire parcourir les quatre côtés du rectangle.

Appelons c la chaleur spécifique du corps à pression constante, et c_1 la chaleur spécifique à volume constant; ces quantités peuvent être variables avec l'état thermique du corps; nous admettrons donc que c et c_1 représentent les valeurs de ces quantités relatives au point A; aux autres sommets du rectangle, elles seront égales à c et c_1 augmentées de leurs différentielles, partielles ou totales.

Pour faire passer le corps de A en B sans changement de volume, il faut introduire une quantité de chaleur q égale au produit de c_1 par la différence des températures. Or cette différence est la différentielle de θ relative à p seul, et on aura

$$q = c_1 \frac{d\theta}{dp} dp.$$

Soit q' la quantité de chaleur nécessaire pour amener le corps de l'état B à l'état C, la pression restant constante et égale à $p + dp$; la chaleur spécifique à employer ici est la chaleur spécifique à pression constante c, augmentée de sa différentielle partielle relative à p; ce sera donc $c + \frac{dc}{dp} dp$; or la température est en B

$$\theta + \frac{d\theta}{dp}\, dp,$$

et en C

$$\left(\theta + \frac{d\theta}{dp}\, dp \right) + \frac{d}{dV} \left(\theta + \frac{d\theta}{dp}\, dp \right) dV;$$

la différence est

$$\frac{d}{dV} \left(\theta + \frac{d\theta}{dp}\, dp \right) dV = \frac{d\theta}{dV}\, dV + \frac{d^2\theta}{dp\,dV}\, dp\,dV;$$

donc enfin

$$q' = \left(c + \frac{dc}{dp}\, dp \right) \left(\frac{d\theta}{dV}\, dV + \frac{d^2\theta}{dp\,dV}\, dp\,dV \right).$$

Il s'agit ensuite de ramener le corps de l'état C à l'état A, en suivant le chemin CDA, et en lui enlevant certaines quantités de chaleur, q'' pour le trajet CD, et q''' pour le trajet DA. Or ces quantités à enlever au corps sont égales en valeur absolue à celles qu'il faudrait y introduire pour le faire passer de l'état A à l'état D par le chemin AD, puis de l'état D à l'état C par le chemin DC.

De A à D, la quantité q''' serait égale au produit

$$q''' = c\,\frac{d\theta}{dV}\, dV,$$

et de D à C, la quantité q'' serait donnée par la formule

$$q'' = \left(c_1 + \frac{dc_1}{dV}\, dV \right) \left(\frac{d\theta}{dp}\, dp + \frac{d^2\theta}{dp\,dV}\, dp\,dV \right).$$

On voit que q''' et q'' se déduisent respectivement de q et q' en changeant

c	c_1	p	V,
c_1	c	V	p.

en

La quantité de chaleur dépensée par le circuit ABCDA est égale à $q + q' - q'' - q'''$, ou bien à

$$c_1 \frac{d\theta}{dp}\, dp + \left(c + \frac{dc}{dp}\, dp \right) \left(\frac{d\theta}{dV}\, dV + \frac{d^2\theta}{dp\,dV}\, dp\,dV \right)$$
$$- c\,\frac{d\theta}{dV}\, dV - \left(c_1 + \frac{dc_1}{dV}\, dV \right) \left(\frac{d\theta}{dp}\, dp + \frac{d^2\theta}{dp\,dV}\, dp\,dV \right).$$

Réduisant, effaçant les infiniment petits du troisième ordre, et égalant à $A\,dp\,dv$, il vient

$$\left((c - c_1)\frac{d^2\theta}{dp\,dV} + \frac{dc}{dp}\frac{d\theta}{dV} \right)dp\,dV - \frac{dc_1}{dV}\frac{d\theta}{dp}\,dp\,dV = A\,dp\,dV,$$

et par conséquent, en supprimant les facteurs $dp\,dV$,

$$(4) \qquad (c - c_1)\frac{d^2\theta}{dp\,dV} + \frac{dc}{dp}\frac{d\theta}{dV} - \frac{dc_1}{dV}\frac{d\theta}{dp} = A,$$

équation générale qui donne l'équivalent calorifique du travail, et qui, appliquée à un corps quelconque, doit fournir pour A la même valeur.

On peut déduire l'équation (4) de la considération des équations (1), (2) et (3).

Différentions ces trois équations. Il vient

$$d\theta = \frac{d\theta}{dp}\,dp + \frac{d\theta}{dV}\,dV,$$

$$dU = \frac{dU}{dp}\,dp + \frac{dU}{dV}\,dV,$$

$$dQ = \frac{dU}{dp}\,dp + \left(\frac{dU}{dV} + Ap\right)dV.$$

Soit c la chaleur spécifique à pression constante, c_1 la chaleur spécifique à volume constant.

La quantité de chaleur introduite dans le gaz quand la pression reste égale à p, et que le volume varie de dV, est égale à $c\,d\theta = c\dfrac{d\theta}{dV}\,dV$; mais une partie de cette chaleur se transforme en un travail égal à $Ap\,dV$; le gaz ne retient donc sous forme de chaleur que $\left(c\dfrac{d\theta}{dV} - Ap \right)dV$, et par suite

$$\frac{dU}{dV} = c\frac{d\theta}{dV} - Ap.$$

Si, au lieu de faire varier le volume, on fait varier p, le volume V restant constant, la quantité de chaleur introduite dans le gaz pour un accroissement $d\theta$ est égale à $c_1\,d\theta = c_1\dfrac{d\theta}{dp}\,dp$, et cette chaleur reste à l'état de chaleur, puisqu'il n'y a pas de travail produit. Donc

$$\frac{dU}{dp} = c_1 \frac{d\theta}{dp}.$$

Prenons la dérivée de la première équation par rapport à p, la dérivée de la seconde par rapport à V, et égalons ces deux dérivées qui doivent être identiques. Nous aurons en définitive l'équation

$$c \frac{d^2\theta}{dVdp} + \frac{dc}{dp}\frac{d\theta}{dV} - A = c_1 \frac{d^2\theta}{dpdV} + \frac{dc_1}{dV}\frac{d\theta}{dp},$$

qui n'est autre que l'équation (4).

145. Appliquons cette formule aux gaz permanents, pour lesquels on a l'équation

$$pV = R\theta.$$

On sait, par l'expérience, que la chaleur spécifique à pression constante, c, ne varie pas avec la pression, de sorte que $\dfrac{dc}{dp} = 0$. On n'a pas aussi bien vérifié que $\dfrac{dc_1}{dV}$ soit égal à zéro, mais cette constance de la chaleur spécifique à volume constant avec le volume spécifique paraît du moins très-probable. On a donc simplement pour les gaz

$$\text{(4 bis)} \qquad A = (c - c_1)\frac{d^2\theta}{dpdV}.$$

Or

$$\frac{d^2\theta}{dpdV} = \frac{d^2\left(\dfrac{pV}{R}\right)}{dpdV} = \frac{1}{R}.$$

Donc enfin $A = \dfrac{(c - c_1)}{R}$, ou $E = \dfrac{1}{A} = \dfrac{R}{c - c_1}$, formule que nous avions déjà trouvée directement (§ 139).

CYCLE DE SADI CARNOT.

146. On peut tracer sur l'épure certains lieux géométriques qui jouent un rôle important dans la théorie de la chaleur. Parmi ces lignes, on doit mentionner les *isothermes* et les lignes *adiabatiques*.

Les *isothermes* sont définies par l'équation générale

$$(1) \qquad \theta = f(p, V),$$

dans laquelle on donne ·successivement à θ différentes valeurs constantes. Pour les gaz permanents, les lignes isothermes sont une série d'hyperboles, qui ont les axes coordonnés pour asymptotes, car l'équation (1) devient dans ce cas particulier

$$pV = R\theta.$$

Nous supposerons que les deux courbes MN, PQ soient des lignes isothermes pour le corps soumis aux expériences, et qu'elles correspondent, la première à la température θ_6, la seconde à la température θ_1.

Une *ligne adiabatique*, ou de *nulle transmission*, définit les états thermiques successifs que le corps peut prendre sans recevoir de chaleur extérieure, ou sans en émettre au dehors. C'est une *ligne de détente naturelle*. L'équation (3) nous a donné

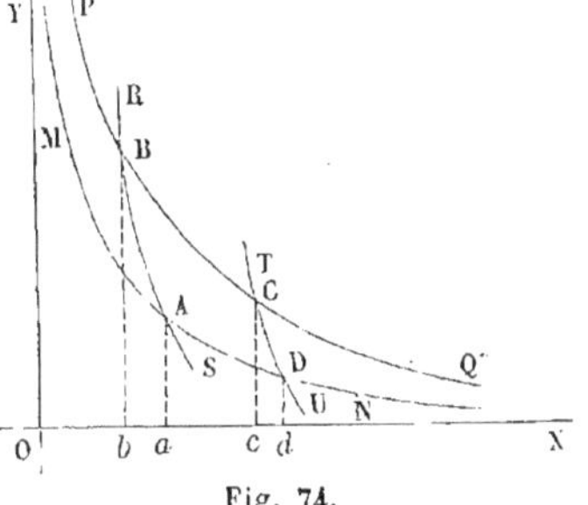

Fig. 74.

$$Q = U_1 - U + A \int_V^{V_1} pdV.$$

L'équation des lignes adiabatiques est $Q = 0$, ou bien

$$U_1 + A \int_{V_0}^{V_1} pdV = U + A \int_{V_0}^{V} pdV,$$

ce qui revient encore à

$$U + A \int_{V_0}^{V} pdV = \text{constante,}$$

ou, en différentiant, à

$$dU + ApdV = 0.$$

Comme U est connu en fonction de p et de V par l'équation (2), on obtiendra l'équation générale des lignes adiabatiques en intégrant cette équation différentielle.

147. Soient RS, TU, deux de ces lignes; elles coupent les deux isothermes en quatre points, A, B, C, D, et forment ainsi un contour fermé, qui peut servir de guide à un cycle direct ou inverse.

Le cycle direct s'opère dans le sens ABCDA ; de A en B, le volume du corps est réduit de l'abscisse Oa à l'abscisse Ob ; sa pression est portée de l'ordonnée aA à l'ordonnée bB ; en un mot, le corps subit une compression qui élève sa température de la valeur θ_0 correspondante à l'isotherme MN, à la valeur θ_1 correspondante à l'isotherme PQ ; et dans ce changement d'état thermique, le corps ne reçoit ni n'émet de chaleur, puisqu'il suit une ligne adiabatique.

De B en C, la température θ_1 reste constante, puisque le corps suit l'isotherme PQ, mais le volume augmente de Ob à Oc ; en même temps, la pression diminue de bB à cC, et pour accomplir cette expansion sans diminuer la température du corps, il est nécessaire d'introduire une certaine quantité Q de chaleur extérieure. Nous supposerons que cette quantité soit fournie par une source indéfinie de chaleur à la température θ_1, avec laquelle le corps sera mis en communication pendant toute la durée de la seconde période. Nous appellerons cette source *source supérieure*.

De C en D, le corps suit une ligne adiabatique, et ne reçoit ni n'émet de chaleur ; il subit une expansion, puisque le volume passe de la valeur Oc à la valeur plus grande Od_1, et sa pression diminue de cC à dD ; cette expansion s'opère aux dépens de la chaleur interne du corps, dont la température tombe de la valeur θ_1 à la valeur θ_0.

Enfin de D en A, la température du corps conserve la valeur θ_0; sa pression augmente de dD à aA, son volume diminue de Od à Oa, et cette double modification exige que le corps émette au dehors une certaine quantité de chaleur Q'. Nous supposerons encore que cette quantité de chaleur soit recueillie par une *source inférieure* de chaleur, à la température θ_0, avec laquelle le corps sera mis en communication pendant toute cette période.

Il y a donc, dans le cycle direct, quatre périodes à considérer : dans la première AB et la troisième CD, la chaleur interne du corps est seule employée à produire les changements d'état thermique. Dans la seconde BC, il y a emploi d'une quantité Q de chaleur empruntée à la source supérieure, et dans la quatrième, il y a émission au dehors d'une certaine quantité de chaleur Q' recueillie par la source inférieure.

En définitive, le corps a produit par ce cycle direct une quantité de travail égale à l'aire ABCD, et on a dépensé pour produire ce résultat une quantité de chaleur $Q - Q'$, de sorte qu'en appelant T le travail représenté par l'aire ABCD, on a l'équation

$$Q - Q' = AT.$$

Le cycle ABCD prend le nom de *cycle de Sadi Carnot*; Sadi Carnot est le premier qui ait essayé une théorie mécanique de la chaleur tirée de l'étude de la machine à vapeur. Or le cycle ABCD est à peu près l'image de ce qui se passe dans le jeu d'une telle machine : la période BC correspond à l'*admission*, pendant laquelle la vapeur est en communication avec la chaudière, *source supérieure* à la température θ_1; la période CD, à la *détente*, sauf que, pendant la détente, la vapeur, isolée de la chaudière, est en contact avec les parois du cylindre, et qu'il se fait quelques échanges de chaleur, peu importants du reste, entre ces deux corps à des températures différentes, effet contraire à l'hypothèse de la détente adiabatique. La période DA correspond à la *condensation*, la vapeur se mettant à la température θ_0 d'une *source inférieure* qui est le condenseur ; enfin, la période AB, à la *compression dans les espaces libres*, sauf une restriction identique à celle qu'on vient de faire pour la période de détente CD.

DEUXIÈME LOI OU LOI DE CLAUSIUS.

148. Sadi Carnot, conservant l'ancienne théorie qui faisait de la chaleur un fluide impondérable *sui generis*, admettait que toute la chaleur contenue dans la vapeur fournie par la chaudière se retrouve dans l'eau produite par cette vapeur dans le condenseur, et que le travail est produit par la *chute de chaleur* de la température θ à la température θ_0. La température, dans l'ancienne théorie, est la *tension du fluide calorique*, ou la *cote de niveau du réservoir* où il est emmagasiné. La quantité de chaleur produite par la chaudière, en *tombant* de la hauteur $\theta_1 - \theta_0$, engendrerait un travail recueilli en partie par la machine, comme un poids P d'eau, en tombant d'une hauteur H, produit un travail transmis en partie au récepteur hydraulique.

Cette comparaison ingénieuse n'est pas entièrement exacte, puisque la chaleur Q' dégagée dans la période DA est plus petite que la chaleur Q absorbée pendant la période BC. Les idées de Carnot n'en ont pas moins conduit M. Clausius à la seconde loi de la théorie mécanique de la chaleur, que l'on peut formuler ainsi qu'il suit :

Lorsqu'un corps accomplit un cycle de Carnot, les rapports $\dfrac{Q}{T}$, $\dfrac{Q'}{T}$ *sont indépendants de la nature de ce corps, et ne dépendent que des températures* θ_0 *et* θ_1.

Il suffit d'établir la proposition pour l'un des rapports $\dfrac{Q}{T}$, $\dfrac{Q'}{T}$; car l'équation $Q - Q' = AT$ la démontre pour l'un si elle est reconnue vraie pour l'autre.

Observons d'abord que si, dans l'évolution directe, le corps produit sur le milieu ambiant un travail T, moyennant l'emprunt de la quantité de chaleur Q à la *source supérieure*, et l'abandon d'une quantité de chaleur Q' à la *source inférieure*, on peut, en renversant le cycle, et en exerçant sur le corps ce même travail T, faire passer la quantité Q de chaleur dans la source supérieure, en empruntant la quantité de chaleur Q' à la source inférieure.

Prenons successivement deux corps X et Y ; faisons parcourir au premier m cycles de Carnot dans le sens direct, entre deux sources de chaleur aux températures θ_1 et θ_0 ; faisons parcourir au second n cycles de Carnot entre les mêmes sources, mais dans le sens inverse. Appelons Q la quantité de chaleur fournie par la source supérieure à chacune des m évolutions directes du corps X ;

Q', la quantité versée à chacune de ces évolutions dans la source inférieure ;

T, le travail produit.

Appelons de même :

Q'_1, la quantité de chaleur puisée à la source inférieure par le corps Y dans chacune des n évolutions inverses ;

Q_1, la quantité de chaleur versée par le même corps à chaque évolution dans la source supérieure ;

T_1, le travail exercé par le corps à chaque évolution.

Au bout des m évolutions directes du corps X et des n évolutions inverses du corps Y, le travail total produit par l'ensemble de ces opérations sera égal à

$$mT - nT_1,$$

et nous pourrons prendre les nombres entiers m et n assez grands pour que cette différence soit aussi petite qu'on voudra. Supposons-la donc nulle. La quantité de chaleur perdue par la source supérieure sera mesurée par la différence

$$mQ - nQ_1,$$

et la quantité de chaleur gagnée par la source inférieure sera de même mesurée par la différence

$$mQ' - nQ'_1.$$

Or ces deux différences doivent s'annuler en même temps que $mT - nT_1$; autrement, il y aurait transport d'une certaine quantité de chaleur de l'une des sources à l'autre, et cela sans travail produit ou sans travail dépensé, chose que l'on peut regarder comme impossible lorsqu'on admet que les deux sources de chaleur communiquent entre elles seulement par l'intermédiaire des corps X et Y.

En d'autres termes, la série des opérations se compense exactement pour chaque source considérée isolément, et l'on a à la fois les trois égalités

$$mT - nT_1 = 0, \qquad mQ - nQ_1 = 0, \qquad mQ' - nQ'_1 = 0.$$

On en déduit

$$\frac{Q}{Q_1} = \frac{Q'}{Q'_1} = \frac{T}{T_1}.$$

Donc

$$\frac{Q}{T} = \frac{Q_1}{T_1},$$

ce qui démontre la loi : le rapport $\dfrac{Q}{T}$ est indépendant de la nature du corps soumis à l'expérience, mais il dépend des températures des deux sources, θ_0 et θ_1.

On a aussi

$$\frac{Q}{Q'} = \frac{Q_1}{Q'_1},$$

et ce rapport, indépendant de la nature des corps, est une fonction des températures θ_0 et θ_1.

APPLICATION DE LA SECONDE LOI.

149. Nous appliquerons la loi de Clausius à un cycle de Carnot infiniment petit dans les deux sens, ABCD ; AD est un élément d'isotherme à la température θ ; BC est un élément d'isotherme à la température $\theta + d\theta$. Les éléments AB, CD appartien-

nent de même à deux lignes adiabatiques infiniment voisines.
Il résulte de là que la figure ABCD diffère infiniment peu d'un
parallélogramme, et que sa surface est
équivalente à l'aire AB'C'D obtenue en
prolongeant les ordonnées des points A
et D, jusqu'à la rencontre de la direction
de l'élément BC ; elle est donc égale au
produit AB' $\times$ ad.

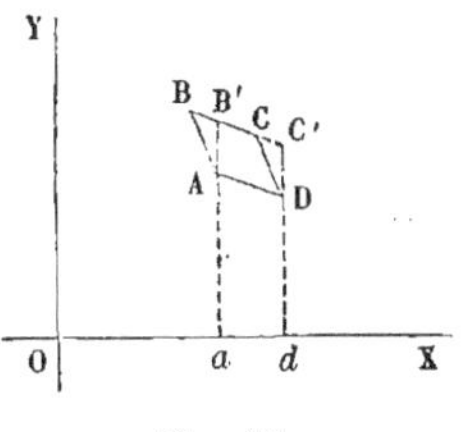

Fig. 75.

Or AB' est l'accroissement de pression
qui résulte de l'accroissement $d\theta$ de température, quand le volume spécifique reste égal à Oa. On a
en général entre les variations de la pression du volume et de
la température l'équation

$$d\theta = \frac{d\theta}{dp}\, dp + \frac{d\theta}{dV}\, dV.$$

Ici nous devons faire $dV = 0$, et nous aurons pour la longueur AB' :

$$dp = \frac{1}{\left(\dfrac{d\theta}{dp}\right)}\, d\theta.$$

La longueur ad est la variation de volume subie par le
corps quand il passe de l'état A à l'état D ; représentons-la
par dV.

L'aire représentative du travail produit sera donc égale à
$dpdV$ ou à $\dfrac{dV d\theta}{\left(\dfrac{d\theta}{dp}\right)}$, et on aura, en appelant dQ la quantité de

chaleur versée à la source inférieure dans la période DA, et
dQ' la quantité de chaleur puisée à la source supérieure dans
la période BC,

$$(a) \qquad dQ' - dQ = A\, \frac{dV d\theta}{\left(\dfrac{d\theta}{dp}\right)}.$$

Mais, en vertu de la seconde loi, le rapport $\dfrac{dQ'}{dQ}$ est une fonction des températures θ et $\theta + d\theta$. indépendante de la nature

du corps. D'un autre côté, dQ' est ce que devient dQ quand la température passe de la valeur θ à la valeur $\theta + d\theta$. On a donc

$$dQ' = dQ + \frac{d(dQ)}{d\theta}\, d\theta,$$

et par suite

$$\frac{dQ'}{dQ} = 1 + \frac{1}{dQ}\, \frac{d(dQ)}{d\theta}\, d\theta.$$

Ce rapport étant en vertu de la seconde loi indépendant de la nature du corps, et dépendant uniquement de la température, nous ferons $\dfrac{1}{dQ} \times \dfrac{d(dQ)}{d\theta} = \dfrac{1}{\varphi(\theta)}$, la fonction φ étant la même pour tous les corps. On aura alors

$$\frac{dQ'}{dQ} = 1 + \frac{1}{\varphi(\theta)}\, d\theta.$$

Donc

$$\frac{dQ' - dQ}{dQ} = \frac{1}{\varphi(\theta)}\, d\theta;$$

et substituant dans l'équation (a), il vient

$$(b) \qquad dQ\, d\theta = A\varphi(\theta)\, \frac{dV\, d\theta}{\left(\dfrac{d\theta}{dp}\right)},$$

ou bien

$$\left(\frac{d\theta}{dp}\right) dQ = A\varphi(\theta)\, dV.$$

La différentielle dQ est la quantité de chaleur à introduire dans le corps pour lui faire décrire l'élément isotherme AD. La température étant égale à θ tout le long de cette courbe, on a $d\theta = 0$, et par suite les variations de p et de V sont liées par la relation

$$\frac{d\theta}{dp}\, dp + \frac{d\theta}{dV}\, dV = 0.$$

D'un autre côté, l'équation (3) différentiée donne

$$dQ = dU + Ap\, dV = \frac{dU}{dp}\, dp + \left(\frac{dU}{dV} + Ap\right) dV.$$

Remplaçons dans cette équation dp par sa valeur tirée de la précédente; il viendra

$$dQ = \left(- \frac{dU}{dp} \frac{\frac{d\theta}{dV}}{\frac{d\theta}{dp}} + \frac{dU}{dV} + Ap \right) dV,$$

et substituant dans l'équation (b), on aura

$$(5) \qquad \left(\frac{dU}{dV} + Ap \right) \frac{d\theta}{dp} - \frac{dU}{dp} \frac{d\theta}{dV} = A\varphi(\theta),$$

équation qui va nous servir à déterminer la fonction φ.

150. Nous pouvons transformer l'équation (5) en déterminant les dérivées $\frac{dU}{dp}$, $\frac{dU}{dV}$. Reprenons pour cela l'équation

$$dU = \frac{dU}{dp} dp + \frac{dU}{dV} dV,$$

que l'on obtient en différentiant l'équation (2).

Échauffons l'unité de poids du corps de la quantité $d\theta$, sans changement de volume; la quantité de chaleur dU qu'il faut y introduire sera égale à $\frac{dU}{dp} dp$; or elle est d'un autre côté égale à $c_1 d\theta$, et $d\theta$ est égal à $\frac{d\theta}{dp} dp$, puisque le volume V reste invariable.

Donc

$$\frac{dU}{dp} = c_1 \frac{d\theta}{dp}.$$

Échauffons l'unité de poids du corps de la même quantité $d\theta$, mais en laissant la pression constante. La quantité de chaleur à y introduire pour cela sera $c \frac{d\theta}{dV} dV$; mais cette quantité de chaleur est employée en partie à échauffer le corps, en partie à produire le travail pdV; donc enfin

$$c \frac{d\theta}{dV} dV = \frac{dU}{dV} dV + ApdV,$$

et par suite

$$\frac{dU}{dV} = c\,\frac{d\theta}{dV} - Ap.$$

Remplaçons dans l'équation (5) les dérivées $\dfrac{dU}{dV}$, $\dfrac{dU}{dp}$ par ces valeurs ; il viendra

$$c\,\frac{d\theta}{dV}\,\frac{d\theta}{dp} - c_1\,\frac{d\theta}{dp}\,\frac{d\theta}{dV} = A\varphi(\theta),$$

ou bien

$$(6) \qquad (c - c_1)\,\frac{d\theta}{dV}\,\frac{d\theta}{dp} = A\varphi(\theta).$$

Mais nous avons déjà (§ 145) l'équation (4 *bis*), qui s'applique spécialement aux gaz permanents,

$$(4\ bis) \qquad A = (c - c_1)\,\frac{d^2\theta}{dVdp}\cdot$$

Multipliant membre à membre, et effaçant les facteurs A et $c - c_1$, il vient

$$\varphi(\theta) = \frac{\dfrac{d\theta}{dV}\,\dfrac{d\theta}{dp}}{\dfrac{d^2\theta}{dVdp}}\cdot$$

Pour les gaz permanents qui suivent les lois de Mariotte et de Gay-Lussac, on a

$$pV = R\theta.$$

Donc $\dfrac{d\theta}{dV} = \dfrac{p}{R}$, $\dfrac{d\theta}{dp} = \dfrac{V}{R}$, $\dfrac{d^2\theta}{dpdV} = \dfrac{1}{R}$, et par conséquent

$$\varphi(\theta) = \frac{\dfrac{p}{R} \times \dfrac{V}{R}}{\dfrac{1}{R}} = \frac{pV}{R} = \theta.$$

La fonction $\varphi(\theta)$, qui est indépendante de la nature des corps soumis aux opérations, est donc simplement la *température absolue*, ou la température comptée sur l'échelle centigrade à partir du zéro absolu, c'est-à-dire à partir du degré — 273° de l'échelle vulgaire.

APPLICATION AUX GAZ PERMANENTS.

151. L'équation de Mariotte et de Gay-Lussac,

$$R\theta = pV,$$

exprime la température absolue en fonction de la pression et du volume spécifique ; c'est l'équation (1) appliquée aux gaz permanents. Proposons-nous de déterminer dans le même cas la quantité U de chaleur interne contenue dans l'unité de poids d'un gaz, ou de déterminer la fonction F qui figure dans l'équation (2)

$$U = F(p, V).$$

Pour cela, différentions cette équation. Il vient

$$dU = \frac{dU}{dp}\,dp + \frac{dU}{dV}\,dV.$$

$\frac{dU}{dp}\,dp$ est l'accroissement infiniment petit de chaleur interne, quand la pression varie de dp, le volume restant constant. La variation de température, dans les mêmes conditions, est $\frac{d\theta}{dp}\,dp$; et c_1 étant la chaleur spécifique à volume constant, la quantité de chaleur correspondante est

$$c_1\,\frac{d\theta}{dp}\,dp.$$

Donc on a l'équation

$$\frac{dU}{dp} = c_1\,\frac{d\theta}{dp} = \frac{c_1 V}{R}.$$

$\frac{dU}{dV}\,dV$ est de même l'accroissement infiniment petit de chaleur interne correspondant à un accroissement dV du volume, sans variation de la pression. Pour réaliser cette modification, la quantité de chaleur à introduire dans le corps est $c\,\frac{d\theta}{dV}\,dV$, mais elle n'est pas tout entière employée à l'échauffement du gaz, car la partie $(c - c_1) \dfrac{d\theta}{dV} dV$ est transformée en travail ; le reste $c_1 \dfrac{d\theta}{dV} dV$ contribue seul à l'accroissement de la température. Donc enfin

$$\frac{dU}{dV} = c_1 \frac{d\theta}{dV} = \frac{c_1 p}{R}.$$

Introduisons ces deux dérivées dans l'équation qui donne dU ; il viendra

$$dU = \frac{c_1 V}{R} dp + \frac{c_1 p}{R} dV = \frac{c_1}{R} (V dp + p dV) = \frac{d\,(pV)}{R},$$

et intégrant

$$U = U_0 + \frac{c_1}{R} pV = U_0 + c_1\theta.$$

Nous pouvons admettre qu'au zéro absolu la quantité de chaleur contenue dans le gaz est nulle ; autrement, on pourrait abaisser encore la température du gaz. On a donc $U_0 = 0$, ce qui réduit l'équation précédente à

$$(8) \qquad\qquad\qquad U = c_1\theta.$$

La quantité de chaleur interne contenue dans un gaz permanent est égale au produit de la chaleur spécifique à volume constant par la température absolue.

152. Cherchons aussi l'équation des lignes adiabatiques ; nous aurons pour cela à intégrer l'équation différentielle

$$dU + A\,p\,dV = 0.$$

L'équation (8) différentiée nous donne $dU = c_1 d\theta$, et l'équation (7)

$$d\theta = \frac{1}{R} d\,(pV).$$

De plus on a pour les gaz $A = \dfrac{c - c_1}{R}$ ($\S$ 139).

L'équation différentielle des lignes adiabatiques devient après ces substitutions

$$\frac{c_1}{R} d\,(pV) + \frac{c - c_1}{R} p dV =$$

ou bien

$$cpd\mathrm{V} + c_1\mathrm{V}dp = 0.$$

Divisant par $p\mathrm{V}$, il vient

$$c\frac{d\mathrm{V}}{\mathrm{V}} + c_1\frac{dp}{p} = 0,$$

et en intégrant

$$c\log\mathrm{V} + c_1\log p = \text{constante} ;$$

les logarithmes sont pris dans le système népérien. Cette équation peut s'écrire

$$c\log\mathrm{V} + c_1\log p = c\log\mathrm{V_0} + c_1\log p_0,$$

ou

$$c\log\frac{\mathrm{V}}{\mathrm{V_0}} = c_1\log\frac{p_0}{p},$$

et revenant des logarithmes aux nombres,

$$\left(\frac{\mathrm{V}}{\mathrm{V_0}}\right)^c = \left(\frac{p_0}{p}\right)^{c_1},$$

et enfin

$$(9)\qquad \frac{p}{p_0} = \left(\frac{\mathrm{V_0}}{\mathrm{V}}\right)^{\frac{c}{c_1}}.$$

Telle est l'équation de la ligne adiabatique qui passe par le point $(\mathrm{V_0}, p_0)$. Cette formule est connue dans la théorie de la chaleur sous le nom d'*équation de Poisson* ou *de Laplace*. Elle est commune à l'ancienne théorie et à la nouvelle.

La différence des températures entre le point (V, p) et le point $(\mathrm{V_0}, p_0)$ d'une ligne adiabatique sera donnée en mettant l'équation différentielle de cette ligne sous la forme

$$c_1 d\theta = -\mathrm{A}pd\mathrm{V},$$

et en intégrant entre les limites $\mathrm{V_0}$ et V. Il viendra

$$c_1(\theta - \theta_0) = -\mathrm{A}\int_{\mathrm{V_0}}^{\mathrm{V}} pd\mathrm{V}.$$

Or l'équation (9) donne

$$p = p_0\mathrm{V_0}^{\frac{c}{c_1}} \times \frac{1}{\mathrm{V}^{\frac{c}{c_1}}},$$

ou en faisant, pour abréger, $\dfrac{c}{c_1} = \gamma$,

$$p = p_0 V_0^\gamma \times V^{-\gamma}.$$

Par suite

$$p\,dV = p_0 V_0^\gamma \times V^{-\gamma} dV,$$

dont l'intégrale est, entre les limites V_0 et V_1,

$$p_0 V_0^\gamma \times \left(\frac{V_1^{-\gamma+1}}{-\gamma+1} - \frac{V_0^{-\gamma+1}}{-\gamma+1} \right) = \frac{p_0 V_0^\gamma}{1-\dfrac{c}{c_1}} \frac{1}{V_1^{\gamma-1}} - \frac{p_0 V_0}{1-\dfrac{c}{c_1}}$$

$$= \frac{c_1}{c-c_1} \left[p_0 V_0 - p_0 V_0 \times \left(\frac{V_0}{V_1}\right)^{\gamma-1} \right] = \frac{c_1}{c-c_1} p_0 V_0 \left[1 - \left(\frac{V_0}{V_1}\right)^{\gamma-1} \right].$$

On a donc

$$\theta - \theta_0 = - \frac{A p_0 V_0}{c-c_1} \left[1 - \left(\frac{V_0}{V_1}\right)^{\gamma-1} \right],$$

et comme $p_0 V_0 = R\theta_0$, et que $A = \dfrac{c-c_1}{R}$,

$$\theta - \theta_0 = - \theta_0 \left[1 - \left(\frac{V_0}{V_1}\right)^{\gamma-1} \right],$$

ce qui se réduit enfin à

$$(10) \qquad \theta = \theta_0 \times \left(\frac{V_0}{V_1}\right)^{\gamma-1} = \theta_0 \times \left(\frac{V_0}{V_1}\right)^{\frac{c-c_1}{c_1}}.$$

ÉCOULEMENT PERMANENT DES GAZ.

153. Appliquons l'équation des forces vives pendant un intervalle de temps très-court à la masse de gaz comprise entre le piston mobile P et l'orifice CD d'un vase. Nous supposerons cet orifice évasé pour éviter à la sortie du vase la *contraction* des filets fluides ; l'écoulement se fait alors par filets perpendiculaires à la section CD, avec une vitesse commune v qu'il s'agit de déterminer.

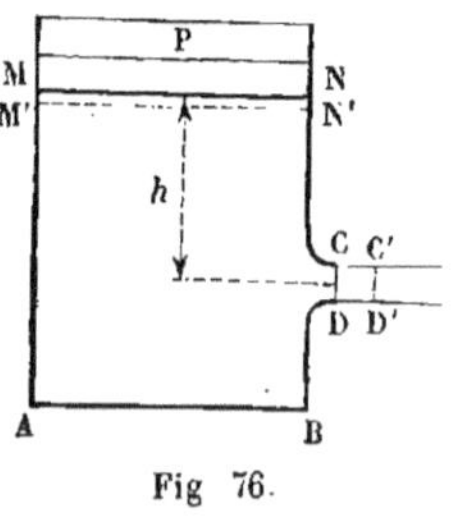

Fig 76.

Le piston P est destiné à maintenir la pression du gaz à l'intérieur du vase, malgré l'écoulement qui se fait au dehors. A mesure que le gaz s'écoule, le piston P doit donc se déplacer, mais la section MN est supposée très-grande par rapport à la section CD, de sorte que la vitesse du piston demeure très-petite par rapport à la vitesse v. Quoi qu'il en soit, représentons par v_0 cette vitesse.

Soit p_0 la pression intérieure du gaz, et p_1 la pression extérieure autour de la veine fluide CD, et aussi dans l'étendue de la section CD ($\S$ 131).

Le régime est supposé permanent; le poids de gaz qui sort pendant un temps dt par l'orifice CD est égal au poids du gaz déplacé par le piston dans le même intervalle de temps. Appelons Π_0 et Π_1 les poids spécifiques correspondants aux pressions p_0 et p_1, et aux températures au dedans du vase et dans la veine fluide.

Soient ω la section CD, et Ω la section MN.

Les volumes débités dans le temps dt par ces deux sections seront

$$\Omega v_0 dt \quad \text{et} \quad \omega v dt,$$

et les poids correspondants

$$\Pi_0 \Omega v_0 dt \quad \text{et} \quad \Pi \omega v dt,$$

quantités égales que nous représenterons par $Q dt$.

La masse commune à ces deux volumes est égale à $\dfrac{Q}{g}\, dt$, et la force vive est $\dfrac{Q}{g} v^2 dt$ pour le volume sortant CDD'C', et $\dfrac{Q}{g} v_0^2 dt$ pour le volume MNN'M' déplacé par le piston. Le demi-accroissement des forces vives correspondantes au transport de la masse MNCD dans la position M'N'C'D' est donc égal à

$$\frac{Q}{2g}\, dt\,(v^2 - v_0^2).$$

Ce demi-accroissement est égal à la somme des travaux élémentaires des forces qui agissent sur le système matériel en mouvement ; ces forces sont la pesanteur, les pressions extérieures sur les faces MN et CD, et les forces intérieures qu'on ne peut négliger quand il s'agit d'un gaz élastique, et non d'un liquide incompressible.

Le travail de la pesanteur est égal au poids Qdt, multiplié par la hauteur verticale h comprise entre le centre de gravité du piston et le centre de gravité de l'orifice, c'est-à-dire à $Qdt \times h$.

Le travail de la pression du piston est positif et égal à

$$p_0 \times \text{vol. (MNN'M')} = \frac{p_0}{\Pi_0} \times Qdt.$$

Le travail de la pression dans la veine CD est négatif et égal à $-\dfrac{p_1}{\Pi_1} \times Qdt$.

Enfin, le travail des forces intérieures est égal, au signe près, au travail nécessaire pour amener le poids Qdt de gaz de la pression p_0 de l'intérieur à la pression p_1 du dehors ; appelant V le volume spécifique sous une pression quelconque p, ce travail, pris avec son signe, sera égal par unité de poids à $-\displaystyle\int_{p=p_0}^{p=p_1} pdV$, et pour le poids Qdt, à $-Qdt\displaystyle\int_{p_0}^{p_1} pdV$;

donc le travail des forces intérieures est $+ Qdt\displaystyle\int_{p_0}^{p_1} pdV$.

On a en résumé l'équation

$$\frac{Qdt}{2g}(v^2 - v_0^2) = Qdt \times h + \frac{p_0}{\Pi_0}Qdt - \frac{p_1}{\Pi_1}Qdt + Qdt\int_{p_0}^{p_1} pdV,$$

ou, en divisant par Qdt,

$$\frac{v^2}{2g} - \frac{v_0^2}{2g} = h + \frac{p_0}{\Pi_0} - \frac{p_1}{\Pi_1} + \int_{p_0}^{p_1} pdV.$$

Le dernier terme dépend de la manière dont la température varie le long des filets fluides. On peut faire à ce sujet trois hypothèses principales.

154. 1° *Poids spécifique constant.* Alors $\Pi_0 = \Pi_1$, et $dV = 0$.

La formule devient

$$\frac{v^2}{2g} - \frac{v_0{}^2}{2g} = h + \frac{p_0}{\Pi_1} - \frac{p_1}{\Pi_1},$$

et le gaz se comporte comme un liquide dont le poids spécifique serait égal à Π_1. Le gaz se refroidit à mesure qu'il s'écoule; en effet on a

$$\frac{p_1}{\Pi_1} = R\theta_1$$

et

$$\frac{p_0}{\Pi_1} = R\theta_0.$$

Si donc $p_1 < p_0$, il faut aussi que $\theta_1 < \theta_0$.

Le gaz perd par unité de poids écoulé une quantité de chaleur interne $c_1(\theta_0 - \theta_1)$, et cette disparition de chaleur équivaut à un travail moteur, $Ac_1(\theta_0 - \theta_1)$, qui s'ajoute au travail de la pesanteur et des pressions pour augmenter la vitesse de l'écoulement.

155. 2° *Température constante.* Alors

$$\frac{p_1}{\Pi_1} = \frac{p_0}{\Pi_0} = R\theta,$$

et l'équation se réduit à

$$\frac{v^2}{2g} - \frac{v_0{}^2}{2g} = h + \int p\,dV.$$

Or l'équation $pV = R\theta$, où θ est constant, nous donne $pdV = -Vdp$, et

$$\int_{v=p_0}^{v=p_1} p\,dV = -\int_{p_0}^{p_1} V\,dp = -R\theta \int_{p_0}^{p_1} \frac{dp}{p} = -R\theta \log \frac{p_1}{p_0} = R\theta \log \frac{p_0}{p_1}.$$

L'équation du mouvement devient donc

$$\frac{v^2}{2g} - \frac{v_0{}^2}{2g} = h + R\theta \log \frac{p_0}{p_1}.$$

En général v_0 est beaucoup plus petit que v, puisque la section du piston est beaucoup plus grande que celle de l'orifice.

La hauteur h est peu considérable par rapport au second terme, et la formule devient

$$\frac{v^2}{2g} = R\theta \log \frac{p_0}{p_1}.$$

Cette formule est connue dans la dynamique des gaz sous le nom de *formule de Navier*. Elle peut se simplifier notablement lorsque le rapport $\frac{p_1}{p_0}$ est voisin de l'unité. Remarquons que $\log \frac{p_1}{p_0}$ est l'intégrale de $\frac{dp}{p}$ prise entre les limites p_0 et p_1; si ces deux limites sont peu différentes, nous pouvons substituer approximativement à la quantité variable p qui est en dénominateur, la moyenne arithmétique, $\frac{p_0 + p_1}{2}$, de ses valeurs extrêmes. Il vient alors

$$\int_{p_0}^{p_1} \frac{dp}{\left(\frac{p_0 + p_1}{2}\right)} = \frac{p_1 - p_0}{\left(\frac{p_0 + p_1}{2}\right)} = \frac{2}{p_0 + p_1}(p_1 - p_0),$$

et l'équation prend la forme simple

$$\frac{v^2}{2g} = \frac{2R\theta}{p_0 + p_1}(p_0 - p_1).$$

Remarquons que sous la pression moyenne $\frac{p_1 + p_0}{2}$, le poids spécifique Π du gaz à la température θ est donné par l'équation

$$\frac{p_1 + p_0}{2\Pi} = R\theta.$$

Donc

$$\frac{2R\theta}{p_1 + p_0} = \frac{1}{\Pi}, \qquad \text{et} \qquad \frac{v^2}{2g} = \frac{p_0}{\Pi} - \frac{p_1}{\Pi};$$

ce qui montre que le gaz se comporte comme un liquide dont le poids spécifique Π correspondrait à la demi-somme des pressions extrêmes.

L'unité du poids du gaz à la température absolue θ con=

tient une quantité de chaleur interne $c_1\theta$. La température ne changeant pas malgré le travail extérieur produit par la détente du gaz, la quantité de chaleur qu'il faut communiquer au gaz par unité de poids pendant la détente est égale à $A \int p\,dV$, c'est-à-dire à $AR\theta \log\dfrac{p_0}{p_1}$.

Cherchons encore l'expression de la *dépense* de l'orifice ; on peut l'évaluer soit en poids, soit en volume. En poids, elle est égale $\Pi_1\omega v$; en volume, sous la pression p_1, à ωv, et sous une pression p' quelconque, la température restant la même, à $\omega v \times \dfrac{p_1}{p'}$.

Or $v = \sqrt{2g\,R\theta \log\dfrac{p_0}{p_1}}$.

La dépense en volume de gaz, réduite à la pression p', est donc égale à

$$\frac{\omega}{p'}\sqrt{2g\mathrm{R}\theta} \times p_1 \sqrt{\log\frac{p_0}{p_1}},$$

et sous cette forme on voit qu'il y a une valeur de p_1 qui la rend maximum. Pour trouver cette valeur, il suffit d'égaler à 0 la dérivée du carré $p_1^2 \log\dfrac{p_0}{p_1}$, ou de $p_1^2 \log p_0 - p_1^2 \log p_1$. Il vient ainsi

$$2p_1 \log p_0 - 2p_1 \log p_1 - p_1 = 0,$$

ou bien $2\log p_0 - 2\log p_1 - 1 = 0$, en écartant la solution $p_1 = 0$. On en déduit $\dfrac{p_0}{p_1} = \sqrt{e}$, et $p_1 = \dfrac{p_0}{\sqrt{e}}$, e étant la base des logarithmes népériens.

156. 3° *Le gaz en s'écoulant ne reçoit ni n'émet de chaleur :* en d'autres termes, la courbe de ses états thermiques successifs est une ligne adiabatique.

Reprenons l'équation

$$\frac{v^2}{2g} - \frac{v_0^2}{2g} = h + \frac{p_0}{\Pi_0} - \frac{p_1}{\Pi_1} + \int_{p_0}^{p_1} p\,dV.$$

Dans l'hypothèse où nous nous plaçons, on a à la fois les deux équations

$$\frac{p_1}{p_0} = \left(\frac{V_0}{V_1}\right)^{\frac{c}{c_1}} = \left(\frac{V_0}{V_1}\right)^{\gamma},$$

$$\frac{\theta_1}{\theta_0} = \left(\frac{V_0}{V_1}\right)^{\frac{c}{c_1}-1} = \left(\frac{V_0}{V_1}\right)^{\gamma-1},$$

V_1, V_0 sont les volumes spécifiques inverses des poids spécifiques Π_1 et Π_0.

On a donc

$$\frac{p_1}{\Pi_1} = R\theta_1, \qquad \frac{p_0}{\Pi_0} = R\theta_0.$$

On a de plus (§ 152)

$$pdV = p_0 V_0{}^\gamma \times V^{-\gamma} dV.$$

Donc

$$\int pdV = p_0 V_0{}^\gamma \times \frac{V^{-\gamma+1}}{-\gamma+1},$$

intégrale qu'il faut prendre entre les limites correspondantes à p_0 et à p_1, ou, ce qui revient au même, entre les limites V_0 et V_1. Ce qui donne

$$\int_{p_0}^{p_1} pdV = p_0 V_0{}^\gamma \times \left(\frac{V_1{}^{1-\gamma}}{1-\gamma} - \frac{V_0{}^{1-\gamma}}{1-\gamma}\right) = p_0 \left(\frac{V_0}{V_1}\right)^\gamma \times \frac{V_1}{(1-\gamma)} - \frac{p_0 V_0}{1-\gamma}$$

$$= \frac{p_1 V_1 - p_0 V_0}{1-\gamma} = \frac{R(\theta_1 - \theta_0)}{1 - \dfrac{c}{c_1}}.$$

Substituons dans l'équation du mouvement, il vient

$$\frac{v^2}{2g} - \frac{v_0{}^2}{2g} = h + R\theta_0 - R\theta_1 + \frac{c_1 R(\theta_1 - \theta_0)}{c_1 - c}$$

$$= h + R(\theta_0 - \theta_1) \times \left(1 - \frac{c_1}{c - c_1}\right) = h + \frac{cR(\theta_0 - \theta_1)}{c - c_1}.$$

Or $A = \dfrac{R}{c - c_1}$.

Donc enfin

$$\frac{v^2}{2g} - \frac{v_0{}^2}{2g} = h + c(\theta_1 - \theta_0),$$

formule qu'on peut simplifier en supprimant les termes négligeables, $\dfrac{v_0^2}{2g}$ et h, ce qui donne

$$V = \sqrt{2gc(\theta_0 - \theta_1)}.$$

Cette équation est due à Weisbach.

On peut déterminer θ_1 en fonction de θ_0, de p_1 et de p_0, par l'équation $\theta_1 = \theta_0 \times \left(\dfrac{V_0}{V_1}\right)^{\gamma - 1}$, et comme

$$\frac{V_0}{V_1} = \left(\frac{p_1}{p_0}\right)^{\frac{1}{\gamma}},$$

d'où résulte

$$\left(\frac{V_0}{V_1}\right)^{\gamma - 1} = \left(\frac{p_1}{p_0}\right)^{\frac{\gamma - 1}{\gamma}} = \left(\frac{p_1}{p_0}\right)^{\frac{\frac{c}{c_1} - 1}{\frac{c}{c_1}}} = \left(\frac{p_1}{p_0}\right)^{\frac{c - c_1}{c}},$$

on a aussi

$$\theta_1 = \theta_0 \times \left(\frac{p_1}{p_0}\right)^{\frac{c - c_1}{c}},$$

et la formule simplifiée devient

$$\frac{v^2}{2g} = c\theta_0 \left[1 - \left(\frac{p_1}{p_0}\right)^{\frac{c - c_1}{c}}\right].$$

157. Cette formule, ainsi que d'autres équations de la théorie de la chaleur et de la physique mathématique, renferme le rapport $\dfrac{c}{c_1}$ des deux chaleurs spécifiques des gaz.

On peut déduire ce rapport de la connaissance des valeurs de c et de c_1; mais on peut aussi le déterminer sans passer par les valeurs des chaleurs spécifiques, dès qu'on connaît le coefficient de dilatation α, et le coefficient β d'élévation de la température pour une compression déterminée.

En effet, soit θ la température d'un gaz; élevons sa température de la quantité $d\theta$ sans changement de pression. Il faudra pour cela lui communiquer par unité de poids une quantité de chaleur $cd\theta$, et le volume sera multiplié par le rapport $\dfrac{1 + \alpha(\theta + d\theta)}{1 + \alpha\theta}$, ou par $1 + \dfrac{\alpha d\theta}{1 + \alpha\theta}$.

Exerçons ensuite sur ce gaz une compression mesurée par la fraction $\dfrac{\alpha d\theta}{1 + \alpha\theta}$, de manière à ramener le volume du gaz à ce qu'il était d'abord.

L'élévation de température correspondante sera $\dfrac{\alpha\beta d\theta}{1 + \alpha\theta}$; la température définitive sera donc égale à $\theta + d\theta + \dfrac{\alpha\beta d\theta}{1 + \alpha\theta}$, et comme le volume est redevenu le même, on aurait obtenu la même élévation de température en introduisant dans chaque unité de poids du gaz une quantité de chaleur égale à $c_1\left(d\theta + \dfrac{\alpha\beta d\theta}{1 + \alpha\theta}\right)$; d'où résulte l'égalité

$$c_1 d\theta \left(1 + \frac{\alpha\beta}{1 + \alpha\theta}\right) = cd\theta,$$

et par suite $\dfrac{c}{c_1} = 1 + \dfrac{\alpha\beta}{1 + \alpha\theta}$.

Une expérience de Clément et Désormes est fondée sur ce principe. Mais elle conduit à une valeur un peu trop faible, 1,35, du rapport cherché. Généralement on adopte aujourd'hui la valeur $\dfrac{c}{c_1} = 1{,}41$, ou environ $\sqrt{2}$ [1].

CYCLE DE CARNOT POUR UN GAZ PERMANENT. — RENDEMENT DES MACHINES THERMIQUES.

158. Soit ABCD le cycle complet, formé de deux lignes isothermes AB, CD, aux températures θ et θ_0, et de deux lignes adiabatiques BC, DA.

Appelons p la pression et V le volume spécifique qui cor-

---

[1] 1,42 d'après Masson, 1,39 d'après M. Regnault, 1,37 d'après Gay-Lussac.

respondent au point A ; p_1 et V_1 les mêmes quantités en B ;
p_2 et V_2 les mêmes quantités en C, et p_3 et V_3 en D.

Nous aurons par la définition des lignes isothermes

$$pV = p_1V_1 = R\theta,$$
$$p_2V_2 = p_3V_3 = R\theta_0,$$

et par la définition des lignes adiabatiques,

$$\frac{p}{p_3} = \left(\frac{V_3}{V}\right)^{\gamma}, \qquad \frac{p_2}{p_1} = \left(\frac{V_1}{V_2}\right)^{\gamma}.$$

De ces équations on tire $\left(\dfrac{V_2}{V_1}\right)^{\gamma-1} = \left(\dfrac{V_3}{V}\right)^{\gamma-1} = \dfrac{\theta}{\theta_0}.$

Le cycle est défini par les températures θ et θ_0 qui donnent
le tracé des isothermes, et par deux points, soit A et B, soit A
et C, qui donnent les lignes adiabatiques. Les équations permettent de trouver les inconnues
en fonction de ces données.

Le travail produit par le cycle
direct est mesuré par l'aire du qua-
drilatère courbe ABCD ; au lieu
d'évaluer directement cette surface,
rappelons-nous (§ 551) qu'il est
aussi égal à $E(Q - Q')$, Q étant la
quantité de chaleur prise à la source

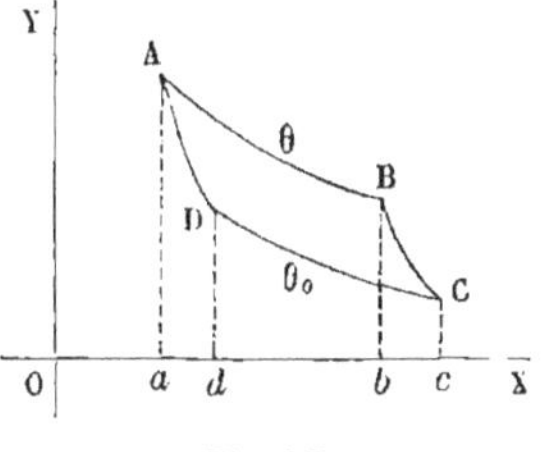

Fig. 77.

supérieure pour faire décrire au gaz le côté AB, et Q' la quantité versée à la source inférieure pendant le parcours CD.
Or la température ne changeant pas dans le premier
parcours, la quantité Q est tout entière transformée en travail, et on a

$$EQ = \int_V^{V_1} pdV = R\theta \int_V^{V_1} \frac{dV}{V} = R\theta \log \frac{V_1}{V}.$$

De même $EQ' = R\theta_0 \log \dfrac{V_2}{V_3}.$

Mais $\dfrac{V_2}{V_1} = \dfrac{V_3}{V}$ en vertu de la dernière relation.

Donc $\dfrac{V_1}{V} = \dfrac{V_2}{V_3}$, et par suite $\log \dfrac{V_1}{V} = \log \dfrac{V_2}{V_3}$.

D'où résulte

$$E(Q - Q') = R(\theta - \theta_0)\log\frac{V_1}{V}.$$

Le principe de Clausius nous apprend que le rapport $\dfrac{Q}{Q'}$ est indépendant du corps soumis au cycle de Carnot, et ne dépend que des températures θ et θ_0. Donc il en est de même du rapport

$$\frac{Q - Q'}{Q},$$

qui mesure le *rendement* de la machine thermique où un corps quelconque serait assujetti à un cycle de cette nature ; car c'est le rapport de la chaleur convertie en travail à la chaleur totale fournie par la source supérieure. Or ici

$$\frac{Q - Q'}{Q} = \frac{\left(\dfrac{R(\theta - \theta_0)\log\dfrac{V_1}{V}}{E}\right)}{\left(\dfrac{R\theta\log\dfrac{V_1}{V}}{E}\right)} = \frac{\theta - \theta_0}{\theta}.$$

Donc dans tous les cas, et quel que soit le corps assujetti à décrire un cycle de Carnot, le rendement de la machine, ou le coefficient d'utilisation de la chaleur, est égal au rapport de la *chute de chaleur*, $\theta - \theta_0$, entre les deux sources, à la température absolue de la source la plus chaude. Ce résultat est d'accord avec les conséquences que Sadi Carnot avait autrefois déduites de la théorie du fluide calorique.

Il serait facile de démontrer que lorsqu'un corps accomplit un cycle thermique quelconque, le *rendement* de ce cycle, ou le rapport de la chaleur utilisée à la chaleur totale communiquée au corps, est moindre que le rendement du *cycle de Carnot circonscrit*, c'est-à-dire du cycle de Carnot correspondant à la même chute de chaleur.

APPLICATION AUX VAPEURS.

159. La *pression p d'une vapeur saturée* est une fonction de la température absolue θ (§ 69). Soit d'une manière générale

$$p = F(\theta)$$

la relation empirique qui lie ensemble ces deux quantités.

La fonction F a été déterminée pour la vapeur d'eau par diverses expériences, entre autres par celles de M. Regnault, qui l'a exprimée sous la forme suivante :

Soit F la pression de la vapeur évaluée en millimètres de mercure ;

τ la température en degrés de l'échelle centigrade, à partir du zéro ordinaire, c'est-à-dire la différence $\theta - 273°$;

a, b, α des nombres constants ; on aura

$$\log \text{tab. } F = a - b\alpha^{\tau},$$

avec les déterminations suivantes :

$$a = 5,4233177,$$
$$\log \text{tab. } b = 0,6821547,$$
$$\log \text{tab. } \alpha = 1,9972311.$$

D'ailleurs p se déduit de F par la proportion

$$\frac{p}{F} = \frac{10340}{760},$$

en observant que 10340 kilogrammes par mètre carré expriment la pression normale atmosphérique de 760 millimètres de mercure.

160. La *chaleur spécifique de l'eau liquide* est variable avec la température ; et en appelant c la chaleur spécifique à la température τ, mesurée en degrés centigrades de l'échelle ordinaire, on a la relation empirique :

$$c = 1 + 0,00004\,\tau + 0,0000009\,\tau^2.$$

La différence avec l'unité est donc peu sensible; pour $\tau = 200°$, elle s'élève seulement à 0,016.

La formule suppose que l'eau, pendant qu'on l'échauffe, reste sous la pression constante qui correspond à la vapeur saturée à τ degrés.

161. Supposons qu'on prenne un kilogramme d'eau à zéro, qu'on l'élève à la température τ sous la pression qui correspond à la saturation à τ degrés, et qu'enfin on le réduise en vapeur sous cette pression. La quantité de chaleur λ à introduire dans ce kilogramme d'eau pour en accomplir l'échauffement et la vaporisation est donnée par la formule empirique

$$\lambda = 606,5 + 0,305\,\tau.$$

Par exemple à 100°, la vapeur saturée est sous la pression normale; la quantité de chaleur λ nécessaire pour convertir en vapeur sous cette pression un kilogramme d'eau pris à 0° est égale à 637 calories.

Cette quantité se décompose en deux parties : l'une est la quantité de chaleur nécessaire pour échauffer l'eau liquide de 0 à 100°; l'autre est la *chaleur latente de vaporisation* à la température de 100°. Pour calculer la première partie, remarquons que, pour produire un accroissement $d\tau$ de la température, la quantité de chaleur nécessaire est égale à $c\,d\tau$, ou à

$$d\tau + 0,00004\,\tau\,d\tau + 0,0000009\,\tau^2 d\tau.$$

Il suffit donc d'intégrer cette expression entre les limites 0 et 100°. L'intégrale prise à partir de 0° est

$$\tau + 0,00002\,\tau^2 + 0,00000003\,\tau^3.$$

Faisant $\tau = 100$, il vient la valeur numérique 100,5. Il faut donc 100 calories $\frac{1}{2}$ pour amener un kilogramme d'eau liquide de 0 à 100°; il en faut par conséquent $637 - 100,5 = 536,5$ pour convertir ce kilogramme d'eau en vapeur, toutes les opérations s'effectuant sous la pression normale de 760 millimètres de mercure. Cette seconde partie est la chaleur de vaporisation à la température de 100°.

En général, r étant la chaleur de vaporisation à la température τ, on a

$$r = \lambda - \int_0^\tau c\,d\tau.$$

FORMATION DE LA VAPEUR A L'ÉTAT DE SATURATION.

162. Prenons un kilogramme d'eau à la température absolue θ, et transformons-le en vapeur saturée à cette même température, c'est-à-dire sous la pression constante $F(\theta)$.

Cherchons la quantité de chaleur r qu'il faut y introduire du dehors pour produire ce changement d'état.

Pour la calculer, nous nous servirons de la formule déduite dans le § 149 de la considération du cycle de Carnot : nous la prendrons sous la forme

$$\frac{d\theta}{dp}\,dQ = A\varphi(\theta)\,dV,$$

et nous remplacerons dQ par dr.

$\dfrac{d\theta}{dp}$ est la dérivée de θ par rapport à p, ou la limite du rapport de l'accroissement de la température à l'accroissement de la pression, quand le volume V ne change pas. Pour obtenir cette dérivée, nous ne pouvons faire aucun usage de l'équation (1) différentiée ; car elle nous donne

$$d\theta = \frac{d\theta}{dp}\,dp + \frac{d\theta}{dV}\,dV.$$

Or, dans le changement d'état, la température restant la même, la pression aussi, on a $d\theta = 0$ et $dp = 0$; de plus θ et p sont liés par la relation

$$p = F(\theta),$$

où n'entre pas V ; donc $\dfrac{d\theta}{dV} = 0$. L'équation (1) différentiée se réduit donc à une identité, et ne nous apprend rien.

Nous avons du moins, en différentiant l'équation $p = \mathrm{F}(\theta)$,

$$dp = \mathrm{F}'(\theta)\,d\theta.$$

Donc $\dfrac{d\theta}{dp} = \dfrac{1}{\mathrm{F}'(\theta)}\cdot$

La fonction $\varphi(\theta)$, la même pour tous les corps, est égale à θ; substituant, il vient

$$\frac{dr}{\mathrm{F}'(\theta)} = \mathrm{A}\theta dV,$$

ou bien $dr = \mathrm{A}\theta\mathrm{F}'(\theta)\,dV.$

Intégrons en observant que θ est constant. Il viendra

$$r = \mathrm{A}\theta\mathrm{F}'(\theta)(V - V'),$$

V' désignant le volume de l'unité de poids d'eau liquide, et V le volume de l'unité de poids de vapeur saturée à la même température. Nous représenterons cette différence $V - V'$ par la lettre u; ce sera l'excès du volume spécifique de la vapeur saturée sur le volume spécifique de l'eau liquide dans les mêmes conditions de température et de pression. Nous aurons donc

$$r = \mathrm{A}\theta\mathrm{F}'(\theta)\,u.$$

Mais puisque l'eau en se vaporisant se dilate du volume u sous la pression p, elle accomplit un travail extérieur pu, qui correspond à l'emploi d'une quantité de chaleur $\mathrm{A}pu$, et par suite, la chaleur interne fixée par l'eau est égale à la différence $r - \mathrm{A}pu$; appelant ρ *l'excès de la chaleur interne du kilogramme de vapeur saturée sur la chaleur interne du kilogramme d'eau liquide*, nous aurons

$$\rho = r - \mathrm{A}pu = \mathrm{A}\,[\theta\mathrm{F}'(\theta) - p]\,u = \mathrm{A}\,[\theta\mathrm{F}'(\theta) - \mathrm{F}(\theta)]\,u.$$

Mais

$$u = \frac{r}{\mathrm{A}\theta\mathrm{F}'(\theta)},$$

et par conséquent

$$\mathrm{A}pu = \frac{rp}{\theta\mathrm{F}'(\theta)} = \frac{r\mathrm{F}(\theta)}{\theta\mathrm{F}'(\theta)}.$$

La chaleur de vaporisation r, égale à $\lambda - \int_0^\tau c\,d\tau$, est une fonction de la température τ, ou de la température absolue θ; il en est de même de u, et par suite aussi de ρ.

Soit encore J *l'excès de la chaleur interne du kilogramme de vapeur saturée à τ degrés sur la chaleur interne du kilogramme d'eau à zéro.*

Ces diverses fonctions, u, ρ, J, ont été déterminées par expérience. M. Zeuner a donné les formules suivantes :

$$A pu = 30,456 \log \text{nép.} \frac{\theta}{100},$$
$$\rho = 575,03 - 0,7882\tau,$$
$$J = 575,34 - 0,2342\tau.$$

Connaissant Apu et p en fonction de θ, on en déduira u en fonction de la même variable.

DENSITÉ DE LA VAPEUR SATURÉE.

163. On peut déduire de là le poids spécifique de la vapeur saturée à diverses températures. En effet, le volume spécifique V de la vapeur saturée est égal au volume spécifique de l'eau liquide à la même température, augmenté de u ; et comme l'eau à l'état liquide a une dilatation tout à fait négligeable, on peut poser

$$V = V_0 + u,$$

en appelant V_0 le volume spécifique de l'eau liquide à 0°. Si le mètre cube est l'unité de volume et le kilogramme l'unité de poids, le volume spécifique de l'eau liquide est un litre, ou $0^{mc},001$. Donc $V = 0,001 + u$, et par suite le poids spécifique de la vapeur est $\dfrac{1}{V} = \dfrac{1}{0,001 + u}$.

La table suivante, extraite des travaux de M. Zeuner,

donne quelques nombres relatifs à la vapeur d'eau saturée.

PRESSION DE LA VAPEUR		TEMPÉRATURE EN DEGRÉS CENTIGRADES (ÉCHELLE ORDINAIRE)	QUANTITÉ DE CHALEUR CONVERTIE EN TRAVAIL EXTERNE PAR LE CHANGEMENT D'ÉTAT	EXCÈS DE LA CHALEUR INTERNE D'UN KIL. DE VAPEUR SATURÉE SUR UN KIL. D'EAU A LA MÊME TEMPÉRATURE	EXCÈS DU VOLUME SPÉCIFIQUE DE LA VAPEUR SUR LE VOLUME DE L'EAU LIQUIDE	POIDS SPÉCIFIQUE DE LA VAPEUR SATURÉE $\frac{1}{V}$
EN ATMOSPHÈRES	EN KILOGR. PAR MÈTRE CARRÉ p	τ	Apu	$\varrho = r - Apu$	u	POIDS DU MÈTRE CUBE EN KILOGRAMMES
$\frac{1}{2}$	5167^{kil}	81°,71	38,562	510,63	3,1644	0,316
1	10334	100°,00	40,092	496,21	1,6450	0,607
1 $\frac{1}{2}$	15501	111°,74	41,036	486,96	1,1225	0,890
2	20668	120°,60	41,730	479,97	0,8561	1,167
2 $\frac{1}{2}$	25835	127°,80	42,282	474,30	0,6959	1,439
3	31002	133°,91	42,742	469,48	0,5846	1,708
3 $\frac{1}{2}$	36169	139°,24	43,139	465,27	0,5057	1,975
4	41336	144°,00	43,488	461,53	0,4461	2,257
5	51670	152°,22	44,083	455,05	0,3617	2,757
6	62004	159°,22	44,580	449,53	0,3048	3,270
7	72338	165°,34	45,008	444,71	0,2638	3,776
8	82672	170°,81	45,386	440,40	0,2328	4,277
9	93006	175°,77	45,725	436,49	0,2084	4,775
10	103340	180°,31	46,031	432,91	0,1889	5,266
11	113674	184°,50	46,311	429,61	0,1727	5,757
12	124008	188°,41	46,771	426,52	0,1592	6,242

MÉLANGES DE VAPEUR ET D'EAU LIQUIDE.

164. Un kilogramme d'eau, renfermé dans un vase à la température τ, est en partie transformé en vapeur sous la pression p de saturation; cette pression est donnée par l'équation

$$p = F(\tau + 273).$$

Cherchons l'excès de chaleur interne contenue dans ce mélange, en sus de la chaleur interne d'un kilogramme d'eau liquide à 0°. Nous supposons connue la fraction m du poids total qui est à l'état de vapeur, de telle sorte que $1 - m$ soit la fraction à l'état liquide.

Soient V_0 le volume spécifique de l'eau liquide à 0°;

V le volume de l'eau liquide à τ degrés ;

V' le volume de la vapeur saturée à τ degrés.

On peut considérer la totalité du poids comme ayant été portée de la température $0°$ à la température τ sans changement d'état ; la quantité de chaleur à introduire dans le kilogramme d'eau pour obtenir ce résultat est $\int_0^\tau cd\tau$, mais une partie est employée à produire un travail extérieur égal à $p(V - V_0)$; donc la chaleur fixée dans le corps à l'état de chaleur interne est seulement la différence

$$\int_0^\tau cd\tau - Ap\,(V - V_0).$$

De plus, le poids m d'eau est transformé en vapeur à la température τ et sous la pression p. Appelant r la chaleur de vaporisation ($\S$ 161), la quantité de chaleur interne acquise par le corps sera égale à

$$m\,[r - Ap\,(V' - V)],$$

ou bien $m\,(r - Apu)$.

La somme de ces deux quantités est la quantité de chaleur cherchée

$$\int_0^\tau cd\tau - Ap\,(V - V_0) + mr - mApu.$$

Cette formule se simplifie en remplaçant $r - Apu$ par la fonction ρ, et en supprimant le terme $Ap(V - V_0)$, qui est négligeable à cause du peu de dilatation de l'eau liquide. Il vient alors la formule usuelle

$$\Upsilon = \int_0^\tau cd\tau + m\rho.$$

La quantité de chaleur nécessaire pour porter, sous la pression constante p, un kilogramme d'eau liquide de la température $0°$ à la température τ, et pour en convertir la fraction m en vapeur saturée, est donc égale à Υ augmenté de la quantité de chaleur convertie en travail, ou à $\Upsilon + mApu$.

165. Cherchons comment varie la quantité Υ quand la tem-

pérature τ varie de $d\tau$. La pression p varie d'après l'équation

$$p = F(\tau + 273°) \qquad \text{ou} \qquad p = F(\theta),$$

car la vapeur reste saturée, puisqu'elle est toujours en contact avec l'eau liquide. Mais le poids m de vapeur varie aussi.

On aura donc d'une manière générale

$$d\Upsilon = cd\tau + d(mp) = cd\tau + d(mr) - Ad(mpu).$$

Or

$$d(mpu) = pd(mu) + mudp = pd(mu) + muF'(\theta)d\theta.$$

Nous avons d'un autre côté

$$r = A\theta F'(\theta)u.$$

Donc

$$AuF'(\theta) = \frac{r}{\theta}.$$

Substituant, il vient

$$d\Upsilon = cd\tau + d(mr) - \frac{mr}{\theta}d\tau - Apd(mu).$$

Nous pouvons remplacer $d\theta$ par $d\tau$, puisque $\theta = \tau + 273$.

Le produit $pd(mu)$ représente approximativement le travail extérieur correspondant au changement d'état de la nouvelle quantité d'eau vaporisée. En effet, si V est le volume du kilogramme d'eau liquide, $V + mu$ est le volume occupé par le mélange du poids m de vapeur saturée et du poids $1 - m$ d'eau liquide. La variation de ce volume est $dV + d(mu)$; comme l'eau liquide est à peine dilatable, on peut négliger dV devant $d(mu)$; ce dernier terme représente seul la variation cherchée, et $pd(mu)$ est le travail extérieur produit par le changement d'état. Donc $Apd(mu)$ est la quantité de chaleur correspondante, et $d\Upsilon + Apd(mu)$ est la quantité de chaleur dQ qu'il est nécessaire d'introduire dans le mélange pour produire l'élévation de température $d\tau$.

On a donc

$$dQ = cd\tau + d(mr) - \frac{mr}{\theta}d\tau,$$

ou bien, en revenant aux températures absolues,

$$dQ = cd\theta + d(mr) - \frac{mr}{\theta}\,d\theta.$$

Si le changement infiniment petit s'est opéré sans émission ni introduction de chaleur extérieure, $dQ = 0$; la condition pour qu'il en soit ainsi s'exprime par l'équation

$$cd\theta + d(mr) - \frac{mrd\theta}{\theta} = 0.$$

Divisons par θ et intégrons; il vient

$$\int \frac{cd\theta}{\theta} + \frac{mr}{\theta} = \text{constante,}$$

ou bien, en prenant l'intégrale entre les limites θ_1 et θ_2, et désignant par m_1, m_2 les proportions de l'eau convertie en vapeur à ces deux températures, et par r_1, r_2 les chaleurs de vaporisation correspondantes,

$$\int_{\theta_1}^{\theta_2} \frac{cd\theta}{\theta} = \frac{m_1 r_1}{\theta_1} - \frac{m_2 r_2}{\theta_2}.$$

Ces équations permettent de résoudre les problèmes suivants.

166. *La totalité du liquide étant transformée en vapeur saturée à la température* θ_1, *reconnaître si cette vapeur est saturée ou surchauffée à la température* θ_2.

On exprimera la condition indiquée en posant $m_1 = 1$; il viendra donc

$$\frac{m_2 r_2}{\theta_2} = \frac{r_1}{\theta_1} - \int_{\theta_1}^{\theta_2} \frac{cd\theta}{\theta}.$$

Si cette équation donne pour m_2 une valeur supérieure à l'unité, cela indique que la vapeur ne sature plus l'espace à la température θ_2; car s'il restait du liquide, ce liquide tendrait encore à se transformer en vapeur. Dans ce cas, la vapeur est surchauffée. Si, au contraire, $m_2 < 1$, une partie de la vapeur se condense à l'état liquide. Enfin, si $m_2 = 1$, la vapeur reste saturée à la température θ_2 comme à la température θ_1.

167. *Le mélange d'eau liquide et de vapeur ne recevant de l'extérieur aucune chaleur, et n'en émettant pas, quelle doit être la valeur du rapport* m *pour qu'une variation* dθ *de température n'entraîne ni formation de vapeur ni condensation?*

L'équation différentielle

$$cd\theta + d(mr) - \frac{mrd\theta}{\theta} = 0$$

résout la question en y faisant m constant, et en résolvant par rapport à m. Il vient

$$m\left(dr - \frac{rd\theta}{\theta}\right) + cd\theta = 0$$

et

$$m = \frac{c\theta}{r - \theta\,\dfrac{dr}{d\theta}}.$$

Dans cette formule nous substituerons les valeurs de c et de r en fonction de θ ou de τ, données dans les §§ 160 et 161 ; il viendra en définitive, en mettant en évidence la température τ :

$$m = (273 + \tau) \times \frac{1 + 0,00004\,\tau + 0,0000009\,\tau^2}{796,235 + 0,01092\,\tau + 0,0002657\,\tau^2 + 0,0000006\,\tau^3}.$$

Cette formule, réduite en table, donne les résultats suivants :

TEMPÉRATURE τ	PROPORTIONS DU MÉLANGE	
	EN VAPEUR m	EN EAU LIQUIDE $1 - m$
0°	0,343	0,657
50°	0,407	0,593
100°	0,472	0,528
150°	0,539	0,461
200°	0,604	0,396

La proportion de vapeur augmente avec la température du mélange ; elle augmente donc aussi quand on comprime le mélange, puisque toute compression dégage de la chaleur, et elle diminue quand on le laisse se dilater, puisqu'il en résulte un refroidissement. Si donc la proportion de vapeur dans un mélange de vapeur et d'eau liquide est égale ou supérieure à la valeur de m indiquée dans cette table, la compression du mélange sera accompagnée d'une vaporisation partielle d'eau liquide, et l'expansion d'une condensation partielle de vapeur.

Les effets contraires auront lieu si la proportion de vapeur est inférieure à la valeur de m, et c'est là le phénomène qui se produit le plus souvent, notamment pendant la *détente* dans les machines à vapeur.

VITESSE DE L'ÉCOULEMENT DES VAPEURS.

168. Le problème de l'écoulement des vapeurs se résout comme celui de l'écoulement des gaz (§ 153), et conduit à la formule générale

$$\frac{v^2}{2g} = \frac{p_1}{\Pi_1} - \frac{p_2}{\Pi_2} + \frac{Q + U_1 - U_2}{A},$$

dans laquelle v est la vitesse de l'écoulement ;

p_1, p_2 les pressions à l'intérieur du vase et au pourtour de la veine fluide ;

Π_1 et Π_2 les poids spécifiques correspondants ;

Q la quantité de chaleur reçue du dehors par unité de poids du fluide ;

U_1 la quantité de chaleur interne du fluide dans le vase, par unité de poids ;

U_2 la quantité de chaleur interne du fluide dans la veine, par unité de poids ;

A l'équivalent calorifique du travail.

Pour appliquer cette formule, nous supposerons que le fluide est formé d'un mélange comprenant un poids m_1 de vapeur et un poids $1 - m_1$ d'eau liquide, et qu'il ne reçoive ni n'émette aucune chaleur pendant tout son trajet, ce qui revient à faire $Q = 0$.

La proportion m de vapeur variera à mesure que le mélange s'écoule, et comme il n'y a ni chaleur extérieure reçue, ni chaleur émise au dehors, on aura, en appelant m_2 la proportion de vapeur dans la veine fluide, θ_1 et θ_2 les températures absolues, τ_1 et τ_2 les températures à l'échelle ordinaire :

$$\frac{m_1 r_1}{\theta_1} - \frac{m_2 r_2}{\theta_2} = \int_{\tau_1}^{\tau_2} \frac{c\,d\tau}{\theta}.$$

La chaleur spécifique c de l'eau liquide varie peu avec la température ; en la regardant comme constante, on aura

$$\int \frac{c\,d\tau}{\theta} = c \int \frac{d\tau}{\theta} = c \int \frac{d\theta}{\theta} = c \log \frac{\theta_2}{\theta_1},$$

les logarithmes étant pris dans le système népérien.

On aura donc approximativement l'équation

$$\frac{m_1 r_1}{\theta_1} - \frac{m_2 r_2}{\theta_2} = c \log \frac{\theta_2}{\theta_1}.$$

M. Zeuner fait $c = 1{,}0224$ pour l'eau à la température des chaudières à haute pression, et $c = 1{,}013$ pour les températures voisines de $100°$. On a de plus, d'après M. Regnault (§ 161) :

$$r = 606{,}5 + 0{,}305\,\tau - (\tau + 0{,}00002\,\tau^2 + 0{,}0000003\,\tau^3),$$

formule qu'on peut simplifier, en posant

$$r = 606{,}5 + 0{,}305\,\tau - c\tau,$$

et en remplaçant c par $1{,}0224$ ou par $1{,}013$, selon les cas. À l'aide de l'une ou de l'autre de ces équations on calculera les valeurs de r_1 et r_2 aux températures τ_1 et τ_2, et l'équation posée plus haut fera connaître m_2.

On connaît donc les proportions du mélange de vapeur et d'eau dans le vase et dans la veine. Le volume spécifique, $\dfrac{1}{\Pi_1}$,

du fluide dans le vase diffère très-peu du volume spécifique de
la vapeur qui y entre, car le volume de l'eau est négligeable
vis-à-vis du volume de la vapeur. Appelons u_1 l'excès du volume spécifique de la vapeur sur le volume spécifique de l'eau
à la température τ_1 ; nous pourrons poser

$$\frac{1}{U_1} = m_1 u_1,$$

et par suite $\dfrac{p_1}{\Pi_1} = m_1 p_1 u_1$.

Nous ferons de même $\dfrac{p_2}{\Pi_2} = m_2 p_2 u_2$.

Enfin nous avons (§ 164)

$$U_1 = \int_0^{\tau_1} c\, d\tau + m_1 r_1 - m_1 A p_1 u_1,$$

$$U_2 = \int_0^{\tau_2} c\, d\tau + m_2 r_2 - m_2 A p_2 u_2.$$

Substituant toutes ces valeurs dans l'équation générale du
mouvement, il vient

$$\frac{v^2}{2g} = m_1 p_1 u_1 - m_2 p_2 u_2 + \frac{\displaystyle\int_{\tau_2}^{\tau_1} c\, d\tau + m_1 r_1 - m_2 r_2}{A} - m_1 p_1 u_1 + m_2 p_2 u_2$$

$$= \frac{1}{A}\left(\int_{\tau_2}^{\tau_1} c\, d\tau + m_1 r_1 - m_2 r_2\right).$$

Or

$$m_2 r_2 = \frac{\theta_2}{\theta_1} \times m_1 r_1 - \theta_2 \int_{\tau_1}^{\tau_2} \frac{c\, d\tau}{\theta}.$$

Attribuons encore à c une valeur moyenne constante, il
viendra

$$\int_{\tau_2}^{\tau_1} c\, d\tau = c(\tau_1 - \tau_2),$$

$$\int_{\tau_1}^{\tau_2} \frac{c\, d\tau}{\theta} = c \log \text{nép.}\, \frac{\theta_2}{\theta_1} = - c \log \text{nép.}\, \frac{\theta_1}{\theta_2}.$$

Approximativement, on peut aussi remplacer θ en dénominateur par une valeur constante ; on pourra faire sans grande erreur $\theta = \theta_2$, à cause de la petitesse de la différence $\tau_2 - \tau_1$, par rapport aux valeurs du dénominateur θ, qui varie de $\tau_1 + 273$ à $\tau_2 + 273$.

On aura alors

$$\int_{\tau_1}^{\tau_2} \frac{c\,d\tau}{\theta} = -\frac{c(\tau_1 - \tau_2)}{\theta_2},$$

$$m_2 r_2 = \frac{\theta_2}{\theta_1} m_1 r_1 + c(\tau_1 - \tau_2),$$

et

$$\frac{v^2}{2g} = \frac{c(\tau_1 - \tau_2)}{A} + \frac{m_1 r_1 - \frac{\theta_2}{\theta_1} m_1 r_1 - c(\tau_1 - \tau_2)}{A}$$

$$= \frac{m_1 r_1}{A} \frac{\theta_1 - \theta_2}{\theta_1} = \frac{m_1 r_1}{A} \frac{\tau_1 - \tau_2}{273 + \tau_1}.$$

Le carré de la vitesse de l'écoulement contient donc en facteur la *chute de chaleur*, $\tau_1 - \tau_2$, entre le vase et la veine fluide.

Quand la pression intérieure p_1 est beaucoup plus élevée que la pression extérieure p_2, la vapeur s'échappe avec une vitesse très-considérable, et l'expansion qui résulte de ce changement de pression est accompagnée d'un refroidissement très-sensible. C'est pour cela qu'on peut sans danger placer la main dans un jet de vapeur sortant d'une chaudière à haute pression, tandis qu'il serait très-dangereux de faire la même expérience avec la vapeur sortant d'une chaudière où la pression serait légèrement supérieure à la pression atmosphérique.

RECHERCHE DU TRAVAIL DANS LA MACHINE A VAPEUR.

169. Nous ferons pour cette recherche les hypothèses suivantes :

La vapeur produite par la chaudière sous la pression p_1 est admise dans un cylindre, où elle pousse un piston mobile. Lorsque le piston a parcouru la fraction k de sa course, le conduit d'admission se ferme, et la vapeur se détend dans le cylindre jusqu'au bout de la course du piston, sans émission sensible de chaleur au dehors, et sans introduction de chaleur extérieure. La communication est alors ouverte avec le condenseur, et elle reste ouverte pendant toute la course rétrograde du piston ; nous représenterons par p_2 la pression dans le condenseur.

Le travail de la vapeur est proportionnel au poids de fluide que l'on introduit dans les cylindres ; nous supposerons ici que cette quantité soit égale à l'unité de poids ; elle comprend un poids m_1 de vapeur, et un poids $1 - m_1$ d'eau liquide à la même température.

Il y a trois périodes à distinguer dans l'oscillation complète du piston : l'*admission*, la *détente* et la *condensation* ou *échappement*.

1° *Admission.* — Soit V_1 le volume spécifique de l'eau liquide sous la pression p_1 et à la température τ_1 de la chaudière ; u_1, l'excès du volume de la vapeur saturée sur le volume d'eau liquide dans les mêmes conditions. L'emploi dans le cylindre de l'unité de poids du mélange d'eau et de vapeur correspond à un travail égal à $p_1(V_1 + m_1u_1)$; mais il faut remplacer dans la chaudière le volume d'eau V_1 par un volume égal fourni par l'alimentation, et cette opération exige à un travail p_1V_1, que la machine doit développer : le travail moteur disponible se réduit à $m_1p_1u_1$.

2° *Détente.* — Supposons que, pendant la détente, l'état thermique du mélange suive une ligne adiabatique entre les températures τ_1 et τ_2. Le travail créé par cette détente sera égal à $\dfrac{U_1 - U_2}{A}$, en désignant par U_1 et U_2 les chaleurs internes du mélange à la fin de l'admission et au commencement de l'échappement. Or on a trouvé (§ 164) les formules :

$$U_1 = \int_0^{\tau_1} cd\tau + m_1r_1 - m_1Ap_1u_1,$$

$$U_2 = \int_0^{\tau_2} cd\tau + m_2r_2 - m_2Ap_2u_2.$$

On connaît r_1, r_2 (§ 161) : le rapport m_2 est donné en fonction de m_1 par l'équation (§ 165)

$$\int_{\tau_2}^{\tau_1} \frac{c\,d\tau}{\theta} + \frac{m_1 r_1}{\theta_1} - \frac{m_2 r_2}{\theta_2} = 0.$$

Les volumes $m_1 u_1$ et $m_2 u_2$ sont respectivement proportionnels à la capacité du cylindre rempli par la vapeur au moment où cesse l'admission, et à la capacité totale du cylindre : on a donc $\dfrac{m_1 u_1}{m_2 u_2} = k$, nombre donné.

On pourra calculer U_1, U_2, puis $\dfrac{U_1 - U_2}{A}$, qui représente le travail utile transmis à la machine pendant la détente.

3° *Échappement.* — Le travail de la contre-pression est négatif et s'obtient, en valeur absolue, en multipliant la pression p_2 par l'espace que décrit le piston, ou par le volume total du cylindre, c'est-à-dire par $m_1 u_1$, en ne tenant toujours compte que du volume de la vapeur. Le travail cherché est donc $-p_2 m_2 u_2$.

En définitive, le travail produit par l'unité de poids du mélange d'eau et de vapeur passant dans le cylindre est égal à

$$T = p_1 m_1 u_1 + \frac{\displaystyle\int_0^{\tau_1} c\,d\tau + m_1 r_1 - m_1 A p_1 u_1 - \int_0^{\tau_2} c\,d\tau - m_2 r_2 + m_2 A p_2 u_2}{A}$$
$$- p_2 m_2 u_2$$
$$= p_1 m_1 u_1 + \frac{1}{A}\int_{\tau_2}^{\tau_1} c\,d\tau + \frac{m_1 r_1 - m_2 r_2}{A} - m_1 p_1 u_1 + m_2 p_2 u_2 - m_2 p_2 u_2$$
$$= \frac{1}{A}\int_{\tau_2}^{\tau_1} c\,d\tau + \frac{m_1 r_1 - m_2 r_2}{A}.$$

Si l'on attribue à c une valeur moyenne, on peut faire

$$\int_{\tau_2}^{\tau_1} c\,d\tau = c(\tau_1 - \tau_2).$$

De même

$$m_2 r_2 = \frac{\theta_2}{\theta_1} m_1 r_1 + \theta_2 \int_{\tau_2}^{\tau_1} \frac{c\,d\tau}{\theta} = \text{approximativement } \frac{\theta_2}{\theta_1} m_1 r_1 + c(\tau_1 - \tau_2),$$

$$\frac{m_1 r_1 - m_2 r_2}{A} = \frac{1}{A}\left(m_1 r_1 - \frac{\theta_2}{\theta_1} m_1 r_1 - c(\tau_1 - \tau_2)\right) = \frac{1}{A}\left(\frac{m_1 r_1}{\theta_1} - c\right)(\tau_1 - \tau_2)$$

Il vient par conséquent

$$T = \frac{c(\tau_1 - \tau_2)}{A} + \frac{1}{A}\,\frac{m_1 r_1}{\theta_1}(\tau_1 - \tau_2) - \frac{c(\tau_1 - \tau_2)}{A} = \frac{m_1 r_1}{A\theta_1}(\tau_1 - \tau_2).$$

Sous cette forme, il semble que T varie avec le rapport m_1; mais en faisant des applications numériques de la formule on reconnaît que, dans les limites de la pratique, le rapport m_1 influe à peine sur la valeur de T, de sorte qu'il existe un rapport à peu près constant entre la chaleur dépensée pour le service de la chaudière et le travail utile produit.

Pour de plus amples détails sur ce sujet, et pour l'application de la théorie mécanique de la chaleur aux liquides et aux solides, nous renverrons à l'ouvrage de Ch. Combes, intitulé : *Exposé des principes de la théorie mécanique de la chaleur*[1], auquel nous avons fait de nombreux emprunts pour la rédac tion de ce chapitre.

[1] Paris, 1867.

NOTES

---

170. *Toutes les fois qu'un corps accomplit un cycle complet et réversible, représenté sur le plan par un contour fermé quelconque AB, l'intégrale $\int \frac{dQ}{\theta}$, prise le long de ce contour à partir d'un point A pour revenir à ce même point, est égale à zéro.*

La quantité dQ représente la quantité de chaleur reçue (ou émise) par le corps pour lui faire décrire un arc élémentaire mn du contour donné, et θ la température absolue correspondante à cet élément.

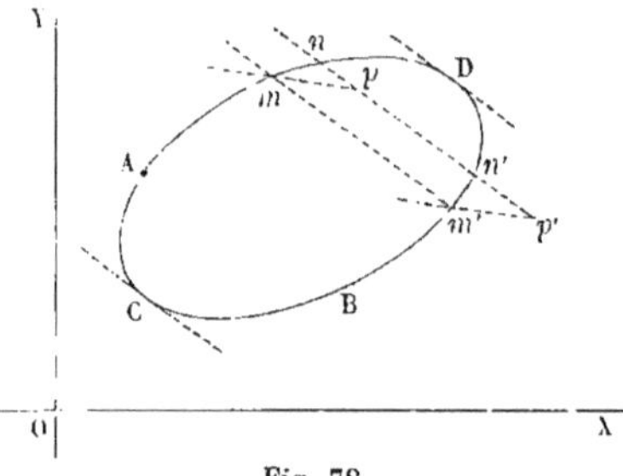

Fig. 78.

Découpons le cycle AB par une série de lignes adiabatiques infiniment voisines, et soient mm', nn', deux lignes consécutives interceptant sur le périmètre du contour un arc infiniment petit mn; ces deux lignes intercepteront sur le bord opposé un autre arc $m'n'$. Soient C et D les points de contact du contour avec les lignes adiabatiques extrêmes qui le comprennent. Menons par les points m et m' deux lignes isothermes correspondantes mp, $m'p'$.

Soit dQ la quantité de chaleur qu'il faut communiquer au corps pour lui faire décrire l'élément mn;

dQ' la quantité de chaleur qu'il faut lui enlever pour lui faire décrire l'élément $n'm'$;

dq la quantité de chaleur qu'il faudrait lui communiquer pour lui faire décrire l'élément mp, sans changement de sa température θ, puisque cet élément est isotherme;

dq' la quantité de chaleur qu'il faudrait lui enlever pour lui faire décrire l'élément isotherme $p'm'$, à la température θ'.

Au point de vue des quantités de chaleur communiquées au corps, l'ensemble des deux trajets mn et $n'm'$ équivaut à l'ensemble des trajets $mnpmpp'm'p'n'm'$, car les trajets successifs pm, mp, $p'm'$ et $m'p'$ se détruisent deux à deux, et quant aux trajets np, pp', $p'n'$, qui s'accomplissent suivant des lignes adiabatiques, il ne correspondent à aucune variation dans la quantité de chaleur possédée par le corps. Par la même raison, on peut ajouter à l'ensemble des trajets indiqués la courbe $m'm$, qui est aussi adiabatique, et alors le chemin assigné fictivement au corps se réduit à trois cycles, savoir

$$mnpm, \qquad mpp'm'm, \qquad m'p'n'm'.$$

Faisons le calcul des quantités de chaleur qui correspondent à chacun d'eux.

Par le cycle $mnpm$, le corps reçoit dQ le long de mn; il ne reçoit ni ne perd rien le long de np; il perd la quantité dq le long de pm; le travail accompli est mesuré par l'aire mpn, multipliée par l'équivalent A. Donc

$$dQ - dq = \text{A} \times mnp.$$

On aura de même pour le cycle $m'p'n'm'$, décrit dans le sens inverse,

$$dQ' - dq' = \text{A} \times m'n'p'.$$

Quant au cycle $mpp'm'm$, c'est un cycle de Carnot, dans lequel la chute de chaleur est $\theta - \theta'$, et on a (§ 158)

$$\frac{dq - dq'}{dq} = \frac{\theta - \theta'}{\theta}, \quad \text{ou bien} \quad \frac{dq}{\theta} = \frac{dq'}{\theta'}.$$

Divisons par θ la première équation, par θ' la seconde, et retranchons; il viendra

$$\frac{dQ}{\theta} - \frac{dQ'}{\theta'} = \text{A}\left(\frac{mnp}{\theta} - \frac{m'n'p'}{\theta'}\right),$$

et intégrant entre les limites fournies par les contacts du contour avec les lignes adiabatiques extrêmes, c'est-à-dire depuis le point C jusqu'au point D, le long des arcs CAD, CBD, on aura

$$\int_C^D \frac{dQ}{\theta} - \int_C^D \frac{dQ'}{\theta'} = \text{A}\left(\int \frac{mnp}{\theta} - \int \frac{m'n'p'}{\theta'}\right).$$

A la limite, le second membre se réduit à zéro; car les aires mnp, $m'n'p'$ sont des infiniment petits du second ordre, dont les sommes sont rigoureusement nulles; par conséquent le premier membre est nul aussi, et l'on a

$$\int_C^D \frac{dQ}{\theta} = \int_C^D \frac{dQ'}{\theta'},$$

ce qui revient à dire que l'intégrale $\int \frac{dQ}{\theta}$, prise le long du contour fermé ADBC en revenant au point de départ, est identiquement nulle.

171. *Corollaire.* — La fonction $\frac{dQ}{\theta}$ des variables indépendantes p et V est une différentielle exacte. En effet, si l'on prend

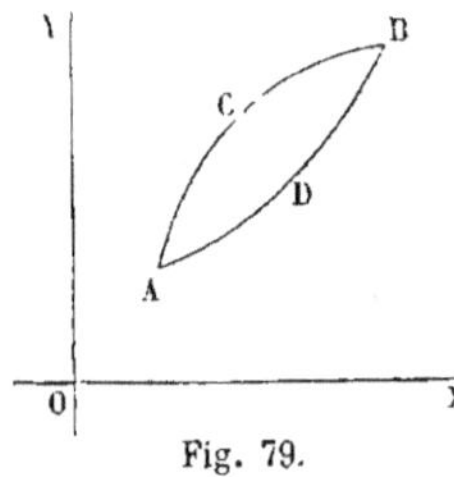

Fig. 79.

l'intégrale $\int \frac{dQ}{\theta}$ d'un point A à un point B le long d'un chemin arbitraire ACB, le résultat qu'on trouvera ne dépendra que des positions des points extrêmes; on trouverait le même résultat pour tout autre chemin ADB, puisque l'intégrale prise le long du contour ACBDA est identiquement nulle.

Donc $\int_A^B \frac{dQ}{\theta}$ ne dépend que des positions des points A et B, c'est-à-dire des valeurs des variables V et θ qui définissent ces points. En d'autres termes $\int \frac{dQ}{\theta}$ est une fonction de ces deux variables, et par suite $\frac{dQ}{\theta}$ est la différentielle exacte de cette fonction.

M. Clausius a donné le nom d'*entropie* à cette fonction $\int \frac{dQ}{\theta}$. Nous la représenterons par la lettre S, et nous aurons par conséquent

$$dS = \frac{dQ}{\theta}.$$

On parviendrait aux mêmes conclusions en prenant pour variables indépendantes V et θ, et en regardant p comme une fonction de ces variables.

FONCTION CARACTÉRISTIQUE D'UN FLUIDE.

172. M. Massieu[1] a donné le nom de *fonction caractéristique d'un fluide* à une fonction H des variables V et θ, d'où l'on peut déduire par le calcul l'entropie S, la quantité de chaleur interne U, la pression p et les autres

---

[1] Mémoire sur les fonctions caractéristiques des divers fluides et sur la théorie des vapeurs, par F. Massieu (*Savants étrangers*, t. XXII, n° 2, 1873).

propriétés du fluide, telles que la chaleur spécifique, le coefficient de dilatation, etc. L'introduction de ces fonctions caractéristiques dans la science de la chaleur lie entre elles des propriétés qui paraissent distinctes au premier abord ; elle permet en outre de distinguer parmi les lois physiques, découvertes par l'observation, celles qui sont applicables indistinctement à tous les corps, de celles qui n'appartiennent qu'à une certaine classe de corps, en vertu de quelque propriété particulière. Dans le premier cas, la vérification de la loi proposée conduit à une identité ; dans le second, à une égalité qui ne devient identique qu'en vertu de certaines hypothèses.

Nous allons donner une idée de cette théorie, en prenant pour variables indépendantes la température absolue θ et le volume spécifique V.

Nous aurons d'abord les équations

$$(1) \qquad dS = \frac{dQ}{\theta},$$

$$(2) \qquad dQ = dU + Ap\,dV = \theta\,dS;$$

Aux deux membres de l'équation (2) ajoutons $Sd\theta$, ce qui rend le dernier membre égal à la différentielle du produit $S\theta$; il viendra

$$dU + Sd\theta + Ap\,dV = d(S\theta),$$

ou bien

$$Sd\theta + Ap\,dV = d(S\theta - U).$$

La fonction $S\theta - U = H$ est ce que M. Massieu appelle la *fonction caractéristique* du corps.

Nous ferons donc

$$(3) \qquad S\theta - U = H,$$

et il viendra

$$(4) \qquad dH = Sd\theta + Ap\,dV.$$

H étant exprimé en fonction de θ et V, S est la dérivée partielle de H par rapport à θ, Ap la dérivée partielle de H par rapport à V, et l'on a

$$(5) \qquad S = \frac{dH}{d\theta},$$

$$(6) \qquad Ap = \frac{dH}{dV},$$

et par suite

$$(7) \qquad U = S\theta - H = \theta\,\frac{dH}{d\theta} - H.$$

Différentions (3) par rapport à θ; il vient

$$S + \theta \frac{dS}{d\theta} - \frac{dU}{d\theta} = \frac{dH}{d\theta}.$$

Mais, en vertu de (5), $S = \dfrac{dH}{d\theta}$; donc

$$(8) \qquad \theta \frac{dS}{d\theta} = \frac{dU}{d\theta}.$$

Différentions de même (3) par rapport à V; nous aurons

$$\theta \frac{dS}{dV} - \frac{dU}{dV} = \frac{dH}{dV},$$

quantité égale à Ap en vertu de (6). Donc

$$(9) \qquad \theta \frac{dS}{dV} - \frac{dU}{dV} = Ap.$$

Enfin, différentions (5) par rapport à V; il vient successivement

$$(10) \qquad \frac{dS}{dV} = \frac{d}{dV}\left(\frac{dH}{d\theta}\right) = \frac{d}{d\theta}\left(\frac{dH}{dV}\right) = \frac{d}{d\theta}(Ap) = A\frac{dp}{d\theta}.$$

Remplaçons dans (9) $\dfrac{dS}{dV}$ par sa valeur tirée de (10); il viendra, en résolvant par rapport à $\dfrac{dU}{dV}$,

$$(11) \qquad \frac{dU}{dV} = A\left(\theta\frac{dp}{d\theta} - p\right) = A\theta^2 \times \frac{\theta dp - pd\theta}{\theta^2 d\theta}$$

$$= A\theta^2 \frac{d}{d\theta}\left(\frac{p}{\theta}\right).$$

175. *Application aux gaz parfaits.* — Le gaz idéal auquel on donne le nom de gaz parfait suit exactement les lois de Mariotte et de Gay-Lussac, et l'on a par conséquent

$$pV = R\theta.$$

Donc

$$\frac{p}{\theta} = \frac{R}{V},$$

et par suite

$$\frac{d}{d\theta}\left(\frac{p}{\theta}\right) = 0.$$

L'équation (11), $\dfrac{dU}{dV} = 0$, montre que la chaleur interne, U, ne dépend que de la température.

La *chaleur spécifique sous pression constante*, c, se calculera comme il suit.

Laissons p constant. La quantité de chaleur dQ qu'il faut introduire dans le gaz pour élever dans ces conditions sa température de $d\theta$ est $cd\theta$. On a donc, en vertu de l'équation (2) et de l'équation (5),

$$dQ = cd\theta = \theta dS = \theta d\left(\frac{dH}{d\theta}\right) = \theta\left(\frac{d^2H}{d\theta^2}d\theta + \frac{d^2H}{d\theta dV}dV\right).$$

Mais différentions (6) en observant que p reste constant, ce qui donne

$$\frac{d^2H}{dVd\theta}d\theta + \frac{d^2H}{dV^2}dV = 0.$$

De cette relation tirons dV, substituons dans l'équation précédente, et divisons par $d\theta$; il viendra

$$c = \theta\left[\frac{d^2H}{d\theta^2} - \frac{\left(\dfrac{d^2H}{dVd\theta}\right)^2}{\dfrac{d^2H}{dV^2}}\right].$$

On déterminera la *chaleur spécifique c_1 à volume constant* en supposant V constant et p variable. On trouve immédiatement l'équation

$$c_1 = \frac{dU}{d\theta},$$

qui montre que c_1 ne peut varier qu'avec la température, car U n'est fonction que de cette variable.

La différence $c - c_1$ des deux chaleurs spécifiques s'exprime par le rapport

$$c - c_1 = -\theta\frac{\left(\dfrac{d^2H}{dVd\theta}\right)^2}{\left(\dfrac{d^2H}{dV^2}\right)} = -A\theta\frac{\left(\dfrac{dp}{d\theta}\right)^2}{\left(\dfrac{dp}{dV}\right)} = -A\theta\times\frac{\left(\dfrac{R}{V}\right)^2}{\dfrac{-R\theta}{V^2}} = AR.$$

Le *coefficient de dilatation à pression constante* β est le rapport $\dfrac{1}{V}\dfrac{dU}{d\theta}$, dans le cas où p est supposé constant. Il vient en introduisant cette hypothèse dans le calcul,

$$\beta = -\frac{1}{V}\frac{\left(\dfrac{dVd\theta}{d^2H}\right)}{\left(\dfrac{d^2H}{d^2V}\right)} = -\frac{1}{V}\frac{\dfrac{dp}{d\theta}}{\dfrac{dp}{dV}}.$$

Formons la fonction caractéristique du gaz parfait. On aura d'abord pour la chaleur interne

$$U = \int_0^\theta c_1 d\theta = \int_0^\theta (c - AR)d\theta = \int_0^\theta cd\theta - AR\theta.$$

Cette quantité U est la chaleur interne *totale* du gaz; pour avoir l'excès de la chaleur interne du gaz à la température θ sur la chaleur qu'il possède au zéro centigrade, correspondant à $\theta_0 = 273°$ de l'échelle absolue, il faut en retrancher la valeur de U pour $\theta = \theta_0$, ce qui donne pour nouvelle valeur de U

$$U = \int_{\theta_0}^{\theta} c\, d\theta - AR(\theta - \theta_0).$$

L'entropie S se calculera en supposant que la masse de gaz prise à zéro et sous la pression normale atmosphérique, c'est-à-dire à θ_0 degré, soit portée sous pression constante du volume V_0 au volume V, ce qui suppose un accroissement de température de θ_0 à θ_1; puisqu'on porte la température de θ_1 à θ, sous volume constant, la pression variant de la pression atmosphérique à la pression p. La fonction S sera la somme $\int \dfrac{dQ}{\theta}$ des quantités de chaleur introduites successivement dans la masse gazeuse, et on aura

$$S = \int_{\theta_0}^{\theta_1} \frac{c\, d\theta}{\theta} + \int_{\theta_1}^{\theta} \frac{c_1\, d\theta}{\theta}.$$

Dans cette équation, remplaçons c_1 par sa valeur $c - AR$; il viendra

$$S = \int_{\theta_0}^{\theta_1} \frac{c\, d\theta}{\theta} + \int_{\theta_1}^{\theta} \frac{c\, d\theta}{\theta} - AR \int_{\theta_1}^{\theta} \frac{d\theta}{\theta}$$

$$= \int_{\theta_0}^{\theta} \frac{c\, d\theta}{\theta} - AR \log \text{nép.} \frac{\theta}{\theta_1}.$$

Les expériences de M. Regnault ont montré que la chaleur spécifique c est sensiblement constante pour un grand nombre de gaz permanents entre des limites de température très-étendues. Donc

$$S = c \log \text{nép.} \frac{\theta}{\theta_0} - AR \log \text{nép.} \frac{\theta}{\theta_1}.$$

Pour déterminer θ_1, nous appliquerons la loi de Gay-Lussac; V_0 étant le volume du gaz à θ_0 degrés, et V le volume de la même masse sous la même pression, à θ degrés absolus, on a

$$\frac{V}{V_0} = \frac{\theta_1}{\theta_0},$$

d'où l'on déduit

$$\frac{\theta}{\theta_1} = \frac{\theta}{\theta_0} \times \frac{\theta_0}{\theta_1} = \frac{\theta}{\theta_0} \cdot \frac{V_0}{V},$$

$$S = c \log \text{nép.} \frac{\theta}{\theta_0} - AR \log \text{nép.} \frac{\theta V_0}{\theta_0 V},$$

$$= c \log \text{nép.} \frac{\theta}{\theta_0} + AR \log \text{nép.} \frac{\theta_0 V}{\theta V_0}.$$

La fonction caractéristique H est enfin

$$H = S\theta \quad U = c\theta \log \text{nép.} \frac{\theta}{\theta_0} + AR\theta \log \text{nép.} \frac{\theta_0 V}{\theta V_0} - (c - AR)(\theta - \theta_0).$$

174. La même théorie s'applique aux vapeurs.

Soit L la quantité de chaleur nécessaire pour porter de θ_0 à θ degrés l'unité de poids du liquide ;

c la *chaleur spécifique de l'eau liquide*, égale à $\frac{dL}{d\theta}$;

m la fraction du liquide qui est réduite en vapeur saturée ;

r la *chaleur de vaporisation* ;

e le volume spécifique du liquide ;

V le volume spécifique du mélange de liquide et de vapeur ;

u la différence $V - e$.

On aura successivement

$$U = L + mr - Ap(V - e),$$

en retranchant de la quantité totale de chaleur donnée à la masse fluide l'équivalent calorifique du travail extérieur produit par son changement de volume ;

$$S = \int_{\theta_0}^{\theta} \frac{cd\theta}{\theta} + \frac{mr}{\theta},$$

$$H = S\theta - U = \theta \int_{\theta_0}^{\theta} \frac{cd\theta}{\theta} - L + Ap(V - e).$$

L'intégration par parties donne, en partageant $\frac{cd\theta}{\theta}$ en deux facteurs $\frac{1}{\theta}$ et $cd\theta = dL$,

$$\int \frac{cd\theta}{\theta} = \int \frac{dL}{\theta} = \frac{L}{\theta} + \int L \frac{d\theta}{\theta^2},$$

et par suite

$$H = \theta \int_{\theta_0}^{\theta} L \frac{d\theta}{\theta^2} + Ap(V - e).$$

Mais $S = \frac{dH}{d\theta}$; donc

$$S = \int_{\theta_0}^{\theta} \frac{cd\theta}{\theta} + c - \frac{dL}{d\theta} + \frac{Adp}{d\theta}(V - e).$$

Comparons ce résultat avec l'équation $S = \displaystyle\int_{\theta_0}^{\theta} \frac{c\,d\theta}{\theta} + \frac{mr}{\theta}$, et obser-

vons que $c = \dfrac{dL}{d\theta}$. Il vient en définitive

$$A \frac{dp}{d\theta} (V - c) = \frac{mr}{\theta},$$

ou bien, en remplaçant $V - c$ par mu, et en supprimant le facteur m,

$$Au \frac{dp}{d\theta} = \frac{r}{\theta},$$

équation qui servira à déterminer u, puis le rapport $\dfrac{1}{u + c}$, qui mesure le poids spécifique de la vapeur sèche à l'état de saturation.

LIVRE VII

DES MOTEURS

CHAPITRE PREMIER

DES MOTEURS ANIMÉS

---

175. Les moteurs animés sont l'homme et les animaux qu'il emploie pour son service, principalement le cheval, l'âne, le bœuf, etc.

Les mouvements que l'on observe chez les animaux appartiennent à deux classes distinctes. Les uns sont *instinctifs*, et semblent à proprement parler constituer la vie : ce sont les battements du cœur, le jeu des poumons, et la plupart des mouvements qui résultent de l'accomplissement des diverses fonctions animales. Les autres sont *volontaires :* ce sont ceux au moyen desquels l'animal change de place, assure sa nourriture, exerce des efforts et exécute certains travaux. Tels sont les mouvements qu'on demande aux moteurs animés. Leur caractère principal est le pouvoir qui appartient à l'animal de les accomplir ; les forces ainsi mises en jeu existent chez lui pour ainsi dire en réserve, mais une intervention de sa volonté est nécessaire pour en manifester l'existence au dehors. Les anciens philosophes avaient été conduits par cette considération à distinguer deux sortes de forces : *les forces en action* et les *forces en puissance, vires in actu, vires in posse*. A vrai dire, il n'y a pas là deux natures différentes de forces ; les forces en action sont des forces en puissance dont l'animal vient à tirer un certain parti, et qui autrement se seraient consommées d'une manière latente, sans produire de travail apparent. De même, une chaudière en pression représente une certaine puissance motrice, lors même que la vapeur produite par l'action du feu s'échappe en pure perte par les soupapes de sûreté. Cette puissance, cette force *potentielle*, ne devient force *in actu*, ou force effective, que lorsque le mécanicien ouvre le régulateur et laisse entrer la vapeur dans les cylindres de la machine.

176. Le corps d'un animal et ses membres, systèmes matériels soumis comme tous les autres à la loi de l'inertie, sont les récepteurs primitifs auxquels s'appliquent ses efforts spontanés. Ils agissent ensuite sur d'autres systèmes matériels, soit pour en déterminer le mouvement, soit pour y prendre un point d'appui.

Le travail extérieur produit est ici le seul effet qu'il importe de mesurer. On sait qu'on l'évalue en faisant la somme des efforts exercés par le moteur sur un corps mobile, multipliés chacun par l'espace que parcourt son point d'application, ces efforts étant estimés suivant la direction du mouvement effectif. Si on appelle F la force développée par le moteur, projetée sur la direction du mouvement, v la vitesse du point d'application de la force, et dt la durée infiniment petite de l'action de la force F, le travail élémentaire sera le produit F$v dt$, et le travail total produit dans un intervalle donné sera l'intégrale $\int F v dt$, prise entre les limites convenables. La somme rapportée à la durée du travail journalier qu'on fait produire au moteur peut se mettre sous la forme d'un produit de trois facteurs, PVT, P désignant l'effort moyen exercé par le moteur, V la vitesse moyenne du point d'application de cet effort, et T la durée de la journée de travail, ou plutôt la somme des durées du travail exécuté chaque jour.

Le raisonnement et l'observation s'accordent à faire reconnaître que ce produit PVT est susceptible d'un maximum. Les facteurs en sont très-variables, suivant le genre de travail exécuté et le mode d'action employé pour l'exécuter. Prenons pour exemple un cheval qui tire une voiture sur une chaussée ; l'effort qu'il fait varie avec le poids de la voiture, l'état de la chaussée, le diamètre des fusées des essieux, l'état de graissage, l'inclinaison du chemin, etc.; mais outre ces divers éléments, le cheval peut mener la voiture au pas, au trot ou au galop ; à cette dernière allure, il ne peut fournir qu'un relai assez court, et sa force de traction est beaucoup moindre, de sorte que le produit PVT, dans lequel le facteur V est grand et les facteurs P et T très-petits, peut être inférieur à la valeur qu'il prend pour un cheval de roulier marchant à petite vitesse. L'expérience seule peut éclairer sur la meilleure détermination de ces divers facteurs. On conçoit bien d'ailleurs qu'il doit en être ainsi : le moteur animé qui imprime une vitesse moyenne V au système matériel sur lequel il agit, doit imprimer cette même vitesse à son propre corps ou à une partie au moins de son corps ; or cette vitesse est limitée par le fait même de son organisation, et demande à elle seule un effort qui diminue d'autant la somme des forces disponibles pour produire l'effet principal.

C'est par l'observation qu'on détermine pour chaque moteur animé les valeurs les plus convenables des facteurs P, V, T. Généralement, le maximum du produit correspond à des valeurs moyennes pour les facteurs : un travail continu, fait avec une petite vitesse, et en développant des efforts modérés, surpasse au bout de la journée le travail discontinu produit par une série de *coups de collier* très-énergiques, séparés par des repos fréquents.

177. Le tableau suivant, dressé par Navier, résume les principales observations faites sur le travail des moteurs animés.

NATURE DU TRAVAIL	POIDS ÉLEVÉ OU EFFORT MOYEN EXERCÉ	VITESSE OU CHEMIN PARCOURU PAR SECONDE	TRAVAIL PAR SECONDE	DURÉE DU TRAVAIL JOURNALIER	QUANTITÉ DE TRAVAIL JOURNALIER
	kilogr.	mètres.	km.	heures.	km.
ÉLÉVATION VERTICALE DES POIDS.					
Un homme montant une rampe douce ou un escalier, sans fardeau, son travail consistant dans l'élévation du poids de son corps.	65	0,15	9,75	8	280,800
Un manœuvre élevant des poids avec une corde et une poulie, ce qui l'oblige à faire descendre les cordes à vide.	18	0,20	3,60	6	77,760
Un manœuvre élevant des poids ou les soulevant à la main .	20	0,17	3,40	6	73,440
Un manœuvre élevant des poids en les portant sur son dos au haut d'une rampe douce ou d'un escalier, et revenant à vide..	65	0,04	2,60	6	56,160
Un manœuvre élevant des matériaux avec une brouette en montant une rampe au douzième, et revenant à vide. .	60	0,02	1,20	10	43,200
Un manœuvre élevant des terres à la pelle à la hauteur moyenne de $1^m,60$.	2,7	0,40	1,08	10	38,880
ACTION SUR LES MACHINES.					
Un manœuvre agissant sur une roue à chevilles ou à tambour :					
Au niveau de l'axe de la roue..	60	0,15	9,00	8	259,200
Vers le bas de la roue ou à 24°	12	0,70	8,40	8	251,120
Un manœuvre marchant et poussant ou tirant horizontalement..	12	0,60	7,20	8	207,360
Un manœuvre agissant sur une manivelle..	8	0,75	6,00	8	172,800
Un manœuvre exercé, poussant et tirant alternativement dans le sens vertical..	6	0,75	4,50	10	162,000
Un cheval attelé à une voiture et allant au pas.	70	0,90	63,00	10	2,168,000
Un cheval attelé à un manége et allant au pas.	45	0,90	40,50	8	1,166,400
Un cheval attelé à un manége et allant au trot.	30	2,00	60,00	$4\frac{1}{2}$	972,400
Un bœuf attelé à un manége et allant au pas.	65	0,60	39,00	8	1,123,200
Un mulet.	30	0,90	27,00	8	777,600
Un âne..	14	0,80	11,60	8	534,080

En moyenne, les puissances mécaniques de l'homme, du cheval, du bœuf, du mulet et de l'âne sont entre elles comme les nombres, 1, 6, 5, 4 et $1\frac{1}{2}$.

178. L'organisation physique du moteur a une grande influence sur la quantité de travail qu'il est capable de produire, et sur le mode qu'il convient d'adopter pour rendre cette quantité maximum. L'homme, quand il se tient debout, a la colonne vertébrale verticale ; les animaux tels que le bœuf, l'âne, le cheval, ont l'échine horizontale. Or le plus grand effort que puisse développer un moteur animé est parallèle à sa colonne vertébrale ; d'où résulte que l'homme paraît plutôt destiné à porter des fardeaux, et les autres moteurs à exercer une traction. Un cheval, par exemple, peut exercer un effort beaucoup plus énergique comme bête de trait que comme bête de somme. Pour l'homme, le fardeau qu'il a le plus de facilité à porter est son propre corps, et le travail le plus naturel qu'on puisse lui demander consiste à élever verticalement son poids. On a utilisé cette remarque pour élever verticalement des terres. L'ouvrier amène sa brouette pleine sur l'un des plateaux d'un monte-charge ; il monte lui-même en haut du monte-charge par une échelle, et se place dans l'autre plateau ; le poids de l'homme enlève le poids de la brouette, et la fait parvenir au niveau supérieur, où un autre ouvrier la reprend. D'après une expérience faite à Vincennes, un homme peut dans ces conditions produire la limite de son travail journalier.

179. Les transports horizontaux donnent lieu (II, § 312) à la production d'un certain travail, tout entier dû aux résistances passives.

L'évaluation du travail accompli peut se rapporter encore au kilogramme et au mètre horizontal parcouru ; mais cette manière de compter n'a rien d'absolu, et pour un même transport effectué, le travail dépensé acquiert des valeurs bien diverses suivant le degré de viabilité de la route parcourue ; il est moindre sur une chaussée bien entretenue que sur un chemin boueux ou rempli d'ornières ; moindre à vitesse égale sur un chemin de fer que sur une route, et moindre sur un canal que sur un chemin de fer, quand la vitesse du transport est suffisamment petite. Le tableau suivant renferme quelques renseignements sur les quantités de travail fournies par les moteurs le long des routes dans un état moyen d'entretien.

NATURE DU TRANSPORT	POIDS TRANSPORTÉ	VITESSE	EFFET UTILE PAR SECONDE	DURÉE DE L'ACTION JOURNALIÈRE	EFFET UTILE PAR JOUR
	kilogr.	mètr.	km.	heures.	km.
Un homme marchant sans fardeau.	65	1,50	97,5	10,0	3,510,000
Un manœuvre conduisant une brouette et revenant à vide.	60	0,50	50,0	10,0	1,080,000
Un homme portant des fardeaux sur le dos.	40	0,75	30,0	7,0	756,000
Un cheval attelé à une charrette et marchant au pas.	700	1,10	770,0	10,0	27,720,000
Un cheval attelé et marchant au trot.	350	2,20	770,0	4,5	12,474,000
Un cheval chargé sur le dos, au pas, ...	120	1,10	132,0	10,0	4,752,000
Un cheval chargé sur le dos, au trot.	80	2,20	176,0	7,0	4,435,000

DE L'ALIMENTATION DES MOTEURS ANIMÉS.

180. L'alimentation des moteurs animés, et plus généralement l'alimentation de tous les animaux, doit fournir à la fois à l'entretien de l'organisme et à la dépense de travail faite par l'animal.

La source du travail fourni par les moteurs animés est la chaleur produite dans les poumons par la combustion des aliments au contact de l'oxygène. A ce point de vue, les animaux supérieurs sont de vraies machines thermiques, ayant leur foyer et leur grille, et exigeant pour travailler une certaine dépense de combustible. Mais une partie des matériaux fournis par la nutrition est employée à la réparation du corps, ce qui n'a pas d'analogie avec l'entretien des machines employées dans l'industrie.

L'alimentation des moteurs animés comprend donc deux parts : une portion constitue la *ration d'entretien*, en entendant ce mot dans le sens physiologique le plus large possible, et l'autre portion, la *ration de travail;* en même temps, les aliments se partagent en deux catégories : les uns sont les *aliments plastiques*, qui conviennent spécialement à l'entretien des organes ; les autres, les *aliments respiratoires*, qui jouent le rôle du combustible dans les machines à vapeur, et qui influent sur la puissance mécanique du moteur. A dire vrai, les matières alimentaires n'appartiennent pas exclusivement à l'un ou à l'autre de ces types absolus, et pour les classer, il faut seulement s'en tenir à la prédominance de certains éléments parmi ceux qui les composent. Les aliments plastiques, pour l'homme, sont en général caractérisés par l'azote ; les aliments respiratoires, par l'hydrogène et le carbone.

Il en résulte que la ration d'entretien doit renfermer une quantité suffisante de matières azotées, sans quoi le sujet dépérit, et que la ration de travail calculée d'après le travail produit doit comprendre des composés de carbone et d'hydrogène, éléments combustibles. Ces règles n'ont rien d'absolu, car il faut tenir compte dans chaque cas particulier d'une foule de circonstances qu'on ne saurait réduire en formules. La variété du régime alimentaire paraît être en effet une condition de santé et de force pour un animal, et d'un autre côté, on ne saurait méconnaître l'influence de l'habitude, qui finit par transformer les tempéraments.

D'après Payen, un homme adulte en bonne santé perd par vingt-quatre heures 20 grammes d'azote et 360 grammes de carbone ; les 20 grammes d'azote correspondent à environ 130 grammes de matières azotées. Pour qu'il n'y ait pas appauvrissement graduel du sujet, il faut qu'il absorbe chaque jour un poids de nourriture variée qui suffise à réparer ces pertes : par exemple, un kilogramme de pain, et environ 500 grammes de viande, sans os (ou 586 grammes de viande, os compris). En général, les ouvriers les mieux nourris sont ceux qui produisent le plus de travail.

181. La chaleur développée dans les poumons et dans toutes les régions de l'appareil circulatoire étant la source de tout le travail produit par un moteur animé, il peut paraître surprenant que le travail échauffe l'ouvrier ou l'animal qui le produit ; il semble, en effet, qu'alors le travail produise de la chaleur au lieu d'en consommer. L'action, chez un animal, stimule la circulation et augmente le pouvoir absorbant des tissus ; une partie de la chaleur emmagasinée par l'animal à l'état latent reparaît donc à ce moment sous forme de chaleur interne, et contribue à élever la température. Toute la chaleur créée par la respiration ne se transforme donc pas en travail extérieur.

Mais on a remarqué que la portion de chaleur employée pour échauffer le corps de l'animal diminue avec l'habitude, de sorte qu'un cheval accoutumé à un service régulier s'échauffe moins, par exemple, que celui qui serait appelé à faire exceptionnellement le même service.

La relation intime entre le travail et la chaleur est encore mise en évidence chez les oiseaux. Comme le mécanisme du vol exige de grands efforts, la respiration et la circulation sont plus actives chez les oiseaux que chez les mammifères. Ils possèdent ainsi à la fois les deux avantages qui leur permettent de se diriger dans les airs : une grande puissance mécanique et un poids extrêmement faible. C'est à la difficulté que l'industrie humaine trouve à réunir ces deux qualités dans un même appareil qu'il faut attribuer le peu de succès des tentatives d'aviation et de direction des aérostats.

CHAPITRE II

DES MOTEURS HYDRAULIQUES.

DES MOTEURS HYDRAULIQUES.

182. Les moteurs ou plutôt les *récepteurs hydrauliques* mettent à profit le travail accompli par une chute d'eau. Nous en avons déjà exposé sommairement la théorie générale (§ 134), et nous sommes arrivés à l'équation suivante,

$$T = PH + \frac{P}{2g} v^2 - \frac{P}{2g} u^2 - T_f,$$

qui donne le travail utilisé par la machine en fonction du poids P de l'eau qui tombe par unité de temps d'une hauteur H, de la vitesse v de l'eau en amont, de sa vitesse u à la sortie, et enfin du travail T_f des résistances secondaires pendant le même intervalle de temps. Pour que le rendement de l'appareil soit le plus grand possible, il faut que l'eau motrice y entre sans choc et en sorte sans vitesse appréciable. Les meilleurs récepteurs sont ceux qui satisfont le mieux à ces conditions.

183. Les récepteurs hydrauliques se partagent en deux grandes classes : les *roues* et les *turbines*. Les roues tournent autour d'un axe horizontal, et les turbines autour d'un axe vertical[1]. Les roues se subdivisent en *roues en dessous, roues*

---

[1] On a créé récemment des types de *turbines à axe horizontal*, ce qui oblige à modifier la définition. On peut dire que la turbine est caractérisée par cette circonstance que les filets liquides s'échappent de l'appareil par des orifices distincts des orifices d'entrée.

de côté, roues en dessus, suivant la hauteur à laquelle l'eau entre dans la roue. Les turbines appartiennent en général à deux types principaux : la *turbine Fourneyron*, où les filets liquides s'échappent par des trajectoires horizontales, et la *turbine d'Euler*, où les molécules liquides changent de hauteur en traversant la partie mobile de l'appareil.

Nous ne ferons pas ici une étude complète de tous ces récepteurs, ce sujet ne pouvant être traité en détail que dans les cours d'hydraulique. Nous nous bornerons à en examiner quelques exemples.

184. Les premières roues en dessous étaient les *roues à palettes planes*, récepteurs très-grossiers, où l'eau agissait par son choc, et d'où elle sortait avec une vitesse sensiblement égale à celle de la roue elle-même. Le rendement n'excédait pas 0,35. Poncelet a perfectionné cet appareil en courbant les palettes. La théorie de sa *roue à aubes courbes* peut être présentée approximativement comme il suit.

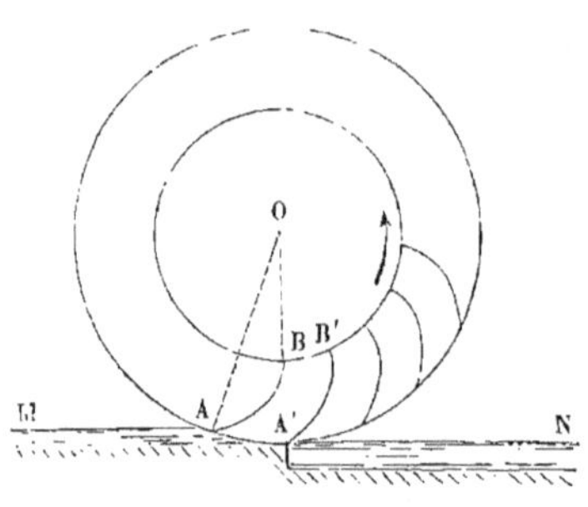

Fig. 81.

Soit O le centre de la roue ;

AB, A'B', ... les aubes courbes successives ;

MA, la nappe liquide qui atteint la roue en son point le plus bas avec une vitesse v.

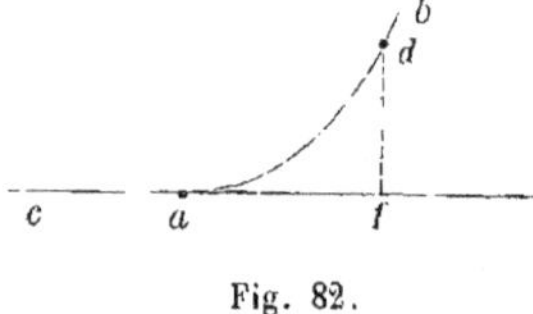

Fig. 82.

Soit v' la vitesse linéaire du point le plus bas A de la roue. Pour simplifier, nous admettrons que le rayon OA de la roue est infiniment grand, de manière que le déplacement de l'aube AB, dans la région inférieure de la roue, soit sensiblement une translation horizontale sous la vitesse v'. Soit donc ca la trajectoire horizontale d'une molécule liquide, animée de la vitesse v. Elle entrera sans choc sur l'aube si la courbe ab est tangente à l'horizontale ca.

La vitesse relative de la molécule par rapport à l'aube mobile sera égale à la différence $v - v'$; par suite la molécule, parvenue sur la courbe mobile ab, s'y élèvera jusqu'en un point d tel, que la hauteur df soit égale à la hauteur due à la vitesse $v - v'$, c'est-à-dire à la hauteur $\dfrac{(v - v')^2}{2g}$. Cette hauteur atteinte, la molécule redescendra le long de la courbe da, en reprenant aux mêmes points des vitesses relatives égales et contraires à celles qu'elle avait en montant; de sorte qu'en arrivant en a, elle possédera dans le sens ac une vitesse relative égale à $v - v'$. L'aube ayant la vitesse v' dans le sens af, la vitesse absolue de la molécule liquide à la sortie est égale à $(v - v') - v'$ ou à $v - 2v'$; elle est nulle, et la seconde condition imposée à la roue est satisfaite, si l'on a $v' = \dfrac{1}{2}v$, ou si la circonférence extérieure de la roue a pour vitesse linéaire la moitié de la vitesse d'affluence du liquide. Alors le rendement serait égal à l'unité, abstraction faite des résistances passives. On peut ajouter que la hauteur df est égale au quart de la chute qui produit la vitesse v.

En réalité, l'aube AB ne peut être tangente à la circonférence extérieure, sans quoi il n'entrerait dans la roue qu'une quantité d'eau infiniment petite; on lui fait faire avec cette circonférence un angle de 30°; l'eau ne sort pas sans vitesse, mais du moins elle ne conserve à la sortie qu'une vitesse très-faible. La roue serait dans d'excellentes conditions de rendement, si le mouvement ascendant des filets liquides qui y entrent n'était pas gêné par le mouvement descendant des filets qui ont déjà accompli la moitié de leur excursion; de là des frottements et des mouvements irréguliers qui représentent une perte de force vive. Le rendement constaté s'élève en définitive à environ 0,65.

ROUE EN DESSUS.

185. La *roue en dessus* ou *roue à augets* est un excellent récepteur, surtout quand sa vitesse est faible. L'eau introduite dans les augets supérieurs agit par son poids en descendant avec eux, jusqu'à la position à laquelle ils commencent à se vider dans le bief d'aval. On peut déterminer approximativement la forme que prend pendant le mouvement la surface libre du liquide dans chaque auget. Admettons, pour plus de simplicité, qu'il y ait équilibre relatif de l'eau contenue dans un auget sous l'action des forces qui la sollicitent. Ces forces sont la pesanteur et la force centrifuge. On est donc ramené à un problème analogue à celui du pendule conique (§ 59), ou de l'équilibre d'un liquide pesant tournant autour d'un axe vertical (§ 93) ; seulement ici l'axe de rotation est horizontal.

Soit O l'axe de la roue ;

CDB, un auget ;

AB, la surface libre du liquide qui y est contenu.

La molécule M située sur cette surface libre est en équilibre, d'après notre supposition, sous l'action de son poids ME, qui agit suivant la verticale, et de la force centrifuge MF, dirigée suivant le prolongement du rayon OM. Soit m la masse de la molécule, ω la vitesse angulaire de la roue, r la distance OM ; nous aurons $ME = mg$, et $MF = m\omega^2 r$. La surface libre doit être normale au point M à la résultante MG des deux forces MF et ME. Prolongeons MG jusqu'à la rencontre en H avec la verticale OH menée par le point O.

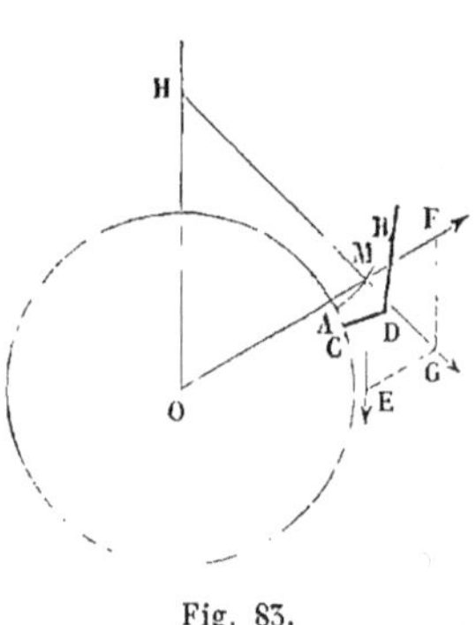

Fig. 83.

Les triangles OHM, EMG sont semblables et donnent la proportion

$$\frac{OH}{OM} = \frac{ME}{EG}, \quad \text{ou bien} \quad \frac{OH}{r} = \frac{mg}{m\omega^2 r}.$$

On en déduit $OH = \dfrac{g}{\omega^2}$, quantité constante, quel que soit le point M, et quel que soit l'auget considéré. Les normales à la surface libre vont donc toutes passer en projection par le point H, et par suite les surfaces libres du liquide dans chaque auget sont des portions de cylindres droits à base circulaire ayant pour axe commun la droite projetée en H.

Ce résultat prouve en même temps que l'hypothèse de l'équilibre relatif est inadmissible, puisqu'elle conduit à attribuer à la surface du liquide une forme variable d'un auget à l'autre. Ce n'est qu'à titre d'approximation qu'on peut faire usage de cette supposition. En d'autres termes, on constate, non pas un équilibre véritable, mais une tendance vers un équilibre dont les conditions sont incessamment altérées. Il n'y a, dans la pratique, aucun inconvénient à maintenir une hypothèse qui après tout n'est pas éloignée de la vérité.

Il résulte de là que les augets commencent d'autant plus tôt à se vider que la roue marche plus vite. Le récepteur recueille seulement le travail de la pesanteur sur la quantité d'eau qu'il contient effectivement. Il importe donc que l'auget se vide le plus bas possible; on y parvient en le remplissant seulement au tiers de sa capacité, et en adoptant pour la roue une vitesse très-modérée. Dans ces conditions le rendement de la roue, comparé à la puissance absolue, PH, de la chute, peut s'élever jusqu'à 0,90.

TURBINE FOURNEYRON.

186. La *turbine de M. Fourneyron* (fig. 84 et 85) consiste dans une couronne horizontale, représentée en coupe par les rectangles GH, et G'H', réunie par des bras LM, L'M à l'axe vertical IK, autour duquel elle est assujettie à tourner.

L'eau motrice tombe du niveau PP' du bief d'amont au niveau NN' du bief d'aval, en passant par le cylindre ABCD, qui l'amène à la couronne mobile. Le tuyau EF, appelé *tuyau portefond*, isole cette eau de l'axe IK, et prévient les déperditions de liquide. Le cylindre ABCD est traversé par des cloisons verticales fixes, figurées par les courbes *ab* dans la coupe horizontale ; elles ont pour objet de diriger les filets liquides de manière à les faire entrer dans la couronne mobile sous un angle

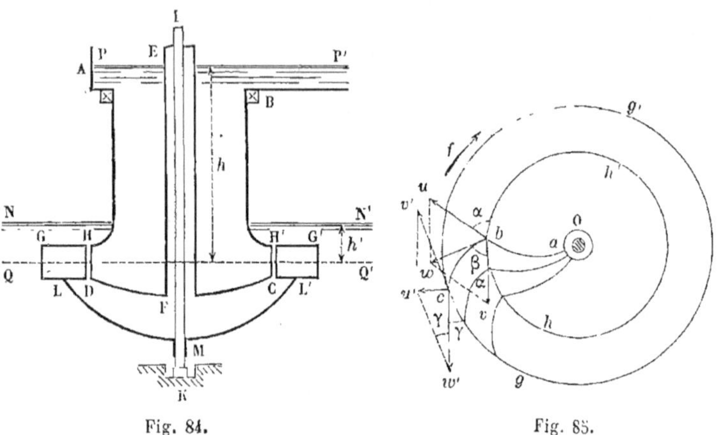

Fig. 84.   Fig. 85.

déterminé. La couronne est elle-même partagée par des cloisons directrices équidistantes *bc*, le long desquelles les filets fluides doivent glisser en exerçant sur elles une pression qui détermine le mouvement dans le sens de la flèche *f*. Ce mouvement est transmis par les bras LM à l'axe IK, et de là aux engrenages ou aux courroies qui relient l'axe aux machines-outils.

Pour faire la théorie de l'appareil, réduisons par la pensée la couronne à son plan moyen QQ′, et supposons que les filets liquides y entrent à la hauteur de ce plan, tangentiellement aux cloisons fixes *ab* et avec une vitesse *u*. Si p_a est la pression atmosphérique qui s'exerce en PP′, *h* la hauteur du plan PP′ au-dessus du plan QQ′, *p* la pression en *b*, le théorème de Bernoulli détermine la vitesse *u* par l'équation

$$(1) \qquad \frac{u^2}{2g} + \frac{p}{\Pi} = h + \frac{p_a}{\Pi},$$

Π étant le poids spécifique du liquide. La pression *p* n'est pas encore connue.

L'eau entre dans la couronne avec la vitesse absolue bu; mais le point b de la couronne est animé d'une vitesse linéaire v dans le sens de la flèche f. Pour avoir la vitesse relative de l'eau par rapport à la couronne, il suffit de composer la vitesse bu avec une vitesse bv, égale et contraire à la vitesse linéaire du point b, ce qui conduit à une résultante bw. Il n'y aura pas choc à l'entrée si cette résultante est tangente à la cloison bc. Nous supposerons cette condition remplie.

Soient α et θ les angles que les cloisons ab et bc font avec la circonférence intérieure de la couronne. Le triangle bwv nous donne les deux équations :

$$(2) \qquad w^2 = u^2 + v^2 - 2uv \cos\alpha,$$

$$(3) \qquad \frac{\sin\beta}{\sin\alpha} = \frac{u}{w}.$$

Le filet liquide qui parcourt la cloison bc dans son mouvement relatif est soumis à la pression motrice p au point b, à une pression résistante p' au point c, aux réactions normales de la cloison bc, à la pesanteur et aux forces apparentes, savoir les forces centrifuges et les forces centrifuges composées. Appliquant au mouvement de ce filet le théorème des forces vives, on élimine à la fois la pesanteur, les forces centrifuges composées, et les réactions de la cloison directrice, puisque toutes ces forces sont normales au chemin décrit et ne produisent aucun travail. Le théorème de Bernoulli, complété par l'addition du terme qui correspond au travail de la force centrifuge (III, § 216), donne la vitesse relative w' de sortie. On parvient à l'équation

$$(4) \qquad \frac{w'^2}{2g} + \frac{p'}{\Pi} = \frac{w^2}{2g} + \frac{p}{\Pi} + \frac{v'^2}{2g} - \frac{v^2}{2g},$$

v' étant la vitesse linéaire de la circonférence extérieure. Si r et r' sont les rayons des deux circonférences extrêmes qui comprennent la couronne, on aura entre v et v' l'équation

$$(5) \qquad \frac{v'}{v} = \frac{r'}{r}.$$

Composons enfin la vitesse relative w' avec la vitesse d'entraînement v' du point c ; la résultante cu' sera la vitesse absolue avec laquelle l'eau quitte la couronne pour entrer dans le bief d'aval. La seconde condition d'un bon rendement exige que cette vitesse u' soit la moindre possible. Elle est donnée dans le triangle $cu'w'$, où γ est l'angle de la cloison bc avec la circonférence extérieure de la couronne :

$$u'^2 = w'^2 + v'^2 - 2w'v'\cos\gamma,$$

ou bien

$$(6) \qquad u'^2 = (w' - v')^2 + 4v'w'\sin^2\frac{\gamma}{2}.$$

On rendra u' très-petit en donnant à γ une petite valeur, et en faisant $w' = v'$. On aurait même $u' = 0$, et le récepteur serait parfait, si l'on faisait $w' = v'$ et $\gamma = 0$. Mais cette détermination-limite est inadmissible. En effet, considérons un arc infiniment ds, égal à une partie aliquote de la circonférence intérieure bhh'; considérons en même temps l'arc ds', égal à la même partie aliquote de la circonférence extérieure cgg'; le second de ces arcs débite à l'extérieur l'eau que le premier débite à l'intérieur de la couronne. La continuité du débit exige en effet que les dépenses de ces deux orifices soient les mêmes. Or l'arc ds est traversé par un courant liquide animé de la vitesse u, qui fait avec sa direction un angle α ; le débit est donc proportionnel au produit $uds\sin\alpha$. Le débit de l'arc ds' dans le mouvement relatif est de même proportionnel à $w'ds'\sin\gamma$, et l'on a

$$uds\sin\alpha = w'ds'\sin\gamma,$$

ou bien, puisque ds et ds' sont entre eux comme les rayons des circonférences,

$$(7) \qquad ur\sin\alpha = w'r'\sin\gamma.$$

Cette équation montre que γ ne peut être nul sans rendre nul le débit de la turbine. On fait ordinairement $\gamma = 30°$.

La pression p' qui règne hors de la couronne est égale à la pression atmosphérique augmentée de la pression correspondante à la hauteur h' comprise entre les plans NN′ et QQ′. C'est une des données de la question.

En résumé, on connaît les angles α et γ, les hauteurs h et h', les rayons r et r', les vitesses v et v', et on a à déterminer les sept inconnues

$$u, \quad w, \quad \beta, \quad p, \quad v', \quad w', \quad u'.$$

Pour cela on a sept équations, de sorte que le problème est déterminé. Le rendement s'obtient en observant que, si P est le poids d'eau écoulé dans l'unité de temps par la turbine, et H la hauteur de la chute $h - h'$, la puissance de la chute est PH, et la puissance perdue est représentée par la demi-force vive conservée par l'eau à la sortie, ou par $\dfrac{1}{2}\dfrac{P}{g}u'^2$; le rendement est donc égal à

$$1 - \frac{P\,\dfrac{u'^2}{2g}}{PH} = 1 - \frac{u'^2}{2gH}.$$

Cette quantité s'exprime en fonction des angles α et γ.

Ajoutons, en effet, les équations (1), (2) et (4), après avoir divisé par $2g$ l'équation (2) ; puis remplaçons $h - h'$ par H et w' par v'. Il vient

$$uv\cos\alpha = gH.$$

Nous avons de plus

(3) $$\qquad\qquad v'r = vr,$$
$$\qquad\qquad w' = v',$$

et

(7) $$\qquad\qquad w'r'\sin\gamma = ur\sin\alpha.$$

Multipliant membre à membre et effaçant les facteurs communs, il vient

$$w'^2 = gH\,\frac{\tan\alpha}{\sin\gamma}.$$

Mais l'équation (6), dans laquelle on fait $w' = v'$, donne

$$u'^2 = 4v'^2\sin^2\frac{\gamma}{2} = 4w'^2 \times \sin^2\frac{\gamma}{2}.$$

Donc

$$u'^2 = 4g\mathrm{H} \; \frac{\tang \alpha \sin^2 \frac{\gamma}{2}}{\sin \gamma}.$$

Le rendement maximum de l'appareil est enfin égal à

$$1 - \frac{2\tang \alpha \sin \frac{\gamma}{2}}{\sin \gamma} = 1 - \tang \alpha \; \frac{\sin \frac{\gamma}{2}}{\cos \frac{\gamma}{2}} = 1 - \tang \alpha \tang \frac{\gamma}{2}.$$

PRESSION D'UNE VEINE LIQUIDE SUR UN PLAN MATÉRIEL INDÉFINI.

187. Soit AB un plan matériel indéfini, sur lequel une veine fluide vient tomber. On demande de déterminer la résultante F des pressions normales exercées par le plan sur la veine fluide, égale et contraire à la résultante des actions normales exercées par la veine fluide sur le plan.

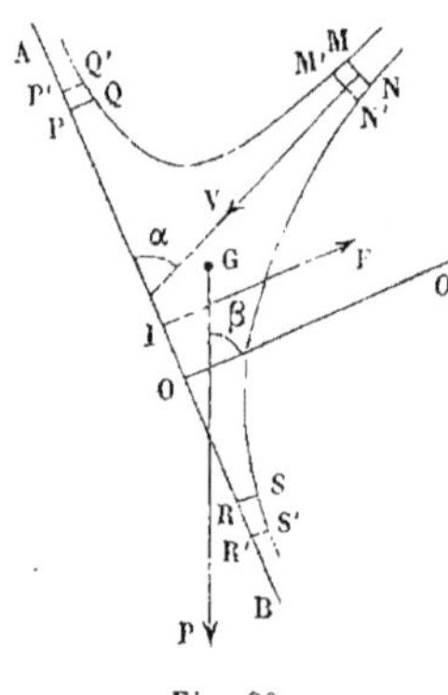

Fig. 86.

Soit MN une section transversale de la veine ; les filets fluides qui traversent cette section sont tous parallèles et animés d'une même vitesse V. Au delà de cette section, les filets fluides s'infléchissent, et viennent s'étaler sur le plan, en prenant des vitesses variables d'un filet à l'autre, mais toutes parallèles au plan AB. La veine a donc la forme MQSN ; on peut la couper par un cylindre PQRS, normal au plan AB, et tel que toutes les molécules fluides, une fois ce cylindre franchi, aient des vitesses sensiblement parallèles à ce plan. Cette hypothèse ne serait pas toujours admissible si le plan AB était limité, ou si l'on y substituait une surface courbe.

Appliquons au système matériel compris entre le plan MN et la surface PQRS le théorème des quantités de mouvement projetées sur un axe OO', normal au plan AB. Si dans un temps infiniment petit dt, le système se transporte de la position MNPQRS dans la position M'N'P'Q'R'S', l'accroissement des quantités de mouvement s'obtiendra en retranchant les quantités de mouvement des molécules en MNM'N' des quantités de mouvement des molécules comprises entre les deux surfaces PQRS et P'Q'R'S', ces quantités de mouvement étant projetées d'ailleurs sur la droite OO'. Les quantités de mouvement des molécules composant l'anneau liquide PQRS, P'Q'R'S' sont nulles en projection, puisque les vitesses de ces molécules sont normales à l'axe. Les molécules en MNM'N' ont une vitesse V, qui fait avec le plan un angle α, et avec l'axe de projection un angle $\frac{\pi}{2} - \alpha$. Soit Ω la section MN; le volume MNM'N' sera $\Omega \times V dt$, la masse $\frac{\Pi}{g} \Omega V dt$, et la quantité de mouvement projetée sera par conséquent $\frac{\Pi}{g} \Omega V^2 dt \sin \alpha$.

Les forces qui agissent sur le système sont : 1° la pression atmosphérique, qui règne sur toute la section MN, puisque l'écoulement s'y fait par filets parallèles, et qui enveloppe d'ailleurs tout le volume de la veine fluide ; elle se détruit en projection sur un axe quelconque ;

2° La réaction normale du plan, abstraction faite de la pression atmosphérique ; nous la représenterons par la lettre F ; le point d'application de cette force est inconnu. Le frottement du fluide contre le plan AB est normal à l'axe OO', et ne donne rien en projection ;

3° Le poids de la masse fluide, force verticale appliquée en son centre de gravité G, et que nous représenterons par P.

Le théorème dés quantités de mouvement donne en définitive

$$- \frac{\Pi}{g} \Omega V^2 dt \sin \alpha = (P \cos \beta - F) dt.$$

et on en déduit

$$F = P \cos \beta + \frac{\Pi}{g} \Omega V^2 \sin \alpha.$$

La force F se compose donc de deux parties. La première, $P\cos\beta$, est la composante normale du poids de la masse MNRSPQ posée sur le plan incliné AB; c'est ce qu'on appelle la *pression statique*, pour indiquer qu'elle subsisterait encore si la masse fluide était solidifiée et posée sur le plan.

La seconde partie $\dfrac{\Pi}{g}\Omega V^2 \sin\alpha$ dépend de la vitesse V, et constitue la *pression dynamique* de la veine. Elle est exprimable par le produit $2\Pi\Omega\times\dfrac{V^2}{2g}\sin\alpha$, ou par le double du poids d'un cylindre fluide ayant pour base la section Ω, pour longueur d'arête la hauteur $\dfrac{V^2}{2g}$ due à la vitesse V, et dans lequel les arêtes feraient avec le plan de la base un angle α.

La même théorie s'applique au cas où le plan choqué est mobile; seulement, il faut substituer à la vitesse V la vitesse relative de la veine par rapport à ce plan.

THÉORIE DES MOULINS A VENT.

188. Un *moulin à vent* est un récepteur destiné à utiliser les mouvements naturels de l'air. L'appareil comprend un certain nombre d'ailes, ordinairement quatre, formées d'un cadre gauche en charpente, sur lequel on tend des toiles. Les ailes sont montées sur des bras, implantés normalement à l'axe qui transmet le mouvement aux meules ou aux autres machines-outils. Cet axe, sensiblement horizontal, doit être dirigé contre le vent; on a remarqué qu'il convenait de lui donner une petite inclinaison montante, le vent ayant à la surface du sol une direction légèrement plongeante.

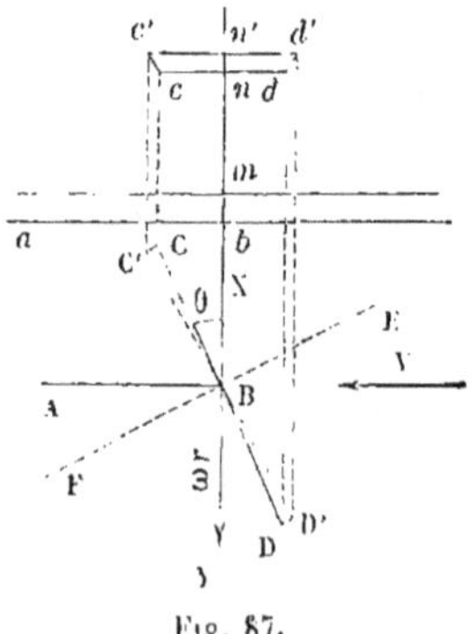

Fig. 87.

L'air, animé d'une vitesse V, frappe les ailes du moulin. Soit AB la projection horizontale, et *ab* la projection verticale de l'axe de rotation ; cherchons l'action exercée par l'air dans son mouvement relatif sur l'élément de surface gauche projeté horizontalement en CDD'C' et verticalement en *cdd'c'*. Nous appellerons ω la vitesse angulaire de l'aile autour de l'axe (AB, *ab*). Une expérience de M. Athanase Duprez, de Rennes, fait connaître l'action exercée par l'air en mouvement sur une petite surface.

189. Un tube OA, plein d'air, bouché en A, reçoit dans le plan de la figure un mouvement de rotation uniforme autour du point fixe O. Proposons-nous d'abord de déterminer la loi de répartition des pressions à l'intérieur du tube pendant le mouvement. Soit p la

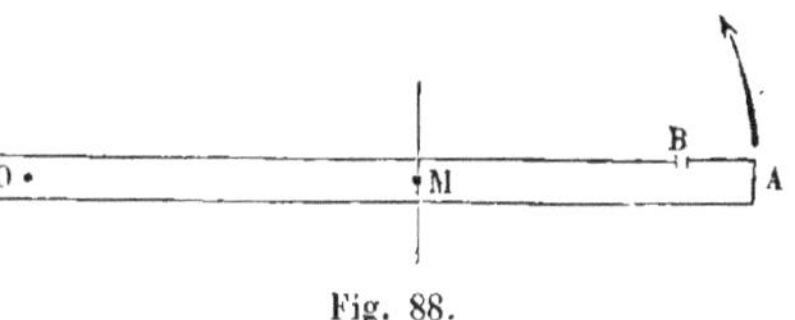

Fig. 88.

pression dans une section M située à la distance $OM = r$ de l'axe de rotation. L'accélération centrifuge a pour valeur $\omega^2 r$, et l'équilibre de la masse fluide satisfait à l'équation

$$dp = \rho \times \omega^2 r\, dr.$$

Mais en vertu de la loi de Mariotte $p = K\rho$, K étant une constante. On en déduit

$$K \frac{dp}{p} = \omega^2 r\, dr$$

et

$$K \log\,\text{nép.}\, \frac{p}{p_0} = \frac{\omega^2}{2}\,(r^2 - r_0^2).$$

La pression p en un point défini par sa distance r est donc définie par l'équation

$$p = p_0 e^{\dfrac{\omega^2}{2K}\,(r^2 - r_0^2)} = Ce^{\dfrac{\omega^2 r^2}{2K}} = Ce^{\dfrac{V^2}{2K}},$$

en désignant par V la vitesse linéaire ωr du point considéré, et par C une constante qui reste à déterminer.

Cela posé, M. A. Duprez a observé que, si l'on ouvrait dans la paroi latérale du tube un orifice en B, du côté qui refoule l'air atmosphérique pendant le mouvement, cet orifice ne donnait passage ni à l'air extérieur pour entrer dans le tube, ni à l'air du tube pour en sortir; et cela, quelle que fût la vitesse angulaire ω et la distance r. On peut en conclure que la pression p développée par l'action de l'air extérieur dans le mouvement relatif fait équilibre à la pression p calculée par la formule hydrostatique, de sorte que la pression par unité de surface développée par le mouvement normal d'un élément de surface dans l'air sous la vitesse V serait exprimée par la formule exponentielle

$$p = Ce^{\frac{V^2}{2K}}.$$

Lorsque la vitesse V n'est pas très-grande, on peut développer l'exponentielle en série, et se contenter des deux premiers termes; il vient alors

$$p = C + \frac{CV^2}{2K}.$$

Le premier terme C représente la pression statique de l'air; si l'on en fait abstraction pour ne tenir compte que de la partie dynamique de la réaction mutuelle, il vient

$$R = \frac{CV^2}{2K} = AV^2,$$

et on retrouve la loi du carré de la vitesse relative ($\S$ 187), que nous appliquerons à notre problème.

190. L'élément de l'aile est défini (fig. 87) par sa distance $r = bn$ à l'axe de rotation; par l'angle θ, que la génératrice de la surface gauche fait avec le plan moyen XY du moulin à vent, ou avec un plan normal à l'axe de rotation; enfin par sa largeur $dr = nn'$ et sa longueur $b = CD$. La vitesse angulaire de l'aile étant ω autour de l'axe AB, la vitesse linéaire du point n est égale à ωr dans la direction BY. Cette vitesse est sensiblement la même pour tous les points de l'élément considéré. Estimons la *vitesse relative normale* de l'air par.

rapport à l'élément CDD'C'; il suffit pour la trouver de projeter les vitesses sur la normale EF à cet élément, et de retrancher les vitesses ainsi ramenées au même sens. La vitesse absolue de l'air donne suivant cette direction une composante $V \cos \theta$; la vitesse absolue de l'élément a une composante $\omega r \sin \theta$, et la vitesse normale relative est égale à $V \cos \theta - \omega r \sin \theta$. La pression dynamique exercée par le vent sur l'élément a pour valeur le produit

$$Kb\,dr\,(V \cos \theta - \omega r \sin \theta)^2,$$

K représentant un coefficient qui varie avec le poids spécifique de l'air, $b\,dr$ la surface pressée, et $(V \cos \theta - \omega r \sin \theta)^2$ le carré de la vitesse relative estimée normalement à la surface.

Le chemin parcouru par l'élément d'aile pendant le temps dt est égal à $\omega r\,dt$, dans la direction BY; projeté sur la direction de la force, il est égal à $\omega r\,dt \sin \theta$.

Le travail élémentaire correspondant au temps dt est donc, pour la petite surface CDD'C',

$$Kb\,dr\,(V \cos \theta - \omega r \sin \theta)^2 \times \omega r\,dt \sin \theta.$$

Pour l'unité de temps, il sera

$$Kb\,dr\,(V \cos \theta - \omega r \sin \theta)^2 \times \omega r \sin \theta,$$

et pour les quatre ailes, le travail T recueilli par l'appareil s'obtiendra en prenant l'intégrale de cette différentielle pour tous les éléments des ailes. On aura donc en définitive, en faisant sortir les facteurs constants du signe $\int$,

$$T = 4Kb\omega \int_{r_0}^{r_1} (V \cos \theta - \omega r \sin \theta)^2 \sin \theta\, r\,dr,$$

r_0 et r_1 représentant les limites extrêmes de l'aile, et θ étant entre ces limites une fonction connue de la variable r.

Pour trouver la forme la plus convenable de l'aile correspondante à des valeurs données de V et de ω, on devra déterminer la fonction θ de manière que l'intégrale soit maximum. Comme elle se compose d'éléments tous positifs, on satisfait à la condition en rendant maximum chacun de ces éléments indépendamment des autres, ce qui revient à égaler à zéro la différentielle par rapport à θ seul de la quantité placée sous le signe $\int$. Il vient ainsi :

$$2\,(V\cos\theta - \omega r\sin\theta)\,(-V\sin\theta - \omega r\cos\theta)\sin\theta + (V\cos\theta - \omega r\sin\theta)^2\cos\theta = 0.$$

Cette équation se décompose en deux facteurs, savoir :

$$V\cos\theta - \omega r\sin\theta = 0,$$
$$(V\cos\theta - \omega r\sin\theta)\cos\theta - 2\,(V\sin\theta + \omega r\cos\theta)\sin\theta = 0.$$

La première solution est inadmissible, car elle annulerait le travail T qu'on veut rendre maximum ; elle définit la forme de l'aile qui, en se mouvant avec la vitesse angulaire ω dans l'air animé de la vitesse V, ne subirait de la part du vent aucune action normale.

L'autre équation donne la condition cherchée : divisant par $2V\cos^2\theta$, et changeant les signes, il vient

$$\operatorname{tang}^2\theta + \frac{3\omega r}{2V}\operatorname{tang}\theta - \frac{1}{2} = 0.$$

Cette équation donne pour $\operatorname{tang}\theta$ deux valeurs : l'une positive, l'autre négative ; la première seule résout la question dans le sens direct de son énoncé. On voit que la forme la plus convenable de l'aile varie avec le rapport $\dfrac{\omega}{V}$.

CHAPITRE III

MACHINE DE PAPIN.

191. La machine à vapeur, telle qu'on l'emploie aujour-
d'hui, est le résultat des perfectionnements successifs d'une
idée première due à Denis Papin. Il s'était proposé d'obtenir
le mouvement oscillatoire d'un piston placé dans un cylindre, en faisant agir sur lui d'un côté la pression d'un fluide,
de l'autre la pression de l'atmosphère.

Concevons qu'au moment où le piston P est parvenu au
haut d'un cylindre ABCD ouvert à sa partie supérieure, on
fasse le vide sous ce piston ; la pression atmosphérique qui
continue à agir sur la face P′ n'étant plus équilibrée par la pression du fluide contenu dans
le cylindre, tend à faire descendre le piston.
Admettons que ce mouvement soit accompli.
Une fois que le piston est parvenu au bas de
sa course, supposons qu'on rétablisse la pression du fluide à l'intérieur du cylindre. Le
piston, soumis à la fois à deux pressions

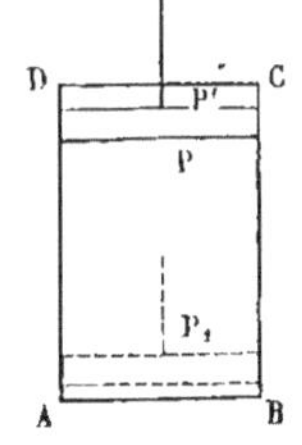

Fig. 89.

égales et contraires, sera entraîné vers le haut par le poids
des organes de la machine, ou, au besoin, par un contre-
poids. Le mouvement oscillatoire s'obtiendra donc en opérant
dans le cylindre des dilatations et des raréfactions alternatives du fluide qui y est renfermé. On transformera ensuite

ce mouvement oscillatoire en un mouvement quelconque, par exemple en mouvement circulaire continu. Tel est le type sommaire de la *machine atmosphérique*, ou *machine à simple effet*.

Papin songea d'abord à utiliser pour cet objet la poudre à canon. Supposons qu'on place entre le piston P_1, ramené au bas de sa course, et le fond AB du cylindre, une petite couche de poudre à laquelle on mettra le feu. Au moment de la déflagration, le piston sera chassé vers le haut et viendra prendre sa position supérieure P. Puis les gaz de la poudre se refroidissant, la pression intérieure diminuera, et le piston sera ramené de P en P_1 par l'excès de la pression atmosphérique sur la pression intérieure. On introduit alors à la base du cylindre une nouvelle quantité de poudre, qu'on enflamme, et le mouvement peut être ainsi prolongé aussi longtemps qu'on le voudra.

Cette solution, abandonnée par Papin, a été reprise de nos jours et appliquée au battage des pieux. La poudre qu'il convient d'employer alors est la poudre blanche, au chlorate de potasse, qui s'enflamme sous le choc du marteau.

192. Le procédé auquel Papin semble s'être arrêté consiste à remplacer la poudre par une couche d'eau placée sur le fond AB du cylindre. Si l'on chauffe cette eau jusqu'à la transformer en vapeur, on développera sous le piston une pression égale à la pression atmosphérique, et le piston remontera de P_1 en P. Puis, éloignant le feu du cylindre, on laissera se condenser la vapeur, qui repassera bientôt à l'état liquide; la pression atmosphérique, supérieure à ce moment à la pression intérieure du fluide, fera rétrograder le piston et le ramènera en P_1.

L'oscillation du piston résultera ainsi de l'éloignement et du rapprochement alternatif du feu. A l'intérieur du cylindre, l'eau passera alternativement de l'état liquide à l'état de vapeur, et de l'état de vapeur à l'état liquide. La machine à vapeur est tout entière dans ce premier essai.

MACHINE DE NEWCOMEN.

193. Le premier perfectionnement notable de la machine de Papin a consisté à séparer du cylindre où se meut le pis-

Fig. 90.

ton la chaudière où s'opère la vaporisation de l'eau. On obtient ainsi la *machine atmosphérique*, ou *pompe à feu* de Newcomen, qui fut pendant longtemps employée à l'épuisement des mines.

L'eau liquide est vaporisée dans la chaudière A, placée sur le foyer. La vapeur se rend dans le cylindre par un conduit qu'on peut ouvrir ou fermer à volonté au moyen d'un robinet. Le piston H est attaché par une chaine à un balancier mo-

bile autour d'un point fixe. Cette chaîne s'enroule sur un arc
de cercle ayant ce point pour centre, de manière à conserver
invariable la position de la partie libre du lien. L'autre
extrémité du balancier porte un arc analogue, auquel s'attache la chaîne qui conduit les pompes. Un contre-poids tend à
faire descendre cette partie de l'appareil et à soulever le piston H. A proximité du cylindre se trouve placé un réservoir
d'eau froide, d'où part le tuyau D qui conduit l'eau dans le
cylindre ; un robinet sert à fermer et à ouvrir ce tuyau. Pour
que le piston H monte, on ferme ce dernier robinet et on ouvre le robinet d'admission ; le contre-poids amène le piston H
dans sa position supérieure, et le cylindre se remplit de vapeur. On tourne alors les deux robinets ; un jet d'eau froide
pénètre dans le cylindre et la vapeur se condense aussitôt. Le
vide se fait sous le piston, et la pression atmosphérique le ramène dans sa position la plus basse. Un tube particulier
verse sur le piston une petite couche d'eau qui empêche les
fuites de vapeur à la jonction du piston et du cylindre.

PERFECTIONNEMENTS DUS A WATT.

194. Le perfectionnement dû à Newcomen se résumait dans
la séparation de la chaudière d'avec le cylindre où se meut le
piston. Le perfectionnement principal dû à Watt est de même
la séparation du condenseur et du cylindre. Papin opéra dans
un même espace les trois fonctions de la machine : production de la vapeur, action de la vapeur sur le piston, condensation de la vapeur. Watt sépare ces trois opérations et les fait
accomplir dans trois organes distincts, ayant chacun une des-
tination unique. C'est une application du principe de la *division du travail*.

L'emploi du condenseur est fondé sur un principe de physique formulé par Watt et connu sous le nom de *principe de la
paroi froide*. Quand une quantité limitée de vapeur contenue

dans une enceinte à la température τ est mise en communication avec une autre enceinte à la température τ', inférieure à τ, il se fait un écoulement de fluide de la première enceinte dans la seconde, et au bout d'un temps assez court, les deux enceintes sont remplies d'un mélange de vapeur et d'eau liquide dont la pression se règle sur la température τ' la plus basse. Pour condenser la vapeur sous le piston, il n'est donc pas nécessaire d'injecter de l'eau froide dans le cylindre, comme le faisait Newcomen. Il suffit d'ouvrir une communication libre entre le cylindre et un espace entretenu à la température la plus basse possible. La machine à vapeur, réduite à ses parties essentielles, comprend donc trois organes principaux ; on peut se rendre compte de leur rôle sur la figure suivante :

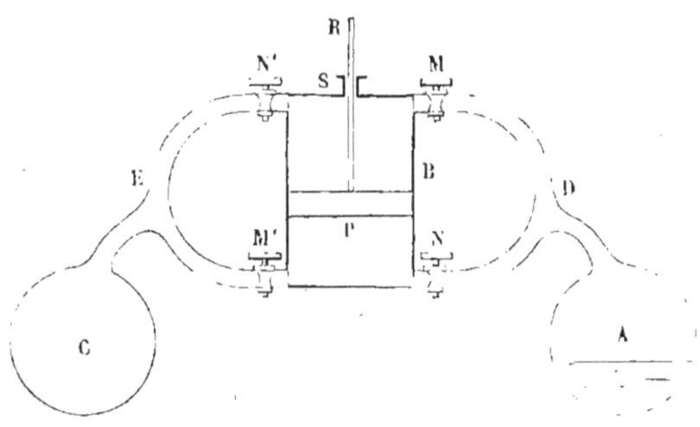

Fig. 91.

A, *chaudière* où l'eau est maintenue à l'état d'ébullition, à la température τ et sous la pression p ;

B, *cylindre* où se meut le piston P ; la machine que nous représentons est une machine *à double effet*, c'est-à-dire une machine dans laquelle le piston est alternativement pressé sur ses deux faces ; le piston transmet son mouvement au dehors du cylindre par la *tige* R, traversant une *boîte à étoupes* S ;

C, *condenseur* entretenu à une température τ', aussi basse que possible ;

D, *tubes d'amenée* ou *tubes d'admission*, conduisant la vapeur de la chaudière au cylindre ;

E, *tubes de fuite* ou *d'échappement*, conduisant la vapeur au condenseur;

M, N, M′, N′, robinets de distribution, que nous supposons manœuvrés à la main.

Pour faire monter le piston, on ouvre les robinets N et N′, et on ferme les robinets M et M′. La partie supérieure du cylindre est alors en communication avec le condenseur, et les fluides qui y sont contenus prennent une pression peu différente de la pression p' correspondante à la température τ. La partie inférieure est en communication avec la chaudière, et subit une pression peu différente de la pression p. Le piston est donc sollicité vers le haut par une force égale à $(p - p')\Omega$, Ω étant sa surface. Quand il est parvenu au haut de sa course, on ferme les robinets N et N′, et on ouvre M et M′. Les communications des deux parties du cylindre s'établissent dans l'ordre inverse, et le piston est sollicité à descendre par une pression résultante égale encore à $(p - p')\Omega$. Le jeu indéfini de la machine suppose donc : 1° la fermeture et l'ouverture alternatives des robinets conjugués M, M′ et N, N′, à chaque fois que le piston atteint la fin de sa course; 2° la production indéfinie de vapeur en A, c'est-à-dire la consommation d'un certain poids de combustible et l'introduction de la quantité d'eau liquide qui se transforme en vapeur; 3° enfin le maintien du condenseur à la température τ', par une injection d'eau froide et par l'évacuation constante de toute l'eau de condensation qui tend à le remplir. La machine comprend donc, outre les organes principaux que nous avons d'indiqués plus haut, un *foyer* pour brûler le combustible sous la chaudière, une *pompe alimentaire* pour fournir à la chaudière l'eau enlevée par la vaporisation, une *pompe aspirante* ou *pompe à air*, pour vider le condenseur à mesure que la vapeur condensée s'y introduit, et une *pompe à eau*, pour y injecter de petites quantités d'eau froide, qui empêchent la température de s'élever.

Enfin, un mécanisme particulier rattachera le jeu des robinets de distribution M, N, M′, N′ aux pièces mobiles de la machine, de manière à supprimer l'emploi des ouvriers auxquels on confiait d'abord cette manœuvre. La première transmission de ce genre a été imaginée par un enfant, employé à tourner les robinets d'admission de la machine de Newcomen, et qui, au moyen de tringles et de ficelles attachées d'un côté au robinet, de l'autre au balancier de la machine, fit faire par la machine elle-même le travail dont il était chargé.

DÉTENTE.

195. Au lieu de manœuvrer à la fois les robinets M, M', et les robinets N, N', on peut, en réglant convenablement l'époque de leur ouverture et de leur fermeture, obtenir une meilleure utilisation de la vapeur produite.

Considérons le piston P dans sa course ascendante; les robinets M et M' restent fermés pendant toute cette partie, et le robinet N' est ouvert. Quant au robinet N, qui amène la vapeur sous la face AB du piston, au lieu de le laisser ouvert tout le temps de la course, nous le fermerons quand le piston sera parvenu à une position particulière AB. A partir de ce moment jusqu'au bout de la course ascendante, la vapeur comprise dans le cylindre entre la paroi mobile AB et les robinets N et M' se *détend* et sa pression diminue. Elle tombe

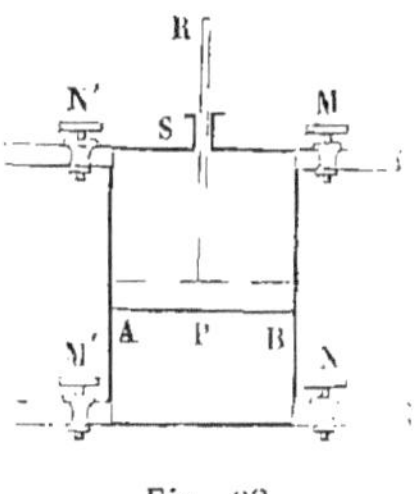

Fig. 92.

ainsi de la pression p à une pression plus petite p_1, et c'est sous cette dernière pression qu'elle se trouve au moment où la condensation commence par l'ouverture du robinet M'. La détente consiste donc à limiter l'admission par la fermeture du tube d'amenée avant que le piston ait accompli toute sa course. Le *coefficient de la détente* est le rapport de la longueur de course effectuée pendant la détente à la course totale.

Pour apprécier l'avantage de la détente, nous supposerons que, pendant que la vapeur se détend, la loi de Mariotte lui soit applicable, c'est-à-dire qu'elle se comporte comme un gaz dont la température serait constante. Pour que cette hypothèse soit admissible, il faut que l'on fournisse de la chaleur à la vapeur pendant que son volume augmente; autrement il y aurait abaissement de température, et, suivant les cas, vaporisation d'eau liquide ou condensation de vapeur au sein de la masse fluide dilatée. Appelons p la pression de la vapeur dans la chaudière, laquelle est sensiblement égale à la pression exercée sur la face du piston pendant l'admission. Soient Ω la section du piston ;

l la portion de course qu'il décrit pendant l'admission ;

L la course totale ;

et V_0 le volume de l'*espace mort* compris entre les robinets et le piston au moment de son départ. Pendant la période d'admission, le travail moteur de la vapeur est mesuré par le produit

$$p\Omega l.$$

Au delà, la pression se réduit de plus en plus; si x est l'espace décrit par le piston à un certain instant, la pression q correspondante de la vapeur, dans l'hypothèse où nous nous plaçons, sera donnée par la loi de Mariotte

$$q \times (V_0 + \Omega x) = p \times (V_0 + \Omega l).$$

Donc

$$q = p \times \frac{V_0 + \Omega l}{V_0 + \Omega x}.$$

Le travail élémentaire fourni par un déplacement dx du cylindre est $q\Omega dx$, ou bien

$$\frac{p(V_0 + \Omega l)\Omega dx}{V_0 + \Omega x},$$

et le travail total pendant la détente sera la somme de cette expression entre les limites l et L. Le travail moteur T fourni par la course entière est donc égal à

$$T = p\Omega l + p(V_0 + \Omega l) \int_l^L \frac{\Omega dx}{V_0 + \Omega x}$$

$$= p\Omega l + p(V_0 + \Omega l)\log \text{nép.} \frac{V_0 + \Omega L}{V_0 + \Omega l}.$$

En général, on fait en sorte que l'espace mort V_0 soit le plus petit possible. Supposons-le nul. La formule devient

$$T = p\Omega l\left(1 + \log.\frac{L}{l}\right) = p\Omega l\left(1 + \log.\frac{p}{p_1}\right).$$

Or, pour obtenir ce résultat, il a suffi de dépenser un volume Ωl de vapeur produit sous la pression p. La dépense de combustible est proportionnelle à ce volume. Donc le facteur $1 + \log$ nép $\dfrac{p}{p'}$ mesure l'utilisation de la dépense faite ; si $p_1 = p$, c'est-à-dire s'il n'y a pas de détente, le facteur devient égal à l'unité ; il croît à mesure que p_1 diminue, c'est-à-dire à mesure que la détente augmente et que l'admission diminue.

D'après ce raisonnement une machine à vapeur serait d'autant plus parfaite que la détente y est plus prolongée. Mais cette conclusion n'est vraie qu'avec certaines restrictions, car elle repose sur une hypothèse qui n'est pas ordinairement vérifiée, celle de la constance de la température pendant toute la détente. D'ailleurs la détente est évidemment limitée par la pression dans le condenseur. Elle est dite *complète* quand $p_1 = p'$.

Pour maintenir constante autant que possible la température de la vapeur, Watt entourait son cylindre d'une enceinte communiquant librement avec la chaudière et formant autour de lui comme une *chemise de vapeur*. Cette précaution avait pour effet de réchauffer la vapeur pendant sa détente à travers les parois du cylindre. Une partie de la chaleur produite dans le foyer est alors employée à opérer ce réchauffement.

TIROIRS SUBSTITUÉS AUX ROBINETS.

196. Au lieu des robinets qui ferment et ouvrent alternativement les tubes d'admission et d'échappement, on se sert d'appareils à mouvement alternatif appelés *tiroirs*. Voici

le système primitivement adopté par Watt sous le nom de *grand tiroir* ou de *tiroir en* D[1]. Il s'applique spécialement aux machines sans détente.

Le cylindre AB, dans lequel se meut le piston P, est en communication avec une *boîte de distribution* M, par les conduits *m*, *n*, qu'on appelle les *lumières* d'échappement et d'admission. Dans cette boîte se meut le grand tiroir; il est formé de deux pistons D et E, réunis ensemble à distance invariable par un tuyau F qui les traverse tous les deux. Le grand tiroir

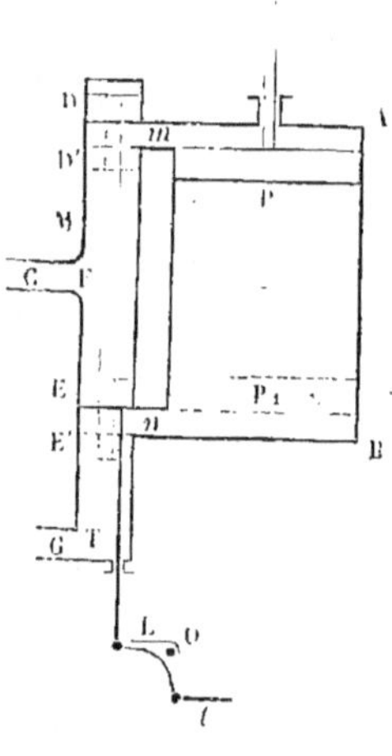

Fig. 95.

est mobile dans la boîte de distribution entre les positions DE et D'E'; la première laisse les lumières *m* et *n* au-dessous des pistons D et E; la seconde les amène au-dessus.

La boîte de distribution est alimentée directement par le tuyau C qui vient de la chaudière, et qui aboutit entre les deux pistons D et E; elle communique par le tuyau G avec le condenseur. La vapeur entoure le tuyau F dans tout l'intervalle des deux pistons.

Supposons que le piston P soit au haut du cylindre, et qu'il ait à accomplir une nouvelle course dans le sens descendant. Il suffira pour cela d'amener la vapeur par la lumière *m* au-dessus du piston, et d'établir la communication par la lumière *n* avec le condenseur G. On obtient ce double résultat en donnant au tiroir la position supérieure DE.

Quand le piston est parvenu en P_1, et qu'il faut le faire remonter en P, il n'y a qu'à introduire la vapeur sous le piston P_1 par la lumière *n*, en ouvrant à la vapeur située au-dessus un chemin vers le condenseur. On y parvient en amenant le grand tiroir dans la position D'E'; car alors la lumière *n* communique avec l'intervalle compris entre les deux

---

[1] Ce nom rappelle la forme de la coupe transversale du tuyau qui réunit les deux pistons D et E.

pistons du tiroir, et par là avec la chaudière, tandis que la lumière m communique avec le condenseur G par l'intermédiaire du tube F qui traverse les deux pistons.

L'épaisseur commune des deux pistons auxiliaires D et E doit être égale à la largeur des lumières m et n pour qu'il n'y ait pas de détente. Si elle était plus grande, il y aurait à la fois détente de la vapeur dans le cylindre sur une des faces du piston, et compression sur l'autre face dans les espaces libres.

Le jeu de la distribution se résume dans le mouvement alternatif du système DFE, qui doit passer de la position DE à la position D'E', puis revenir de la position D'E' à la position DE. Ce mouvement est en général emprunté au mouvement circulaire continu produit par la machine. Un excentrique, calé sur l'arbre principal, mène une tige t liée, par un levier coudé L analogue aux renvois de sonnettes et mobile autour du point O, à la tige T qui commande le tiroir.

La distribution sera assurée si le tiroir DE est dans sa position moyenne, les pistons D et E bouchant les lumières m et n, au moment où le piston principal P est au bout de sa course, avec cette condition que le tiroir se déplace vers le haut quand le piston principal est dans la position P à partir de laquelle il doit descendre, et qu'il se déplace vers le bas quand le piston principal est dans la position P_1 à partir de laquelle il doit monter. Il suffit pour cela de régler convenablement l'angle de l'excentrique avec la manivelle de l'arbre principal.

Le grand tiroir de Watt a l'inconvénient d'être lourd ; l'ajustage en est assez délicat, et il ne conviendrait pas aux grandes vitesses que l'on donne maintenant aux machines à vapeur. Watt l'avait adopté, à une époque où les machines donnaient seulement un petit nombre de coups par minute, parce que les pressions de la vapeur sur ce tiroir se font à chaque instant équilibre ; l'effort à faire pour le déplacer est donc indépendant de la pression de la vapeur ; il dépend seulement des masses de l'appareil et de la vapeur entraînée dans son mouvement, et du frottement des pistons contre les parois de la boîte, frottement réglé exclusivement par l'ajustage de l'appareil, puisque les pressions de la vapeur sur le système se détruisent et ne contribuent pas à l'augmenter.

PETIT TIROIR.

197. Le petit tiroir ou *tiroir à coquille* qu'on emploie aujourd'hui est beaucoup plus léger, mais les pressions de la vapeur n'y sont pas équilibrées, de sorte que l'effort à faire pour le déplacer est proportionnel à la différence entre les pressions dans la chaudière et dans les tubes d'échappement.

Latéralement au cylindre AB dans lequel se meut le piston principal P, on ménage une boîte de distribution communiquant librement avec la chaudière par le tuyau C.

La paroi extérieure du cylindre est dressée suivant une surface plane SS′, qui ferme la boîte de distribution ; dans l'épaisseur du métal compris entre la surface SS′ et la surface intérieure du cylindre, on ouvre trois conduits, sàvoir : les deux lumières $mm′$, $nn′$, aboutissant aux deux extrémités du cylindre, et le conduit d'échappement G, aboutissant au condenseur. Le tiroir DE est une caisse rectangulaire, dont les parois ont exactement l'épaisseur des lumières $m′$ et $n′$, et qui, dans sa position moyenne, couvre à la fois les deux lumières. Il est mené par une tige t, qui emprunte son mouvement à un excentrique calé sur l'arbre tournant, à angle droit en avant de la manivelle menée par le piston principal. De là résulte que quand le piston P est au bout de sa course, vers la gauche ou vers la droite, le tiroir DE est dans sa position moyenne, re-

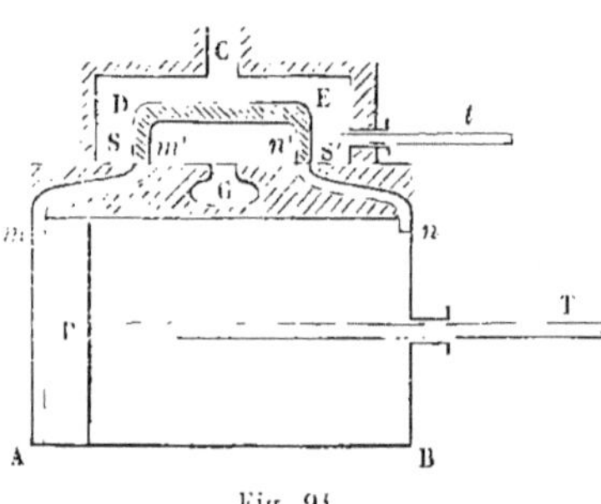

Fig. 91.

présentée par la figure. Le tiroir se meut vers la droite si le piston P occupe sa position extrême à gauche : il découvre alors la lumière d'admission mm', et en même temps il met en communication la lumière nn' avec le tuyau G, de sorte qu'il y a admission de la vapeur sur la face gauche du piston et condensation sur la face droite ; le piston P, chassé de gauche à droite, retourne à l'autre bout du cylindre. Lorsqu'il y parvient, le tiroir DE est revenu à sa position moyenne, mais il est animé d'une vitesse dirigée de droite à gauche. Il va donc découvrir la lumière d'admission nn', et mettre la lumière mm' en communication avec le condenseur G. Le piston est alors chassé vers la gauche, et accomplit sa course inverse.

Le problème est ainsi résolu. On voit que le tiroir supporte extérieurement la pression de la vapeur de la chaudière, et intérieurement la pression qui règne à l'orifice du tube d'échappement. La différence de ces deux pressions tend à appuyer le tiroir contre le plan SS', et développe un frottement proportionnel à cette différence. Le travail perdu par le frottement est d'ailleurs égal, pour une course simple du piston, au produit du frottement par l'espace décrit par le tiroir, et cet espace est égal au double de la largeur des lumières m' et n'. On peut donc le restreindre en diminuant cette dimension. Mais cet artifice entraîne un accroissement de l'autre dimension de la lumière, car la section totale offerte à l'écoulement de la vapeur doit conserver une valeur constante, et par suite il entraîne aussi un accroissement de la largeur du tiroir, c'est-à-dire un accroissement de sa surface et du frottement développé.

Appelons h la largeur commune des lumières m' et n', l la distance d'axe en axe des deux lumières, b la longueur des lumières, p la pression extérieure au tiroir et p' la pression intérieure, enfin f le coefficient du frottement des métaux en contact suivant le plan SS'. La surface du tiroir est sensiblement égale à $(l + h) \times b$, et le frottement a pour valeur

$$f(p - p')(l + h)b.$$

Le travail du frottement pour une course unique est

$$f(p - p')(l + h)b \times 2h.$$

Or bh est un produit constant, égal à la section nécessaire des lumières. La seule manière de réduire le travail du frottement du tiroir est donc de réduire le facteur $l + h$, ce qu'on peut faire en rapprochant les deux lumières m' et n'.

Le petit tiroir, étant peu massif, se prête très-bien aux grandes vitesses. L'ajustage en est d'autant plus facile que l'excès de pression développée sur sa face extérieure tend à l'appliquer plus exactement sur la surface SS', le long de laquelle il doit glisser. Enfin il donne une solution très-pratique du problème de la détente, car il suffit, comme nous le verrons plus loin, d'augmenter la largeur de ses bords, ou de garnir le tiroir de *recouvrements*, pour satisfaire à toutes les conditions demandées.

AUTRES PERFECTIONNEMENTS IMAGINÉS PAR WATT.

198. La machine de Watt à double effet est représentée dans la figure 95.

Outre le condenseur et la détente, Watt imagina le *parallélogramme articulé* (I, § 277), destiné à lier le balancier à la tige du piston; le *régulateur à boules* (§ 57); l'*engrenage planétaire* (I, § 246), qu'il abandonna bientôt pour s'en tenir à la transmission par bielle et manivelle; enfin, il indiqua le premier les avantages des hautes pressions, résultat entièrement confirmé par la théorie mécanique de la chaleur, puisque le coefficient d'utilisation d'une machine thermique est donné par la fraction $\dfrac{\tau - \tau'}{273° + \tau}$, et se trouve d'autant plus grand que l'écart $\tau - \tau'$ entre les températures extrêmes est plus grand lui-même. Aujourd'hui, la pression de la vapeur est souvent poussée dans les chaudières jusqu'à 10 atmosphères; la condensation peut alors se faire dans l'air atmosphérique, sans condenseur particulier. C'est ce qui arrive par exemple pour les locomotives.

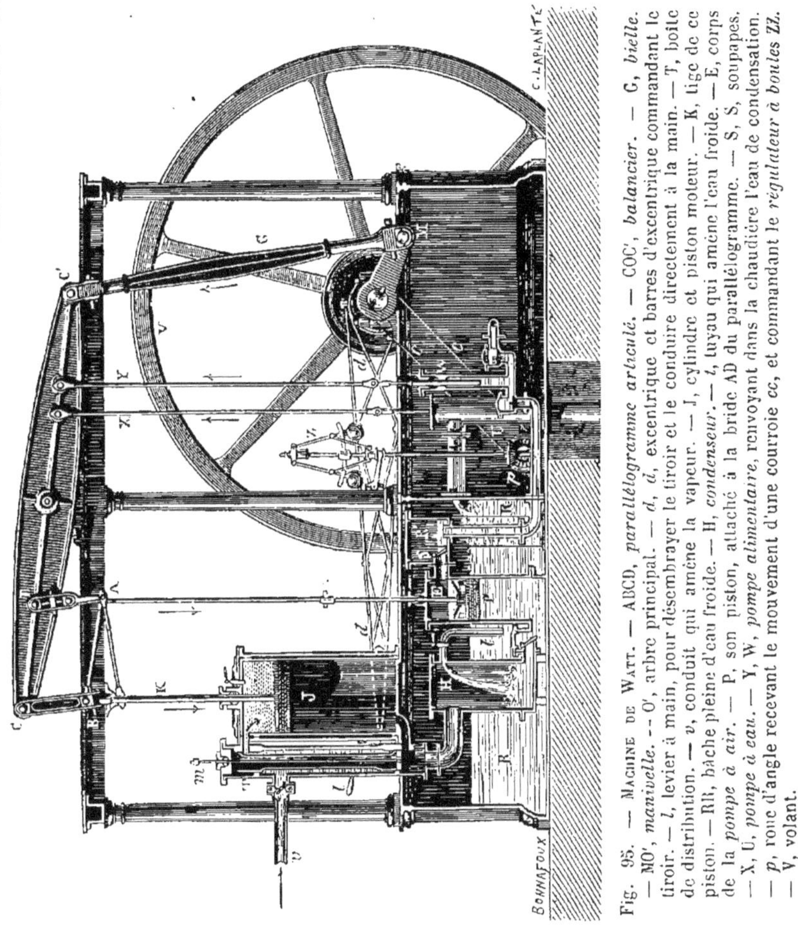

Fig. 95. — Machine de Watt. — ABCD, *parallélogramme articulé*. — COC', *balancier*. — G, *bielle*. — MO', *manivelle*. -- O', arbre principal. — *d*, *d*, excentrique et barres d'excentrique commandant le tiroir. — *l*, levier à main, pour désembrayer le tiroir et le conduire directement à la main. — T, boîte de distribution. — *v*, conduit qui amène la vapeur. — J, cylindre et piston moteur. — K, tige de ce piston. — RR, bâche pleine d'eau froide. — H, *condenseur*. — *i*, tuyau qui amène l'eau froide. — E, corps de la *pompe à air*. — P, son piston, attaché à la bride AD du parallélogramme. — S, S, soupapes. — X, U, *pompe à eau*. — Y, W, *pompe alimentaire*, renvoyant dans la chaudière l'eau de condensation. — *p*, roue d'angle recevant le mouvement d'une courroie *cc*, et commandant le *régulateur à boules* ZZ. — V, volant.

MACHINE DE WOOLF A DEUX CYLINDRES.

199. La *machine de Woolf à deux cylindres* a l'avantage de prolonger la durée de la détente si la machine marche avec

détente, ou de créer une détente si la machine marche à
pleine pression. Pour en expliquer le mécanisme, nous em-
ploierons un diagramme (fig. 96) analogue à celui qui nous a
servi pour expliquer le jeu de la machine à double effet (§ 194).

Deux cylindres, AB, A′B′, de diamètres inégaux, mais de
longueur sensiblement égale, sont placés l'un à côté de l'autre.

La vapeur fournie par la chaudière O est amenée au premier cylindre AB, le plus petit des deux, par l'une des lumières n et m; ce premier cylindre communique au second
par deux tubes croisés $m′m″$ et $n′n″$; enfin le second cylindre
A′B′, le plus grand des deux, communique avec le condenseur G par les lumières d'échappement $m‴$ et $n‴$. Les
deux pistons P et P′ marchent ensemble avec des vitesses
égales.

La distribution est faite au moyen des robinets R, S, R′, S′,
R″, S″. Quand, par exemple, les deux pistons commencent à
descendre, les robinets S, R′, S″ doivent être ouverts, et les
robinets R, S′, R″ doivent
être fermés. Lorsque les
pistons ont déjà parcouru
un espace l, on ferme le
robinet S sans rien chan-
ger aux autres, et la va-
peur se détend au-dessus
du piston P jusqu'à la
fin de la course. Soit L
la longueur de la course

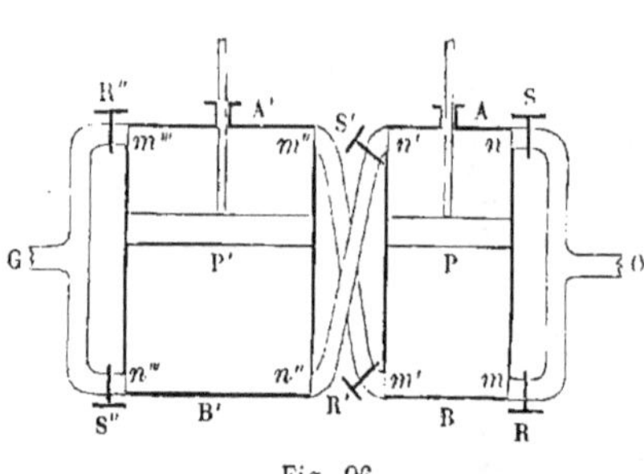

Fig. 96.

totale, ω la section du petit cylindre AB, Ω la section du grand
cylindre A′B′.

Admettons encore que la vapeur comprise dans le grand
cylindre au-dessous du piston P′ et dans le petit au-dessus du
piston P ne change pas de température en augmentant de volume. Soit x l'espace décrit par chacun des pistons. Cherchons
les pressions de la vapeur dans les différentes régions de
l'appareil. Appelons p la pression de la vapeur à l'admission;
si $x < l$, la pression est égale à p sur la face supérieure du

petit piston. Si $x > l$, la pression effective est réduite à $\dfrac{pl}{x}$;

au bout de la course, elle est égale à $\dfrac{pl}{L}$. La vapeur occupe alors la totalité du cylindre, c'est-à-dire un volume $L\omega$, en négligeant les espaces nuisibles.

La vapeur qui remplit l'espace compris au-dessus du grand piston et au-dessous du petit occupait au commencement de la course le petit cylindre tout entier, c'est-à-dire un volume $l\omega$, sous la pression $\dfrac{pl}{L}$.

Dans la position définie par l'abscisse x, elle occupe un volume $(L - x)\omega + \Omega x$, et sa pression est

$$\frac{pl}{L} \times \frac{L\omega}{(L - x)\omega + \Omega x} = \frac{pl\omega}{L\omega + (\Omega - \omega)x}.$$

Enfin, au-dessous du piston P' règne la pression p' des tuyaux d'échappement.

Pour un déplacement dx imprimé à la fois aux deux pistons, le travail élémentaire s'exprime par la fonction

$$\frac{pl}{x}\,\omega dx + \frac{pl\omega}{L\omega + (\Omega - \omega)x}\,(\Omega - \omega)\,dx - p'\Omega dx$$

si x est $> l$, et par la fonction

$$p\omega dx + \frac{pl\omega \times (\Omega - \omega)dx}{L\omega + (\Omega - \omega)x} - p'\Omega dx$$

si x est $< l$, la détente dans le premier cylindre n'étant pas alors commencée au-dessus du petit piston.

Le travail total pour une course simple est donc égal à

$$p\omega l + p\omega l \int_{l}^{L} \frac{dx}{x} + \int_{0}^{L} \frac{pl\omega(\Omega - \omega)dx}{L\omega + (\Omega - \omega)x} - p'\Omega L,$$

ou à

$$p\omega l - p'\Omega L + p\omega l \log\text{nép.}\,\frac{L}{l} + pl\omega \log\text{nép.}\,\frac{L\omega + (\Omega - \omega)L}{L\omega}$$

$$= p\omega l \left(1 + \log\frac{L}{l} + \log\frac{\Omega}{\omega}\right) - p'\Omega L = p\omega l \left(1 + \log\frac{L\Omega}{l\omega}\right) - p'\Omega L.$$

La dépense de combustible est sensiblement proportionnelle au volume ωl, de sorte qu'en faisant abstraction de la contre-pression du condenseur, le coefficient d'utilisation du combustible est égal au facteur .

$$1 + \log \frac{\Omega L}{\omega l}.$$

On remarquera que ΩL est le volume total du grand cylindre, et ωl le volume de la partie du petit cylindre qui est remplie par la vapeur à pleine pression.

L'emploi des deux cylindres équivaut donc à une augmentation de la détente. Si le premier cylindre était seul utilisé, le travail moteur serait égal à $1 + \log \frac{L}{l}$ pour une admission proportionnelle égale à $\frac{l}{L}$. Avec les deux cylindres ce coefficient devient $1 + \log \frac{L\Omega}{l\omega}$, c'est-à-dire que tout se passe à ce point de vue comme si l'on employait un seul cylindre avec une admission proportionnelle $\frac{l}{L} \times \frac{\omega}{\Omega}$, réduite dans le rapport des sections des deux cylindres.

MACHINE DE CORNOUAILLES.

200. La *machine de Cornouailles* est le type des machines à détente et à simple effet destinées à l'épuisement des mines. Le mouvement oscillatoire du piston, au lieu d'être transformé en un mouvement circulaire continu, est transmis par un balancier à la maîtresse-tige qui commande toutes les pompes d'épuisement.

Le cylindre AB est muni d'un tuyau latéral avec lequel il communique par les deux lumières m et n. Ce tuyau débouche en O dans la chaudière, en G dans le condenseur; il renferme trois soupapes, S, S′, S″. La première, S, est appelée *soupape d'admission;* la seconde, S', *soupape d'équilibre;* la troisième, S″, *soupape d'exhaustion* ou *d'échappement.*

Pendant l'admission, la soupape S reste levée ainsi que la soupape S″; la soupape S', au contraire, reste fermée. La vapeur, sortant de la chaudière, passe par l'ouverture *m* et presse la face supérieure du piston, pendant que la face inférieure, communiquant avec le condenseur par l'ouverture *n*, ne subit qu'une pression très-faible. Lorsque le piston P est descendu d'une certaine quantité, on ferme la soupape S. L'admission cesse, et la détente commence; elle se prolonge jusqu'à ce que le piston P soit parvenu au bas de sa course.

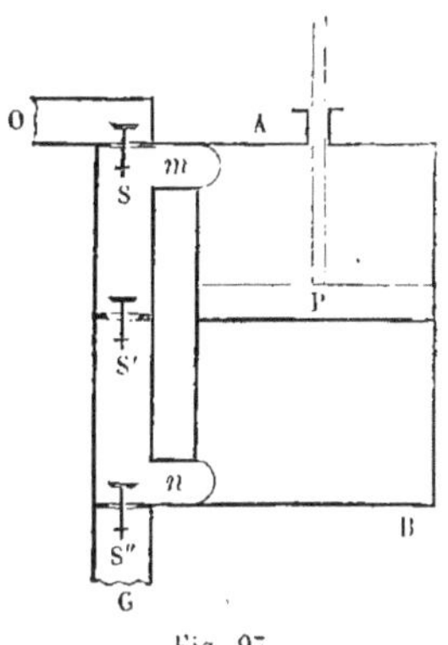

Fig. 97.

Alors la soupape S″ se ferme et la soupape d'équilibre S' s'ouvre. Les deux faces du piston P sont en libre communication l'une avec l'autre par l'intermédiaire du tuyau *mn.* Les pressions s'égalisent sur ces deux faces, et le piston remonte, entraîné par le poids de l'attirail des pompes attaché à l'autre extrémité du balancier. La course de bas en haut du piston s'effectue donc sans qu'il y ait travail de la vapeur, ce qui justifie le nom de machine à simple effet. Le travail moteur n'est produit que pendant la course descendante.

On peut régler à volonté l'époque de l'ouverture et de la fermeture des trois soupapes et disposer arbitrairement de la détente. Mais la manœuvre des soupapes exige un mécanisme particulier, car il n'y a pas ici d'arbre tournant sur lequel on puisse caler un excentrique. Le mouvement du piston et des pompes étant alternatif, il y a un instant d'arrêt de la machine à chaque extrémité de la course du piston. Or c'est à cet instant que doit s'opérer la manœuvre des soupapes S et S″. Le problème de la distribution revient donc à déplacer les soupapes à un instant où toutes les parties principales sont en repos. On l'a résolu en prolongeant, pour ainsi dire, le mouvement de la machine au moyen d'un appareil spécial appelé *cataracte*.

Cet appareil (fig. 98) consiste en une bâche AA remplie d'eau, dans laquelle on place un corps de pompe muni d'un piston plongeur p.

Le corps de pompe est percé à sa base de deux ouvertures :

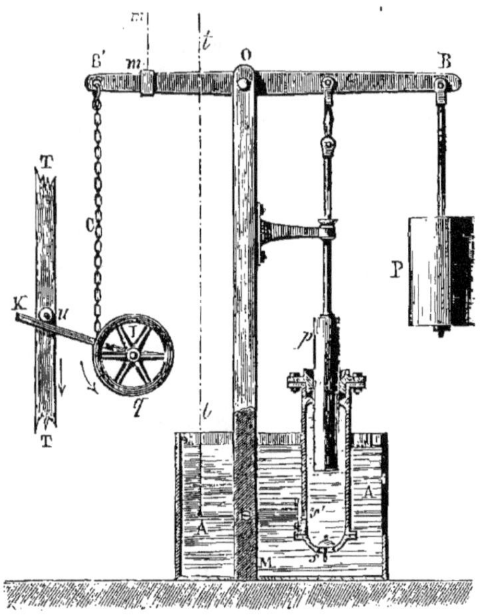

Fig. 98.

l'une, s, porte une soupape qui s'ouvre de dehors en dedans ; l'autre, s', est un tube extérieur muni d'un robinet qu'on peut ouvrir plus ou moins à l'aide d'une tringle tt. La tige du piston est attachée à un levier BB' mobile autour d'un point fixe O, et muni en B d'un contre-poids. L'autre extrémité porte une chaîne C, qui s'enroule sur une poulie q, munie d'un bras JK et mobile autour de l'axe horizontal I.

Pendant que le piston principal descend, la tige TT, attachée au balancier de la machine, presse au moyen du taquet u sur le bras IK, et abaissant le point B' du levier, fait monter le piston plongeur *p*; l'eau de la bâche est aspirée dans le corps de pompe, et y entre à la fois par la soupape *s* soulevée vers l'intérieur et par l'ouverture *s'*. Cet effet produit, la tige abandonne le bras IK, et la cataracte fonctionne seule, indépendamment du reste de la machine. Le piston plongeur *p* descend sous l'action de son poids propre et du contre-poids P; en descendant, il chasse l'eau aspirée par le corps de pompe; mais cette eau ne peut sortir que par l'orifice *s'*, puisque la soupape *s* se referme dès que l'aspiration cesse.

L'expulsion de l'eau demande un temps plus long que l'aspiration, à cause de la réduction des orifices ouverts, et l'on peut, en étranglant la section *s'* au moyen du robinet, prolonger cette durée autant qu'on le voudra. Le retour du piston plongeur à sa position primitive pourra donc, si la cataracte a été convenablement réglée, continuer à s'opérer quand tout le reste de la machine demeure immobile, et on pourra emprunter au levier de la cataracte le mouvement nécessaire pour la manœuvre des soupapes au moment opportun. C'est à opérer cette manœuvre qu'est destinée la tringle *mm*.

Les soupapes de Cornouailles sont disposées de telle sorte qu'un petit déplacement suffise pour ouvrir à la vapeur de larges orifices. L'ouverture se fait par un simple déclanchement qui laisse agir un contre-poids; la fermeture, en ramenant ce contre-poids à sa place primitive. Ces opérations sont effectuées par des poutrelles armées de tasseaux dont on peut faire varier la position à volonté, de manière à modifier la détente. Le règlement de la cataracte donne un moyen d'espacer plus ou moins les coups de piston successifs.

En résumé, les machines de Cornouailles ont une extrême flexibilité d'allure, bien utile dans un travail aussi irrégulier que l'épuisement d'une mine, et elles permettent de pousser très-loin la détente, ce qui correspond à une économie de combustible.

MACHINE HORIZONTALE A ACTION DIRECTE.

201. On peut, en plaçant horizontalement le cylindre de la machine à vapeur, supprimer le balancier, pièce lourde dont le mouvement alternatif exige une grande rigidité dans l'axe de rotation. On obtient alors la *machine à action directe*, qui occupe peu de place, et qu'on emploie notamment dans toutes les locomotives.

Watt connaissait cette disposition, mais il ne l'employa jamais, craignant l'inégalité d'usure produite par le frottement du piston aux divers points de la surface intérieure du cylindre quand il est placé horizontalement. L'expérience a montré qu'il ne fallait pas s'exagérer cette influence.

MACHINES DE NAVIGATION.

202. La propulsion des bâtiments à vapeur s'effectue en imprimant un déplacement à l'eau en sens contraire de la marche. Le système matériel formé par le bâtiment et l'eau dans laquelle il plonge a son centre de gravité immobile, puisqu'il n'est soumis qu'à des forces intérieures mutuelles. L'eau mise en mouvement par l'appareil propulseur se déplaçant vers l'arrière, le bâtiment se déplace vers l'avant, en refoulant devant lui une certaine quantité d'eau, de telle sorte que le centre de gravité général reste immobile.

Deux systèmes principaux de propulsion peuvent être adoptés : les *roues à aubes* et l'*hélice*.

Les roues à aubes sont de simples roues à palettes planes, montées sur un arbre de couche traversant le bâtiment, et plongeant dans l'eau à leur partie inférieure. Elles sont mises en mouvement soit par une machine à balancier, soit par une machine à action directe. Dans le premier cas, on adopte en général la disposition (I, § 280) qui place le balancier au niveau de la partie inférieure des cylindres. Dans le second, si le creux du bâtiment ne suffit pas pour fournir l'espace nécessaire au développement de la tige du piston et de la

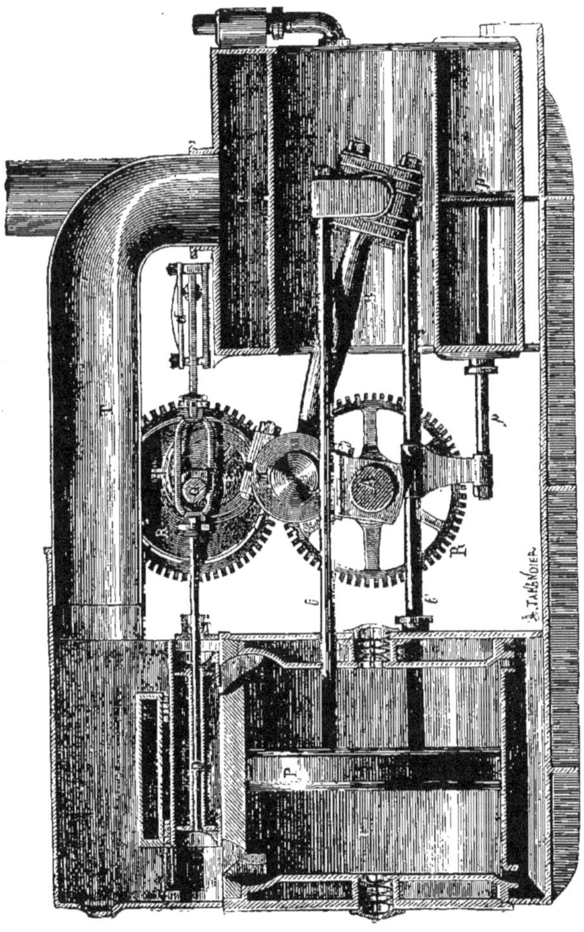

Fig. 99. — Machine à bielle renversée. — C, cylindre. — P, piston. — t, l, tiges du piston. — B, bielle renversée. — MA, manivelle qui met en mouvement la roue dentée R, laquelle transmet le mouvement à la roue R' et de là à l'hélice, à l'aide d'un mécanisme permettant d'en changer le sens à volonté. E, excentrique. — D, tiroir. — p, pompe.

bielle, on peut avoir recours au *système oscillant* créé par M. Cavé (fig. 100). Dans tous les cas, l'arbre de couche est coudé pour recevoir les bielles, et des excentriques calés sur cet arbre assurent le jeu des tiroirs de distribution. On réunit ordinairement ensemble deux cylindres avec manivelles à angle droit pour éviter les points morts. Un mécanisme particulier sert à changer le sens de la marche.

L'hélice est un fragment d'hélicoïde à plan directeur, monté sur un arbre horizontal et entièrement plongé dans l'eau à l'arrière du bâtiment. Une machine à vapeur imprime

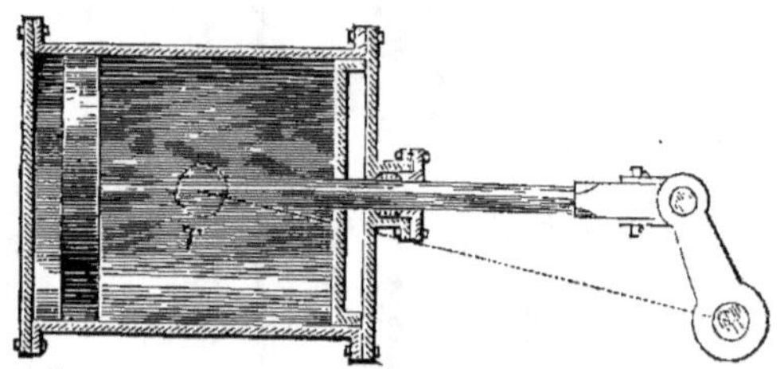

Fig. 100. — T, axe autour duquel oscille le cylindre.

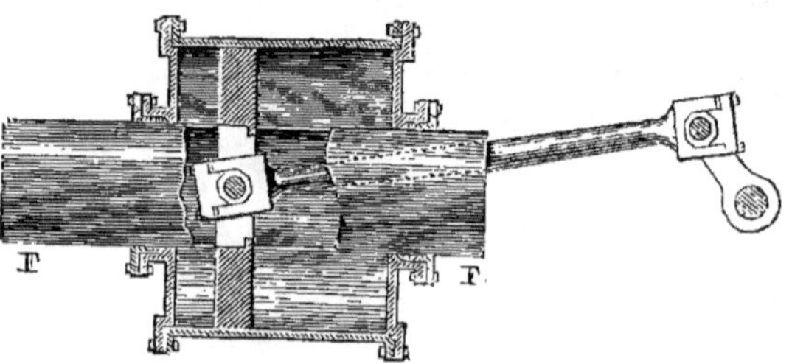

Fig. 101. — F, F, fourreau.

à cet arbre une rotation dans un sens déterminé. Les machines ont ordinairement des cylindres horizontaux ou inclinés, placés transversalement à la longueur du bâtiment. Le peu de largeur des bâtiments exige l'emploi de dispositions particulières : les plus usitées sont la *machine à fourreau* (fig. 101) et la *machine à bielle renversée* (fig. 99).

LOCOMOTIVE.

203. Une locomotive (fig. 102) est une machine à vapeur montée sur plusieurs paires de roues, dont l'une au moins

sert de moteur et prend ses points d'appuis sur les rails.
Les traits particuliers à ce genre de machines à vapeur sont

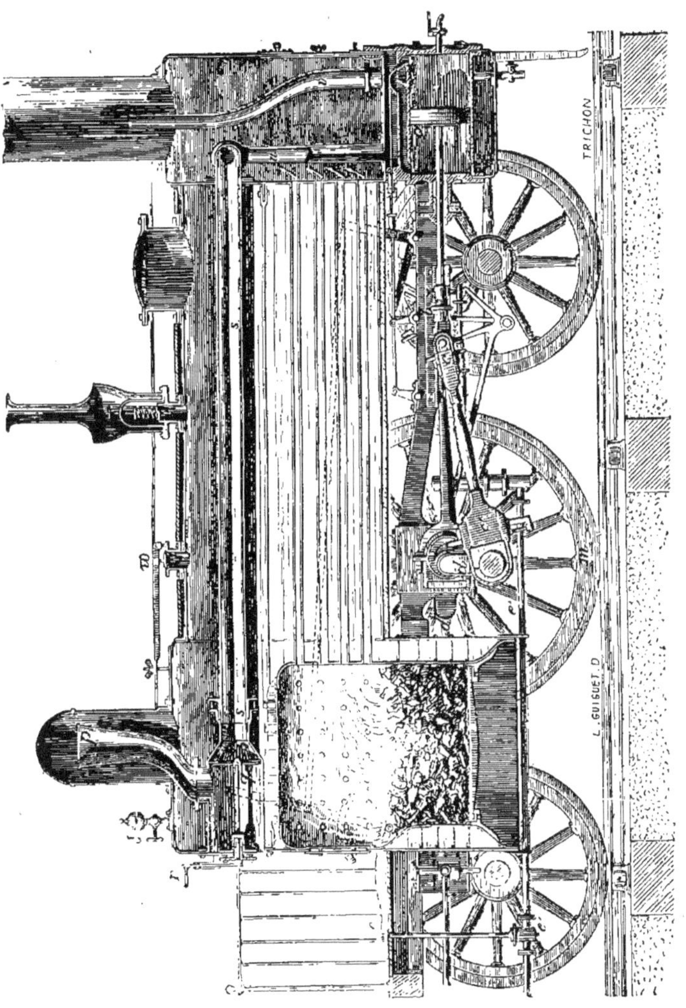

Fig. 102. — Locomotive (coupe en long). — *p*, prise de vapeur. — *q*, régulateur d'admission manœuvré par le levier *r*. — *ssu*, conduit de la vapeur aux cylindres *a*. — *v*, tuyau d'échappement. — *b*, tête de la tige du piston. — *cc'*, bielle. — *d*, manivelle. — *ee'e'*, alimentation. — J, sifflet. — *w*, soupape de sûreté.

l'emploi d'une *chaudière tubulaire* pour fournir une grande
quantité de vapeur en peu de temps, et la condensation de
la vapeur à la sortie des cylindres dans la cheminée du foyer,

pour activer le tirage. L'absence de condenseur suppose que la machine fonctionne à haute pression.

204. Soit O (fig. 103) le centre de la roue motrice; E le point de contact de cette roue avec le rail; OA la manivelle, AB la bielle, P le piston et CD le cylindre.

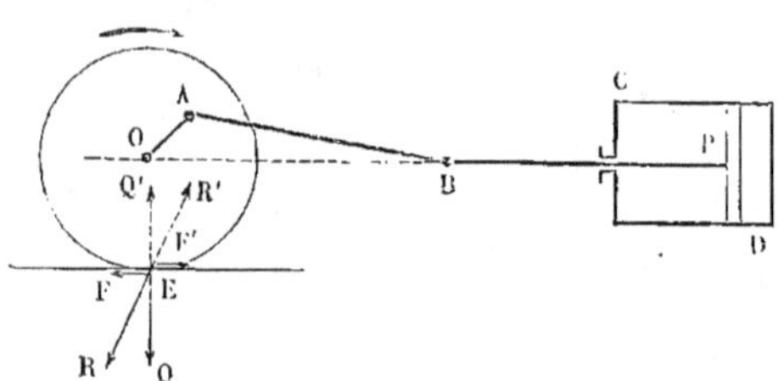

Fig. 103.

Soit R la pression exercée par la roue sur le rail au point E; la force R′, égale et contraire à R, sera la réaction du rail sur la roue. Décomposons ces forces en deux composantes, l'une perpendiculaire au rail, l'autre parallèle. Nous obtenons ainsi les réactions normales, Q et Q′, du rail et de la roue, et les réactions tangentielles F et F′. Appelons f le coefficient du frottement des solides en contact au point F. La condition nécessaire et suffisante pour qu'il n'y ait pas glissement de la roue sur le rail est exprimée par l'inégalité

$$\frac{F}{Q} < f,$$

ou $F < fQ$. La force Q est la portion du poids de la locomotive qui pèse sur la roue motrice O. La force F est développée par le jeu de la machine. C'est la réaction F′, égale et contraire, qui produit la progression du train.

Le travail moteur de la machine, pour un tour entier de roue, est égal au travail résistant lorsque la vitesse de la locomotive est constante. Appelons H l'effort de traction que la locomotive doit exercer constamment sur le train pour le mener à une certaine vitesse. Soient R le rayon des roues motrices, p la pression de la vapeur à l'admission, p' la pression de la vapeur dans les tuyaux d'échappement, r le rayon des cylindres, et l la course des pistons. La locomotive comprend deux cylindres, dont les manivelles sont calées à angle droit.

Pour simplifier le calcul, nous ferons abstraction de la détente.

Le travail moteur développé par une course simple de l'un des pistons est égal à $\pi r^2 l \times (p - p')$; pour l'allée et la venue du piston le travail sera double, et il sera quadruple pour les deux pistons marchant à la fois, ce qui fait $4\pi r^2 l \times (p - p')$ pour une oscillation complète des pistons, c'est-à-dire pour un tour de roue. Or la roue motrice roule sur le rail, puisqu'on suppose le glissement impossible ; la locomotive avance donc de la quantité $2\pi R$, et le travail résistant pris positivement est égal à $2\pi RH$. On a en définitive l'égalité

$$4\pi r^2 l \times (p - p') = 2\pi RH,$$

d'où l'on déduit $H = \dfrac{2r^2 l\,(p - p')}{R}$.

L'effort de traction est donc proportionnel au produit $r^2 l$, ou bien au volume des cylindres, et inversement proportionnel au diamètre des roues motrices.

Si la locomotive doit mener un train très-lourd, l'effort H sera très-grand, et il faudra augmenter $r^2 l$ et diminuer R ; on obtient ainsi le type des *machines à marchandises*, qui ont de grands cylindres et de petites roues motrices. Si, au contraire, la locomotive doit conduire un train léger, l'effort H étant moindre, on adoptera de petits cylindres et un grand diamètre de roues, ce qui caractèrise les *machines à voyageurs*.

L'effort de traction H est la somme de toutes les forces F développées au contact des roues motrices et du rail, et chaque force F est limitée par l'inégalité $F < fQ$. On aura donc aussi

$$H < f(Q + Q' + \ldots),$$

en appelant Q, Q',... les poids qui pèsent sur les roues motrices. Lorsque l'effort H est grand, on augmente la somme $Q + Q' + Q'' + \ldots$, qui limite cet effort, en faisant porter la machine sur plusieurs roues motrices. Les machines à marchandises ont au moins trois essieux couplés, et la somme $Q + Q' + \ldots$ comprend la totalité du poids de la machine.

DISTRIBUTION AVEC DÉTENTE FIXE.

205. La détente fixe peut s'obtenir facilement en donnant au tiroir des *recouvrements*. Cette solution est connue sous le nom de *détente de Clapeyron*[1].

Le tiroir *mn* (fig. 104) est mené par la tige *t*, qui s'attache aux barres d'excentriques. Dans sa position moyenne, le tiroir recouvre à la fois les deux lumières *ac*, *bd*. Les recouvrements sont placés à l'extérieur du tiroir, et consistent en

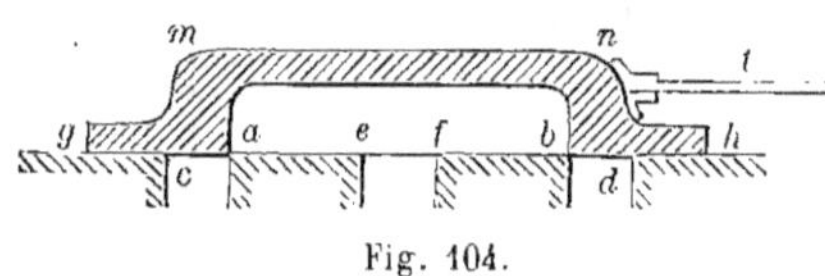

Fig. 104.

deux *brides* égales, *cg*, *dh*. Les figures successives I à VII (fig. 105) montrent les principales positions occupées par le tiroir dans la suite de son mouvement relativement à l'une *ac* des deux lumières, et permettent d'étudier ce qui se passe sur la face gauche du piston moteur. De la position I à la position II, le tiroir marche vers la droite en découvrant de plus en plus la lumière; arrivé dans la position II, il rétrograde et revient à la position III, identique à la position I, sauf que la direction de sa vitesse est changée. Pendant tout ce temps, la lumière restant ouverte, la vapeur pénètre dans le cylindre sur la face gauche du piston : c'est *la période d'admission*.

Le tiroir, continuant à s'avancer, atteint la position IV, qui est la position moyenne. Dans l'intervalle, la face gauche du piston ne communique plus ni avec la chaudière, ni avec le tuyau d'échappement; c'est donc la *période de détente*.

---

[1] Sur le mouvement du tiroir, voir I, §§ 282 et 283.

A partir de la position IV, la lumière *ac* est en communication avec l'échappement *ef*; elle s'ouvre graduellement jusqu'à la position V, puis reste ouverte pendant l'excursion que fait le tiroir à gauche de cette dernière position ; ensuite elle est fermée graduellement par le retour du tiroir, jusqu'à ce qu'il soit revenu à la position moyenne VI. Toute l'excursion du tiroir à gauche de sa position moyenne correspond à la *période d'échappement*.

Enfin, de la position VI à la position VII, la communication entre la face gauche du piston et la condensation se trouve interrompue, sans être établie encore entre la même face et la chaudière ; c'est la *période de compression dans les espaces libres*, ainsi que nous le reconnaîtrons plus loin. Elle se termine à la position VII, qui est la reproduction complète de la position I.

Le mouvement rectiligne alternatif d'un point quelconque du tiroir est sensiblement identique au mouvement projeté sur la même droite du bouton de la manivelle qui le commande, ou du centre de l'excentrique qui tient lieu de cette manivelle. Considérons un point particulier, *a*, du tiroir, et regardons

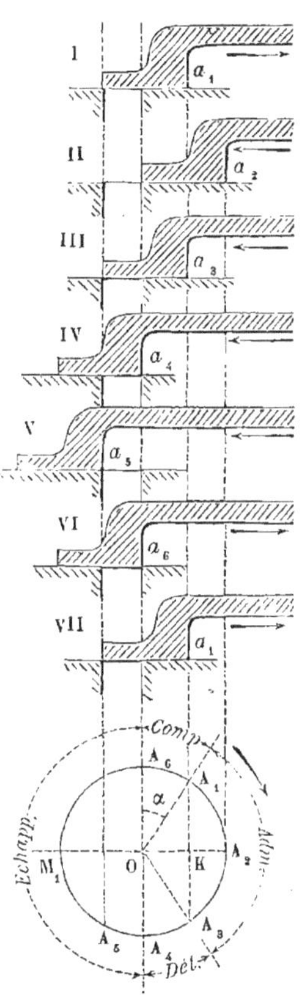

le mouvement de ce point le long de la table de distribution comme la projection du mouvement d'un point mobile sur une circonférence. Le point *a* est dans sa position moyenne lorsque le tiroir occupe les positions IV et VI. Prenons un point O sur l'alignement des points a_4 et a_6; ce sera le centre du cercle cherché. La position II nous donne la limite extrême de l'excursion du tiroir vers la droite. Projetons le point a_2 en A_2 sur l'horizontale menée par le point O ; OA_2 sera le rayon du cercle que devra suivre le point mobile. Décrivons donc une circonférence du point O comme centre avec OA_2 pour rayon ; les positions successives a_1, a_2, a_3, a_4, a_5, a_6, a_1, du point a du tiroir seront respectivement les projections des positions A_1, A_2, ..., A_6, A_1, occupées successivement par le point directeur parcourant ce cercle, dans le sens de la flèche : ces points A_1, A_2 ... peuvent aussi représenter les positions du centre de l'excentrique correspondantes aux positions I, II, ... du tiroir.

Il résulte de là : 1° que le rayon OA_2 est égal à l'excentricité. On voit que l'excentricité est la somme de la largeur ac de la lumière, et de la longueur cg de la bride de recouvrement ;

2° Qu'au moment où le tiroir passe dans la position I, l'admission allant commencer, il faut que le piston moteur soit à l'extrémité de sa course vers la gauche. Or le mouvement du piston est aussi sensiblement identique à la projection sur sa propre direction du mouvement du bouton de la manivelle qu'il conduit. Si donc on regarde le point O comme le centre de l'arbre tournant, la manivelle du piston devra avoir la direction OM_1 quand le centre de l'excentrique occupe la position A_1, et la distribution sera assurée en calant l'excentrique de manière que son centre fasse avec la manivelle motrice l'angle M_1OA_1. Appelons α l'excès de cet angle sur l'angle droit ; on donne à cet angle α le nom d'*avance angulaire*. Si l est la largeur de la lumière ac, et r la longueur cg du recouvrement extérieur, le rayon OA_2 d'excentricité est égal à $r+l$; la distance KA_2 est égale au chemin décrit par le tiroir entre les positions I et II ; elle est égale, par conséquent, à la largeur l de la lumière. Donc $OK = r$ et l'angle α est donné par l'équation

$$\sin\alpha = \frac{OK}{OA'} = \frac{r}{r+l}.$$

Pour trouver les espaces décrits par le piston pendant

l'admission, la détente, etc., rapportées à la course entière, appelons ρ le rayon de la manivelle principale. Pendant l'admission, la manivelle OM_1 tourne dans le sens de la flèche d'un angle A_1OA_3, égal à $180° - 2\alpha$. Le piston décrit sensiblement une longueur égale à $\rho \times (1 + \cos 2\alpha)$.

Pendant la détente, la manivelle tourne de l'angle α, et le piston décrit sensiblement un espace égal à $\rho (\cos \alpha - \cos 2\alpha)$. L'échappement correspond à un angle de 180° décrit par la manivelle, pendant lequel le piston avance d'abord vers la droite de la quantité $\rho (1 - \cos \alpha)$, puis rétrograde vers la gauche en parcourant un espace égal à $\rho (1 + \cos \alpha)$. La quatrième période correspond à un angle α décrit par la manivelle, et à un déplacement linéaire $\rho (1 - \cos \alpha)$ du piston, qui comprime dans les espaces libres les fluides emprisonnés à sa gauche par la fermeture de l'échappement. Aussi donne-t-on à cette quatrième période le nom de période de compression.

La fraction qui mesure l'admission est

$$\frac{\rho(1 + \cos 2\alpha)}{2\rho} = \frac{1 + (1 - 2\sin^2\alpha)}{2} = 1 - \sin^2\alpha = \cos^2\alpha;$$

c'est à ce nombre qu'on donne quelquefois le nom de coefficient de détente, bien qu'il soit plus exact d'appeler ainsi la fraction qui mesure la course pendant la détente, savoir

$$\frac{\rho(\cos \alpha - \cos 2\alpha)}{2\rho} = \frac{1}{2} (\cos \alpha - \cos 2\alpha).$$

Les mouvements simultanés du tiroir et du piston sont représentés sur la figure 106.

A_1, A_2..., cercle décrit par le centre de l'excentrique.

M_1, M_5..., cercle décrit par le bouton de la manivelle.

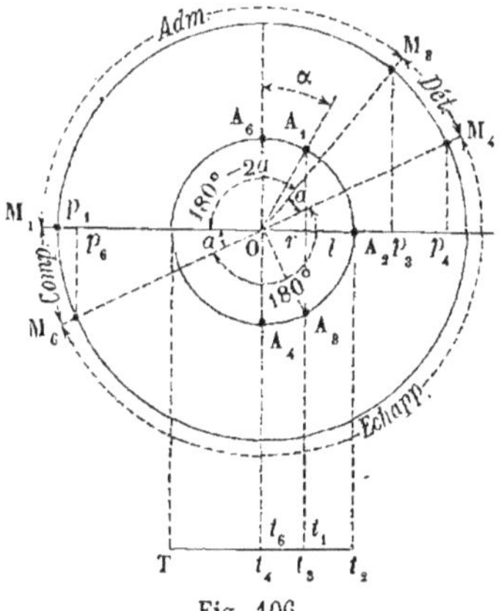

Fig. 106.

P_1, P_3, P_4, P_6, positions principales du piston.

l_1, l_3, l_4, l_6, positions correspondantes du tiroir.

$90° + \alpha$, angle de calage de l'excentrique.

.Une épure analogue donnerait toutes les circonstances de la distribution, s'il y avait un *recouvrement intérieur*. La bride intérieure est du reste toujours très-petite. Elle tend à augmenter les périodes de détente et de compression, et à réduire la période d'échappement.

En augmentant légèrement l'angle de calage α, on produit *l'admission anticipée*, c'est-à-dire qu'on fait commencer l'admission un peu avant que le piston ait atteint la fin de sa course. Cet artifice est surtout utile dans les machines à grande vitesse, pour éviter les chocs du piston contre les couvercles du cylindre.

ÉPURE FAUVEAU.

206. Les mouvements simultanés du piston et du tiroir sont définis approximativement par deux équations que nous allons poser. Soit θ l'angle décrit par la manivelle du piston à partir de la position OM_1 (fig. 106); appelons x la course du piston à partir de la position correspondante p_1; nous aurons, en appelant ρ le rayon de la manivelle,

$$x = \rho(1 - \cos\theta).$$

L'angle que fait au même moment le rayon d'excentricité avec la droite OM_1 est égal à $\theta + 90° + \alpha$, et la course du tiroir, à partir du point qui forme la limite gauche de son excursion, est donnée par l'égalité

$$y = (r + l)[1 - \cos(\theta + 90° + \alpha)]$$
$$= (r + l)[1 + \sin(\theta + \alpha)].$$

Nous pouvons considérer x et y comme les coordonnées rectangulaires d'un point mobile; les projections de ce point sur les axes feront connaître à la fois le mouvement du tiroir et celui du piston. L'équation du lieu décrit par le point mobile s'obtiendra en éliminant θ entre les deux équations. La construction résultante prend le nom d'*épure Fauveau*, du nom de l'ingénieur qui l'a employée le premier.

Construisons la courbe par points.

Pour $0 = 0$, on a à la fois $x = 0$ et $y = (r + l)(1 + \sin \alpha)$.

Or $\sin \alpha = \dfrac{r}{r + l}$. Donc $y = r + l + r = 2r + l$.

Ayant pris sur l'axe OY une longueur $OI = r + l$, égale à la demi-course du tiroir, on aura la position du tiroir en portant au delà une longueur $Ia = r$. Le tiroir sera alors sur le point de dévouvrir la lumière d'admission.

La limite supérieure de y est $2(r + l) = OA$; elle correspond à $\sin(0 + \alpha) = 1$, ou à $0 = 90° - \alpha$. On a alors $x = \rho(1 - \cos 0) = \rho(1 - \cos \alpha)$, ce qui donne un point b. Le lieu est tangent en ce point à l'horizontale AB.

En continuant ainsi, on reconnaîtra que la courbe est une ellipse inscrite dans le rectangle ABCO dont les dimensions sont $OC = 2\rho$, course du piston, et $OA = 2(r + l)$, course du tiroir. Le centre O′ du rectangle est aussi le centre de la courbe ; si l'on prend un point M quelconque sur cette courbe, et qu'on le projette sur les axes en P et en Q, les points P et Q seront des positions simultanées du piston et du tiroir sur

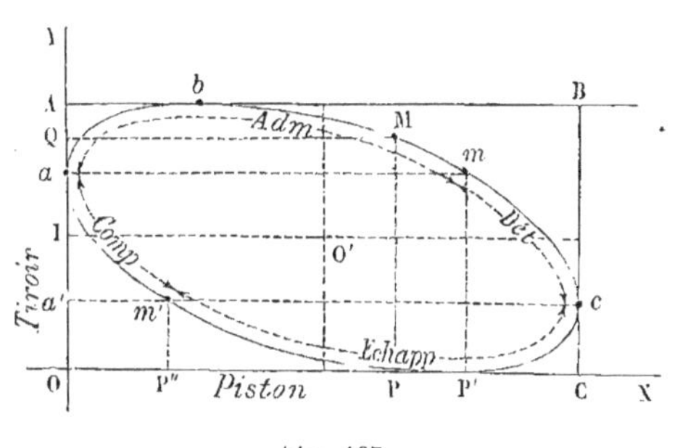

Fig. 107.

les droites OC, OA. L'admission sur l'une des faces du piston commencera quand le tiroir sera dans la position a ; le piston occupe alors soit la position O, soit la position P′, projections des points a et m qui tous deux ont la même ordonnée Oa. On reconnaîtrait de même que l'échappement commence quand le tiroir revenant sur ses pas occupe la position a', et qu'il dure tout le temps que le tiroir met à aller de a' en O et à revenir de O en a'. Pendant ce temps, le piston rétrograde de la position C à la position P″, projections des points c et m'. Les diverses phases de la distribution sont donc représentées sur la figure par les arcs successifs de l'ellipse interceptés par les horizontales am, $a'm'$, conformément au tableau suivant.

PÉRIODES	MOUVEMENT		
	DU POINT M	DU TIROIR	DU PISTON
Admission....	de a en m	de a en A et retour en a	de O en P′
Détente.....	de m en c	de a en a'	de P′ en C
Échappement..	de c en m'	de a' en O et retour en a'	de C en P″
Compression..	de m' en a	de a' en a	de P″ en O

DÉTENTE VARIABLE.

207. Différents procédés peuvent être employés pour donner aux machines à vapeur une détente variable. Les principaux sont la détente Meyer, la détente Farcot, la coulisse de Stephenson, le système de M. Deprez.

Détente Meyer. — La détente Meyer est représentée fig. 108. Elle comprend deux tiroirs, B et C, manœuvrés simultanément par deux excentriques calés sur l'arbre de couche de la machine ; l'un, le tiroir B, est commandé par la tige D: l'autre, le tiroir C, est commandé par une tige E. Le tiroir principal B, au lieu d'avoir de simples recouvrements extérieurs, comme le tiroir ordinaire, porte des lumières p, p', par lesquelles la vapeur passe de la boîte de distribution, A, dans les lumières m, m, du cylindre. La cavité n sert à l'échappement de la vapeur par le creux du tiroir.

La détente se produit quand le tiroir B est placé de manière à permettre l'admission par une lumière que le tiroir C vient boucher. Pour faire varier la fraction de dé-

tente, il suffit d'augmenter ou de diminuer la longueur
du tiroir C ; pour cela, ce tiroir est formé de deux mor-
ceaux, *c* et *c'*, traversés dans toute leur longueur par une
tige cylindrique portant en *f* et *f'* deux pas de vis renversés.
Si l'on fait tourner cette tige sur son axe dans un sens, on
rapproche les parties *c* et *c'*, et le tiroir se raccourcit ; on pro-

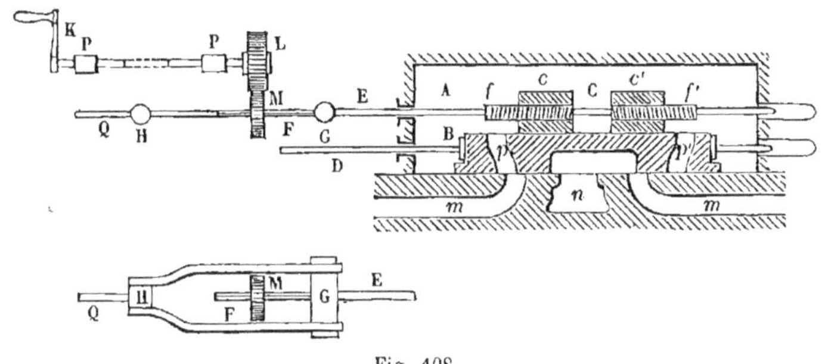

Fig. 108.

duit l'effet inverse en faisant tourner la tige en sens contraire.
Le second tiroir doit donc être relié à son excentrique par une
tige E qui puisse recevoir un mouvement de rotation sur son
axe. Cette tige E traverse un goujon G dans lequel elle peut
tourner ; elle est prolongée par une tige à section carrée, F,
sur laquelle est montée une roue dentée M. Le goujon G est
attaché par un étrier articulé en H à la tige Q de l'excentrique.
La roue M, dans laquelle glisse librement la tige F, engrène
avec une autre roue L ; on lui imprime au moyen de la manivelle K un déplacement angulaire autour de son axe, dans
un sens ou dans l'autre. De cette manière, on écarte ou on
rapproche à volonté les deux moitiés *c* et *c'* du second tiroir
pendant le mouvement de la machine, et on donne ainsi au
coefficient de détente telle valeur qu'on veut, depuis l'admission à pleine pression jusqu'à une admission infiniment petite. Dans certaines machines, l'écartement et le rapprochement des parties *c* et *c'* sont opérés par la machine elle-même
au moyen du jeu du régulateur.

208. *Détente Farcot.* — La détente Farcot (fig. 109) emploie

aussi deux tiroirs, mais le tiroir principal entraîne à frottement le second tiroir jusqu'à ce qu'il bute contre une came dont. on règle à volonté la position. Le second tiroir s'arrête à cet instant, et le tiroir principal continue sa course en glissant sous l'autre tiroir devenu fixe. Les lumières d'admission se trouvent alors fermées et la détente s'opère.

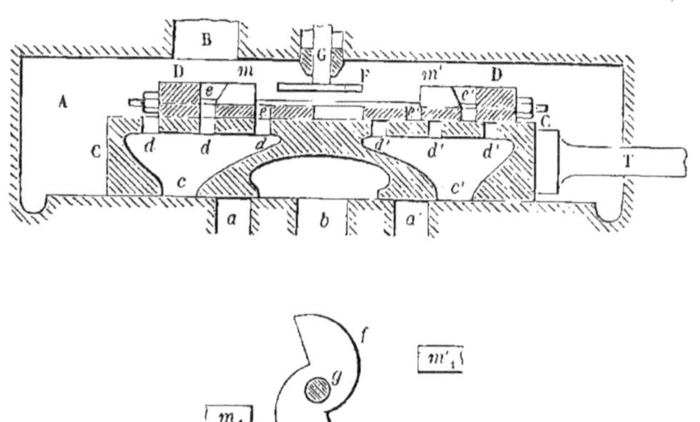

Fig. 109.

A, boîte à distribution ;

a, a', lumières d'admission du cylindre ;

B, tuyau d'amenée de la vapeur ;

b, lumière d'échappement ;

CC, tiroir principal, manœuvré par la tige T ;

c, d, d, d, ouvertures correspondantes à la lumière a ;

c', d', d', d', ouvertures correspondantes à la lumière a' ;

DD, second tiroir, appuyé par des ressorts sur le tiroir CC, qui l'entraîne à frottement ;

e, e, ouvertures correspondantes aux ouvertures d, d, d ;

e', e', ouvertures correspondantes aux ouvertures d', d', d' ;

F, came butant contre les saillies m', m', du second tiroir, et l'arrêtant dans son mouvement ;

G, arbre vertical commandant la came et permettant de faire varier la détente ;

f et *g*, projection horizontale de la came F et coupe horizontale de l'arbre G ; m_1, m_1', projections horizontales des saillies *m* et *m'*.

<h3 style="text-align:center">COULISSE DE STEPHENSON.</h3>

209. La coulisse de Stephenson, que nous avons décrite (I, § 284), a pour premier objet le changement de la marche de la machine ; il suffit pour cela de substituer à l'excentrique calé à 90° + α en avant de la manivelle un excentrique symétrique du premier, c'est-à-dire calé à 90° + α en arrière. Chacun de ces excentriques mène une barre dont l'extrémité s'articule à la *coulisse*. L'*arbre de relevage*, déplacé à l'aide d'un levier de changement de marche, ou mieux à l'aide d'une vis, permet de régler à volonté la position du *coulisseau* qui commande la tige du tiroir. On pourra donc conduire à volonté le tiroir par l'excentrique de la marche en avant, ou bien par l'excentrique de la marche en arrière. Placé au milieu de la coulisse, le coulisseau reste à peu près immobile ; l'oscillation très-petite qu'il subit à droite et à gauche de sa position moyenne ne découvre pas ou découvre à peine les lumières d'admission, et la coulisse est à son *point mort*. La distribution est alors interrompue. Les positions intermédiaires entre le point mort et chaque position extrême du coulisseau correspondent à divers degrés de détente, jusqu'à la détente normale, c'est-à-dire jusqu'à la détente réglée par les dimensions *r* et *l* du tiroir. La coulisse ne change rien à ces dimensions *r* et *l*, mais elle permet de modifier la course du tiroir et les positions relatives du tiroir et du piston principal. La solution de Stephenson est purement approximative, et elle présente l'inconvénient de ne pas assurer les mêmes longueurs d'admission à l'aller et au retour du piston. Néanmoins on l'a adoptée pour les locomotives, à cause de la grande simplicité du mécanisme.

DISTRIBUTION DE M. DEPREZ.

210. Avant d'exposer le principe du mécanisme récemment imaginé par M. Deprez pour la distribution de la vapeur, il est nécessaire de faire connaître une construction géométrique qui lui est également due, et qui a l'avantage de conduire avec la plus grande facilité aux variations des divers éléments de la détente.

Nous supposerons que la distribution soit faite au moyen d'un tiroir à recouvrements extérieurs ; appelons l la largeur des lumières d'admission, r la longueur du recouvrement ; la distribution normale s'opère en faisant mener le tiroir par un excentrique ayant un rayon d'excentricité égal à $r + l$, et un angle de calage égal à $90° + \alpha$, α étant l'angle aigu donné par la relation

$$\sin \alpha = \frac{r}{r + l}.$$

Appelons ρ la demi-course du tiroir ;

R la demi-course du piston ;

x l'espace décrit par le piston à partir de sa position moyenne ;

y l'espace décrit par le tiroir à partir de sa position moyenne ; ces deux quantités sont affectées d'un signe suivant le sens dans lequel elles sont portées ;

ω l'angle décrit par la manivelle principale à partir de son passage au point mort.

Les espaces x et y seront liés à l'angle ω par les relations

$$x = - \mathrm{R} \cos \omega,$$
$$y = \rho \cos [180° - (90° + \alpha) - \omega] = \rho \sin (\omega + \alpha).$$

Ces deux équations ne sont pas rigoureusement exactes, car elles supposent le parallélisme des bielles.

Les épures du § 205 donnent une image des mouvements

simultanés du piston et du tiroir, ou des variations simultanées des quantités x et y, au moyen des projections orthogonales sur un même diamètre de deux *points directeurs*, dont
l'un parcourrait un cercle de rayon R, l'autre un cercle concentrique de rayon ρ, l'angle compris entre les deux rayons
menés du centre à ces deux points restant constant et égal à
$90° + \alpha$.

La construction de M. Deprez consiste à projeter obliquement le point directeur du tiroir en lui faisant décrire un
cercle de rayon égal à $\rho \sin \alpha$.

Soit O (fig. 110) la position moyenne du tiroir; A et A′, les
deux positions extrêmes également distantes de la position
moyenne. Par le point A, menons une droite AP faisant avec

AA′ l'angle α; puis du point O
comme centre décrivons une
circonférence tangente à la
droite AP. Le rayon OP de
cette circonférence sera égal
à $OA \times \sin OAP = OA \sin \alpha$. Si
donc $OA = \rho$, demi-course du
tiroir, on aura $OP = \rho \sin \alpha$.

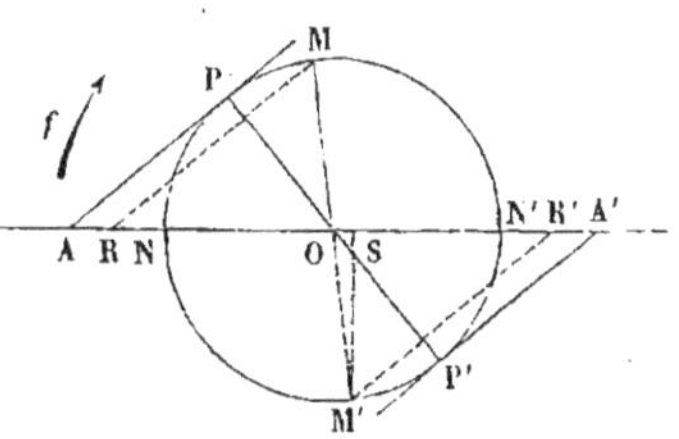

Fig. 110.

Cela posé, par un point quelconque M pris sur la circonférence,
menons MR parallèle à AP, ce qui déterminera un point R sur
la droite AA′. Ce point définira la position du tiroir correspondante à l'angle $AOM = \omega$ décrit par la manivelle principale
dans le sens de la flèche f à partir du rayon OA′. En effet,
soit $OR = y$. Le triangle ROM donne la proportion

$$\frac{OR}{OM} = \frac{\sin RMO}{\sin MRO} = \frac{\sin [180° - \omega - \alpha]}{\sin \alpha} = \frac{\sin (\omega + \alpha)}{\sin \alpha},$$

et comme $OM = \rho \sin \alpha$, il en résulte

$$OR = y = \rho \sin (\omega + \alpha).$$

Les positions successives du tiroir entre les points extrêmes A et A′ sont donc les projections obliques du point
mobile M, faites parallèlement à la droite AP.

Pour trouver sur la même figure les positions correspondantes du piston, il suffit de prendre une échelle des longueurs telle, que le diamètre NN′ en représente la course
totale, et de projeter orthogonalement en S sur ce diamètre
le point M′ opposé au point M. Nous prenons l'extrémité M′, et
non l'extrémité M, pour satisfaire aux conditions de signes;
car, au passage du point mort, on a pour $\omega = 0$, $x = -\mathrm{R}$ et
$y = \rho \sin \alpha$, quantités de signes contraires. Le point directeur
du piston doit donc être en N′ quand le point directeur du
tiroir est en N, et par suite les points directeurs des deux systèmes mobiles sont diamétralement opposés.

Dans la distribution normale, on a $\rho = r + l$ et $\rho \sin \alpha = r$.
Le rayon ON est donc égal au recouvrement.

Suivons le point directeur du piston pendant qu'il parcourt le cercle à partir du point N dans le sens de la flèche f
(fig. 111). Pendant le même temps, le point directeur du
tiroir parcourt ce même cercle à partir du point M_1. Menons
par le point M_1 et par le point O des parallèles à la droite AP;
nous obtiendrons ainsi sur la circonférence les points M_3, M_4,
M_5, et en nous reportant aux explications du § 205, nous reconnaîtrons que les arcs M_1M_3, M_3M_4, M_4PM_5, M_5M_1, représentent respectivement l'admission, la détente, l'échappement et
la compression dans les espaces libres.

Pour faire varier la détente, on peut soit faire varier la
demi-course ρ du tiroir, soit l'angle d'avance α, soit enfin ces
deux éléments à la fois. La
solution adoptée par M. Deprez consiste à faire varier
ρ et α de manière à conserver une valeur constante
au produit $\rho \sin \alpha = r$.
Soit, par exemple, OA_1 la
nouvelle valeur de ρ. Du
point A_1 menons au cercle

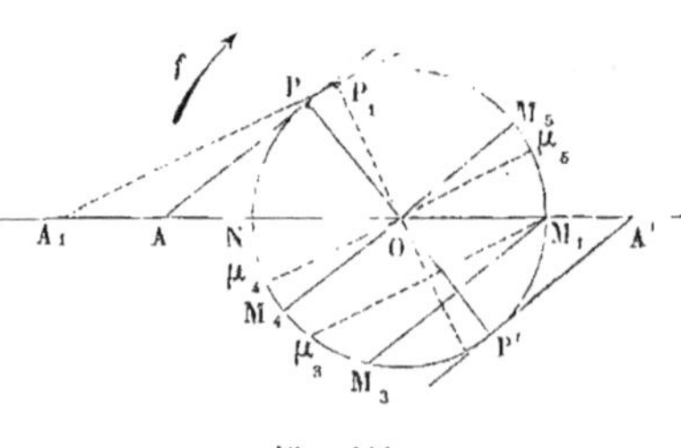

Fig. 111.

une tangente A_1P_1, puis par les points O et M_1 menons des
parallèles à A_1P_1; nous obtiendrons les points M_1, μ_3, μ_4, μ_5, qui

limitent les arcs correspondants aux quatre phases de la distribution. On voit que l'admission est prolongée et la détente diminuée à mesure que l'angle α diminue et que la demi-course OA_1 augmente. L'effet inverse se produit quand α augmente et que ρ diminue.

211. La distribution de M. Deprez est effectuée au moyen d'un excentrique ayant un rayon d'excentricité égal au recouvrement extérieur du tiroir, et calé sur l'arbre tournant à 180° en avant de la manivelle principale. Le centre de cet excentrique est le point directeur M du tiroir. Il ne reste plus qu'à établir la liaison entre ce point M et le point R, tête de la tige qui commande le tiroir, de telle manière que la direction MR reste parallèle à la tangente AP. M. Deprez y parvient par le dispositif suivant (fig. 112).

Une tige RR′, de longueur constante, attachée en R à la tige du tiroir, est assujettie à glisser entre les parallèles XX′, YY′; elle reste, par consé-
quent, parallèle à elle-même. Une autre tige MS s'attache en M au point directeur assujetti à décrire le cercle OP. L'autre extrémité S glisse le long de la tige RR′. De plus, le milieu T de la tige MS est relié au point R par une troisième tige articulée RT, égale en longueur à la moitié de la longueur MS. Il résulte de là que MS est

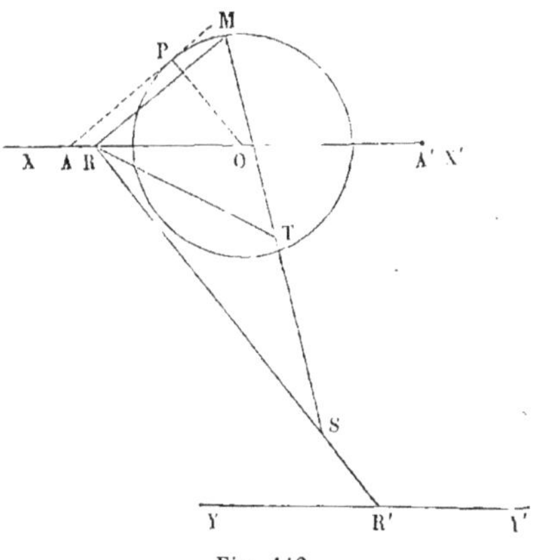

Fig. 112.

l'hypoténuse d'un triangle rectangle MRS, dont le côté RS a une direction constante, et que la direction RM conserve aussi son parallélisme. Si donc on fait mouvoir le point M le long du cercle OP, la droite fictive MR se déplacera parallèlement à elle même, et le tiroir lié au point R recevra le long de la droite XX′ le mouvement voulu.

Pour faire varier la détente, il suffira de changer la direction de la tige RR', ce qui revient à relever ou à abaisser la droite YY'. Le même artifice permet de changer le sens de la marche, car il suffit pour cela de faire passer la droite YY' au-dessus de la droite XX', de sorte qu'*avec un seul excentrique on obtient la marche dans les deux sens*, et dans des conditions de symétrie qui n'existent pas pour la distribution ordinaire avec les deux excentriques et la coulisse.

Au lieu d'assujettir le point R' à glisser sur une droite matérielle YY', M. Deprez remplace cette droite par un arc de cercle de grand rayon, qui n'en diffère pas sensiblement dans les limites de la course, et rattache simplement par une bride le point R' à un centre pris dans une direction perpendiculaire à YY'. On pourrait aussi adopter la solution décrite I, § 281.

Enfin, cette distribution peut être encore améliorée beaucoup, au moyen de divers procédés imaginés la plupart par M. Deprez, et dont on trouvera la description dans les *Études de Ch. Combes sur la machine à vapeur*[1].

THÉORÈME DE N. DEPREZ[2].

212. *Lorsque la détente est complète, et que la compression dans les espaces libres ramène la vapeur contenue dans le cylindre à la pression de la chaudière, le rendement de la machine n'est influencé ni par les espaces libres ni par l'admission anticipée, quelle que soit la loi de détente, pourvu qu'elle soit identique à la loi de compression.*

Soit Ω la surface du piston ;

L sa course ;

l la longueur qu'il décrit pendant l'admission dans la course directe ;

λ la longueur décrite par le piston dans sa course rétrograde pendant *l'admission anticipée ;*

P la pression de la vapeur dans la chaudière.

p la pression dans le condenseur ;

---

[1] Paris, Dunod.

[2] *Association française pour l'avancement des sciences*. Congrès de Lille, 1874. — *Étude sur l'influence de la distribution sur le rendement économique des machines à vapeur*, par Marcel Deprez, ingénieur (*Revue universelle des mines*, 1874).

u le volume de l'espace libre ;

K le travail moteur produit par la détente d'un mètre cube de vapeur pris à la pression P et détendu jusqu'à la pression p ;

m le rapport du volume occupé par la vapeur sous la pression p au volume occupé par la même quantité de vapeur sous la pression P.

Par *détente complète*, on entend que la vapeur au moment de l'échappement est amenée à la pression p du condenseur.

On suppose de plus 1° que l'échappement commence à la fin de la course du piston ; 2° que la loi de compression soit identique à la loi de détente, c'est-à-dire que pendant cette période la vapeur passe de la pression p du condenseur à la pression P de la chaudière, en subissant un travail extérieur égal à K par mètre cube ; son volume varie en même temps dans le rapport de m à 1.

Faisons le calcul des quantités de travail produites ou absorbées par la vapeur pendant les diverses périodes d'une course complète, en ne considérant qu'une face du piston.

Admission directe. Le travail de la vapeur est positif, et égal à $+\,\Omega l \mathrm{P}$.

Détente. Par hypothèse, un mètre cube se détendant de la pression P à la pression p, dans les mêmes conditions que la vapeur du cylindre, produit un travail K.

Le volume qui se détend est ici $u + \Omega l$, en tenant compte de l'espace libre ; le travail produit est donc $+\,(u + \Omega l)\mathrm{K}$. A la fin de cette période, le piston a atteint l'extrémité de sa course. Donc

$$(u + \Omega l)m = u + \Omega \mathrm{L}.$$

Pour évaluer les travaux correspondant à la course rétrograde, nous supposerons encore que le piston parcoure le cylindre dans le sens direct, ce qui revient à évaluer le travail de la vapeur comme s'il était positif ; il suffira d'en changer le signe pour avoir le travail cherché.

Admission anticipée. Le travail produit, changé de signe, sera égal à $-\,\Omega \lambda \mathrm{P}$.

Compression. Le volume de vapeur contenu dans le cylindre et l'espace libre au bout de l'admission anticipée est $u + \Omega \lambda$; à la fin de la compression ce sera $(u + \Omega \lambda)m$, et le travail correspondant de la vapeur sera $-\,(u + \Omega \lambda)\mathrm{K}$, en tenant compte du signe ;

Échappement. Pendant l'échappement, la pression de la vapeur reste égale à p, et le travail produit s'obtiendra en multipliant cette pression par le volume engendré par le piston pendant la période, ce qui donne

$$-\,p\,(\Omega \mathrm{L} - [(u + \Omega \lambda)m - u]);$$

en effet $\Omega \mathrm{L}$ est le volume du cylindre quand l'échappement commence, et le volume occupé par la vapeur quand l'échappement finit étant $(u + \Omega \lambda)m$, il reste $(u + \Omega\lambda)\,m - u$ pour le volume qu'elle occupe dans le cylindre, en retranchant l'espace libre u, qui reste en dehors.

Soit T le travail total produit par l'oscillation entière du piston ; on aura

$$\text{T} = \Omega l\text{P} + (u + \Omega l)\text{K} - \Omega\lambda\text{P} - (u + \Omega\lambda)\text{K} - p[\Omega\text{L} - (u + \Omega\lambda)\,m + u]$$
$$= \Omega(l - \lambda)\text{P} + \Omega(l - \lambda)\text{K} - p[\Omega\text{L} + u - (u + \Omega\lambda)m].$$

Remplaçons $\Omega\text{L} + u$ par sa valeur $(u + \Omega l)\,m$; il vient, en mettant $\Omega(l - \lambda)$ en facteur commun,

$$\text{T} = \Omega(l - \lambda)(\text{P} + \text{K} - pm).$$

Or je dis que $\Omega(l - \lambda)$ est le volume de vapeur fourni en réalité par la chaudière à chaque coup de piston. Au premier abord il semble que ce volume soit égal à Ωl, puisque tel est le volume décrit par le piston pendant l'admission directe. Mais au commencement de l'admission anticipée le cylindre possède, en vertu de la compression qui vient de finir, un volume de vapeur égal à $\Omega\lambda$. Ce volume est d'abord refoulé dans la chaudière pendant la marche rétrograde du piston ; puis il rentre aussitôt dans le cylindre pendant que le piston décrit la longueur λ dans le sens direct. La quantité de vapeur nouvelle réellement fournie par la chaudière pour un coup de piston est donc mesurée en volume par la différence $\Omega(l - \lambda)$.

Donc le travail produit, rapporté au mètre cube de vapeur pris dans la chaudière, travail qu'on peut appeler le *rendement* de la machine, est mesuré par la somme $\text{P} + \text{K} - pm$, quantité indépendante de λ et de u. Les conditions dans lesquelles on suppose que la machine travaille annulent complétement l'influence de l'espace nuisible.

Dans la machine théorique, où l'on suppose qu'il n'y a ni espace libre, ni admission anticipée, ni compression, m étant toujours le coefficient qui mesure le degré de détente, on a pour travail moteur correspondant à un coup de piston

$$\Omega l(\text{P} + \text{K} - pm);$$

donc 1° le rapport de la puissance motrice de la machine réelle à celle de la machine théorique est égal à $\dfrac{l - \lambda}{l}$, quantité indépendante des pressions P et p, et de la loi de détente ; 2° le *rendement* $\text{P} + \text{K} - pm$ est le même dans les deux machines.

MACHINE A AIR CHAUD.

213. Pour donner une idée des *machines à air chaud*, nous emprunterons à la *Théorie mécanique de la chaleur* de Ch. Combes la description sommaire de la machine Franchot, dont le modèle a été exposé à Paris en 1855.

Cette machine se compose de deux cylindres, A et B, que nous supposerons égaux ; ils sont placés l'un à côté de l'autre, et communiquent ensemble par deux tubes, C et D. L'un de ces cylindres, A, est le *cylindre chaud* ; il est maintenu à une température τ au moyen d'un foyer établi en E. L'autre, B, est le *cylindre froid* ; il est maintenu à la température τ' du milieu ambiant. Les tubes C et D sont remplis de toiles métalliques à travers les vides desquelles l'air contenu dans l'appareil peut passer d'un cylindre à l'autre quand les pistons P et Q sont en mouvement. Les tiges F et G des pistons

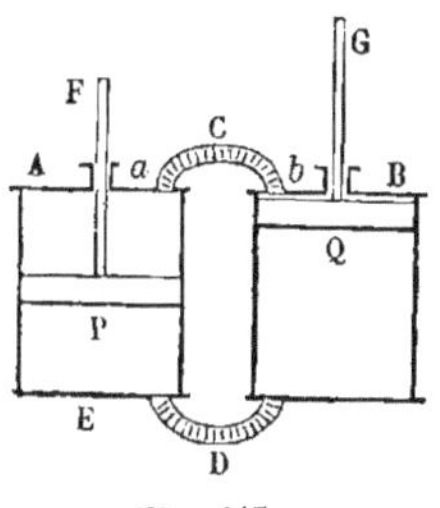

Fig. 113.

sont articulées par l'intermédiaire de bielles aux manivelles rectangulaires OM, ON de l'arbre tournant O (fig. 114), de telle sorte que la manivelle OM, mise en mouvement par la bielle F du *piston chaud*, soit en avant de la manivelle ON qui correspond au *piston froid*. L'air passe alternativement d'un cylindre dans l'autre quand on fait mouvoir les pistons ; dans ce mouvement, l'air chaud contenu dans le cylindre A abandonne, en passant dans le cylindre B, l'excès

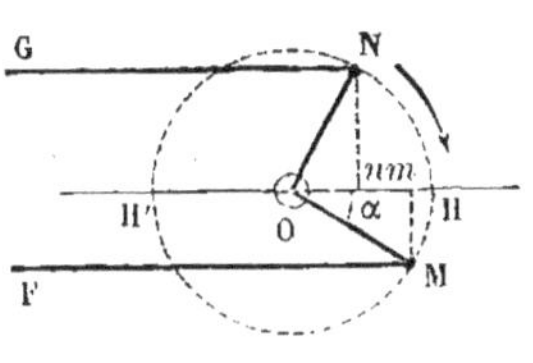

Fig. 114.

de sa chaleur aux toiles métalliques des tuyaux C et D ; et l'air froid contenu dans le cylindre B, quand il passe dans le cylindre A, s'échauffe en traversant les mêmes toiles. Les pistons P et Q séparent d'ailleurs le volume intérieur des cylindres et des tuyaux en deux régions entre lesquelles il n'y a aucune communication.

Proposons-nous de trouver l'expression du travail moteur correspondant à un tour entier de l'arbre des manivelles. Appelons S la section commune des cylindres, L la moitié de la course commune des deux pistons, ou la longueur des manivelles, l la longueur des conduits C et D réduite à la section S, de sorte que Sl en représente le volume.

A un moment donné, soit α l'angle décrit par la *manivelle chaude* OM à partir de son point mort H. Les mouvements des pistons P et Q sont sensiblement identiques aux mouvements des projections m et n des boutons des manivelles sur le diamètre HH'. Le volume d'air compris dans le cylindre A au-dessus du piston P est donc égal au produit de la section S par la distance du piston P à la face intérieure du couvercle du cylindre, distance sensiblement égale à mH, ou à L$(1 - \cos \alpha)$, ce qui donne SL $(1 - \cos \alpha)$. Cet air est à la température τ. Le volume d'air compris dans le cylindre froid au même moment est égal à SL $(1 - \sin \alpha)$, et cet air est à la température τ'. Quant à l'air contenu dans le conduit C, il occupe un volume Sl, mais sa température varie d'un point à l'autre du tuyau entre les limites τ au point a et τ' au point b.

La masse d'air située au-dessus des pistons occupe donc un volume total

$$V_1 = \mathrm{SL}(1 - \cos\alpha) + \mathrm{SL}(1 - \sin\alpha) + \mathrm{S}l = \mathrm{S}\left[2\mathrm{L} + l - \mathrm{L}(\sin\alpha + \cos\alpha)\right].$$

Le volume V_2 de la masse d'air située au-dessous s'exprimerait de même par la formule

$$V_2 = \mathrm{S}\left[2\mathrm{L} + l + \mathrm{L}(\sin\alpha + \cos\alpha)\right],$$

en sorte que le volume total $V_1 + V_2$ soit constant et égal à $2\mathrm{S}(2\mathrm{L} + l)$.

Soit p_0 la pression *naturelle*, commune à toute la masse d'air au-dessus et au-dessous des pistons à l'origine du mouvement, quand on n'a pas encore échauffé le cylindre A; appelons de même p la pression commune à la masse d'air située au-dessus des pistons, et p' la pression commune à la masse d'air située au-dessous, lorsque la manivelle chaude a tourné de l'angle α. Pour déterminer les pressions p et p', réduisons les volumes à la pression initiale p_0 et à la température initiale τ'.

Le volume d'air chaud, SL$(1 - \cos \alpha)$, est sous la pression p et à la température τ; ramené à la pression p_0 et à la température τ', il devient

$$\mathrm{SL}(1 - \cos\alpha) \times \frac{p}{p_0} \times \frac{1 + \mathrm{K}\tau'}{1 + \mathrm{K}\tau},$$

en appelant K le coefficient de la dilatation des gaz.

Le volume d'air froid $SL(1 - \sin\alpha)$, qui est sous la pression p et à la température τ', ramené à la pression p_0 sans changement de température, devient

$$SL(1 - \sin\alpha)\frac{p}{p_0}.$$

L'air contenu dans les interstices des toiles métalliques peut être partagé par des plans transversaux en tranches dont la section Ω est la somme des sections libres entre les fils, et dont l'épaisseur $d\lambda$ se mesure sur la ligne d'axe du tuyau. Cet air est à la pression p commune à toute la masse, et à une température θ comprise entre τ et τ'. Ramené à la pression p_0 et à la température τ', le volume $\Omega d\lambda$ devient

$$\Omega d\lambda \times \frac{p}{p_0} \times \frac{1 + K\tau'}{1 + K\theta},$$

et si l'on appelle λ_1 la longueur développée du tuyau, la somme des volumes de l'air contenu dans la conduite, réduits partout à la pression p_0 et à la température τ', est égale à l'intégrale

$$\int_0^{\lambda_1} \Omega d\lambda \times \frac{p}{p_0} \times \frac{1 + K\tau'}{1 + K\theta} = \Omega \times \frac{p}{p_0} \times 1 + K\tau' \times \int^{\lambda_1} \frac{d\lambda}{1 + K\theta}.$$

Cette intégrale ne pouvant être calculée qu'autant que θ est connu en fonction de λ, on admettra que la température varie le long de la conduite suivant une loi linéaire entre les limites τ et τ', ce qui permet de poser

$$\theta = \tau - (\tau - \tau')\frac{\lambda}{\lambda_1}.$$

On trouve alors

$$\Omega \int_0^{\lambda_1} \frac{d\lambda}{1 + K\theta} = \Omega\lambda_1 \log\frac{1 + K\tau}{1 + K\tau'},$$

ce qu'on peut écrire approximativement

$$Sl \times \frac{K(\tau - \tau')}{1 + K\tau'},$$

en observant que le volume total $\Omega\lambda$ de l'air contenu dans le tuyau est égal par définition à Sl, et que le produit $K(\tau - \tau')$ est généralement assez petit pour qu'on puisse prendre au lieu du logarithme le premier terme du développement en série de $\log\left[1 + \dfrac{K(\tau - \tau')}{1 + K\tau'}\right]$.

Le volume réduit de l'air contenu dans le tuyau C est donc égal à

$$\frac{p}{p_\bullet} \times 1 + K\tau' \times Sl \times \frac{K(\tau - \tau')}{1 + K\tau'},$$

ou bien à

$$Sl \times \frac{p}{p_0} \times K(\tau - \tau').$$

A l'origine du mouvement, l'air contenu au-dessus des pistons occupait le volume $S(2L + l)$ sous la pression p_0 et à la température τ' ; on a donc l'équation suivante pour déterminer p :

$$\frac{p}{p_0}\left[SL(1 - \cos\alpha)\frac{1 + K\tau'}{1 + K\tau} + SL(1 - \sin\alpha) + Sl \times K(\tau - \tau') \right] = S(2L + l),$$

d'où l'on déduit

$$p = p_0 \times \frac{(2L + l)(1 + K\tau)}{L(1 + \cos\alpha)(1 + K\tau') + L(1 - \sin\alpha)(1 + K\tau) + lK(\tau - \tau')(1 + K\tau)}.$$

On aurait de même pour déterminer la pression p' de l'air au-dessous des pistons

$$p' = p_0 \times \frac{(2L + l)(1 + K\tau)}{L(1 + \cos\alpha)(1 + K\tau') + L(1 + \sin\alpha)(1 + K\tau) + lK(\tau - \tau')(1 + K\tau)}.$$

Ces valeurs étant déterminées, il est facile d'en déduire le travail moteur des pressions p et p'. En effet, ce travail est la somme des deux intégrales $\int p\, dV_1 + \int p'\, dV_2$, et comme la somme $V_1 + V_2$ est constante, ce qui entraîne l'égalité $dV_2 = -dV_1$, cette somme est aussi égale à $\int (p - p')\, dV_1$.

On a d'ailleurs, en différentiant la première équation posée plus haut,

$$dV_1 = S(\sin\alpha - \cos\alpha)\, d\alpha.$$

Donc enfin le travail T, accompli par l'air pour un angle α décrit à partir du point mort par la manivelle chaude, est donné par la formule

$$T = \int_0^\alpha S\,(p - p')\,(\sin\alpha - \cos\alpha)\,d\alpha.$$

Pour le tour entier, on prendra la limite supérieure égale à 2π.

Le produit $(p - p')(\sin\alpha - \cos\alpha)$ est nul pour quatre valeurs de α comprises entre 0 et 2π; savoir pour $\sin\alpha = \cos\alpha$, ce qui donne $\alpha = \dfrac{\pi}{4}$ ou $\dfrac{5\pi}{4}$; et pour $p = p'$, ce qui a lieu aussi en deux points de la circonférence. On reconnaît par là que la machine a quatre points morts dans chaque tour, et que son allure serait peu régulière. La machine Franchot n'a d'ailleurs jamais été construite.

MOTEUR LENOIR.

214. Le *moteur Lenoir* est une machine à gaz, dans laquelle on emploie un mélange d'air et de gaz d'éclairage; l'expansion se produit en mettant le feu à ce mélange au moyen d'une étincelle électrique. La machine n'ayant pas de chaudière occupe très-peu de place et convient particulièrement pour les petits ateliers.

La figure 115 représente l'élévation latérale de la machine, la figure 116 la coupe horizontale du cylindre, et la figure 117 la disposition du tiroir manœuvré par la tige X.

C est le cylindre dans lequel se meut le piston P.

Les conduites RR' amènent vis-à-vis des lumières d'admission le gaz d'éclairage fourni par le tuyau T. Le tiroir destiné à régler l'alimentation du cylindre est formé de deux plaques entre lesquelles l'air extérieur peut librement circuler; il est traversé de petits conduits ff par lesquels le gaz peut passer, lorsque le mouvement du tiroir l'amène en regard des ouvertures a. Une fente ménagée dans la plaque postérieure donne

en même temps passage à l'air atmosphérique. Le mouvement
du tiroir est obtenu au moyen d'un excentrique calé sur
l'arbre de la machine.

Il résulte de cette disposition que le piston P, entraîné par
l'inertie du volant calé sur l'arbre tournant, aspire l'air et le

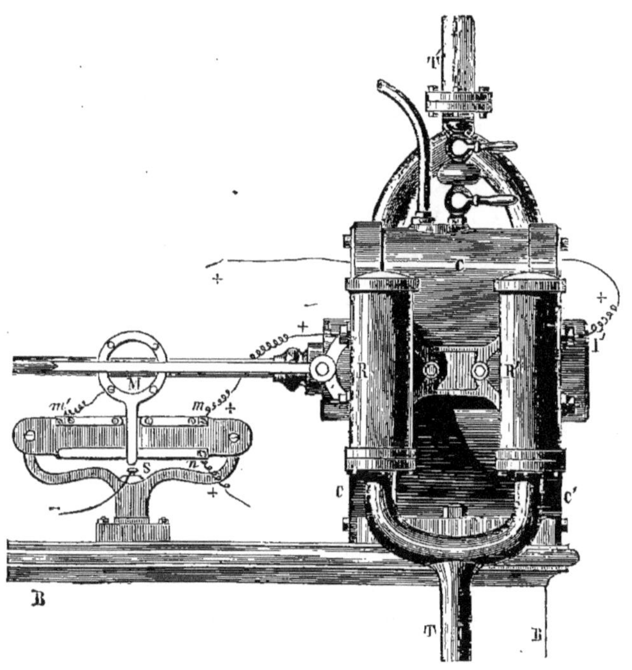

Fig. 115.

gaz au moment où le tiroir débouche l'une des lumières
d'admission. Il reste à mettre le feu au mélange. Pour
cela, on se sert d'une pile électrique et d'un appareil à
induction de Ruhmkorff. Le fil électrique vient aboutir à
l'appareil S, formé de trois barrettes métalliques n, m, m',
isolées les unes des autres. De ces barrettes partent deux
groupes de fils qui traversent les fonds du cylindre, et
qui sont coupés à l'intérieur, de manière à laisser entre
leurs extrémités un intervalle que le courant franchira sous

forme d'étincelle. Le courant passe dans la partie gauche du cylindre quand on établit une communication métallique entre les barrettes m et n ; il passe dans la partie

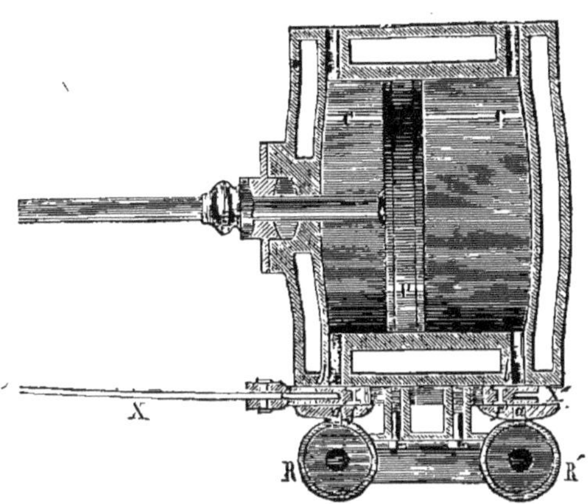

Fig. 116.

droite quand la communication est établie entre les barrettes n et m'. Pour obtenir alternativement l'étincelle dans les deux fonds du cylindre, et la production de travail correspondante à l'expansion du mélange gazeux au moment où la combinaison s'opère, il suffit donc d'attacher à la tige du piston un curseur métallique M, qui glisse le long de la barre n,

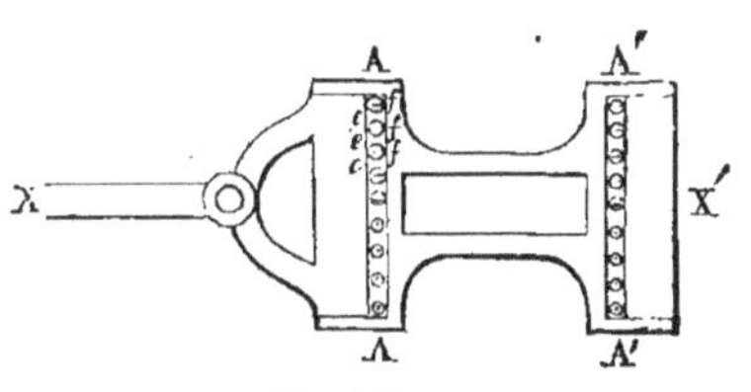

Fig. 117.

en passant de la barre m à la barre m', puis, au retour, de la barre m' à la barre m.

Le résultat de la combinaison de l'hydrogène et de l'oxygène de l'air est de l'eau, qui s'échappe par des conduits spéciaux, fermés et ouverts par un tiroir ordinaire. Un tuyau T' sert à entourer d'eau froide tout le cylindre pour raffraîchir le métal, que l'élévation de la température détériorerait rapidement. Cette eau s'échauffant regagne les couches les plus élevées du réservoir, et est remplacée par de l'eau plus froide.

Pour augmenter l'expansion des gaz, on ajoute au mélange un peu de vapeur d'eau, fourni par un petit réservoir d'eau chaude à proximité du cylindre.

En résumé, le moteur Lenoir est une application industrielle de l'appareil connu en chimie sous le nom d'*eudiomètre*. On emploie seulement le gaz d'éclairage à la place de l'hydrogène pur, à cause de la facilité qu'on a à se le procurer. Si au lieu de l'étincelle électrique on emploie pour mettre le feu au mélange détonant un petit jet de gaz, allumé et éteint alternativement par le jeu même de la machine, on obtient le *moteur Hugon*.

MACHINE ÉLECTRIQUE DE FROMENT.

215. L'électricité est, comme la chaleur, une source de travail, et rien n'empêche de l'employer comme puissance motrice. Cette solution est peu usitée, parce que jusqu'à présent la production de l'électricité est plus dispendieuse que la production du calorique ; cependant l'emploi de l'électricité est commandé toutes les fois qu'il s'agit d'opérer à grande distance un mouvement exigeant peu de force. C'est le principe du télégraphe électrique. On peut aussi employer l'électricité comme moteur d'une machine analogue à la machine à vapeur. Nous donnerons pour exemple la machine de Froment.

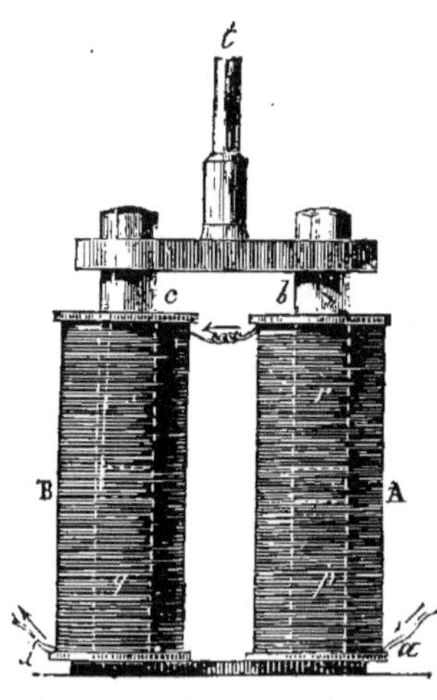

Fig. 118.

A et B (fig. 118) sont deux électro-aimants, formés de deux bobines recouvertes d'un fil isolé *ab*, *cd*, dans lequel passe le courant électrique, et de quatre barreaux de fer doux, deux fixes *p* et *q*, et deux mobiles *r* et *s*, reliés deux à deux par des traverses métalliques. Quand le courant passe, le fer doux s'aimante, et les aimants *pq*, *rs* ont les pôles de noms contraires en regard l'un de l'autre.

Les barreaux mobiles *r* et *s* sont attirés par les barreaux fixes. Ce mouvement est transmis par la tige *t* à l'extrémité d'un balancier. Quand le courant est interrompu, cette attraction cesse ; à ce moment la machine est disposée de telle sorte que le courant passe dans un autre électro-aimant, tout semblable au premier, mais placé à l'autre extrémité du balancier ; d'où résulte pour cette pièce une traction en sens inverse. Le mouvement oscillatoire du balancier est ensuite transformé en mouvement circulaire continu par l'intermédiaire d'une bielle et d'une manivelle.

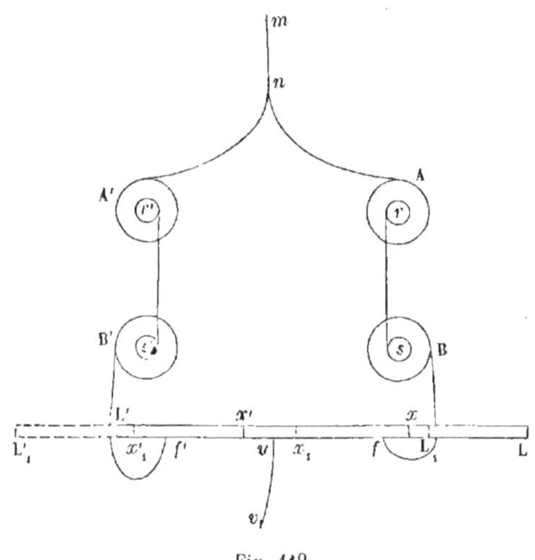

Fig. 119.

La figure 119 montre une des dispositions qu'on peut prendre pour que le courant fourni par la pile électrique passe alternativement dans un électro-aimant et dans l'autre. Soient A et B les bobines du premier électro-aimant, A′ et B′ celles du second ; *m* le fil venant de la pile. Il se bifurque en *n* ; un brin suit le chemin *n*ArsB*f*, et l'autre le chemin *n*,A′*v′s′*B′*f′* ; le fil *uv* retourne à la pile ; dans les deux chemins le courant emprunte sur un certain parcours une glissière mobile LL', à laquelle la machine donne un mouvement de va-et-vient. La glissière est en ivoire, matière isolante ; mais elle est recouverte sur la longueur xx' d'une plaque métallique qui laisse passer le courant. Les extrémités des fils f, f' et u glissent en la touchant constamment. On voit que, quand cette pièce a la position LL', le courant prendra le chemin $mnABfuv$, tandis qu'il prendra le chemin $mnA'B'f'uv$ lorsqu'elle aura la position L_1, L_1.

On peut aussi employer pour changer le courant les commutateurs circulaires, auxquels la machine imprime un mouvement continu autour de leurs axes.

Ce qui distingue ces machines, c'est la grande régularité de leur allure ; aussi les emploie-t-on pour des travaux de précision.

DE LA POUDRE A CANON CONSIDÉRÉE COMME MOTEUR.

216. La poudre à canon est un mélange intime de salpêtre (azotate de potasse), de soufre et de charbon ; enflammé, ce mélange donne en abondance des produits gazeux, principalement de l'acide carbonique et de l'azote, et quelques produits solides, notamment des sels de potasse (sulfate, carbonate, hyposulfite), du sulfure et du sulfocyanure de potassium, enfin du carbonate d'ammoniaque. La température produite dans ces réactions chimiques s'élève assez pour volatiliser tous les composés solides ; la masse de gaz formée, ramenée à la pression atmosphérique, occuperait environ un espace 2400 fois plus grand que le volume apparent de la poudre. Si la déflagration s'effectue dans une chambre fermée par une paroi mobile, cette paroi sera chassée par l'expansion des gaz comme le piston d'une machine à vapeur. On utilise cette propriété pour lancer des projectiles et pour effectuer des déblais dans les terrains très-résistants.

La poudre française est à peu près composée en poids de la manière suivante :

Salpêtre..   75
Soufre.   12,5
Charbon..   12,5
                        ‾‾‾‾‾
                        100,0

100 grammes de poudre donnent par l'inflammation environ 19 litres de gaz. La puissance motrice des différentes poudres varie suivant la provenance et le mode de fabrication.

217. Le problème de la *balistique intérieure* est encore loin d'être complétement résolu. Nous nous bornerons ici à donner un aperçu de la première solution qu'on en ait proposée ; elle repose sur l'hypothèse de l'uniformité à un même instant de la densité des gaz produits par la poudre dans toute l'étendue de la pièce. Cette hypothèse n'est pas entièrement exacte, comme nous le reconnaîtrons plus loin ; mais elle donne une première approximation dont on se contente généralement.

Appliquons au système matériel formé par le projectile, le canon et la poudre, les théorèmes des quantités de mouvement et des forces vives.

Soient m, M, μ, les masses du projectile, du canon et de la charge ;

v, V, les vitesses du projectile et du canon à un instant quelconque. Ces vitesses étant prises positivement, nous devrons, dans la formule des quantités de mouvement, donner à V le signe —, pour indiquer que la pièce recule pendant que le boulet est chassé en avant.

La vitesse est variable d'un point à l'autre pour les molécules gazeuses de la poudre ; les molécules voisines du boulet ont la vitesse v ; les molécules voisines du fond de la pièce ont la vitesse — V. Nous admettrons que la vitesse moyenne des molécules gazeuses de la charge soit la moyenne arithmétique entre ces deux vitesses extrêmes, ce qui revient à attribuer à l'ensemble de la charge une vitesse commune $\dfrac{v - V}{2}$.

Projetons les quantités de mouvement et les forces sur l'axe de la pièce, supposé horizontal ; la pesanteur ne donnera rien, et nous pourrons aussi négliger la résistance de l'air au mouvement du projectile et au recul du canon. Les forces extérieures seront donc ou nulles ou négligeables, et nous aurons l'équation approximative :

$$mv - MV + \mu\,\frac{v - V}{2} = 0.$$

De cette équation on tire cette conséquence que le rapport $\frac{v}{V}$ des vitesses est constant.

Nous compléterons notre première hypothèse en admettant une distribution particulière des vitesses, à un instant donné, entre toutes les tranches de la charge.

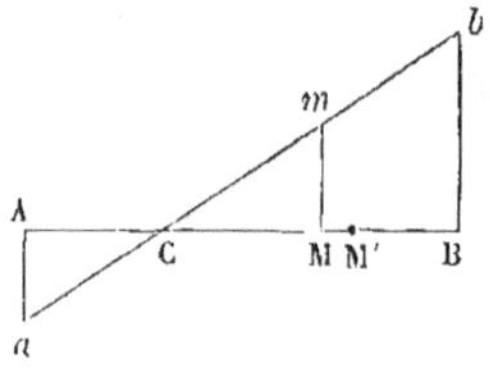

Soit AB la longueur occupée par la charge ; élevons en B une perpendiculaire Bb que nous prendrons égale à la vitesse v du point B qui accompagne le boulet ; en A, élevons en sens

Fig. 120.

contraire une perpendiculaire Aa que nous prendrons égale à la vitesse de recul V, du point A qui accompagne le fond de la pièce. Menons la droite ab ; nous admettrons qu'en un point M quelconque de la charge la vitesse soit égale à l'ordonnée Mm de la droite ab. Il résulte de là que le point C a une vitesse nulle, et comme le rapport $\frac{v}{V}$ est constant, ce point correspond à une tranche fixe de la charge. Nous lui donnerons le nom de *tranche immobile ;* c'est l'origine fixe à partir de laquelle il convient de compter les distances parcourues par la pièce dans un sens et par le projectile dans l'autre. Cette hypothèse nous permet d'évaluer à un instant donné la somme des forces vives des molécules de la poudre.

Soit CM $= x$ la distance d'une tranche M à la tranche immobile. La masse totale μ de la charge étant uniformément répartie, la masse par unité de longueur est $\frac{\mu}{AB}$, et la masse de la tranche comprise entre les points M et M' est $\dfrac{\mu\,dx}{AB}$; la force vive de cette tranche est, en appelant u la vitesse proportionnelle à Mm,

$$\frac{\mu\,dx}{AB} \times u^2 = \frac{\mu\,dx}{AB} \times \left(\frac{Mm}{Bb}\,v\right)^2,$$

ou bien

$$\frac{\mu\,dx}{AB} \times \left(\frac{CM}{CB}\,v\right)^2 = \frac{\mu v^2 x^2 dx}{AB \times \overline{CB}^2}.$$

La somme des forces vives à l'instant considéré est donc

$$\int \frac{\mu v^2 x^2 dx}{AB \times \overline{CB}^2} = \frac{\mu v^2}{AB \times \overline{CB}^2} \int x^2 dx,$$

l'intégrale étant prise entre les limites $x = -\,CA$ et $x = +\,CB$. Il vient en définitive pour cette somme

$$\frac{1}{3}\,\frac{\mu v^2}{AB \times \overline{CB}^2} \times (\overline{CB}^3 + \overline{CA}^3) = \frac{1}{3}\,\mu v^2 \times \frac{\overline{CB}^3 + \overline{CA}^3}{CB + CA} \times \frac{1}{\overline{CB}^2}.$$

On peut remplacer, dans le rapport qui multiplie $\frac{1}{3}\mu v^2$, CB et CA respectivement par v et V, qui leur sont proportionnels; il vient pour ce rapport

$$\frac{v^3 + V^3}{(v + V)v^2},$$

ce qui donne, en définitive, pour la somme des forces vives de la poudre

$$\frac{1}{3}\,\mu\,\frac{v^3 + V^3}{v + V}.$$

La force vive du boulet, que nous supposerons simplement animé d'une translation suivant l'axe de la pièce, est mv^2; celle de la pièce est MV^2.

Appliquons ces formules entre l'époque où le feu a été mis à la poudre et celle où le boulet sort du canon. La somme des forces vives acquises par le système sera sensiblement égale au double du travail produit par les gaz de la poudre; or si l'on appelle p la pression des gaz à un moment donné, Ω

la section intérieure du canon, que, pour plus de simplicité, nous regarderons comme uniforme, et z la longueur occupée dans la pièce par la charge à ce même instant, le travail de la poudre jusqu'à cet instant sera égal à l'intégrale

$$\int p\Omega dz,$$

prise entre les limites $z = l$, longueur initiale de la charge et $z = L$, longueur du canon.

La densité initiale de la charge est égale à son poids, $g\mu$, divisé par le volume Ωl occupé par la poudre.

Lorsque la charge occupe la longueur z, sa densité supposée uniforme est égale à la densité initiale multipliée par le rapport inverse des longueurs, ou à $\dfrac{g\mu}{\Omega l} \times \dfrac{l}{z}$, ou enfin à $\dfrac{g\mu}{\Omega z}$.

On admet que la pression des gaz de la poudre varie proportionnellement à une certaine puissance de la densité : nous poserons donc

$$p = K \times \left(\frac{g\mu}{\Omega z}\right)^n,$$

en désignant par K et par n des nombres constants qu'on devra déterminer par expérience. Substituant dans l'intégrale du travail, il vient

$$\int_l^L p\Omega dz = \frac{K\Omega g^n \mu^n}{\Omega^n} \int_l^L \frac{dz}{z^n} = \frac{Kg^n \mu^n}{(n-1)\Omega^{n-1}} \left(\frac{1}{l^{n-1}} - \frac{1}{L^{n-1}}\right),$$

et égalant ce travail à la demi-somme des forces vives, on obtient l'équation

$$\frac{1}{2}mv^2 + \frac{1}{2}MV^2 + \frac{1}{6}\mu \frac{v^3 + V^3}{v+V} = \frac{Kg^n \mu^n}{(n-1)\Omega^{n-1}} \left(\frac{1}{l^{n-1}} - \frac{1}{L^{n-1}}\right),$$

qui, jointe à l'équation des quantités de mouvement

$$mv - MV + \frac{1}{2}\mu(v - V) = 0,$$

achève de déterminer v et V.

218. Les calculs précédents sont fondés sur l'hypothèse

que là. densité des gaz est uniforme à chaque instant dans toute l'étendue occupée par la charge. Cette supposition est nécessairement inexacte ; car les tranches successives que l'on rencontre en rétrogradant à partir du boulet jusqu'à la tranche immobile, ont des pressions croissantes, puisque chacune pousse le boulet et les tranches qui la précèdent, et la densité doit varier en même temps que la pression. Le problème acquiert ainsi un plus grand degré de complication, et n'a pu être résolu jusqu'ici qu'au moyen d'une nouvelle hypothèse sur la répartition des densités.

219. Lorsqu'on connait expérimentalement la vitesse v de sortie du boulet, on peut en déduire par approximation la vitesse V du recul, et la pression moyenne des gaz de la poudre. L'équation des quantités de mouvement donne d'abord V en fonction de v et des poids du boulet, de la pièce et de la charge. Ensuite la demi-force vive du boulet, $\frac{1}{2} mv^2$, divisée par la longueur L du canon donne l'effort moyen de la poudre ; divisant enfin par la section droite du projectile, on en déduit la pression moyenne des gaz par unité de surface.

Soit, par exemple, un projectile pesant 12 kilogrammes ; la charge est le tiers du poids du projectile, et le poids de la pièce est égal à 320 fois le même poids. Si la vitesse à la sortie est de 400 mètres, la vitesse du recul sera de $1^m,45$ au moment où le boulet sortira de la bouche à feu. La longueur intérieure du canon étant d'environ $2^m,75$, l'effort moyen est égal à $\dfrac{12 \times \overline{400}^2}{2,75 \times 2g} =$ environ 36,000 kilogrammes ; ce qui, divisé par l'aire transversale du boulet, donnera la pression moyenne des gaz. La pression maximum monte nécessairement beaucoup au-dessus de cette moyenne.

Le métal d'un canon doit être en état de résister aux énormes pressions qui se développent à l'intérieur des pièces d'artillerie. Il y résiste en réalité, non seulement par son élasticité, mais encore par son inertie. Les fuites de gaz doivent être évitées ; outre qu'elles sont dangereuses pour les servants, elles détériorent très-promptement l'arme, en agrandissant les ouvertures par lesquelles elles commencent à se produire.

CANON SANS RECUL DE G. P. HARDING[1].

220. La figure 121 représente la coupe longitudinale d'un canon ouvert aux deux bouts. Le côté X représente la culasse, et le côté Y la bouche par laquelle le projectile doit sortir.

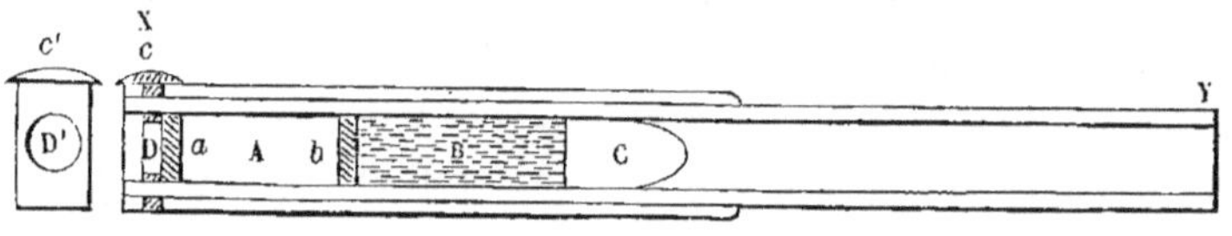

Fig. 121.

L'espace A, compris entre deux bourres légères a et b, est plein d'air. La bourre a est maintenue latéralement par un diaphragme c, que la figure c' montre de face. Un trou, projeté en D et D', est réservé à travers ce diaphragme.

La charge occupe l'espace BC; en B est une charge de poudre-coton, en C le boulet.

La lumière par laquelle on met le feu à la poudre est ouverte à l'arrière de l'espace B.

Quand on enflamme la poudre, les gaz produits instantanément agissent d'une part sur le boulet, de l'autre, sur la cloison b, à laquelle le choc des gaz imprime dans le premier instant une vitesse rétrograde extrêmement grande, sans qu'il y ait pour elle pendant cet instant aucun déplacement perceptible (III, § 347). Mais la cloison est en contact avec un matelas élastique d'air compris entre les cloisons a et b; le choc subi par le corps b se transmet à la tranche élastique infiniment voisine; celle-ci le transmet, sans déplacement appréciable, à la tranche précédente, et ainsi de suite, jusqu'à

[1] Voir le journal anglais *Engineering*, march 30, 1866.

la cloison *a*; mais avant que l'onde excitée dans l'air ait parcouru la distance *ba*, le boulet s'est déjà déplacé, et la pression des gaz de la poudre est beaucoup réduite sur la face antérieure de la paroi *b*. La transmission du choc à la colonne d'air atmosphérique qui presse sur l'ouverture D suffit en définitive pour empêcher la projection de la bourre au dehors[1].

Il semble paradoxal d'admettre que la pression des gaz produise l'expulsion du boulet, quand elle est impuissante à produire celle des bourres très-légères qui tiennent lieu de culasse. Cela résulte précisément de la différence des densités. Le boulet, ayant un poids considérable, part avec une vitesse relativement modérée, en refoulant l'air dont la résistance n'absorbe qu'une faible fraction de sa force vive initiale. La cloison *b* ayant, au contraire, une très-petite densité, la résistance de l'air emprisonné en A suffit pour diminuer la vitesse qu'elle reçoit du choc jusqu'à rendre cette vitesse insensible.

On s'explique de même les faits suivants, qui sont bien connus :

1° Quand dans un canon de fusil on a laissé de l'air entre la poudre et la bourre, le fusil est en danger d'éclater dans la région occupée par l'air, sans qu'il y ait projection de la bourre.

2° Si l'on remplace la culasse d'un canon par une bourre légère, et qu'on fasse partir le coup, la bourre est projetée vers l'arrière à une petite distance, et le boulet est projeté vers l'avant à une distance beaucoup plus grande. L'influence des milieux est manifeste dans cette expérience; car, dans le vide, les déplacements simultanés imprimés en sens contraires à la bourre et au boulet seraient en raison inverse de leurs masses respectives.

3° Sur une table horizontale, on place une charge de poudre ordinaire, à laquelle on met le feu. Les gaz produits s'échappent à l'air libre sans exercer sur la table de pression

---

[1] On peut comparer cette transmission du choc aux tranches successives de l'air à celle qu'on observe dans une série de boules d'ivoire jointives (III, § 354, 1°.)

bien énergique. Si, au contraire, on recouvre la charge d'une feuille de papier, la résistance exercée par l'air sur cette feuille au moment où l'explosion tend à la soulever pourra être assez considérable pour que la table soit écrasée par le coup.

Les résultats dépendent d'ailleurs des propriétés particulières de la matière explosible employée ; ainsi les effets de la nitroglycérine et ceux de la dynamite sont beaucoup plus destructeurs que ceux de la poudre de mine ordinaire.

Dans l'expérience de Harding, l'emploi de la poudre-coton est commandé de préférence à la poudre de guerre, parce que la rapidité de la combustion est une des conditions du succès. Ce canon n'a pas de recul ; car les bourres subissent seules des pressions rétrogrades, qui sont transmises à l'air, et non aux parties solides du canon.

<h3 style="text-align:center">REMARQUE GÉNÉRALE.</h3>

221. L'explosion d'une mine, d'une torpille, la décharge d'une arme à feu, sont autant d'exemples d'un travail mécanique considérable produit à un instant donné par une force à peu près insignifiante : la pression du doigt sur la détente de l'arme à feu ou sur la touche de l'exploseur électrique. Il n'y a aucun rapport nécessaire entre le travail produit par l'explosion et le travail dépensé par l'homme qui met le feu aux poudres.

La charge d'une arme à feu représente une somme d'*énergies potentielles* qui attendent une occasion pour passer à l'état de forces effectives et développer un travail moteur (§ 175). Cette occasion, c'est, dans l'exemple de l'arme à feu, la chaleur développée par l'inflammation de la poudre fulminante, chaleur due à un choc, qui lui-même est la conséquence du jeu d'un ressort élastique, auquel la pression du doigt sur la détente laisse la liberté d'agir, mais qui a dû être primitivement tendu par un travail particulier.

L'événement qui détermine l'explosion, à savoir la pression sur la détente, est, en définitive, l'*occasion*, et non la *cause unique* de l'effet produit.

Il est probable que, dans la plupart des phénomènes naturels, notamment dans les phénomènes physiologiques, ce qu'on regarde comme la cause d'un effet sensible est seulement l'occasion qui permet à la véritable cause d'agir. Le monde moral fournirait aussi une foule d'exemples analogues.

FIN

DE LA DYNAMIQUE ET DE LA MÉCANIQUE DES FLUIDES.

COMPLÉMENTS

LIVRE PREMIER

DE L'ATTRACTION

CHAPITRE PREMIER

GÉNÉRALITÉS.

222. Soit P un système matériel, composé de points A dont les positions et les masses sont données;

Soit M un point matériel de masse μ, dont la position est définie par ses coordonnées α, β, γ, rapportées à trois axes rectangulaires, OX, OY, OZ.

Appelons x, y, z les coordonnées d'un point A quelconque, et ρ la *masse spécifique* du système en ce point.

Nous supposerons que le point M subisse de la part de chaque point A du système P une attraction dirigée suivant MA, proportionnelle au produit des masses des points M et A, et à une fonction $F(r)$ de la distance $MA = r$.

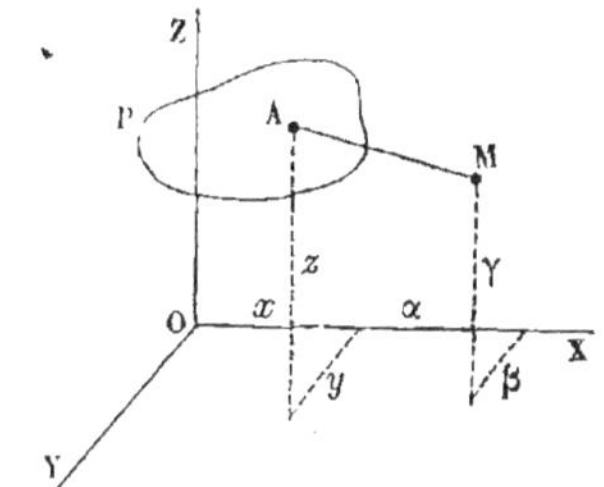

Fig. 122.

L'attraction exercée par le point A sur le point M sera exprimée par le produit

$$f m \mu F(r),$$

m étant la masse du point A, et ses composantes suivant les axes seront

$$\text{parallèlement à l'axe des } x, \qquad f m \mu F(r) \frac{x - \alpha}{r},$$

$$\text{— \qquad à l'axe des } y, \qquad f m \mu F(r) \frac{y - \beta}{r},$$

$$\text{— \qquad à l'axe des } z, \qquad f m \mu F(r) \frac{z - \gamma}{r}.$$

Ces composantes portent leurs signes avec elles, comme il est facile de le vérifier.

Pour trouver la résultante des actions exercées par tout le système P sur le point M, on devra faire la somme de ces composantes pour toutes les masses m dont la réunion forme le système P. Décomposons ce système en volumes élémentaires, $dxdydz$, nous aurons

$$m = \rho dx dy dz$$

pour la masse de l'un de ces éléments, et les composantes X, Y, Z de la résultante cherchée seront données par les intégrales triples :

$$(1) \quad \begin{cases} X = f\mu \int \int \int \rho F(r) \dfrac{x - \alpha}{r} \, dxdydz, \\[2mm] Y = f\mu \int \int \int \rho F(r) \dfrac{y - \beta}{r} \, dxdydz, \\[2mm] Z = f\mu \int \int \int \rho F(r) \dfrac{z - \gamma}{r} \, dxdydz. \end{cases}$$

Les intégrales sont supposées étendues à tous les éléments du système P. La distance r s'exprime en fonction des coordonnées par l'équation

$$(2) \qquad r = \sqrt{(x - \alpha)^2 + (y - \beta)^2 + (z - \gamma)^2},$$

en prenant la détermination positive du radical.

Les équations (1) conduiraient à faire trois intégrales triples, distinctes les unes des autres ; on peut simplifier le problème et ramener ces trois opérations à une seule, en introduisant une fonction auxiliaire, savoir

$$(3) \qquad \varphi(r) = \int F(r) dr.$$

Posons en effet

$$(4) \qquad \int \int \int \rho \varphi(r) dxdydz = U,$$

l'intégrale triple s'étendant à tout le système P.

U sera une fonction des coordonnées α, β, γ du point M, et on aura, en prenant successivement les dérivées de U par rapport à ces trois quantités,

$$\frac{dU}{d\alpha} = \int \int \int \rho \left[\frac{d}{d\alpha} \varphi(r) \right] dxdydz = \int \int \int \rho F(r) \frac{dr}{d\alpha} \, dxdydz.$$

$$\frac{dU}{d\beta} = \int \int \int \rho F(r) \frac{dr}{d\beta} \, dxdydz,$$

$$\frac{dU}{d\gamma} = \int \int \int \rho F(r) \frac{dr}{d\gamma} \, dxdydz.$$

Or l'équation (2), différentiée en faisant varier seulement α, β, γ, nous donne

$$\frac{dr}{d\alpha} = \frac{-(x-\alpha)}{\sqrt{(x-\alpha)^2 + (y-\beta)^2 + (z-\gamma)^2}} = -\frac{x-\alpha}{r},$$

$$\frac{dr}{d\beta} = -\frac{y-\beta}{r},$$

$$\frac{dr}{d\gamma} = -\frac{z-\gamma}{r}.$$

Par suite

$$\frac{dU}{d\alpha} = -\int\int\int \rho F(r) \frac{x-\alpha}{r}\, dxdydz,$$

$$\frac{dU}{d\beta} = -\int\int\int \rho F(r) \frac{y-\beta}{r}\, dxdydz,$$

$$\frac{dU}{d\gamma} = -\int\int\int \rho F(r) \frac{z-\gamma}{r}\, dxdydz,$$

et enfin

$$(5) \qquad \left\{ \begin{array}{l} X = -f\mu \dfrac{dU}{d\alpha}, \\[2mm] Y = -f\mu \dfrac{dU}{d\beta}, \\[2mm] Z = -f\mu \dfrac{dU}{d\gamma}. \end{array} \right.$$

Une fois donc qu'on aura déterminé la fonction U au moyen de l'équation (4), on en déduira les composantes X, Y, Z, par de simples dérivations.

223. L'équation $U = $ constante, dans laquelle U représente une fonction de α, β, γ, définit, quand on donne à la constante une série de valeurs, une famille de surfaces, en chaque point desquelles la résultante des trois forces X, Y, Z correspondantes est normale. En effet, de cette équation on déduit par la différentiation

$$\frac{dU}{d\alpha}\, d\alpha + \frac{dU}{d\beta}\, d\beta + \frac{dU}{d\gamma}\, d\gamma = 0,$$

ou bien, en multipliant par $-f\mu$,

$$X d\alpha + Y d\beta + Z d\gamma = 0,$$

ce qui montre que la direction dont les composantes sont X, Y, Z, est normale à la surface. L'équation $U = $ constante représente donc des *surfaces de niveau*, coupant à angle droit les directions de l'attraction qui serait exercée sur chacun de leurs points par le système P, si le point matériel M était placé en ce point.

On remarquera aussi que, si le point M reçoit un déplacement MM' infiniment petit, dont les composantes soient $d\alpha$, $d\beta$, $d\gamma$, le travail élémentaire de l'attraction du système P sera

$$X d\alpha + Y d\beta + Z d\gamma = - f\mu \, dU,$$

de sorte que le travail total de l'attraction subie par le point M est mesuré par la différence $- f\mu (U_1 - U_0)$, ou par $f\mu (U_0 - U_1)$, pour un déplacement fini quelconque qui fait passer le point M de la surface de niveau $U = U_0$ à une autre surface $U = U_1$.

ATTRACTION PROPORTIONNELLE A LA DISTANCE.

224. La loi la plus simple qu'on puisse imaginer consiste à poser $F(r) = r$. Alors les équations (1) deviennent

$$X = f\mu \int\int\int \rho (x - \alpha) \, dx \, dy \, dz,$$

$$Y = f\mu \int\int\int \rho (y - \beta) \, dx \, dy \, dz,$$

$$Z = f\mu \int\int\int \rho (z - \gamma) \, dx \, dy \, dz.$$

Abstraction faite du facteur constant $f\mu$, X est la somme des moments des masses $\rho \, dx \, dy \, dz$ par rapport à un plan conduit par le point M parallèlement au plan des yz.

Si donc ξ est l'abscisse du centre de gravité du système P, et que H soit sa masse totale, on aura

$$X = f\mu H (\xi - \alpha),$$

et de même, en appelant η et ζ les autres coordonnées du centre de gravité,

$$Y = f\mu H (\eta - \beta),$$
$$Z = f\mu H (\zeta - \gamma) ;$$

c'est-à-dire que tout se passe comme si la masse entière du système P était concentrée en son centre de gravité. La fonction U s'obtient dans ce cas en faisant l'intégration de $X d\alpha + Y d\beta + Z d\gamma$, ou de

$$dU = f\mu H [(\xi - \alpha) \, d\alpha + (\eta - \beta) \, d\beta + (\zeta - \gamma) \, d\gamma]$$
$$= f\mu H [\xi d\alpha + \eta d\beta + \zeta d\gamma - (\alpha d\alpha + \beta d\beta + \gamma d\gamma)].$$

On obtient

$$U = f\mu H \left[\alpha\xi + \beta\eta + \zeta\gamma - \frac{1}{2} (\alpha^2 + \beta^2 + \gamma^2) \right],$$

et les surfaces de niveau $U = $ constante représentent les sphères décrites du point (ξ, η, ζ) comme centre (Cf. §§ II, 167 et 220).

ATTRACTION NEWTONIENNE.

225. La loi de Newton (II, § 157) s'exprime par l'égalité

$$F(r) = \frac{1}{r^2}.$$

Substituant dans l'équation (2) et intégrant, il vient

$$\varphi(r) = -\frac{1}{r}.$$

Appelons V ce que devient la fonction U dans le cas où $F(r)$ est égal à $\frac{1}{r^2}$; nous aurons

$$(6) \qquad V = -\int\int\int \frac{\rho\, dx\, dy\, dz}{r},$$

et par suite

$$(7) \qquad \begin{cases} X = f\mu \cdot \dfrac{dV}{d\alpha}, \\[2mm] Y = f\mu \cdot \dfrac{dV}{d\beta}, \\[2mm] Z = f\mu \cdot \dfrac{dV}{d\gamma}. \end{cases}$$

La fonction V a reçu de Gauss le nom de *potentiel* (§ 127). Elle a des propriétés très-remarquables, qui en facilitent la détermination dans chaque cas particulier.

Observons d'abord que les équations (6) et (7) ne sont pas en défaut lorsque r devient nul, ce qui arrive quand le point M fait partie du système P. Alors le facteur $\frac{\rho}{r}$ prend une valeur infinie; mais l'intégrale elle-même reste finie. Pour nous en assurer, prenons le point M pour origine (fig. 123), et évaluons l'intégrale V pour une sphère décrite du point M comme centre avec un rayon r' aussi petit qu'on voudra. L'élément matériel A de

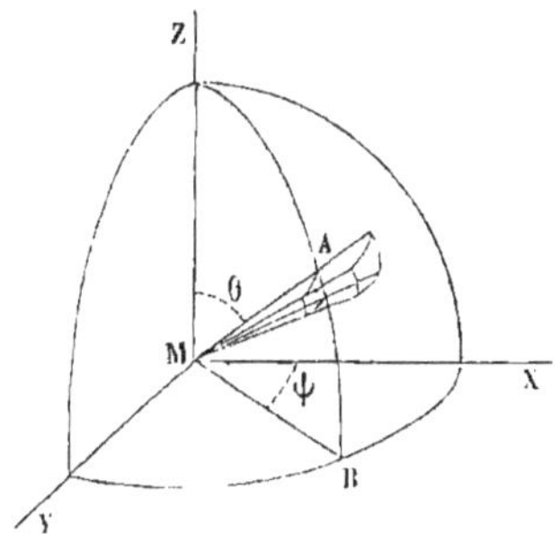

Fig. 123.

cette sphère sera, en adoptant les coordonnées polaires $r = $ MA, $\psi = $ XMB, $\theta = $ ZMA,

$$\rho \times r \sin\theta d\psi \times dr \times rd\theta,$$

et l'on aura

$$V = \int\int\int \frac{\rho r^2 \sin\theta \, dr d\theta d\psi}{r} = \int\int\int \rho r \sin\theta \, dr d\theta d\psi\,;$$

les limites de l'intégrale triple sont 0 et r' pour le rayon MA, 0 et π pour l'angle θ, 0 et 2π pour l'angle ψ. Sous cette forme on voit clairement que, quelle que soit la distribution des densités dans l'intérieur de la sphère, la fonction V ne devient pas infinie pour les valeurs infiniment petites de r'.

La formule (6) et par suite les équations (7) subsistent donc toujours, quelles que soient les valeurs de r.

COMPOSANTE DE L'ATTRACTION TOTALE PROJETÉE SUR UNE DIRECTION DONNÉE.

226. La fonction V ne dépend que des distances du point M aux divers points matériels dont la réunion forme le système P, et des masses de ces points ; elle ne varie donc pas quand on opère un changement quelconque de coordonnées.

Soit proposé de trouver la composante de l'attraction totale R qu'exerce le système P sur le point M, estimée suivant une direction donnée ; il suffira de prendre des axes coordonnés rectangulaires dont l'un soit parallèle à la direction donnée, et d'exprimer V en fonction des nouvelles coordonnées α', β', γ' ; le produit $f\mu.\dfrac{dV}{dx'}$ sera la composante cherchée parallèle à l'axe des x'.

Si l'on veut, par exemple, projeter l'attraction totale R sur le rayon OM qui va de l'origine au point M, on peut, d'après cette méthode, prendre pour axes coordonnés la droite OM, et deux autres droites rectangulaires, ON, OH, normales à OM. Mais il est plus simple d'employer les coordonnées polaires, savoir le rayon vecteur $r = $ OM, l'angle $\theta = $ ZOM et l'angle ψ du plan ZOM avec le plan ZOX. On a en effet alors

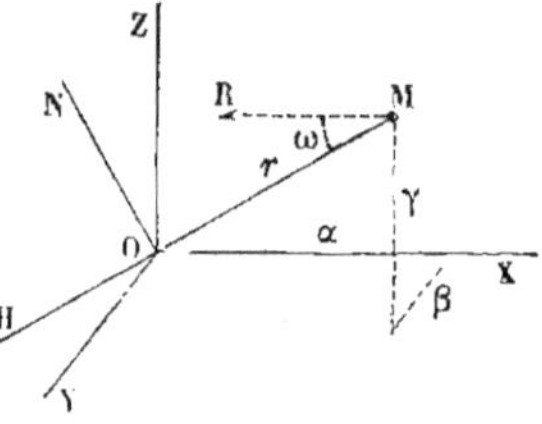

Fig. 124.

$$\alpha = r\sin\theta\cos\psi,$$
$$\beta = r\sin\theta\sin\psi,$$
$$\gamma = r\cos\theta.$$

Appelons ω l'angle que fait la résultante R avec le rayon OM.

Les composantes de l'attraction totale suivant les axes OX, OY, OZ, étant X, Y, Z, la projection, $R \cos \omega$, de la résultante sur le rayon OM est la somme des projections de X, Y, Z sur ce même rayon, et l'on a

$$R \cos \omega = X \frac{\alpha}{r} + Y \frac{\beta}{r} + Z \frac{\gamma}{r}.$$

Mais la différentiation relative à r des équations de transformation donne

$$\frac{d\alpha}{dr} = \sin \theta \cos \psi = \frac{\alpha}{r},$$

$$\frac{d\beta}{dr} = \sin \theta \sin \psi = \frac{\beta}{r},$$

$$\frac{d\gamma}{dr} = \cos \theta = \frac{\gamma}{r}.$$

Donc

$$R \cos \omega = X \frac{d\alpha}{dr} + Y \frac{d\beta}{dr} + Z \frac{d\gamma}{dr} = f\mu. \left(\frac{dV}{d\alpha} \frac{d\alpha}{dr} + \frac{dV}{d\beta} \frac{d\beta}{dr} + \frac{dV}{d\gamma} \frac{d\gamma}{dr} \right) = f\mu. \frac{dV}{dr}.$$

Si la fonction V *est exprimée en fonction des coordonnées polaires,* r, θ, ψ, *le produit* $f\mu. \dfrac{dV}{dr}$ *représente la composante de l'attraction totale suivant le rayon mené de l'origine au point* M.

On prouverait de même que, *lorsque la fonction* V *est exprimée en fonction des coordonnées*

$$MP = \gamma,$$
$$MQ = OP = r',$$
$$\text{angle POX} = \theta,$$

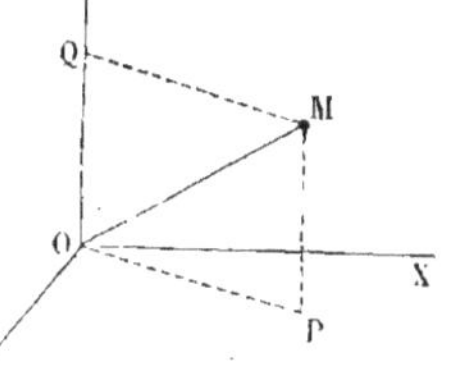

Fig. 125.

le produit $f\mu. \dfrac{dV}{dr'}$ *est la composante de l'attraction totale suivant le rayon* MQ, *abaissé du point* M *perpendiculairement à l'axe* OZ.

En général, *si* V *et* V $+$ dV *représentent les valeurs du potentiel d'un même système par rapport à deux points* A *et* A', *infiniment voisins, distants l'un de l'autre de* ε, *le produit* $f\mu. \dfrac{dV}{\varepsilon}$ *est la composante de l'attraction totale projetée sur la direction* AA'.

ÉQUATION AUX DÉRIVÉES PARTIELLES A LAQUELLE SATISFAIT LA FONCTION V.

227. Commençons par établir une propriété générale de la fonction

$$\frac{d^2V}{d\alpha^2} + \frac{d^2V}{d\beta^2} + \frac{d^2V}{d\gamma^2}.$$

Quelle que soit la fonction V *des trois variables* α, β, γ, *ces variables représentant trois coordonnées rectangulaires, la somme*

$$\frac{d^2V}{d\alpha^2} + \frac{d^2V}{d\beta^2} + \frac{d^2V}{d\gamma^2}$$

reste constante quand on substitue aux coordonnées α, β, γ, *trois autres coordonnées rectangulaires* α', β', γ'.

Les anciennes coordonnées α, β, γ sont en effet liées aux nouvelles α', β', γ' par des relations linéaires :

$$\alpha = A + m\alpha' + n\beta' + p\gamma',$$
$$\beta = B + m'\alpha' + n'\beta' + p'\gamma',$$
$$\gamma = C + m''\alpha' + n''\beta' + p''\gamma',$$

dans lesquelles A, B, C sont les coordonnées de la nouvelle origine par rapport aux anciens axes, et m, n, p, ... les cosinus des angles des nouveaux axes par rapport aux anciens. Il résulte de ces définitions qu'on a à la fois les six équations

$$m^2 + m'^2 + m''^2 = 1, \qquad mm' + mm'' + m'm'' = 0,$$
$$n^2 + n'^2 + n''^2 = 1, \qquad nn' + nn'' + n'n'' = 0,$$
$$p^2 + p'^2 + p''^2 = 1, \qquad pp' + pp'' + p'p'' = 0.$$

On a d'ailleurs, quelle que soit la fonction V, les identités

$$\frac{dV}{d\alpha'} = \frac{dV}{d\alpha}\frac{d\alpha}{d\alpha'} + \frac{dV}{d\beta}\frac{d\beta}{d\alpha'} + \frac{dV}{d\gamma}\frac{d\gamma}{d\alpha'} = m\frac{dV}{d\alpha} + m'\frac{dV}{d\beta} + m''\frac{dV}{d\gamma}$$

et

$$\frac{d^2V}{d\alpha'^2} = m^2\frac{d^2V}{d\alpha^2} + m'^2\frac{d^2V}{d\beta^2} + m''^2\frac{d^2V}{d\gamma^2}$$
$$+ 2mm'\frac{d^2V}{d\alpha d\beta} + 2mm''\frac{d^2V}{d\alpha d\gamma} + 2m'm''\frac{d^2V}{d\beta d\gamma}.$$

On trouverait deux équations semblables pour $\frac{d^2V}{d\beta'^2}$, $\frac{d^2V}{d\gamma'^2}$; ajoutant, et tenant compte des relations qui lient entre eux les cosinus, il vient l'identité

$$\frac{d^2V}{d\alpha'^2} + \frac{d^2V}{d\beta'^2} + \frac{d^2V}{d\gamma'^2} = \frac{d^2V}{d\alpha^2} + \frac{d^2V}{d\beta^2} + \frac{d^2V}{d\gamma^2}.$$

Cela posé, cherchons à quoi cette fonction est égale quand on prend pour V un potentiel, c'est-à-dire quand on fait

$$(6) \qquad V = -\int\int\int \frac{\rho\, dx\, dy\, dz}{r}.$$

Il vient, en différentiant deux fois de suite par rapport à α,

$$\frac{dV}{d\alpha} = + \int\int\int \frac{\rho\,dx\,dy\,dz}{r^2}\,\frac{dr}{d\alpha} = - \int\int\int \frac{\rho\,dx\,dy\,dz}{r^2}\,\frac{x-\alpha}{r},$$

$$\frac{d^2V}{d\alpha^2} = + \int\int\int \frac{\rho\,dx\,dy\,dz}{r^3}\left(1 - 3\,\frac{(x-\alpha)^2}{r^2}\right).$$

De même

$$\frac{d^2V}{d\beta^2} = \int\int\int \frac{\rho\,dx\,dy\,dz}{r^3}\left(1 - 3\,\frac{(y-\beta)^2}{r^2}\right)$$

et

$$\frac{d^2V}{d\gamma^2} = \int\int\int \frac{\rho\,dx\,dy\,dz}{r^3}\left(1 - 3\,\frac{(z-\gamma)^2}{r^2}\right).$$

Faisons la somme des trois dérivées secondes; il vient

$$\frac{d^2V}{d\alpha^2} + \frac{d^2V}{d\beta^2} + \frac{d^2V}{d\gamma^2}$$
$$= \int\int\int \frac{\rho\,dx\,dy\,dz}{r^3}\left(3 - 3\,\frac{(x-\alpha)^2 + (y-\beta)^2 + (z-\gamma)^2}{r^2}\right).$$

Le facteur entre parenthèses est identiquement nul; *si donc r ne reçoit pas la valeur zéro*, tous les éléments de l'intégrale triple sont séparément égaux à zéro, et par conséquent

$$(9) \qquad \frac{d^2V}{d\alpha^2} + \frac{d^2V}{d\beta^2} + \frac{d^2V}{d\gamma^2} = 0.$$

Mais cette conclusion est en défaut si l'on peut avoir $r = 0$, ou lorsque le point attiré fait partie du système attirant. Dans ce cas, l'équation (9) n'est vraie qu'à la condition d'exclure de l'intégrale V la matière située à une distance infiniment petite du point M. Nous verrons tout à l'heure comment cette équation doit être modifiée quand on ne fait pas cette exclusion. Il convient auparavant de résoudre la question pour la sphère.

ATTRACTION D'UNE SPHÈRE.

228. Supposons que le système P soit une sphère creuse, ayant son centre au point O, terminée à deux surfaces sphériques de rayon R_1 et R_2, et formée de couches concentriques homogènes, de telle sorte que la densité ρ d'une couche soit une fonction du rayon de cette couche.

Soit $R_1 < R_2$. Nous supposerons d'abord le point M en dehors de la sphère de rayon R_2; ensuite, nous le supposerons au dedans de la sphère de rayon R_1; dans ces deux situations il ne fera pas partie du système attirant, et l'équation (9) sera applicable sans restriction. Enfin nous aurons à examiner ce qui a lieu quand le point M est compris dans l'épaisseur de la sphère creuse, et nous en déduirons la modification générale à faire subir à l'équation (9), lorsque la distance r peut recevoir la valeur zéro.

La couche sphérique qui vient d'être définie étant symétrique, comme forme et comme distribution des masses, par rapport à tout plan conduit par le point O, la fonction V ne dépend que de la distance r du point M à l'origine O des coordonnées.

Changeons donc de variables, et au lieu des coordonnées α, β, γ, introduisons les coordonnées polaires r, θ et ψ. Nous aurons

$$r^2 = \alpha^2 + \beta^2 + \gamma^2,$$

et par conséquent

$$\frac{dr}{d\alpha} = \frac{\alpha}{r},$$

$$\frac{dr}{d\beta} = \frac{\beta}{r},$$

$$\frac{dr}{d\gamma} = \frac{\gamma}{r},$$

relations déjà trouvées plus haut.

V étant fonction de r seul, on a

$$\frac{dV}{d\alpha} = \frac{dV}{dr}\frac{dr}{d\alpha}$$

et

$$\frac{d^2V}{d\alpha^2} = \frac{d^2V}{dr^2}\left(\frac{dr}{d\alpha}\right)^2 + \frac{dV}{dr}\frac{d^2r}{d\alpha^2}.$$

Mais

$$\frac{dr}{d\alpha} = \frac{\alpha}{r},$$

et par suite

$$\frac{d^2r}{d\alpha^2} = \frac{1}{r} - \frac{\alpha}{r^2}\frac{dr}{d\alpha} = \frac{1}{r} - \frac{\alpha^2}{r^3}.$$

On a donc

$$\frac{d^2V}{d\alpha^2} = \frac{d^2V}{dr^2}\frac{\alpha^2}{r^2} + \frac{dV}{dr}\left(\frac{1}{r} - \frac{\alpha^2}{r^3}\right).$$

On trouverait de même

$$\frac{d^2V}{d\beta^2} = \frac{d^2V}{dr^2}\frac{\beta^2}{r^2} + \frac{dV}{dr}\left(\frac{1}{r} - \frac{\beta^2}{r^3}\right),$$

$$\frac{d^2V}{d\gamma^2} = \frac{d^2V}{dr^2}\frac{\gamma^2}{r^2} + \frac{dV}{dr}\left(\frac{1}{r} - \frac{\gamma^2}{r^3}\right).$$

Faisant la somme de ces trois fonctions, et observant que $\alpha^2 + \beta^2 + \gamma^2 = r^2$, il vient pour l'équation (9)

$$(10) \qquad \frac{d^2V}{dr^2} + \frac{dV}{dr}\left(\frac{3}{r} - \frac{1}{r}\right) = \frac{d^2V}{dr^2} + \frac{2}{r}\frac{dV}{dr} = 0,$$

équation différentielle dont l'intégration fera connaître V. Elle s'intègre en multipliant par r^2. Il vient en effet

$$r^2\frac{d^2V}{dr^2} + 2r\frac{dV}{dr} = \frac{d}{dr}\left(r^2\frac{dV}{dr}\right) = 0.$$

Donc

$$r^2\frac{dV}{dr} = C,$$

C désignant une constante arbitraire.

On en déduit

$$\frac{dV}{dr} = \frac{C}{r^2},$$

et par suite l'attraction exercée par le système proposé sur le point M, attraction évidemment dirigée suivant la droite MO à cause de la symétrie, a pour valeur $\frac{f\mu C}{r^2}$. Reste à déterminer la constante C. Deux cas sont ici à distinguer.

1° Si le point M est dans l'intérieur de la sphère de rayon R_1, faisons $r = 0$, c'est-à-dire plaçons le point M au centre de cette sphère. Il est évident que l'attraction est nulle à cause de la symétrie; or la formule la ferait infinie, sauf le cas où C serait égal à zéro. On a donc $C = 0$, et l'attraction est nulle pour toutes les valeurs de r depuis $r = 0$ jusqu'à $r = R_1$ (II, § 161).

2° Soit $r > R_2$, ce qui revient à supposer le point M en dehors de la sphère de rayon R_2. Pour déterminer la valeur de la constante C, nous supposerons r très-grand par rapport au rayon R_2. Alors toutes les distances deviennent sensiblement égales, et les attractions élémentaires parallèles et proportionnelles aux masses. Tout se passe donc comme si la masse entière, H, du système P était concentrée au point O. L'attraction serait égale dans ce cas à

$$\frac{f\mu H}{r^2}.$$

Donc $C = -H$; en d'autres termes, la constante C est la masse du système attirant prise avec le signe —. On en conclut que *l'attraction exercée par les couches sphériques homogènes sur un point extérieur est identique à ce qu'elle serait si la masse entière était réunie au centre commun de toutes ces couches* (II, §§ 153 à 160). La même règle s'applique en vertu de la continuité au cas où l'on aurait $r = R_2$.

229. La constante C est donc égale à 0 si r est $< R_1$, et égale à la masse du corps attirant prise négativement si r est $> R_2$.

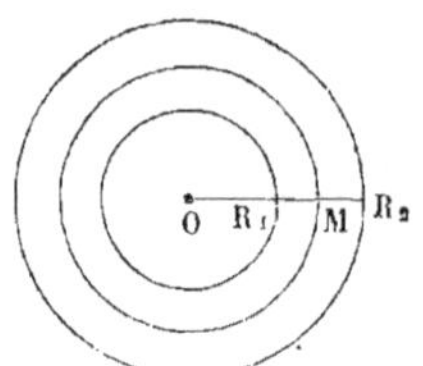

Fig. 126.

Il reste à examiner ce qui arrive quand r est compris entre R_1 et R_2. Ce cas rentre dans les deux premiers.

En effet, le point M est alors à l'extérieur de toutes les couches dont les rayons sont compris entre R_1 et r, et à l'intérieur de toutes les couches dont les rayons varient de r à R_2. Ces dernières n'agissent pas sur le point M; les premières agissent seules et exercent sur lui une attraction égale à

$$\frac{f\mu \times H'}{r^2},$$

en appelant H' la masse du système compris entre les rayons R_1 et r. Cette masse est donnée par l'intégrale

$$H' = \int_{R_1}^{r} 4\pi \rho r^2 dr.$$

On en déduit

$$\frac{dV}{dr} = -\frac{H'}{r^2} = -\frac{\int_{R_1}^{r} 4\pi \rho r^2 dr}{r^2},$$

Différentiant de nouveau par rapport à la lettre r qui figure comme limite supérieure de l'intégrale et qui figure aussi en dénominateur, il vient

$$\frac{d^2V}{dr^2} = -\frac{r^2 \times 4\pi\rho r^2 - 2r \int_{R_1}^{r} 4\pi\rho r^2 dr}{r^4} = -4\pi\rho + \frac{2}{r^3}\int_{R_1}^{r} 4\pi\rho r^2 dr.$$

Donc

$$\frac{d^2V}{dr^2} + \frac{2}{r}\frac{dV}{dr} = -4\pi\rho + \frac{2}{r^3}\int_{R_1}^{r} 4\pi\rho r^2 dr - \frac{2}{r^3}\int_{R_1}^{r} 4\pi\rho r^2 dr = -4\pi\rho.$$

On a donc aussi

$$\frac{d^2V}{d\alpha^2} + \frac{d^2V}{d\beta^2} + \frac{d^2V}{d\gamma^2} = -4\pi\rho,$$

ρ étant la masse spécifique du système attirant au point M, lorsque ce point fait partie du système P. Nous allons vérifier que cette équation est générale.

EXTENSION DE L'ÉQUATION AUX DÉRIVÉES PARTIELLES AU CAS OÙ LE POINT ATTIRÉ FAIT PARTIE DU SYSTÈME ATTIRANT.

230. Lorsque le point M fait partie du système attirant P, on peut toujours décomposer le système P en deux portions : l'une, formée d'une sphère de rayon aussi petit qu'on voudra et comprenant le point M ; l'autre, formée de tout le reste du système. La fonction V sera la somme de deux parties correspondantes, l'une V′, relative à la sphère infiniment petite, et l'autre V″, relative à la seconde portion du système P. On aura $V = V' + V''$, et par suite

$$\frac{d^2V}{dx^2} + \frac{d^2V}{d\beta^2} + \frac{d^2V}{d\gamma^2} = \left(\frac{d^2V'}{dx^2} + \frac{d^2V'}{d\beta^2} + \frac{d^2V'}{d\gamma^2}\right) + \left(\frac{d^2V''}{dx^2} + \frac{d^2V''}{d\beta^2} + \frac{d^2V''}{d\gamma^2}\right).$$

A l'égard de la seconde portion, le point M étant étranger au système attirant, on a identiquement

$$\frac{d^2V''}{dx^2} + \frac{d^2V''}{d\beta^2} + \frac{d^2V''}{d\gamma^2} = 0.$$

A l'égard de la première, le point M est situé dans l'épaisseur d'une sphère infiniment petite, qu'on peut regarder comme homogène et comme ayant partout la densité ρ du point M lui-même ; la somme des trois dérivées secondes de V′ est égale à $-4\pi\rho$ (§ 229). Donc il en est de même de la somme des trois dérivées secondes étendues au système entier.

Nous pouvons donc compléter l'énoncé du § 227, et poser l'équation générale

$$\frac{d^2V}{dx^2} + \frac{d^2V}{d\beta^2} + \frac{d^2V}{d\gamma^2} = 0 \qquad \text{ou} \quad -4\pi\rho,$$

savoir, *zéro*, si le point attiré est étranger au système attirant ; $-4\pi\rho$, si le point attiré fait partie de ce système.

APPLICATION AU CYLINDRE CREUX INDÉFINI A BASE CIRCULAIRE.

251. Le système attirant est formé de couches cylindriques homogènes à base circulaire, de longueur indéfinie, ayant pour axe commun l'axe des z.

Le point attiré, M, est défini de position par ses coordonnées α, β, γ ;

mais l'attraction ne dépend évidemment que de la distance $r = $ MP du point à l'axe OZ, et cette distance est donnée par l'équation

$$r^2 = \alpha^2 + \beta^2.$$

La fonction V est une fonction de cette distance. On le démontrerait comme il suit. Les composantes de l'attraction suivant les axes sont en général

$$-f\mu\,\frac{dV}{d\alpha}, \quad -f\mu\,\frac{dV}{d\beta}, \quad -f\mu\,\frac{dV}{d\gamma};$$

ici la résultante est dirigée suivant MP; donc $\dfrac{dV}{d\gamma} = 0$ et

$$\beta\,\frac{dV}{d\alpha} - \alpha\,\frac{dV}{d\beta} = 0,$$

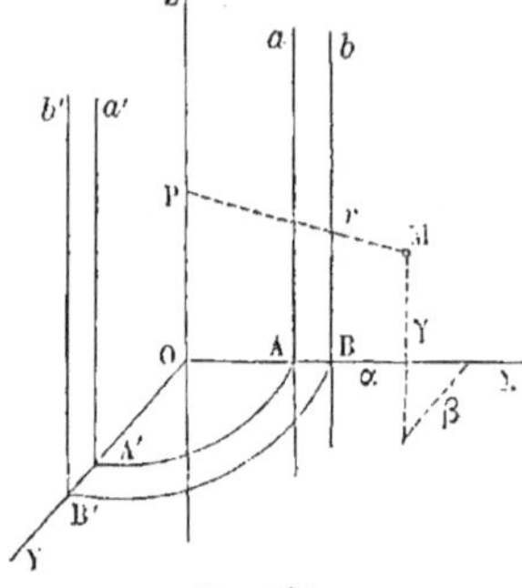

Fig. 127.

équation linéaire aux différences partielles qu'on sait intégrer, et qui donne pour V une fonction de $\alpha^2 + \beta^2$, ou enfin une fonction de r seul.

On a donc, en changeant de variables,

$$\frac{dV}{d\alpha} = \frac{dV}{dr}\,\frac{dr}{d\alpha},$$

$$\frac{dV}{d\beta} = \frac{dV}{dr}\,\frac{dr}{d\beta},$$

$$\frac{d^2V}{d\alpha^2} = \frac{d^2V}{dr^2}\left(\frac{dr}{d\alpha}\right)^2 + \frac{dV}{dr}\,\frac{d^2r}{d\alpha^2},$$

$$\frac{d^2V}{d\beta^2} = \frac{d^2V}{dr^2}\left(\frac{dr}{d\beta}\right)^2 + \frac{dV}{dr}\,\frac{d^2r}{d\beta^2}.$$

Mais l'équation $r^2 = \alpha^2 + \beta^2$ différentiée conduit aux relations :

$$\frac{dr}{d\alpha} = \frac{\alpha}{r},$$

$$\frac{d^2r}{d\alpha^2} = \frac{1}{r} - \frac{\alpha^2}{r^3},$$

$$\frac{dr}{d\beta} = \frac{\beta}{r},$$

$$\frac{d^2r}{d\beta^2} = \frac{1}{r} - \frac{\beta^2}{r^3}.$$

On a d'ailleurs $\dfrac{d^2V}{d\gamma^2} = 0$.

Donc enfin

$$\frac{d^2V}{d\alpha^2} + \frac{d^2V}{d\beta^2} + \frac{d^2V}{d\gamma^2}$$

$$= \frac{d^2V}{dr^2}\times\frac{\alpha^2}{r^2} + \frac{dV}{dr}\left(\frac{1}{r} - \frac{\alpha^2}{r^3}\right) + \frac{d^2V}{dr^2}\times\frac{\beta^2}{r^2} + \frac{dV}{dr}\left(\frac{1}{r} - \frac{\beta^2}{r^3}\right) = \frac{d^2V}{dr^2} + \frac{1}{r}\,\frac{dV}{dr}.$$

Si le point M est à l'intérieur ou à l'extérieur du cylindre creux, mais non dans l'épaisseur de ce cylindre, on aura pour déterminer V l'équation différentielle

$$\frac{d^2V}{dr^2} + \frac{1}{r}\frac{dV}{dr} = 0.$$

On en déduit, en multipliant par r et en intégrant,

$$r\frac{dV}{dr} = C.$$

L'attraction totale étant dirigée suivant MP a pour composante suivant l'axe OX

$$-f\mu\frac{dV}{d\alpha} = -f\mu\frac{dV}{dr} \times \frac{\alpha}{r},$$

et suivant l'axe OY

$$-f\mu\frac{dV}{dr}\frac{\beta}{r}.$$

Or $\frac{\alpha}{r}$ et $\frac{\beta}{r}$ sont les cosinus des angles de PM avec ces axes; l'attraction a donc pour valeur $-f\mu\frac{dV}{dr}$, ou bien $-\frac{f\mu C}{r}$.

232. Pour déterminer la constante C nous distinguerons deux cas : celui où le point M est à l'intérieur, et celui où le point est à l'extérieur du cylindre.

1° Si le point M est intérieur, il est évidemment en équilibre sur l'axe du cylindre; l'attraction résultante étant nulle pour $r = 0$, on a $C = 0$, et l'attraction est nulle pour toutes les positions du point M à l'intérieur du cylindre.

2° Si le point est extérieur, attribuons à r une très-grande valeur, vis-à-vis de laquelle le diamètre du cylindre soit négligeable. Tout se passera comme si, dans chaque section transversale, la masse du cylindre était concentrée sur son axe, et au lieu d'un cylindre nous aurons une droite attirante. Nous pouvons traiter cette question directement.

Soit m la masse par unité de longueur d'une droite indéfinie BB′; M le point attiré, à la distance OM $= r$. Prenons pour variable l'angle θ, compté à partir du rayon MO, positivement dans un sens, négativement dans l'autre, et considérons l'attraction exercée par un élément CC′ sur le point M. Elle est dirigée suivant MC, et a pour valeur

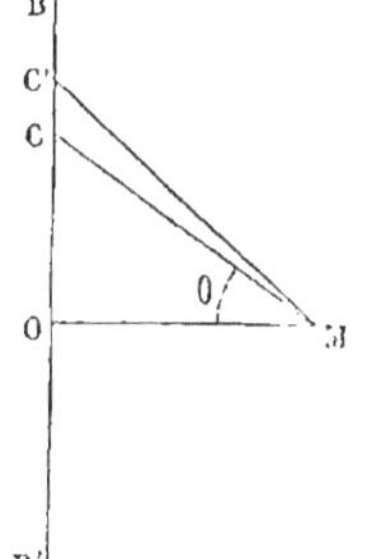

Fig. 128.

$$\frac{f\mu \times m \times CC'}{\overline{CM}^2}.$$

Or

$$CM = \frac{r}{\cos\theta},$$

$$CC' = d.OC = d\,(r\,\tan g\,\theta) = \frac{r\,d\theta}{\cos^2\theta}.$$

L'attraction de l'élément est égale à $\dfrac{f\mu.m \times r\,d\theta}{\cos^2\theta \times \dfrac{r^2}{\cos^2\theta}}$ ou à $f\mu.m\,\dfrac{d\theta}{r}$.

Multiplions par $\cos\theta$ pour avoir la composante de cette attraction suivant MO; il vient

$$\frac{f\mu.m\,\cos\theta\,d\theta}{r},$$

expression qu'il suffira d'intégrer en faisant varier θ de $-\dfrac{\pi}{2}$ à $+\dfrac{\pi}{2}$, pour obtenir la résultante des actions de tous les éléments de la droite indéfinie BB′ : il vient

$$\frac{f\mu.m}{r} \times \left[\sin\frac{\pi}{2} - \sin\left(-\frac{\pi}{2}\right)\right] = \frac{2f\mu.m}{r},$$

ou $-\dfrac{2f\mu.m}{r}$, en tenant compte du signe que nous devons attribuer à la résultante cherchée.

Nous avons trouvé plus haut que cette résultante est égale à $-\dfrac{f\mu.C}{r}$.

Donc $C = 2m$, m étant la masse de la droite par unité de longueur, c'est-à-dire, en revenant à la première question, la masse du cylindre par unité de longueur. Si la densité ρ des couches concentriques était variable de l'une à l'autre, on aurait

$$m = \int_{R_1}^{R_2} 2\pi R\,dR \times \rho,$$

équation où ρ représente la densité de la couche à la distance R de l'axe et R_1 et R_2 les rayons de la surface interne et de la surface externe du cylindre.

On en déduirait

$$C = 4\pi \int_{R_1}^{R_2} \rho R\,dR.$$

Le troisième cas à examiner est celui où le point M est à une distance r de l'axe comprise entre R_1 et R_2. Alors les couches dont les rayons sont compris entre r et R_2 sont sans action sur le point M, et tout se passe comme si ce point était à la surface d'un cylindre indéfini de rayon r, ce qui donne

$$C = 4\pi \int_{R_1}^{r} \rho R\,dR.$$

On vérifierait aisément que dans ce dernier cas la somme $\dfrac{d^2V}{dx^2} + \ldots$ est égale à $- 4\pi\rho$.

SOLIDE DE PLUS GRANDE ATTRACTION.

235. On donne un corps homogène, de densité ρ et de volume V connus, et on demande quelle forme il faut attribuer à ce corps pour que l'attraction qu'elle exerce sur un point donné, μ, soit la plus grande possible.

1° Par le point μ menons une droite quelconque rencontrant le corps attirant. Il faut d'abord, pour que l'attraction soit la plus grande possible, que les points matériels rencontrés soient tous d'un même côté de μ, pour que leurs actions s'ajoutent au lieu de se retrancher ; ensuite, que leurs distances à μ soient les moindres possibles.

Le résultat de ces deux conditions, c'est de placer μ à la surface même du corps attirant.

2° Deux molécules m, m', de même masse, placées à la surface du corps attirant, exercent sur le point μ des actions dont les composantes, estimées suivant la direction de l'attraction totale, doivent être égales.

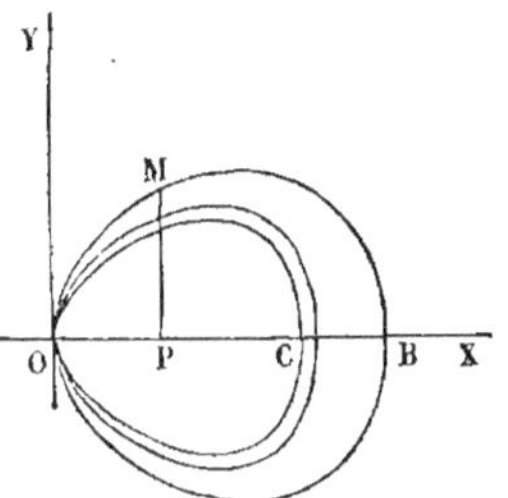

Fig. 129.

Soient en effet r et r' les distances $m\mu$, $m'\mu$, et θ, θ' les angles de ces droites avec la direction de l'attraction totale; si on avait $\dfrac{fm\mu \cdot \cos\theta}{r^2} < \dfrac{fm'\mu \cdot \cos\theta}{r'^2}$, on pourrait accroître l'attraction totale en réunissant la molécule m à la molécule m'.

Donc l'équation de la surface terminale est $\dfrac{\cos\theta}{r^2} = \text{const.}$, ou bien $r^2 = A^2 \cos\theta$, en appelant A la constante. Elle définit une surface de révolution dont l'axe est la direction de l'attraction totale.

Soit OX cette direction, O la position du point μ. L'équation de la méridienne en coordonnées rectangles sera

$$x^2 + y^2 = A^2 \frac{x}{\sqrt{x^2 + y^2}},$$

ou

$$(x^2 + y^2)^{\frac{3}{2}} = A^2 x,$$

ou enfin

$$(x^2 + y^2)^3 = A^4 x^2.$$

Pour achever la solution, il reste à chercher le volume de ce solide de révolution, et à l'égaler au volume donné V.

Faisant $y = 0$, il vient pour déterminer la longueur OB de l'axe $x^5 = A^2x$; cette équation donne $x = 0$ (point O) et $x = A$.

Le volume du solide est exprimé par l'intégrale

$$V = \int_{x=0}^{x=A} \pi y^2 dx.$$

Or $y^2 = (A^2x)^{\frac{2}{5}} - x^2$. Donc

$$V = \int_0^A \pi \left[(A^2x)^{\frac{2}{5}} - x^2 \right] dx = \pi \int_0^A \left[\sqrt[5]{A^4} \, x^{\frac{2}{5}} dx - x^2 dx \right].$$

On a pour intégrale générale

$$\pi \left[\sqrt[5]{A^4} \, \frac{x^{\frac{5}{5}}}{\frac{5}{3}} - \frac{x^5}{3} \right] = \pi \left[\frac{3}{5} \sqrt[5]{A^4} \, x^{\frac{5}{3}} - \frac{x^5}{3} \right],$$

et entre les limites $x = 0$, $x = A$,

$$V = \pi \left[\frac{3}{5} A^{\frac{4}{5}} A^{\frac{5}{3}} - \frac{1}{5} A^5 \right] = \pi \times \frac{4}{15} A^5.$$

Donc $A = \sqrt[5]{\dfrac{15\,V}{4\,\pi}}$.

Reste à trouver l'action totale exercée sur le point O. On y parviendra de la manière suivante. Observons qu'une molécule m placée en M sur la surface du corps donne lieu à la même composante suivant OX que si elle était placée en B, de sorte qu'on peut, sans changer l'attraction totale, réunir au point B toutes les molécules appartenant à la couche extérieure.

Observons de plus que la courbe OMB ne dépend que d'un seul paramètre $A = OB$; de sorte qu'en faisant varier A, on obtient une série de courbes toutes semblables entre elles, et semblablement placées par rapport au point O. Les volumes des solides de révolution correspondants à ces courbes successives sont proportionnels à A^5.

Considérons les molécules comprises entre la surface A et la surface $A + dA$; le volume compris entre ces deux courbes est la différentielle de

$$V = \frac{4}{15} \pi A^5;$$

c'est donc $dV = \frac{4}{5} \pi A^2 dA$.

La masse correspondante est $\dfrac{4}{5}\pi\rho A^2 dA$; cette masse réunie au sommet C de la couche exerce sur le point O l'attraction

$$f\mu \times \frac{4}{5}\pi\rho dA,$$

et par conséquent l'attraction totale est la somme

$$\int_0^A f\mu \times \frac{4}{5}\pi\rho dA = \frac{4}{5}f\mu\pi\rho \times A.$$

C'est la plus grande action que la masse ρV, distribuée d'une manière homogène, puisse exercer sur le point μ.

CHAPITRE II

234. Nous supposerons que le système attirant P soit formé de couches homogènes, comprises entre des surfaces ellipsoïdales concentriques, semblables et semblablement placées, de telle sorte que, l'équation de l'une de ces surfaces étant

$$\frac{x^2}{a^2} + \frac{y^2}{b^2} = \frac{z^2}{c^2} = 1,$$

l'équation de l'autre soit

$$\frac{x^2}{a^2} + \frac{y^2}{b^2} + \frac{z^2}{c^2} = \mu^2,$$

μ étant un nombre infiniment peu différent de l'unité. Nous traiterons d'abord la question pour un point M situé à l'intérieur d'un ellipsoïde creux, compris entre deux surfaces semblables. Puis nous exposerons la méthode de M. Chasles, qui simplifie par des considérations géométriques la recherche des composantes de l'attraction.

Avant d'exposer cette théorie, il convient de rappeler quelques lemmes préliminaires.

235. Lemme 1er. — *Étant données deux surfaces du second degré, semblables, semblablement placées, et ayant même centre O, si l'on mène une droite ABCD qui rencontre ces deux surfaces, les segments AB, CD interceptés sur la droite par les deux surfaces seront égaux.*

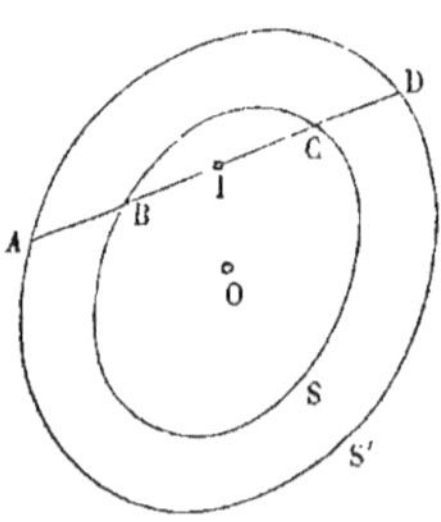

Fig. 150

En effet, menons par la droite un plan quelconque; il coupera les deux surfaces suivant deux courbes du second ordre semblables, semblablement placées, et concentriques; ces deux courbes ont respectivement les mêmes systèmes de diamètres conjugués, et par suite les deux cordes AD, BC, ont le même point milieu I. Donc les longueurs AB, CD sont égales.

236. *Définition.* — Deux ellipsoïdes concentriques et ayant les mêmes plans principaux sont *homofocaux* quand la différence des carrés des demi-axes de même direction est constante.

Soit par exemple

$$\frac{x^2}{a^2} + \frac{y^2}{b^2} + \frac{z^2}{c^2} = 1$$

l'équation de l'un des ellipsoïdes, et

$$\frac{x^2}{a'^2} + \frac{y^2}{b'^2} + \frac{z^2}{c'^2} = 1$$

l'équation de l'autre surface. Ces deux surfaces seront homofocales si l'on a les égalités

$$a'^2 - a^2 = b'^2 - b^2 = c'^2 - c^2.$$

On en déduit

$$a'^2 - b'^2 = a^2 - b^2,$$

ce qui montre que les ellipses principales obtenues en coupant les deux surfaces par le plan des xy ont les mêmes foyers. Il en est de même des sections faites dans les deux surfaces par les autres plans principaux.

Étant donnés un ellipsoïde et un point (α, β, γ) extérieur à la surface, on peut toujours faire passer par ce point une surface ellipsoïdale homofocale à l'ellipsoïde donné. Appelons a, b, c les demi-axes de l'ellipsoïde donné, et a', b', c' ceux de l'ellipsoïde cherché ; on aura pour déterminer a', b', c' les trois équations :

$$a'^2 - a^2 = b'^2 - b^2 = c'^2 - c^2;$$

$$\frac{\alpha^2}{a'^2} + \frac{\beta^2}{b'^2} + \frac{\gamma^2}{c'^2} = 1.$$

Prenons pour inconnue la différence commune

$$u = a'^2 - a^2 = b'^2 - b^2 = c'^2 - c^2.$$

On en déduit

$$a'^2 = a^2 + u, \qquad b'^2 = b^2 + u, \qquad c'^2 = c^2 + u.$$

et

$$\frac{\alpha^2}{a^2 + u} + \frac{\beta^2}{b^2 + u} + \frac{\gamma^2}{c^2 + u} = 1.$$

Cela posé, le point (α, β, γ) étant en dehors de l'ellipsoïde (a, b, c), on a $\frac{\alpha^2}{a^2} + \frac{\beta^2}{b^2} + \frac{\gamma^2}{c^2} > 1$; si donc on donne à u des valeurs positives graduellement croissantes, les fractions $\dfrac{\alpha^2}{a^2 + u}$, ... décroîtront d'une maniere continue, et on rencontrera nécessairement une valeur de u qui rendra leur somme $\dfrac{\alpha^2}{a^2 + u} + \dfrac{\beta^2}{b^2 + u} + \dfrac{\gamma^2}{c^2 + u}$ égale à l'unité; et il n'y aura que cette racine positive, car, à partir de cette valeur particulière, l'augmentation de u entraine la diminution des valeurs de chaque fraction, et rend leur somme inférieure à l'unité.

On en déduira pour a, b, c, des valeurs réelles, puisque u est positif. Les axes a', b', c' seront respectivement plus grands que les axes a, b, c, de sorte que le nouvel ellipsoïde enveloppera entièrement le premier.

237. *Définition*. — Étant donnés deux ellipsoïdes (a, b, c) et (a', b', c'), concentriques et ayant les mêmes plans principaux, on appelle *points correspondants* deux points M et M', le premier ayant pour coordonnées x, y, z, le second ayant pour coordonnées x', y', z', lorsqu'on a entre ces coordonnées les proportions suivantes :

$$\frac{x'}{x} = \frac{a'}{a}, \quad \frac{y'}{y} = \frac{b'}{b}, \quad \frac{z'}{z} = \frac{c'}{c}.$$

Il est facile de voir que si le point (x, y, z) appartient à l'ellipsoïde (a, b, c), le point $(x', y'\ z')$ appartient à l'ellipsoïde (a', b', c').

En effet les rapports $\dfrac{x'}{a'}$, $\dfrac{y'}{b'}$, $\dfrac{z'}{c'}$ étant respectivement égaux aux rapports $\dfrac{x}{a}$, $\dfrac{y}{b}$, $\dfrac{z}{c}$, la somme des carrés des trois premiers rapports est égale à l'unité en même temps que la somme des carrés des trois autres.

Étant donné le point M, on en déduit sans ambiguïté le point M', correspondant du point M.

Les sommets des axes de même nom sont des points correspondants.

Si des points M sont en ligne droite, les points correspondants M' seront aussi en ligne droite, et si la première droite est parallèle à l'un des axes principaux, la seconde sera aussi parallèle à cet axe.

238. *Lemme II*. — La différence des carrés des distances, $\overline{OM'}^2 - \overline{OM}^2$, du centre commun des ellipsoïdes à deux points correspondants M' et M, situés respectivement sur deux ellipsoïdes homofocaux, est constante.

On a en effet

$$(x'^2 + y'^2 + z'^2) - (x^2 + y^2 + z^2)$$

$$= \left(\frac{a'^2}{a^2} - 1\right) x^2 + \left(\frac{b'^2}{b^2} - 1\right) y^2 + \left(\frac{c'^2}{c^2} - 1\right) z^2$$

$$= (a'^2 - a^2) \left(\frac{x^2}{a^2} + \frac{y^2}{b^2} + \frac{z^2}{c^2}\right) = a'^2 - a^2,$$

en observant qu'on a à la fois

$$b'^2 - b^2 = a'^2 - a^2 = c'^2 - c^2,$$

puisque les ellipsoïdes sont homofocaux, et

$$\frac{x^2}{a^2} + \frac{y^2}{b^2} + \frac{z^2}{c^2} = 1,$$

puisque le point (x, y, z) appartient au premier ellipsoïde.

239. *Lemme III.* — Soient M et N deux points pris sur la surface de l'ellipsoïde (a, b, c) ; M′ et N′ les deux points respectivement correspondants, pris sur l'ellipsoïde homofocal (a', b', c'). On aura l'égalité

$$OM \times ON' \times \cos MON' = OM' \times ON \times \cos M'ON.$$

La direction OM fait avec les axes coordonnés des angles dont les cosinus sont respectivement

$$\frac{x}{OM}, \quad \frac{y}{OM}, \quad \frac{z}{OM},$$

x, y, z désignant les coordonnées du point M.

La direction ON fait de même avec les axes des angles dont les cosinus sont

$$\frac{x_1}{ON}, \quad \frac{y_1}{ON}, \quad \frac{z_1}{ON},$$

x_1, y_1, z_1 étant les coordonnées du point N.

Les coordonnées de M′, correspondant de M, seront $\frac{a'}{a} x$, $\frac{b'}{b} y$, $\frac{c'}{c} z$, et les cosinus des angles de OM′ avec les axes seront par conséquent

$$\frac{a'x}{a \times OM'}, \quad \frac{b'y}{b \times OM'}, \quad \frac{c'z}{c \times OM'};$$

de même les cosinus des angles de la direction ON′ avec les axes seront

$$\frac{a'x_1}{a \times ON'}, \quad \frac{b'y_1}{b \times ON'}, \quad \frac{c'z_1}{c \times ON'}.$$

Nous aurons donc à la fois

$$\cos MON' = \frac{x}{OM} \times \frac{a'x_1}{a \times ON'} + \frac{y}{OM} \times \frac{b'y_1}{b \times ON'} + \frac{z}{OM} \times \frac{c'z_1}{c \times ON'},$$

$$\cos M'ON = \frac{x_1}{ON} \times \frac{a'x}{a \times OM'} + \frac{y_1}{ON} \times \frac{b'y}{b \times OM'} + \frac{z_1}{ON} \times \frac{c'z}{c \times OM'}.$$

Donc

$$OM \times ON' \cos MON' = \frac{a'xx_1}{a} + \frac{b'yy_1}{b} + \frac{c'zz_1}{c} = ON \times OM' \cos M'ON,$$

et l'égalité est démontrée.

240. *Lemme IV.* — Les distances MN′, M′N sont égales. En effet on a, en vertu de lemme II,

$$\overline{OM'}^2 - \overline{OM}^2 = \overline{ON'}^2 - \overline{ON}^2,$$

puisque M′ et M, N′ et N sont des points respectivement correspondants.

Donc $\overline{OM}^2 + \overline{ON'}^2 = \overline{OM'}^2 + \overline{ON}^2$.

On a de plus, en vertu de lemme III,

$$2OM \times ON'\cos MON' = 2OM' \times ON \times \cos M'ON.$$

Retranchons la seconde égalité de la précédente, il vient

$$\overline{OM}^2 + \overline{ON'}^2 - 2OM \times OM'\cos MON' = \overline{OM'}^2 + \overline{ON}^2 - 2OM' \times OM\cos M'ON,$$

ou bien

$$\overline{MN'}^2 = \overline{M'N}^2,$$

ou enfin

$$MN' = M'N.$$

241. Supposons que le système attirant soit un solide homogène, compris entre deux surfaces ellipsoïdales semblables et concentriques S et S′, et que le point attiré M soit situé à l'intérieur de la surface S′.

La résultante de toutes les actions exercées sur le point M est nulle. Il suffit pour le démontrer de montrer que deux cônes infiniment petits, opposés par le sommet au point M, interceptent dans l'épaisseur du solide des masses ABCD, A′B′C′D′, dont les attractions sur le point M sont égales.

Appelons ω la mesure de l'angle solide commun à ces deux cônes; ω est l'aire de la surface interceptée par le cône sur la sphère décrite du point M comme centre avec un rayon égal à l'unité. Coupons le volume ABCD en tranches infiniment minces pq, par des surfaces sphériques décrites du point M comme centre avec des rayons $r = Mp$. La base pq de l'une de ces tranches sera ωr^2, et son volume $\omega r^2 dr$; sa masse enfin sera $\rho\omega r^2 dr$, ρ étant la densité de l'ellipsoïde ou la masse de l'unité de volume. L'attraction exercée par cette tranche sur le point M a pour valeur

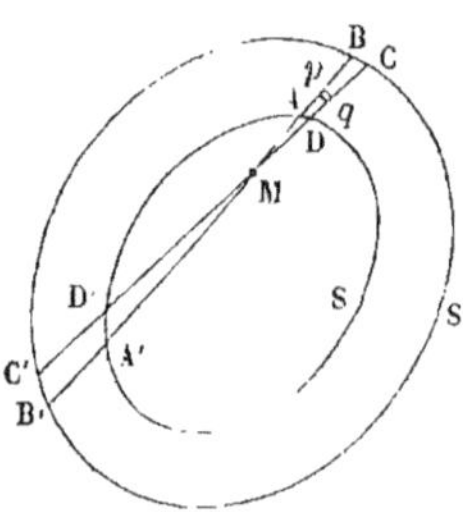

Fig. 151.

$$\frac{\rho\omega r^2 dr}{r^2} = \rho\omega\, dr.$$

Pour avoir l'action totale subie par le point M de la part du système ABCD, il suffit de faire la somme de ces différentielles en faisant varier r de $r = $ MA à $r = $ MB; ce qui donne pour résultat

$$f \mu \rho \omega \times \text{AB}.$$

L'action subie par le point M de la part du système A'B'C'D', action opposée à la précédente, a de même pour valeur

$$f \mu \rho \omega \times \text{A}'\text{B}'.$$

Elle est donc égale à la première, car AB = A'B' (lemme I), et le point M est en équilibre.

Corollaire 1er. — Cette conclusion étant indépendante des grandeurs absolues AB, A'B', et supposant seulement ces deux grandeurs égales, subsiste encore quand le système attiré se réduit à une couche homogène infiniment mince, comprise entre deux ellipsoïdes concentriques semblables infiniment voisins.

Corollaire 2. — Elle subsiste par conséquent encore quand le système attirant, compris entre les surfaces S et S', est formé de couches infiniment minces, séparées les unes des autres par des surfaces ellipsoïdales concentriques et semblables, la densité étant la même dans toute l'étendue d'une même couche, et pouvant varier de l'une à l'autre.

Corollaire 3. — La fonction V est constante pour tous les points M situés à l'intérieur de l'ellipsoïde S'. Car les trois dérivées partielles $\dfrac{dV}{d\alpha}$, $\dfrac{dV}{d\beta}$, $\dfrac{dV}{d\gamma}$, qui mesurent les composantes de l'attraction, sont séparément nulles.

Il en est de même tout le long de la surface interne d'une couche ellipsoïdale infiniment mince.

ACTION D'UNE COUCHE ELLIPSOÏDALE HOMOGÈNE SUR UN POINT EXTÉRIEUR.

242. La couche homogène attirante est comprise entre une surface ellipsoïdale S, et une surface S_1 concentrique, semblable et infiniment voisine. Appelons ρ la masse spécifique du solide ainsi limité.

Par le point M extérieur à la surface S, faisons passer (§ 236) une surface S' homofocale à S; nous imaginerons une couche ellipsoïdale de densité ρ', comprise entre la surface S' et une surface S_1' concentrique, semblable à la surface S', et ayant avec celle-ci le

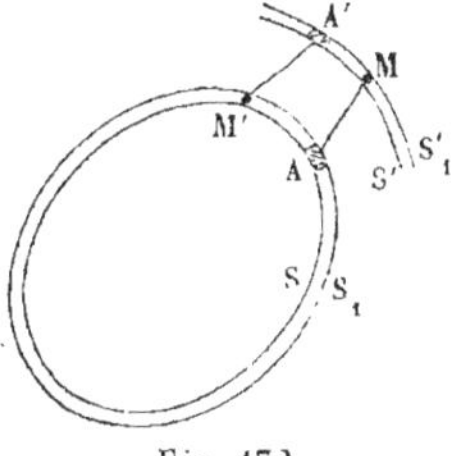

Fig. 132.

même rapport de similitude qui existe entre les surfaces S et S_1. Je dis que la surface S_1' sera homofocale à la surface S_1.

Soient en effet a, b, c les demi-axes principaux de l'ellipsoïde S, et λ le rapport de similitude de S_1 à S; les demi-axes de l'ellipsoïde S_1 seront λa, λb, λc; appelons de même a', b', c' et $\lambda a'$, $\lambda b'$, $\lambda c'$ les demi-axes des ellipsoïdes S' et S_1'. Nous aurons

$$\lambda^2 a'^2 - \lambda^2 a^2 = \lambda^2 (a'^2 - a^2),$$
$$\lambda^2 b'^2 - \lambda^2 b^2 = \lambda^2 (b'^2 - b^2),$$
$$\lambda^2 c'^2 - \lambda^2 c^2 = \lambda^2 (c'^2 - c^2).$$

Or $a'^2 - a^2 = b'^2 - b^2 = c'^2 - c^2$, puisque S' est homofocale à S; donc aussi

$$(\lambda a')^2 - (\lambda a)^2 = (\lambda b')^2 - (\lambda b)^2 = (\lambda c')^2 - (\lambda c)^2,$$

et S_1' est homofocal à S_1.

On passe ainsi d'un point quelconque M pris dans la couche SS_1 au point M' qui lui correspond dans la couche $S'S_1'$, en remplaçant les coordonnées x, y, z du point M par les produits $\dfrac{a'x}{a}$, $\dfrac{b'y}{b}$, $\dfrac{c'z}{c}$; et par suite, à un volume quelconque pris dans la première couche correspond dans la seconde un volume que l'on déduira du premier en multipliant par $\dfrac{a'}{a}$ les dimensions parallèles à l'axe des x, par $\dfrac{b'}{b}$ les dimensions parallèles aux y, par $\dfrac{c'}{c}$ les dimensions parallèles aux z; le volume sera multiplié lui-même par le produit $\dfrac{a'b'c'}{abc}$.

Cela posé, imaginons qu'on décompose la couche SS_1 en éléments de volume A, que nous représenterons généralement par la différentielle $d\omega$; la masse de l'élément sera $\rho d\omega$, et pour former la fonction V relative au point M, il faudra faire la somme

$$\Sigma \frac{\rho d\omega}{\mathrm{M A}},$$

étendue à tous les éléments de la couche SS_1. Nous poserons donc

$$V = \Sigma \frac{\rho d\omega}{\mathrm{M A}}.$$

Prenons sur la surface S le point M' correspondant à M; puis déterminons dans la couche $S'S_1'$ les éléments de volume A' qui correspondent aux éléments A de la couche SS_1. Les points M, M' et A, A', étant respectivement correspondants, on aura $MA = M'A'$ (lemme IV); de plus nous venons de prouver qu'en appelant $d\omega'$ le volume élémentaire A', on a

$$d\omega' = d\omega \times \frac{a'b'c'}{abc}.$$

Appelons V' la valeur de la fonction V relative au point M' attiré par la couche $S'S_1'$; nous aurons, en étendant les sommes à la totalité des éléments des deux couches :

$$V' = \Sigma \frac{\rho' d\omega'}{M'A'} = \Sigma \frac{\rho' \times d\omega \times \dfrac{a'b'c'}{abc}}{MA}$$

$$= \frac{\rho'}{\rho} \times \frac{a'b'c'}{abc} \times \Sigma \frac{\rho d\omega}{MA} = \frac{\rho' a'b'c'}{\rho abc} \times V.$$

Il y a donc un rapport constant entre la valeur de la fonction V, relative au système (M, SS_1), et la valeur V' de la même fonction relative au système correspondant $(M', S'S_1')$. Or (§ 241, Cor. III) la fonction V' est constante lorsque le point M' parcourt la surface S; donc la fonction V est aussi constante lorsque le point M parcourt la surface S', homofocale de S.

Donc (§ 233) *la surface S' est une surface de niveau*, et par conséquent *l'attraction totale exercée par le système SS_1 sur le point M est normale à la surface S'*.

243. L'égalité $\dfrac{V'}{V} = \dfrac{\rho a'b'c'}{\rho abc}$ conduit à une autre conclusion. Soit S une couche ellipsoïdale homogène, S' la couche homofocale passant par M. Soit S'' une seconde couche homogène, homofocale à la couche S', et par suite homofocale à la couche S. Prenons les points M' et M'', correspondants au point M sur les couches S et S''.

Appelons V le potentiel de M par rapport au système S, V' le potentiel de M' par rapport à S'; V_1 et V_1' les potentiels respectifs de M par rapport à S'' et de M'' par rapport à S'; soient a_1, b_1, c_1 les demi-axes de la surface S''. Nous aurons les égalités

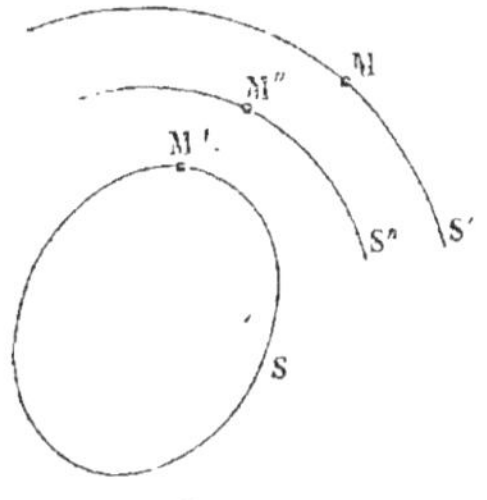

Fig. 133.

$$\frac{V'}{V} = \frac{\rho' a'b'c'}{\rho abc},$$

$$\frac{V_1'}{V_1} = \frac{\rho' a'b'c'}{\rho_1 a_1 b_1 c_1}.$$

De plus $V_1' = V$; car les deux points M et M'' sont à l'intérieur de la couche S'.

Donc

$$\frac{V}{V_1} = \frac{\rho abc}{\rho_1 a_1 b_1 c_1}.$$

Les potentiels du point M *par rapport aux deux couches* S, S″ *sont proportionnels aux produits des axes de ces couches par leur densité.* Il en est de même des dérivées partielles des fonctions V et V_1 par rapport aux coordonnées α, β, γ du point M. Donc les composantes des attractions exercées par les couches S et S″ sont entre elles dans ce même rapport : propriété qui subsiste encore à la limite lorsque le point M touche extérieurement la couche S″.

ACTION D'UNE COUCHE ELLIPSOÏDALE INFINIMENT MINCE SUR UN POINT M PLACÉ SUR SA SURFACE EXTÉRIEURE.

244. Cherchons l'action exercée sur un point matériel M, de masse μ, placé sur la surface extérieure S de la couche homogène comprise entre deux surfaces ellipsoïdales S et S′, concentriques, homothétiques et infiniment voisines l'une de l'autre.

La résultante cherchée MN est normale à la surface S (§ 242).

Menons du point M le cône des tangentes à la surface intérieure S′; ce cône touche l'ellipsoïde S′ suivant une courbe plane PQ, et prolongé,

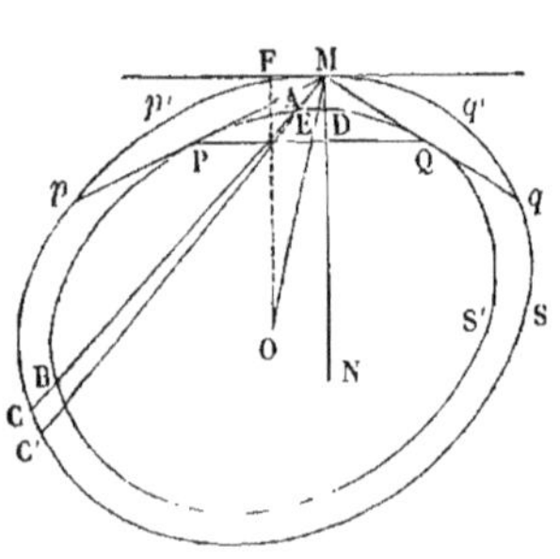

Fig. 154.

détache de la couche matérielle toute la masse comprise entre ce cône et la surface S′, masse profilée sur la figure suivant les segments elliptiques Mpp', Mqq'. L'intervalle des deux surfaces étant infiniment petit, les tangentes MP, MQ sont sensiblement normales à la droite MN, et par conséquent les masses retranchées par le cône des tangentes exercent sur le point M des attractions perpendiculaires à la résultante cherchée. Il est donc inutile d'en tenir compte pour la recherche de cette résultante.

Nous décomposerons la couche en éléments coniques, infiniment petits, ayant leur sommet commun au point M, et compris dans le cône tangent Mp, Mq. Soit $d\omega$ la mesure de l'ouverture de l'un quelconque MCC' de ces cônes élémentaires, c'est-à-dire la mesure de l'aire du polygone intercepté par ce cône sur une sphère de rayon égal à l'unité, décrite du point M comme centre. Appliquons la méthode suivie § 241. L'action exercée sur le point M par une tranche élémentaire, d'épaisseur dr, située à la distance r du point attiré, a pour mesure

$$f\mu\rho\, d\omega\, dr;$$

il faut intégrer cette quantité par rapport à r entre les limites $r = 0$ et $r = \mathrm{MA}$, puis entre les limites $r = \mathrm{MB}$, $r = \mathrm{MC}$. Le résultat est

$$f\mu\rho\, d\omega\,(\mathrm{MA} + \mathrm{BC}) = 2f\mu\rho\, d\omega \times \mathrm{MA},$$

en observant que $\mathrm{MA} = \mathrm{BC}$ (§ 235). Telle est la mesure de l'attraction exercée dans la direction MC par la matière comprise dans le cône élémentaire. Pour avoir la projection de cette force sur la normale, il faut multiplier par le cosinus de l'angle $\mathrm{AMN} = \alpha$; et indiquant la sommation de toutes les composantes semblables prises à l'intérieur du cône PMO, on aura pour la résultante cherchée

$$\mathrm{R} = 2f\mu\rho\,\Sigma d\omega \times \mathrm{MA}\cos\alpha.$$

Lorsque l'angle α est très-petit, $\mathrm{MA}\cos\alpha$ est sensiblement égal à l'épaisseur MD de la couche au point M, ce qui permet de remplacer $\Sigma d\omega \times \mathrm{MA}\cos\alpha$ par $\mathrm{MD} \times \Sigma d\omega$, et en observant que la somme des éléments sphériques $d\omega$ à l'intérieur du cône PMQ est sensiblement égale à la moitié de la surface sphérique, ou à 2π, puisque les angles PMN, QMN sont droits à la limite, il vient en définitive,

$$\mathrm{R} = 4\pi f\mu\rho \times \mathrm{MD}.$$

245. Cette démonstration, dont on s'est longtemps contenté, n'est pas rigoureuse, car elle suppose α très-petit, tandis que α doit varier de 0 aux angles PMN, QMN, qui sont voisins de l'angle droit. Le résultat est cependant exact, grâce à une compensation d'erreurs, ainsi que nous allons le démontrer.

Par la normale MN faisons passer une série de plans infiniment voisins, se coupant sous l'angle $d\theta$; l'élément sphérique $d\omega$ peut être déterminé par la rencontre de la sphère avec deux de ces plans, correspondants aux angles θ et $\theta + d\theta$, et avec deux cônes droits de révolution autour de MN, définis par les angles α et $\alpha + d\alpha$. Appelons u la longueur MA, correspondante aux angles α et θ. Nous aurons

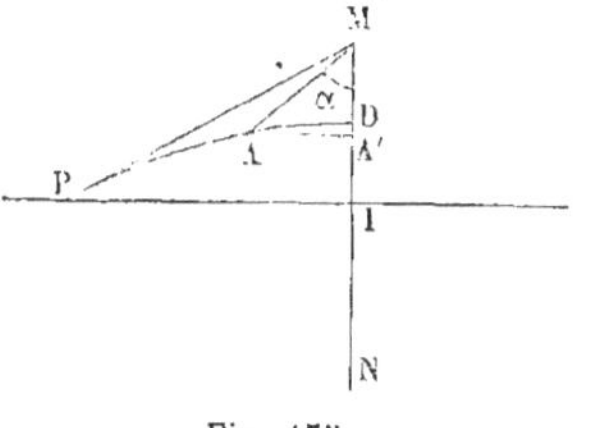

Fig. 135.

$$d\omega = d\alpha \times d\theta \sin\alpha,$$

et

$$\mathrm{R} = 2f\mu\rho \int\int u\cos\alpha \sin\alpha\, d\alpha\, d\theta$$

$$= 2f\mu\rho \int d\theta \int u\cos\alpha \sin\alpha\, d\alpha.$$

La première intégration portera sur la variable α, qui sera prise entre les limites $\alpha = 0$ et $\alpha = \text{IMP}$, dans un azimut défini par une valeur de θ quelconque; ensuite on fera varier θ de 0 à 2π, pour faire la sommation dans toute l'étendue du cône.

Le point M étant infiniment voisin de la courbe S', l'arc PD est infiniment petit, et peut par conséquent être confondu, aux infiniment petits du troisième ordre près, avec un arc de parabole qui aurait son sommet au point D, qui aurait pour axe la droite MN, et qui toucherait la droite MP au point P.

Le point D est le milieu de la distance MI, projection de MP sur la normale MN. Appelons β l'angle PMI, limite de l'angle α, et ε la distance MD.

L'équation de la parabole DP, rapportée à son axe et à la tangente au sommet, est de la forme

$$y^2 = 2pr\,;$$

ici

$$y = u\sin\alpha \qquad x = u\cos\alpha - \varepsilon.$$

Donc

$$u^2\sin^2\alpha = 2p\,(u\cos\alpha - \varepsilon).$$

On en déduit, en résolvant par rapport à u, et en prenant la moindre racine, celle qui correspond à la valeur négative du radical,

$$u = \frac{p}{\sin\alpha\tang\alpha} - \frac{p}{\sin\alpha\tang\alpha}\sqrt{1 - \frac{2\varepsilon\tang^2\alpha}{p}}.$$

Mais au point P on a $x = \varepsilon$, $\alpha = \beta$, et par conséquent

$$u\sin\beta = \sqrt{2p\varepsilon},$$
$$u\cos\beta = 2\varepsilon,$$

d'où l'on déduit $\tang\beta = \sqrt{\dfrac{p}{2\varepsilon}}$.

Remplaçons $\dfrac{2\varepsilon}{p}$ sous le radical par $\dfrac{1}{\tang^2\beta}$; il viendra

$$u = \frac{p}{\sin\alpha\tang\alpha}\left(1 - \sqrt{1 - \frac{\tang^2\alpha}{\tang^2\beta}}\right).$$

Multiplions les deux membres par $\cos\alpha\sin\alpha\,d\alpha$:

$$u\cos\alpha\sin\alpha\,d\alpha = \frac{p\cos\alpha}{\tang\alpha}\,d\alpha\left(1 - \sqrt{1 - \frac{\tang^2\alpha}{\tang^2\beta}}\right),$$

expression qu'il faut intégrer de $\alpha = 0$ à $\alpha = \beta$. Le radical peut être développé en série par la formule de binôme, puisque le second terme $\left(\dfrac{\tang \alpha}{\tang \beta}\right)^2$ est au plus égal à l'unité; il vient alors

$$\sqrt{1 - \frac{\tang^2 \alpha}{\tang^2 \beta}} = \left(1 - \frac{\tang^2 \alpha}{\tang^2 \beta}\right)^{\frac{1}{2}} = 1 - \frac{1}{2}\frac{\tang^2 \alpha}{\tang^2 \beta} - \frac{1}{8}\frac{\tang^4 \alpha}{\tang^4 \beta} + \cdots,$$

série dont les termes successifs sont de plus en plus petits en valeur absolue.

L'expression à intégrer prend la forme

$$\frac{1}{2}\frac{p \sin \alpha\, d\alpha}{\tang^2 \beta} + \frac{1}{8}\frac{p \sin \alpha\, \tang^2 \alpha\, d\alpha}{\tang^4 \beta} - \cdots$$

Remplaçons $\tang^2 \beta$ par $\dfrac{p}{2\varepsilon}$, puis supprimons les facteurs communs; il vient, en bornant la série à ses deux premiers termes,

$$\varepsilon \sin \alpha\, d\alpha + \frac{1}{2}\frac{\varepsilon^2 \tang^2 \alpha}{p} \sin \alpha\, d\alpha.$$

Intégrons de $\alpha = 0$ à $\alpha = \beta$; nous aurons pour le premier

$$\varepsilon(1 - \cos \beta);$$

quant au second, observons que ε est infiniment petit, tandis que p est une quantité finie; de sorte que le facteur constant $\dfrac{\varepsilon^2}{2p}$ est un infiniment petit du second ordre. L'autre facteur est $\displaystyle\int_0^\beta \tang^2 \alpha \sin \alpha\, d\alpha$. Sans faire entièrement cette intégrale, nous pouvons en déterminer une limite supérieure. Le facteur $\sin \alpha$ étant toujours compris entre 0 et 1, nous avons l'inégalité

$$\int_0^\beta \tang^2 \alpha \sin \alpha\, d\alpha < \int_0^\beta \tang^2 \alpha\, d\alpha.$$

Or

$$\int \tang^2 \alpha\, d\alpha = \int \frac{1 - \cos^2 \alpha}{\cos^2 \alpha}\, d\alpha = \tang \alpha - \alpha,$$

quantité à prendre entre les limites 0 et β. L'intégrale cherchée est moindre que $\tang \beta - \beta$, et *a fortiori* moindre que $\tang \beta$ ou que $\sqrt{\dfrac{p}{2\varepsilon}}$. Le produit est donc plus petit que $\dfrac{\varepsilon^2}{2p} \times \sqrt{\dfrac{p}{2\varepsilon}}$ ou que $\dfrac{\varepsilon}{2}\sqrt{\dfrac{\varepsilon}{2p}}$, infiniment petit de l'ordre $\dfrac{3}{2}$. Dans un calcul où l'on doit négliger les infiniment petits d'un ordre supérieur au premier, on doit effacer le second terme de la série, et à plus forte raison les suivants, qui sont d'un ordre plus élevé de petitesse. Il reste alors pour l'intégrale

$$\varepsilon\,(1 - \cos\beta),$$

ou à la limite, pour β égal à $\dfrac{\pi}{2}$, l'épaisseur ε de la couche comme le calcul sommaire nous l'avait appris.

On a donc en définitive

$$R = 4\pi f \mu \rho \times \varepsilon,$$

$\varepsilon = $ MD étant l'épaisseur de la couche au point M.

246. On peut transformer cette expression. Soit O (fig. 135) le centre commun des deux surfaces. Joignons OM ; cette droite coupe en E la surface S' ; abaissons du point O la perpendiculaire OF sur le plan tangent à l'ellipsoïde en M ; les triangles MDE, OFM seront semblables, et si on appelle P la distance OF du centre au plan tangent, on aura la proportion

$$\frac{MD}{ME} = \frac{OF}{OM} = \frac{P}{OM}.$$

On en déduit

$$MD = P \times \frac{ME}{OM},$$

et comme les ellipsoïdes S et S' sont semblables, si a est le demi-axe de l'un, et $a - da$ le demi-axe de l'autre, $\dfrac{ME}{OM}$ sera égal à $\dfrac{da}{a}$. Donc enfin

$$R = 4\pi f \mu \rho \,\frac{P\,da}{a}.$$

Pour avoir les composantes de R parallèlement aux trois axes principaux, il suffit de multiplier R par les cosinus des angles que fait la normale MN avec ces trois axes, ou, ce qui revient au même, par les cosinus des angles que le plan tangent fait avec les trois plans coordonnés.

Soit $\dfrac{\alpha^2}{a^2} + \dfrac{\beta^2}{b^2} + \dfrac{\gamma^2}{c^2} = 1$ l'équation de l'ellipsoïde.

Le plan tangent au point (α, β, γ) a pour équation

$$\frac{\alpha\alpha'}{a^2} + \frac{\beta\beta'}{b^2} + \frac{\gamma\gamma'}{c^2} = 1$$

La distance P de l'origine au plan tangent est donnée par l'équation

$$P = \frac{1}{\sqrt{\dfrac{\alpha^2}{a^4} + \dfrac{\beta^2}{b^4} + \dfrac{\gamma^2}{c^4}}},$$

où le radical doit être pris positivement.

Les équations de la normale sont

$$\frac{\alpha'}{\left(\dfrac{\alpha}{a^2}\right)} = \frac{\beta'}{\left(\dfrac{\beta}{b^2}\right)} = \frac{\gamma'}{\left(\dfrac{\gamma}{c^2}\right)},$$

et les cosinus des angles que cette droite fait avec les axes sont égaux respectivement à

$$\frac{\alpha'}{\sqrt{\alpha'^2 + \beta'^2 + \gamma'^2}}, \quad \frac{\beta'}{\sqrt{\alpha'^2 + \beta'^2 + \gamma'^2}}, \quad \frac{\gamma'}{\sqrt{\alpha'^2 + \beta'^2 + \gamma'^2}},$$

ou bien à

$$\frac{\dfrac{\alpha}{a^2}}{\sqrt{\left(\dfrac{\alpha}{a^2}\right)^2 + \left(\dfrac{\beta}{b^2}\right)^2 + \left(\dfrac{\gamma}{c^2}\right)^2}} = \frac{\mathrm{P}\alpha}{a^2},$$

$$\frac{\dfrac{\beta}{b^2}}{\sqrt{\left(\dfrac{\alpha}{a^2}\right)^2 + \left(\dfrac{\beta}{b^2}\right)^2 + \left(\dfrac{\gamma}{c^2}\right)^2}} = \frac{\mathrm{P}\beta}{b^2},$$

$$\frac{\dfrac{\gamma}{c^2}}{\sqrt{\left(\dfrac{\alpha}{a^2}\right)^2 + \left(\dfrac{\beta}{b^2}\right)^2 + \left(\dfrac{\gamma}{c^2}\right)^2}} = \frac{\mathrm{P}\gamma}{c^2}.$$

Le signe $+$, attribué aux radicaux, correspond à la normale extérieure; comme l'attraction totale est dirigée suivant MN, c'est-à-dire suivant la normale intérieure, il faut prendre les radicaux avec le signe $-$, de sorte que les cosinus à employer sont $-\dfrac{\mathrm{P}\alpha}{a^2}$, $-\dfrac{\mathrm{P}\beta}{b^2}$, $-\dfrac{\mathrm{P}\gamma}{c^2}$.

Appelant X, Y, Z les composantes de R suivant les axes des ellipsoïdes, nous aurons donc

$$X = -4\pi f \mu \rho \mathrm{P}^2 \alpha \, \frac{da}{a^3},$$

$$Y = -4\pi f \mu \rho \mathrm{P}^2 \beta \, \frac{da}{ab^2} = -4\pi f \mu \rho \mathrm{P}^2 \beta \, \frac{db}{b^3},$$

$$Z = -4\pi f \mu \rho \mathrm{P}^2 \gamma \, \frac{da}{ac^2} = -4\pi f \mu \rho \mathrm{P}^2 \gamma \, \frac{dc}{c^3}.$$

On peut vérifier sur ces formules que la fonction V est constante tout le long de la surface S. On a en effet

$$\frac{d\mathrm{V}}{d\alpha} = -4\pi \rho \mathrm{P}^2 \alpha \, \frac{da}{a^3},$$

$$\frac{d\mathrm{V}}{d\beta} = -4\pi \rho \mathrm{P}^2 \beta \, \frac{db}{b^3},$$

$$\frac{d\mathrm{V}}{d\gamma} = -4\pi \rho \mathrm{P}^2 \gamma \, \frac{dc}{c^3},$$

formules vraies pour tous les points de l'ellipsoïde S.

On a donc, avec cette restriction,

$$
\begin{aligned}
dV &= \frac{dV}{da}\,d\alpha + \frac{dV}{d\beta}\,d\beta + \frac{dV}{d\gamma}\,d\gamma \\[2mm]
&= -\,4\pi\rho^{\prime 2}\left(\alpha d\alpha\,\frac{da}{a^3} + \beta d\beta\,\frac{db}{b^3} + \gamma d\gamma\,\frac{dc}{c^3}\right) \\[2mm]
&= \ \ 4\pi\rho^{\prime 2}\,\frac{da}{a}\left(\frac{\alpha d\alpha}{a^2} + \frac{\beta d\beta}{b^2} + \frac{\gamma d\gamma}{c^2}\right),
\end{aligned}
$$

quantité identiquement nulle en tous les points de l'ellipsoïde, puisqu'on a l'équation

$$
\frac{\alpha^2}{a^2} + \frac{\beta^2}{b^2} + \frac{\gamma^2}{c^2} = 1.
$$

ATTRACTION D'UN ELLIPSOÏDE HOMOGÈNE SUR UN POINT EXTÉRIEUR.

247. La méthode que nous suivrons consiste à décomposer l'ellipsoïde en une série de couches infiniment minces par des surfaces ellipsoïdales semblables. Supposons que les demi-axes de l'ellipsoïde donné soient A, B, C, et qu'on ait A < B < C, le signe < n'excluant pas l'égalité. Appelons encore α, β, γ les coordonnées du point M, auquel nous attribuerons une masse μ, et soient X, Y, Z les composantes de l'attraction totale estimée parallèlement aux axes.

Cherchons d'abord les composantes de l'attraction correspondante à une couche ellipsoïdale définie par les demi-axes a et $a - da$, b et $b - db$, c et $c - dc$; nous aurons entre ces quantités et les demi-axes de la surface extérieure les relations

$$
(1) \qquad \left\{
\begin{aligned}
\frac{a}{A} &= \frac{b}{B} = \frac{c}{C}, \\[2mm]
\frac{da}{a} &= \frac{db}{b} = \frac{dc}{c}.
\end{aligned}
\right.
$$

Nous savons (§ 242 et 243) que la couche ellipsoïdale $(a, a - da)$ exerce sur le point M une action de même direction que la couche homofocale $(a', a' - da')$ passant par ce point M, et que ces actions sont entre elles comme les produits abc et $a'b'c'$, en supposant que ces couches aient la même densité ρ. Les demi-axes de la couche homofocale, a', b', c', $a' - da'$, $b' - db'$, $c' - dc'$, seront donnés par les relations

$$
(2) \qquad \left\{
\begin{aligned}
a'^2 - a^2 &= b'^2 - b^2 = c'^2 - c^2, \\[2mm]
\frac{da'}{a'} &= \frac{da}{a}, \quad \frac{db'}{b'} = \frac{db}{b}, \quad \frac{dc'}{c'} = \frac{dc}{c}.
\end{aligned}
\right.
$$

Pour que la surface extérieure passe par le point M, il faut de plus qu'on ait

$$(3) \qquad \frac{\alpha^2}{a'^2} + \frac{\beta^2}{b'^2} + \frac{\gamma^2}{c'^2} = 1.$$

Soit enfin P' la distance de l'origine au plan tangent mené à l'ellipsoïde (a', b', c') au point M; les composantes de l'attraction de la couche $(a', a' - da')$ sur le point M seront (§ 246)

$$- 4\pi f\mu\rho P'^2 \alpha \, \frac{da'}{a'^3},$$

$$- 4\pi f\mu\rho P'^2 \beta \, \frac{da'}{a'b'^2},$$

$$- 4\pi f\mu\rho P'^2 \gamma \, \frac{da'}{a'c'^2}.$$

En les multipliant par le rapport $\dfrac{abc}{a'b'c'}$, on aura les composantes de la couche $(a, a - da)$, savoir :

$$(4) \quad \begin{cases} dX = - 4\pi f\mu\rho P'^2 \alpha \, \dfrac{abc\,da'}{a'^4 b'c'} = - 4\pi f\mu\rho P'^2 \alpha \, \dfrac{bc\,da}{a'^5 b'c'}, \\[2ex] dY = - 4\pi f\mu\rho P'^2 \beta \, \dfrac{bc\,da}{b'^3 a'c'}, \\[2ex] dZ = - 4\pi f\mu\rho P'^2 \gamma \, \dfrac{bc\,da}{c'^3 a'b'}, \end{cases}$$

en observant que $\dfrac{da'}{a'} = \dfrac{da}{a}$.

248. Nous allons exprimer toutes les variables a, b, c, a', b', c', et l' en fonction d'une même quantité u, définie par l'équation

$$(5) \qquad \frac{a}{a'} = u;$$

le nombre u sera compris entre 0 et le rapport $\dfrac{A}{A'}$ du demi-axe de la surface de l'ellipsoïde au demi-axe de la surface homofocale passant par le point M.

On en déduit $a' = \dfrac{a}{u}$.

Mais des équations (2) combinées avec les équations (1) on tire

$$b'^2 = a'^2 + b^2 - a^2 = a'^2 + a^2 \left(\frac{B^2}{A^2} - 1 \right),$$

et par suite

$$b'^2 = a^2 \left(\frac{1}{u^2} + \frac{B^2}{A^2} - 1 \right).$$

Nous ferons, pour abréger, $\dfrac{B^2}{A^2} - 1 = \lambda^2$, et nous aurons

$$b' = a\sqrt{\frac{1}{u^2} + \lambda^2}.$$

Faisant de même $\dfrac{C^2}{A^2} - 1 = \lambda'^2$, il viendra

$$c' = a\sqrt{\frac{1}{u^2} + \lambda'^2}.$$

Remplaçant a', b' et c' par leurs valeurs dans l'équation (3), on obtient, pour déterminer a en fonction de u, l'équation

$$(6) \qquad \frac{\alpha^2}{\left(\dfrac{a^2}{u^2}\right)} + \frac{\beta^2}{a^2\left(\dfrac{1}{u^2} + \lambda^2\right)} + \frac{\gamma^2}{a^2\left(\dfrac{1}{u^2} + \lambda'^2\right)} = 1,$$

qui donne

$$a = \sqrt{\alpha^2 u^2 + \frac{\beta^2}{\lambda^2 + \dfrac{1}{u^2}} + \frac{\gamma^2}{\lambda'^2 + \dfrac{1}{u^2}}}\,.$$

On exprimera ensuite a', b' et c' en fonction de u.

Pour exprimer P', on emploiera la formule

$$P'^2 = \frac{1}{\dfrac{\alpha^2}{a'^4} + \dfrac{\beta^2}{b'^4} + \dfrac{\gamma^2}{c'^4}} = \frac{a^4}{\alpha^2 u^4 + \dfrac{\beta^2}{\left(\lambda^2 + \dfrac{1}{u^2}\right)^2} + \dfrac{\gamma^2}{\left(\lambda'^2 + \dfrac{1}{u^2}\right)^2}}\,.$$

Enfin, il faut exprimer da en fonction de du; on tirera da de l'équation (6) en la différentiant. Il vient

$$da = \frac{\alpha^2 u - \dfrac{\beta^2 \times -\dfrac{1}{u^3}}{\left(\lambda^2 + \dfrac{1}{u^2}\right)^2} - \dfrac{\gamma^2 \times -\dfrac{1}{u^3}}{\left(\lambda'^2 + \dfrac{1}{u^2}\right)^2}}{\sqrt{\alpha^2 u^2 + \dfrac{\beta^2}{\lambda^2 + \dfrac{1}{u^2}} + \dfrac{\gamma^2}{\lambda'^2 + \dfrac{1}{u^2}}}}\, du$$

$$= \frac{\left(\alpha^2 u^4 + \dfrac{\beta^2}{\left(\lambda^2 + \dfrac{1}{u^2}\right)^2} + \dfrac{\gamma^2}{\left(\lambda'^2 + \dfrac{1}{u^2}\right)^2}\right) du}{u^3 \sqrt{\alpha^2 u^2 + \dfrac{\beta^2}{\lambda^2 + \dfrac{1}{u^2}} + \dfrac{\gamma^2}{\lambda'^2 + \dfrac{1}{u^2}}}}\,,$$

ou bien

$$da = \frac{\frac{a^4}{\mathrm{P}'^2}\,du}{u^5 \times a} = \frac{a^5 du}{\mathrm{P}'^2 u^5} = \frac{a'^3 du}{\mathrm{P}'^2}.$$

Substituons $\mathrm{P}'^2 da$ dans les équations (4); nous aurons

$$dX = -\,4\pi f \mu \rho \alpha \times \frac{bca'^3 du}{a'^3 b' c'} = -\,4\pi f \mu \rho \alpha \times \frac{bc}{b'c'}\,du,$$

$$dY = -\,4\pi f \mu \rho \beta \times \frac{a'^2 bc}{b'^3 c'}\,du,$$

$$dZ = -\,4\pi f \mu \rho \gamma \times \frac{a'^2 bc}{b'c'^3}.$$

Remplaçant enfin a', b', c', b et c par leurs valeurs en u, il vient successivement

$$\frac{bc}{b'c'} = \frac{a^2\,\dfrac{\mathrm{BC}}{\mathrm{A}^2}}{a^2\,\sqrt{\dfrac{1}{u^2}+\lambda^2}\,\sqrt{\dfrac{1}{u^2}+\lambda'^2}} = \frac{\mathrm{BC}}{\mathrm{A}^2\,\sqrt{\dfrac{1}{u^2}+\lambda^2}\,\sqrt{\dfrac{1}{u^2}+\lambda'^2}}$$

$$= \frac{\mathrm{BC}u^2}{\mathrm{A}^2\sqrt{(1+\lambda^2 u^2)(1+\lambda'^2 u^2)}},$$

$$\frac{a'^2 bc}{b'^3 c'} = \frac{\dfrac{a^2}{u^2}}{a^2\left(\dfrac{1}{u^2}+\lambda^2\right)} \times \frac{bc}{b'c'} = \frac{\mathrm{BC}}{\mathrm{A}^2\,\sqrt{\dfrac{1}{u^2}+\lambda^2}\,\sqrt{\dfrac{1}{u^2}+\lambda'^2}\times\left(\dfrac{1}{u^2}+\lambda^2\right)u^2}$$

$$= \frac{\mathrm{BC}u^2}{\mathrm{A}^2(1+\lambda^2 u^2)^{\frac{3}{2}}\sqrt{(1+\lambda'^2 u^2)}},$$

$$\frac{a'^2 bc}{b'c'^3} = \frac{a'^2}{c'^2}\times\frac{bc}{b'c'} = \frac{\dfrac{a^2}{u^2}}{a^2\left(\dfrac{1}{u^2}+\lambda'^2\right)}\times\frac{\mathrm{BC}u^2}{\mathrm{A}^2\sqrt{(1+\lambda^2 u^2)(1+\lambda'^2 u^2)}}$$

$$= \frac{\mathrm{BC}u^2}{\mathrm{A}^2\sqrt{1+\lambda^2 u^2}\times(1+\lambda'^2 u^2)^{\frac{3}{2}}}.$$

Donc

$$dX = -\,4\pi f \mu \rho \alpha \times \frac{\mathrm{BC}}{\mathrm{A}^2}\,\frac{u^2 du}{\sqrt{(1+\lambda^2 u^2)(1+\lambda'^2 u^2)}},$$

$$dY = -\,4\pi f \mu \rho \beta \times \frac{\mathrm{BC}}{\mathrm{A}^2}\,\frac{u^2 du}{\sqrt{(1+\lambda^2 u^2)^3(1+\lambda'^2 u^2)}}$$

$$dZ = -\,4\pi f \mu \rho \gamma \times \frac{\mathrm{BC}}{\mathrm{A}^2}\,\frac{u^2 du}{\sqrt{(1+\lambda^2 u^2)(1+\lambda'^2 u^2)^3}}.$$

Si l'on observe que la masse totale M de l'ellipsoïde est égale à $\frac{4}{3}\pi ABC \times \rho$, on pourra écrire plus simplement

$$(7) \quad \begin{cases} dX = -\dfrac{3M}{A^3} \times f\mu\alpha \dfrac{u^2 du}{\sqrt{(1+\lambda^2 u^2)(1+\lambda'^2 u^2)}}, \\[2ex] dY = -\dfrac{3M}{A^3} \times f\mu\beta \dfrac{u^2 du}{\sqrt{(1+\lambda^2 u^2)^3(1+\lambda'^2 u^2)}}, \\[2ex] dZ = -\dfrac{3M}{A^3} \times f\mu\gamma \dfrac{u^2 du}{\sqrt{(1+\lambda^2 u^2)(1+\lambda'^2 u^2)^3}}. \end{cases}$$

Il n'y a plus qu'à intégrer ces fonctions entre les limites $u = 0$ et $= \frac{A}{A'}$; ce qui donne, en indiquant seulement l'opération à exécuter,

$$(8) \quad \begin{cases} X = -\dfrac{3M}{A^3} \times f\mu\alpha \displaystyle\int_0^{\frac{A}{A'}} \dfrac{u^2 du}{\sqrt{(1+\lambda^2 u^2)(1+\lambda'^2 u^2)}}, \\[3ex] Y = -\dfrac{3M}{A^3} \times f\mu\beta \displaystyle\int_0^{\frac{A}{A'}} \dfrac{u^2 du}{\sqrt{(1+\lambda^2 u^2)^3(1+\lambda'^2 u^2)}}, \\[3ex] Z = -\dfrac{3M}{A^3} \times f\mu\gamma \displaystyle\int_0^{\frac{A}{A'}} \dfrac{u^2 du}{\sqrt{(1+\lambda^2 u^2)(1+\lambda'^2 u^2)^3}}. \end{cases}$$

249. La première quantité à intégrer contient en dénominateur un radical carré qui porte sur un polynome du quatrième degré en u. L'intégrale rentre dans la classe des fonctions elliptiques. Les deux autres peuvent se déduire de la première par une dérivation partielle. En effet, multiplions X par λ, puis prenons la dérivée du produit par rapport à λ; il viendra

$$\frac{d}{d\lambda}(\lambda X) = X + \lambda \frac{dX}{d\lambda}.$$

Or

$$\frac{dX}{d\lambda} = -\frac{3M}{A^3} \times f\mu\alpha \int_0^{\frac{A}{A'}} \frac{u^2 du}{\sqrt{1+\lambda'^2 u^2}} \times \left[-\frac{\lambda u^2}{(1+\lambda^2 u^2)^{\frac{3}{2}}} \right].$$

Donc

$$\frac{d}{d\lambda}(\lambda X) = -\frac{3M}{A^3} f\mu\alpha \left[\int_0^{\frac{A}{A'}} \left(\frac{u^2 du}{\sqrt{1+\lambda'^2 u^2}\sqrt{1+\lambda^2 u^2}} - \frac{\lambda^2 u^4 du}{\sqrt{1+\lambda'^2 u^2}(\sqrt{1+\lambda^2 u^2})^3} \right) \right]$$

$$= -\frac{3M}{A^3} f\mu\alpha \int_0^{\frac{A}{A'}} \frac{u^2 du (1+\lambda^2 u^2 - \lambda^2 u^2)}{\sqrt{1+\lambda'^2 u^2}(\sqrt{1+\lambda^2 u^2})^3} = -\frac{3M}{A^3} f\mu\alpha \int_0^{\frac{A}{A'}} \frac{u^2 du}{\sqrt{(1+\lambda^2 u^2)^3(1+\lambda'^2 u^2)}}$$

Donc enfin

$$(9) \qquad \frac{d(\lambda X)}{d\lambda} = \frac{\alpha}{\beta} Y, \quad \text{et} \quad Y = \frac{\beta}{\alpha} \frac{d(\lambda X)}{d\lambda}.$$

De même $Z = \dfrac{\gamma}{\alpha} \dfrac{d(\lambda X)}{dA'}$.

250. *Remarques.* — 1° Supposons que le point M soit placé sur la surface extérieure de l'ellipsoïde. Alors on a $\dfrac{A}{A'} = 1$, et les limites des intégrales qui figurent dans les équations (8) sont les nombres 0 et 1. Ces intégrales prennent des valeurs numériques complétement déterminées dès qu'on connaît les nombres λ et λ'; *les rapports* $\dfrac{X}{\alpha}$, $\dfrac{Y}{\beta}$, $\dfrac{Z}{\gamma}$ *sont donc indépendants de la position du point* M *à la surface de l'ellipsoïde.*

2° Si le point M était à l'intérieur de l'ellipsoïde, tout se passerait comme si l'on retranchait du système attirant toute la matière comprise entre sa surface extérieure et une surface semblable menée par le point M; on aurait donc encore la limite $\dfrac{A}{A'} = 1$, et les intégrales définies conserveraient leurs valeurs. Il en est de même aussi du rapport $\dfrac{M}{A^3}$, qui correspond à l'ellipsoïde semblable; car les masses des ellipsoïdes semblables sont entre elles comme les cubes des demi-axes homologues. Donc *les rapports* $\dfrac{X}{\alpha}$, $\dfrac{Y}{\beta}$, $\dfrac{Z}{\gamma}$ *sont constants, quelle que soit la position du point attiré à l'intérieur ou à la surface d'un ellipsoïde homogène.*

3° Les intégrales peuvent être obtenues sous forme finie quand la surface est de révolution : mais alors deux cas sont à distinguer. Nous avons admis que A était $<$ B, et que B $<$ C; ces inégalités sont nécessaires pour que les rapports λ et λ' soient réels. L'ellipsoïde peut être de révolution de deux manières :

Si B $=$ C, l'axe A est l'axe de révolution et l'ellipsoïde est aplati vers les pôles ; dans ce cas $\lambda = \lambda'$.

Si A $=$ B, l'ellipsoïde est de révolution autour du plus grand axe, et il est allongé vers les pôles ; dans ce cas $\lambda = 0$.

Lorsque $\lambda = \lambda'$, les formules deviennent

$$X = - \frac{3 M f \mu \alpha}{A^3} \int_0^{\frac{A}{A'}} \frac{u^2 du}{1 + \lambda^2 u^2} = - \frac{3 M f \mu \alpha}{A^3 \lambda^3} \left(\frac{\lambda A}{A'} - \operatorname{arc\,tang} \frac{\lambda A}{A'} \right),$$

$$Y = - \frac{3 M f \mu \beta}{A^3} \int_0^{\frac{A}{A'}} \frac{u^2 du}{(1 + \lambda^2 u^2)^2} = - \frac{3 M f \mu \beta}{2 \sqrt{3} \lambda^3} \left(\operatorname{arc\,tang} \frac{\lambda A}{A'} - \frac{\lambda A A'}{A'^2 + \lambda^2 A^2} \right),$$

$$Z = - \frac{3M f \mu \gamma}{A^3} \int_0^{\frac{\lambda A}{A'}} \frac{u^2 du}{(1 + \lambda^2 u^2)^2} = - \frac{3M f \mu \gamma}{2A^3 \lambda^3} \left(\arctan \frac{\lambda A}{A'} \quad \frac{\lambda A A'}{A'^2 + \lambda^2 A^2} \right).$$

Dans ces formules, arc tang $\frac{\lambda A}{A'}$ représente l'arc positif et $< \frac{\pi}{2}$ qui correspond à la tangente donnée $\frac{\lambda A}{A'}$.

Si $\lambda = 0$, ou si l'ellipsoïde est allongé vers les pôles, on trouvera

$$\frac{X}{\alpha} = \frac{Y}{\beta} = - \frac{3M f \mu}{2 \lambda'^3 A^3} \left[\frac{\lambda' A}{A'} \sqrt{1 + \frac{\lambda'^2 A^2}{A'^2}} - \log \left(\frac{\lambda' A}{A'} + \sqrt{1 + \frac{\lambda'^2 A^2}{A'^2}} \right) \right],$$

$$\frac{Z}{\gamma} = - \frac{3M f \mu}{\lambda'^3 A^3} \left[\log \left(\frac{\lambda' A}{A'} + \sqrt{1 + \frac{\lambda'^2 A^2}{A'^2}} \right) - \frac{\frac{\lambda' A}{A'}}{\sqrt{1 + \frac{\lambda'^2 A^2}{A'^2}}} \right].$$

THÉORÈMES DE MAC-LAURIN ET D'IVORY.

251. Les théorèmes de *Mac-Laurin* et d'*Ivory* ont pour objet de comparer les attractions de deux ellipsoïdes homogènes et homofocaux sur un point matériel ; ils consistent dans les énoncés suivants :

1° Deux ellipsoïdes homofocaux homogènes exercent sur un même point extérieur quelconque des attractions qui ont la même direction, et qui sont proportionnelles aux masses de ces ellipsoïdes.

2° Étant donnés deux ellipsoïdes homofocaux homogènes S et S', et deux points correspondants M et M', placés le premier sur la surface de l'ellipsoïde S', le second sur la surface de l'ellipsoïde S, les composantes parallèles à un axe principal des attractions de S sur M, et de S' sur M' sont entre elles comme les produits des deux autres axes principaux dans chaque ellipsoïde.

252. Le premier théorème, qui est celui de Mac-Laurin, peut se démontrer géométriquement, en décomposant les deux ellipsoïdes donnés en couches respectivement homofocales, semblables entre elles dans chacun d'eux, et en appliquant à ces couches la remarque contenue dans les §§ 242 et 243. On le déduit également de l'examen des formules générales. Il suffit de démontrer la proposition pour deux ellipsoïdes homofocaux de même densité dont l'un passe par le point donné.

Soient A, B, C les demi-axes du premier ellipsoïde, ρ sa densité ; A', B', C' les demi-axes du second, qui passe par le point M.

Nous aurons pour l'un, en n'écrivant que la composante X,

$$X = - \frac{3M}{A^3} f \mu \alpha \int_0^{\frac{\lambda}{A'}} \frac{u^2 du}{\sqrt{(1 + \lambda^2 u^2)(1 + \lambda'^2 u^2)}},$$

et pour le second,

$$X' = - \frac{3M'}{A'^3} f \mu . \alpha \int_0^1 \frac{v^2 dv}{\sqrt{(1 + \lambda_1^2 v^2)(1 + \lambda_1'^2 v^2)}} \cdot$$

Mais, puisque les ellipsoïdes sont homofocaux, on a

$$A'^2 - A^2 = B'^2 - B^2 = C'^2 - C^2.$$

Donc

$$\lambda_1^2 = \frac{B'^2 - A'^2}{A'^2} = \frac{B^2 - A^2}{A'^2} = \frac{A^2}{A'^2} \times \frac{B^2 - A^2}{A^2} = \frac{A^2}{A'^2} \lambda^2 ;$$

de même

$$\lambda_1'^2 = \frac{A^2}{A'^2} \lambda'^2,$$

et si l'on pose

$$v = \frac{A'}{A} u,$$

d'où résulte

$$dv = \frac{A'}{A} du,$$

il vient en définitive

$$X' = - \frac{3M'}{A'^3} \times f \mu . \alpha \int_0^{\frac{A}{A'}} \frac{\frac{A'^2}{A^2} u^2 \times \frac{A'}{A} du}{\sqrt{\left(1 + \frac{A^2}{A'^2} \lambda^2 \times \frac{A'^2}{A^2} u^2\right) \left(1 + \frac{A^2}{A'^2} \lambda'^2 \times \frac{A'^2}{A^2} u^2\right)}}$$

$$= - \frac{3M'}{A^3} \times f \mu . \alpha \int_0^{\frac{A}{A'}} \frac{u^2 du}{\sqrt{(1 + \lambda^2 u^2)(1 + \lambda'^2 u^2)}} = \frac{M'}{M} X.$$

On prouverait de même que $\dfrac{Y'}{Y} = \dfrac{Z'}{Z} = \dfrac{M'}{M} \cdot$

253. Le second théorème, celui d'Ivory, est remarquable en ce qu'il a lieu, quelle que soit la loi d'attraction.

Soit ABC (fig. 137) le premier ellipsoïde, A'B'C' le second, M un point pris sur la surface du second, M' le point correspondant à M sur la surface du premier.

La composante X de l'attraction exercée par l'ellipsoïde ABC sur le point M est donnée par la formule générale

$$X = f \rho \mu \int \int \int F(r) \frac{x - \alpha}{r} dx dy dz,$$

où r est la distance du point M à l'élément de volume $dx dy dz$, α l'abscisse du point M, et $F(r)$ la loi de l'attraction en fonction de la distance.

Partageons l'ellipsoïde en éléments prismatiques parallèles à l'axe OX ;
soit PQ l'un de ces éléments, qui a pour base dans le plan ZOY le rectangle
$mnpq = dy\,dz$; faisons l'intégration par rapport à x tout le long de ce
prisme.

Nous aurons $dr = \dfrac{(x - \alpha)\,dx}{r}$ le long de la droite PQ parallèle à l'axe

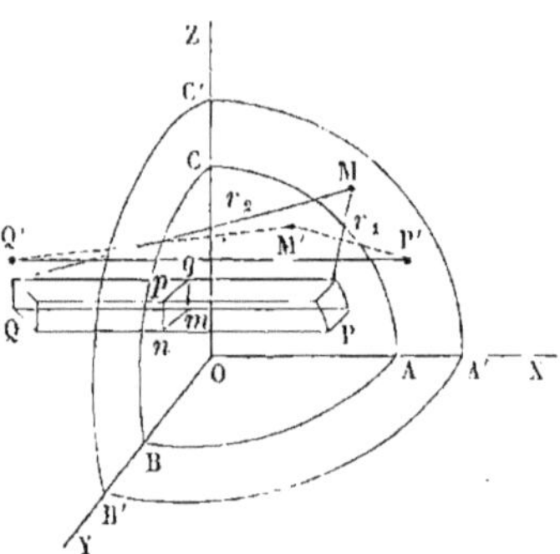

Fig. 156.

OX, de sorte qu'en posant $\int F(r)\,dr = \varphi(r)$, on aura aussi

$$\int F(r)\frac{x - a}{r}\,dx = \varphi(r).$$

Prenons cette intégrale entre les points P et Q ; soient r_1 et r_2 les distances
limites MP, MR ; la première intégrale sera

$$X = f\rho\mu \int\int [\varphi(r_1) - \varphi(r_2)]\,dy\,dz.$$

Passons au point M′ et à l'autre ellipsoïde qu'on décomposera en éléments
correspondants ; on aura pour volume correspondant au prisme PQ un
autre prisme P′Q′, dont la base dans le plan ZOY sera $dy'\,dz'$, et pour lequel
les deux distances limites M′P′, M′Q′ seront respectivement égales à MP,
MQ (§ 240).

On aura donc, en attribuant la même densité aux deux ellipsoïdes et la
même masse aux points M et M′,

$$X' = f\rho\mu \int\int [\varphi(r_1) - \varphi(r_2)]\,dy'\,dz'.$$

Or

$$y' = \frac{B'}{B}\,y, \qquad z' = \frac{C'}{C}\,z,$$

et par suite

$$dy'dz' = \frac{B'C'}{BC}\, dydz.$$

Donc enfin

$$\frac{X'}{X} = \frac{B'C'}{BC},$$

égalité qui démontre le théorème.

On peut d'ailleurs déduire le théorème d'Ivory de celui de Mac-Laurin, et réciproquement.

254. *Remarque.* — Le théorème d'Ivory, étant établi indépendamment de la loi de l'attraction en fonction de la distance, permet de démontrer la proposition suivante :

La seule loi d'attraction pour laquelle une couche sphérique homogène n'exerce aucune action sur un point intérieur est celle qui est exprimée par l'équation

$$F(r) = \frac{1}{r^2}.$$

Soient en effet deux sphères concentriques homogènes OM, OM'; prenons un point M sur la surface de la première, et un point M' de masse égale sur la surface de la seconde. Appliquons le théorème d'Ivory; nous aurons, en appelant R et R' les attractions de la sphère OM' sur M et de la sphère OM sur M',

$$\frac{R'}{R} = \frac{\overline{OM}^2}{\overline{OM'}^2}.$$

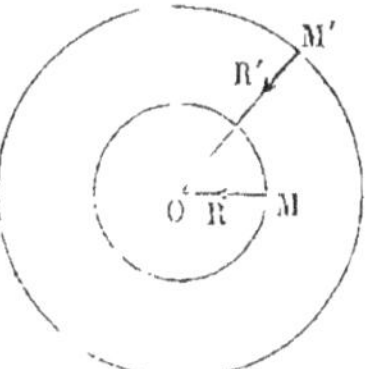

Fig. 157

Or, si l'action d'une couche sphérique homogène sur un point intérieur est nulle, l'action R de la sphère OM' sur M doit être indépendante de OM', car les couches situées au delà de la sphère M n'ont pas d'influence sur cette attraction. Pour qu'il en soit ainsi, il faut et il suffit que le produit $R \times \overline{OM}^2$ soit constant. Faisant donc $R \times \overline{OM}^2 = C$, on aura

$$R' = \frac{C}{\overline{OM'}^2},$$

en désignant par C une constante. L'attraction est donc en raison inverse du carré de la distance du point attiré au centre O de la sphère attirante. Cette égalité, ayant lieu quelque petit que soit le rayon OM, a lieu encore à la limite pour un point matériel unique, ce qui fait retrouver la loi de Newton,

$$R = \frac{fm\mu}{r^2}.$$

Cette propriété, particulière à la loi newtonnienne, et la propriété d'imposer aux points mobiles des trajectoires fermées (III, § 233), montrent le caractère tout spécial de cette loi.

255. Nous allons démontrer directement la même proposition.

Soit AA′ une couche sphérique homogène, dont la densité soit égale à ρ par unité de surface. Soit $a = OA$ son rayon.

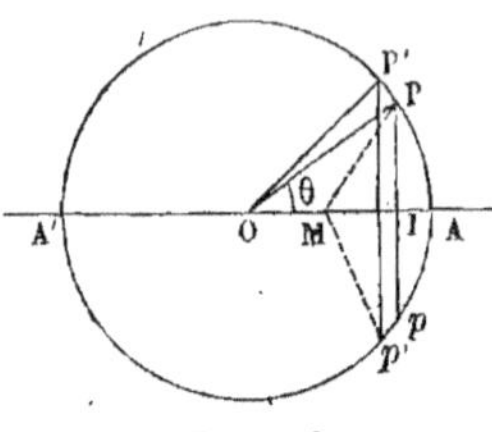

Fig. 138.

Formons la fonction U (§ 222) pour un point intérieur M défini par sa distance au centre $OM = r$. Cette fonction devra être constante par hypothèse. La surface d'une zone infiniment mince PP′ est égale à l'arc $PP′ = ad\theta$ multiplié par la circonférence décrite par le milieu de l'arc PP′, ou par $2\pi \times IP$; ce qui donne $2\pi a^2 \sin\theta d\theta$, en appelant θ l'angle POA.

Soit $MP = u$ la distance commune des points de la zone au point M. Nous aurons

$$U = 2\pi a^2\rho \int_{\theta=0}^{\theta=\pi} \varphi(u)\sin\theta d\theta,$$

$\varphi(u)$ désignant l'intégrale $\int F(u)du$, dans laquelle $F(u)$ représente l'attraction en fonction de la distance.

Or le triangle OMP établit une relation entre u, θ et r; on a en effet

$$u^2 = a^2 + r^2 - 2ar\cos\theta.$$

Différentiant, il vient

$$udu = ar\sin\theta d\theta.$$

Remplaçons $\sin\theta d\theta$ par $\dfrac{udu}{ar}$:

$$U = \frac{2\pi a\rho}{r} \int_{\theta=0}^{\theta=\pi} u\varphi(u)du,$$

ou bien, en observant que $\theta = 0$ donne $u = a - r$, et $\theta = \pi$, $u = a + r$,

$$U = \frac{2\pi a\rho}{r} \int_{u=a-r}^{u=a+r} u\varphi(u)du.$$

Nous poserons $\int u\varphi(u)du = \psi(u)$; et l'équation deviendra

$$U = \frac{2\pi a\rho}{r} [\psi(a+r) - \psi(a-r)].$$

La fonction U doit être constante quelle que soit la position du point M sur le rayon OA, c'est-à-dire doit être indépendante de r ; donc le rapport $\dfrac{\psi(a+r)-\psi(a-r)}{r}$ doit ne plus contenir la variable r. Admettons que la fonction $\psi(a+r)$ soit développable par la série de Taylor pour toute valeur de r comprise entre $-a$ et $+a$; nous aurons

$$\psi(a+r)-\psi(a-r)=2r\psi'(a)+\frac{2r^3}{1.2.3}\psi'''(a)+\frac{2r^5}{1.2.3.4.5}\psi^{\text{v}}(a)+\ldots,$$

série où n'entrent que les dérivées d'ordre impair.

Divisant par r, on voit que la condition cherchée est que $\psi'''(a)=0$, $\psi^{\text{v}}(a)=0$, …, quel que soit a. La première condition renferme toutes les suivantes, et montre que $\psi(a)$ est un polynome entier du second degré en a.

On aura donc

$$\psi(u)=Au^2+Bu+C,$$

A, B et C étant des constantes.

Donc

$$u\varphi(u)=2Au+B,$$

et par suite

$$\varphi(u)=2A+\frac{B}{u}=\int F(u)\,du.$$

Différentiant de nouveau, il vient

$$F(u)=-\frac{B}{u^2},$$

à savoir la loi de Newton.

256. Mais, pour le démontrer, nous avons admis que la fonction ψ était développable en série convergente par la formule de Taylor. On peut éviter cette supposition.

Prenons deux axes rectangulaires OX, OY, et construisons la courbe $y=\psi(u)$; sur l'axe des x nous porterons des longueurs

$$OA=a, \qquad OC=a-r, \qquad OF=a+r.$$

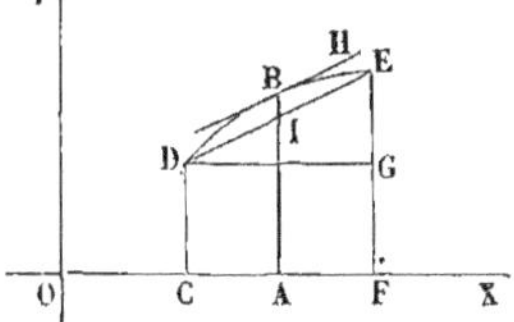

Fig. 139.

Le point A sera le milieu de la distance CF. Élevons aux points C, A, F des ordonnées

$$CD=\psi(a-r), \qquad AB=\psi(a), \qquad FE=\psi(a+r).$$

Nous obtiendrons ainsi les points D, B, E, et, en faisant varier r, nous aurons une suite de points qui dessineront une courbe DBE, représentant l'équation $y = \psi(u)$. Le rapport $\dfrac{\psi(a + r) - \psi(a - r)}{2r}$ est donné sur la figure par le rapport $\dfrac{EG}{DG}$, ou par l'inclinaison de la corde DE. Le premier rapport étant constant, les diverses cordes DE, dont les milieux I sont tous situés sur l'ordonnée BA, sont toutes parallèles entre elles, et parallèles aussi à leur position limite, c'est-à-dire à la tangente BH à la courbe au point B : propriété qui caractérise une parabole à axe parallèle à OY. On a en effet

$$\frac{\psi(a + r) - \psi(a - r)}{r} = 2\psi'(a),$$

équation qui doit être vraie pour toutes valeurs finies de a et de r. On en déduit

$$\psi(a + r) - \psi(a - r) = 2r\psi'(a).$$

Prenons successivement les dérivées des deux membres par rapport à r, puis par rapport à a; il viendra

$$\psi'(a + r) + \psi'(a - r) = 2\psi'(a),$$
$$\psi'(a + r) - \psi'(a - r) = 2r\psi''(a).$$

Donc

$$\psi'(a + r) = \psi'(a) + r\psi''(a).$$

Cette équation, étant vraie pour toutes valeurs de r et de a, montre que la fonction $\psi'(a + r)$ est une fonction linéaire de r, et comme elle ne change pas quand on y permute r en a, elle doit être aussi une fonction linéaire de a. Donc $\psi''(a)$ est une constante, $\psi'(a)$ une fonction de la forme $Ba + C$, $\psi(u)$ un trinome du second degré $Au^2 + Bu + C$, et enfin $F(u) = -\dfrac{B}{u^2}$.

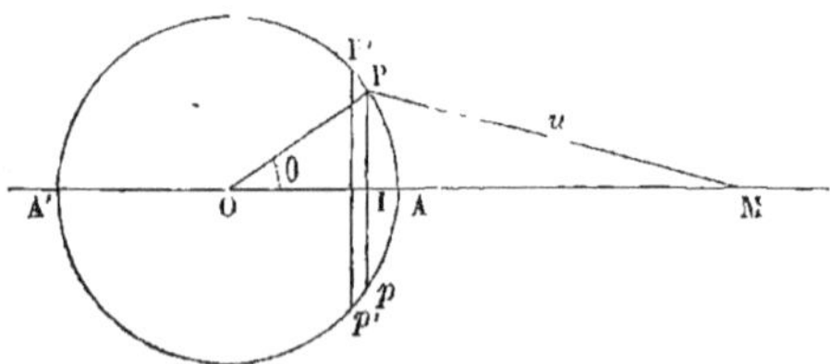

Fig. 140.

257. Cherchons aussi quelle forme il faut donner à la fonction $F(u)$ pour que l'attraction d'une couche sphérique homogène AA' sur un point extérieur M soit la même que si la masse attirante était concentrée au centre O de la couche.

Nous aurons toujours, en faisant varier θ de 0 à π,

$$U = 2\pi a^2 \rho \int_0^\pi \varphi(u) \sin\theta\, d\theta,$$

et

$$u^2 = a^2 + r^2 - 2ar\cos\theta.$$

On en déduit encore

$$U = \frac{2\pi a\rho}{r} \int_{\theta=0}^{\theta=\pi} u\varphi(u)\, du.$$

Mais pour $\theta = 0$, on a $u = r - a$; pour $\theta = \pi$, on a $u = r + a$; de sorte que

$$U = \frac{2\pi a\rho}{r} \int_{r-a}^{r+a} u\varphi(u)\, du = \frac{2\pi a\rho}{r} [\psi(r+a) - \psi(r-a)].$$

Cela étant, faisons varier infiniment peu le rayon a de la couche sphérique, et, en même temps, faisons varier la densité ρ de cette couche de telle sorte que la masse totale reste la même; cette masse s'exprime par le produit $4\pi a^2\rho$; nous ferons $4\pi\rho \times a^2 = 2K$, quantité constante, ce qui donnera

$$U = \frac{K}{ar} [\psi(r+a) - \psi(r-a)].$$

Si l'attraction de la couche est la même que celle d'une masse égale concentrée au point O, la fonction U ainsi exprimée doit être telle que $\dfrac{dU}{dr}$ soit indépendant de a, et par suite la condition donnée s'exprimera en posant

$$\frac{d^2U}{dr\,da} = 0,$$

équation qui s'intègre aisément, et qui montre que U est la somme d'une fonction de r et d'une fonction de a.

258. Cherchons à déterminer sous cette condition la forme générale de la fonction ψ.

Remarquons d'abord que, si nous connaissons deux solutions ψ_0 et ψ_1 du problème, la somme $\psi_0 + \psi_1$ en est une troisième solution. En effet, si l'on a à la fois

$$\frac{\psi_0(r+a) - \psi_0(r-a)}{ar} = F_0(r) + f_0(a)$$

et

$$\frac{\psi_1(r+a) - \psi_1(r-a)}{ar} = F_1(r) + f_1(a),$$

la somme

$$\frac{[\psi_0(r+a) + \psi_1(r+a)] - [\psi_0(r-a) + \psi_1(r-a)]}{ar}$$
$$= [F_0(r) + F_1(r)] + (f_0(a) + f_1(a))$$

peut s'écrire

$$\frac{\psi_2(r+a) - \psi_2(r-a)}{ar} = \mathrm{F}_2(r) + f_2(a),$$

et par suite la fonction $\psi_2 = \psi_0 + \psi_1$ satisfait aux conditions imposées à la fonction ψ.

Plus généralement, P et Q étant des constantes arbitraires, on aura une solution en prenant pour la fonction ψ la somme $\mathrm{P}\psi_0 + \mathrm{Q}\psi_1$.

Nous examinerons successivement divers cas particuliers.

1° Supposons d'abord que a soit infiniment petit par rapport à r; nous pourrons remplacer

$$\psi(r+a) \quad \text{par} \quad \psi(r) + a\psi'(r),$$
$$\psi(r-a) \quad \text{par} \quad \psi(r) - a\psi'(r),$$

et

$$\frac{\psi(r+a) - \psi(r-a)}{ar} \quad \text{par} \quad \frac{2\psi'(r)}{r}.$$

Donc

$$\mathrm{U} = 2\mathrm{K} \times \frac{\psi'(r)}{r} = 2\mathrm{K}\varphi(r),$$

quantité indépendante de a. On en déduit pour l'attraction

$$-f\mu\frac{d\mathrm{U}}{dr} = -f \times \mu \times 2\mathrm{K} \times \varphi'(r) = -f \times \mu \times 2\mathrm{K} \times \mathrm{F}(r),$$

résultat évident *a priori*, et qui montre qu'à la limite la propriété indiquée appartient à une fonction quelconque : l'attraction d'une couche sphérique de rayon infiniment petit est toujours la même que si la masse était concentrée en son centre.

2° Il en sera de même aussi toutes les fois que la fonction U sera indépendante de a. Nous sommes conduits par là à chercher la forme de la fonction ψ qui rend le rapport $\dfrac{\psi(r+a) - \psi(r-a)}{a}$ indépendant de a. Dans le paragraphe précédent, nous avons cherché la forme de la fonction ψ qui rend le rapport $\dfrac{\psi(a+r) - \psi(a-r)}{r}$ indépendant de r, et nous avons trouvé que ψ devait être une fonction entière du second degré. La nouvelle question qu'il s'agit de résoudre ne diffère de la première que par la permutation des lettres a et r, et la conclusion sur la forme de la fonction ψ est la même.

On aura donc une solution en posant

$$\psi(u) = \mathrm{A}u^2 + \mathrm{B}u + \mathrm{C}.$$

On voit du même coup que de ces deux propriétés de la couche sphérique homogène, d'attirer un point extérieur comme si la masse était concentrée en son centre et d'exercer une attraction nulle sur un point quelconque intérieur, la première est un corollaire de la seconde.

3° Pour obtenir d'autres solutions, nous poserons d'une manière générale

$$\psi(u) = u^m,$$

et nous chercherons quelle valeur il convient d'attribuer à l'exposant m. Si m_1, m_2, m_3, ... sont des valeurs admissibles, nous aurons une solution plus générale en posant

$$\psi(u) = A_1 u^{m_1} + A_2 u^{m_2} + A_3 u^{m_3} + \ldots$$

A_1, A_2, ..., étant des constantes arbitraires.

De l'équation

$$\psi(u) = u^m$$

on tire successivement

$$\psi(r+a) = (r+a)^m$$
$$= r^m + mr^{m-1}a + m\frac{m-1}{2}r^{m-2}a^2 + m\frac{m-1}{2}\frac{m-2}{3}r^{m-3}a^3 + \ldots,$$
$$\psi(r-a) = (r-a)^m$$
$$= r^m - mr^{m-1}a + m\frac{m-1}{2}r^{m-2}a^2 - m\frac{m-1}{2}\frac{m-2}{3}r^{m-3}a^3 + \ldots,$$

développements qui seront toujours convergents pour une valeur numérique du rapport $\frac{a}{r}$ inférieure à l'unité ; enfin

$$\frac{\psi(r+a) - \psi(r-a)}{ra} = 2mr^{m-2} + 2m\frac{m-1}{2}\frac{m-2}{3}r^{m-4}a^2 + \ldots$$

Tous les termes de cette série à partir du second contiennent les puissances successives de a^2 avec les coefficients m, $m-1$ et $m-2$. On voit tout de suite que le développement sera indépendant de a si l'on a soit $m=0$, soit $m=1$, soit $m=2$, ce qui correspond aux différents termes de la solution déjà indiquée, $\psi(u) = Au^2 + Bu + C$. Mais cette solution n'est pas la seule.

Prenons la dérivée des deux membres par rapport à r, il viendra

$$\frac{d}{dr}\frac{\psi(r+a) - \psi(r-a)}{ra}$$
$$= 2m(m-2)r^{m-3} + 2m\frac{m-1}{2}\frac{m-2}{3}(m-4)r^{m-5}a^2 + \ldots$$

et tous les termes suivants contiendront en facteur a^4, a^6, ... avec le coefficient numérique $m-4$. Pour que le développement ne contienne plus a, il faut donc et il suffit que l'on ait $m = 4$. Nous trouvons ainsi une nouvelle solution qui consiste à poser

$$\psi(u) = u^4,$$

et nous sommes certains qu'il n'existe pas, parmi les expressions de la forme u^m, d'autres solutions que celles que nous avons déjà trouvées, et qui correspondent à $m = 0$, $= 1$, $= 2$ ou $= 4$.

On peut vérifier que

$$\frac{(r+a)^4 - (r-a)^4}{ra} = 8(r^2 + a^2),$$

c'est-à-dire la somme d'une fonction de r et d'une fonction de a.

Réunissant par voie d'addition algébrique les diverses solutions trouvées, on aura la solution générale

$$\psi(u) = Au^2 + Bu + C + Hu^4.$$

La forme la plus générale de la fonction ψ est un polynome entier du quatrième degré, sans terme du troisième.

Prenons la dérivée des deux membres; nous aurons

$$\psi'(u) = u\varphi(u) = 2Au + B + 4Hu^3.$$

Donc

$$\varphi(u) = 2A + \frac{B}{u} + 2Hu^2,$$

et en prenant une seconde fois la dérivée,

$$F(u) = -\frac{B}{u^2} + 4Hu.$$

Le premier terme exprime la loi newtonienne; le second, la loi de l'attraction proportionnelle à la distance. Nous savons en effet (§ 224) que, si on admet cette dernière loi, l'attraction d'un système sur un point quelconque est la même que si le système était concentré en son centre de gravité.

CHAPITRE III

FORME D'ÉQUILIBRE RELATIF D'UNE MASSE FLUIDE HOMOGÈNE ANIMÉE D'UN MOUVEMENT DE ROTATION UNIFORME AUTOUR D'UN AXE FIXE, ET SOUMISE AUX ATTRACTIONS MUTUELLES DE SES PARTIES.

259. Le problème de la détermination de la forme d'équilibre d'une masse fluide homogène, animée d'un mouvement de rotation uniforme autour d'un axe fixe, ne peut être résolu dans toute sa généralité. On peut seulement vérifier que certaines formes satisfont aux conditions d'équilibre. Nous commencerons par faire cette vérification pour l'ellipsoïde de révolution aplati vers les pôles.

Nous prendrons l'axe de révolution pour axe des x; la surface terminale de la masse aura pour équation

$$\frac{x^2}{a^2} + \frac{y^2 + z^2}{a^2(1 + \lambda^2)} = 1.$$

Nous allons exprimer que cette surface est une *surface de niveau* par rapport aux forces qui sollicitent chacun de ses points. Ces forces sont la force centrifuge, dont les composantes seront représentées par X', Y', Z', et l'attraction de la masse dont les composantes X, Y, Z, sont données pa les équations de la page 413-4 pour un ellipsoïde de révolution aplati, l'axe OX étant l'axe de révolution. Faisons $\mu = 1$; remplaçons α par x, β par y, γ par z; faisons $\dfrac{A}{A'} = 1$, puisque la surface de l'ellipsoïde passe par le point attiré; enfin remplaçons M par $\dfrac{4}{3}\pi \rho a^5 (1 + \lambda^2)$, ρ étant la densité de la masse fluide. Il viendra

$$X = \frac{4\pi \rho f x}{\lambda^3}(1 + \lambda^2)(\operatorname{arc\,tang}\lambda - \lambda),$$

$$Y = \frac{2\pi \rho f y}{\lambda^3}[\lambda - (1 + \lambda^2)\operatorname{arc\,tang}\lambda],$$

$$Z = \frac{2\pi \rho f z}{\lambda^3}[\lambda - (1 + \lambda^2)\operatorname{arc\,tan}$$

pour les composantes de l'attraction, et

$$X' = 0,$$
$$Y' = \omega^2 y,$$
$$Z' = \omega^2 z,$$

pour les composantes de la force centrifuge.

Ces deux forces rencontrent l'axe de rotation, car $Yz - Zy = 0$ et $Y'z - Z'y = 0$. Il suffit qu'elles soient normales à la méridienne pour être normales à la surface. Considérons donc un point du plan méridien ZOX, ce qui revient à faire $y = 0$. L'angle de la résultante et de la surface sera droit si l'on a

$$(X + X')\,dx + (Z + Z')\,dz = 0,$$

ou bien

$$\frac{4\pi\rho f}{\lambda^3}(1 + \lambda^2)\,(\operatorname{arc\,tang}\lambda - \lambda)\,x\,dx$$
$$+ \left(\omega^2 + \frac{2\pi\rho f}{\lambda^3}[\lambda - (1 + \lambda^2)\operatorname{arc\,tang}\lambda]\right)z\,dz = 0.$$

Mais l'équation de la méridienne différentiée donne

$$(1 + \lambda^2)x\,dx + z\,dz = 0.$$

Éliminons entre ces deux équations le rapport $\dfrac{z\,dz}{x\,dx}$, et il viendra pour équation finale

$$\left(\omega^2 + \frac{2\pi\rho f}{\lambda^3}[\lambda - (1 + \lambda^2)\operatorname{arc\,tang}\lambda]\right)(1 + \lambda^2) = \frac{4\pi\rho f}{\lambda^3}(1 + \lambda^2)(\operatorname{arc\,tang}\lambda - \lambda),$$

relation entre la vitesse angulaire ω et la quantité λ qui définit l'aplatissement de l'ellipsoïde.

Résolvant cette équation par rapport à ω^2, il vient

$$\frac{\omega^2}{2\pi\rho f} = \frac{(3 + \lambda^2)\operatorname{arc\,tang}\lambda - 3\lambda}{\lambda^3}.$$

Cette équation peut s'écrire

$$\frac{\omega^2}{2\pi\rho f} = \frac{\operatorname{arc\,tang}\lambda}{\lambda} - 3 \times \frac{\lambda - \operatorname{arc\,tang}\lambda}{\lambda^3}.$$

Pour la discuter, posons $\dfrac{\omega^2}{4\pi\rho f} = n$, et construisons une courbe ayant pour abscisses λ et pour coordonnées n. L'équation de la courbe sera

$$2n = \frac{\operatorname{arc\,tang}\lambda}{\lambda} - 3\,\frac{\lambda - \operatorname{arc\,tang}\lambda}{\lambda^3}.$$

Pour les petites valeurs de λ, on pourra employer le développement de arc tang λ en série, savoir

$$\operatorname{arc\,tang}\lambda = \lambda - \frac{\lambda^3}{3} + \frac{\lambda^5}{5} - \cdots - \frac{\lambda^{4i-1}}{4i-1} + \frac{\lambda^{4i+1}}{4i+1} - \cdots;$$

on en déduit

$$n = \frac{2\lambda^2}{15} - \frac{4\lambda^4}{35} + \cdots + \frac{2\times(2i-1)}{(4i-1)(4i+1)}\lambda^{4i-2} - \frac{2\times 2i}{(4i+1)(4i+3)}\lambda^{4i} + \cdots$$

Sous cette forme, on voit que n est nul pour $\lambda = 0$, et que $\dfrac{n}{\lambda}$ a pour limite 0 quand λ diminue indéfiniment. Le changement de λ en $-\lambda$ ne change pas la valeur de n, de sorte que la courbe est symétrique par rapport à l'axe des n. Elle est tout entière au-dessus de l'axe des λ, n étant positif pour toute valeur réelle de λ. La série qui donne n est convergente tant que λ n'excède pas l'unité, et comme ses termes sont décroissants en valeur absolue et alternativement positifs et négatifs, la somme a le signe du premier terme, $\dfrac{2\lambda^2}{15}$. Donc n est positif pour toute valeur de λ comprise entre 0 et 1. Pour $\lambda = 1$, on a $n = \dfrac{\pi-3}{2}$. Enfin pour λ infini, on a $n = 0$; la courbe est donc asymptote à l'axe des λ, et par conséquent n passe par un maximum au moins entre $\lambda = 0$ et $\lambda = \infty$. Pour déterminer ce maximum, nous construirons la courbe par points, en donnant à λ certaines valeurs. Si l'on voulait calculer n par la formule

$$n = \frac{1}{2}\left(\frac{\operatorname{arc\,tang}\lambda}{\lambda} - 3\times\frac{\lambda - \operatorname{arc\,tang}\lambda}{\lambda^3}\right),$$

il faudrait observer que la fonction arc tang λ n'est donnée dans les tables trigonométriques qu'avec une certaine erreur; appelons δ l'erreur commise dans cette première détermination. L'erreur résultante sur n sera donnée par l'équation

$$\Delta = \frac{1}{2}\left(\frac{\delta}{\lambda} + \frac{3\delta}{\lambda^3}\right) = \frac{\delta}{2}\times\left(\frac{1}{\lambda} + \frac{3}{\lambda^3}\right),$$

en supposant que les divisions se fassent avec une parfaite exactitude. Or cette quantité Δ décroît à mesure que λ augmente. Par exemple,

$$\text{pour } \lambda = \frac{1}{4}, \quad \text{on a} \quad \Delta = 98\,\delta,$$

$$\lambda = \frac{1}{2}, \quad\quad\quad \Delta = 13\,\delta,$$

$$\lambda = \frac{3}{4}, \quad\quad\quad \Delta = 4{,}22\,\delta,$$

$$\lambda = 1, \quad\quad\quad \Delta = 2\,\delta.$$

Pour une certaine valeur de λ comprise entre 1 et 2, le rapport $\dfrac{\Delta}{\delta}$ est égal à l'unité, et si λ continue à croître, ce rapport devient inférieur à l'unité.

Si donc on évalue $\operatorname{arc\,tang}\lambda$ avec une approximation définie, à une minute près, par exemple, on aura $\delta <$ l'arc d'une minute ou $< 0{,}000291$, et pour les valeurs de λ supérieures à l'unité, l'erreur commise sur n sera certainement moindre qu'une demi-unité décimale du quatrième ordre. Les trois premières décimales données par le calcul appartiendront donc à la valeur exacte de n. On voit du même coup que le calcul direct pour les petites valeurs de λ n'aurait aucune précision, à moins qu'on n'évaluât $\operatorname{arc\,tang}\lambda$ avec une exactitude beaucoup plus grande. Il faut alors avoir recours à la série

$$n = \frac{2 \times \lambda^2}{3 \times 5} - \frac{2 \times 2\lambda^4}{5 \times 7} + \frac{2 \times 3}{7 \times 9}\lambda^6 - \frac{2 \times 4}{9 \times 11}\lambda^8 + \cdots$$

Faisons successivement

$$\lambda = \frac{1}{4} \quad \text{et} \quad \lambda = \frac{1}{2}.$$

Pour $\lambda = \dfrac{1}{2}$, on a

$$\lambda^6 = \frac{1}{64}, \quad \text{et} \quad \frac{2 \times 3}{7 \times 9} \times \frac{1}{64} = \frac{1}{7 \times 3 \times 32} = \frac{1}{672},$$

$$\lambda^8 = \frac{1}{256}, \quad\quad \frac{2 \times 4}{9 \times 11} \times \frac{1}{256} = \frac{1}{9 \times 11 \times 32} = \frac{1}{3168}.$$

Il suffira par conséquent, pour avoir l'approximation du millième, de prendre trois termes de la série lorsque $\lambda = \dfrac{1}{2}$. Un terme suffit lorsque $\lambda = \dfrac{1}{4}$.

On trouvera ainsi

$$\text{pour } \lambda = \frac{1}{4}, \quad n = 0{,}008,$$

$$\lambda = \frac{1}{2}, \quad n = 0{,}027.$$

Pour $\lambda = 1$, la formule donne $n = \frac{\pi - 3}{2} = 0{,}070796$. Au delà, nous remplirons le tableau suivant.

	arc tang λ						
	EN DEGRÉS ET MINUTES	EN PARTIES DU RAYON	$u = \frac{\text{arctang}\,\lambda}{\lambda}$	$\lambda - \text{arctang}\,\lambda$	λ^3	$v = \frac{\lambda - \text{arctang}\,\lambda}{\lambda^3}$	$n = \frac{u - 3v}{2}$
2	63° 27′	1,107412	0,553706	0,892588	8	0,111573	0,109494
3	71° 34′	1,249075	0,416358	1,750925	27	0,064849	0,110906
4	75° 57′	1,325578	0,331394	2,674422	64	0,041788	0,103005
5	78° 42′	1,373575	0,274715	3,626425	125	0,029011	0,093841
6	80° 32′	1,405573	0,234262	4,594427	216	0,021270	0,084226
7	81° 52′	1,428823	0,204118	5,571177	343	0,015951	0,078133
8	82° 53′	1,446587	0,180823	6,553413	512	0,012800	0,071211
9	83° 40′	1,463260	0,162584	7,536740	729	0,010338	0,065785
0	84° 17′	1,471022	0,147102	8,528978	1000	0,008529	0,060758
00	89° 25′	1,560616	0,015606	98,439384	1000000	0,000098	0,007656

Le maximun de n correspond à environ $\lambda = 3$, et donne pour n une valeur voisine de 0,111. Une interpolation parabolique par les points CDE fait connaître plus exactement l'abscisse OA, et la valeur AB de l'ordonnée maximum. Il suffit d'exprimer l'ordonnée n par la fonction du second degré,

$$n = 0{,}109494 + 0{,}000412 \times (\lambda - 2) - 0{,}003656 \times (\lambda - 2) \times (\lambda - 3),$$

qui donne, en effet,

$$n = 0{,}109494 \text{ pour } \lambda = 2,$$
$$n = 0{,}109494 + 0{,}000412 = 0{,}109906 \text{ pour } \lambda = 3,$$
$$n = 0{,}109494 + 0{,}000412 \times 2 - 0{,}003656 \times 2 = 0{,}103006 \text{ pour } \lambda = 4.$$

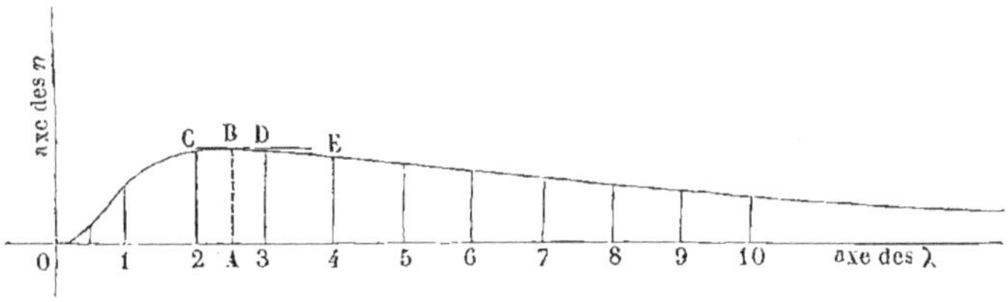

Fig. 141.

On en déduit

$$\frac{dn}{d\lambda} = 0{,}000412 - 0{,}003656(\lambda - 3 + \lambda - 2) = 0{,}000412 - 0{,}003656 \times (2\lambda - 5).$$

Donc $\dfrac{dn}{d\lambda}$ s'annule pour $\lambda = \dfrac{5}{2} + \dfrac{0,000206}{0,003656} = 2,5563$, et la valeur du maximum sera

$$n = \frac{1}{2}\left(\frac{\operatorname{arc\,tang} 2,5563}{2,5563} - 3 \times \frac{2,5563 - \operatorname{arc\,tang} 2,5563}{(2,5563)^3} \right) = 0,1123.$$

Bien que la position du maximum ait été déterminée peu rigoureusement, puisqu'on a substitué un arc de parabole à la courbe proposée, la valeur du maximum est obtenue avec une exactitude suffisante, parce que la fonction n varie très-peu pour des valeurs de λ voisines de celles qui la rendent la plus grande possible.

En résumé, la forme de l'ellipsoïde de révolution aplati aux pôles convient à l'équilibre tant que le rapport $\dfrac{\omega^2}{4\pi\rho f}$ est inférieur à une valeur limite, égale à 0,1123 environ. A une même valeur de ce rapport correspondent deux valeurs du nombre λ, l'une plus grande, l'autre plus petite que l'abscisse du maximum ; les limites de ces deux valeurs sont $\lambda = 0$ et $\lambda = \infty$; la première détermination correspond à la sphère, la seconde à un plan perpendiculaire à l'axe de révolution, solution évidemment fictive.

ELLIPSOÏDE A AXES INÉGAUX.

260. Jacobi a montré le premier qu'un ellipsoïde à trois axes inégaux peut aussi être une forme d'équilibre pour une masse fluide animée d'un mouvement uniforme de rotation autour d'un axe fixe.

Prenons cet axe pour axe des x, et soit

$$\frac{x^2}{a^2} + \frac{y^2}{a^2(1+\lambda^2)} + \frac{z^2}{a^2(1+\lambda'^2)} = 1$$

l'équation de la surface ; ω étant la vitesse angulaire, on aura pour la force centrifuge

$$X' = 0, \qquad Y' = \omega^2 y, \qquad Z' = \omega^2 z.$$

Les composantes de l'attraction exercée par la masse fluide sur le point x, y, z, de la surface sont données page 412, formule (8). Il vient, en y faisant $A = A' = a$,

$$X = -\frac{3M}{a^3} \times f x \int_0^1 \frac{u^2 du}{\sqrt{(1+\lambda^2 u^2)(1+\lambda'^2 u^2)}} = -Px,$$

$$Y = -\frac{3M}{a^3} \times f y \int_0^1 \frac{u^2 du}{\sqrt{(1+\lambda^2 u^2)^3(1+\lambda'^2 u^2)}} = -Qy,$$

$$Z = -\frac{3M}{a^3} \times f z \int_0^1 \frac{u^2 du}{\sqrt{(1+\lambda^2 u^2)(1+\lambda'^2 u^2)^3}} = -Rz,$$

P, Q, R étant des coefficients constants.

On exprimera que la surface terminale est une surface de niveau en posant

$$(X + X')dx + (Y + Y')dy + (Z + Z')dz = 0,$$

ou bien

$$Pxdx + (Q - \omega^2)ydy + (R - \omega^2)zdz = 0,$$

et en identifiant avec l'équation de la surface proposée.

L'équation de la surface différentiée donne

$$xdx + \frac{1}{1 + \lambda^2} ydy + \frac{1}{1 + \lambda'^2} zdz = 0.$$

Ces deux équations seront identiques si l'on a les équations de condition

$$\frac{Q - \omega^2}{P} = \frac{1}{1 + \lambda^2}, \qquad \frac{R - \omega^2}{P} = \frac{1}{1 + \lambda'^2}.$$

Éliminant ω^2 entre ces deux équations, il vient la condition définitive

$$\frac{Q - R}{P} = \frac{1}{1 + \lambda^2} - \frac{1}{1 + \lambda'^2} = \frac{\lambda'^2 - \lambda^2}{(1 + \lambda^2)(1 + \lambda'^2)}.$$

Or en faisant abstraction dans P, Q, R du facteur commun $\dfrac{3Mf}{a^5}$, qui disparaîtrait dans le premier membre, on a

$$Q - R = \int_0^1 \frac{u^2du}{\sqrt{(1 + \lambda^2u^2)^3(1 + \lambda'^2u^2)}} - \int_0^1 \frac{u^2du}{\sqrt{(1 + \lambda^2u^2)(1 + \lambda'^2u^2)^3}}$$

$$= \int_0^1 \frac{u^2du}{\sqrt{(1 + \lambda^2u^2)(1 + \lambda'^2u^2)}} \left(\frac{1}{1 + \lambda^2u^2} - \frac{1}{1 + \lambda'^2u^2} \right)$$

$$= \int_0^1 \frac{(\lambda'^2 - \lambda^2)u^4du}{(1 + \lambda^2u^2)^{\frac{3}{2}}(1 + \lambda'^2u^2)^{\frac{3}{2}}},$$

et par conséquent

$$(\lambda'^2 - \lambda^2)\left[\int_0^1 \frac{u^4du}{(1 + \lambda^2u^2)^{\frac{3}{2}}(1 + \lambda'^2u^2)^{\frac{3}{2}}} \right.$$

$$\left. - \frac{1}{(1 + \lambda^2)(1 + \lambda'^2)} \int_0^1 \frac{u^2du}{\sqrt{(1 + \lambda^2u^2)(1 + \lambda'^2u^2)}} \right] = 0,$$

équation qu'on peut écrire

$$\frac{(\lambda'^2 - \lambda^2)}{(1 + \lambda^2)(1 + \lambda'^2)} \int_0^1 \frac{u^2du \times (u^2 - 1)(1 - \lambda^2\lambda'^2u^2)}{(1 + \lambda^2u^2)^{\frac{3}{2}}(1 + \lambda'^2u^2)^{\frac{3}{2}}} = 0.$$

On peut y satisfaire de deux manières : d'abord en posant $\lambda = \lambda'$, ce qui correspond à l'ellipsoïde de révolution aplati ; ensuite en satisfaisant à la condition

$$\int_0^1 \frac{u^2(1-u^2)(1-\lambda^2\lambda'^2u^2)\,du}{(1+\lambda^2u^2)^{\frac{5}{2}}(1+\lambda'^2u^2)^{\frac{5}{2}}} = 0.$$

La somme de tous les éléments indiqués étant nulle, il faut que la différentielle change de signe quand on fait varier u de 0 à 1, ce qui ne peut arriver qu'au facteur $1-\lambda^2\lambda'^2u^2$. Pour que ce facteur devienne négatif, il faut que λ^2 et λ'^2 soient tous deux positifs, ce qui revient à dire que l'axe a, autour duquel l'ellipsoïde tourne, est le plus petit axe de la surface. De plus, il faut que $\lambda^2\lambda'^2$ soit plus grand que l'unité, sans quoi le produit $\lambda^2\lambda'^2u^2$ serait < 1, et le facteur resterait positif. Donc l'un des facteurs au moins est > 1, et le demi-axe correspondant surpasse par conséquent le produit $a\sqrt{2}$. Ainsi la forme ellipsoïdale à axes inégaux diffère sensiblement de la sphère et de l'ellipsoïde de révolution, et on est sûr par conséquent qu'aucune planète du système solaire ne rentre dans ce type.

THÉORÈME DE M. LIOUVILLE.

261. *La pesanteur en un point de la surface de l'ellipsoïde de révolution, ou de l'ellipsoïde à axes inégaux, est inversement proportionnelle à la distance du centre de l'ellipsoïde au plan tangent à la surface en ce point*[1].

Nous appelons ici *pesanteur*, par analogie avec ce qui se passe pour le globe terrestre, la résultante de l'attraction de l'ellipsoïde et de la force centrifuge, ou la résultante des deux forces (X, Y, Z) et (X', Y', Z'). Les composantes de la pesanteur ainsi définie sont

$$X + X' = -Px, \qquad Y + Y' = -(Q-\omega^2)y, \qquad Z + Z' = -(R-\omega^2)z,$$

quantités respectivement proportionnelles à

$$x, \qquad \frac{y}{1+\lambda^2}, \qquad \frac{z}{1+\lambda'^2}.$$

Leur résultante, c'est-à-dire la pesanteur, est donc proportionnelle à

$$\sqrt{x^2 + \frac{y^2}{(1+\lambda^2)^2} + \frac{z^2}{(1+\lambda'^2)^2}}.$$

Or le plan tangent à l'ellipsoïde au point (x, y, z) a pour équation

$$\frac{xx'}{a^2} + \frac{yy'}{a^2(1+\lambda^2)} + \frac{zz'}{a^2(1+\lambda'^2)} = 1,$$

Journal de l'École polytechnique, 1834, p. 289-296.

et sa distance à l'origine est égale à

$$\frac{1}{\sqrt{\dfrac{x^2}{a^4} + \dfrac{y^2}{a^4(1+\lambda^2)^2} + \dfrac{z^2}{a^4(1+\lambda'^2)^2}}} = \frac{a^2}{\sqrt{x^2 + \dfrac{y^2}{(1+\lambda^2)^2} + \dfrac{z^2}{(1+\lambda'^2)^2}}},$$

ce qui démontre le théorème.

On parviendrait au même résultat en observant que les surfaces de niveau correspondantes à la résultante de l'attraction et de la force centrifuge, dans le voisinage de la surface terminale de la masse attirante, sont des surfaces ellipsoïdales semblables à la surface donnée ; la force est inversement à l'intervalle infiniment petit compris entre deux surfaces de niveau infiniment voisines (III, § 50) ; or cet intervalle est proportionnel à la distance du centre au plan tangent.

VARIATIONS DE LA PESANTEUR A LA SURFACE D'UN ELLIPSOÏDE DE RÉVOLUTION APLATI.

262. Soit XX′ l'axe de révolution,

     OA le demi-axe ou rayon polaire $= a$,

     OC le rayon équatorial $= a\sqrt{1+\lambda^2}$.

La pesanteur g en un point M quelconque de la méridienne est proportionnelle à $\dfrac{1}{\text{OP}}$, OP étant la perpendiculaire abaissée du centre O sur la tangente MP.

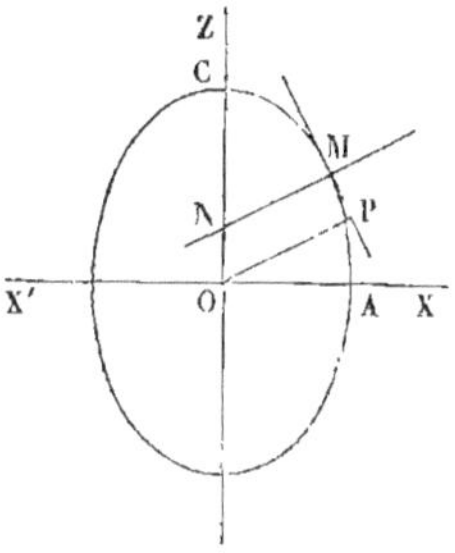

L'angle COP, égal à l'angle CNM que fait la normale avec l'équateur, est la latitude φ du point M. L'équation de l'ellipse AC est

$$\frac{x^2}{a^2} + \frac{z^2}{a^2(1+\lambda^2)} = 1.$$

Fig. 142.

On en déduit en différentiant

$$xdx + \frac{zdz}{1+\lambda^2} = 0,$$

et comme $\dfrac{dz}{dx} = -\operatorname{tang}\varphi$, il en résulte

$$x = \frac{z\operatorname{tang}\varphi}{1+\lambda^2}.$$

Cette équation, jointe à celle de l'ellipse, permet d'exprimer x et z en fonction de φ ; il vient

$$x = \frac{a\sin\varphi}{\sqrt{1+\lambda^2\cos^2\varphi}},$$

$$z = \frac{a(1+\lambda^2)\cos\varphi}{\sqrt{1+\lambda^2\cos^2\varphi}}.$$

La distance OP s'exprime par $z \cos \varphi + x \sin \varphi$, ou par

$$\frac{a \sin^2 \varphi + a(1 + \lambda^2) \cos^2 \varphi}{\sqrt{1 + \lambda^2 \cos^2 \varphi}} = \frac{a(1 + \lambda^2 \cos^2 \varphi)}{\sqrt{1 + \lambda^2 \cos^2 \varphi}} = a \sqrt{1 + \lambda^2 \cos^2 \varphi}.$$

Appelons g' la pesanteur au pôle. Nous aurons, en vertu du théorème de M. Liouville,

$$\frac{g}{g'} = \frac{\text{OA}}{\text{OP}},$$

ou bien

$$g = \frac{g'}{\sqrt{1 + \lambda^2 \cos^2 \varphi}}.$$

Or au pôle la pesanteur se réduit à l'attraction, et on l'obtient en faisant $x = a$ dans la formule qui donne X, page 426; il vient, en changeant de signe pour avoir la valeur absolue de g',

$$g' = \frac{4\pi \rho f a}{\lambda^3} (1 + \lambda^2)(\lambda - \operatorname{arc\,tang} \lambda).$$

Donc

$$g = \frac{4\pi \rho f a}{\lambda^3} (1 + \lambda^2) \frac{(\lambda - \operatorname{arc\,tang} \lambda)}{\sqrt{1 + \lambda^2 \cos^2 \varphi}}.$$

Nous supposerons λ assez petit pour qu'on puisse faire sans erreur sensible

$$\operatorname{arc\,tang} \lambda = \lambda - \frac{\lambda^3}{3},$$

$$(1 + \lambda^2 \cos^2 \varphi)^{-\frac{1}{2}} = 1 - \frac{1}{2} \lambda^2 \cos^2 \varphi.$$

Il viendra, toutes réductions faites,

$$g = \frac{4}{3} \pi \rho f a \left(1 + \lambda^2 - \frac{1}{2} \lambda^2 \cos^2 \varphi \right),$$

ou

$$g = g_0 \left(1 - \frac{1}{2} \lambda^2 \cos^2 \varphi \right).$$

Si g_1 est la pesanteur à l'équateur, on a, en faisant $\varphi = 0$,

$$g_1 = g_0 \left(1 - \frac{\lambda^2}{2} \right).$$

Donc

$$g = g_1 \frac{1 - \frac{1}{2} \lambda^2 \cos^2 \varphi}{1 - \frac{\lambda^2}{2}} = g_1 \left(1 + \frac{\lambda^2}{2} \sin^2 \varphi \right).$$

Cette formule se vérifie le long d'un méridien du globe terrestre; mais elle conduit à une valeur beaucoup trop élevée de l'aplatissement relatif du globe $\dfrac{c-a}{a}$, sensiblement égal à $\dfrac{\lambda^2}{2}$. La divergence vient sans doute de ce qu'on a supposé dans le calcul précédent la masse spécifique ρ constante, tandis qu'il est vraisemblable qu'elle augmente de la surface au centre de la terre.

DISTRIBUTION HYPOTHÉTIQUE DE LA DENSITÉ DANS L'INTÉRIEUR DU GLOBE TERRESTRE.

263. Laplace a donné la loi suivant laquelle varie la densité des couches successives dont se compose le globe terrestre supposé fluide. Cette loi est fondée sur une hypothèse proposée par Legendre, à savoir que, dans les liquides soumis à de fortes pressions, le rapport de l'accroissement de la pression à l'accroissement de la densité est proportionnel à la densité même, de sorte que, contrairement à ce qui a lieu dans les gaz soumis à la loi de Mariotte, il faut d'autant plus accroître la pression pour obtenir une augmentation donnée de la densité, que la densité du liquide est déjà plus grande.

Admettons que le globe soit une sphère formée de couches concentriques homogènes. Soit r le rayon d'une couche en particulier, x le rayon plus petit d'une couche intérieure, et ρ la densité de cette couche. L'attraction φ, subie par un point de masse égale à l'unité situé sur la couche r de la part des couches intérieures, est égale à

$$\varphi = \frac{4\pi f \displaystyle\int_0^r \rho x^2 dx}{r^2}.$$

Si p est la pression de la couche r, l'équation de l'hydrostatique donne

$$dp = -\rho\varphi dr.$$

Enfin entre p et ρ on a la relation hypothétique $\dfrac{dp}{d\rho} = 2K\rho$, K étant une constante qu'on suppose connue.

De ces équations on tire

$$\varphi = -\frac{dp}{\rho dr} = -\frac{2K\rho d\rho}{\rho dr} = -2K\frac{d\rho}{dr},$$

et on a pour déterminer la relation entre ρ et r l'équation

$$2K\frac{d\rho}{dr} = -\frac{4\pi f}{r^2}\int_0^r \rho x^2 dx.$$

Posons pour simplifier l'écriture $\dfrac{2\pi f}{K} = n^2$, nombre connu. Puis faisons

$\rho_1 = r\rho$, en appelant ρ_1 une nouvelle variable. Il viendra $\rho = \dfrac{\rho_1}{r}$, et par suite

$$d\rho = \frac{r d\rho_1 - \rho_1 dr}{r^2}.$$

Substituant ces valeurs dans l'équation précédente, et supprimant le facteur $\dfrac{1}{r^2}$ commun aux deux membres de l'équation, il vient

$$r \frac{d\rho_1}{dr} - \rho_1 = - n^2 \int_0^r \rho x^2 dx.$$

Différentions pour faire disparaître le signe $\int$:

$$r \frac{d^2 \rho_1}{dr^2} = - n^2 \times \rho r^2,$$

ou bien

$$\frac{d^2 \rho_1}{dr^2} = - n^2 \times \rho r = - n^2 \rho_1.$$

L'intégrale générale de cette équation est

$$\rho_1 = A \sin nr + B \cos nr,$$

A et B étant deux constantes.

Donc

$$\rho = \frac{A \sin nr + B \cos nr}{r}.$$

La densité au centre de la terre ne peut pas être infinie ; donc $B = 0$, et la loi de distribution des densités est donnée par la formule

$$\rho = \frac{A \sin nr}{r}.$$

Si l'on donne à r sa plus grande valeur R, on aura pour ρ une certaine valeur ρ', qui correspond aux pressions sensiblement nulles observées à la surface du globe. Au centre, la densité est An ; à la surface, elle est ρ'. La densité moyenne ρ_0 est donnée par le rapport de la masse totale au volume

$$\rho_0 = \frac{\displaystyle\int_0^R \rho r^2 dr}{\displaystyle\int_0^R r^2 dr} = \frac{\displaystyle\int_0^R A \sin nr \times r\, dr}{\left(\dfrac{R^3}{3}\right)}.$$

L'intégrale générale $\sin nr \times r\, dr$ est $\dfrac{\sin nr}{n^2} - \dfrac{r \cos nr}{n}$. Entre les limites 0 et R, elle devient $\dfrac{\sin nR}{n^2} - \dfrac{R \cos nR}{n}$. Donc

$$\rho_0 = \frac{3}{R^3} \left(\frac{A \sin nR}{n^2} - \frac{AR \cos nR}{n} \right).$$

Remplaçons $\dfrac{\mathrm{A}\sin n\mathrm{R}}{\mathrm{R}}$ par ρ'; il vient, en mettant cette quantité en facteur,

$$\rho_0 = \frac{3\rho'}{\mathrm{R}^2 n^2}\left(1 - \frac{n}{\operatorname{tang} n}\right),$$

ou, en mettant pour n sa valeur,

$$\rho_0 = \frac{3\rho'\mathrm{K}}{2\pi\mathrm{R}^2 f}\left(1 - \frac{\sqrt{\dfrac{2\pi f}{\mathrm{K}}}}{\operatorname{tang}\sqrt{\dfrac{2\pi f}{\mathrm{K}}}}\right).$$

On aurait de même pour la densité en un point quelconque défini par le rayon r,

$$\rho = \rho' \times \frac{\mathrm{R}\sin r \sqrt{\dfrac{2\pi f}{\mathrm{K}}}}{r\sin\mathrm{R}\sqrt{\dfrac{2\pi f}{\mathrm{K}}}}.$$

Le calcul de l'excentricité de l'ellipse méridienne de la terre se rapproche plus des résultats observés quand on tient compte de cette variation de la densité des couches. L'hypothèse de Legendre n'est cependant pas entièrement satisfaisante, et la formule $\dfrac{dp}{d\rho} = 2\mathrm{K}\rho$ paraît devoir être complétée par un terme proportionnel à ρ^2; cette nouvelle hypothèse, qui rend mieux compte des faits observés, a été développée par M. Roche.

ANNEAU DE SATURNE.

264. On connaît une dernière forme d'équilibre relatif pour une masse fluide animée d'un mouvement permanent de rotation. La planète Saturne en offre un exemple. Cette planète est entourée de plusieurs anneaux concentriques, de forme plate, qui paraissent tous contenus dans un seul et même plan; leur centre commun coïncide à peu de chose près avec le centre de la planète, autour duquel, en toute rigueur, il doit être animé d'un petit mouvement. Nous allons montrer que les lois de l'attraction newtonienne rendent compte de cette forme particulière d'équilibre aussi bien que de la forme ellipsoïdale qui appartient aux autres corps du système solaire. Nous suivrons la méthode donnée par Laplace dans le tome II de la *Mécanique céleste*.

Cherchons d'abord les composantes de l'attraction exercée par un anneau circulaire homogène sur un point α, β, γ, qui ne fait pas partie du système attractif.

Soit V le potentiel du système par rapport au point considéré. La fonction V devra satisfaire à l'équation

$$\frac{d^2V}{d\alpha^2} + \frac{d^2V}{d\beta^2} + \frac{d^2V}{d\gamma^2} = 0.$$

Nous supposerons que l'anneau ait pour axe de révolution l'axe des z; appelons r la distance du point (α, β, γ) à cet axe; nous aurons $r^2 = \alpha^2 + \beta^2$, et la fonction V sera évidemment fonction des variables r et γ seules. Faisant le changement de variables comme au § 231, l'équation à laquelle V doit satisfaire devient

$$\frac{d^2V}{dr^2} + \frac{1}{r}\frac{dV}{dr} + \frac{d^2V}{d\gamma^2} = 0,$$

équation qui s'applique à l'attraction d'un solide de révolution homogène quelconque.

Comparée à celle du § 231, elle n'en diffère que par le terme $\dfrac{d^2V}{d\gamma^2}$, qui manque dans l'une et qui figure dans la seconde. Cette remarque montre l'analogie qui existe entre la théorie de l'attraction des cylindres indéfinis et la théorie générale de l'attraction des solides de révolution.

Pour passer du cas général des solides de révolution au cas particulier des anneaux de Saturne, observons que les dimensions de la section transversale de chaque anneau sont très-petites par rapport à son rayon moyen. Appelant a le rayon moyen, nous pourrons changer d'abord r en $a+u$, ce qui transforme l'équation donnée en

$$\frac{d^2V}{du^2} + \frac{1}{a+u}\frac{dV}{du} + \frac{d^2V}{d\gamma^2} = 0.$$

Puis nous restreindrons notre recherche, en nous occupant seulement des points très-voisins de l'anneau, de sorte qu'en faisant coïncider son plan moyen avec le plan XOY, γ et u seront des nombres positifs ou négatifs, très-petits en valeur absolue. On pourra alors négliger, au moins dans une première approximation, le terme $\dfrac{1}{a+u}\dfrac{dV}{du}$, qui est de l'ordre de grandeur de $\dfrac{1}{a}$, et réduire l'équation à la forme

$$\frac{d^2V}{du^2} + \frac{d^2V}{d\gamma^2} = 0.$$

Cette équation rentre dans le type de celle des *cordes vibrantes*, dont on connaît l'intégrale générale. C'est, en désignant par φ et ψ deux fonctions arbitraires,

$$V = \varphi\left(u + \gamma\sqrt{-1}\right) + \psi\left(u - \gamma\sqrt{-1}\right).$$

On peut aussi écrire l'intégrale sous la forme suivante, en appelant f et F deux fonctions nouvelles, déduites des fonctions φ et ψ :

$$V = f(u + \gamma\sqrt{-1}) + f(u - \gamma\sqrt{-1}) + \sqrt{-1}\left[F(u + \gamma\sqrt{-1}) - F(u - \gamma\sqrt{-1})\right].$$

Les fonctions $f(u)$, $F(u)$ étant supposées réelles, il en sera de même de la somme $f(u + \gamma\sqrt{-1}) + f(u - \gamma\sqrt{-1})$, et du produit par $\sqrt{-1}$ de la différence $F(u + \gamma\sqrt{-1}) - F(u - \gamma\sqrt{-1})$, de sorte que V se trouvera réel. La solution se simplifie quand le système attirant est symétrique par rapport à son plan moyen, ce que nous supposerons ici. Alors V ne doit pas changer quand on change γ en $-\gamma$; or cette substitution ne change pas la somme des fonctions f, tandis qu'elle change le signe de la différence des fonctions F. Pour que V reste le même, il faut et il suffit que $F = 0$, et la valeur de V se réduit à l'expression

$$V = f(u + \gamma\sqrt{-1}) + f(u - \gamma\sqrt{-1}).$$

Si l'on fait $\gamma = 0$, ce qui place le point attirant dans le plan moyen, on aura $V = 2f(u)$; la fonction $f(u)$ se déterminera donc en cherchant la valeur de V pour un point situé dans le plan XOY ; connaissant $f(u)$, il suffira pour avoir la solution générale de changer u en $u \pm \gamma\sqrt{-1}$.

265. Nous admettrons que la section de l'anneau soit une ellipse BCB'C' dont le grand axe BB' est situé dans le plan XOY, et dont le centre A est à une distance très-grande, $OA = a$, du centre de l'anneau. Prenons un point M quelconque sur le prolongement de OA, et cherchons la valeur du potentiel V dans le cas particulier où la distance AM, qui est égale à u, est très-petite par rapport au rayon OA.

Soit $x^2 + \lambda^2 z^2 = K^2$ l'équation de l'ellipse BCB', rapportée à ses axes AB et AC. Décomposons l'aire de l'ellipse génératrice en éléments rectangulaires $dx\,dz$, et formons le potentiel de M par rapport aux anneaux engendrés par la révolution de ces éléments autour de OZ.

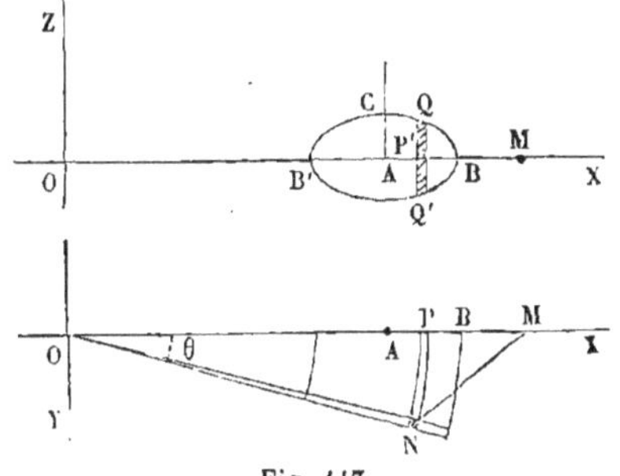

Fig. 143.

L'élément de masse N a pour mesure

$$\rho\,dx\,dz \times (a + x)\,d\theta,$$

en désignant par ρ la masse spécifique, qu'on suppose constante, et par θ l'angle NOM qui fixe la position de l'élément considéré.

La distance du point M à l'élément N est égale à

$$\sqrt{z^2 + (a + u)^2 + (a + x)^2 - 2(a + u)(a + x)\cos\theta},$$

et par suite

$$V = \rho \int_{x=-K}^{x=+K} \int_{z=-\sqrt{\frac{k^2-x^2}{\lambda^2}}}^{z=+\sqrt{\frac{k^2-x^2}{\lambda^2}}} \int_{\theta=0}^{\theta=2\pi} \frac{(a+x)\,dx\,dz\,d\theta}{\sqrt{z^2+(a+u)^2+(a+x)^2-2(a+u)(a+x)\cos\theta}}$$

intégrale qu'on ne peut obtenir sous forme finie. Mais nous devons nous borner au cas où x, z et u sont très-petits en valeur absolue par rapport à a. Si nous divisions haut et bas par a, il viendrait

$$V = \rho \int\int\int \frac{\left(1+\dfrac{x}{a}\right)dx\,dz\,d\theta}{\sqrt{\dfrac{z^2}{a^2}+1+2\dfrac{u}{a}+\dfrac{u^2}{a^2}+1+2\dfrac{x}{a}+\dfrac{x^2}{a^2}-2\cos\theta\left(1+\dfrac{u+x}{a}+\dfrac{ux}{a^2}\right)}}$$

et on simplifierait la fonction en négligeant les termes qui contiennent a en dénominateur; mais cette méthode d'approximation donnerait lieu à une difficulté, car on trouverait

$$V = \rho \int\int\int \frac{dx\,dz\,d\theta}{2\sin\dfrac{\theta}{2}},$$

intégrale qui devient infinie quand on la prend entre les limites $\theta = 0$ et $\theta = 2\pi$. Pour tourner cette difficulté, observons qu'il n'est pas nécessaire de connaître la fonction V, mais seulement ses dérivées $\dfrac{dV}{du}$, $\dfrac{dV}{d\gamma}$, qui entrent en facteur dans l'expression des composantes de l'attraction cherchée. Il suffit même de connaître $\dfrac{dV}{du}$ en fonction de u seul; on a en effet

$$\frac{dV}{du} = f'(u+\gamma\sqrt{-1}) + f'(u-\gamma\sqrt{-1});$$

et si l'on connaît l'expression générale de la fonction f' pour des valeurs réelles de la variable, on pourra trouver par de simples substitutions les valeurs de cette fonction pour des valeurs imaginaires, $u \pm \gamma\sqrt{-1}$, de cette même variable; on aura ensuite $\dfrac{dV}{d\gamma}$ au moyen de l'équation

$$\frac{dV}{d\gamma} = \sqrt{-1}\,[f'(u+\gamma\sqrt{-1}) - f'(u-\gamma\sqrt{-1})],$$

la fonction $f'(u \pm \gamma\sqrt{-1})$ étant supposée connue.

Proposons-nous donc de trouver $\dfrac{dV}{du}$ pour le cas où γ est nul, où le rayon moyen $OA = a$ de l'anneau est très-grand, où enfin la distance $AM = u$ est très-petite en valeur absolue. Dans ce cas particulier, les molécules voisines

de A exercent sur le point M une attraction incomparablement plus grande
que les molécules plus éloignées, et nous
n'aurons à admettre dans le calcul que des
valeurs très-petites de l'angle $NOA = \theta$.
La distance projetée en MN a pour valeur
approximative

$$\sqrt{\overline{MP}^2 + \overline{PN}^2 + z^2} = \sqrt{(u-x)^2 + a^2\theta^2 + z^2},$$

ou, en faisant $a\theta = t$,

$$\sqrt{(u-x)^2 + t^2 + z^2}.$$

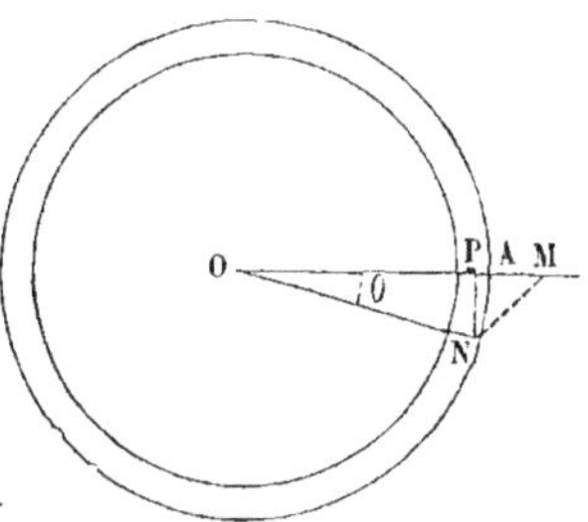

Fig. 144.

Donc on aura, avec une approximation
d'autant plus grande que a est plus grand par rapport aux dimensions transversales de l'anneau,

$$V = \int \int \int \frac{dx\,dz\,dt}{\sqrt{(u-x)^2 + t^2 + z^2}}.$$

Les limites de x et de z seront encore données par le contour de la section
droite de l'anneau. Quant aux limites de t, on peut dans le cas d'un anneau
très-grand attribuer à t les limites $-\infty$ et $+\infty$, ce qui revient à substituer à l'anneau un cylindre droit indéfini dans les deux sens, ayant même
section droite que l'anneau dans le plan OM. Nous aurons ainsi

$$V = \rho \int_{z=-K}^{z=+K} \int_{z=-\sqrt{\frac{K^2-x^2}{\lambda^2}}}^{z=+\sqrt{\frac{K^2-x^2}{\lambda^2}}} \int_{t=-\infty}^{t=+\infty} \frac{dx\,dz\,dt}{\sqrt{(u-x)^2 + t^2 + z^2}}$$

et, en dérivant par rapport à u,

$$\frac{dV}{du} = -\rho \int \int \int \frac{dx\,dz\,dt \times (u-x)}{[(u-x)^2 + t^2 + z^2]^{\frac{3}{2}}},$$

les intégrations étant faites entre les limites indiquées.

La première intégration relative à t doit se faire de $-\infty$ à $+\infty$. Elle nous
donnera la composante de l'attraction exercée sur le point M par un prisme
indéfini qui aurait pour base l'élément superficiel $dx\,dz$, et pour masse $\rho\,dx\,dz$
par unité de longueur. Nous connaissons cette attraction (§ 232). Elle est
égale, abstraction faite du facteur constant $f\mu$, à $\dfrac{2m}{r}$, m étant la masse par
unité de longueur du prisme attirant, et r la distance de son axe au point
attiré; ici on aura pour l'attraction totale exercée par le filet sur le point M,

$$\frac{2\rho\,dx\,dz}{\sqrt{(u-x)^2 + z^2}}.$$

Pour la projeter sur l'axe OM, il faut la multiplier par le cosinus de l'angle que la distance r fait avec cet axe, ou par $\dfrac{u-x}{\sqrt{(u-x)^2+z^2}}$. L'attraction estimée suivant OM est égale à

$$\frac{2\rho\,dx\,dz\,(u-x)}{(u-x)^2+z^2},$$

et nous aurons, en indiquant les deux nouvelles intégrations,

$$\frac{dV}{du}=-2\rho\int\int\frac{dx\,dz\,(u-x)}{(u-x)^2+z^2}=-2\rho\int\int\frac{dx\,dz}{1+\left(\dfrac{z}{u-x}\right)^2}.$$

aisons l'intégration relative à z entre les limites $-\sqrt{\dfrac{K^2-x^2}{\lambda^2}}$ et $+\sqrt{\dfrac{K^2-x^2}{\lambda^2}}$. Il viendra, en indiquant d'abord les limites,

$$\frac{dV}{du}=-2\rho\int_{x=-K}^{x=K}dx\left[\left(\text{arc tang}\frac{z}{u-x}\right)\right]_{-\sqrt{\frac{K^2-x^2}{\lambda^2}}}^{+\sqrt{\frac{K^2-x^2}{\lambda^2}}}$$

$$=-4\rho\int_{-K}^{+K}dx\left(\text{arc tang}\frac{\sqrt{\dfrac{K^2-x^2}{\lambda^2}}}{u-x}\right).$$

La troisième intégrale peut s'effectuer à l'aide de l'intégration par parties, ce qui donne entre les limites $-K$ et $+K$,

$$\frac{dV}{du}=-4\rho\times\frac{\pi\lambda}{\lambda^2-1}\left[u-\sqrt{u^2-K^2\frac{\lambda^2-1}{\lambda^2}}\right].$$

Cette fonction devant être identique à $2f'(u)$, nous aurons pour déterminer la fonction f' l'équation

$$f'(u)=-2\rho\frac{\pi\lambda}{\lambda^2-1}\left[u-\sqrt{u^2-K^2\frac{\lambda^2-1}{\lambda^2}}\right].$$

Remplaçons u par $u\pm\gamma\sqrt{-1}$; il vient

$$f'(u\pm\gamma\sqrt{-1})$$
$$=-2\rho\frac{\pi\lambda}{\lambda^2-1}\left[u\pm\gamma\sqrt{-1}-\sqrt{(u\pm\gamma\sqrt{-1})^2-K^2\frac{\lambda^2-1}{\lambda^2}}\right],$$

et enfin, en passant au cas général, où u et γ sont variables à la fois,

$$\frac{dV}{du} = -2\rho\,\frac{\pi\lambda}{\lambda^2-1}\left[\begin{array}{l} u + \gamma\sqrt{-1} - \sqrt{(u+\gamma\sqrt{-1})^2 - K^2\dfrac{\lambda^2-1}{\lambda^2}} \\[2mm] + u - \gamma\sqrt{-1} - \sqrt{(u-\gamma\sqrt{-1})^2 - K^2\dfrac{\lambda^2-1}{\lambda^2}} \end{array}\right],$$

$$\frac{dV}{d\gamma} = -2\rho\,\frac{\pi\lambda\sqrt{-1}}{\lambda^2-1}\left[\begin{array}{l} u + \gamma\sqrt{-1} - \sqrt{(u+\gamma\sqrt{-1})^2 - K^2\dfrac{\lambda^2-1}{\lambda^2}} \\[2mm] - u + \gamma\sqrt{-1} + \sqrt{(u-\gamma\sqrt{-1})^2 - K^2\dfrac{\lambda^2-1}{\lambda^2}} \end{array}\right],$$

formules qui sont seulement approximatives, et applicables aux petites valeurs absolues de u et de γ.

Si l'on suppose le point attiré placé à la surface de l'anneau, on aura entre u et γ la relation $u^2 + \lambda^2\gamma^2 = K^2$, qui permet de chasser γ de l'expression de $\dfrac{dV}{du}$ et u de l'expression de $\dfrac{dV}{d\gamma}$.

Pour y parvenir plus aisément, changeons de variable, et posons

$$u = K\cos\varphi.$$

Il viendra

$$\gamma = \frac{K\sin\varphi}{\lambda}.$$

Dans l'équation

$$\frac{dV}{du} = -2\rho\,\frac{\pi\lambda}{\lambda^2-1}\left[2u - \sqrt{(u+\gamma\sqrt{-1})^2 - K^2\frac{\lambda^2-1}{\lambda^2}} - \sqrt{(u-\gamma\sqrt{-1})^2 - K^2\frac{\lambda^2-1}{\lambda^2}}\right],$$

remplaçons sous les radicaux u et γ par leurs valeurs en fonction de l'angle φ; le premier radical devient

$$\sqrt{(u+\gamma\sqrt{-1})^2 - K^2\frac{\lambda^2-1}{\lambda^2}} = \sqrt{\left(K\cos\varphi + \frac{K\sin\varphi\sqrt{-1}}{\lambda}\right)^2 - K^2\frac{\lambda^2-1}{\lambda^2}}$$

$$= \sqrt{K^2\cos^2\varphi - \frac{K^2\sin^2\varphi}{\lambda^2} + 2K^2\cos\varphi\sin\varphi\frac{\sqrt{-1}}{\lambda} - K^2 + \frac{K^2}{\lambda^2}}$$

$$= \sqrt{\frac{K^2}{\lambda^2}\cos^2\varphi + \frac{2K^2\cos\varphi\sin\varphi\sqrt{-1}}{\lambda} - K^2\sin^2\varphi}$$

$$= \frac{K}{\lambda}\cos\varphi + K\sin\varphi\sqrt{-1} = \frac{u}{\lambda} + \gamma\lambda\sqrt{-1}.$$

Le second radical serait de même égal à $\dfrac{u}{\lambda} - \gamma\lambda\sqrt{-1}$, et par suite

$$\frac{dV}{du} = -2\rho\,\frac{\pi\lambda}{\lambda^2-1}\left(2u - \frac{2u}{\lambda}\right) = -4\rho\,\frac{\pi\lambda u}{\lambda^2-1} \times \frac{\lambda-1}{\lambda} = -4\rho \times \frac{\pi u}{\lambda+1}.$$

On trouverait de la même manière

$$\frac{dV}{d\gamma} = -4\rho \times \frac{\pi\lambda\gamma}{\lambda+1}.$$

Ce sont, aux facteurs $f\mu$ près, les composantes de l'attraction exercée par un anneau à section elliptique très-mince, de densité ρ, sur un point matériel placé à sa surface.

266. Nous pouvons vérifier maintenant si la section elliptique de l'anneau satisfait aux conditions d'équilibre d'une masse fluide animée d'un mouvement de rotation autour de son axe de figure. Les forces qui agissent sur un point μ de la surface extérieure de l'un des anneaux sont :

1° L'attraction de la planète Saturne ;

2° L'attraction de l'anneau ;

3° L'attraction des autres anneaux concentriques ;

4° Enfin la force centrifuge.

1° Soit M la masse de Saturne ; les coordonnées du point μ rapportées au centre et aux axes de l'ellipse méridienne sont u et γ ; sa distance au centre de la planète est $\sqrt{(a+u)^2+\gamma^2}$; l'attraction exercée par la planète sur ce point est donc égale à

$$\frac{f\mu \times M}{(a+u)^2+\gamma^2}.$$

Cette force a pour composantes suivant les axes des u et des z

$$-\frac{f\mu \times M}{[(a+u)^2+\gamma]^{\frac{3}{2}}}(a+u) \quad \text{et} \quad -\frac{f\mu M\gamma}{[(a+u)^2+\gamma^2]^{\frac{3}{2}}}.$$

2° Les composantes parallèles aux u et aux z de l'attraction de l'anneau seront, d'après ce qu'on vient de voir,

$$-f\mu \times \frac{4\pi\rho u}{\lambda+1} \quad \text{et} \quad -f\mu \times \frac{4\pi\rho\lambda\gamma}{\lambda+1}.$$

3° L'attraction des autres anneaux s'obtiendrait en appliquant les formules générales ; mais la résultante de toutes ces actions, assez petite sans doute pour pouvoir être négligée, est sensiblement parallèle en chaque point à l'attraction de la planète elle-même, et on peut en tenir approximativement compte en altérant convenablement la masse M.

4° La force centrifuge pour un point de masse μ, placé à la distance $a + u$ de l'axe de rotation, ω étant la vitesse angulaire, a pour expression

$$\mu \times \omega^2 \times (a + u);$$

elle agit dans le sens positif parallèlement à l'axe des u.

L'équation d'équilibre fournie par l'hydrostatique s'obtient en égalant à 0 la somme des produits des composantes de chaque force par la différentielle de la coordonnée correspondante ; nous aurons donc

$$- f\mu \mathrm{M} \frac{(a + u)\, du}{[(a + u)^2 + \gamma^2]^{\frac{3}{2}}} - \frac{f\mu \mathrm{M} \gamma d\gamma}{[(a + u)^2 + \gamma^2]^{\frac{3}{2}}}$$
$$- \frac{f\mu \times 4\pi\rho u\, du}{\lambda + 1} - \frac{f\mu \times 4\pi\rho \gamma d\gamma}{\lambda + 1} + \mu\omega^2 (a + u)\, du = 0.$$

On simplifiera les deux premiers termes de cette équation en observant que u et γ sont très-petits par rapport à a. Dans le premier terme, nous commencerons par négliger γ^2 devant $(a + u)^2$, ce qui réduira ce terme à

$$f\mu \mathrm{M} \frac{(a + u)\, du}{(a + u)^3} = \frac{f\mu \mathrm{M}}{(a + u)^2}\, du,$$

qu'on peut écrire sous la forme $\dfrac{f\mu \mathrm{M}}{a^2} \left(1 + \dfrac{u}{a} \right)^{-2} du$. Développant la puissance indiquée, et arrêtant le développement au second terme, il vient en définitive pour le premier terme pris positivement

$$\frac{f\mu \mathrm{M}}{a^2}\, du - \frac{2f\mu \mathrm{M}}{a^3}\, u du.$$

Le second terme $\dfrac{f\mu \mathrm{M} \gamma d\gamma}{[(a + u)^2 + \gamma^2]^3}$ se réduit par la même méthode, en négligeant les puissances de u et de γ, à

$$\frac{f\mu \mathrm{M}}{a^3}\, \gamma d\gamma.$$

L'équation d'équilibre prend la forme suivante, en groupant les termes qui multiplient du, $u du$ et $\gamma d\gamma$, et en divisant par μ :

$$\left(\omega^2 a - \frac{f\mathrm{M}}{a^2} \right) du + \left(\frac{2f\mathrm{M}}{a^3} - \frac{f \times 4\pi\rho}{\lambda + 1} + \omega^2 \right) u du$$
$$- \left(\frac{f\mathrm{M}}{a^3} + \frac{f \times 4\pi\rho\lambda}{\lambda + 1} \right) \gamma d\gamma = 0.$$

Cette équation doit coïncider avec celle de l'ellipse méridienne $u^2 + \lambda^2 \gamma^2 = \mathrm{K}^2$, ou bien avec sa différentielle $u du + \lambda^2 \gamma d\gamma = 0$, ce qui exige qu'on ait à la fois

$$\omega^2 a = \frac{f\mathrm{M}}{a^2}, \quad \text{ou} \quad \omega^2 = \frac{f\mathrm{M}}{a^3},$$

et

$$\lambda^2 = \dfrac{\dfrac{f\mathrm{M}}{a^3} + \dfrac{f \times 4\pi\rho\lambda}{\lambda + 1}}{\dfrac{f \times 4\pi\rho}{\lambda + 1} - 3\,\dfrac{f\mathrm{M}}{a^3}}.$$

De ces deux équations, la première règle la vitesse angulaire de l'anneau en fonction de son rayon moyen et de la masse de Saturne. La seconde assujettit à une condition le rapport λ, qui définit l'excentricité de l'ellipse méridienne.

L'observation directe des anneaux de Saturne ne permet pas de déterminer avec exactitude les valeurs de λ; la masse M de la planète ne peut être obtenue qu'avec une approximation assez grossière, et en confondant dans cette quantité la somme des masses de la planète, des anneaux et des satellites, de toutes les masses, en un mot, qui constituent le système de la planète. Les seules quantités qu'on puisse mesurer un peu exactement sont les rayons des circonférences intérieure et extérieure de l'ensemble des anneaux, et la durée de leur révolution autour de la planète : ce qui permet de vérifier approximativement l'équation $\omega^2 = \dfrac{f\mathrm{M}}{a^3}$, laquelle assimile l'anneau à un satellite qui tournerait autour de la planète à la distance a (III, § 220, 3°). Cette équation montre que la vitesse angulaire des différents anneaux doit varier de l'un à l'autre.

L'anneau homogène que nous avons considéré serait dans un état d'équilibre instable ; car si, par un accident quelconque, le centre de l'anneau quittait le centre de la planète, l'attraction devenant plus forte sur les parties de l'anneau qui se rapprochent de Saturne, et moins forte sur celles qui s'en éloignent, tendrait à accroître la distance des centres, et non à la ramener à zéro. La stabilité du système peut s'expliquer par l'irrégularité de la densité et de la forme des anneaux, qui éloigne le centre de gravité général du système de son centre de figure, et en fait une espèce de satellite assujetti à un mouvement autour du corps attirant. Remarquons d'ailleurs que les corps célestes étant plutôt assimilables à des fluides qu'à des solides invariables, leur forme extérieure peut se modifier à la demande des forces qui agissent sur eux, de manière à réaliser à chaque instant les nouvelles conditions d'équilibre qui leur sont imposées, de sorte que le déplacement d'un anneau pourrait très-bien être corrigé par une altération de la figure, et par une modification des vitesses des diverses parties dont il est formé.

MARÉES.

267. La théorie complète des marées constitue un problème d'hydrodynamique qu'il paraît impossible de résoudre en toute rigueur. Laplace, dans le livre IV de la *Mécanique céleste*, en a donné les équations différentielles, en tenant compte du mouvement de la terre et des actions du soleil et de la lune, mais en laissant de côté, d'une part, les effets de la viscosité des liquides, qui sont peu connus encore aujourd'hui, et de l'autre l'influence des formes des continents et des profondeurs variables de la mer. Son analyse, sans rendre compte de tous les phénomènes observés, conduit à distinguer trois espèces d'oscillations de périodes différentes, quand on se borne pour l'expression des forces aux termes qui contiennent en facteur le cube de l'inverse de la distance de l'astre attirant.

Les *oscillations de première espèce* dépendent uniquement du mouvement de l'astre attirant ; elles sont indépendantes du mouvement de la terre.

Les *oscillations de seconde espèce* dépendent du mouvement diurne, et ont pour période un jour.

Les *oscillations de troisième espèce* ont une période d'une demi-journée environ.

Les formules permettent de calculer séparément chacune de ces oscillations et de déterminer la part de chaque astre attirant. On trouve l'oscillation totale en *composant* les oscillations partielles ainsi obtenues.

Nous nous bornerons ici à donner la théorie élémentaire des marées, et l'indication sommaire des principaux résultats auxquels l'observation a conduit.

Nous avons remarqué (III, § 226) que le phénomène des marées s'explique par les oscillations périodiques que subissent les verticales autour de leur position moyenne. Nous allons reprendre ce principe pour le soumettre au calcul. Pour simplifier, nous supposerons la terre rigoureusement sphérique et homogène.

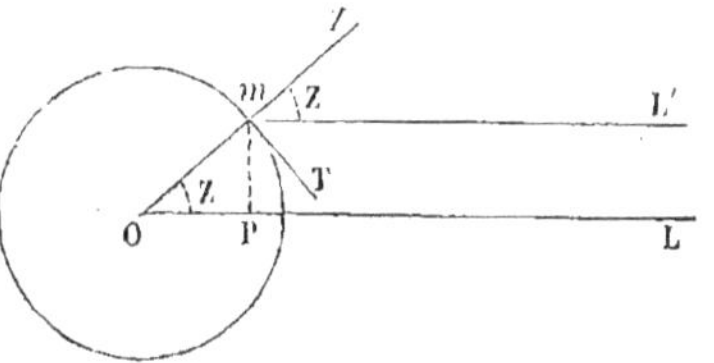

Fig. 145.

Soit O son centre. Cherchons la déviation produite sur la direction de la verticale en un point m de sa surface, par l'attraction d'un corps L, situé à une grande distance R dans la direction OL. Appelons ρ la distance mL' du corps L au point m. Les distances R et ρ sont assez grandes pour qu'on puisse regarder les droites mL' et mL comme parallèles. Joignons Om ; le prolongement mZ de cette droite sera la verticale du point m, abstraction faite des oscillations produites par la présence du corps attirant. Or, si l'on appelle M la masse de ce corps, l'attraction exercée sur le globe terrestre est une force dirigée suivant OL, et qui imprime au centre du globe une accélération égale à $\dfrac{fM}{R^2}$. L'accélération imprimée au point m par l'attraction du même astre est $\dfrac{fM}{\rho^2}$, et l'accélération relative, qui produit la déviation par rapport au globe supposé fixe, est égale à la différence

$$fM\left(\frac{1}{\rho^2} - \frac{1}{R^2}\right).$$

Soit Z l'angle $ZmL' = ZOL$, angle zénithal de l'astre L par rapport à la verticale moyenne. Projetons le point m en P sur la droite OL; nous aurons

$$\rho = R - OP = R - r\cos Z,$$

r étant le rayon de la sphère terrestre. Donc

$$\frac{1}{\rho} = \frac{1}{R - r\cos Z} = \frac{1}{R}\frac{1}{\left(1 - \frac{r}{R}\cos Z\right)} = \frac{1}{R}\left(1 + \frac{r}{R}\cos Z\right),$$

en négligeant dans le développement du quotient les termes affectés des puissances du rapport $\dfrac{r}{R}$ qui est toujours très-petit.

Élevons au carré, et négligeons de même le terme qui contient le carré $\dfrac{r^2}{R^2}$, il viendra

$$\frac{1}{\rho^2} = \frac{1}{R^2}\left(1 + \frac{2r}{R}\cos Z\right) = \frac{1}{R^2} + \frac{2r}{R^3}\cos Z,$$

enfin

$$\frac{1}{\rho^2} - \frac{1}{R^2} = \frac{2r}{R^3}\cos Z.$$

L'accélération apparente due à l'attraction du corps L est donc égale à

$$\frac{2fMr}{R^3}\cos Z.$$

Nous pouvons la décomposer suivant la direction mZ normale, et la direction mT, tangente à la surface terrestre menée au point m dans le plan vertical ZML' qui contient le corps attirant. La composante suivant mZ sera égale à

$$\frac{2fMr}{R^3}\cos^2 Z,$$

et la composante suivant mT égale à

$$\frac{2f\mathrm{M}r}{\mathrm{R}^3}\cos Z \sin Z = \frac{f\mathrm{M}r}{\mathrm{R}^3}\sin 2Z.$$

La première se retranche de l'accélération g due à la pesanteur, et comme elle est toujours très-petite par rapport à g à cause de la petitesse du coefficient $\dfrac{f\mathrm{M}r}{\mathrm{R}^3}$, on peut la négliger sans erreur sensible. La seconde, qui est du même ordre de grandeur, produit la déviation cherchée.

Si l'on appelle α l'angle très-petit dont l'attraction de l'astre L déplace la direction de la verticale dans l'azimut de l'astre attirant, cet angle α sera donné par l'équation

$$\tan g\,\alpha, \quad \text{ou plus simplement} \quad \alpha = \frac{\dfrac{f\mathrm{M}r}{\mathrm{R}^3}\sin 2Z}{g}.$$

On voit que l'angle α est nul quand $\sin 2Z = 0$, c'est-à-dire quand Z est égal à 0, à 90° ou à 180°, c'est-à-dire quand l'astre attirant est à l'horizon, au zénith ou au nadir. Il est maximum en valeur absolue pour $Z = 45°$ ou 135°.

268. Ce calcul, qui suppose la terre sphérique, s'applique encore approximativement au sphéroïde terrestre ; la verticale moyenne en un point donné de la surface terrestre est la direction de la résultante de deux forces, savoir : l'attraction du globe sur ce point et la force centrifuge ; g est l'accélération correspondante ; l'attraction de la lune produit, dans le plan vertical qui passe par le centre de cet astre, une déviation très-petite α, donnée par la formule

$$\alpha = \frac{f\mathrm{L}r\sin 2Z}{g\mathrm{R}^3},$$

où L représente la masse de la lune, R sa distance actuelle au centre de la terre, et Z sa distance zénithale. Le soleil produit en même temps sur la verticale une déviation α', dirigée dans le plan vertical qui contient son centre, et donnée par l'équation

$$\alpha' = \frac{f\mathrm{S}r\sin 2Z'}{g\mathrm{R}'^3},$$

où S est la masse du soleil, Z' sa distance zénithale, et R' la distance de son centre au centre de la terre. Ces deux déviations se composent en une seule, et donnent la direction définitive de la verticale. Dans ces formules r représente le rayon moyen de la terre. Quant à l'accélération g, sa valeur n'est pas sensiblement altérée par les actions des astres.

269. Nous pouvons déterminer d'après ces principes la figure que tend à prendre la surface de la mer par suite de l'attraction d'un astre L en par-

ticulier. Pour cela, nous supposerons encore que la forme naturelle de la
terre soit rigoureusement sphérique, et que la pesanteur g soit la même en
tous ses points ; nous admettrons de plus que la déformation subie par la
surface soit assez petite pour ne pas altérer sensiblement les forces, de telle
sorte qu'on puisse les calculer par une méthode de fausse position, en
cherchant leurs valeurs dans l'état primitif où la déformation n'aurait pas
lieu.

Les forces qui agissent sur un point M sont : la pesanteur g suivant la
verticale moyenne MO, et l'attraction relative de l'astre L suivant ML ; l'accélération correspondante à cette dernière force est $\dfrac{2f\mathrm{M}r}{\mathrm{R}^3}\cos Z$.

La pesanteur g se décompose parallèlement aux axes rectangulaires OX,
OY, dont l'un, OX, est dirigé vers le centre de l'astre L ; on a suivant
l'axe OX, $-g\cos Z$, et suivant l'axe OY, $-g\sin Z$.

Appelant X et Y les composantes de la force totale qui agit sur le point M,
nous aurons

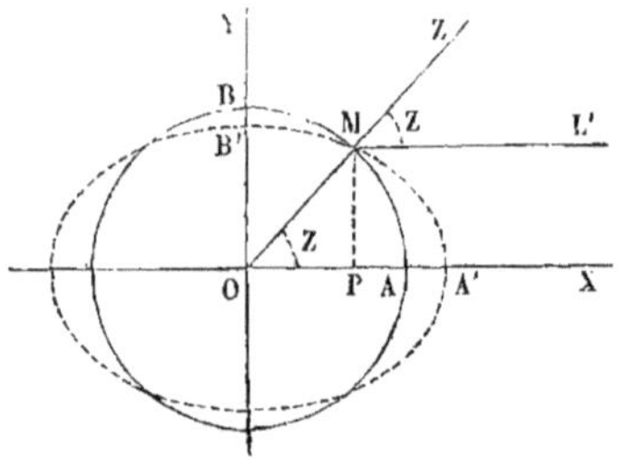

Fig. 146.

$$X = -g\cos Z + \frac{2f\mathrm{M}r}{\mathrm{R}^3}\cos Z,$$
$$Y = -g\sin Z.$$

Dans ces expressions, nous remplacerons $\cos Z$ et $\sin Z$ par les rapports
$\dfrac{\mathrm{OP}}{\mathrm{OM}}$, $\dfrac{\mathrm{MP}}{\mathrm{OM}}$, ou par $\dfrac{x}{r}$ et par $\dfrac{y}{r}$, ce qui donnera

$$X = -\frac{gx}{r} + \frac{2f\mathrm{M}}{\mathrm{R}^3}x,$$
$$Y = -\frac{gy}{r}.$$

L'équation de la méridienne altérée, qui doit couper à angle droit les
résultantes des forces X et Y, est

$$Xdx + Ydy = 0,$$

ou bien

$$\frac{g(xdx + ydy)}{r} = \frac{2f\mathrm{M}}{\mathrm{R}^3}xdx.$$

Cette équation est intégrable, puisque r représente la valeur constante du
rayon moyen de la terre. Il vient, en désignant par C une constante,

$$\frac{g}{r}(x^2 + y^2) = \frac{2f\mathrm{M}}{\mathrm{R}^3}x^2 + \mathrm{C},$$

ou bien

$$\frac{g}{r}\,y^2 + \left(\frac{g}{r_1} - \frac{2f\mathrm{M}}{3\mathrm{R}^3}\right)x^2 = \mathrm{C},$$

équation d'une ellipse qui a pour demi-axes $\mathrm{OA'} = \sqrt{\dfrac{\mathrm{C}}{\dfrac{g}{r} - \dfrac{2f\mathrm{M}}{\mathrm{R}^3}}}$ et

$\mathrm{OB'} = \sqrt{\dfrac{\mathrm{C}r}{g}}.$

La constante C se déterminera en exprimant que le sphéroïde déformé a le même volume que la sphère primitive, ce qui donnera l'équation

$$\frac{\mathrm{C}r}{g} \times \sqrt{\frac{\mathrm{C}}{\dfrac{g}{r} - \dfrac{2f\mathrm{M}}{\mathrm{R}^3}}} = r^3,$$

ou bien

$$\mathrm{C}^{\frac{3}{2}} = gr^2 \sqrt{\frac{g}{r} - \frac{2f\mathrm{M}}{\mathrm{R}^3}} = \sqrt{g^3 r^3 - \frac{2f\mathrm{M}g^2 r^4}{\mathrm{R}^3}}.$$

Élevant les deux membres à la puissance $\dfrac{2}{3}$, il vient

$$\mathrm{C} = \left(g^3 r^3 - \frac{2f\mathrm{M}g^2 r^4}{\mathrm{R}^3}\right)^{\frac{1}{3}} = gr\left(1 - \frac{2f\mathrm{M}r}{g\mathrm{R}^3}\right)^{\frac{1}{3}}$$

$$= \text{approximativement } gr\left(1 - \frac{2}{3}\frac{f\mathrm{M}r}{g\mathrm{R}^3}\right).$$

Il en résulte, au même degré d'approximation,

$$\mathrm{OB'} = \sqrt{\frac{\mathrm{C}r}{g}} = r\left(1 - \frac{1}{3}\frac{f\mathrm{M}r}{g\mathrm{R}^3}\right),$$

$$\mathrm{OA'} = \sqrt{\frac{\mathrm{C}}{\dfrac{g}{r} - \dfrac{2f\mathrm{M}}{\mathrm{R}^3}}} = \sqrt{\frac{gr\left(1 - \dfrac{2}{3}\dfrac{f\mathrm{M}r}{g\mathrm{R}^3}\right)}{\dfrac{g}{r}\left(1 - \dfrac{2f\mathrm{M}r}{g\mathrm{R}^3}\right)}} = r\sqrt{1 + \frac{4}{3}\frac{f\mathrm{M}r}{g\mathrm{R}^3}}$$

$$= r\left(1 + \frac{2}{3}\frac{f\mathrm{M}r}{g\mathrm{R}^3}\right).$$

Le demi-axe dirigé vers l'astre attirant surpasse donc le demi-axe perpendiculaire de la quantité $\dfrac{f\mathrm{M}r^2}{g\mathrm{R}^3}$; la *montée maximum*, $\dfrac{2}{3}\dfrac{f\mathrm{M}r^2}{g\mathrm{R}^3}$, est double de la *descente maximum*, $\dfrac{1}{3}\dfrac{f\mathrm{M}r^2}{g\mathrm{R}^3}.$

270. Cette recherche n'a qu'un intérêt théorique. Elle fait connaître les altérations subies par les surfaces de niveau assujetties à couper à angle droit toutes les verticales. Mais l'équilibre n'existant pas, rien ne prouve que la surface de la mer coïncide à chaque instant avec la surface de niveau qui correspond à la distribution des forces à ce même instant. Le problème est en réalité beaucoup plus complexe.

Les mouvements du soleil et de la lune étant bien connus, on pourra déterminer pour un instant quelconque et pour un lieu donné du globe les distances zénithales Z et Z' des deux astres, et les distances R et R' de leurs centres au centre de la terre; on pourra ensuite décomposer les forces horizontales $\dfrac{fMr}{R^3}\sin 2Z$, correspondantes à chaque astre, en deux composantes suivant les directions du méridien et du parallèle. Les forces que l'on obtiendra subiront d'instant en instant des variations correspondantes aux variations des angles Z et Z'; la portion principale de ces variations sera due au mouvement diurne de la terre. La hauteur de la mer est réglée par les valeurs successives de ces forces, qui sont sensiblement périodiques pendant la durée d'une demi-journée; or on peut admettre avec Laplace comme un principe général, que lorsque les forces sont périodiques, « l'état d'un système de corps dans lequel les conditions primitives du mouvement ont disparu par les résistances qu'il éprouve, est périodique comme les forces qui l'animent. » Ce principe permet d'éliminer toutes les circonstances initiales et toutes les perturbations accidentelles qui compliqueraient singulièrement le problème des mouvements de la mer. A ce point de vue, l'état de hauteur de la mer est assujetti à des oscillations sensiblement périodiques, dont la durée est d'environ une demi-journée. En réalité, la période est un peu plus longue, à cause des mouvements propres des astres attirants, et les périodes successives ne sont pas toutes égales à cause de la variation des distances angulaires du soleil et de

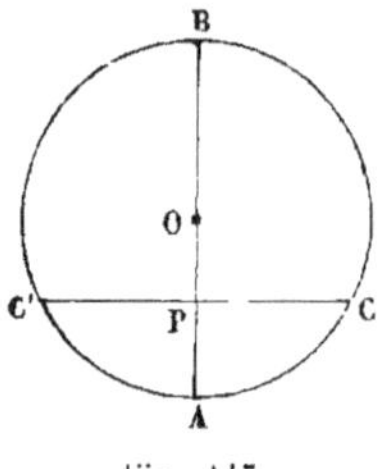

Fig. 147.

la lune. La loi de montée et de descente de la mer dans une période en particulier est très-variable d'un point à l'autre; mais on peut admettre comme règle générale qu'elle suit la loi des oscillations simples d'un point attiré par un centre fixe proportionnellement à sa distance à ce centre. Soit A le niveau de la basse mer, B le niveau de la mer haute, $AB = h$ l'amplitude totale de l'oscillation. Du point O, milieu de AB, comme centre avec $\dfrac{h}{2}$ pour rayon, décrivons un cercle, et imaginons qu'un point mobile C parcoure ce cercle dans un sens ou dans l'autre avec une vitesse uniforme, de manière à passer en A à l'instant de la basse mer, et en B à l'instant de la mer haute. On admettra que le niveau de la mer coïncide à chaque instant avec la hauteur du point C. Si donc t' est l'heure de la mer basse, t'' l'heure de la mer haute, ces deux heures étant exprimées en secondes, la montée $AP = x$ de la mer à l'instant t s'obtiendra par l'équation

$$x = \frac{h}{2}\left[1 - \cos\frac{\pi}{t'' - t'} \times (t - t')\right].$$

271. La loi exacte est beaucoup plus compliquée, et ne peut, pour certains points du globe, s'exprimer que par une somme de plusieurs termes de périodes différentes : l'observation seule permet de les découvrir pour chaque port en particulier. Voici, du reste, un résumé des principales lois générales du phénomène.

1° La hauteur de la mer se règle principalement sur la hauteur de la lune, à cause de la plus grande proximité de cet astre ; mais l'observation montre qu'il y a un retard de 36 heures environ entre l'état de la mer et la position de la lune qui correspond à cet état ; ce retard est dû à l'inertie de la mer, qui ne peut prendre instantanément la forme d'équilibre correspondante à une position donnée de la lune.

2° Les marées sont peu sensibles sur les mers fermées, telles que la Méditerranée[1] et la Baltique ; elles sont tout à fait insensibles sur les mers de petite étendue, comme la Caspienne ; elles ont une faible amplitude en pleine mer, et notamment dans l'Océan Pacifique, où l'intumescence produite par l'attraction du soleil et de la lune se propage avec une extrême facilité à la surface des eaux. Le phénomène est extrêmement sensible au contraire sur les côtes de l'Océan, surtout sur celles qui font obstacle à la propagation du flot. Ainsi l'amplitude de la marée, qui s'élève à 6 mètres sur les côtes de Saintonge et de Bretagne, atteint 14 mètres dans la baie du Mont-Saint-Michel, 8 mètres sur les côtes de Normandie, et se trouve réduite à 2 mètres environ le long des côtes de la mer du Nord.

3° On a déterminé par l'observation pour chaque port deux constantes qui servent à calculer l'heure de la pleine mer pour un jour donné, et la hauteur probable de la marée. Ces constantes sont *l'établissement du port* et *l'unité de hauteur*.

L'établissement du port est le retard de la haute mer par rapport à l'instant du passage de la lune au méridien, ce retard étant constaté aux environs de l'équinoxe, et quand la lune est à une distance moyenne de la terre.

L'unité de hauteur est la moitié de l'amplitude totale de la marée à l'époque des syzygies équinoxiales, c'est-à-dire à l'époque la plus voisine des équinoxes où la lune est nouvelle ou pleine.

---

[1] Il y a exception dans la Méditerranée pour le fond de l'Adriatique et pour le golfe de la grande Syrte, où l'on observe un retour périodique de marées d'une faible amplitude.

On appelle *lignes cotidales* les lieux géométriques des points du globe terrestre qui ont la pleine mer au même instant.

4° La hauteur de la haute mer en un point donné, au-dessus du niveau moyen correspondant aux syzygies équinoxiales, dépend des distances du soleil et de la lune à la terre, et de leurs déclinaisons. Elle est donnée par la formule

$$z = \mathrm{H} \times \left[\mathrm{A} \left(\frac{\mathrm{R}_0}{\mathrm{R}} \right)^3 \cos 2\mathrm{D} + \mathrm{B} \left(\frac{\mathrm{R}'_0}{\mathrm{R}'} \right)^3 \cos 2\mathrm{D}' \right],$$

où H est l'unité de hauteur du port considéré ;

R, la distance actuelle du soleil à la terre ;

R_0, la distance moyenne de ces deux corps ;

D la déclinaison actuelle du soleil ;

R' la distance actuelle de la lune à la terre ;

R'_0 la distance moyenne de ces deux corps ;

D' la déclinaison de la lune ;

et A et B deux constantes, savoir A $= 0,80029$ et B $= 0,31211$.

Cette formule se met sous la forme $z = \mathrm{H}m$, et le coefficient numérique m varie de 0,68 à 1,17 ; le nombre de centièmes contenus dans ce coefficient exprime le *nombre de degrés de la marée*.

L'action du vent peut modifier notablement la hauteur ainsi calculée.

5° L'heure de la pleine mer pour un jour donné s'obtient en ajoutant à l'heure du passage de la lune au méridien du lieu l'établissement du port ; mais le résultat doit être corrigé par l'addition d'un terme ω qui se calcule comme il suit. Soient, comme tout à l'heure, D et D' les déclinaisons du soleil et de la lune, δ et δ' leurs diamètres apparents au jour donné, ou mieux 36 heures avant le passage de la lune au méridien du lieu ; enfin, Æ et Æ' les ascensions droites des deux astres à cette même époque : la correction ω s'exprime par la formule

$$\omega = \frac{1}{30} \arctan \left[\frac{\sin 2(\text{Æ} - \text{Æ}')}{\dfrac{\delta'^3 \cos^2 \mathrm{D}'}{\delta^3 \cos^2 \mathrm{D}} \times 3,06 + \cos 2(\text{Æ} - \text{Æ}')} \right] - 19 \text{ minutes.}$$

Le retard de 36 heures que l'on observe dans les marées par rapport à la position du soleil et de la lune, indique une tendance au ralentissement dans le mouvement de rotation de notre globe. Si le renflement dû à la marée solaire était constamment dirigé vers le soleil, la résultante des attractions exercées par le soleil sur les molécules du sphéroïde déformé passerait toujours par le centre de la terre, et ne contribuerait pas à altérer sa vitesse angulaire. En réalité, les pôles du sphéroïde déformé étant toujours en retard par rapport au soleil, la résultante des attractions ne passe plus par le centre du globe, et donne naissance à un couple très-faible qui tend à diminuer la vitesse de rotation. On peut comparer le bourrelet fluide créé par la marée à un frein que le soleil promènerait sur la surface de l'Océan dans le sens opposé au mouvement propre de la terre. M. Delaunay, l'un des premiers qui aient étudié cette influence, évaluait à une seconde en cent mille ans la diminution correspondante du jour moyen. Il faisait observer en même temps que cette diminution pouvait n'être pas indéfinie, et qu'elle cesserait le jour où, le refroidissement complet du globe ayant réduit à l'état solide la masse entière des eaux de l'Océan, la terre tournerait constamment vers le soleil la même face. On pense que c'est par un effet semblable que la lune et les satellites présentent toujours la même face à la planète autour de laquelle ils se meuvent.

Les marées n'affectent pas seulement la surface des mers ; elles agissent aussi sur l'atmosphère terrestre, et y produisent des mouvements d'autant plus sensibles que l'air est plus léger, plus mobile et plus influencé par les variations de température. Le problème des mouvements de l'atmosphère est des plus compliqués. Nous renverrons aux traités de mécanique céleste ceux qui voudraient l'étudier par l'analyse, et aux recueils d'observations météorologiques ceux qui préféreraient s'en tenir aux données de l'expérience.

CHAPITRE IV

EXTENSION DE LA THÉORIE DU POTENTIEL.

272. Étant donnés un système matériel et un point dont les coordonnées rectangles sont α, β, γ, le *potentiel* du système par rapport au point est une fonction V des trois variables α, β, γ, telle que les dérivées partielles $\dfrac{dV}{d\alpha}$, $\dfrac{dV}{d\beta}$, $\dfrac{dV}{d\gamma}$, représentent, à un facteur constant près, les valeurs des composantes de l'attraction exercée sur le point par le système. Nous avons vu l'usage de cette fonction pour résoudre certaines questions relatives à l'attraction des systèmes matériels ou à la forme des corps célestes. On l'emploie aussi très-fréquemment dans la physique mathématique, notamment dans l'étude de la capillarité et des attractions magnétiques ou électriques.

La définition du potentiel peut être généralisée, et appropriée aux recherches de dynamique analytique. Reprenons l'équation des forces vives appliquée à un système matériel quelconque considéré dans deux positions distinctes. Nous aurons (III, § 171)

$$\sum \frac{1}{2} mv^2 - \sum \frac{1}{2} mv_0{}^2 = \int (X dx + Y dy + Z dz + X'dx' + Y'dy' + Z'dz' + \ldots).$$

Dans cette équation, X, Y, Z représentent les composantes de la force totale qui sollicite le point (x, y, z); X', Y', Z', les composantes de la force totale qui sollicite le point (x', y', z'), ... Supposons que les composantes X, Y, Z, X', ... soient exprimables en fonction des coordonnées $x, y, z, x', \ldots$; supposons de plus que la fonction placée sous le signe $\int$ dans le second membre soit la différentielle exacte d'une fonction Φ des variables $x, y, z, x', \ldots$ considérées comme indépendantes; on pourra poser (III, § 182)

$$\sum \frac{1}{2} mv^2 - \sum \frac{1}{2} mv_0{}^2 = \Phi(x, y, z, x', \ldots) - \Phi(x_0, y_0, z_0, x_0', \ldots).$$

et la fonction Φ aura par rapport aux composantes X, Y, Z, X', ... la même propriété que le potentiel relativement aux composantes de l'attraction. On a en effet, en différentiant, l'identité

$$\frac{d\Phi}{dx}\,dx + \frac{d\Phi}{dy}\,dy + \frac{d\Phi}{dz}\,dz + \frac{d\Phi}{dx'}\,dx' + \ldots = X dx + Y dy + Z dz + X' dx' \ldots,$$

d'où l'on déduit, puisque dx, dy, dz, ... sont des facteurs indéterminés,

$$X = \frac{d\Phi}{dx}, \quad Y = \frac{d\Phi}{dg}, \quad Z = \frac{d\Phi}{dz}, \quad X' = \frac{d\Phi}{dx'} \cdots$$

Connaissant la fonction Φ, on en déduira les composantes de la force qui agit sur un point (x, y, z) du système, en prenant les dérivées partielles de la fonction Φ par rapport aux coordonnées x, y, z de ce point.

La fonction Φ s'appelle pour cette raison *fonction des forces*; quelques auteurs lui donnent par extension le nom de *potentiel*.

S'il n'y a qu'un point mobile, la fonction des forces égalées à une constante arbitraire définit la série des *surfaces de niveau* (III, § 46).

Tous les problèmes de la dynamique n'admettent pas une fonction des forces. Si parmi les forces on considère un frottement, par exemple, les composantes de ce frottement dépendent de la direction du mouvement de son point d'application, et leur expression analytique contiendra par conséquent en facteurs les cosinus $\frac{dx}{ds}$, $\frac{dy}{ds}$, $\frac{dz}{ds}$, des angles que cette direction fait avec les axes ; s'il y a des résistances de milieux, qui s'expriment en fonction des vitesses, les expressions analytiques des forces correspondantes contiendront certaines puissances de la vitesse v. Dans ces cas, les composantes X, Y, Z, ... n'étant plus des fonctions des coordonnées $x, y, z, \ldots$ l'intégration *a priori* de la fonction $(X dx + \ldots)$ n'a plus aucun sens et la fonction des forces n'existe pas. Il en serait de même si $X dx + Y dy + \ldots$ n'était pas une différentielle exacte, bien que X, Y, ... fussent des fonctions connues des coordonnées. Parfois cependant on trouve utile d'admettre une *fonction fictive des forces*, quoique cette fonction n'existe pas en réalité, et de représenter sous forme de dérivées partielles $\frac{d\Phi}{dx}$, $\frac{d\Phi}{dy}$, ... les valeurs des composantes X, Y, Z, ... Ce n'est plus alors qu'une notation particulière, dont l'usage est légitime, pourvu qu'on n'en déduise aucune transformation supposant l'existence réelle d'une fonction Φ.

Nous trouverons dans le livre suivant de nombreuses applications de la fonction des forces. Ici nous en montrerons l'usage, en reprenant avec plus de détails une théorie que nous avons esquissée (III, § 187) sur la *stabilité de l'équilibre d'un système à liaisons*.

STABILITÉ DE L'ÉQUILIBRE D'UN SYSTÈME.

273. *Lorsque la fonction des forces existe, 1° le système mobile est en équilibre dans les positions qui font passer cette fonction par un maximum ou un minimum; 2° l'équilibre est stable dans les positions qui rendent cette fonction maximum.*

Soient

$$L = 0,$$
$$M = 0,$$
$$\ldots\ldots$$

les équations qui définissent les liaisons auxquelles le système est assujetti. On suppose que ces liaisons dépendent seulement des coordonnées x, y, z, ..., et ne contiennent ni le temps t, ni les vitesses, ni les angles des vitesses avec les axes.

La condition du maximum ou du minimum de la fonction Φ des forces est

$$d\Phi = 0.$$

Les différentielles dx, dy, dz, ... des variables qui entrent dans la fonction Φ doivent d'ailleurs satisfaire aux équations de condition

$$dL = 0,$$
$$dM = 0,$$
$$\ldots\ldots$$

Or ces équations sont celles que la statique donne à résoudre pour déterminer les positions d'équilibre du système; il suffit en effet de satisfaire à la fois aux équations

$$X\delta x + Y\delta y + Z\delta z + X'\delta x' + \ldots = 0,$$
$$\frac{dL}{dx}\delta x + \frac{dL}{dy}\delta y + \frac{dL}{dz}\delta z + \frac{dL}{dx'}\delta x' + \ldots = 0,$$
$$\frac{dM}{dx}\delta x + \frac{dM}{dy}\delta y + \frac{dM}{dz}\delta z + \frac{dM}{dx'}\delta x' + \ldots = 0,$$
$$\ldots\ldots\ldots\ldots\ldots\ldots\ldots\ldots\ldots$$

dont la première est l'équation du travail virtuel et exprime l'équilibre, et dont les suivantes expriment les conditions auxquelles les variations δx, δy, ... sont assujetties. On passe du second système au premier par un simple changement de notation qui consiste à remplacer les variations δx, δy, ... par les différentielles dx, dy, ... Les résultats des deux calculs sont donc identiques, puisqu'on les obtient par l'élimination des variations dans un cas, des différentielles dans l'autre, et la première partie du théorème est démontrée.

Venons à la seconde partie, relative à la *stabilité*.

Nous avons déjà vu (§ 119) comment une question de stabilité se traite au moyen de l'équation des forces vives. On s'explique facilement l'emploi de cette équation en considérant l'équilibre d'un point unique pesant, ou plus généralement d'un système pesant à liaisons. Si les liaisons du système sont telles que le centre de gravité, aux environs d'une position d'équilibre, ne puisse que s'élever, quel que soit le déplacement infiniment petit qu'on suppose imprimé au système, le travail de la pesanteur sera toujours négatif et tendra à réduire l'amplitude et les vitesses du déplacement considéré. La stabilité est donc assurée si la hauteur du centre de gravité, compté en montant à partir d'un plan horizontal inférieur, est minimum; or la fonction des forces est, dans le cas de la pesanteur, égale à $-\Sigma mgz$, ou à $-Mgz_1$, en appelant z_1 le z du centre de gravité, et le minimum de z_1 correspond au maximum de $-Mgz_1$ (III, § 188).

Nous allons démontrer d'une manière générale que l'équilibre est stable quand Φ passe par un maximum.

Le maximum de Φ est défini en général par les deux conditions suivantes :

$$d\Phi = \frac{d\Phi}{dx}\,dx + \frac{d\Phi}{dy}dy + \ldots = 0$$

et

$$d^2\Phi < 0,$$

quelles que soient les différentielles dx, dy, ... La première condition est satisfaite dans la position d'équilibre.

Désignons par $\xi, \eta, \zeta, \ldots$ des variations infiniment petites des coordonnées $x, y, z, \ldots$ comptées à partir de la position d'équilibre. Nous pourrons remplacer dx par ξ, dy par η, dz par ζ, ... Formons la fonction $d^2\Phi$, en y faisant la même substitution. Il vient d'abord un polynome du second degré en $\xi, \eta, \zeta, \ldots$

$$d^2\Phi = P\xi^2 + Q\xi\eta + R\zeta^2 + \ldots$$

Mais $\xi, \eta, \zeta, \ldots$ ne sont pas des variables complétement indépendantes, car elles satisfont aux équations de liaisons. On devra d'abord réduire ces variables au moindre nombre possible, en chassant celles qui peuvent s'exprimer en fonction des autres. La condition du maximum de la fonction Φ sera, après ces diverses préparations, que $d^2\Phi$ puisse se mettre sous la forme d'une somme de termes négatifs, quels que soient les signes des variables qui y figurent. Appelons $s, s', s'', \ldots$ certaines fonctions linéaires de celles des variables $\xi, \eta, \zeta, \ldots$ qui sont conservées dans $d^2\Phi$, ces fonctions $s, s', \ldots$ s'annulant avec les variables $\xi, \eta, \zeta \ldots$ Cela posé, on pourra en général, dans le cas du maximum, mettre $d^2\Phi$ sous la forme

$$d^2\Phi = -As^2 - A's'^2 - A''s''^2 - \ldots,$$

A, A′, A″, ... étant des *fonctions essentiellement positives* des coordonnées $x, y, z, ...$ qui définissent l'équilibre.

Imaginons qu'on amène le système dans une position infiniment voisine de la position d'équilibre, et soient $\xi_0, \eta_0, \zeta_0, ...$ les écarts correspondants projetés sur les axes; soit de même v_0 la vitesse infiniment petite imprimée à un point en particulier dans cette position du système. Appliquons le théorème des forces vives au mouvement qui succède à l'état initial ainsi défini. Il viendra

$$\sum \frac{1}{2} mv^2 - \sum \frac{1}{2} mv_0^2$$
$$= \Phi(x+\xi, y+\eta, z+\zeta, ...) - \Phi(x+\xi_0, y+\eta_0, z+\zeta_0, ...).$$

ou bien, en développant les fonctions Φ par la série de Taylor, et en observant que

$$\frac{d\Phi}{dx}\xi + \frac{d\Phi}{dy}\eta + ...,$$

aussi bien que

$$\frac{d\Phi}{dx}\xi_0 + \frac{d\Phi}{dy}\eta_0 + ...,$$

est nul à cause de l'équilibre, et que les fonctions $\Phi(x, y, z...) - \Phi(x, y, z...)$ se détruisent, on aura

$$\sum \frac{1}{2} mv^2 - \sum \frac{1}{2} mv_0^2 = -As^2 - A's'^2 - A''s''^2 - ...$$
$$+ As_0^2 + A's_0'^2 + A''s_0''^2 - ...;$$

$s_0, s'_0, s''_0, ...$ sont ce que deviennent les fonctions $s, s', s'', ...$ quand on y remplace ξ par $\xi_0, ...$ Les autres termes de la série seraient infiniment plus petits en valeur absolue que ceux que nous avons écrits, et nous pouvons n'en pas tenir compte, car ils n'influent pas sur le signe de la série.

Posons

$$C = \sum \frac{1}{2} mv_0^2 + As_0^2 + A's_0'^2 + A''s_0''^2 + ...$$

La constante C sera une quantité infiniment petite positive, qui dépend des circonstances initiales. L'équation des forces vives devient alors

$$\sum \frac{1}{2} mv^2 = C - As^2 - A's'^2 - A''s''^2 - ...$$

Le premier membre étant toujours positif, le second l'est aussi, et par suite la somme des quantités positives

$$As^2 + A's'^2 + A''s''^2 + ...$$

est toujours au plus égale à la constante C. Donc $s, s', s'', ...$ ne peuvent t croître au delà d'une certaine limite ; il en est par conséquent de même de ξ, n, ζ, ... qui s'expriment linéairement en fonction de s, s', s'', ...

Si donc la fonction Φ passe par un maximum, les écarts ξ, n, ζ, ... à partir de la position d'équilibre sont essentiellement limités, et on peut supposer des écarts initiaux et des vitesses initiales assez petits pour qu'ils ne puissent dépasser ni même atteindre les limites correspondantes à

$$s = \sqrt{\frac{C}{A}}, \quad s' = \sqrt{\frac{C}{A'}}, \quad s'' = \sqrt{\frac{C}{A''}} \cdots,$$

ce qui est la définition même de l'équilibre stable.

274. La démonstration ne suppose pas nécessairement l'emploi de la série de Taylor. Dire que $\Phi(x, y, z, ...)$ passe par un maximum dans la position d'équilibre, c'est dire qu'en prenant les variations ξ, n, ζ, ... suffisamment petites en valeur absolue, la différence

$$\Phi(x + \xi, y + n, z + \zeta, ...) - \Phi(x, y, z, ...),$$

est négative. Cette différence dépend des valeurs particulières de ξ, n, ζ, ... Représentons-la pour abréger par l'expression

$$- \varphi(\xi, n, \zeta, ...)$$

en mettant le signe négatif en évidence.

L'équation des forces vives, appliquée au mouvement dont l'état initial est représenté par le système de valeurs $(\xi_0, n_0, \zeta_0, ... v_0, ...)$, prendra la forme

$$\sum \frac{1}{2} mv^2 - \sum \frac{1}{2} mv_0^2 = \varphi(\xi_0, n_0, \zeta_0, ...) - \varphi(\xi, n, \zeta, ...),$$

ou bien

$$\sum \frac{1}{2} mv^2 = C - \varphi(\xi, n, \zeta, ...),$$

et si la constante C est positive et infiniment petite, la fonction $\varphi(\xi, n, \zeta, ...)$ sera limitée à la valeur C au maximum, puisque $\Sigma \frac{1}{2} mv^2$ est toujours positif.

Mais la fonction φ est nécessairement positive et croissante pour des valeurs des variables ξ, n, ζ, ... à partir de la valeur 0, sans quoi Φ ne serait pas maximum dans la position $(x, y, z ...)$, et il en est ainsi tant que les variables ξ, n, ζ, ... ne dépassent pas certaines limites ξ_1, n_1, ζ_1, ... à partir desquelles la fonction Φ peut devenir décroissante. On peut admettre que les valeurs initiales ξ_0, n_0, ζ_0, ... soient choisies au-dessous de ces limites. Alors C sera une quantité positive, qu'on pourra supposer aussi petite qu'on voudra en attribuant à ξ_0, n_0, ζ_0, ... et à v_0 des valeurs absolues suffisamment petites. La fonction $\varphi(\xi, n, \zeta, ...)$, étant positive et moindre que la constante C, les variations ξ, n, ζ, ... sont elles-mêmes limitées, en valeur absolue, à des maxima qu'on peut rendre aussi petits qu'on veut en disposant convenablement de la constante C.

VIRIEL DE M. CLAUSIUS. — THÉORÈME DE M. YVON VILLARCEAU.

275. M. Clausius a introduit dans le calcul une nouvelle espèce de fonction des forces, à laquelle il donne le nom de *viriel*, et qui s'exprime par la somme

$$Xx + Yy + Zz + X'x' + Y'y' + Z'z' + \ldots$$

Chaque composante est multipliée par la coordonnée parallèle de son point d'application, et cette somme est étendue à toutes les forces qui sont appliquées au système que l'on considère.

Cette définition fait intervenir la position et la direction des axes coordonnés; le viriel est donc relatif à un système d'axes particulier, et change avec le changement des axes. On pourrait modifier cette définition. M. Lucas, dans un mémoire sur la vibration des systèmes élastiques, a été conduit à considérer une autre fonction analogue au viriel, mais dans laquelle les coordonnées x, y, z, par lesquelles on multiplie respectivement les composantes X, Y, Z, sont remplacées par les projections sur les mêmes axes de l'écart du point mobile par rapport à la position d'équilibre autour de laquelle il oscille.

Pour montrer l'utilité de la considération du viriel, nous donnerons un théorème dû à M. Yvon Villarceau.

Les équations du mouvement d'un point unique de masse m sont

$$m \frac{d^2x}{dt^2} = X,$$

$$m \frac{d^2y}{dt^2} = Y,$$

$$m \frac{d^2z}{dt^2} = Z.$$

Multiplions la première par x, la seconde par y, la troisième par z et ajoutons. Il vient

$$(1) \qquad m \left(x \frac{d^2x}{dt^2} + y \frac{d^2y}{dt^2} + z \frac{d^2z}{dt^2} \right) = Xx + Yy + Zz.$$

Transformons le premier membre de cette équation.

Soit r la distance de l'origine O au point mobile. Nous aurons

$$r^2 = x^2 + y^2 + z^2.$$

Différentiant, on a

$$r\,dr = x\,dx + y\,dy + z\,dz,$$

et différentiant de nouveau, en prenant toujours le temps t pour variable indépendante, et en divisant par dt^2,

$$(2) \quad \frac{d}{dt}\left(\frac{rdr}{dt}\right) = \frac{dx^2}{dt^2} + \frac{dy^2}{dt^2} + \frac{dz^2}{dt^2} + x\,\frac{d^2x}{dt^2} + y\,\frac{d^2y}{dt^2} + z\,\frac{d^2z}{dt^2}$$

$$= v^2 + x\,\frac{d^2x}{dt^2} + y\,\frac{d^2y}{dt^2} + z\,\frac{d^2z}{dt^2}.$$

Multiplions par m, et remplaçons dans (1) le premier membre par sa valeur déduite de (2) ; il vient l'équation

$$mv^2 = m\,\frac{d}{dt}\left(\frac{rdr}{dt}\right) - (\mathrm{X}x + \mathrm{Y}y + \mathrm{Z}z),$$

ou bien, en observant que $\dfrac{d}{dt}\left(\dfrac{rdr}{dt}\right) = \dfrac{d}{dt}\left[\dfrac{1}{2}\dfrac{d\,(r^2)}{dt}\right] = \dfrac{1}{2}\dfrac{d^2\,(r^2)}{dt}$,

$$(3) \quad mv^2 = \frac{m}{2}\,\frac{d^2\,(r^2)}{dt^2} - (\mathrm{X}x + \mathrm{Y}y + \mathrm{Z}z).$$

Cette équation étant écrite pour tous les points d'un système mobile, on aura un théorème applicable au mouvement de ce système en les ajoutant toutes ensembles ; l'équation finale donnera la force vive totale en fonction du viriel et des quantités $m\,\dfrac{d^2\,(r^2)}{dt^2}$:

$$(4) \quad \sum mv^2 = \frac{1}{2}\sum m\,\frac{d^2\,(r^2)}{dt^2} - \sum(\mathrm{X}x + \mathrm{Y}y + \mathrm{Z}z).$$

Le viriel, pour un point M en particulier, est le produit de la force P qui sollicite ce point par la distance r du point à l'origine et par le cosinus de l'angle formé par la direction de la force MP avec le prolongement du rayon OM qui joint le point M à l'origine.

En effet

$$\mathrm{X}x + \mathrm{Y}y + \mathrm{Z}z = \left(\frac{\mathrm{X}}{\mathrm{P}}\,\frac{x}{r} + \frac{\mathrm{Y}}{\mathrm{P}}\,\frac{y}{r} + \frac{\mathrm{Z}}{\mathrm{P}}\,\frac{z}{r}\right)\mathrm{P}r = \mathrm{P}r\cos(\mathrm{P},\,r).$$

C'est le travail que produirait la force P, agissant toujours parallèlement à elle-même, si son point d'application était transporté du point O au point M.

Lorsque les points mobiles exercent les uns sur les autres des actions mutuelles proportionnelles à leurs masses et à une fonction de leur distance, la portion du viriel afférente aux forces intérieures peut s'exprimer d'une manière très-élégante.

Soient m, m', les masses de deux points M, M', dont les coordonnées sont x, y, z pour le premier, x', y', z' pour le second ; soit ρ leur distance MM'.

Le produit $fmm'\varphi(\rho)$ représentera la force mutuelle F subie par les deux points dans les directions MM', M'M. Le viriel correspondant sera le travail de la force F agissant dans le sens MM', quand son point d'application reçoit le déplacement OM, augmenté du travail de la seconde force F agissant dans le sens M'M, quand son point d'application reçoit le déplacement OM'. La somme de ces deux quantités de travail sera le produit de la force F par la distance acquise par les deux points d'application, c'est-à-dire par la distance MM', ou enfin par ρ. Le viriel correspondant est donc exprimé par $fmm'\varphi(\rho) \times \rho$.

S'il n'y a dans le système que des forces intérieures, exprimables en fonction des masses et des distances, l'équation de M. Yvon Villarceau deviendra donc

$$(5) \qquad \sum mv^2 = \frac{1}{2} \sum m \frac{d^2(r^2)}{dt^2} - \sum fmm'\varphi(\rho) \times \rho.$$

Sous cette forme, le théorème s'applique aux mouvements vibratoires d'un système élastique.

LIVRE II

DYNAMIQUE ANALYTIQUE [1]

CHAPITRE PREMIER

MÉTHODE DE JACOBI, DANS LE CAS DES POINTS LIBRES.

---

276. La méthode de Jacobi pour la résolution des questions de mécanique analytique consiste à ramener l'intégration des équations du mouvement à l'intégration d'une équation aux dérivées partielles du premier ordre. Pour exposer cette méthode avec clarté, nous commencerons par en faire l'application au mouvement d'un point unique libre dans l'espace.

Soit m la masse d'un point mobile, mX, mY, mZ les composantes de la force qui le sollicitent; X, Y, Z sont supposées des fonctions connues du temps t et des coordonnées x, y, z du point m. Les équations du mouvement sont, en supprimant la masse m qui devient facteur commun,

$$\frac{d^2x}{dt^2} = X,$$

$$\frac{d^2y}{dt^2} = Y,$$

$$\frac{d^2z}{dt^2} = Z.$$

Dans la plupart des problèmes de mécanique analytique, la fonction $Xdx + Ydy + Zdz$ est la différentielle exacte d'une fonction U des variables x, y, z, le temps t étant traité comme une constante dans la différentiation. La fonction U est alors ce que nous avons appelé la *fonction des forces*. S'il

---

[1] C'est aux cours de M. Serret au Collége de France que nous avons emprunté les démonstrations exposées dans ce livre.

en est ainsi, on pourra poser $X = \dfrac{dU}{dx}$, $y = \dfrac{dU}{dy}$, $z = \dfrac{dU}{dz}$, c'est-à-dire exprimer les composantes X, Y, Z, ou encore les accélérations $\dfrac{d^2x}{dt^2}$, $\dfrac{d^2y}{dt^2}$, $\dfrac{d^2z}{dt^2}$, par les dérivées partielles d'une certaine fonction U par rapport aux coordonnées x, y, z, et l'on aura

$$(1) \qquad \frac{d^2x}{dt^2} = \frac{dU}{dx}, \quad \frac{d^2y}{dt^2} = \frac{dU}{dy}, \quad \frac{d^2z}{dt^2} = \frac{dU}{dz}.$$

Proposons-nous de trouver une fonction S du temps t et des coordonnées x, y, z, telle que l'on ait de même

$$(2) \qquad \left\{ \begin{aligned} \frac{dx}{dt} &= \frac{dS}{dx}, \\[4pt] \frac{dy}{dt} &= \frac{dS}{dy}, \\[4pt] \frac{dz}{dt} &= \frac{dS}{dz}, \end{aligned} \right.$$

c'est-à-dire telle que les dérivées partielles de cette fonction par rapport aux coordonnées soient respectivement égales aux vitesses de ces coordonnées. Supposons le problème résolu.

Différentions les équations (2) et divisons par dt; il viendra pour la première équation du groupe

$$\frac{d^2x}{dt^2} = \frac{1}{dt} d\left(\frac{dS}{dx}\right) = \frac{1}{dt}\left(\frac{d.\frac{dS}{dx}}{dt} dt + \frac{d.\frac{dS}{dx}}{dx} dx + \frac{d.\frac{dS}{dx}}{dy} dy + \frac{d.\frac{dS}{dx}}{dz} dz \right)$$

$$= \frac{d.\frac{dS}{dx}}{dt} + \frac{d.\frac{dS}{dx}}{dx}\frac{dx}{dt} + \frac{d.\frac{dS}{dx}}{dy}\frac{dy}{dt} + \frac{d.\frac{dS}{dx}}{dz}\frac{dz}{dt}.$$

Remplaçons $\dfrac{dx}{dt}$, $\dfrac{dy}{dt}$, $\dfrac{dz}{dt}$, par leurs valeurs fournies par les équations (2); il viendra

$$\frac{d^2x}{dt^2} = \frac{d.\frac{dS}{dx}}{dt} + \frac{d.\frac{dS}{dx}}{dx}\frac{dS}{dx} + \frac{d.\frac{dS}{dx}}{dy}\frac{dS}{dy} + \frac{d.\frac{dS}{dx}}{dz}\frac{dS}{dz},$$

ou encore, en intervertissant l'ordre des dérivations partielles,

$$\frac{d^2x}{dt^2} = \frac{d.\frac{dS}{dt}}{dx} + \frac{dS}{dx}\frac{d.\frac{dS}{dx}}{dx} + \frac{dS}{dy}\frac{d.\frac{dS}{dy}}{dx} + \frac{dS}{dz}\frac{d.\frac{dS}{dz}}{dx}$$

$$= \frac{d}{dx}\left(\frac{dS}{dt} + \frac{1}{2}\left[\left(\frac{dS}{dx}\right)^2 + \left(\frac{dS}{dy}\right)^2 + \left(\frac{dS}{dz}\right)^2 \right] \right) = \frac{dU}{dx}.$$

Donc les dérivées partielles par rapport à x de la fonction U et de la fonction

$$\frac{dS}{dt} + \frac{1}{2}\left[\left(\frac{dS}{dx}\right)^2 + \left(\frac{dS}{dy}\right)^2 + \left(\frac{dS}{dz}\right)^2\right]$$

sont égales. On prouverait de même que les dérivées de ces deux fonctions par rapport à y et à z sont aussi égales, et par conséquent ces deux fonctions sont égales ou ne diffèrent que d'une fonction de la variable t. Comme d'ailleurs la fonction S est définie seulement par ses dérivées partielles $\frac{dS}{dx}$, $\frac{dS}{dy}$, $\frac{dS}{dz}$, données par les équations (2), on peut y ajouter telle fonction de t qu'on voudra, et en déterminant convenablement cette fonction additionnelle, on pourra faire en sorte que la fonction de t qui représente la différence entre les fonctions U et

$$\frac{dS}{dt} + \frac{1}{2}\left[\left(\frac{dS}{dx}\right)^2 + \left(\frac{dS}{dy}\right) + \left(\frac{dS}{dz}\right)^2\right].$$

soit réduite à zéro, de sorte qu'en définitive le problème est ramené à déterminer une fonction S des variables t, x, y, z, telle qu'on ait l'équation

$$(3) \qquad \frac{dS}{dt} + \frac{1}{2}\left[\left(\frac{dS}{dx}\right)^2 + \left(\frac{dS}{dy}\right)^2 + \left(\frac{dS}{dz}\right)^2\right] = U.$$

Cette fonction S prend le nom de *fonction principale*.

L'équation (3) est *une équation aux dérivées partielles du premier ordre*, avec quatre variables indépendantes. L'*intégrale générale* de cette équation exprimera S en fonction de ces quatre variables x, y, z et t, et de quatre constantes arbitraires α_1, α_2, α_3, α_4. On voit d'ailleurs que si une certaine fonction S est une solution de l'équation (3), la même fonction augmentée d'une constante arbitraire, $S + C$, y satisfera également, puisque la fonction S n'entre dans l'équation (3) que par ses dérivées partielles, où ne paraît plus la constante C. Des quatre constantes α_1, α_2, α_3, α_4, l'une se joint donc à la fonction cherchée par une simple addition, tandis que les autres y entrent d'une manière plus complexe. Nous pourrons par conséquent exprimer la fonction S de la manière suivante

$$(4) \qquad S = F(t, x, y, z, \alpha_1, \alpha_2, \alpha_3) + C,$$

en mettant à part la constante additionnelle C. Cette fonction S une fois trouvée, on obtiendra les vitesses des coordonnées au moyen des équations (2), en formant les dérivées partielles $\frac{dS}{dx}$, $\frac{dS}{dy}$, $\frac{dS}{dz}$; ces expressions contiendront les trois constantes arbitraires α_1, α_2, α_3, de sorte que l'on aura par cette méthode *les intégrales générales du premier ordre* des équations proposées.

277. Pour achever la solution, il y aurait encore à faire l'intégration des équations (2), ce qui introduirait trois nouvelles constantes arbitraires, β_1, β_2, β_3. Mais Jacobi a reconnu que cette seconde opération pouvait se faire en égalant à trois constantes les dérivées partielles de S par rapport aux paramètres α_1, α_2, α_3, contenus dans l'équation (4). En effet, prenons la dérivée partielle de l'équation (3) par rapport à l'un, α_1, de ces paramètres. Il viendra, en observant que la fonction U est indépendante de α_1,

$$\frac{d.\frac{dS}{dt}}{d\alpha_1} + \frac{1}{2}\left(2\frac{dS}{dx}\frac{d.\frac{dS}{dx}}{d\alpha_1} + 2\frac{dS}{dy}\frac{d.\frac{dS}{dy}}{d\alpha_1} + 2\frac{dS}{dz}\frac{d.\frac{dS}{dz}}{d\alpha_1} \right) = 0,$$

ou bien en intervertissant l'ordre des dérivations, et en remplaçant $\frac{dS}{dx}$ par $\frac{dx}{dt}$, $\frac{dS}{dy}$ par $\frac{dy}{dt}$, ...

$$\frac{d.\frac{dS}{d\alpha_1}}{dt} + \frac{d.\frac{dS}{d\alpha_1}}{dx}\frac{dx}{dt} + \frac{d.\frac{dS}{d\alpha_1}}{dy}\frac{dy}{dt} + \frac{d.\frac{dS}{d\alpha_1}}{dz}\frac{dz}{dt} = 0.$$

Or le premier membre est la différentielle totale de $\frac{dS}{d\alpha_1}$ divisée par dt. Cette différentielle étant nulle, la fonction $\frac{dS}{d\alpha_1}$ ne varie pas avec le temps, et reste constante pendant toute la durée du mouvement (III, § 57). Donc enfin $\frac{dS}{d\alpha_1} = \beta_1$ est une nouvelle intégrale du mouvement. On aura de même $\frac{dS}{d\alpha_1} = \beta_2$, et $\frac{dS}{d\alpha_3} = \beta_3$.

En résumé, le problème est ramené à intégrer l'équation (3), avec trois constantes arbitraires, α_1, α_2, α_3, non compris la constante additionnelle, et les intégrales de la question s'obtiendront ensuite : 1° en prenant les dérivées de la fonction S par rapport aux variables x, y, z, et en les égalant aux vitesses $\frac{dx}{dt}$ des coordonnées; 2° en prenant les dérivées de la fonction S par rapport aux arbitraires α_1, α_3, α_5, et en les égalant à de nouvelles constantes arbitraires β_1, β_2, β_3.

INTÉGRALE DES FORCES VIVES. — SIMPLIFICATION DE LA QUESTION DANS LE CAS OU CETTE INTÉGRALE EXISTE.

278. Dans le cas particulier où la fonction U ne contient pas le temps t, la question se simplifie. On peut alors considérer la fonction S comme linéaire

par rapport au temps, ce qui revient à mettre l'équation (4) sous la forme,

$$S = F(x,\ y,\ z,\ \alpha_1,\ \alpha_2) - Ct + C'.$$

Les dérivées partielles de S par rapport à t, à x, à y et à z, ne contiendront plus la variable t. Appelons Θ la fonction $F(x,\ y,\ z,\ \alpha_1,\ \alpha_2)$ qui est indépendante du temps, et remplaçons S par sa valeur dans l'équation (3) ; il viendra

$$- C + \frac{1}{2}\left[\left(\frac{d\Theta}{dx}\right)^2 + \left(\frac{d\Theta}{dy}\right)^2 + \left(\frac{d\Theta}{dz}\right)^2\right] = U,$$

ou bien

$$(5) \qquad \left(\frac{d\Theta}{dx}\right)^2 + \left(\frac{d\Theta}{dy}\right)^2 + \left(\frac{d\Theta}{dz}\right)^2 = 2(U + C).$$

Cette équation est une simple conséquence de l'équation des forces vives ; car le premier membre représente le carré de la vitesse du point mobile, et le second est, à une constante près, le double de la somme $\int(Xdx + Ydy + Zdz)$, ou du travail accompli par la force qui sollicite le point. On intégrera cette équation (5) ; l'intégrale générale exprimera Θ en fonction de x, y, z et de quatre constantes arbitraires, savoir α_1, α_2, C et la constante additionnelle C'. On donne à la fonction Θ le nom de *fonction caractéristique*. La dérivation de Θ par rapport à x, à y et à z, donnera les vitesses $\dfrac{dx}{dt}$, $\dfrac{dy}{dt}$, $\dfrac{dz}{dt}$, contenant les arbitraires α_1, α_2 et C ; la dérivation de Θ par rapport à α_1 et à α_2 fournira deux nouvelles intégrales. Pour avoir la sixième intégrale, on doit égaler à une constante la dérivée de S par rapport à C ; or cette dérivée est égale à $\dfrac{d\Theta}{dC} - t$: la dernière intégrale prend donc la forme $\dfrac{d\Theta}{dC} - t = \tau$, en appelant τ une nouvelle arbitraire. Cette dernière équation est la seule qui renferme le temps t.

APPLICATION AU MOUVEMENT D'UN POINT ATTIRÉ VERS UN CENTRE FIXE.

279. Supposons (fig. 149) que le point M soit attiré vers le point O par une force proportionnelle à l'inverse du carré de la distance OM ; la fonction des forces U sera indépendante du temps et inversement proportionnelle à la distance OM. Soit donc OM $= r$: nous aurons, en appelant A une constante donnée, $U = \dfrac{A}{r}$. La question est ramenée à chercher l'intégrale générale de l'équation aux dérivées partielles

$$(6) \qquad \left(\frac{d\Theta}{dx}\right)^2 + \left(\frac{d\Theta}{dy}\right)^2 + \left(\frac{d\Theta}{dz}\right)^2 = \frac{2A}{r} + 2C.$$

On y parvient aisément par un changement de variables, en passant des variables $x=$ OR, $y=$ RN, $z=$ NM, aux variables $r=$ OM, $\psi=$ angle MOZ, $\varphi=$ angle POX ; l'avantage de cette substitution résulte de ce que le second membre de l'équation ne contient que la variable r.

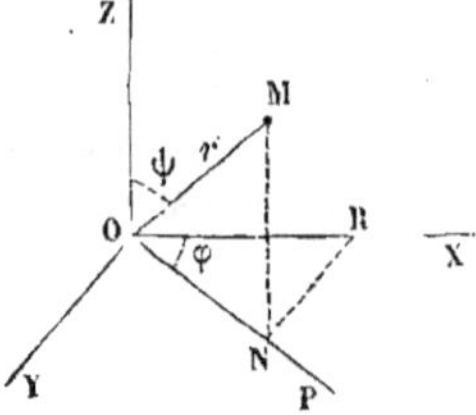

Fig. 148.

Il faut donc exprimer les dérivées partielles $\dfrac{d\Theta}{dx}$, $\dfrac{d\Theta}{dy}$, $\dfrac{d\Theta}{dz}$ en fonction des variables r, ψ et φ, et des dérivées partielles de Θ par rapport à ces nouvelles variables.

Or on passe des coordonnées r, ψ, φ aux coordonnées x, y, z, par les équations

$$x = r\sin\psi\cos\varphi,$$
$$y = r\sin\psi\sin\varphi,$$
$$z = r\cos\psi.$$

On en déduit en différentiant

$$dx = dr\sin\psi\cos\varphi + r\cos\psi\cos\varphi\, d\psi - r\sin\psi\sin\varphi\, d\varphi,$$
$$dy = dr\sin\psi\sin\varphi + r\cos\psi\sin\varphi\, d\psi + r\sin\psi\cos\varphi\, d\varphi,$$
$$dz = dr\cos\psi - r\sin\psi\, d\psi.$$

Résolvons par rapport à dr, $d\psi$, $d\varphi$; il vient, en multipliant la première par $\sin\psi\cos\varphi$, la seconde par $\sin\psi\sin\varphi$, la troisième par $\cos\psi$, et en ajoutant

$$dr = \sin\psi\cos\varphi\, dx + \sin\psi\sin\varphi\, dy + \cos\psi\, dz.$$

Multiplions la première par $\cos\psi\cos\varphi$, la seconde par $\cos\psi\sin\varphi$, la troisième par $-\sin\psi$, ajoutons, puis divisons par r :

$$d\psi = \frac{\cos\psi\cos\varphi\, dx + \cos\psi\sin\varphi\, dy - \sin\psi\, dz}{r}.$$

Enfin multiplions la première par $-\sin\varphi$, la seconde par $\cos\varphi$, et ajoutons les deux équations ; il viendra, en divisant par $r\sin\psi$,

$$d\varphi = \frac{\cos\varphi\, dy - \sin\varphi\, dx}{r\sin\psi}.$$

Ces relations vont nous servir à exprimer les anciennes dérivées partielles en fonction des nouvelles variables. On a en effet identiquement

$$\frac{d\Theta}{dx}dx + \frac{d\Theta}{dy}dy + \frac{d\Theta}{dz}dz = \frac{d\Theta}{dr}dr + \frac{d\Theta}{d\psi}d\psi + \frac{d\Theta}{d\varphi}d\varphi.$$

Remplaçons dr, $d\psi$, $d\varphi$ par leurs valeurs en dx, dy, dz, puis identifions les multiplicateurs de ces derniers accroissements, qui doivent rester arbitraires ; nous aurons

$$\frac{d\Theta}{dx} = \sin\psi\cos\varphi\,\frac{d\Theta}{dr} + \frac{\cos\psi\cos\varphi}{r}\,\frac{d\Theta}{d\psi} - \frac{\sin\varphi}{r\sin\psi}\,\frac{d\Theta}{d\varphi},$$

$$\frac{d\Theta}{dy} = \sin\psi\sin\varphi\,\frac{d\Theta}{dr} + \frac{\cos\psi\sin\varphi}{r}\,\frac{d\Theta}{d\psi} + \frac{\cos\varphi}{r\sin\psi}\,\frac{d\Theta}{d\varphi},$$

$$\frac{d\Theta}{dz} = \cos\psi\,\frac{d\Theta}{dr} - \frac{\sin\psi}{r}\,\frac{d\Theta}{d\psi}.$$

Élevons au carré chacune de ces équations, puis ajoutons et substituons dans l'équation (6) :

$$(7)\qquad \left(\frac{d\Theta}{dr}\right)^2 + \frac{1}{r^2}\left(\frac{d\Theta}{d\psi}\right)^2 + \frac{1}{r^2\sin^2\psi}\left(\frac{d\Theta}{d\varphi}\right)^2 = \frac{2A}{r} + 2C.$$

Les doubles produits qui proviennent de l'élévation au carré se détruisent dans la somme.

280. On intègre cette équation en observant que Θ peut être considéré comme la somme de trois fonctions d'une seule variable chacune, savoir une fonction de r, une fonction de ψ et une fonction de φ. Posons en effet

$$\Theta = R + \Psi + \Phi,$$

R étant une fonction de la variable unique r, Ψ une fonction de la variable ψ, et Φ une fonction de la variable φ. Les accents désignant les dérivées de chacune de ces fonctions par rapport à la variable qu'elle contient, l'équation (7) devient

$$R'^2 + \frac{1}{r^2}\Psi'^2 + \frac{1}{r^2\sin^2\psi}\Phi'^2 = \frac{2A}{r} + 2C.$$

On satisfait aux conditions en posant les équations suivantes, où H et G désignant des constantes arbitraires

$$\Phi' = H,$$

$$\Psi'^2 + \frac{H^2}{\sin^2\psi} = G^2,$$

$$R'^2 + \frac{G^2}{r^2} = \frac{2A}{r} + 2C,$$

équations différentielles qui contiennent chacune une variable unique. On en déduit, en indiquant seulement les quadratures, prises à partir de limites que nous définirons plus tard :

$$\Phi = H\varphi,$$

$$\Psi = \int_0^\psi \sqrt{G^2 - \frac{H^2}{\sin^2\psi}}\,d\psi,$$

$$R = \int_{r_0}^r \sqrt{-\frac{G^2}{r^2} + \frac{2A}{r} + 2C}\,dr.$$

La fonction Θ est formée par l'addition de ces trois fonctions, et l'on a

$$(8) \qquad \Theta = \mathrm{H}\varphi + \int_0^\psi \sqrt{\mathrm{G}^2 - \frac{\mathrm{H}^2}{\sin^2\psi}}\, d\psi + \int_{r_0}^r \sqrt{-\frac{\mathrm{G}^2}{r^2} + \frac{2\mathrm{A}}{r} + 2\mathrm{C}}\, dr.$$

Il est inutile d'ajouter une constante C', qui n'influerait pas sur la solution du problème proposé. La fonction Θ une fois trouvée, on reviendra aux anciennes variables x, y, z e la solution sera contenue dans le tableau suivant :

$$(9) \quad \left\{ \begin{aligned} \frac{dx}{dt} &= \frac{d\Theta}{dx}, \\ \frac{dy}{dt} &= \frac{d\Theta}{dy}, \\ \frac{dz}{dt} &= \frac{d\Theta}{dz}, \end{aligned} \right. \qquad\qquad (10) \quad \left\{ \begin{aligned} \frac{d\Theta}{d\mathrm{H}} &= h, \\ \frac{d\Theta}{d\mathrm{G}} &= g, \\ \frac{d\Theta}{d\mathrm{C}} &= t + \tau, \end{aligned} \right.$$

h, g, τ étant trois nouvelles constantes.

281. Nous allons développer cette solution en cherchant la signification des constantes.

On a d'abord, en prenant les dérivées de Θ par rapport aux variables φ, ψ et r,

$$(11) \quad \left\{ \begin{aligned} \frac{d\Theta}{d\varphi} &= \mathrm{H}, \\ \frac{d\Theta}{d\psi} &= \sqrt{\mathrm{G}^2 - \frac{\mathrm{H}^2}{\sin^2\psi}}, \\ \frac{d\Theta}{dr} &= \sqrt{-\frac{\mathrm{G}^2}{r^2} + \frac{2\mathrm{A}}{r} + 2\mathrm{C}}, \end{aligned} \right.$$

et par conséquent :

$$\frac{dx}{dt} = \frac{d\Theta}{dx}$$
$$= \sin\psi\cos\varphi \sqrt{-\frac{\mathrm{G}^2}{r^2} + \frac{2\mathrm{A}}{r} + 2\mathrm{C}} + \frac{\cos\psi\cos\varphi}{r} \sqrt{\mathrm{G}^2 - \frac{\mathrm{H}^2}{\sin^2\varphi}} - \frac{\mathrm{H}\sin\varphi}{r\sin\psi},$$

$$\frac{dy}{dt} = \frac{d\Theta}{dy}$$
$$= \sin\psi\sin\varphi \sqrt{-\frac{\mathrm{G}^2}{r^2} + \frac{2\mathrm{A}}{r} + 2\mathrm{C}} + \frac{\cos\psi\sin\varphi}{r} \sqrt{\mathrm{G}^2 - \frac{\mathrm{H}^2}{\sin^2\varphi}} + \frac{\mathrm{H}\cos\varphi}{r\sin\psi},$$

$$\frac{dz}{dt} = \frac{d\Theta}{dz}$$
$$= \cos\psi \sqrt{-\frac{\mathrm{G}^2}{r^2} + \frac{2\mathrm{A}}{r} + 2\mathrm{C}} - \frac{\sin\psi}{r} \sqrt{\mathrm{G}^2 - \frac{\mathrm{H}^2}{\sin^2\psi}}.$$

De ces équations on tire, en élevant au carré et en ajoutant,

$$\left(\frac{dx}{dt}\right)^2 + \left(\frac{dy}{dt}\right)^2 + \left(\frac{dz}{dt}\right)^2 = \frac{2\mathrm{A}}{r} + 2\mathrm{C},$$

c'est-à-dire l'équation des forces vives, qui définit la constante C d'après la vitesse initiale et la distance initiale du mobile au centre d'attraction.

Multiplions la première équation par y dans le premier membre, et par $r \sin \psi \sin \varphi$ dans le second ; la seconde par x dans le premier membre, et par $r \sin \psi \cos \varphi$ dansi e second ; il vient, en retranchant la seconde de la première,

$$\frac{xdy - ydx}{dt} = \mathrm{H},$$

équation qui définit la constante H comme le double de la vitesse aréolaire en projection sur le plan XOY.

Pour définir la constante G, formons de même les équations des aires en projection sur les plans YOZ, ZOX ; il viendra

$$\frac{ydz - zdy}{dt} = - \sin \varphi \sqrt{\mathrm{G}^2 - \frac{\mathrm{H}^2}{\sin^2 \psi}} - \mathrm{H} \cos \varphi \cot \psi,$$

$$\frac{zdx - xdz}{dt} = + \cos \varphi \sqrt{\mathrm{G}^2 - \frac{\mathrm{H}^2}{\sin^2 \psi}} - \mathrm{H} \sin \varphi \cot \psi.$$

Élevons au carré, puis ajoutons les trois équations des aires ; nous aurons

$$\frac{(xdy - ydx)^2 + (ydz - zdy)^2 + (zdx - xdz)^2}{dt^2}$$

$$= \mathrm{G}^2 - \frac{\mathrm{H}^2}{\sin^2 \psi} + \mathrm{H}^2(1 + \cot^2 \psi) = \mathrm{G}^2.$$

Le premier membre représente le carré du double de la vitesse aréolaire du mobile dans le plan de la trajectoire, et l'équation exprime que cette quantité est constante et égale à G^2.

Les trois premières constantes C, H, G ont donc les significations suivantes : C est la constante des forces vives, H le double de la vitesse de l'aire décrite autour de l'origine en projection sur le plan XOY, et G la quantité analogue dans le plan où le mouvement s'effectue.

282. Il reste à chercher la signification des constantes h, g et τ.

Reportons-nous pour cela aux équations (8) et (10). Il vient, en prenant la dérivée par rapport à la constante H,

$$\frac{d\Theta}{d\mathrm{H}} = h = \varphi - \int_0^\psi \frac{\dfrac{\mathrm{H}d\psi}{\sin^2 \psi}}{\sqrt{\mathrm{G}^2 - \dfrac{\mathrm{H}^2}{\sin^2 \psi}}} = \varphi + \arcsin \frac{\mathrm{H} \cot \psi}{\sqrt{\mathrm{G}^2 - \mathrm{H}^2}},$$

d'où résulte

$$(12) \qquad \mathrm{H} \cot \psi = \sqrt{\mathrm{G}^2 - \mathrm{H}^2} \sin (h - \varphi) = - \sqrt{\mathrm{G}^2 - \mathrm{H}^2} \sin (\varphi - h).$$

Le radical peut être pris dans cette équation avec le signe $+$ ou avec le signe —. Si l'on y fait $\varphi = h$, on en déduit $\cot \psi = 0$, et $\psi = \dfrac{\pi}{2}$, ce qui montre que pour $\varphi = h$ le mobile se trouve dans le plan XOY. Donc h est l'angle que fait avec l'axe OX la droite suivant laquelle le plan de la trajectoire coupe ce plan coordonné.

Le plan de la trajectoire fait avec le plan XOY un angle dont le cosinus est égal à $\dfrac{H}{G}$. En effet Hdt est le double de l'aire décrite par le rayon vecteur du mobile projeté sur le plan XOY, et Gdt est le double de l'aire décrite dans le plan de la trajectoire. Donc

$$Hdt = Gdt \times \cos \omega,$$

ou bien

$$\cos \omega = \frac{H}{G},$$

en appelant ω l'angle du plan BOA dans lequel s'effectue le mouvement, avec le plan OAY (fig. 150). On en déduit

$$\tan \omega = \pm \frac{\sqrt{G^2 - H^2}}{H},$$

et en substituant dans l'équation (12),

$$\cot \psi = \pm \tan \omega \times \sin (\varphi - h)$$

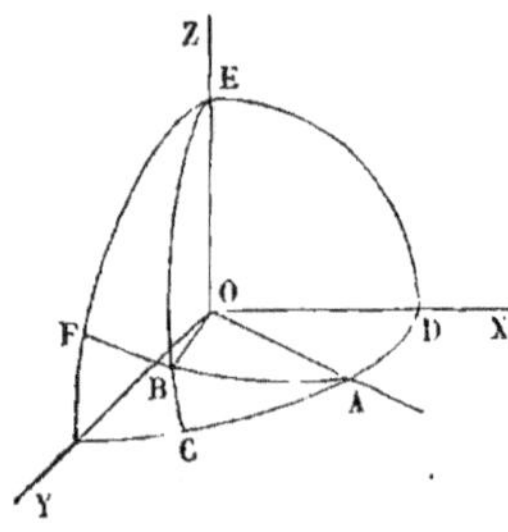

Fig. 149.

Cette relation peut s'établir directement. Du point O comme centre, décrivons une sphère ayant pour rayon l'unité; soit B à un certain instant la projection du mobile sur la sphère; nous aurons $BE = \psi$, $CD = \varphi$. Soit OA la trace du plan de la trajectoire; l'arc AD est égal à h, et l'angle BAC à ω. Cela posé, le triangle BCA rectangle en C donne l'égalité

$$\tan BC = \sin AC \times \tan BAC,$$

ou bien

$$\cot \psi = \sin (\varphi - h) \tan \omega.$$

Cette équation fixe le signe qu'on doit attribuer au radical $\sqrt{G^2 - H^2}$. En effet, l'angle ω doit être pris positivement ou négativement, suivant que pour les valeurs croissantes de φ à partir de $\varphi = h$, l'angle ψ est lui-même décroissant ou croissant. Dans le premier cas, le plan de la trajectoire s'élève au-dessus du plan XOY; dans le second il s'abaisse au-dessous; par conséquent dans le premier cas, on devra changer le signe de $\sqrt{G^2 - H^2}$ dans l'équation (12), et poser

$$(13) \qquad H \cot \psi = \sqrt{G^2 - H^2} \sin(\varphi - h).$$

On conserverait l'équation (12) si la trajectoire s'abaissait au-dessous du plan XOY dans le sens des angles φ croissants.

Prenons ensuite la dérivée de l'équation (8) par rapport à G, et égalons à g. Il vient

$$\frac{d\Theta}{dG} = g = \int_0^\psi \frac{G\, d\psi}{\sqrt{G^2 - \dfrac{H^2}{\sin^2 \psi}}} + \int_{r_0}^r \frac{-\dfrac{G}{r^2}\, dr}{\sqrt{-\dfrac{G^2}{r^2} + \dfrac{2A}{r} + 2C}},$$

ou bien, en faisant les intégrations,

$$(14) \qquad g = \arccos\left(\frac{G \cos \psi}{\sqrt{G^2 - H^2}}\right) - \arccos \frac{\dfrac{G^2}{Ar} - 1}{\sqrt{1 + \dfrac{2CG^2}{A^2}}}.$$

Les radicaux sont pris positivement. Il est inutile de tenir compte des limites inférieures des intégrales définies qui fourniraient des termes constants, lesquels se fondraient avec la constante g.

Pour interpréter ce résultat, reportons-nous à la figure, et observons que $\sin \omega = \dfrac{\sqrt{G^2 - H^2}}{G}$, et que $\cos \psi = \sin BC$. Donc $\dfrac{G \cos \psi}{\sqrt{G^2 - H^2}} = \dfrac{\sin BC}{\sin BAC}$.

La proportion des sinus appliquée au triangle rectangle BCA donne $\dfrac{\sin BC}{\sin BAC} = \dfrac{\sin AB}{1}$. Donc le premier terme de l'intégrale (14) est égal à

$$\arccos(\sin AB) = \frac{\pi}{2} - AB.$$

Appelons ζ l'arc AB, décrit par le rayon vecteur dans le plan de la trajectoire à partir de la trace OA ; faisons de plus entrer la constante $\dfrac{\pi}{2}$ dans la constante g, en posant $g' = \dfrac{\pi}{2} - g$. L'équation (14) devient

$$\arccos \frac{\dfrac{G^2}{Ar} - 1}{\sqrt{1 + \dfrac{2CG^2}{A^2}}} = g' - \zeta,$$

ou, en prenant les cosinus des deux membres et en résolvant par rapport à r,

$$(15 \qquad r = \frac{\dfrac{G^2}{A}}{1 + \sqrt{1 + \dfrac{2CG^2}{A^2}}\, \cos(\zeta -}$$

équation polaire d'une courbe du second ordre, rapportée dans le plan BOA au pôle O et à l'axe polaire OA. $\dfrac{G^2}{A}$ est le paramètre, et $\sqrt{1 + \dfrac{2CG^2}{A^2}}$ l'excentricité de la courbe. La forme de la courbe dépend uniquement du signe de la quantité $\dfrac{2CG^2}{A^2}$, c'est-à-dire, en définitive, du signe de C. Si C est négatif, l'équation (15) représente une ellipse ; si $C = 0$, une parabole ; si enfin C est positif, une hyperbole. Le minimum de r est, dans tous les cas, fourni par la plus grande valeur du dénominateur, et correspond à $\zeta = g'$; appelons r_0 cettevaleur ; il viendra

$$r_0 = \frac{\dfrac{G^2}{A}}{1 + \sqrt{1 + \dfrac{2CG^2}{A^2}}},$$

de sorte que g' est la valeur de ζ qui correspond à la moindre distance du mobile au point O, et r_0 la valeur de cette moindre distance.

283. Venons enfin à la détermination de la constante τ. Nous aurons pour céla à prendre dans l'équation (8) la dérivée de Θ par rapport à la constante C, et à égaler cette dérivée à la somme $t + \tau$. Ici il faut observer que la limite inférieure, r_0, de l'intégrale dans laquelle figure le paramètre C, est elle-même fonction de ce paramètre, de sorte que l'on doit poser, en différentiant par rapport à cette limite,

$$\frac{d\Theta}{dC} = t + \tau = \int_{r_0}^{r} \frac{dr}{\sqrt{-\dfrac{G^2}{r^2} + \dfrac{2A}{r} + 2C}} - \sqrt{-\dfrac{G^2}{r_0^2} + \dfrac{2A}{r_0} + 2C}\;\frac{dr_0}{dC}.$$

Mais de l'équation (15) on tire en général

$$\sqrt{-\frac{G^2}{r^2} + \frac{2A}{r} + 2C} = \frac{1}{G}\sqrt{A^2 + 2CG^2}\sin(\zeta - g'),$$

et comme on a $r = r_0$ pour $\zeta = g'$, le facteur par lequel est multipliée la dérivée $\dfrac{dr_0}{dC}$ est nul de lui-même. On a donc simplement

$$t + \tau = \int_{r_0}^{r} \frac{dr}{\sqrt{-\dfrac{G^2}{r^2} + \dfrac{2A}{r} + 2C}},$$

ou, en effectuant l'intégration,

$$(16) \qquad t + \tau = \frac{1}{2C}\sqrt{-G^2 + 2Ar + 2Cr^2} - \frac{A}{2C\sqrt{-2C}}\arccos\frac{2Cr + A}{\sqrt{2CG^2 + A^2}}.$$

Si l'on différentie, on trouve en effet

$$\frac{1}{2C} \frac{(A + 2Cr)\,dr}{\sqrt{-G^2 + 2Ar + 2Cr^2}} + \frac{A}{2C\sqrt{-2C}} \frac{\dfrac{2C\,dr}{\sqrt{2CG^2 + A^2}}}{\sqrt{1 - \dfrac{(2Cr + A)^2}{2CG^2 + A^2}}}$$

$$= \frac{A\,dr}{2C\sqrt{-G^2 + 2Ar + 2Cr^2}} + \frac{2CA}{2C\sqrt{-2C}\sqrt{-2C}} \frac{dr}{\sqrt{-G^2 + 2Ar + 2Cr^2}}$$

$$+ \frac{dr}{\sqrt{-\dfrac{G^2}{r^2} + \dfrac{2A}{r} + 2C}} = \frac{dr}{\sqrt{-\dfrac{G^2}{r^2} + \dfrac{2A}{r} + 2C}}.$$

L'équation (16) donne immédiatement $t + \tau$ sous forme réelle si $\sqrt{-2C}$ est réel, ou si C est négatif ; on sait qu'alors la trajectoire est une ellipse. Si C était positif, $\sqrt{-2C}$ serait imaginaire de la forme $\beta\sqrt{-1}$; mais en même temps $\dfrac{2Cr + A}{\sqrt{2CG^2 + A^2}}$ serait un nombre supérieur à l'unité, et l'arc correspondant à ce cosinus étant un nombre imaginaire de la même forme, le rapport ne contiendrait plus $\sqrt{-1}$; on pourrait d'ailleurs éviter les imaginaires en introduisant les logarithmes au lieu de l'arc cosinus. Nous nous bornerons ici à développer les calculs dans l'hypothèse de la trajectoire elliptique.

Posons

$$(17) \qquad \cos u = \frac{2Cr + A}{\sqrt{2CG^2 + A^2}},$$

on en déduit

$$\sin u = \sqrt{1 - \frac{(2Cr + A)^2}{2CG^2 + A^2}} = \sqrt{\frac{-2C}{2CG^2 + A^2}} \sqrt{-G^2 + 2Ar + 2Cr^2},$$

et, substituant dans (16),

$$t + \tau = \frac{\sqrt{2CG^2 + A^2}}{2C\sqrt{-2C}} \sin u - \frac{A}{2C\sqrt{-2C}} u,$$

ou enfin

$$(18) \qquad u - \sqrt{1 + \frac{2CG^2}{A^2}} \sin u = \frac{(-2C)^{\frac{3}{2}}}{A}(t + \tau).$$

Si dans l'équation (18) on fait $u = 0$, on a $t = -\tau$.

La constante τ prise négativement est donc la valeur du temps pour laquelle la variable u se réduit à zéro.

Connaissant u en fonction du temps t, on déduira les valeurs de r de l'équation (17), puis l'équation (15) fera connaître l'angle ζ, qui achève de définir la position du mobile.

On peut remarquer que $\sqrt{1+\dfrac{2CG^2}{A^2}}$ est l'excentricité relative de l'ellipse, et que le demi grand axe de la courbe est égal à la demi-somme

$$\frac{1}{2}\left(\frac{\dfrac{G^2}{A}}{1+\sqrt{1+\dfrac{2CG^2}{A^2}}}+\frac{\dfrac{G^2}{A}}{1+\sqrt{1-\dfrac{2CG^2}{A^2}}}\right)=\frac{A}{-2C}.$$

Appelons c l'excentricité et a le demi grand axe; l'équation (18) deviendra

$$(19)\qquad u-e\sin u=\sqrt{A}\,\frac{t+\tau}{\sqrt{a^3}}.$$

Il reste à exprimer les variables r et ζ en fonction de la variable auxiliaire u. Or on a, en résolvant l'équation (17) par rapport à r,

$$(20)\qquad r=-\frac{A}{2C}+\frac{\sqrt{2CG^2+A^2}}{2C}\cos u$$

$$=\frac{A}{-2C}\left(1-\sqrt{1+\frac{2CG^2}{A^2}}\cos u\right)=a(1-c\cos u).$$

Pour avoir une relation entre ζ et u, reportons-nous à l'équation (15), d'où nous avons déjà déduit

$$\sin(\zeta-g')=\frac{\sqrt{-\dfrac{G^2}{r^2}+\dfrac{2A}{r}+2C}}{\dfrac{1}{G}\sqrt{A^2+2CG^2}},$$

et à l'équation (17), d'où nous avons tiré

$$\sin u=\sqrt{\frac{-2C}{2CG^2+A^2}}\,\sqrt{-G^2+2Ar+2Cr}.$$

Multiplions la première de ces deux équations par r, la seconde par a, et divisons ensuite la première par la seconde. Il viendra

$$\frac{r\sin(\zeta-g')}{2\sin u}=\frac{G}{a\sqrt{-2C}}=\frac{\dfrac{G^2}{A}}{a\sqrt{\dfrac{-2CG^2}{A^2}}}.$$

Or $\dfrac{G^2}{A}$ est le paramètre de l'ellipse, ou l'ordonnée au foyer, ou enfin

$\dfrac{b^2}{a}$, en appelant b le demi petit axe ; $-\dfrac{2CG^2}{A^2}$ est égal à $1 - e^2$. Donc enfin

$$\frac{\dfrac{G^2}{A}}{\sqrt{-\dfrac{2CG^2}{A^2}}} = \frac{\left(\dfrac{b^2}{a}\right)}{\sqrt{1 - e^2}} = \frac{b^2}{a\sqrt{1 - e^2}} = b,$$

et par conséquent

$$(21) \qquad \frac{r\sin(\zeta - g')}{a\sin u} = \frac{b}{a}.$$

284. Soit AA′ le grand axe, O le foyer, C le centre de l'ellipse décrite par le mobile. Pour une quelconque de ses positions M, on a $OM = r$ et $MOA = \zeta - g'$. Donc

$$MP = r\sin(\zeta - g').$$

Sur AA′ comme diamètre, décrivons une circonférence et prolongeons l'ordonnée PM jusqu'à la rencontre de cette circonférence en N. On sait que le rapport $\dfrac{PM}{PN}$ est constant et égal à $\dfrac{b}{a}$ b étant le demi petit axe de l'ellipse.

L'ordonnée du cercle $PN = CN\sin NCA = a\sin NCA$, et par suite $u = NCA$.

L'angle u est compté à partir du grand axe CA, dans le sens du mouvement, autour du centre de l'ellipse. Les angles $\zeta - g'$ et u passent à la fois par les valeurs 0, π, 2π, 3π, ...; ils ne diffèrent que pour les valeurs intermédiaires. L'équation (19) donne l'angle u en fonction du temps t; l'équation (20) fait ensuite connaître le rayon $r = OM$, et l'équation (21) l'angle $\zeta - g' = MOA$.

On peut remarquer que l'équation (20) a une interprétation géométrique. La demi-distance des foyers, OC, est égale à ae. D'ailleurs $CN = a$, et l'angle OCN est égal à u. Projetons le point O en D sur le rayon CN. Nous aurons $CD = CO\cos u = ae\cos u$. Donc

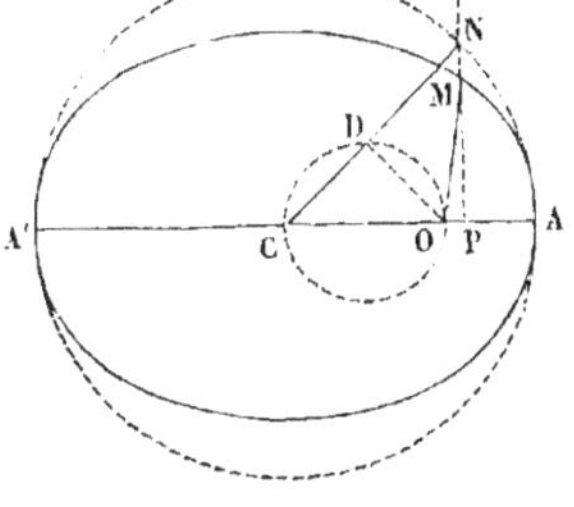

Fig. 150.

$DN = a(1 - e\cos u)$, et $DN = r = OM$. Le point D est situé sur une circonférence décrite sur CO comme diamètre ; de sorte que les rayons vecteurs OM, issus du foyer O, sont respectivement égaux aux segments DN interceptés entre les deux circonférences OC et AA′, sur les rayons correspondants CN, issus du centre C.

Pour trouver à un instant donné la position du mobile sur l'ellipse, on a à résoudre l'équation transcendante

$$(22) \qquad u - e\sin u = \sqrt{A}\,\frac{t + \tau}{\sqrt{a^3}},$$

qu'on peut écrire plus simplement

$$(23) \qquad u - c\sin u = nt + \alpha,$$

en appelant n le *moyen mouvement* du mobile autour du centre d'attraction, c'est-à-dire le quotient de la division de 2π par la durée T d'une révolution entière. Augmentons en effet l'angle u de 2π dans l'équation (19), et soit T la durée de la révolution. On aura à la fois

$$u - e\sin u = \sqrt{A}\,\frac{t + \tau}{\sqrt{a^3}}$$

et

$$u + 2\pi - e\sin u = \sqrt{A}\,\frac{t + T + \tau}{\sqrt{a^3}};$$

donc, en retranchant,

$$2\pi = \frac{T\sqrt{A}}{\sqrt{a^3}}.$$

Il en résulte

$$\frac{2\pi}{T} = n = \sqrt{\frac{A}{a^3}}.$$

Le moyen mouvement n et le demi grand axe a sont donc liés ensemble par l'équation

$$n^2 a^3 = A.$$

Faisant de plus $\dfrac{\tau \times \sqrt{A}}{\sqrt{a^3}} = n\tau = \alpha$, on parvient à l'équation (23). La constante α serait nulle si l'on comptait le temps à partir de l'instant où e mobile passe au sommet A de l'ellipse.

285. Pour résoudre cette équation, on peut employer une méthode géométrique.

Sur une droite indéfinie xy faisons rouler une circonférence aa' de rayon oa égal à l'unité. Le point p de cette circonférence décrira une cycloïde qpr; nous représentons seulement l'arc compris entre le point de rebroussement q et le sommet r de cette courbe.

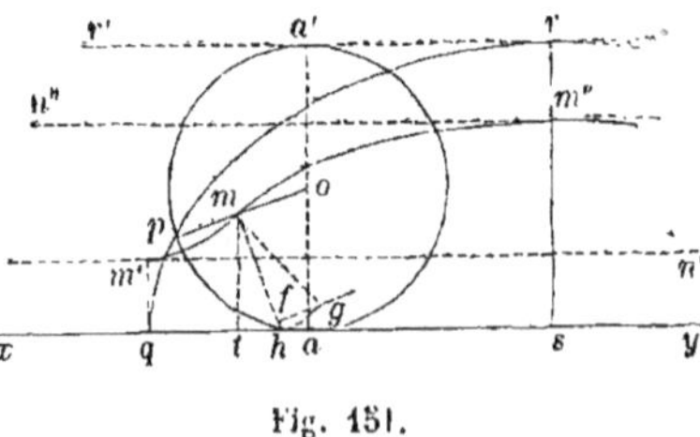

Fig. 151.

Considérons un second point m, placé sur le rayon op, à une distance $om = e$. Ce point décrira dans le mouvement du cercle une cycloïde allongée $m'mm''$, toute entière comprise entre les parallèles $m'n'$, $n''m''$; l'arc $m'mm''$ se prolongerait au delà du point m'' par un arc symétrique par rapport à la droite rs, puis l'ensemble de ces deux arcs se répéterait indéfiniment comme les arcs successifs de la cycloïde elle-même.

Cherchons les coordonnées du point décrivant m en fonction de l'angle $poa = u$, dont le cercle tourne pendant que le point p décrit l'arc qp, et que le point m décrit l'arc $m'm$; comptons les abscisses x à partir du point q sur l'axe xy, et les ordonnées y à partir du même axe sur des perpendiculaires. Nous aurons

$$x = qt = qa - ta = \operatorname{arc} ap - ta = u - om \times \sin u = u - e \sin u,$$
$$y = mt = oa - om \cos u = 1 - e \cos u.$$

Comparons ces équations aux équations (23) et (20). Nous en déduirons les relations

$$nt + \alpha = x,$$
$$\frac{r}{a} = y.$$

La courbe cycloïdale $m'mm''$ une fois construite, on aura la valeur de u en fonction de t en coupant cette courbe par une verticale ayant pour abscisse $nt + \alpha$, ou simplement nt, si l'on convient de compter le temps à partir de l'époque du passage du mobile au point A, auquel sur l'épure correspond le point q. D'après l'inspection seule de la courbe, à chaque valeur du temps correspondra une valeur réelle pour l'angle $u = poa$, et une seule. L'ordonnée y correspondante fera connaître la valeur correspondante du rapport $\frac{r}{a}$.

Une construction simple donne sur la même figure l'angle $\zeta - g'$. On a en effet (21)

$$\frac{r \sin (\zeta - g')}{a \sin u} = \frac{b}{a} = \sqrt{1 - e^2}.$$

Au point m élevons sur op une perpendiculaire mf, et prolongeons-la jusqu'à la rencontre en h avec la droite xy. Prenons $mf = \sqrt{1 - e^2}$. On a dans le triangle mth

$$mt = mh \times \sin mht = mh \sin u,$$

ou bien

$$y = \frac{r}{a} = mh \sin u.$$

Donc

$$\frac{r}{a \sin u} = mh.$$

Substituant dans (21), il vient la relation

$$mh \sin (\zeta - g') = mf.$$

Au point f élevons donc sur mf une perpendiculaire fq, et coupons cette perpendiculaire par un arc de cercle décrit du point m comme centre avec mh pour rayon. L'angle fmg sera le complément de $\zeta - g'$.

La résolution de l'équation transcendante $u - c\sin u = nt + \alpha$ a exercé les analystes ; la *série de Lagrange* permet, lorsque c est inférieur à une certaine limite, d'exprimer u en fonction de t par une série convergente. Si e est très-petit, on peut trouver u en fonction de t par approximations successives, conformément au tableau suivant, qu'on peut prolonger aussi loin qu'on voudra :

$$u_1 = nt + \alpha,$$
$$u_2 = nt + \alpha + c\sin u_1 = nt + \alpha + c\sin(nt + \alpha),$$
$$u_3 = nt + \alpha + c\sin u_2 = nt + \alpha + c\sin[(nt + \alpha) + c\sin(nt + \alpha)].$$
$$\vdots$$
$$u_n = nt + \alpha + c\sin u_{n-1}.$$

286. Cherchons enfin à exprimer la fonction Θ en fonction de la variable u. Pour cela, il suffirait de se reporter à l'équation (8), et de remplacer les variables φ, ψ et r par leurs valeurs en fonction de u. Mais il est plus simple de procéder comme il suit.

Nous avons

$$\frac{d\Theta}{dx} = \frac{dx}{dt},$$
$$\frac{d\Theta}{dy} = \frac{dy}{dt},$$
$$\frac{d\Theta}{dz} = \frac{dz}{dt}.$$

Multiplions la première par dx, la seconde par dy, la troisième par dz et ajoutons. Il viendra

$$d\Theta = \frac{dx^2 + dy^2 + dz^2}{dt^2}\, dt = V^2 dt$$

en appelant V la vitesse.

Mais l'équation des forces vives nous donne

$$V^2 = \frac{2A}{r} + 2C.$$

Donc enfin

$$d\Theta = \frac{2A\,dt}{r} + 2C\,dt.$$

Cela posé,

$$u - c\sin u = nt + \alpha,$$

donc

$$du(1 - e\cos u) = n\,dt.$$

D'ailleurs

$$r = a(1 - e\cos u).$$

Substituant ces valeurs dans l'équation en $d\Theta$, il vient

$$d\Theta = \frac{2A\,du\,(1 - e\cos u)}{na\,(1 - e\cos u)} + \frac{2C du\,(1 - e\cos u)}{n\cdot}$$

$$= \frac{2A}{na}\,du + \frac{2C}{n}\,(1 - e\cos u)\,du.$$

Mais $A = n^2 a^3$, et $\dfrac{A}{-2C} = a$. Donc

$$2C = -\frac{A}{a} = -n^2 a^2,$$

et enfin

$$d\Theta = 2na^2 du - na^2(1 - e\cos u)\,du = na^2 du + na^2 e\cos u\,du.$$

On en déduit en intégrant

$$(24) \qquad \Theta = na^2(u - u_0) + na^2 e(\sin u - \sin u_0),$$

u_0 étant une valeur arbitraire.

287. La solution que nous venons de développer trouve son application dans la Mécanique céleste, lorsqu'on cherche le mouvement relatif d'une planète unique autour du soleil.

La constante A est alors égale à $f\mu$, f étant l'attraction de l'unité de masse sur l'unité de masse à une distance égale à l'unité de longueur, et μ la somme des masses du soleil et de la planète. Le plan XOY (fig. 150) est le *plan fixe*; l'axe OX, la *droite fixe*;

L'angle φ mesure la *longitude relative au plan fixe*;

l'angle ψ est la *colatitude*;

la distance r est le *rayon vecteur*;

Le plan AB, dans lequel s'effectue le mouvement, est le *plan de l'orbite*;

L'angle $\omega = $ BAC est l'*inclinaison* de l'orbite;

La droite OA est la *ligne des nœuds*;

L'angle $h = $ XOA est la *longitude du nœud*;

Le sommet de l'ellipse le plus voisin du point O est le *périhélie* de la planète.

L'angle $g' = \dfrac{\pi}{2} - g$ est la *longitude du périhélie* comptée dans le plan de l'orbite à partir de la ligne des nœuds.

La distance r_0 est la distance de la planète au soleil, à son passage au périhélie.

La constante $-\tau$ est la valeur du temps qui correspond au passage de la planète au périhélie.

L'angle u est l'*anomalie excentrique*.

L'angle $(\zeta - g')$ est l'*anomalie vraie*.

A la place de l'angle constant α, on peut mettre une différence $\varepsilon - g'$; l'équation

$$u - e \sin u = nt + \alpha$$

devient

$$u - e \sin u = nt + \varepsilon - g'.$$

L'angle u est compté dans le plan de l'orbite à partir du grand axe de la trajectoire, ou du rayon qui va au périhélie. Pour $t = 0$, on aura $\varepsilon = g' + u_0 - e \sin u_0$, et abstraction faite du terme correctif $e \sin u_0$, $\varepsilon = g' + u_0$. Or g' est l'angle compris entre le rayon du périhélie et la ligne des nœuds : ε représente donc la *longitude moyenne* correspondante à $t = 0$, ou, comme on dit en astronomie, la *longitude moyenne de l'époque*. La somme $nt + \varepsilon$ est la *longitude moyenne* de la planète à l'instant t. En général, lorsqu'une quantité variable en fonction du temps est exprimée par une série de sinus et de cosinus des multiples du temps t, chaque terme de la série constitue une *inégalité*, et les termes en dehors des signes sinus et cosinus forment la *valeur moyenne* de la fonction variable.

MOUVEMENT D'UN POINT ATTIRÉ PAR DEUX CENTRES FIXES.

288. Le problème du mouvement d'un point matériel attiré simultanément par deux centres fixes, proportionnellement aux masses des centres d'attraction et à l'inverse du carré des distances, a été résolu pour la première fois par Euler, à l'aide d'un choix convenable de coordonnées. La solution qu'il a donnée est rapportée par Legendre dans le premier volume du traité des *Fonctions elliptiques*, et nous renverrons le lecteur à cet ouvrage, où elle est exposée dans tous ses détails. Nous nous bornerons ici à faire voir comment le problème peut être mis en équation par la méthode de Jacobi.

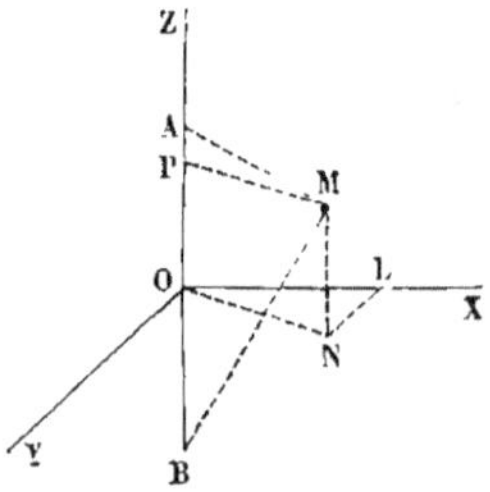

Soient A et B les deux centres d'attraction; prenons la droite AB pour axe des z, et fixons l'origine O au milieu de la distance AB, que nous représenterons par $2a$. L'axe des x et l'axe des y seront deux droites rectangulaires élevées au point O perpendiculairement à la droite AB.

Nous représenterons par A et B des quantités données, proportionnelles aux masses attribuées aux points A et B. Soit M le point attiré.

Fig. 152.

Faisons $MA = r$, $MB = s$; la fonction des forces U pourra s'exprimer par la somme

$$U = \frac{A}{r} + \frac{B}{s}.$$

Les coordonnées du point M attiré sont

$$OL = x, \quad LN = y, \quad NM = z,$$

et la recherche des équations du mouvement est ramenée à l'intégration de l'équation aux dérivées partielles :

$$\left(\frac{d\Theta}{dx}\right)^2 + \left(\frac{d\Theta}{dy}\right)^2 + \left(\frac{d\Theta}{dz}\right)^2 = \frac{2A}{r} + \frac{2B}{s} + 2C,$$

C étant la constante arbitraire de l'équation des forces vives.

Nous transformerons cette équation en prenant d'autres variables, savoir :

L'angle φ du plan AMB avec le plan fixe ZOX ;

La distance $MP = ON$ du point M à l'axe OZ : nous la représenterons par h ;

Enfin la distance $OP = z$ du point M au plan XOY ; cette dernière coordonnée est commune aux deux systèmes de variables.

La transformation s'opérera donc au moyen des équations

$$\tan\varphi = \frac{y}{x},$$
$$h^2 = x^2 + y^2,$$
$$z = z.$$

Représentons provisoirement par les notations $\left(\dfrac{d\Theta}{d\varphi}\right),\left(\dfrac{d\Theta}{dh}\right),\left(\dfrac{d\Theta}{dz}\right)$, les dérivées de Θ prises par rapport aux variables φ, h, z ; les notations $\dfrac{d\Theta}{dx}$, $\dfrac{d\Theta}{dy}$, $\dfrac{d\Theta}{dz}$, sans parenthèses, représentant les dérivées de Θ par rapport aux variables x, y, z. Nous aurons l'identité

$$\frac{d\Theta}{dx}\,dx + \frac{d\Theta}{dy}\,dy + \frac{d\Theta}{dz}\,dz = \left(\frac{d\Theta}{d\varphi}\right)d\varphi + \left(\frac{d\Theta}{dh}\right)dh + \left(\frac{d\Theta}{dz}\right)dz.$$

Mais des équations de transformation on tire

$$d\varphi = \frac{x\,dy - y\,dx}{x^2 + y^2},$$
$$dh = \frac{x\,dx + y\,dy}{h},$$
$$dz = dz.$$

Substituons dans le second membre de l'identité, puis égalons séparément à zéro les coefficients de dx, dy, dz ; il viendra les équations

$$\frac{d\Theta}{dx} = -\frac{y}{x^2 + y^2}\left(\frac{d\Theta}{d\varphi}\right) + \frac{x}{h}\left(\frac{d\Theta}{dh}\right),$$
$$\frac{d\Theta}{dy} = \frac{x}{x^2 + y^2}\left(\frac{d\Theta}{d\varphi}\right) + \frac{y}{h}\left(\frac{d\Theta}{dh}\right),$$
$$\frac{d\Theta}{dz} = \left(\frac{d\Theta}{dz}\right).$$

Élevons au carré et ajoutons; on trouve

$$\overline{\frac{d\Theta}{dx}}^2 + \overline{\frac{d\Theta}{dy}}^2 + \overline{\frac{d\Theta}{dz}}^2 = \frac{x^2 + y^2}{(x^2 + y^2)^2}\left(\frac{d\Theta}{d\varphi}\right)^2 + \frac{x^2 + y^2}{h^2}\left(\frac{d\Theta}{dh}\right)^2 + \left(\frac{d\Theta}{dz}\right)^2$$
$$= \frac{1}{h^2}\left(\frac{d\Theta}{d\varphi}\right)^2 + \left(\frac{d\Theta}{dh}\right)^2 + \left(\frac{d\Theta}{dz}\right)^2,$$

et l'équation transformée est

$$\frac{1}{h^2}\left(\frac{d\Theta}{d\varphi}\right)^2 + \left(\frac{d\Theta}{dh}\right)^2 + \left(\frac{d\Theta}{dz}\right)^2 = \frac{2A}{r} + \frac{2B}{s} + 2C.$$

Dans le second membre on peut exprimer r et s en fonction de h et z, au moyen des équations

$$r = \sqrt{h^2 + (a - z)^2},$$
$$s = \sqrt{h^2 + (a + z)^2}.$$

Le second membre est indépendant de φ. Pour satisfaire à l'équation avec deux constantes arbitraires, on pourra donc poser

$$\Theta = \Phi + F(h, z),$$

Φ représentant une fonction de φ, et F une fonction de h et z indépendante de φ; et pour que φ n'entre pas dans l'équation aux dérivées, on fera $\Phi = H\varphi$, H étant une constante arbitraire. L'équation prend alors la forme

$$\left(\frac{d\Theta}{dh}\right)^2 + \left(\frac{d\Theta}{dz}\right)^2 = \frac{2A}{\sqrt{h^2 + (a - z)^2}} + \frac{2B}{\sqrt{h^2 + (a + z)^2}} - \frac{H^2}{h^2} + 2C,$$

où il n'y a plus que deux variables indépendantes h et z. La question se trouve ainsi ramenée à un problème de mouvement dans un plan fixe mené par l'axe OZ.

Il suffira de trouver pour cette dernière équation une solution contenant une constante arbitraire α; car si $\Theta = F(h, z, \alpha)$ est cette solution, on aura pour la solution générale

$$\Theta = H\varphi + F(h, z, \alpha),$$

équation qui contient les deux arbitraires H et α.

Pour la fonction S, on aura par conséquent

$$S = H\varphi + F(h, z, \alpha) - Ct.$$

Les dérivées $\dfrac{d\Theta}{dx}$, $\dfrac{d\Theta}{dy}$, $\dfrac{d\Theta}{dz}$, représenteront les vitesses projetées sur les axes, et les dérivées $\dfrac{d\Theta}{dH}$, $\dfrac{d\Theta}{d\alpha}$, $\dfrac{dS}{dC}$, égalées à des constantes, compléteront les équations du mouvement.

L'équation à intégrer est de la forme

$$\left(\frac{d\Theta}{dh}\right)^2 + \left(\frac{d\Theta}{dz}\right)^2 = f(h, z);$$

si l'on prend de nouvelles variables imaginaires, $\xi = h + z\sqrt{-1}$ et $\eta = h - z\sqrt{-1}$, elle se ramène à la forme suivante,

$$\frac{d\Theta}{d\zeta} \cdot \frac{d\Theta}{d\eta} = f_1(\xi, \eta),$$

qui est intégrable.

La solution conduit à des fonctions elliptiques, que l'on ne peut exprimer sous forme finie. Euler était parvenu à l'intégration directe des équations différentielles du problème en prenant pour variables, p et q, des quantités liées aux angles $MBA = \omega$, $MAZ = \psi$, par les relations

$$\tang \frac{1}{2}\omega = pq, \qquad \tang \frac{1}{2}\varphi = \frac{p}{q}.$$

C'est cette méthode qu'a développée Legendre. Le même problème a été traité par divers géomètres, entre autres par Jacobi, qui y a appliqué ses méthodes d'intégration des équations aux dérivées partielles. Plus récemment, M. Serret a fait voir que la solution s'achève en employant les *coordonnées elliptiques*. On sait que, dans ce système, chaque point du plan est déterminé par la rencontre d'une ellipse et d'une hyperbole homofocales, et se trouve défini par les paramètres spéciaux des deux courbes qui s'y coupent à angle droit. De son côté, M. Bertrand a fait à ce problème l'application de la méthode fondée sur le théorème de Poisson, dont il sera question plus loin.

THÉORÈME DE JACOBI, DANS LE CAS D'UN NOMBRE QUELCONQUE DE POINTS LIBRES.

289. Soient

$$(x, y, z), \ (x', y', z'), \ (x'', y'', z''), \ \ldots$$

les coordonnées rectangles de n points mobiles;

$$m, \qquad m', \qquad m'', \ \ldots,$$

les masses respectives de ces n points;

$$X, Y, Z, \quad X', Y', Z', \quad X'', Y'', Z'', \ldots$$

les composantes parallèles aux axes des forces qui agissent sur eux.

Les équations du mouvement, au nombre de $3n$, seront

$$(1) \quad \begin{cases} m\,\dfrac{d^2x}{dt^2} = X \\[2mm] m\,\dfrac{d^2y}{dt^2} = Y \\[2mm] m\,\dfrac{d^2z}{dt^2} = Z \end{cases} \text{pour le premier point;} \\[2mm] \begin{cases} m'\,\dfrac{d^2x'}{dt^2} = X' \\[2mm] m'\,\dfrac{d^2y'}{dt^2} = Y' \\[2mm] m'\,\dfrac{d^2z'}{dt^2} = Z' \end{cases} \text{pour le second;} \\ \vdots$$

Les quantités X, Y, Z, X', Y', Z', ... sont des fonctions données des coordonnées x, y, z, x', y', z', ... de tous les points mobiles; elles peuvent en outre contenir le temps t. On appellera *fonction des forces* une fonction U telle, qu'on ait identiquement

$$X = \frac{dU}{dx}, \qquad Y = \frac{dU}{dy}, \qquad Z = \frac{dU}{dz},$$
$$X' = \frac{dU}{dx'}, \qquad Y' = \frac{dU}{dy'}, \qquad Z' = \frac{dU}{dz'},$$
$$X'' = \frac{dU}{dx''}, \qquad Y'' = \frac{dU}{dy''}, \qquad Z'' = \frac{dU}{dz''},$$

$$\cdots \cdots \cdots \cdots \cdots \cdots \cdots \cdots$$

de sorte qu'on ait l'identité

$$\delta U = X\delta x + Y\delta y + Z\delta z + X'\delta x' + Y'\delta y' + Z'\delta z' + \ldots,$$

le temps t étant toujours regardé comme une constante. Lorsque la fonction différentielle $X\delta x + Y\delta y + Z\delta z + X'\delta x' + \ldots$, est intégrable *a priori*, la fonction des forces, U, existe, et les équations (1) expriment que les produits des masses des points par leurs accélérations projetées sur les axes sont respectivement égaux aux dérivées partielles de cette fonction U.

La méthode de Jacobi a pour objet de déterminer une fonction S du temps t et des coordonnées x, y, z, x', y', z', ... telle, que les dérivées partielles de S par rapport aux $3n$ coordonnées soient respectivement égales à

$m\dfrac{dx}{dt}$, $m\dfrac{dy}{dt}$, $m\dfrac{dz}{dt}$, $m'\dfrac{dx'}{dt}$, ..., de sorte qu'on ait les $3n$ égalités suivantes :

$$(2)\quad\begin{cases} m\dfrac{dx}{dt} = \dfrac{dS}{dx}, \\[2mm] m\dfrac{dy}{dt} = \dfrac{dS}{dy}, \\[2mm] m\dfrac{dz}{dt} = \dfrac{dS}{dz}, \\[2mm] m'\dfrac{dx'}{dt} = \dfrac{dS}{dx'}, \\[2mm] m'\dfrac{dy'}{dt} = \dfrac{dS}{dy'}, \\[2mm] m'\dfrac{dz'}{dt} = \dfrac{dS}{dz'}, \\[2mm] \vdots \end{cases}$$

La fonction S doit contenir d'ailleurs $3n$ arbitraires, de sorte que le groupe (2) représente l'intégrale première d groupe (1).

Différentions l'une des équations (2), la première par exemple, en y faisant varier le temps et les coordonnées. Il viendra

$$(3)\quad m\dfrac{d^2x}{dt^2} = \dfrac{d\,\dfrac{dS}{dx}}{dt} + \dfrac{d\,\dfrac{dS}{dx}}{dx}\dfrac{dx}{dt} + \dfrac{d\,\dfrac{dS}{dx}}{dy}\dfrac{dy}{dt} + \dfrac{d\,\dfrac{dS}{dx}}{dz}\dfrac{dz}{dt}$$
$$+ \dfrac{d\,\dfrac{dS}{dx}}{dx'}\dfrac{dx'}{dt} + \dfrac{d\,\dfrac{dS}{dx}}{dy'}\dfrac{dy'}{dt} + \dfrac{d\,\dfrac{dS}{dx}}{dz'}\dfrac{dz'}{dt} + \cdots$$

Dans cette équation remplaçons $\dfrac{dx}{dt}$, $\dfrac{dy}{dt}$, $\dfrac{dz}{dt}$, $\dfrac{dx'}{dt}$, ... par leurs valeurs tirées du groupe (2) : nous en déduirons, en changeant l'ordre des dérivations partielles,

$$(4)\quad m\dfrac{d^2x}{dt^2} = \dfrac{d\,\dfrac{dS}{dt}}{dx} + \dfrac{1}{m}\left(\dfrac{d\,\dfrac{dS}{dx}}{dx}\dfrac{dS}{dx} + \dfrac{d\,\dfrac{dS}{dy}}{dx}\dfrac{dS}{dy} + \dfrac{d\,\dfrac{dS}{dz}}{dx}\dfrac{dS}{dz}\right)$$
$$+ \dfrac{1}{m'}\left(\dfrac{d\,\dfrac{dS}{dx'}}{dx}\dfrac{dS}{dx'} + \dfrac{d\,\dfrac{dS}{dy'}}{dx}\dfrac{dS}{dy'} + \dfrac{d\,\dfrac{dS}{dz'}}{dx}\dfrac{dS}{dz'}\right) + \cdots,$$

équation qu'on peut écrire

$$m\dfrac{d^2x}{dt^2} = \dfrac{d}{dx}\left(\dfrac{dS}{dt} + \dfrac{1}{2m}\left[\left(\dfrac{dS}{dx}\right)^2 + \left(\dfrac{dS}{dy}\right)^2 + \left(\dfrac{dS}{dz}\right)^2\right]\right.$$
$$\left. + \dfrac{1}{2m'}\left[\left(\dfrac{dS}{dx'}\right)^2 + \left(\dfrac{dS}{dy'}\right)^2 + \left(\dfrac{dS}{dz'}\right)^2\right] + \cdots\right),$$

ou encore

$$m \frac{d^2x}{dt^2} \quad \text{ou} \quad \frac{dU}{dx} = \frac{d}{dx}\left(\frac{dS}{dt} + \sum \frac{1}{2m}\left[\left(\frac{dS}{dx}\right)^2 + \left(\frac{dS}{dy}\right)^2 + \left(\frac{dS}{dz}\right)^2 \right] \right),$$

la somme $\sum$ s'étendant aux n points m, m', …

Donc les fonctions U et $\dfrac{dS}{dt} + \sum \dfrac{1}{2m}\left[\left(\dfrac{dS}{dx}\right)^2 + \left(\dfrac{dS}{dy}\right)^2 + \left(\dfrac{dS}{dz}\right)^2 \right]$
ont des dérivées partielles identiques par rapport à la variable x. On prouverait de même qu'elles ont même dérivée par rapport à y, par rapport à z, par rapport à x', et ainsi de suite pour les $3n$ coordonnées des points mobiles. Donc ces deux fonctions sont égales, à moins qu'elles ne diffèrent d'une constante ou d'une fonction du temps. Mais, comme la fonction S entre dans le calcul seulement par ses dérivées partielles prises relativement aux coordonnées, on peut, sans rien changer à la solution, ajouter à cette fonction telle constante ou telle fonction du temps qu'on voudra, et choisir cette quantité additionnelle de manière à annuler la différence entre la fonction U et la fonction $\dfrac{dS}{dt} + \dots$. On aura donc l'équation

$$(5) \qquad \frac{dS}{dt} + \sum \frac{1}{2m}\left[\left(\frac{dS}{dx}\right)^2 + \left(\frac{dS}{dy}\right)^2 + \left(\frac{dS}{dz}\right)^2 \right] = U,$$

et si l'on peut trouver une fonction S du temps t et des $3n$ coordonnées x, y, z, … qui satisfasse à cette équation avec $3n$ constantes arbitraires, on aura les intégrales premières du problème en prenant les dérivées partielles de S par rapport à chaque coordonnée.

290. Lagrange a donné le nom d'*intégrale complète* d'une équation aux dérivées partielles du premier ordre à l'équation qui satisfait à l'équation proposée avec autant de constantes arbitraires qu'il y a de variables indépendantes. Ici, l'intégrale complète de l'équation (5) contiendra donc $3n + 1$ arbitraires, puisqu'il y a $3n + 1$ variables, savoir le temps t et les $3n$ coordonnées x, y, … Mais l'équation (5) ne contient que les dérivées de la fonction S ; de sorte que toute fonction S qui satisfait à l'équation donnée y satisfait encore quand on y ajoute une constante. L'une des $3n + 1$ constantes est donc une constante additionnelle, qui n'influe pas sur la solution et qu'on peut omettre. Les $3n$ autres constantes sont les seules arbitraires utiles.

Soit donc

$$(6) \qquad S = F(t, x, y, z, x', y', z', \dots, \alpha_1, \alpha_2, \alpha_3, \dots, \alpha_{3n})$$

la solution de l'équation (5) avec les $3n$ arbitraires α_1, α_2, … α_{3n}, indépendamment de la constante qu'on pourrait ajouter à la fonction F. Les dérivations par rapport à x, y, z, … donneront les $3n$ équations du groupe (2). Pour compléter la solution, il faut encore trouver un groupe de $3n$ équations avec $3n$ nouvelles arbitraires. Mais Jacobi a fait voir que ce second groupe peut se déduire de l'équation (6) en prenant les dérivées partielles de S par rapport aux arbitraires α_1, α_2, ... α_{3n}. Considérons, en effet, l'une de ces arbitraires, α, prise à part. S étant fonction de α, mais U ne contenant pas cette quantité, prenons la dérivée partielle de l'équation (5) par rapport à α; il viendra, en changeant l'ordre des dérivations successives,

$$\frac{d\,\frac{dS}{d\alpha}}{dt} + \sum \frac{1}{m}\left(\frac{dS}{dx}\frac{d\,\frac{dS}{d\alpha}}{dx} + \frac{dS}{dy}\frac{d\,\frac{dS}{d\alpha}}{dy} + \frac{dS}{dz}\frac{d\,\frac{dS}{d\alpha}}{dz}\right) = 0,$$

ou bien, en remplaçant $\frac{1}{m}\frac{dS}{dx}$, $\frac{1}{m}\frac{dS}{dy}$, ... par leurs valeurs $\frac{dx}{dt}$, $\frac{dy}{dt}$, ... tirées du groupe (2),

$$\frac{d\,\frac{dS}{d\alpha}}{dt} + \sum \frac{d\,\frac{dS}{d\alpha}}{dx}\frac{dx}{dt} + \frac{d\,\frac{dS}{d\alpha}}{dy}\frac{dy}{dt} + \frac{d\,\frac{dS}{d\alpha}}{dz}\frac{dz}{dt} = 0.$$

Or le premier membre, multiplié par dt, est la différentielle totale de la fonction $\frac{dS}{d\alpha}$, quand le temps augmente de sa différentielle dt. Cette différentielle étant identiquement nulle, la fonction $\frac{dS}{d\alpha}$ est constante, et par suite

$$\frac{dS}{d\alpha} = \text{constante}$$

est une intégrale du problème. On aura donc les $3n$ intégrales qui restent à trouver en posant les $3n$ équations

$$\frac{dS}{d\alpha_1} = \beta_1, \qquad \frac{dS}{d\alpha_2} = \beta_2, \dots \frac{dS}{d\alpha_{3n}} = \beta_{3n},$$

où β_1, β_2, ... désignent $3n$ nouvelles constantes.

291. Lorsque la fonction U est indépendante du temps t, auquel cas l'intégrale des forces vives a lieu, on satisfait à l'équation (5) en prenant pour S une fonction linéaire du temps, plus une fonction des coordonnées. Posons

$$(7) \qquad\qquad S = \Theta - Ct,$$

Θ étant une fonction de x, y, z, x', ... indépendante de t, et C une des $3n$ constantes α. On aura alors

$$\frac{dS}{dt} = -C,$$

et $\dfrac{dS}{dx} = \dfrac{d\Theta}{dx}$,... de sorte qu'il suffira de changer S en Θ dans le groupe (2). L'équation (5) devient dans ce cas

$$(8) \qquad \sum \frac{1}{m}\left[\left(\frac{d\Theta}{dx}\right)^2 + \left(\frac{d\Theta}{dy}\right)^2 + \left(\frac{d\Theta}{dz}\right)^2\right] = 2(U + C).$$

Il suffira de trouver une fonction Θ des coordonnées x, y, ... satisfaisant à cette équation (8) avec $3n - 1$ constantes arbitraires α_1, α_2, ... α_{3n-1}.

Les dérivées partielles $\dfrac{d\Theta}{dx}$, $\dfrac{d\Theta}{dy}$, ... contiendront les $3n$ arbitraires α_1, α_2, ... α_{3n-1} et C, et donneront les valeurs de $\dfrac{dx}{dt}$, $\dfrac{dy}{dt}$, ..., c'est-à-dire les $3n$ intégrales premières. Les $3n$ intégrales définitives s'obtiendront en égalant à des constantes les $3n$ dérivées $\dfrac{dS}{d\alpha_1}$, $\dfrac{dS}{d\alpha_2}$, ... $\dfrac{dS}{d\alpha_{3n-1}}$, $\dfrac{dS}{dC}$. Les $3n - 1$ premières sont identiques à $\dfrac{d\Theta}{d\alpha_1}$, $\dfrac{d\Theta}{d\alpha_2}$, ... $\dfrac{d\Theta}{d\alpha_{3n-1}}$; la dernière $\dfrac{dS}{dC}$ est égale à $\dfrac{d\Theta}{dC} - t$, de sorte que la dernière des équations définitives, la seule qui contienne le temps, prend la forme

$$\frac{d\Theta}{dC} - t = \tau,$$

τ étant une arbitraire.

On peut observer que l'équation (8) n'est autre chose que l'équation des forces vives; C est la constante qui figure dans cette équation.

La méthode de Jacobi s'applique aussi à des systèmes soumis à des liaisons, mais moyennant qu'on fasse un choix particulier de variables indépendantes les unes des autres; nous nous occuperons de ce sujet dans le chapitre suivant.

CHAPITRE II

**RÉDUCTION DES ÉQUATIONS DU MOUVEMENT A LA FORME CANONIQUE,
ET THÉORÈME DE JACOBI DANS LE CAS GÉNÉRAL.**

292. On appelle, en général, *forme canonique* d'une fonction ou d'un groupe d'équations, la forme la plus simple à laquelle on puisse ramener cette fonction ou ce groupe d'équations sans lui faire rien perdre de sa généralité. Les équations du mouvement d'un système de points dont les liaisons peuvent être exprimées par des équations, sont réductibles à une forme canonique que Lagrange a le premier indiquée, et que Hamilton a su perfectionner depuis. On y parvient facilement par la méthode suivante, beaucoup plus rapide que celle dont Lagrange avait fait usage.

Considérons un système matériel composé de n points, dont les masses soient m, m_1, m_2..., m_{n-1} ; les coordonnées de ces points, au nombre de $3n$, seront désignées par

$$x, y, z; \quad x_1, y_1, z_1; \dots \quad x_{n-1}, y_{n-1}, z_{n-1}.$$

Nous représenterons par mX, mY, mZ, m_1X_1, m_1Y_1, m_1Z_1,... $m_{n-1}X_{n-1}$, $m_{n-1}Y_{n-1}$, $m_{n-1}Z_{n-1}$, les composantes parallèles aux axes des forces qui agissent sur ces n points. Les quantités X, Y, Z, X_1, Y_1,... Z_{n-1} sont des fonctions connues des coordonnées x, y, z, x_1, y_1,... z_{n-1}, et peuvent en outre contenir le temps t.

Soient enfin

$$L_1 = 0,$$
$$L_2 = 0,$$
$$\vdots$$
$$L_{3n-k} = 0,$$

$3n-k$ équations entre les coordonnées, équations qui peuvent contenir aussi le temps t, et qui expriment les liaisons auxquelles le système est assujetti.

Les équations différentielles du mouvement se déduiront du théorème de d'Alembert, à l'aide de l'équation du travail virtuel :

$$(1) \quad \sum m \left[\left(X - \frac{d^2x}{dt^2} \right) \delta x + \left(Y - \frac{d^2y}{dt^2} \right) \delta y + \left(Z - \frac{d^2z}{dt^2} \right) \delta z \right] = 0.$$

La somme Σ est étendue aux n points, et les variations δx, δy, δz... satisfont aux équations $L = 0$. Le nombre des équations différentielles distinctes qu'on en déduit sera égal à k (III, § 132).

L'équation (1) peut s'écrire, en séparant les forces dans un membre et les accélérations dans l'autre,

$$1 \ bis) \quad \sum m \left(\frac{d^2x}{dt^2} \delta x + \frac{d^2y}{dt^2} \delta y + \frac{d^2z}{dt^2} \delta z \right) = \sum m (X \delta x + Y \delta y + Z \delta z).$$

Nous supposerons qu'il existe une fonction U telle, qu'on ait identiquement, en différentiant la fonction U sans faire varier le temps t, opération que nous indiquerons par la caractéristique δ,

$$(2) \qquad \delta U = \sum m (X \delta x + Y \delta y + Z \delta z).$$

U sera la *fonction des forces* ; on en déduit $mX = \left(\dfrac{dU}{dx} \right)$, $mY = \left(\dfrac{dU}{dy} \right)$, etc., de sorte que les composantes des forces données seront les dérivées partielles de cette fonction par rapport aux coordonnées.

On peut donc remplacer par δU le second membre de l'équation (1 *bis*). Quant au premier, on le transforme d'une manière analogue en introduisant la force vive 2T :

$$(3) \qquad 2T = \sum m \left[\left(\frac{dx}{dt} \right)^2 + \left(\frac{dy}{dt} \right)^2 + \left(\frac{dz}{dt} \right)^2 \right].$$

Faisons pour abréger

$$\frac{dx}{dt} = x', \qquad \frac{dy}{dt} = y', \qquad \frac{dz}{dt} = z',$$

l'accent indiquant ici *le rapport de la différentielle totale* de la variable qui en est affectée *à la différentielle du temps*, ou la *vitesse* de cette variable.

Il viendra

$$(3 \ bis) \qquad 2T = \sum m (x'^2 + y'^2 + z'^2),$$

et tirant de cette relation les dérivées partielles de T par rapport aux variables immédiates x', y', z' qui y figurent, on aura

$$\left(\frac{dT}{dx'}\right) = mx', \quad \left(\frac{dT}{dy'}\right) = my', \quad \left(\frac{dT}{dz'}\right) = m\,z', \cdots;$$

puis, différentiant ces dernières équations et divisant par dt,

$$\frac{dmx'}{dt} = m\,\frac{dx'}{dt} = m\,\frac{d^2x}{dt^2} = \frac{d\left(\frac{dT}{dx'}\right)}{dt}.$$

De même

$$m\,\frac{d^2y}{dt^2} = \frac{d\left(\frac{dT}{dy'}\right)}{dt},$$

$$m\,\frac{d^2z}{dt^2} = \frac{d\left(\frac{dT}{dz'}\right)}{dt}.$$

Substituant dans l'équation (1 *bis*), nous obtiendrons l'équation transformée

$$(4) \qquad \Sigma\left[\frac{d\left(\frac{dT}{dx'}\right)}{dt}\,\delta x + \frac{d\left(\frac{dT}{dy'}\right)}{dt}\,\delta y + \frac{d\left(\frac{dT}{dz'}\right)}{dt}\,\delta z\right] = \delta U.$$

La somme Σ s'étend aux n points mobiles, dont chacun fournit à l'équation trois termes semblables à ceux que nous avons écrits.

Souvenons-nous que la notation $\left(\frac{dT}{dx'}\right)$ représente la dérivée partielle de T par rapport à x', déduite de l'équation 3 *bis*; les caractéristiques d sont les signes de la différentiation totale, le temps étant regardé comme la seule variable indépendante; les caractéristiques δ indiquent aussi une différentiation totale, mais lorsque le temps t est regardé comme constante. La principale difficulté des transformations analytiques qui vont être développées résulte des points de vue divers auxquels on doit se placer pour opérer ces dérivations et ces différentiations successives; nous éviterons la confusion dans les résultats en employant autant que possible des notations spéciales pour représenter les différentes opérations à exécuter.

293. Proposons-nous de changer les variables x, y, z,... en d'autres variables q_1, q_2,... q_k, au nombre de k. Les $3n-k$ équations de liaisons permettent, par exemple, d'exprimer $3n-k$ des coordonnées x, y, z,... en fonction des k coordonnées restantes, lesquelles demeureront indépendantes comme s'il s'agissait d'un système de points libres. On peut aussi exprimer les k coordonnées restantes en fonction de k autres variables, ce qui revient à exprimer les $3k$ coordonnées x, y, z... en fonction de k varia-

bles nouvelles, $q_1, \ldots q_k$, qui resteront indépendantes. Cette seconde marche présente plus de symétrie que la première. Il est possible d'ailleurs que le temps t figure dans les équations $L = 0$, et qu'il subsiste dans les équations qui expriment x, y et z en fonction des q, de sorte que nous poserons d'une manière générale, comme type des équations qui servent au changement de variables, la formule

$$x = F \cdot (t, q_1, q_2, \ldots \ldots q_k).$$

La lettre accentuée q' indiquera encore le rapport $\dfrac{1}{dt} dq$, ou la vitesse de la variable q. Cela posé, différentions l'équation précédente et divisons par dt; il viendra, en représentant par les notations $\dfrac{dx}{dt}$, $\dfrac{dx}{dq}$, les dérivées partielles de x par rapport à t ou à q,

$$\frac{1}{dt} dx = x' = \frac{dx}{dt} + \frac{dx}{dq_1} q'_1 + \frac{dx}{dq_2} q'_2 + \cdots + \frac{dx}{dq_k} q'_k.$$

Cette équation montre que x', fonction du temps t, des nouvelles coordonnées q et de leurs vitesses q', est linéaire par rapport aux vitesses q'; on en déduit par conséquent, en prenant la dérivée partielle de x' par rapport à l'une quelconque des variables q', par rapport à q'_i par exemple,

$$\frac{dx'}{dq'_i} = \frac{dx}{dq_i}.$$

Cette relation va nous servir à trouver les valeurs de $\dfrac{dT}{dq'_i}$ et de $\dfrac{dT}{dq_i}$, dont nous aurons besoin pour transformer l'équation (4).

Il vient d'abord, en observant qu'en vertu de l'équation (3 *bis*), T est une fonction de x', y', z', et que ces variables s'expriment en fonction des q et des q' :

$$\frac{dT}{dq'_i} = \sum \left[\left(\frac{dT}{dx'} \right) \frac{dx'}{dq'_i} + \left(\frac{dT}{dy'} \right) \frac{dy'}{dq'_i} + \left(\frac{dT}{dz'} \right) \frac{dz'}{dq'_i} \right],$$

et par suite, en remplaçant $\dfrac{dx'}{dq'_i}$ par $\dfrac{dx}{dq_i}$, $\dfrac{dy'}{dq'_i}$ par $\dfrac{dy}{dq_i}, \ldots,$

$$(5) \qquad \frac{dT}{dq'_i} = \sum \left[\left(\frac{dT}{dx'} \right) \frac{dx}{dq_i} + \left(\frac{dT}{dy'} \right) \frac{dy}{dq_i} + \left(\frac{dT}{dz'} \right) \frac{dz}{dq_i} \right],$$

les sommes Σ s'étendant à tous les points du système.

On aurait de même, en prenant la dérivée de T par rapport à q_i,

$$\frac{dT}{dq_i} = \sum \left[\left(\frac{dT}{dx'} \right) \frac{dx'}{dq_i} + \left(\frac{dT}{dy'} \right) \frac{dy'}{dq_i} + \left(\frac{dT}{dz'} \right) \frac{dz'}{dq_i} \right].$$

Considérons en particulier le premier terme $\left(\dfrac{dT}{dx'}\right)\dfrac{dx'}{dq_i}$ dans le second membre de cette équation. Pour le transformer, prenons dans l'équation écrite plus haut la dérivée partielle de x' par rapport à q_i; il viendra

$$\frac{dx'}{dq_i} = \frac{d\,\dfrac{dx}{dt}}{dq_i} + q'_1\,\frac{d\,\dfrac{dx}{dq_1}}{dq_i} + q'_2\,\frac{d\,\dfrac{dx}{dq_2}}{dq_i} + \ldots\ldots + q'_k\,\frac{d\,\dfrac{dx}{dq_k}}{dq_i},$$

ou bien, en intervertissant l'ordre des dérivations,

$$\frac{dx'}{dq_i} = \frac{d\,\dfrac{dx}{dq_i}}{dt} + q'_1\,\frac{d\,\dfrac{dx}{dq_i}}{dq_1} + q'_2\,\frac{d\,\dfrac{dx}{dq_i}}{dq_2} + \ldots\ldots + q'_k\,\frac{d\,\dfrac{dx}{dq_i}}{dq_k}.$$

On aurait de même

$$\frac{dy'}{dq_i} = \frac{d\,\dfrac{dy}{dq_i}}{dt} + q'_1\,\frac{d\,\dfrac{dy}{dq_i}}{dq_1} + q'_2\,\frac{d\,\dfrac{dy}{dq_i}}{dq_2} + \ldots\ldots + q'_k\,\frac{d\,\dfrac{dy}{dp_i}}{dq_k},$$

$$\frac{dz'}{dq_i} = \frac{d\,\dfrac{dz}{dq_i}}{dt} + q'_1\,\frac{d\,\dfrac{dz}{dq_i}}{dq_1} + q'_2\,\frac{d\,\dfrac{dz}{dq_i}}{dq_2} + \ldots\ldots + q'_k\,\frac{d\,\dfrac{dz}{dq_i}}{dq_k}.$$

Substituons dans $\dfrac{dT}{dq_i}$; il viendra

$$(6)\qquad \frac{dT}{dq_i} = \Sigma\left\{ \left(\frac{dT}{dx'}\right)\left[\frac{d\,\dfrac{dx}{dq_i}}{dt} + q'_1\,\frac{d\,\dfrac{dx}{dq_i}}{dq_1} + \cdots\right]\right.$$
$$+ \left(\frac{dT}{dy'}\right)\left[\frac{d\,\dfrac{dy}{dq_i}}{dt} + q'_1\,\frac{d\,\dfrac{dy}{dq_i}}{dq_1} + \cdots\right]$$
$$\left.+ \left(\frac{dT}{dz'}\right)\left[\frac{d\,\dfrac{dz}{dq_i}}{dt} + q'_1\,\frac{d\,\dfrac{dz}{dq_i}}{dq_1} + \cdots\right]\right\}.$$

Or, si l'on différentie l'équation (5), et qu'on divise par dt, on obtient l'équation suivante,

$$(7)\qquad \frac{d\,\dfrac{dT}{dq'_i}}{dt} = \Sigma\left\{ \left(\frac{dT}{dx'}\right)\left[\frac{d\,\dfrac{dx}{dq_i}}{dt} + q'_1\,\frac{d\,\dfrac{dx}{dq_i}}{dq_1} + \cdots\right] + \frac{d\left(\dfrac{dT}{dx'}\right)}{dt}\,\frac{dx}{dq_i}\right\},$$

en n'écrivant, pour abréger, que les termes fournis par le premier terme de l'équation (5) ; l'équation complétée devrait contenir $3n - 1$ doubles termes semblables à celui qui est écrit.

On retrouve dans (7) les termes mêmes du second membre de (6). Résolvant l'équation (7) par rapport à la somme de ces termes, il vient

$$\Sigma \left(\frac{dT}{dx'} \right) \left[\frac{d\frac{dx}{dq_i}}{dT} + q'_1 \frac{d\frac{dx}{dq_i}}{dq_1} + \cdots \right] = \frac{d\frac{dT}{dq'_i}}{dt} - \Sigma \frac{d\left(\frac{dT}{dx'}\right)}{dt} \frac{dx}{dq_i},$$

et enfin, en vertu de l'équation (6),

$$\frac{d\frac{dT}{dq'_i}}{dt} - \Sigma \frac{d\left(\frac{dT}{dx'}\right)}{dt} \frac{dx}{dq_i} = \frac{dT}{dq_i},$$

ou bien encore

$$(8) \qquad \frac{d\frac{dT}{dq'_i}}{dt} - \frac{dT}{dq_i} = \Sigma \frac{d\left(\frac{dT}{dx'}\right)}{dt} \frac{dx}{dq_i},$$

la somme Σ du second membre comprenant en tout $3k$ termes semblables à celui qui est écrit.

L'équation (8) nous fournit en réalité k équations, en donnant à i toutes les valeurs entières de 1 à k. Multiplions l'équation (8) par δq_i, puis faisons la somme des k équations ainsi préparées ; il viendra

$$\sum_{i=1}^{i=k} \left(\frac{d\frac{dT}{dq'_i}}{dt} - \frac{dT}{dq_i} \right) \delta q_i = \sum_{i=1}^{i=k} \Sigma \frac{d\left(\frac{dT}{dx'}\right)}{dt} \frac{dx}{dq_i} \delta q_i,$$

le Σ sans indices s'appliquant aux $3n$ coordonnées $x, y, z, \ldots$ Si l'on intervertit les deux sommations, on aura

$$\Sigma \sum_{i=1}^{i=k} \frac{d\left(\frac{dT}{dx'}\right)}{dt} \frac{dx}{dq_i} \delta q_i$$

$$= \Sigma \frac{d\left(\frac{dT}{dx'}\right)}{dt} \left(\frac{dx}{dq_1} \delta q_1 + \frac{dx}{dq_1} \delta q_2 + \ldots + \frac{dx}{dq_k} \delta q_k \right)$$

$$= \Sigma \frac{d\left(\frac{dT}{dx'}\right)}{dt} \delta x,$$

c'est-à-dire, on retrouve la somme même qui forme le premier membre de l'équation (4) ; cette somme est égale à δU, et par conséquent on obtient l'équation

$$(9) \qquad \sum_{i=1}^{i=k} \left(\frac{d\,\dfrac{dT}{dq'_i}}{dt} - \frac{dT}{dq_i} \right) \delta q_i = \delta U,$$

équation où la fonction T est supposée exprimée en fonctions des q et des q', et la fonction U en fonction des nouvelles coordonnées q seulement.

Les nouvelles coordonnées étant indépendantes, par hypothèse, les δq sont arbitraires, et, par suite, l'équation (9) fournit k équations distinctes, de la forme

$$(10) \qquad \frac{d\,\dfrac{dT}{dq'_i}}{dt} - \frac{dT}{dq_i} = \frac{dU}{dq_i}.$$

C'est la première *forme canonique* à laquelle on peut ramener les équations du mouvement. La méthode se résume dans le choix de k coordonnées indépendantes, $q_1, q_2,\dots q_k$, en fonction desquelles on exprime la fonction des forces, U; on appelle ensuite $q'_1, q'_2,\dots q'_k$, les vitesses de ces nouvelles coordonnées, et on exprime la demi-force vive T en fonction de $q_1, q_2, .., q_k$, et de $q'_1, q'_2,\dots q'_k$. On forme au moyen des équations qui donnent U et T les dérivées partielles de U par rapport à $q_1, q_2\dots q_k$, et les dérivées partielles de T par rapport à $q_1, q_2,\dots q_k$, et à $q'_1, q'_2,\dots q'_k$.

On substitue dans les k équations (10), et on a les k équations différentielles du mouvement, qu'il reste à intégrer.

Remarquons que les équations (10) subsistent encore lorsqu'il n'y a pas de fonction des forces, c'est-à-dire lorque la fonction $\Sigma\, m(X\delta x + Y\delta y + Z\delta z)$ n'est pas une différentielle exacte. Il suffit, en effet, d'exprimer cette somme en fonction des variables q et δq, et de regarder $\dfrac{dU}{dq_i}$ comme le coefficient de δq_i dans le développement de cette somme.

EXEMPLE. — MOUVEMENT D'UN POINT PESANT SUR UNE SPHÈRE FIXE.

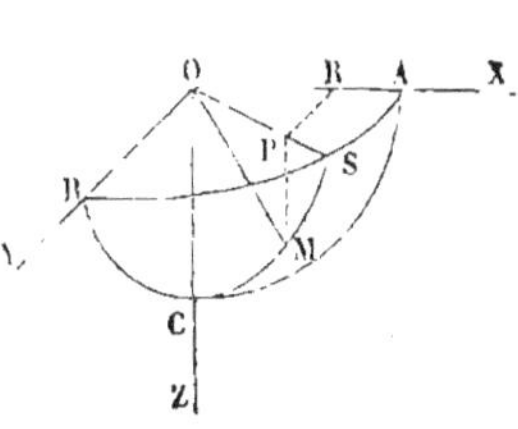

Fig. 153.

faite a nous pour axes la verticale et deux dro. horizontales rectangulaires se coupant au centre O de la sphère. Le sens positif de l'axe des z sera supposé descendant. Les coordonnées rectangulaires du point M seront

$$x = OR, \qquad y = RP, \qquad z = PM.$$

Nous y substituerons les coordonnées indépendantes qui suivent,

$q_1 =$ angle AOS, *longitude* du point,

$q_2 =$ angle SOM, *latitude*.

Le rayon OA de la sphère étant pris pour unité de longueur, et la masse du point pour unité de masse, on aura

$$x = \cos q_2 \cos q_1, \qquad\qquad U = gz = g \sin q_2.$$
$$y = \cos q_2 \sin q_1.$$
$$z = \sin q_2,$$

D'où résultent les vitesses

$$x' = - \sin q_2 \cos q_1 \times q'_2 - \cos q_2 \sin q_1 \times q'_1,$$
$$y' = - \sin q_2 \sin q_1 \times q'_2 + \cos q_2 \cos q_1 \times q'_1,$$
$$z' = \cos q_2 \times q'_2.$$

La demi-force vive, T, sera égale à

$$T = \tfrac{1}{2}(x'^2 + y'^2 + z'^2) = \tfrac{1}{2} q'^2_2 + \tfrac{1}{2} \cos{}^2 q_2 \times q'^2_1 ;$$

donc

$$\frac{dT}{dq_1} = 0, \qquad\qquad \frac{dT}{dq'_1} = \cos{}^2 q_2 \times q'_1 ,$$
$$\frac{dT}{dq_2} = \cos q_2 \sin q_2 \times q'^2_1, \qquad\qquad \frac{dT}{dq'_2} = q'_2 ;$$

de plus

$$\frac{dU}{dq_1} = 0, \qquad \frac{dU}{dq_2} = g \cos q_2$$

Les équations du mouvement seront donc

$$\frac{d(q'_1 \cos{}^2 q_2)}{dt} = 0,$$
$$\frac{dq'_2}{dt} - \cos q_2 \sin q_2 \times q'^2_1 = g \cos q_2.$$

La première équation intégrée donne

$$q'_1 \cos{}^2 q_2 = C.$$

Substituant dans la seconde équation cette valeur de q'_1, il vient

$$\frac{dq'_2}{dt} - \cos q_2 \sin q_2 > \frac{}{s^4 q_2} = g \cos q_2,$$

ou bien

$$\frac{dq'_2}{dt} - C^2 \frac{\sin q_2}{\cos{}^3 q_2} - g \cos q_2 = 0,$$

équation du second ordre en q_2, puisque $\dfrac{dq'_2}{dt}$ est égal à $\dfrac{d q_2}{dt^2}$.

SECONDE FORME CANONIQUE.

295. Lorsque les équations des liaisons, $L_1 = 0, \ldots$ ne contiennent pas explicitement le temps t, on peut simplifier les équations (10) et les ramener à une forme plus symétrique et plus élégante. On y parvient en changeant encore de variables, et en substituant aux $2k$ variables, q et $q' = \dfrac{dq}{dt}$, dont on s'est d'abord servi, $2k$ autres variables q et p, ces dernières variables étant égales aux dérivées partielles $\dfrac{dT}{dq'}$.

La fonction U étant exprimée en fonction des variables q seules, le changement de variables est indifférent pour elle, et ses dérivées partielles $\dfrac{dU}{dq}$ sont les mêmes dans les deux systèmes.

Il n'en est pas de même de la fonction T. Dans le système des variables q et q', cette fonction a des dérivées partielles représentées par les symboles $\dfrac{dT}{dq}$ et $\dfrac{dT}{dq'}$. Dans le système des variables q et p, elle aura d'autres dérivées, qu'on représentera par les symboles $\left(\dfrac{dT}{dq}\right)$ et $\left(\dfrac{dT}{dp}\right)$ entre parenthèses, pour éviter toute confusion.

Nous avons posé l'équation générale

$$(11) \qquad p_i = \frac{dT}{dq'_i},$$

qui définit les variables p_i, et qui exprime les dérivées $\dfrac{dT}{dq'_i}$ en fonction de ces nouvelles variables. Cherchons maintenant les dérivées $\dfrac{dT}{dq_i}$ en fonction de p_i et de q_i. On y parvient très-rapidement par la méthode suivante.

La fonction T étant exprimée en fonction des q et des q', différentions cette fonction en ne faisant varier que les q'. Nous représenterons par la caractéristique $\mathbf{d}$ la différentiation faite à ce point de vue particulier.

Nous aurons

$$\mathbf{d}T = \frac{dT}{dq'_1}\,\mathbf{d}q'_1 + \frac{dT}{dq'_2}\,\mathbf{d}q'_2 + \ldots + \frac{dT}{dq'_k}\,\mathbf{d}q'_k,$$

ou, en remplaçant $\dfrac{dT}{dq'}$ par p',

$$(12) \qquad \mathbf{d}T = p'_1\mathbf{d}q'_1 + p'_2\mathbf{d}q'_2 + \ldots + p'_k\mathbf{d}q'_k.$$

Mais T est la demi-force vive du système. Les liaisons $L_1 = 0,\ldots$ étant supposées indépendantes du temps, les coordonnées primitives x, y, $z\ldots$ s'exprimeront aussi indépendamment du temps t, en fonction des nouvelles variables q_1, $q_2\ldots q_k$; par suite, on aura les *vitesses* des coordonnées par des équations de la forme

$$x' = \frac{dx}{dq_1} q'_1 + \frac{dx}{dq_2} q'_2 + \ldots + \frac{dx}{dq_k} q'_k.$$

c'est-à-dire que les x' seront des fonctions homogènes du premier degré des variables q'. La demi-force vive, $T = \frac{1}{2} \sum m (x'^2 + y'^2 + z'^2)$, sera donc aussi une fonction homogène du second degré des variables q'. Le *théorème des fonctions homogènes* donne l'équation

$$2T = \frac{dT}{dq'_1} q'_1 + \frac{dT}{dq'_2} q'_2 + \ldots + \frac{dT}{dq'_i} q'_k,$$

ou bien

$$(13) \qquad 2T = p_1 q'_1 + p_2 q'_2 + \ldots + p_k q'_n.$$

Différentions cette équation sans faire varier les variables q ; il viendra, en employant encore la caractéristique $\mathbf{d}$,

$$(14) \qquad \begin{aligned} 2\mathbf{d}T &= (p_1 \mathbf{d}q'_1 + p_2 \mathbf{d}q'_2 + \ldots + p_k \mathbf{d}q'_k) \\ &\quad + (q_1' \mathbf{d}p_1 + q'_2 \mathbf{d}p_2 + \ldots + q'_k \mathbf{d}p_k). \end{aligned}$$

La première parenthèse étant égale à $\mathbf{d}T$ en vertu de l'équation (12), il vient aussi

$$(15) \qquad q'_1 \mathbf{d}p_1 + q'_2 \mathbf{d}p_2 + \ldots + q'_k \mathbf{d}p_k = \mathbf{d}T.$$

Donc q'_1 est la dérivée partielle de T par rapport à p_1, q'_2 la dérivée par rapport à $p_2,\ldots q'_k$ la dérivée par rapport à p_k, et enfin on a généralement

$$(16) \qquad \left(\frac{dT}{dp_i}\right) = q'_i,$$

équation qui fait connaître q'_i en fonction des nouvelles variables.

T étant exprimé en fonction des q et des p, on a identiquement

$$\begin{aligned} (17)\ \frac{dT}{dq_i} &= \left(\frac{dT}{dq_i}\right) + \left[\left(\frac{dT}{dp_1}\right) \frac{dp_1}{dq_i} + \left(\frac{dT}{dp_2}\right) \frac{dp_2}{dq_i} + \ldots + \left(\frac{dT}{dp}\right) \frac{dp}{dq_i} \right] \\ &= \left(\frac{dT}{dq_i}\right) + \left[q'_1 \frac{dp_1}{dq_i} + q'_2 \frac{dp_2}{dq_i} + \ldots + q'_k \frac{dp_k}{dq_i} \right] \end{aligned}$$

Dans cette équation, changeons chaque dérivée $\dfrac{dp_j}{dq_i}$ en $\dfrac{d\,\dfrac{dT}{dq'_j}}{dq_i}$, ou, en intervertissant l'ordre des opérations, en

$$\frac{d\,\dfrac{dT}{dq_i}}{dq'_j};$$

il viendra

$$(18)\quad \frac{dT}{dq_i} = \left(\frac{dT}{dq_i}\right) + \left[\frac{d\,\dfrac{dT}{dq_i}}{dq'_1}\,q'_1 + \frac{d\,\dfrac{dT}{dq_i}}{dq'_2}\,q'_2 + \ldots + \frac{d\,\dfrac{dT}{dq_i}}{dq'_k}\,q'_k\right].$$

Or T est une fonction homogène du second degré en q' ; ses dérivées partielles, $\dfrac{dT}{dq_i}$, par rapport aux variables q, sont encore homogènes et du second degré par rapport aux variables q', et par conséquent on a, en appliquant le théorème des fonctions homogènes,

$$(19)\quad \frac{d\,\dfrac{dT}{dq_i}}{dq'_1}\,q'_1 + \frac{d\,\dfrac{dT}{dq_i}}{dq'_2}\,q'_2 + \ldots + \frac{d\,\dfrac{dT}{dq_i}}{dq'_k}\,q'_k = 2\,\frac{dT}{dq_k}.$$

Substituons dans (18) ; il viendra l'équation très-simple

$$\frac{dT}{dq_i} = \left(\frac{dT}{dq_i}\right) + 2\,\frac{dT}{dq_i},$$

ou bien

$$(20)\qquad \frac{dT}{dq_i} = -\left(\frac{dT}{dq_i}\right).$$

Ainsi le changement des variables $(q,\ q')$ en $(q,\ p)$ a pour effet de changer le signe des dérivées de T par rapport aux variables q, communes à ces deux groupes.

Nous avons déjà remarqué que ce changement de variables n'influe pas sur les dérivées partielles de U par rapport à q, de sorte qu'on a, en employant toujours la notation convenue :

$$(21)\qquad \frac{dU}{dq_i} = \left(\frac{dU}{dq}\right).$$

Substituons dans les équations (10) les valeurs de $\dfrac{dT}{dq'_i}$ et de $\dfrac{dT}{dq_i}$ déduites de (11) et de (20), et la valeur de $\dfrac{dU}{dq_i}$ fournie par (21); il viendra

$$\left(\frac{dp_i}{dt}\right) + \left(\frac{dT}{dq_i}\right) = \left(\frac{dU}{dq_i}\right),$$

ou bien

$$(22) \qquad \frac{dp_i}{dt} = \left[\frac{d(U - T)}{dq_i}\right].$$

Aux équations (10), qui contiennent explicitement deux séries de variables, q et q', il faut joindre les équations

$$q'_i = \frac{dq_i}{dt},$$

ou, en vertu de l'équation (16),

$$(23) \qquad \frac{dq_i}{dt} = \left(\frac{dT}{dp_i}\right).$$

La fonction U ne contenant que les variables q à l'exclusion des variables p, on a identiquement $\left(\dfrac{dU}{dp_i}\right) = 0$; on peut donc écrire l'équation (23) sous la forme

$$(24) \qquad \frac{dq_i}{dt} = \left(\frac{d(T - U)}{dp_i}\right) = -\left(\frac{d(U - T)}{dp_i}\right).$$

Les équations du mouvement, au nombre de $2k$, sont en définitive amenées à la forme symétrique suivante, dans laquelle H est la fonction T — U, différence entre la demi-force vive et la fonction des forces :

$$(25) \qquad \left\{ \begin{aligned} \frac{dp_i}{dt} &= -\frac{dH}{dq_i}, \\[2mm] \frac{dq_i}{dt} &= +\frac{dH}{dp_i}. \end{aligned} \right.$$

Les seconds membres indiquent des dérivées partielles de la fonction H par rapport aux variables q et p. On a supprimé les parenthèses dans ces dernières équations, parce qu'il n'y a plus aucune confusion à craindre, les anciennes variables q' étant entièrement éliminées.

296. C'est au groupe (25) qu'on réserve ordinairement aujourd'hui le nom d'*équations canoniques* du mouvement. Cette forme suppose que les liaisons ne contiennent pas le temps t, et que la fonction $\sum m(X\delta x + Y\delta y + Z\delta z)$ soit intégrable. Elle est donc moins générale que la forme (10).

Pour former les $2k$ équations (25), on opérera comme il suit :

1° On exprimera, au moyen des équations de liaisons, les $3n$ coordonnées x, y, z... en fonction de k variables q, non liées ensemble ;

2° Avec les variables q, on formera la fonction des forces, U ;

3° Des équations qui donnent x, y, z,... en fonction de q_1, q_2,... on déduira les vitesses x', y', z',... en fonction de q_1, q_2,... et de leurs vitesses q'_1, q'_2,.. ;

4° Avec les variables q et les variables q', on exprimera la demi-force vive T ;

5° On formera la fonction $H = T - U$, qui contiendra les variables q et les variables q' ;

6° On prendra les dérivées partielles de T par rapport aux variables q', et on les égalera à de nouvelles variables p ;

7° On exprimera les q' en fonction des q et des p en résolvant les équations ainsi formées, et on substituera ces valeurs dans la fonction H ;

8° On formera les dérivées partielles de la fonction H par rapport aux variables q et par rapport aux variables p ; on égalera les dérivées $\dfrac{dH}{dq}$ changées de signe aux vitesses des variables p de même indice ; et les dérivées $\dfrac{dH}{dp}$, prises avec leurs signes, aux vitesses des variables q de même indice. On obtiendra ainsi le tableau des $2k$ équations canoniques du mouvement.

Pour que cette seconde forme canonique soit applicable, il est nécessaire, comme nous l'avons dit plus haut, que la fonction U existe réellement. Autrement on ne pourrait former la fonction H.

EXEMPLE. — MOUVEMENT D'UN POINT PESANT SUR UNE SPHÈRE FIXE.

297. Nous avons trouvé dans le § 294 :

$$T = \tfrac{1}{2} q'^2_2 + \tfrac{1}{2} \cos^2 q_2 \times q'^2_1,$$
$$U = g \sin q_2.$$

Les dérivées partielles par rapport aux q' nous donnent

$$\frac{dT}{dq'_1} = \cos^2 q_2 \times q'_1, \text{ que nous égalerons à } p_1.$$
$$\frac{dT}{dq'_2} = q'_2, \text{ que nous égalerons à } p_2.$$

On a donc

$$q'_2 = p_2,$$
$$q'_1 = \frac{p_1}{\cos^2 q_2},$$

et

$$T = \tfrac{1}{2}\, p^2{}_2 + \tfrac{1}{2}\, \frac{p_1{}^2}{\cos{}^2 q_2}.$$

La fonction $H = T - U = \tfrac{1}{2} p^2{}_2 + \tfrac{1}{2} \dfrac{p_1{}^2}{\cos^2 q_2} - g \sin q_2$. On en déduit

$$\frac{dH}{dq_1} = 0,$$

$$\frac{dH}{dq_2} = \frac{p_1{}^2 \sin q_2}{\cos{}^3 q_2} - g \cos q_2,$$

$$\frac{dH}{dp_1} = \frac{p_1}{\cos{}^2 q_2},$$

$$\frac{dH}{dp_2} = p_2.$$

Les quatre équations canoniques du mouvement du point sont donc

$$\frac{dp_1}{dt} = 0, \qquad\qquad \frac{dp_2}{dt} = -\frac{p_1{}^2 \sin q_2}{\cos{}^3 q_2} + g \cos q_2,$$

$$\frac{dq_1}{dt} = \frac{p_1}{\cos{}^2 q_2}, \qquad\qquad \frac{dq_2}{dt} = p_2.$$

INTÉGRALE DES FORCES VIVES.

298. Reprenons les équations (10), et supposons que les liaisons, $L_1 = 0$, $L_2 = 0,\ldots$ soient indépendantes du temps t, auquel cas T est une fonction homogène du second degré par rapport aux variables q'. Multiplions chaque équation d'indice i par dq_i ou par $q'_i\, dt$, puis faisons la somme des k équations ainsi préparées. Il viendra

$$\sum q'_i d\, \frac{dT}{dq'_i} - \sum \frac{dT}{dq_i} dq_i = \sum \frac{dU}{dq_i} dq_i,$$

les $\sum$ s'étendant à toutes les valeurs de l'indice i, de 1 à k.

En vertu du théorème des fonctions homogènes, on a identiquement

$$\sum q'_i \frac{dT}{dq'_i} = 2T.$$

Différentions cette équation. Il viendra

$$\sum q'_i d\, \frac{dT}{dq'_i} + \sum \frac{dT}{dq'_i} dq'_i = 2dT.$$

Substituant dans la première équation la valeur de $\sum q'_i \, d \, \dfrac{dT}{dq'_i}$ tirée de la dernière, il vient

$$2dT - \sum \frac{dT}{dq'_i} dq'_i - \sum \frac{dT}{dq_i} dq_i = \sum \frac{dU}{dq_i} dq_i.$$

Mais $\sum \dfrac{dT}{dq'_i} dq'_i + \sum \dfrac{dT}{dq_i} dq_i$ est la somme des différentielles partielles de la fonction T par rapport à toutes les variables, q et q', au moyen desquelles cette fonction est exprimée ; cette somme est égale à la différentielle totale dT, et l'équation qui précède revient à

$$2dT - dT = dT = \sum \frac{dU}{dq_i} dq_i.$$

Si la fonction U ne contient pas le temps t, elle ne dépend que des variables q, et l'on a

$$\sum \frac{dU}{dq_i} dq_i = dU.$$

L'équation différentielle devient alors $dT = dU$, ce qui donne

$$T = U + C,$$

C étant une constante. Dans ce cas *l'intégrale des forces vives a lieu*; il en est ainsi quand les équations de liaisons et la fonction des forces sont indépendantes du temps t.

Si, au contraire, la fonction des forces, U, contient le temps t, on n'a plus

$$dU = \sum \frac{dU}{dq_i} dq_i,$$

mais bien

$$dU = \frac{dU}{dt} dt + \sum \frac{dU}{dq_i} dq_i,$$

de sorte que l'équation différentielle devient

$$dT = dU - \frac{dU}{dt} dt,$$

dont l'intégrale ne peut être posée *à priori*.

Par exemple, dans le problème que nous venons de traiter (§ 297), les liaisons sont indépendantes du temps, ce qui nous a permis de donner aux équations la seconde forme canonique. De plus, la fonction U ne contient pas le temps t. Donc $T - U = $ constante, ou $H = $ constante, est une intégrale du mouvement.

THÉORÈME DE JACOBI DANS LE CAS GÉNÉRAL.

299. Supposons les équations du mouvement ramenées à la forme canonique suivante :

$$(1) \qquad \begin{cases} \dfrac{dp_i}{dt} = \dfrac{dU}{dq_i} - \dfrac{dT}{dq_i}, \\[2ex] \dfrac{dq_i}{dt} = + \dfrac{dT}{dp_i}, \end{cases}$$

en observant que la fonction H est égale à $T - U$, et que U est indépendant des variables p.

Proposons-nous de trouver une fonction S des variables q telle, que les dérivées partielles $\dfrac{dS}{dq}$ soient égales aux valeurs de p : qu'on ait, en d'autres termes, l'équation générale

$$(2) \qquad p_i = \frac{dS}{dq_i},$$

la fonction S contenant d'ailleurs le temps t.

Le groupe des k équations (2) constituera une intégrale première des $2k$ équations du groupe (1); pour qu'il en soit ainsi, il faut que la fonction S contienne, outre les k variables q, k arbitraires $\alpha_1, \alpha_1, \ldots \alpha_k$. On pourra donc, au moyen des équations (2), exprimer les p en fonction des q et des arbitraires α, puis substituer dans la fonction T, qui se trouvera dès lors exprimée en fonction des quantités α et q. La fonction T a donc deux formes distinctes : dans l'une, elle contient les variables q et les variables p ; dans la seconde, elle ne contient plus que les variables q, les p étant éliminés au moyen des équations (2). Nous représenterons par T' cette seconde forme de la fonction T, la lettre T sans accent continuant de représenter la première.

Formons les dérivées de T' par rapport aux variables q ; nous aurons, en observant que T' n'est autre chose que la fonction T, dans laquelle les variables p sont exprimées en fonction des variables q,

$$(3) \qquad \frac{dT'}{dq_i} = \frac{dT}{dq_i} + \sum_{j=1}^{j=k} \frac{dT}{dp_j} \frac{dp_j}{dq_i}.$$

Les équations (1) nous donnent

$$\frac{dT}{dp_j} = \frac{dq_j}{dt},$$

et les équations (2)

$$\frac{dp_j}{dq_i} = \frac{d\frac{dS}{dq_j}}{dq_i} = \frac{d^2 S}{dq_i\,dq_j} = \frac{d\frac{dS}{dq_i}}{dq_j} = \frac{dp_i}{dq_j}.$$

Substituant dans l'équation (3), il vient

$$(4) \qquad \frac{dT'}{dq_i} = \frac{dT}{dq_i} + \sum_{j=1}^{j=k} \frac{dp_i}{dq_j}\frac{dq_j}{dt}.$$

Or p_i est une fonction du temps t et des variables q_1, q_2, q_3… ; on a donc, en prenant la différentielle totale de p_i,

$$dp_i = \frac{dp_i}{dt}\,dt + \frac{dp_i}{dq_1}\,dq_1 + \frac{dp_i}{dq_2}\,dq_2 + \ldots + \frac{dp_i}{dq_k}\,dq_k$$

$$= \frac{dp_i}{dt}\,dt + \sum_{j=1}^{j=k} \frac{dp_i}{dq_j}\,dq_j.$$

Divisant par dt et résolvant par rapport à la somme, on a

$$(5) \qquad \sum_{j=1}^{j=k} \frac{dp_i}{dq_j}\frac{dq_j}{dt} = \frac{1}{dt}\,dp_i - \frac{dp_i}{dt}.$$

Mais l'équation (2) nous donne, en prenant les dérivées partielles des deux membres par rapport au temps t,

$$(6) \qquad \frac{dp_i}{dt} = \frac{d\frac{dS}{dq_i}}{dt} = \frac{d\frac{dS}{dt}}{dq_i}.$$

Substituons cette valeur dans (5), puis la valeur de la somme Σ dans (4); il vient

$$(7) \qquad \frac{dT'}{dq_i} = \frac{dT}{dq_i} + \frac{1}{dt}\,dp_i - \frac{d\frac{dS}{dt}}{dq_i}.$$

Mais $\frac{1}{dt}\,dp_i$, vitesse de la variable p_i, est donnée par la première des équations (1)

$$\frac{1}{dt}\,dp_i + \frac{dT}{dq_i} = \frac{dU}{dq_i},$$

ce qui change l'équation (7) en l'équation suivante,

$$\frac{d\mathrm{T}'}{dq_i} = \frac{d\mathrm{U}}{dq_i} - \frac{d\,\dfrac{d\mathrm{S}}{dt}}{dq_i},$$

ou encore

$$(8) \qquad \frac{d}{dq_i}\left(\frac{d\mathrm{S}}{dt} + \mathrm{T}'\right) = \frac{d\mathrm{U}}{dq_i}.$$

Cette équation, ayant lieu pour toutes les valeurs de l'indice i, montre que les fonctions U et $\dfrac{d\mathrm{S}}{dt} + \mathrm{T}'$ ont les mêmes dérivées partielles par rapport aux variables q ; que, par conséquent, la différence de ces deux fonctions est une constante ou une fonction de t seul ; comme d'ailleurs la fonction S ne sert qu'à fournir les dérivées partielles par rapport aux variables q, on peut y ajouter indifféremment telle constante ou telle fonction de t qu'on voudra, et par conséquent on peut faire disparaître la différence ; ce qui conduit à l'équation

$$(9) \qquad \frac{d\mathrm{S}}{dt} + \mathrm{T}' = \mathrm{U},$$

dans laquelle T' est la demi-force vive exprimée en fonction des q et des dérivées de S. La condition à laquelle doit satisfaire la fonction cherchée est donc simplement exprimée par l'équation (9), qui est une équation aux dérivées partielles du premier ordre, liant la fonction S aux variables q.

Il reste à former la fonction T'.

Observons pour cela que la fonction T, égale à $\frac{1}{2}\Sigma\, m\,(x'^2 + y'^2 + z'^2)$, est homogène et du second degré par rapport aux vitesses x', y', z', lesquelles sont linéaires en q', dès que les liaisons sont indépendantes du temps. La fonction T est donc aussi homogène et du second degré par rapport aux vitesses q'. Mais les variables p étant liées aux variables q' par la relation

$$p_i = \frac{d\mathrm{T}}{dq'_i},$$

les p sont linéaires par rapport aux q' ; réciproquement les q' sont linéaires par rapport aux p ; par suite enfin, la fonction T est homogène et du second degré par rapport aux variables p.

Le calcul donnera donc pour T une expression de la forme

$$(10) \qquad \mathrm{T} = \mathrm{A}p_1^2 + 2\mathrm{B}p_1p_2 + \mathrm{C}p_2^2 + 2\mathrm{D}p_1p_3 + \cdots$$

Pour en déduire T′, il suffira de changer p_1 en $\dfrac{dS}{dq_1}$, p_2 en $\dfrac{dS}{dq_2}$, p_3 en $\dfrac{dS}{dq_3}$, ...
et l'on aura

$$(11) \qquad T' = A\left(\frac{dS}{dq_1}\right)^2 + 2B\frac{dS}{dq_1}\frac{dS}{dq_2} + C\left(\frac{dS}{dq_2}\right)^2 + \cdots$$

L'équation (9) prend donc la forme définitive

$$(12) \qquad \frac{dS}{dt} + A\left(\frac{dS}{dq_1}\right)^2 + 2B\frac{dS}{dq_1}\frac{dS}{dq_2} + C\left(\frac{dS}{dq_2}\right)^2 + \ldots = U.$$

L'équation (12), qui est du premier ordre, exprime une relation qui lie la fonction S aux $k+1$ variables indépendantes t, q_1, q_2,..., q_k; l'*intégrale complète* de cette équation contiendra $k+1$ constantes arbitraires, dont l'une peut s'ajouter à la fonction S elle-même, puisque ses dérivées seules figurent dans l'équation donnée, et se trouve sans influence sur la solution du problème proposé. On peut laisser de côté cette constante, et mettre la fonction cherchée sous la forme

$$(13) \qquad S = f(t, q_1, q_2, \ldots, q_k, \alpha_1, \alpha_2, \ldots, \alpha_k),$$

α_1, α_2, ... α_k étant les arbitraires introduites par l'intégration.

300. Lorsqu'on aura trouvé cette fonction, on pourra en déduire le groupe des valeurs de p fourni par les équations (2), en prenant les dérivées de S par rapport à q_1, q_2,... On aura ainsi k intégrales premières des équations (1). Pour achever l'intégration, on remarquera qu'il suffit de prendre les dérivées de S par rapport aux arbitraires α, et d'égaler ces k dérivées à de nouvelles constantes β_1, ..., β_k. En effet, prenons la dérivée de l'équation (12) par rapport à une arbitraire α quelconque, nous aurons

$$\frac{d\dfrac{dS}{dt}}{d\alpha} + 2A\frac{dS}{dq_1}\frac{d\dfrac{dS}{dq_1}}{d\alpha} + 2B\frac{dS}{dq_2}\frac{d\dfrac{dS}{dq_1}}{d\alpha} + 2B\frac{dS}{dq_1}\frac{d\dfrac{dS}{dq_2}}{d\alpha}$$
$$+ 2C\frac{dS}{dq_2}\frac{d\dfrac{dS}{dq_2}}{d\alpha} + \ldots = 0.$$

Nous égalons à zéro parce que la fonction U ne contient pas les α. Intervertissons l'ordre des dérivations partielles, puis remplaçons les $\dfrac{dS}{dq}$ par les p de même indice. Il viendra

$$\frac{d\dfrac{dS}{d\alpha}}{dt} + 2Ap_1\frac{d\dfrac{dS}{d\alpha}}{dq_1} + 2Bp_2\frac{d\dfrac{dS}{d\alpha}}{dq_1} + 2Bp_1\frac{d\dfrac{dS}{d\alpha}}{dq_2}$$
$$+ 2Cp_2\frac{d\dfrac{dS}{d\alpha}}{dq_2} + \ldots = 0,$$

ou bien

$$(14) \qquad \frac{d\,\frac{dS}{d\alpha}}{dt} + (2Ap_1 + 2Bp_2 + \ldots)\,\frac{d\,\frac{dS}{d\alpha}}{dq_1}$$

$$+ (2Bp_1 + 2Cp_2 + \ldots)\,\frac{d\,\frac{dS}{d\alpha}}{dq_2} + \ldots = 0.$$

De l'équation (10) on tire, en prenant les dérivées partielles de T par rapport aux p,

$$\frac{dT}{dp_1} = 2Ap_1 + 2Bp_2 + \ldots,$$

$$\frac{dT}{dp_2} = 2Bp_1 + 2Cp_2 + \ldots,$$

$$\cdot \quad \cdot \quad \cdot \quad \cdot \quad \cdot$$

et substituant dans (14), il vient

$$(15) \qquad \frac{d\,\frac{dS}{d\alpha}}{dt} + \frac{dT}{dp_1}\,\frac{d\,\frac{dS}{d\alpha}}{dq_1} + \frac{dT}{dp_2}\,\frac{d\,\frac{dS}{d\alpha}}{dq_2} + \ldots =$$

Mais, en vertu des équations (1),

$$\frac{dT}{dp_1} = \frac{dq_1}{dt},$$

$$\frac{dT}{dp_2} = \frac{dq_2}{dt},$$

$$\cdot \quad \cdot \quad \cdot \quad \cdot$$

ce qui, substitué dans (15), donne

$$(16) \qquad \frac{d\,\frac{dS}{d\alpha}}{dt} + \frac{d\,\frac{dS}{d\alpha}}{dq_1}\,\frac{dq_1}{dt} + \frac{d\,\frac{dS}{d\alpha}}{dq_2}\,\frac{dq_2}{dt} + \ldots = 0,$$

ou bien, puisque $\frac{dS}{d\alpha}$ est fonction seulement des q et de t,

$$\frac{1}{dt}\,d\,\frac{dS}{d\alpha} = 0.$$

Donc la fonction $\frac{dS}{d\alpha}$ est constante, et, par suite, on déduira de l'équation (13) k intégrales nouvelles en égalant à des constantes arbitraires les dérivées de la fonction S par rapport à chacune des k arbitraires qu'elle contient déjà. Les $2k$ intégrales du problème sont donc

$$p_1 = \frac{dS}{dq_1}, \quad p_2 = \frac{dS}{dq_2}, \ldots, p_k = \frac{dS}{dq_k},$$

$$\frac{dS}{d\alpha_1} = \beta_1, \quad \frac{dS}{d\alpha_2} = \beta_2, \ldots, \frac{dS}{d\alpha_k} = \beta_k.$$

301. Lorsque la fonction U est indépendante du temps t, on simplifie la solution en posant $S = \Theta - ct$, c étant une constante, et Θ une fonction des variables q, indépendante du temps. Grâce à cette transformation, l'équation (12) devient

$$(17) \qquad A \left(\frac{d\Theta}{dq_1}\right)^2 + 2B \frac{d\Theta}{dq_1} \frac{d\Theta}{dq_2} + C \left(\frac{d\Theta}{dq_2}\right)^2 + \ldots = U + c.$$

La constante c est alors la constante de l'équation des forces vives.

Le problème est ramené à trouver une fonction Θ des k variables q, qui satisfasse à l'équation (17) avec $k-1$ constantes arbitraires $\alpha_1, \alpha_2, \ldots \alpha_{k-1}$, outre la constante c. Les k intégrales premières seront encore

$$p_1 = \frac{d\Theta}{dq_1}, \quad p_2 = \frac{d\Theta}{dq_2}, \quad \ldots p_k = \frac{d\Theta}{dq_k},$$

et les intégrales définitives,

$$\frac{d\Theta}{d\alpha_1} = \beta_1, \quad \frac{d\Theta}{d\alpha_2} = \beta_2, \quad \ldots \frac{d\Theta}{d\alpha_{k-1}} = \beta_{k-1}, \quad \frac{d\Theta}{dc} - t = \tau.$$

Reprenons comme exemple le mouvement d'un point pesant sur une sphère.

Nous avons trouvé

$$T = \frac{1}{2} p_2^2 + \frac{1}{2} \frac{p_1^2}{\cos^2 q_2}.$$

Donc

$$T' = \frac{1}{2} \left(\frac{dS}{dq_2}\right)^2 + \frac{1}{2\cos^2 q_2} \left(\frac{dS}{dq_1}\right)^2,$$

ou, en adoptant tout de suite la forme (17), puisque l'intégrale des forces vives a lieu,

$$T' = \frac{1}{2} \left(\frac{d\Theta}{dq_2}\right)^2 + \frac{1}{2\cos^2 q^2} \left(\frac{d\Theta}{dq_1}\right)^2.$$

L'équation (17) devient, en remplaçant U par sa valeur $g \sin q_2$,

$$\frac{1}{2\cos^2 q_2} \left(\frac{d\Theta}{dq_1}\right)^2 + \frac{1}{2} \left(\frac{d\Theta}{dq_2}\right)^2 = g\sin q_2 + c,$$

et le problème consistera à déterminer Θ en fonction de q_1, de q_2, de c et d'une nouvelle arbitraire unique α_1.

THÉORÈME DE POISSON.

302. Supposons qu'on ait trouvé les équations primitives du groupe canonique de $2k$ équations du premier ordre :

$$(1) \quad \left\{ \begin{aligned} \frac{dp_i}{dt} &= - \frac{dH}{dq_i}, \\ \frac{dq_i}{dt} &= + \frac{dH}{dp_i}. \end{aligned} \right.$$

Ces équations, renfermeront $2k$ arbitraires, et les valeurs des p et des q seront exprimables en fonction de ces $2k$ quantités et du temps t. Résolvant les $2k$ équations par rapport aux arbitraires, on exprimera inversement chaque arbitraire α en fonction du temps t et des variables p et q. Mises sous cette forme, les équations intégrales du mouvement expriment que certaines fonctions du temps et des variables p et q restent constantes pendant toute la durée du mouvement, et si l'on a été conduit à poser l'équation

$$(2) \quad \alpha = f(t, p_1, p_2, \ldots, p_k, q_1, q_2, \ldots, q_k),$$

on pourra dire, en regardant α, non plus comme une constante, mais comme la fonction même à laquelle l'arbitraire α se trouve égalée dans l'équation (2), que *l'équation* $\alpha = constante$ *est une intégrale du système* (1).

Le théorème de Poisson montre que si l'on connaît deux intégrales distinctes, $\alpha = $ constante et $\beta = $ constante, du système (1), on peut, à l'aide des deux fonctions α et β, en former une troisième γ qui reste aussi constante pendant toute la durée du mouvement ; de sorte que *si cette troisième fonction ne se réduit pas identiquement à une constante*, on obtiendra une troisième intégrale du système (1) en l'égalant à une constante arbitraire.

Pour former la fonction γ, différentions l'équation (2), et divisons par dt, il viendra, en mettant entre parenthèses les dérivées partielles déduites de l'équation (2),

$$0 = \left(\frac{d\alpha}{dt}\right) + \sum_{i=1}^{i=k} \left(\frac{d\alpha}{dq_i}\right) \frac{dq_i}{dt} + \sum_{i=1}^{i=k} \left(\frac{d\alpha}{dp_i}\right) \frac{dp_i}{dt},$$

ou bien, en remplaçant $\dfrac{dq_i}{dt}$ par $\dfrac{dH}{dp_i}$ et $\dfrac{dp_i}{dt}$ par $-\dfrac{dH}{dq}$,

$$(3) \quad 0 = \left(\frac{d\alpha}{dt}\right) + \sum_{i=1}^{i=k} \left(\frac{d\alpha}{dq_i}\right) \frac{dH}{dp_i} - \sum_{i=1}^{i=k} \left(\frac{d\alpha}{dp_i}\right) \frac{dH}{dq}.$$

L'équation (3) étant identiquement satisfaite en vertu des équations du mouvement, si $\alpha =$ constante est, comme on le suppose, une intégrale de ces équations, on aura encore des équations identiques en prenant les dérivées de l'équation (3) par rapport à l'une des variables q ou par rapport à une variable p. Prenons d'abord la dérivée par rapport à la variable q_j. Il vient

$$0 = \frac{d\left(\dfrac{d\alpha}{dt}\right)}{dq_j} + \sum_{i=1}^{i=k} \frac{dH}{dp_i} \frac{d\left(\dfrac{d\alpha}{dq_i}\right)}{dq_j} - \sum_{i=1}^{i=k} \frac{dH}{dq_i} \frac{d\left(\dfrac{d\alpha}{dp_i}\right)}{dq_j}$$

$$+ \sum_{i=1}^{i=k} \left(\frac{d\alpha}{dq_i}\right) \frac{d^2H}{dp_i\,dq_j} - \sum_{i=1}^{i=k} \left(\frac{d\alpha}{dp_i}\right) \frac{d^2H}{dq_i\,dq_j}.$$

Remplaçons dans la première ligne $\dfrac{dH}{dp_i}$ par $\dfrac{dq_i}{dt}$, et $\dfrac{dH}{dq_i}$ par $-\dfrac{dp_i}{dt}$, puis intervertissons l'ordre des différentiations :

$$0 = \frac{d\left(\dfrac{d\alpha}{dq_j}\right)}{dt} + \sum_{i=1}^{i=k} \frac{d\left(\dfrac{d\alpha}{dq_j}\right)}{dq_i} \frac{dq_i}{dt} + \sum_{i=1}^{i=k} \frac{d\left(\dfrac{d\alpha}{dq_j}\right)}{dp_i} \frac{dp_i}{dt}$$

$$+ \sum_{i=1}^{i=k} \left(\frac{d\alpha}{dq_i}\right) \frac{d^2H}{dp_i\,dq_j} - \sum_{i=1}^{i=k} \left(\frac{d\alpha}{dp_i}\right) \frac{d^2H}{dq_i\,dq_j}.$$

La première ligne du second membre est la *vitesse* de la fonction $\left(\dfrac{d\alpha}{dq_j}\right)$, qu'on peut écrire sous la forme $\dfrac{1}{dt} d\left(\dfrac{d\alpha}{dq_j}\right)$; on a donc l'équation

$$(4) \quad 0 = \frac{1}{dt} d\left(\frac{d\alpha}{dq_j}\right) + \sum_{i=1}^{i=k} \frac{d^2H}{dp_i\,dq_j}\left(\frac{d\alpha}{dq_i}\right) - \sum_{i=1}^{i=k} \frac{d^2H}{dq_i\,dq_j}\left(\frac{d\alpha}{dp_i}\right).$$

Opérons de même pour la variable p_j; nous obtiendrons une équation qui ne différera de l'équation (4) que par le changement de q_j en p_j :

$$(5) \quad 0 = \frac{1}{dt} d\left(\frac{d\alpha}{dp_j}\right) + \sum_{i=1}^{i=k} \frac{d^2H}{dp_i\,dp_j}\left(\frac{d\alpha}{dq_i}\right) - \sum_{i=1}^{i=k} \frac{d^2H}{dq_i\,dp_j}\left(\frac{d\alpha}{dp_i}\right).$$

La seconde intégrale, $\beta =$ constante, conduit de même à deux équations, qu'on déduira des équations (4) et (5) en changeant simplement α en β, ce qui donne

$$(6) \qquad 0 = \frac{1}{dt}\, d\left(\frac{d\beta}{dq_j}\right) + \sum_{i=1}^{i=k} \frac{d^2H}{dp_i\, dq_j}\left(\frac{d\beta}{dq_i}\right) - \sum_{i=1}^{i=k} \frac{d^2H}{dq_i\, dq_j}\left(\frac{d\beta}{dp_i}\right),$$

$$(7) \qquad 0 = \frac{1}{dt}\, d\left(\frac{d\beta}{dp_j}\right) + \sum_{i=1}^{i=k} \frac{d^2H}{dp_i\, dp_j}\left(\frac{d\beta}{dq_i}\right) - \sum_{i=1}^{i=k} \frac{d^2H}{dq_i\, dp_j}\left(\frac{d\beta}{dp_i}\right).$$

L'indice j a la même valeur dans les quatre équations (4), (5), (6) et (7).

Ajoutons ces quatre équations, après avoir multiplié la première par $-\left(\frac{d\beta}{dp_j}\right)$, la seconde par $+\left(\frac{d\beta}{dq_j}\right)$, la troisième par $+\left(\frac{d\alpha}{dp_j}\right)$, la dernière par $-\left(\frac{d\alpha}{dq_j}\right)$; nous aurons, en faisant passer les premiers termes du second membre dans le premier membre de l'équation finale,

$$(8) \qquad \frac{1}{dt}\left[\left(\frac{d\beta}{dp_j}\right) d\left(\frac{d\alpha}{dq_j}\right) - \left(\frac{d\beta}{dq_j}\right) d\left(\frac{d\alpha}{dp_j}\right) - \left(\frac{d\alpha}{dp_j}\right) d\left(\frac{d\beta}{dq_j}\right)\right.$$

$$\left. + \left(\frac{d\alpha}{dq_j}\right) d\left(\frac{d\beta}{dp_j}\right)\right] = \sum_{i=1}^{i=k} \frac{d^2H}{dq_i\, dq_j}\left[\left(\frac{d\alpha}{dp_i}\right)\left(\frac{d\beta}{dp_j}\right) - \left(\frac{d\beta}{dp_i}\right)\left(\frac{d\alpha}{dp_j}\right)\right]$$

$$+ \sum_{i=1}^{i=k} \frac{d^2H}{dp_i\, dp_j}\left[\left(\frac{d\alpha}{dq_i}\right)\left(\frac{d\beta}{dq_j}\right) - \left(\frac{d\beta}{dq_i}\right)\left(\frac{d\alpha}{dq_j}\right)\right]$$

$$+ \sum_{i=1}^{i=k} \frac{d^2H}{dp_i\, dq_j}\left[\left(\frac{d\beta}{dq_i}\right)\left(\frac{d\alpha}{dp_j}\right) - \left(\frac{d\alpha}{dq_i}\right)\left(\frac{d\beta}{dp_j}\right)\right]$$

$$+ \sum_{i=1}^{i=k} \frac{d^2H}{dq_i\, dp_j}\left[\left(\frac{d\beta}{dp_i}\right)\left(\frac{d\alpha}{dq_j}\right) - \left(\frac{d\alpha}{dp_i}\right)\left(\frac{d\beta}{dq_j}\right)\right].$$

Le premier membre de cette nouvelle équation est, à part le facteur $\frac{1}{dt}$, la différentielle du déterminant

$$\left(\frac{d\alpha}{dq_j}\right)\left(\frac{d\beta}{dp_j}\right) - \left(\frac{d\alpha}{dp_j}\right)\left(\frac{d\beta}{dq_j}\right),$$

de sorte qu'on peut poser

$$(9) \qquad \frac{1}{dt}\, d\left[\left(\frac{d\alpha}{dq}\right)\left(\frac{d\beta}{dp_j}\right) - \left(\frac{d\alpha}{dp_j}\right)\left(\frac{d\beta}{dq_j}\right)\right] = \sum_{i=1}^{i=k},$$

en désignant par $\displaystyle\sum_{i=1}^{i=k}$ l'ensemble des quatre sommes qui figurent dans le second membre de l'équation (8). Nous aurons autant d'équations (9) qu'on peut
donner de valeurs distinctes à l'indice j. Écrivons toutes ces équations l'une
au-desssous de l'autre, et ajoutons-les. La somme des seconds membres
$\displaystyle\sum_{j=1}^{j=k}\sum_{i=1}^{i=k}$ sera identiquement nulle. En effet, à l'un quelconque des termes
écrits dans le second membre de l'équation (8), au terme

$$\frac{d^2\mathrm{H}}{dq_i\,dq_j}\left[\left(\frac{d\alpha}{dp_i}\right)\left(\frac{d\beta}{dp_j}\right)-\left(\frac{d\beta}{dp_i}\right)\left(\frac{d\alpha}{dp_j}\right)\right]$$

par exemple, correspondra, dans l'équation où les indices i et j auront été
permutés, le terme

$$\frac{d^2\mathrm{H}}{dq_j\,dq_i}\left[\left(\frac{d\alpha}{dp_j}\right)\left(\frac{d\beta}{dp_i}\right)-\left(\frac{d\beta}{dp_j}\right)\left(\frac{d\alpha}{dp_i}\right)\right],$$

qui dans la somme détruit le premier. Nous avons donc en définitive
l'équation

$$(10)\qquad \frac{1}{dt}\,d\,\sum_{j=1}^{j=k}\left[\left(\frac{d\alpha}{dq_j}\right)\left(\frac{d\beta}{dp_j}\right)-\left(\frac{d\alpha}{dp_j}\right)\left(\frac{d\beta}{dq_j}\right)\right]=0,$$

dont l'intégrale est

$$(11)\qquad \sum_{j=1}^{j=k}\left[\left(\frac{d\alpha}{dq_j}\right)\left(\frac{d\beta}{dp_j}\right)-\left(\frac{d\alpha}{dp_j}\right)\left(\frac{d\beta}{dq_j}\right)\right]=\text{constante},$$

et l'on pourra poser

$$\gamma=\sum_{j=1}^{j=k}\left[\left(\frac{d\alpha}{dq_j}\right)\left(\frac{d\beta}{dp_j}\right)-\left(\frac{d\alpha}{dp_j}\right)\left(\frac{d\beta}{dq_j}\right)\right].$$

La fonction γ, formée au moyen des fonctions α et β, fournira une troisième intégrale du mouvement, à moins que cette fonction ne se réduise
identiquement à une constante; alors l'équation $\gamma=$ constante ne serait
qu'une identité. La fonction γ se déduit des fonctions α et β en formant,
pour chacune des k valeurs de l'indice j, le déterminant du système

$$\begin{vmatrix} \dfrac{d\alpha}{dq_j} & \dfrac{d\alpha}{dp_j} \\[2ex] \dfrac{d\beta}{dq_j} & \dfrac{d\beta}{dp_j} \end{vmatrix}$$

ou le *Jacobien* du système des fonctions α et β par rapport aux deux variables conjuguées q_j, p_j, puis en faisant la somme des k Jacobiens successivement formés. Lagrange qui, le premier, a reconnu l'importance de cette somme de déterminants, l'indique par la notation (α, β).

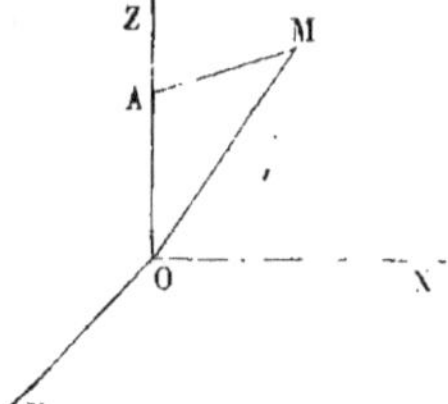

Fig. 154.

503. *Exemple.* — Soit M un point libre, attiré par deux centres fixes, O et A, proportionnellement à l'inverse du carré des distances. Nous prendrons pour variables q les coordonnées rectangles x, y, z du point M, rapportées aux axes OX, OY, OZ ; les variables q' seront les vitesses x', y', z' de ces coordonnées. Nous avons pour la demi-force vive

$$T = \frac{1}{2}(x'^2 + y'^2 + z'^2),$$

en supposant que la masse du point M soit égale à l'unité. On en déduit

$$\frac{dT}{dx'} = x', \quad \frac{dT}{dy'} = y', \quad \frac{dT}{dz'} = z',$$

de sorte que x', y', z' tiendront aussi lieu des variables p. La fonction U des forces est égale à $\dfrac{A}{r} + \dfrac{B}{s}$, en appelant A et B des constantes, r la distance OM et s la distance AM.

Nous aurons une première intégrale du mouvement, en écrivant l'équation des aires décrites autour du point O en projection sur le plan XOY, c'est-à-dire en posant

$$\alpha = xy' - yx'.$$

Une seconde intégrale sera donnée par l'équation des forces vives, $T - U =$ constante, ou bien

$$\beta = \frac{1}{2}(x'^2 + y'^2 + z'^2) - \frac{A}{r} - \frac{B}{s}.$$

Les quantités r et s sont respectivement égales à $\sqrt{x^2 + y^2 + z^2}$ et à $\sqrt{x^2 + y^2 + (a - z)^2}$, en appelant a la distance OA des deux centres d'attraction. Formons les dérivées partielles des fonctions α et β, par rapport à x et x', puis par rapport à y et y', enfin par rapport à z et z', pour en déduire les trois déterminants qui suivent :

$$
\begin{vmatrix} \dfrac{d\alpha}{dx} & \dfrac{d\alpha}{dx'} \\[2mm] \dfrac{d\beta}{dx} & \dfrac{d\beta}{dx'} \end{vmatrix}
\qquad
\begin{vmatrix} \dfrac{d\alpha}{dy} & \dfrac{d\alpha}{dy'} \\[2mm] \dfrac{d\beta}{dy} & \dfrac{d\beta}{dy'} \end{vmatrix}
\qquad
\begin{vmatrix} \dfrac{d\alpha}{dz} & \dfrac{d\alpha}{dz'} \\[2mm] \dfrac{d\beta}{dz} & \dfrac{d\beta}{dz'} \end{vmatrix}
$$

On a successivement :

$$\frac{d\alpha}{dx} = y', \qquad \frac{d\alpha}{dy} = -x', \qquad \frac{d\alpha}{dz} = 0,$$

$$\frac{d\alpha}{dx'} = -y, \qquad \frac{d\alpha}{dy'} = x, \qquad \frac{d\alpha}{dz'} = 0,$$

$$\frac{d\beta}{dx} = \left(\frac{A}{r^5} + \frac{B}{s^5}\right) x, \qquad \frac{d\beta}{dy} = \left(\frac{A}{r^5} + \frac{B}{s^5}\right) y, \qquad \frac{d\beta}{dz} = \frac{A}{r^5} z + \frac{B}{s^5} (z - a),$$

$$\frac{d\beta}{dx'} = x', \qquad \frac{d\beta}{dy'} = y', \qquad \frac{d\beta}{dz'} = z'.$$

Et par suite

$$(\alpha, \beta) = x'y' + yx\left(\frac{A}{r^5} + \frac{B}{s^5}\right) - x'y' - xy\left(\frac{A}{r^5} + \frac{B}{s^5}\right),$$

quantité qui se réduit identiquement à zéro. Ici donc le théorème de Poisson est vérifié, mais il ne fournit aucune indication nouvelle sur le mouvement. Il en est ainsi toutes les fois que des deux intégrales $\alpha = $ constante, et $\beta = $ constante, dont on se sert pour former la fonction (α, β), l'une est l'équation des forces vives, et que l'autre ne contient pas explicitement la variable t.

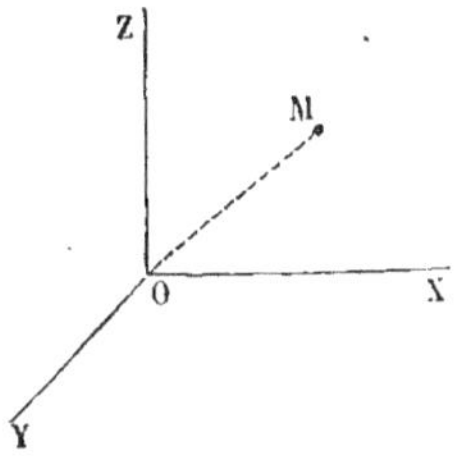

304. *Autre exemple. Point matériel libre attiré vers un centre fixe*, O.

Fig. 155.

Nous prendrons encore pour variables q les coordonnées rectangles x, y, z du point mobile, rapportées à des axes menés par le point fixe,

Les vitesses x', y', z' de ces coordonnées seront les variables p, car la demi-force vive T a pour valeur $\frac{1}{2}(x'^2 + y'^2 + z'^2)$ et $\frac{dT}{dx'} = x'$.

Prenons pour intégrales α et β les équations des aires projetées sur les plans XOY, YOZ ; il viendra

$$\alpha = xy' - yx',$$
$$\beta = yz' - zy'.$$

Formons la somme des trois déterminants ; nous aurons

$$\begin{vmatrix} \dfrac{d\alpha}{dx} = y', & \dfrac{d\alpha}{dx'} = -y, \\[2mm] \dfrac{d\beta}{dx} = 0, & \dfrac{d\beta}{dx'} = 0, \end{vmatrix} + \begin{vmatrix} \dfrac{d\alpha}{dy} = -x', & \dfrac{d\alpha}{dy'} = x, \\[2mm] \dfrac{d\beta}{dy} = z', & \dfrac{d\beta}{dy'} = -z, \end{vmatrix}$$

$$+ \begin{vmatrix} \dfrac{d\alpha}{dz} = 0, & \dfrac{d\alpha}{dz'} = 0, \\[2mm] \dfrac{d\beta}{dz} = -y', & \dfrac{d\beta}{dz'} = y, \end{vmatrix} = (-x')(-z) - xz' = x'z - xz'.$$

Donc $(\alpha, \beta) = x'z - xz' =$ constante, équation qu'on aurait pu poser directement en appliquant le théorème des aires à la projection du mouvement sur le plan ZOX.

305. Le théorème de Poisson fournit pour les problèmes de mécanique une méthode particulière d'intégration dont l'importance a été surtout mise en lumière par Jacobi. Toutefois l'application pure et simple du théorème ne conduirait pas toujours au résultat cherché, parce que les intégrales α et β que l'on associe peuvent être telles, que la combinaison (α, β) soit constante d'elle-même et n'ajoute rien à ce qu'on savait déjà. Cela arrive lorsque l'une des fonctions α et β est exprimable au moyen de l'autre ; car alors la constance de α implique la constance de β, et de la combinaison (α, β), qui n'est plus qu'une simple fonction de α. M. Bertrand a fait connaître, dans le *Journal de M. Liouville*, année 1852, le parti qu'on peut tirer de cette circonstance pour trouver les intégrales du problème. Sa méthode est fondée sur le théorème suivant, que nous nous bornerons à énoncer :

« Si $\alpha = \varphi$ et $\beta = \psi$ sont deux intégrales d'un même problème, supposons qu'en les combinant par la méthode de Poisson on trouve une troisième intégrale, $(\alpha, \beta) = \gamma$, puis une quatrième $(\alpha, \gamma) = \delta$, etc., et qu'on arrive enfin à une intégrale $(\alpha, \eta) = \zeta$, qui puisse résulter de la combinaison des précédentes, de telle sorte que

$$\zeta = F(\alpha, \beta, \gamma, \delta, \ldots, \eta) ;$$

il existe toujours une certaine intégrale de la forme

$$f(\alpha, \beta, \gamma, \delta, \ldots, \eta) = \xi,$$

qui, combinée avec α, donne identiquement

$$(\alpha, \xi) = 1. »$$

La démonstration de ce théorème repose sur l'identité suivante, qu'il est facile d'établir :

$$(\alpha, \xi) = (\alpha, \beta)\frac{d\xi}{d\beta} + (\alpha, \gamma)\frac{d\xi}{d\gamma} + \ldots + (\alpha, \eta)\frac{d\xi}{d\eta}$$
$$= \gamma\frac{d\xi}{d\beta} + \delta\frac{d\xi}{d\gamma} + \ldots + (\alpha, \eta)\frac{d\xi}{d\eta}.$$

Pour déterminer ξ, on n'aura donc qu'à poser $(\alpha, \xi) = 1$, et à intégrer l'équation linéaire aux dérivées partielles

$$\gamma\frac{d\xi}{d\beta} + \ldots + (\alpha, \eta)\frac{d}{d\eta} = 1,$$

dont les intégrales satisferont à la condition demandée.

CHANGEMENT DES VARIABLES p ET q EN α.

306. Les variables d'un problème de mécanique sont, comme nous l'avons vu, au nombre de $2k$, savoir :

$$k \text{ variables } p, \quad p_1, p_2, \ldots p_k,$$
$$k \text{ variables } q, \quad q_1, q_2, \ldots, q_k.$$

L'intégration des équations conduit à exprimer ces variables en fonction du temps t et de $2k$ constantes arbitraires, $\alpha_1, \alpha_2, \alpha_{2k}$. Chacune de ces constantes peut être considérée comme représentant une fonction de t et des $2k$ variables p et q ; et si l'on a deux de ces fonctions qui restent constantes dans la suite du mouvement, le théorème de Poisson permet de former une troisième fonction indépendante du temps, par la combinaison des deux premières. Cette opération s'indique par le signe $\left(\alpha_\mu, \alpha_\nu\right)$, qui représente une somme de déterminants fonctions des dérivées partielles de α_μ et de α_ν par rapport aux p et aux q.

Réciproquement, nous pouvons regarder les p et les q comme exprimés en fonction des α, et il peut être utile pour la solution de certains problèmes de passer des dérivées partielles $\dfrac{d\alpha}{dq}, \dfrac{d\alpha}{dp}$ aux dérivées $\dfrac{dp}{d\alpha}, \dfrac{dq}{d\alpha}$, prises par rapport aux variables α, considérées comme autant de variables indépendantes.

Proposons-nous d'effectuer ce changement de variables.

Prenons une arbitraire α_μ ; elle est fonction des p et des q, le temps t étant regardé comme un paramètre constant dans l'opération des dérivations partielles. On a donc identiquement

$$(1) \quad d\alpha_\mu = \left(\frac{d\alpha_\mu}{dp_1} dp_1 + \ldots + \frac{d\alpha_\mu}{dp_k} dp_k\right) + \left(\frac{d\alpha_\mu}{dq_1} dq_1 + \ldots + \frac{d\alpha_\mu}{dq_k} dq_k\right).$$

Mais les p et les q étant fonctions des $2k$ variables α, on a aussi, pour toutes valeurs de i,

$$(2) \quad \begin{cases} dp_i = \dfrac{dp_i}{d\alpha_1} d\alpha_1 + \ldots + \dfrac{dp_i}{d\alpha_{2k}} d\alpha_{2k}, \\[2ex] dq_i = \dfrac{dq_i}{d\alpha_1} d\alpha_1 + \ldots + \dfrac{dq_i}{d\alpha_{2k}} d\alpha_{2k}. \end{cases}$$

Substituons dans (1) les valeurs des dp et des dq données par les équations (2), puis identifions les coefficients des $d\alpha$ dans les deux membres : il viendra l'équation générale :

$$(3) \quad \left(\frac{d\alpha_\mu}{dp_1}\frac{dp_1}{d\alpha_\nu} + \frac{d\alpha_\mu}{dp_2}\frac{dp_2}{d\alpha_\nu} + \ldots + \frac{d\alpha_\mu}{dp_n}\frac{dp_k}{d\alpha_\nu} \right)$$
$$+ \left(\frac{d\alpha_\mu}{dq_1}\frac{dq_1}{d\alpha_\nu} + \ldots + \frac{d\alpha_\mu}{dq_n}\frac{dq_k}{d\alpha_\nu} \right)$$
$$= 0, \text{ si } \mu \text{ et } \nu \text{ sont différents,}$$

et

$$= 1, \text{ si } \mu = \nu.$$

Substituons aussi dans les équations (2) les valeurs des $d\alpha$, fournies par l'équation (1), puis identifions les coefficients des dp et des dq ; nous en déduirons les six équations générales suivantes :

$$(4) \quad \begin{cases} \dfrac{dp_i}{d\alpha_1}\dfrac{d\alpha_1}{dp_i} + \ldots + \dfrac{dp_i}{d\alpha_{2k}}\dfrac{d\alpha_{2k}}{dp_i} = 1, \\[2ex] \dfrac{dp_i}{d\alpha_1}\dfrac{d\alpha_1}{dp_j} + \ldots + \dfrac{dp_i}{d\alpha_{2k}}\dfrac{d\alpha_{2k}}{dp_j} = 0, \text{ pour } j \text{ différent de } i, \\[2ex] \dfrac{dp_i}{d\alpha_1}\dfrac{d\alpha_1}{dq_j} + \ldots + \dfrac{dp_i}{d\alpha_{2k}}\dfrac{d\alpha_{2k}}{dq_j} = 0, \text{ quel que soit } j. \end{cases}$$

$$(5) \quad \begin{cases} \dfrac{dq_i}{d\alpha_1}\dfrac{d\alpha_1}{dq_i} + \ldots + \dfrac{dq_i}{d\alpha_{2k}}\dfrac{d\alpha_{2k}}{dq_i} = 1, \\[2ex] \dfrac{dq_i}{d\alpha_1}\dfrac{d\alpha_1}{dq_j} + \ldots + \dfrac{dq_i}{d\alpha_{2k}}\dfrac{d\alpha_{2k}}{dq_j} = 0, \text{ pour } j \text{ différent de } i, \\[2ex] \dfrac{dq_i}{d\alpha_1}\dfrac{d\alpha_1}{dp_j} + \ldots + \dfrac{dq_i}{d\alpha_{2k}}\dfrac{d\alpha_{2k}}{dp_j} = 0, \text{ quel que soit } j. \end{cases}$$

Considérons en particulier les deux dernières équations du groupe (4) ; multiplions la première par $\dfrac{d\alpha_\mu}{dq_j}$, la seconde par $-\dfrac{d\alpha_\mu}{dp_j}$, et ajoutons ; il viendra

$$(6) \quad 0 = \frac{dp_i}{d\alpha_1}\left(\frac{d\alpha_1}{dp_j}\frac{d\alpha_\mu}{dq_j} - \frac{d\alpha_1}{dq_j}\frac{d\alpha_\mu}{dp_j} \right) + \ldots + \frac{dp_i}{d\alpha_{2k}}\left(\frac{d\alpha_{2k}}{dp_j}\frac{d\alpha_\mu}{dq_j} - \frac{d\alpha_{2k}}{dq_j}\frac{d\alpha_\mu}{dp_j} \right),$$

équation où j peut recevoir toutes les valeurs de 0 à k, sauf la valeur i, qui exigerait qu'on employât la première des équations (4). Si l'on combine de même la première des équations (4) avec la troisième, en multipliant l'une

par $\dfrac{d\alpha_\mu}{dq_i}$, et l'autre par $-\dfrac{d\alpha_\mu}{dp_i}$, on trouve l'équation

$$(7)\quad \frac{d\alpha_\mu}{dq_i} = \frac{dp_i}{d\alpha_1}\left(\frac{d\alpha_1}{dp_i}\frac{d\alpha_\mu}{dq_i} - \frac{d\alpha_1}{dq_i}\frac{d\alpha_\mu}{dp_i}\right) + \ldots + \frac{dp_i}{d\alpha_{2k}}\left(\frac{d\alpha_{2k}}{dp_i}\frac{d\alpha_\mu}{dq_i} - \frac{d\alpha_{2k}}{dq_i}\frac{d\alpha_\mu}{dp_i}\right);$$

c'est ce que devient l'équation (6) pour le cas particulier de $j = i$. Faisons successivement dans (6) $j = 1$, $j = 2$,... $j = i - 1$, $j = i + 1$,... $j = k$, et ajoutons ensemble les $k - 1$ équations résultantes, ainsi que l'équation (7) ; nous trouverons pour résultat, en adoptant la notation de Poisson,

$$(8)\quad \frac{d\alpha_\mu}{dq_i} = \frac{dp_i}{d\alpha_1}(\alpha_1, \alpha_\mu) + \ldots + \frac{dp_i}{d\alpha_{2k}}(\alpha_{2k}, \alpha_\mu).$$

On trouverait de même, en opérant sur les équations du groupe (5),

$$(9)\quad \frac{d\alpha_\mu}{dp_i} = -\frac{dq_i}{d\alpha_1}(\alpha_1, \alpha_\mu) - \ldots - \frac{dq_i}{d\alpha_{2k}}(\alpha_{2k}, \alpha_\mu),$$

formule qui se déduit de l'équation (8) en permutant les lettres p et q, ce qui change simplement le signe des parenthèses.

Le problème proposé s'achèvera par la résolution des équations (8) et (9) ; on aura en effet les valeurs des $\dfrac{dp}{d\alpha}$ et des $\dfrac{dq}{d\alpha}$ en fonction des $\dfrac{d\alpha}{dq}$ et des $\dfrac{d\alpha}{dp}$, en multipliant l'équation (8) par $\dfrac{dq_i}{d\alpha_\nu}$, l'équation (9) par $\dfrac{dp_i}{d\alpha_\nu}$, et en ajoutant. Il vient

$$(10)\quad \frac{d\alpha_\mu}{dq_i}\frac{dq_i}{d\alpha_\nu} + \frac{d\alpha_\mu}{dp_i}\frac{dp_i}{d\alpha_\nu} = (\alpha_1, \alpha_\mu)\left(\frac{dp_i}{d\alpha_1}\frac{dq_i}{d\alpha_\nu} - \frac{dq_i}{d\alpha_1}\frac{dp_i}{d\alpha_\nu}\right)$$
$$+ \ldots + (\alpha_{2k}, \alpha_\mu)\left(\frac{dp_i}{d\alpha_{2k}}\frac{dq_i}{d\alpha_\nu} - \frac{dq_i}{d\alpha_{2k}}\frac{dp_i}{d\alpha_\nu}\right),$$

équation dans laquelle on peut donner à i toutes les valeurs $1, 2,... k$; ajoutant, on a pour la somme des premiers membres, le premier membre de l'équation (3), c'est-à-dire 0 ou 1. Dans le second membre, les parenthèses (α, α_μ) se trouvent multipliées par les sommes

$$\sum_{i=1}^{i=k}\left(\frac{dp_i}{d\alpha}\frac{dq_i}{d\alpha_\nu} - \frac{dq_i}{d\alpha}\frac{dp_i}{d\alpha_\nu}\right),$$

sommes formées avec les dérivées $\dfrac{dp}{d\alpha}$, $\dfrac{dq}{d\alpha}$, de la même manière que la fonction (α, α_μ) est formée avec les dérivées $\dfrac{d\alpha}{dp}$, $\dfrac{d\alpha}{dq}$. On représente ces nouvelles sommes par la notation suivante, adoptée par Lagrange,

$$(11) \qquad \sum_{i=1}^{i=k} \left(\frac{dq_i}{d\alpha_\mu} \frac{dp_i}{d\alpha_\nu} - \frac{dp_i}{d\alpha_\mu} \frac{dq_i}{d\alpha_\nu} \right) = [\alpha_\mu, \alpha_\nu].$$

L'équation finale qui provient de l'addition des équations (10) est donc simplement

$$(12) \qquad (\alpha_1, \alpha_\mu)[\alpha_1, \alpha_\nu] + (\alpha_2, \alpha_\mu)[\alpha_2, \alpha_\nu] + \ldots + (\alpha_{2k}, \alpha_\mu)[\alpha_{2k}, \alpha_\nu]$$
$$= 0, \text{ si } \mu \text{ et } \nu \text{ sont différents,}$$
$$= 1, \text{ si } \mu = \nu.$$

Cela posé, multiplions l'équation (8) par $[\alpha_1, \alpha_\mu]$, puis donnons à μ toutes les valeurs de 1 à $2k$, et ajoutons les $2k$ équations résultantes. Nous aurons

$$(13) \qquad \frac{dp_i}{d\alpha_\nu} = \frac{d\alpha_1}{dq_i}[\alpha_1, \alpha_\nu] + \frac{d\alpha_2}{dq_i}[\alpha_2, \alpha_\nu] + \ldots + \frac{d\alpha_{2k}}{dq_i}[\alpha_{2k}, \alpha_\nu].$$

On trouverait de même

$$(14) \qquad \frac{dq_i}{d\alpha_\nu} = - \frac{d\alpha_1}{dp_i}[\alpha_1, \alpha_\nu] - \ldots - \frac{d\alpha_{2k}}{dq_i}[\alpha_{2k}, \alpha_\nu].$$

Ces équations (13) et (14) se déduisent respectivement des équations (8) et (9) en changeant à la fois

$$\frac{d\alpha}{dp}, \quad \frac{d\alpha}{dq}, \quad \frac{dp}{d\alpha}, \quad \frac{dq}{d\alpha} \quad \text{et} \quad (\alpha, \alpha')$$

en

$$\frac{dq}{d\alpha}, \quad \frac{dp}{d\alpha}, \quad \frac{d\alpha}{dq}, \quad \frac{d\alpha}{dp} \quad \text{et} \quad [\alpha, \alpha'],$$

et en conservant les indices.

ÉQUATIONS DU MOUVEMENT D'UN SOLIDE AUTOUR D'UN POINT FIXE O.

307. Nous représenterons par m la masse d'un point en particulier, par x_1, y_1, z_1, ces coordonnées constantes, par rapport aux trois axes principaux d'inertie OX_1, OY_1, OZ_1 menés par le point O ;

Par p, q, r, les composantes de la vitesse angulaire instantanée, autour des mêmes axes ;

Par ψ, θ, φ, les angles (III, § 321) qui fixent la position des axes mobiles OX_1, OY_1, OZ_1 par rapport aux axes fixes OX, OY, OZ.

Nous avons exprimé p, q, r en fonction des angles φ, θ, ψ et de leurs vitesses, au moyen des équations

$$(1) \quad \begin{cases} p = \sin\varphi \sin\theta \, \dfrac{d\psi}{dt} + \cos\varphi \, \dfrac{d\theta}{dt}, \\[2mm] q = \cos\varphi \sin\theta \, \dfrac{d\psi}{dt} - \sin\varphi \, \dfrac{d\theta}{dt}, \\[2mm] r = \dfrac{d\varphi}{dt} + \cos\theta \, \dfrac{d\psi}{dt}. \end{cases}$$

Nous avons à exprimer la force vive du corps en fonction des variables ψ, θ, φ, et de leurs vitesses. Nous y parviendrons en multipliant l'équation (10) par la masse élémentaire m du point x_1, y_1, z_1 et en faisant la somme de toutes ces équations pour tous les points du corps ; il viendra, en étendant le signe $\sum$ à tous les points qui composent le corps solide, et en faisant sortir de ce signe les quantités p, q, r, communes au même instant à tous les éléments,

$$\sum mv^2 = p^2 \sum m\,(y_1^2 + z_1^2) + q^2 \sum m\,(z_1^2 + x_1^2) + r^2 \sum m\,(x_1^2 + y_1^2)$$
$$- 2pq \sum m x_1 y_1 - 2qr \sum m y_1 z_1 - 2rp \sum m z_1 x_1.$$

Les sommes $\sum m\,(y_1^2 + z_1^2)$, $\sum m\,(z_1^2 + x_1^2)$, $\sum m\,(x_1^2 + y_1^2)$ sont les moments d'inertie du solide par rapport aux axes OX_1, OY_1, OZ_1 ; nous les représenterons par A, B, C. Les sommes $\sum m x_1 y_1$, $\sum m y_1 z_1$, $\sum m z_1 x_1$ sont nulles si l'on prend pour axes OX_1, OY_1, OZ_1, les axes principaux de l'ellipsoïde d'inertie. Nous supposons qu'il en est ainsi, et alors la force vive 2T s'exprime par l'équation très simple

$$(2) \qquad 2T = Ap^2 + Bq^2 + Cr^2,$$

ou, en fonction des nouvelles variables,

$$(3) \quad 2T = A\left(\frac{d\psi}{dt}\right)^2 \sin^2\varphi \sin^2\theta + A\cos^2\varphi\left(\frac{d\theta}{dt}\right)^2 + 2A\sin\varphi\cos\varphi\sin\theta\,\frac{d\psi}{dt}\,\frac{d\theta}{dt}$$

$$+ B\left(\frac{d\psi}{dt}\right)^2 \cos^2\varphi \sin^2\theta + B\sin^2\varphi\left(\frac{d\theta}{dt}\right)^2 - 2B\sin\varphi\cos\varphi\sin\theta\,\frac{d\psi}{dt}\,\frac{d\theta}{dt}$$

$$+ C\left(\frac{d\varphi}{dt}\right)^2 + C\cos^2\theta\left(\frac{d\psi}{dt}\right)^2 + 2C\cos\theta\,\frac{d\varphi}{dt}\,\frac{d\psi}{dt}$$

$$= \left(\frac{d\psi}{dt}\right)^2 (A\sin^2\varphi\sin^2\theta + B\cos^2\varphi\sin^2\theta + C\cos^2\theta)$$

$$+ \left(\frac{d\theta}{dt}\right)^2 (A\cos^2\varphi + B\sin^2\varphi)$$

$$+ C\left(\frac{d\varphi}{dt}\right)^2$$

$$+ 2\frac{d\psi}{dt}\,\frac{d\theta}{dt}(A\sin\varphi\cos\varphi\sin\theta - B\sin\varphi\cos\varphi\sin\theta)$$

$$+ 2C\,\frac{d\varphi}{dt}\,\frac{d\psi}{dt}.$$

Les variables ψ, θ et φ ne sont assujetties à aucune liaison; si l'on veut donner aux équations du mouvement la première forme canonique, on fera $\psi' = \frac{d\psi}{dt}$, $\varphi' = \frac{d\varphi}{dt}$, $\theta' = \frac{d\theta}{dt}$; on exprimera en fonction de ψ, θ et φ la fonction U des forces, et on aura les trois équations

$$(4) \quad \begin{cases} \dfrac{d\,\dfrac{dT}{d\psi'}}{dt} - \dfrac{dT}{d\psi} = \dfrac{dU}{d\psi}, \\[2em] \dfrac{d\,\dfrac{dT}{d\theta'}}{dt} - \dfrac{dT}{d\theta} = \dfrac{dU}{d\theta}, \\[2em] \dfrac{d\,\dfrac{dT}{d\varphi'}}{dt} - \dfrac{dT}{d\varphi} = \dfrac{dU}{d\varphi}. \end{cases}$$

Si l'on veut, au contraire, employer la seconde forme canonique, qui permet d'appliquer la méthode de Jacobi et le théorème de Poisson, on prendra pour nouvelles variables $\Psi = \frac{dT}{d\psi'}$, $\Theta = \frac{dT}{d\theta'}$, $\Phi = \frac{dT}{d\varphi'}$. Puis on exprimera T en fonction des six variables ψ, θ, φ, Ψ, Θ, Φ. Pour opérer cette transformation, reprenons l'équation (2), et formons les dérivées partielles de T par rapport à ψ', θ', φ' ; il viendra

$$(5) \quad \begin{cases} \Psi = \dfrac{dT}{d\psi'} = Ap\,\dfrac{dp}{d\psi'} + Bq\,\dfrac{dq}{d\psi'} + Cr\,\dfrac{dr}{d\psi'}, \\[2mm] \Theta = \dfrac{dT}{d\theta'} = Ap\,\dfrac{dp}{d\theta'} + Bq\,\dfrac{dq}{d\theta'} + Cr\,\dfrac{dr}{d\theta'}, \\[2mm] \Phi = \dfrac{dT}{d\varphi'} = Ap\,\dfrac{dp}{d\varphi'} + Bq\,\dfrac{dq}{d\varphi'} + Cr\,\dfrac{dr}{d\varphi'}. \end{cases}$$

Les équations (3) nous donnent ensuite

$$\frac{dp}{d\psi'} = \sin\varphi\,\sin\theta, \qquad \frac{dp}{d\theta'} = \cos\varphi, \qquad \frac{dp}{d\varphi'} = 0,$$

$$\frac{dq}{d\psi'} = \cos\varphi\,\sin\theta, \qquad \frac{dq}{d\theta'} = -\sin\varphi, \qquad \frac{dq}{d\varphi'} = 0,$$

$$\frac{dr}{d\psi'} = \cos\theta, \qquad \frac{dr}{d\theta'} = 0, \qquad \frac{dr}{d\varphi'} = 1.$$

Substituant ces valeurs dans le groupe (27), il vient

$$(6) \quad \begin{cases} \Psi = Ap\,\sin\varphi\,\sin\theta + Bq\,\cos\varphi\,\sin\theta + Cr\,\cos\theta, \\ \Theta = Ap\,\cos\varphi - Bq\,\sin\varphi, \\ \Phi = Cr. \end{cases}$$

Résolvons par rapport à Ap, Bq, Cr :

$$Cr = \Phi,$$
$$Ap = \Psi\,\sin\varphi + \Theta\,\cos\varphi\,\sin\theta - \Phi\,\cos\theta,$$
$$Bq = \Psi\,\cos\varphi - \Theta\,\sin\varphi\,\sin\theta - \Phi\,\cos\theta.$$

Donc enfin

$$(7) \quad 2T = Ap^2 + Bq^2 + Cr^2 = \frac{1}{A}\,(\Psi\,\sin\varphi + \Theta\,\cos\varphi\,\sin\theta - \Phi\,\cos\theta)^2$$
$$+ \frac{1}{B}\,(\Psi\,\cos\varphi - \Theta\,\sin\varphi\,\sin\theta - \Phi\,\cos\theta)^2 + \frac{1}{C}\,\Phi^2,$$

On fera ensuite $T - U = H$, et on aura à intégrer le système des six équations différentielles :

$$(8) \quad \begin{cases} \dfrac{d\Phi}{dt} = -\dfrac{dH}{d\varphi}, & \dfrac{d\Psi}{dt} = -\dfrac{dH}{d\psi}, & \dfrac{d\Theta}{dt} = -\dfrac{dH}{d\theta}, \\[2mm] \dfrac{d\varphi}{dt} = +\dfrac{dH}{d\Phi}, & \dfrac{d\psi}{dt} = +\dfrac{dH}{d\Psi}, & \dfrac{d\theta}{dt} = +\dfrac{dH}{d\Theta}. \end{cases}$$

Ces équations sont le point de départ des études analytiques sur le mouvement de rotation des corps célestes. Le point fixe O est alors le centre de gravité du corps tournant. On sait, en effet, qu'un corps solide libre dans l'espace tourne autour de son centre de gravité comme si ce point était fixe (t. III, § 311).

CHAPITRE III

MOUVEMENT DE TRANSLATION DES CORPS FAISANT PARTIE DU SYSTÈME SOLAIRE.

---

508. Nous supposerons, dans ce chapitre, le soleil et les planètes réduits à des simples points matériels, s'attirant mutuellement suivant les directions des droites qui les joignent deux à deux. Cette simplification est entièrement rigoureuse quand il s'agit d'un corps sphérique composé de couches concentriques homogènes. Elle est admissible à titre d'approximation pour un système sollicité par des forces attractives émanant des points d'un autre système matériel très-éloigné par rapport aux dimensions de chacun des systèmes considérés; en effet, dans ce cas, les attractions sont sensiblement parallèles et proportionnelles aux masses, et se composent en une force unique appliquée au centre de gravité, et égale à l'attraction qui serait subie par ce point si toute la masse y était concentrée. Cette remarque permet de réduire à un point matériel unique, non-seulement une planète, mais le système formé par cette planète et tous les satellites dont elle peut être accompagnée. Il ne faut pas oublier toutefois qu'une telle réduction est purement approximative, et que, dans certains cas, elle peut exiger une correction appréciable. C'est ce qui arrive, par exemple, dans la théorie du mouvement de la lune; la forme ellipsoïdale de la terre a sur le mouvement de son satellite une influence qu'on ne saurait négliger; elle est due à la proximité des deux corps, et à la grandeur du rapport de la masse de la lune à celle de la terre.

ÉQUATIONS GÉNÉRALES DU MOUVEMENT D'UN SYSTÈME DE POINTS MATÉRIELS
S'ATTIRANT MUTUELLEMENT SUIVANT LA LOI NEWTONIENNE.

309. Étant donnés n points, dont les masses sont m, m_1, m_2,... et dont les coordonnées rapportées à des axes fixes sont

$$x, x_1, x_2 \ldots,$$
$$y, y_1, y_2 \ldots,$$
$$z, z_1, z_2 \ldots,$$

proposons-nous de trouver l'expression de la fonction des forces U.

L'attraction exercée par le point m_1 sur le point m a pour composante suivant l'axe des x :

$$-\frac{fmm_1}{(x-x_1)^2+(y-y_1)^2+(z-z_1)^2} \times \frac{x-x_1}{\sqrt{(x-x_1)^2+(y-y_1)^2+(z-z_1)^2}},$$

ou bien

$$\frac{d}{dx} \frac{fmm_1}{\sqrt{(x-x_1)^2+(y-y_1)^2+(z-z_1)^2}}.$$

L'attraction mutuelle du point m sur le point m_1 sera égale et contraire ; on en obtiendra la composante en prenant la dérivée partielle de la même fonction par rapport à x_1. On aura autant de fonctions analogues à considérer qu'il y a de manières de prendre deux points sur une collection de n points, ou qu'il y a de combinaisons de n objets 2 à 2, ou enfin $\dfrac{n(n-1)}{2}$.

La fonction des forces relative à l'ensemble du système sera donc la somme de ces $\dfrac{n(n-1)}{2}$ fonctions particulières, et nous aurons par consé·quent

$$
(1) \quad \begin{aligned}
U = {} & \frac{fmm_1}{\sqrt{(x-x_1)^2+(y-y_1)^2+(z-z_1)^2}} \\
& + \frac{fmm_2}{\sqrt{(x-x_2)^2+(y-y_2)^2+(z-z_2)^2}} \\
& + \frac{fmm_3}{\sqrt{(x-x_3)^2+(y-y_3)^2+(z-z_2)^2}} + \ldots \\
& + \frac{fm_1m_2}{\sqrt{(x_1-x_2)^2+(y_1-y_2)^2+(z_1-z_2)^2}} \\
& + \frac{fm_1m_3}{\sqrt{(x_1-x_3)^2+(y_1-y_3)^2+(z_1-z_3)^2}} + \ldots \\
& + \frac{fm_2m_3}{\sqrt{(x_2-x_3)^2+(y_2-y_3)^2+(z_2-z_3)^2}} + \ldots
\end{aligned}
$$

Les forces qui sollicitent le point m auront pour composantes suivant les axes les dérivées partielles $\dfrac{dU}{dx}$, $\dfrac{dU}{dy}$, $\dfrac{dU}{dz}$, qui seront exprimées chacune par $n-1$ termes, représentant les composantes des actions de chacun des $n-1$ points sur le point m.

L'équation générale du mouvement est en définitive

$$\sum m \left(\frac{d^2x}{dt^2} \, \delta x + \frac{d^2y}{dt^2} \, dy + \frac{d^2z}{dt^2} \, dz \right) = \delta U.$$

MOUVEMENT DU CENTRE DE GRAVITÉ, ET MOUVEMENT RELATIF PAR RAPPORT A DES
AXES DE DIRECTIONS CONSTANTES PASSANT PAR CE POINT.

310. Nous avons pour le mouvement d'un point m en particulier l'équation

$$m \, \frac{d^2x}{dt^2} = \frac{dU}{dx}.$$

Pour un autre point, nous aurions de même

$$m_1 \, \frac{d^2x_1}{dt^2} = \frac{dU}{dx_1},$$

et ainsi de suite pour les n points. Ajoutons ensemble toutes ces équations, et observons que, dans les diverses dérivées partielles $\dfrac{dU}{dx}$, $\dfrac{dU}{dx_1}$ ..., les termes sont deux à deux égaux en valeur absolue et de signes contraires. Leur somme est donc nulle, et l'on a par conséquent

$$m \, \frac{d^2x}{dt^2} + m_1 \, \frac{d^2x_1}{dt^2} + \ldots = 0.$$

Soit ξ l'abscisse du centre de gravité : on aura

$$\xi \times (m + m_1 + \ldots) = mx + m_1 x_1 + \ldots;$$

donc

$$m \, \frac{d^2x}{dt^2} + m_1 \, \frac{d^2x_1}{dt^2} + \ldots = (m + m_1 + m_2 + \ldots) \frac{d^2\xi}{dt^2},$$

et par suite

$$\frac{d^2\xi}{dt^2} = 0.$$

On prouverait de même que $\dfrac{d^2\eta}{dt} = 0$, $\dfrac{d^2\zeta}{dt^2} = 0$, η et ζ étant les autres coordonnées du centre de gravité.

Donc *le mouvement du centre de gravité est rectiligne et uniforme.*

Si l'on change de coordonnées, et qu'on rapporte les positions du système à trois axes parallèles aux premiers, mais menés par le centre de gravité, les équations de mouvement ne changent pas. Cette transformation revient à changer x en $x + \xi$, y en $y + \eta$, z en $z + \zeta$,... ce qui ne change pas la fonction U, dans laquelle n'entrent que les différences $x - x_1$, $y - y_1$,...

L'équation générale du mouvement, qui était

$$\sum m \left[\frac{d^2x}{dt^2} \delta x \times \frac{d^2y}{dt^2} \delta y + \frac{d^2z}{dt^2} \delta z \right] = \delta U,$$

devient

$$\sum m \left[\left(\frac{d^2x}{dt^2} + \frac{d^2\xi}{dt^2} \right) (\delta x + \delta \xi) + \left(\frac{d^2y}{dt^2} + \frac{d^2\eta}{dt^2} \right) (\delta y + \delta \eta) \right. $$
$$\left. + \left(\frac{d^2z}{dt^2} + \frac{d^2\zeta}{dt^2} \right) (\delta z + \delta \zeta) \right] = \delta U,$$

ce qu'on peut écrire, en faisant sortir des signes $\sum$ les facteurs qui sont les mêmes pour tous les points,

$$\sum m \left(\frac{d^2x}{dt^2} dx + \frac{d^2y}{dt^2} \delta y + \frac{d^2z}{dt^2} \delta z \right) + \frac{d^2\xi}{dt^2} \sum m (\delta x + \delta \xi) + \delta \xi \sum m \frac{d^2x}{dt^2}$$
$$+ \frac{d^2\eta}{dt^2} \sum m (\delta y + \delta \eta) + \delta \eta \sum m \frac{d^2y}{dt^2}$$
$$+ \frac{d^2\zeta}{dt^2} \sum m (\delta z + \delta \zeta) + \delta \zeta \sum m \frac{d^2z}{dt^2}$$
$$= \delta U.$$

En vertu du théorème du mouvement du centre de gravité, on a

$$\frac{d^2\xi}{dt^2} = 0, \quad \frac{d^2\eta}{dt^2} = 0, \quad \frac{d^2\zeta}{dt^2} = 0;$$

de plus

$$\sum m \frac{d^2x}{dt^2} = \frac{d^2\xi}{dt^2} \sum m = 0,$$
$$\sum m \frac{d^2y}{dt^2} = \frac{d^2\eta}{dt^2} \sum m = 0,$$
$$\sum m \frac{d^2z}{dt^2} = \frac{d^2\zeta}{dt^2} \sum m = 0.$$

L'équation se réduit donc à

$$\sum m \left(\frac{d^2x}{dt^2} \delta x + \frac{d^2y}{dt^2} \delta y + \frac{d^2z}{dt^2} \delta z \right) = \delta U,$$

c'est à dire que *le mouvement relatif à des axes mobiles de directions constantes, passant par le centre de gravité, a les mêmes équations différentielles que le mouvement absolu.*

MOUVEMENT RELATIF A DES AXES DE DIRECTIONS CONSTANTES, MENÉS PAR UN DES POINTS DU SYSTÈME.

311. Parmi les n points du système, considérons-en un, de masse M, auquel nous donnerons le nom de point ou de corps *principal*. Par ce point, menons parallèlement aux axes fixes de nouveaux axes par rapport auxquels on demande le mouvement du système. La question se résout par un changement de coordonnées : il suffit en effet, en appelant X, Y, Z les coordonnées du point principal par rapport aux anciens axes, de changer dans les équations du mouvement x en $X + x$, y en $Y + y$, et z en $Z + z$. Avant d'opérer cette transformation, observons que l'on a identiquement, en employant les anciennes coordonnées,

$$\frac{d\mathrm{U}}{d\mathrm{X}} = -\sum \frac{d\mathrm{U}}{dx},$$

$$\frac{d\mathrm{U}}{d\mathrm{Y}} = -\sum \frac{d\mathrm{U}}{dy},$$

$$\frac{d\mathrm{U}}{d\mathrm{Z}} = -\sum \frac{d\mathrm{U}}{dz},$$

les sommes des seconds membres s'étendant aux $n - 1$ points autres que le point principal. Cela résulte, en effet, de ce que la somme des dérivées partielles prises successivement par rapport aux abscisses des n points est identiquement nulle ; de sorte que l'une de ces dérivées, relative à l'un des points en particulier, est égale, au signe près, à la somme des dérivées analogues prises pour tous les autres. Les mêmes équations subsistent encore quand on conserve dans le premier membre les coordonnées X, Y, Z, prises par rapport aux anciens axes, et qu'on altère de quantités égales les coordonnées x, y, z qui figurent dans le second ; car cette altération commune ne change rien aux différences qui entrent seules dans la fonction U et dans ses dérivées. On peut donc supposer que, dans le second membre, x, y, z représentent, non pas les anciennes coordonnées, mais les nouvelles, qui n'en diffèrent que des quantités X, Y, Z.

Les équations du mouvement sont renfermées dans l'équation générale

$$\sum m \left(\frac{d^2 x}{dt^2} \,\delta x + \frac{d^2 y}{dt^2} \,\delta y + \frac{d^2 z}{dt^2} \,\delta z \right) = \delta \mathrm{U},$$

soit que les axes primitifs soient fixes, soit qu'ils passent constamment par le centre de gravité ; x, y, z, sont les coordonnées rapportées à ces axes.

Changeons x en $X+x$, y en $Y+y$, z en $Z+z$; la fonction U deviendra

$$U = \left[\frac{fMm}{\sqrt{x^2+y^2+z^2}} + \frac{fMm_1}{\sqrt{x_1^2+y_1^2+z_1^2}} + \cdots\right] + \left[\frac{fmm_1}{\sqrt{(x-x_1)^2+(y-y_1)^2+(z-z_1)^2}} + \cdots\right],$$

le premier crochet contenant les $n-1$ termes qui renferment en facteur la masse M du point principal, et le second les $\dfrac{(n-1)(n-2)}{2}$ termes qui correspondent aux actions mutuelles des $n-2$ autres points.

Le premier membre devient, par la même transformation, en mettant en évidence les termes correspondants au corps M, et en restreignant la somme $\sum$ aux $n-1$ autres points seulement,

$$M\frac{d^2X}{dt^2}\,\delta X + \sum m\,\frac{d^2(X+x)}{dt^2}\,(\delta X + \delta x)$$
$$+ M\frac{d^2Y}{dt^2}\,\delta Y + \sum m\,\frac{d^2(Y+y)}{dt^2}\,(\delta Y + \delta y)$$
$$+ M\frac{d^2Z}{dt^2}\,\delta Z + \sum m\,\frac{d^2(Z+z)}{dt^2}\,(\delta Z + \delta z).$$

Occupons-nous spécialement de la première ligne; elle devient, en faisant sortir du signe $\sum$ les facteurs δX communs à tous ses termes,

$$\delta X\left(M\frac{d^2X}{dt^2} + \sum m\,\frac{d^2(X+x)}{dt^2}\right) + \sum m\,\frac{d^2(X+x)}{dt^2}\,\delta x.$$

La quantité qui multiplie δX est nulle d'elle-même; car elle représente le produit de la masse totale, $M + \sum m$, par l'accélération, $\dfrac{d^2\xi}{dt^2}$, du centre de gravité, la coordonnée X étant rapportée aux anciens axes. La première ligne se réduit donc à

$$\sum m\,\frac{d^2(X+x)}{dt^2}\,\delta x = \sum m\,\frac{d^2X}{dt^2}\,\delta x + \sum m\,\frac{d^2x}{dt^2}\,\delta x.$$

Pour éliminer $\dfrac{d^2X}{dt^2}$, seul facteur qui contienne encore trace des anciennes coordonnées, observons que le mouvement du point principal est défini par les trois équations

$$M\frac{d^2X}{dt^2} = \frac{dU}{dX},$$
$$M\frac{d^2Y}{dt^2} = \frac{dU}{dY},$$
$$M\frac{d^2Z}{dt^2} = \frac{dU}{dZ},$$

et qu'en vertu de la remarque faite en commençant, on peut poser, avec les nouvelles coordonnées des $n-1$ autres points,

$$\mathrm{M}\,\frac{d^2\mathrm{X}}{dt^2} = -\sum \frac{d\mathrm{U}}{dx},$$

$$\mathrm{M}\,\frac{d^2\mathrm{Y}}{dt^2} = -\sum \frac{d\mathrm{U}}{dy},$$

$$\mathrm{M}\,\frac{d^2\mathrm{Z}}{dt^2} = -\sum \frac{d\mathrm{U}}{dz}.$$

Substituons ces valeurs dans le terme $\sum m\,\dfrac{d^2\mathrm{X}}{dt^2}\,\delta x$; il prendra la forme

$$-\frac{1}{\mathrm{M}}\sum m\delta x \sum \frac{d\mathrm{U}}{dx}.$$

Faisant passer ce terme dans le second membre de l'équation générale, il vient pour équation finale

$$\sum m\left(\frac{d^2x}{dt^2}\,\delta x + \frac{d^2y}{dt^2}\,\delta y + \frac{d^2z}{dt^2}\,\delta z\right)$$
$$= \delta\mathrm{U} + \frac{1}{\mathrm{M}}\sum m\left(\delta x \sum \frac{d\mathrm{U}}{dx} + \delta y \sum \frac{d\mathrm{U}}{dy} + \delta z \sum \frac{d\mathrm{U}}{dz}\right).$$

Le second terme du second membre représente la variation de la *fonction des forces apparentes* qu'il faut adjoindre aux forces réelles pour traiter le problème de mouvement relatif comme s'il s'agissait d'un mouvement absolu.

312. Pour transformer cette équation, posons d'une manière générale

$$\sqrt{x_i^2 + y_i^2 + z_i^2} = r_i, \text{ distance du point } i \text{ au point principal;}$$
$$\sqrt{(x_i - x_j)^2 + (y_i - y_j)^2 + (z_i - z_j)^2} = \rho_{i,j}, \text{ distance mutuelle des points } i \text{ et } j.$$

La fonction U prend alors la forme

$$\mathrm{U} = \left[\frac{f\mathrm{M}m}{r} + \frac{f\mathrm{M}m_1}{r_1} + \frac{f\mathrm{M}m_2}{r_2} + \cdots\right] + \left[\begin{array}{l}\dfrac{fmm_1}{\rho_{0,1}} + \dfrac{fmm_2}{\rho_{0,2}} + \cdots \\[2mm] \qquad + \dfrac{fm_1m_2}{\rho_{1,2}} + \cdots \\[2mm] \qquad\qquad + \cdots\end{array}\right].$$

Prenons la dérivée de U par rapport à x; nous aurons

$$\frac{d\mathrm{U}}{dx} = -\frac{f\mathrm{M}mx}{r^3} - \left[\frac{fmm_1(x - x_1)}{\rho_{0,1}^3} + \frac{fmm_2(x - x_2)}{\rho_{0,2}^3} + \cdots\right].$$

Le premier crochet ne donne qu'un terme; le second en donne autant qu'il renferme de termes contenant le facteur m, c'est-à-dire $n-2$.

Si l'on opère de même pour tous les x, et qu'on fasse la somme, on aura, en divisant par M,

$$\frac{1}{M}\sum \frac{dU}{dx} = -\frac{fmx}{r^3} - \frac{fm_1 x_1}{r_1^{3}} - \frac{fm_2 x_2}{r_2^{3}} - \cdots,$$

savoir $n-1$ termes seulement, car les termes compris dans le crochet se détruisent deux à deux.

Cela posé, occupons-nous seulement du point de masse m dont l'abscisse est x. Pour trouver les équations de son mouvement en projection sur l'axe des x, il faut chercher dans le second membre de l'équation géné-rale quel est le coefficient de δx, et l'égaler à $m\dfrac{d^2 x}{dt}$; ce coefficient est

$\dfrac{dU}{dx} + \dfrac{m}{M}\sum \dfrac{dU}{dx}$, ou bien

$$-\frac{fMmx}{r^3} - \frac{fmm_1\,(x-x_1)}{\rho^3_{0,1}} - \frac{fmm_2\,(x-x_2)}{\rho^3_{0,2}} - \cdots$$
$$-\frac{fm^2 x}{r^3} - \frac{fmm_1 x_1}{r_1^{3}} - \frac{fmm_2 x_2}{r_2^{3}} - \cdots,$$

ou encore

$$-\frac{f(M+m)\,mx}{r^3} - \left[fmm_1\left(\frac{(x-x_1)}{\rho^3_{0,1}} + \frac{x_1}{r_1^{3}}\right) + fmm_2\left(\frac{x-x_1}{\rho^3_{0,2}} + \frac{x_2}{r_2^{3}}\right) + \cdots \right]$$

On peut mettre le crochet sous forme de dérivée partielle. En effet le terme $\dfrac{x-x_i}{\rho^3_{0,i}}$ est la dérivée partielle prise par rapport à x de $-\dfrac{1}{\rho_{0,i}}$. Quant au terme $\dfrac{x_i}{r_i^{3}}$, comme r_i est indépendant de x, c'est la dérivée partielle, par rapport à x, de $\dfrac{xx_i}{r_i^{3}}$, ou encore de $-\dfrac{xx_i + yy_i + zz_i}{r_i^{3}}$, forme qui permet-tra de considérer une seule et même fonction pour les projections du mouvement sur les trois axes. Nous ferons donc

$$R_{0,i} = \frac{1}{\rho_{0,i}} - \frac{xx_i + yy_i + zz_i}{r^{3}};$$

on en déduit

$$\frac{dR_{0,i}}{dx} = -\left(\frac{x-x_i}{\rho^3_{0,i}} + \frac{x_i}{r_i^{3}}\right)$$

et l'équation du mouvement prend la forme

$$m\,\frac{d^2 x}{dt^2} = -\frac{f(M+m)\,mx}{r^3} + fmm_1\,\frac{dR_{0,1}}{dx} + fmm_2\,\frac{dR_{0,2}}{dx} + \cdot \quad \cdot$$

ou encore

$$\frac{d^2x}{dt^2} + \frac{f(M+m)x}{r^3} = f \sum m_i \frac{dR_{0,i}}{dx}.$$

Si l'on pose enfin

$$\sum m_i R_{0,i} = \Omega$$

et

$$M + m = \mu,$$

les trois équations du mouvement du point m seront

$$\frac{d^2x}{dt^2} + \frac{f\mu x}{r^3} = \frac{d\Omega}{dx}$$

$$\frac{d^2y}{dt^2} + \frac{f\mu y}{r^3} = \frac{d\Omega}{dy}$$

$$\frac{d^2z}{dt^2} + \frac{f\mu z}{r^3} = \frac{d\Omega}{dz}.$$

Si la fonction Ω était constamment nulle, les équations précédentes définiraient le mouvement elliptique du corps m autour du corps principal. La fonction Ω, qui altère les équations du mouvement elliptique, représente la perturbation causée dans ce mouvement par l'action des $n-2$ autres points sur le point m. On lui donne le nom de *fonction perturbatrice*.

Pour chacun des $n-1$ points autres que le point M, on peut écrire 3 équations semblables ; les quantités x, y, z, r, Ω et μ, varient de l'un à l'autre. Mais l'intégration rigoureuse d'un tel système d'équations simultanées dépasse les forces de l'analyse. Elle ne devient possible pour le système planétaire qu'au moyen d'approximations successives, grâce à la petitesse des termes provenant de la fonction Ω.

Si l'on veut étudier le mouvement d'une planète, on prend le soleil pour corps principal ; les autres planètes produisent les perturbations ; pour plusieurs, l'influence perturbatrice est tellement petite, qu'on peut la négliger, eu égard à la faiblesse des masses et à l'éloignement.

Pour étudier le mouvement d'un satellite, de la lune par exemple, on prendra la terre pour corps principal ; les corps perturbateurs seront alors le soleil et les planètes ; parmi celles-ci, Vénus et Jupiter joueront le principal rôle.

Nous allons donner, dans les paragraphes suivants, l'esquisse des méthodes d'approximation qu'on peut suivre en pareil cas ; elles consistent, d'une part, à isoler successivement chacun des corps perturbateurs, et à composer ensuite les effets dus à chacun d'eux pris séparément ; d'autre part, à appliquer au problème la méthode de la *variation des arbitraires*, l'une des plus fécondes de l'analyse.

MÉTHODE GÉNÉRALE DE LA VARIATION DES ARBITRAIRES.

313. Supposons que l'on sache résoudre le problème du mouvement d'un système matériel assujetti à certaines liaisons et soumis à des forces données ; les équations différentielles de ce mouvement, ramenées à la forme canonique, sont au nombre de $2n$, savoir :

$$(1) \quad \left\{ \begin{aligned} \frac{dp_i}{dt} &= -\frac{d\mathrm{H}}{dq_i}, \\ \frac{dq_i}{dt} &= +\frac{d\mathrm{H}}{dp_i}. \end{aligned} \right.$$

Leurs intégrales sont aussi au nombre de $2n$; résolues par rapport aux $2n$ constantes introduites par l'intégration, elles prennent la forme générale

$$(2) \quad \alpha_\mu = f(t, q_1, q_2, \ldots q_n, p_1, p_2, \ldots p_n).$$

La fonction H est égale à la différence, $\mathrm{T} - \mathrm{U}$, entre la demi-force vive et la fonction des forces données.

Cela posé, nous admettrons qu'en outre des forces qui entrent dans la fonction U, le système subisse l'action de forces dites *perturbatrices*, avec lesquelles on compose une seconde fonction des forces Ω. La plupart du temps, cette fonction Ω dépendra des positions des points mobiles, c'est-à- dire des coordonnées q, et sera indépendante des variables p. Proposons-nous de résoudre le problème du mouvement du même système, modifié par l'adjonction des forces Ω. Les équations canoniques de ce nouveau mouvement s'obtiendront en changeant U en $\mathrm{U} + \Omega$, ce qui change H en $\mathrm{H} - \Omega$; de plus, Ω étant indépendant des p, on a $\dfrac{d\Omega}{dp_i} = 0$; de sorte que les équations prennent la forme

$$(3) \quad \left\{ \begin{aligned} \frac{dp_i}{dt} &= -\frac{d\mathrm{H}}{dq_i} + \frac{d\Omega}{dq_i}, \\ \frac{dq_i}{dt} &= +\frac{d\mathrm{H}}{dp_i}. \end{aligned} \right.$$

La *méthode de la variation des arbitraires* se résume dans un changement de variables : au lieu de considérer des arbitraires $\alpha_1, \ldots \alpha_{2n}$, comme des constantes dans les équations (2), on les considérera comme des variables déterminées de telle sorte qu'elles satisfassent aux équations (3). Ainsi les équations (2) peuvent être envisagées à deux points de vue : les quantités α_μ sont constantes, s'il s'agit de la solution des équations (1), ou du premier problème ; elles sont variables, s'il s'agit de la solution du second problème ou des équations (3). Dans les deux cas, *les vitesses des coordonnées*, $\dfrac{dq_i}{dt}$, *ont les mêmes expressions analytiques*, puisque la seconde équation du système (3) est identique à la seconde équation du système (1), la fonction Ω étant indépendante des variables p.

Différentions l'équation (2) ; il viendra, en mettant les dérivées partielles entre parenthèses,

$$(4) \qquad \frac{d\alpha_\mu}{dt} = \left(\frac{d\alpha_\mu}{dt}\right) + \left(\frac{d\alpha_\mu}{dq_1}\right)\frac{dq_1}{dt} + \ldots + \left(\frac{d\alpha_\mu}{dq_n}\right)\frac{dq_n}{dt}$$
$$+ \left(\frac{d\alpha_\mu}{dp_1}\right)\frac{dp_1}{dt} + \ldots + \left(\frac{d\alpha_\mu}{dp_n}\right)\frac{dp_n}{dt}.$$

Substituóns dans (4) les valeurs des $\dfrac{dq}{dt}$ et des $\dfrac{dp}{dt}$, tirées des équations (3) ; nous pourrons écrire l'équation résultante sous la forme suivante :

$$(5) \qquad \frac{d\alpha_\mu}{dt} = \left(\frac{d\alpha_\mu}{dt}\right) + \left(\frac{d\alpha_\mu}{dq_1}\right)\frac{dH}{dp_1} + \left(\frac{d\alpha_\mu}{dq_2}\right)\frac{dH}{dp_2} + \ldots + \left(\frac{d\alpha_\mu}{dq_n}\right)\frac{dH}{dp_n}$$
$$- \left(\frac{d\alpha_\mu}{dp_1}\right)\frac{dH}{dq_1} - \left(\frac{d\alpha_\mu}{dp_2}\right)\frac{dH}{dq_2} - \ldots - \left(\frac{d\alpha_\mu}{dp_n}\right)\frac{dH}{dq_n}$$
$$+ \left(\frac{d\alpha_\mu}{dp_1}\right)\frac{d\Omega}{dq_1} + \left(\frac{d\alpha_\mu}{dp_2}\right)\frac{d\Omega}{dq_2} + \ldots + \left(\frac{d\alpha_\mu}{dp_n}\right)\frac{d\Omega}{dq_n}.$$

Or les deux premières lignes se réduisent identiquement à zéro ; car si l'on fait $\Omega = 0$, le système (3) se réduit au système (1), lequel est satisfait, par hypothèse, en posant $\alpha_\mu =$ constante, ou $\dfrac{d\alpha_\mu}{dt} = 0$. Donc l'équation (5) se simplifie, et donne

$$(6) \qquad \frac{d\alpha_\mu}{dt} = \left(\frac{d\alpha_\mu}{dp_1}\right)\frac{d\Omega}{dq_1} + \left(\frac{d\alpha_\mu}{dp_2}\right)\frac{d\Omega}{dq_2} + \ldots + \left(\frac{d\alpha_\mu}{dp_n}\right)\frac{d\Omega}{dq_n}.$$

Telle est la condition à laquelle doit satisfaire la *variable* α_μ pour que l'équation (2) soit une solution du système (3). On sera ainsi conduit à poser $2n$ équations différentielles, qu'il restera à intégrer.

Mais on peut donner à ces équations une forme beaucoup plus simple en exprimant les p et les q en fonction du temps et des arbitraires α, au moyen des équations (2). Faisons cette transformation dans la fonction Ω ; elle sera exprimée en fonction de t et des α. La dérivée partielle $\dfrac{d\Omega}{dq_i}$ deviendra dans cette nouvelle hypothèse :

$$(7)\qquad \frac{d\Omega}{dq_i} = \frac{d\Omega}{d\alpha_1}\left(\frac{d\alpha_1}{dq_i}\right) + \frac{d\Omega}{d\alpha_2}\left(\frac{d\alpha_2}{dq_i}\right) + \ldots + \frac{d\Omega}{d\alpha_{2n}}\left(\frac{d\alpha_{2n}}{dq_i}\right),$$

et on aura n équations semblables, pour chaque valeur de l'indice i.

De même on aurait, en prenant la dérivée partielle de Ω par rapport à p_i, et en observant qu'elle est nulle, puisque Ω est indépendant de cette variable,

$$(8)\qquad \frac{d\Omega}{dp_i} = 0 = \frac{d\Omega}{d\alpha_1}\left(\frac{d\alpha_1}{dp_i}\right) + \frac{d\Omega}{d\alpha_2}\left(\frac{d\alpha_2}{dp_i}\right) + \ldots + \frac{d\Omega}{d\alpha_{2n}}\left(\frac{d\alpha_{2n}}{dp_i}\right).$$

On aura n équations semblables, qui doivent être identiquement vérifiées.

Substituons dans (6) la valeur de $\dfrac{d\Omega}{dq_i}$ fournie par (7) :

$$(9)\qquad \frac{d\alpha_\mu}{dt} = \left(\frac{d\alpha_\mu}{dp_1}\right)\left[\frac{d\Omega}{d\alpha_1}\left(\frac{d\alpha_1}{dq_1}\right) + \frac{d\Omega}{d\alpha_2}\left(\frac{d\alpha_2}{dq_1}\right) + \ldots + \frac{d\Omega}{d\alpha_{2n}}\left(\frac{d\alpha_{2n}}{dq_1}\right)\right]$$

$$+ \left(\frac{d\alpha_\mu}{dp_2}\right)\left[\frac{d\Omega}{d\alpha_1}\left(\frac{d\alpha_1}{dq_2}\right) + \frac{d\Omega}{d\alpha_2}\left(\frac{d\alpha_2}{dq_2}\right) + \ldots + \frac{d\Omega}{d\alpha_{2n}}\left(\frac{d\alpha_{2n}}{dq_2}\right)\right]$$

$$+ \quad \cdots \cdots \cdots \cdots \cdots$$

$$+ \left(\frac{d\alpha_\mu}{dp_n}\right)\left[\frac{d\Omega}{d\alpha_1}\left(\frac{d\alpha_1}{dq_n}\right) + \frac{d\Omega}{d\alpha_2}\left(\frac{d\alpha_2}{dq_n}\right) + \ldots + \frac{d\Omega}{d\alpha_{2n}}\left(\frac{d\alpha_{2n}}{dq_n}\right)\right]$$

$$= \sum_{\nu=1}^{\nu=2n}\left\{\frac{d\Omega}{d\alpha_\nu}\left[\left(\frac{d\alpha_\mu}{dp_1}\right)\left(\frac{d\alpha_\nu}{dq_1}\right) + \left(\frac{d\alpha_\mu}{dp_2}\right)\left(\frac{d\alpha_\nu}{dq_2}\right) + \ldots + \left(\frac{d\alpha_\mu}{dp_n}\right)\left(\frac{d\alpha_\nu}{dq_n}\right)\right]\right\}.$$

Cette dernière équation peut se simplifier ; multiplions l'équation (8) par $\left(\dfrac{d\alpha_\mu}{dq_i}\right)$, puis faisons varier i de 1 à n, et ajoutons toutes les équations ainsi formées ; il viendra

$$(10)\qquad 0 = \frac{d\Omega}{d\alpha_1}\left(\frac{d\alpha_1}{dp_1}\right)\left(\frac{d\alpha_\mu}{dq_1}\right) + \frac{d\Omega}{d\alpha_2}\left(\frac{d\alpha_2}{dp_1}\right)\left(\frac{d\alpha_\mu}{dq_1}\right) + \ldots + \frac{d\Omega}{d\alpha_{2n}}\left(\frac{d\alpha_{2n}}{dp_1}\right)\left(\frac{d\alpha_\mu}{dq_1}\right)$$

$$+ \frac{d\Omega}{d\alpha_1}\left(\frac{d\alpha_1}{dp_2}\right)\left(\frac{d\alpha_\mu}{dq_2}\right) + \frac{d\Omega}{d\alpha_2}\left(\frac{d\alpha_2}{dp_2}\right)\left(\frac{d\alpha_\mu}{dq_2}\right) + \ldots + \frac{d\Omega}{d\alpha_{2n}}\left(\frac{d\alpha_{2n}}{dp_2}\right)\left(\frac{d\alpha_\mu}{dq_2}\right)$$

$$+ \quad \cdots \cdots \cdots \cdots \cdots$$

$$+ \frac{d\Omega}{d\alpha_1}\left(\frac{d\alpha_1}{dp_n}\right)\left(\frac{d\alpha_\mu}{dq_n}\right) + \frac{d\Omega}{d\alpha_2}\left(\frac{d\alpha_2}{dp_n}\right)\left(\frac{d\alpha_\mu}{dq_n}\right) + \ldots + \frac{d\Omega}{d\alpha_{2n}}\left(\frac{d\alpha_{2n}}{dp_n}\right)\left(\frac{d\alpha_\mu}{dq_n}\right)$$

$$= \sum_{\nu=1}^{\nu=2n}\left\{\frac{d\Omega}{d\alpha_\nu}\left[\left(\frac{d\alpha_\nu}{dp_1}\right)\left(\frac{d\alpha_\mu}{dq_1}\right) + \left(\frac{d\alpha_\nu}{dp_2}\right)\left(\frac{d\alpha_\mu}{dq_2}\right) + \ldots + \left(\frac{d\alpha_\nu}{dp_n}\right)\left(\frac{d\alpha_\mu}{dq_n}\right)\right]\right\}.$$

Retranchons l'équation (10) de l'équation (9). Nous aurons pour résultat, en omettant les parenthèses pour les dérivées des α par rapport aux p et aux q,

$$(11) \qquad \frac{d\alpha_\mu}{dt} = \sum_{\nu=1}^{\nu=2n} \left[\frac{d\Omega}{d\alpha_\nu} \left(\frac{d\alpha_\mu}{dp_1} \frac{d\alpha_\nu}{dq_1} - \frac{d\alpha_\mu}{dq_1} \frac{d\alpha_\nu}{dp_1} \right. \right.$$
$$\left. \left. + \frac{d\alpha_\mu}{dp_2} \frac{d\alpha_\nu}{dq_2} - \frac{d\alpha_\mu}{dq_2} \frac{d\alpha_\nu}{dp_2} + \ldots + \frac{d\alpha_\mu}{dp_n} \frac{d\alpha_\nu}{dq_n} - \frac{d\alpha_\mu}{dq_n} \frac{d\alpha_\nu}{dp_n} \right) \right].$$

La quantité entre parenthèses est la somme de déterminants qui figure dans l'énoncé du théorème de Poisson, somme que nous avons représentée par (α_μ, α_ν). Donc l'équation (11) se réduit simplement à

$$(12) \qquad \frac{d\alpha_\mu}{dt} = \sum_{\nu=1}^{\nu=2n} \frac{d\Omega}{d\alpha_\nu} (\alpha_\mu, \alpha_\nu).$$

On sait, par le théorème de Poisson, que, $\alpha_\mu = \text{const.}$ et $\alpha_\nu = \text{const.}$ étant deux intégrales du système (1), la fonction (α_μ, α_ν) est indépendante du temps t; de sorte que, dans le système des $2n$ équations (12) qui définissent la variation des arbitraires, les seconds membres ne contiennent que les arbitraires elles-mêmes, à l'exclusion de la variable t.

314. On peut encore simplifier les $2n$ équations (12), et les ramener à la forme canonique, c'est-à-dire réduire leurs seconds membres à un terme unique, de la forme $\pm \dfrac{d\Omega}{d\alpha}$. Il suffit pour cela de faire un choix convenable d'arbitraires.

Observons d'abord que, par suite de la définition de la fonction (α_μ, α_ν), on a $(\alpha_\mu, \alpha_\nu) = - (\alpha_\nu, \alpha_\mu)$; la permutation des deux fonctions que l'on combine a pour effet de changer de signe la fonction résultante. Comme première conséquence, on voit que $(\alpha_\mu, \alpha_\nu) = 0$ quand $\nu = \mu$, de sorte que la dérivée $\dfrac{d\Omega}{d\alpha_\mu}$ a pour coefficient 0, et n'entre pas dans l'équation (7).

Cela posé, prenons pour arbitraires α des quantités

$$P_1, P_2, \ldots P_n,$$
$$Q_1, Q_2, \ldots Q_n,$$

telles, que pour une même valeur particulière, $t = t_0$, du temps, on ait

$$p_1 = P_1, \; p_2 = P_2, \ldots p_n = P_n$$
$$q_1 = Q_1, \; q_2 = Q_2, \ldots q_n = Q_n.$$

Pour cela, il faut et il suffit qu'en faisant $t = t_0$ dans les équations intégrales du sytème (1),

$$(13) \qquad \begin{aligned} P_\mu &= f(t, q_1 \cdots q_n, p_1 \cdots p_n), \\ Q_\nu &= \varphi(t, q_1 \cdots q_n, p_1 \cdots p_n), \end{aligned}$$

on ait $P_\mu = p_\mu$, $Q_\nu = q_\nu$, égalités faciles à réaliser en multipliant les équations (13) par des facteurs constants convenablement choisis. Ces relations ayant lieu pour $t = t_0$ quand les quantités P_μ, Q_ν sont constantes, auront lieu encore pour $t = t_0$ quand ces mêmes quantités deviennent variables et qu'elles satisfont aux équations (3). Pour cette valeur particulière du temps t, on a donc

$$\frac{dP_\mu}{dp_i} = 0 \text{ pour toute valeur de } i \text{ différente de } \mu,$$

et

$$\frac{dP_\mu}{dp_i} = 1 \text{ pour } i = \mu.$$

De même $\dfrac{dQ_\nu}{dq_i}$ est nul pour i différent de ν, et égal à l'unité pour $i = \nu$.

Enfin $\dfrac{dP_\mu}{dq_i}$ et $\dfrac{dQ_\nu}{dp_i}$ sont nuls pour toute valeur de i. Donc

$$(P_\mu, Q_\nu) = \left(\frac{dP_\mu}{dp_1}\frac{dQ_\nu}{dq_1} - \frac{dP_\mu}{dq_1}\frac{dQ_\nu}{dp_1} + \cdots + \frac{dP_\mu}{dp_n}\frac{dQ_\nu}{dq_n} - \frac{dP_\mu}{dq_n}\frac{dQ_\nu}{dp_n} \right)$$

est identiquement nul si μ et ν sont différents, car chaque terme du développement renferme un facteur nul. Mais il en est autrement si $\mu = \nu$; car alors le développement contient le terme $\dfrac{dP_\mu}{dp_\mu}\dfrac{dQ_\mu}{dq_\mu}$ qui est égal à l'unité, et tous les autres termes sont égaux à zéro. On a donc $(P_\mu, Q_\mu) = +1$, et par suite $(Q_\mu, P_\mu) = -1$, ce qu'on pourrait d'ailleurs reconnaître directement. Ces égalités sont vraies pour $t = t_0$; mais, comme la fonction (α_μ, α_ν) est indépendante du temps, elles sont vraies pour toute valeur du temps t si elles sont vérifiées pour l'une d'elles. Grâce à ce choix spécial d'arbitraires, le second membre des équations (12) se réduit à un seul terme, et ces $2n$ équations prennent la forme canonique

$$(14) \qquad \begin{aligned} \frac{dP_\mu}{dt} &= +\frac{d\Omega}{dQ_\mu}, \\ \frac{dQ_\mu}{dt} &= -\frac{d\Omega}{dP_\mu}, \end{aligned}$$

qui se déduit des équations (1) en y changeant les p, les q et la fonction H en P, Q et $-\Omega$.

On aura par conséquent le choix entre la forme (12) et la forme (14). Dans les deux cas, si les dérivées, $\dfrac{d\Omega}{d\alpha}$, de la fonction perturbatrice ont de très-petites valeurs, les vitesses $\dfrac{d\alpha_\mu}{dt}$ des arbitraires variables seront très-petites, et les arbitraires elles-mêmes pourront être développées en séries convergentes.

APPLICATION DE LA MÉTHODE DE JACOBI AU PROBLÈME DE LA VARIATION
DES ARBITRAIRES.

315. Les équations canoniques du mouvement, abstraction faite des perturbations, sont

$$(1) \qquad \frac{dp_i}{dt} = -\frac{dH}{dq_i},$$

$$\frac{dq_i}{dt} = +\frac{dH}{dq_i}.$$

Supposons ces $2n$ équations intégrées par la méthode de Jacobi. Nous aurons déterminé une fonction S du temps t, des n coordonnées q et de n arbitraires α_1, $\alpha_2\ldots\alpha_n$, telle que les $2n$ intégrales des équations (1) soient données par les équations

$$(2) \qquad p_i = \frac{dS}{dq_i},$$

$$(3) \qquad \beta_\nu = \frac{dS}{d\alpha_\nu}.$$

Pour passer aux équations différentielles du mouvement troublé, il suffit d'ajouter à la fonction U la fonction des nouvelles forces Ω, ce qui revient à remplacer dans les équations (1) H par H $-\Omega$. En général Ω ne contient avec le temps t que les variables q. Mais, dans certaines problèmes, dans ceux où les mouvements s'effectuent dans un milieu résistant, ou dans ceux où il s'agit d'un mouvement relatif rapporté à des axes doués d'un mouvement de rotation, la fonction Ω peut contenir encore les vitesses p. Nous ferons cette hypothèse, et les équations du mouvement troublé prendront la forme

$$(4) \qquad \frac{dp_i}{dt} = -\frac{dH}{dq_i} + \frac{d\Omega}{dq_i},$$

$$\frac{dq_i}{dt} = +\frac{dH}{dp_i} - \frac{d\Omega}{dp_i}.$$

Cela posé, nous regarderons encore les équations (2) et (3), au nombre de $2n$, comme les intégrales du système des $2n$ équations (4), en y considérant les arbitraires α et β comme de nouvelles variables. Cherchons à quelles équations différentielles ces nouvelles variables doivent satisfaire.

Pour cela différentions et divisons par dt les équations (2) et (3) ; ce qui donne

$$(5)\qquad \frac{dp_i}{dt} = \frac{d^2S}{dt\,dq_i} + \sum_{j=1}^{j=n} \frac{d^2S}{dq_i\,dq_j}\frac{dq_j}{dt} + \sum_{\mu=1}^{\mu=n} \frac{d^2S}{dq_i\,d\alpha_\mu}\frac{d\alpha_\mu}{dt},$$

$$(6)\qquad \frac{d^2S}{d\alpha_\nu\,dt} + \sum_{j=1}^{j=n} \frac{d^2S}{d\alpha_\nu\,dq}\frac{dq_j}{dt} + \sum_{\mu=1}^{\mu=n} \frac{d^2S}{d\alpha_\nu\,d\alpha_\mu}\frac{d\alpha_\mu}{dt} - \frac{d\beta_\nu}{dt} = 0.$$

Dans les $2n$ équations ainsi formées, et dans celles qu'on en déduira, les indices i et ν sont des indices constants pour une même équation, et variables d'une équation à l'autre ; tandis que les indices j et μ sont relatifs aux sommations indiquées, et reçoivent dans chaque équation toutes les valeurs entières de 1 à n.

Nous remplacerons dans les équations (5) et (6), les $\dfrac{dp}{dt}$ et les $\dfrac{dq}{dt}$ par leurs valeurs tirées de (4), ce qui donnera des équations qu'on peut écrire de la manière suivante :

$$(7)\qquad \left.\begin{aligned} &-\frac{dH}{dq_i}\\ &+\frac{d\Omega}{dq_i} \end{aligned}\right\} = \left\{\begin{aligned} &\frac{d^2S}{dt\,dq_i} + \sum_{j=1}^{j=n}\frac{d^2S}{dq_i\,dq_j}\frac{dH}{dp_j}\\ &-\sum_{j=1}^{j=n}\frac{d^2S}{dq_i\,dq_j}\frac{d\Omega}{dp_j} + \sum_{\mu=1}^{\mu=n}\frac{d^2S}{dq_i\,d\alpha_\mu}\frac{d\alpha_\mu}{dt} \end{aligned}\right.$$

$$(8)\qquad \left.\begin{aligned} &\frac{d^2S}{d\alpha_\nu\,dt} + \sum_{j=1}^{j=n}\frac{d^2S}{d\alpha_\nu\,dq_j}\frac{dH}{dp_j}\\ &-\sum_{j=1}^{j=n}\frac{d^2S}{d\alpha_\nu\,dq_j}\frac{d\Omega}{dp_j} + \sum_{\mu=1}^{\mu=n}\frac{d^2S}{d\alpha_\nu\,d\alpha_\mu}\frac{d\alpha_\mu}{dt} - \frac{d\beta_\nu}{dt} \end{aligned}\right\} = 0.$$

La première ligne de l'équation (7), considérée à part, correspondra à l'hypothèse $\Omega = 0$ avec $\alpha_\mu =$ constante, c'est-à-dire à la solution des équations (1) ; et comme l'équation (2) satisfait alors à ces équations, la première ligne de l'équation (7) forme une égalité qui est identiquement vérifiée. La seconde ligne forme donc une nouvelle équation, à laquelle les nouvelles variables α doivent satisfaire quand on admet l'action des nouvelles forces Ω.

De même l'équation (8) se réduit à une identité quand on y fait $\Omega = 0$ et $\beta_\nu = $ constante; et par suite la première ligne est identiquement nulle. La seconde forme une équation, qui définit la variation des arbitraires. On obtient ainsi les équations

$$(9) \qquad \sum_{\mu=1}^{\mu=n} \frac{d^2 S}{dq_i\, d\alpha_\mu} \frac{d\alpha_\mu}{dt} = \frac{d\Omega}{dq_i} + \sum_{j=1}^{j=n} \frac{d^2 S}{dq_i\, dq_j} \frac{d\Omega}{dp_j},$$

$$(10) \qquad \sum_{\mu=1}^{\mu=n} \frac{d^2 S}{d\alpha_\nu\, d\alpha_\mu} \frac{d\alpha_\mu}{dt} - \frac{d\beta_\nu}{dt} = \sum_{j=1}^{j=n} \frac{d^2 S}{d\alpha_\nu\, dq_j} \frac{d\Omega}{dp_j},$$

au nombre de $2n$, qui renferment la solution du problème du mouvement troublé. Il reste à simplifier ces équations : on y parvient par une méthode qu'il est utile d'indiquer ici, parce qu'elle est susceptible de nombreuses applications.

En général, si x, y, $z,\ldots$ sont autant de variables indépendantes qu'on voudra, et $A, B, C,\ldots A', B', C',\ldots$ deux groupes de fonctions données de ces variables, chacun des deux groupes contenant le même nombre de fonctions, l'équation générale

$$A\,\delta x + B\,\delta y + C\,\delta z + \ldots = A'\delta x + B'\delta y + C'\delta z + \ldots$$

dans laquelle δx, δy, $\delta z,\ldots$ sont des variations arbitraires, entraîne les équations

$$A = A', \qquad B = B', \qquad C = C', \qquad \ldots$$

et réciproquement. Si l'on change de variables, et qu'on exprime x, y, $z,\ldots$ en fonction de nouvelles variables en nombre égal ξ, η, $\zeta,\ldots$ les δx, δy, $\delta z,\ldots$ pourront s'exprimer de même par des fonctions de $\delta\xi$, $\delta\eta$, $\delta\zeta,\ldots$ et l'équation unique

$$M\,\delta\xi + N\,\delta\eta + P\,\delta\zeta + \ldots = M'\delta\xi + N'\delta\eta + P'\delta\zeta + \ldots,$$

que l'on déduit de l'équation proposée, entraînera, comme celle-ci, la série d'équations

$$A = A', \qquad B = B', \qquad C = C', \qquad \ldots$$

Nous considérons dans les équations (9) et (10) les α et les q comme des variables indépendantes, et les quantités β et p comme des fonctions des q et des α, déduites des relations (2) et (3) ; la différentiation donnera ensuite les δp et les $\delta\beta$ en fonction des δq et des $\delta\alpha$ qui resteront arbitraires. Cela posé, multiplions l'équation (9) par δq_i et l'équation (10) par $\delta\alpha_\nu$; après quoi, nous donnerons à l'indice i les n valeurs qu'il peut avoir, et nous ferons de même pour l'indice ν ; enfin nous ajouterons les $2n$ équations ainsi préparées. L'équation finale, où les $\delta\alpha$ et δq restent arbitraires, équivaudra aux n équations (9) et aux n équations (10). Or le résultat peut se mettre sous la forme suivante, en intervertissant l'ordre des sommations :

$$(11) \quad \sum_{\mu=1}^{\mu=n} \left[\frac{d\alpha_\mu}{dt} \left(\sum_{i=1}^{i=n} \frac{d \frac{dS}{d\alpha_\mu}}{dq_i} \delta q_i + \sum_{\nu=1}^{\nu=n} \frac{d \frac{'dS}{d\alpha_\mu}}{d\alpha_\nu} \delta\alpha_\nu \right) \right] - \sum_{\nu=1}^{\nu=n} \frac{d\beta_\nu}{dt} \delta\alpha_\nu$$

$$= \sum_{i=1}^{i=n} \frac{d\Omega}{dq_i} \delta q_i + \sum_{j=1}^{j=n} \left[\frac{d\Omega}{dp_j} \left(\sum_{i=1}^{i=n} \frac{d \frac{dS}{dq_j}}{dq_i} \delta q_i + \sum_{\nu=1}^{\nu=n} \frac{d \frac{dS}{dq_j}}{d\alpha_\nu} \delta\alpha_\nu \right) \right]$$

On retrouve dans cette équation, comme coefficient de $\frac{d\alpha_\mu}{dt}$, la variation totale de $\frac{dS}{d\alpha_\mu}$, ou de β_μ ; et comme coefficient de $\frac{d\Omega}{dp_j}$, la variation totale de $\frac{dS}{dq_j}$, ou de p_j ; l'équation (11) devient donc :

$$\sum_{\mu=1}^{\mu=n} \frac{d\alpha_\mu}{dt} \delta\beta_\mu - \sum_{\nu=1}^{\nu=n} \frac{d\beta_\nu}{dt} \delta\alpha_\nu = \sum_{i=1}^{i=n} \frac{d\Omega}{dq_i} \delta q_i + \sum_{j=1}^{j=n} \frac{d\Omega}{dp_i} \delta p_j.$$

Elle se simplifie encore si l'on remarque que les sommes sont alors séparées les unes des autres, et que les indices μ, ν, i, j, doivent recevoir chacun toutes les valeurs entières de 1 à n ; la distinction des indices est donc sans aucune utilité, et l'on peut écrire par conséquent l'équation sous la forme

$$\sum_{\mu=1}^{\mu=n} \left(\frac{d\alpha_\mu}{dt} \delta\beta_\mu - \frac{d\beta_\mu}{dt} \delta\alpha_\mu \right) = \sum_{j=i}^{i=n} \left(\frac{d\Omega}{dq_i} \delta q_i + \frac{d\Omega}{dp} \delta p_i \right),$$

ou encore, en observant que le second membre n'est autre chose que la variation totale $\delta\Omega$, et en multipliant par dt,

$$(12) \quad \sum_{\mu=1}^{\mu=n} (d\alpha_\mu \, \delta\beta_\mu - d\beta_\mu \, \delta\alpha_\mu) = dt \, \delta\Omega.$$

Cette équation très-simple tient lieu des $2n$ équations (9) et (10), et permet d'opérer immédiatement le changement de variables. Au lieu de considérer Ω comme une fonction des p et des q, nous pouvons l'exprimer par une fonction des α et des β, qui sont liés aux p et aux q par les $2n$ équations (2) et (3). Nous aurons alors

$$\delta\Omega = \frac{d\Omega}{d\alpha_1} \delta\alpha_1 + \ldots + \frac{d\Omega}{d\alpha_n} \delta\alpha_n + \frac{d\Omega}{d\beta_1} \delta\beta_1 + \ldots + \frac{d\Omega}{d\beta_n} \delta\beta_n.$$

Remplaçons $\delta\Omega$ par cette valeur dans l'équation (12), puis égalons les coefficients des $\delta\beta$ et des $\delta\alpha$ de même indice; nous obtiendrons les $2n$ équations différentielles de la variation des arbitraires sous la forme canonique:

$$(13) \qquad \frac{d\alpha_\mu}{dt} = \frac{d\Omega}{d\beta_\mu},$$

$$\frac{d\beta_\mu}{dt} = -\frac{d\Omega}{d\alpha_\mu},$$

c'est-à-dire sous une forme analogue à celle des équations (1), qui appartiennent au mouvement non troublé.

REMARQUE SUR LA MÉTHODE DE JACOBI.

316. La méthode de Jacobi, exposée dans les deux premiers chapitres de ce livre, suppose l'existence de la fonction des forces U; en d'autres termes, elle suppose que la somme $\sum (X\delta x + Y\delta y + Z\delta z + \ldots)$ est une différentielle exacte, le temps t étant regardé dans cette fonction comme une constante.

Les autres méthodes, celle de Lagrange par exemple, emploient les notations δU, $\frac{dU}{dz}$, $\frac{dU}{dy}$, ... mais sans supposer nécessairement l'existence d'une fonction U. Car alors δU représente simplement la somme $\sum (X\delta x + Y\delta y + \ldots)$, et $\frac{dU}{dx}$, le coefficient X de la variation δx dans cette même somme. C'est seulement quand on pose l'équation aux différences partielles en S que l'on voit intervenir explicitement la fonction U, dégagée de tout signe de dérivation ou de variation.

Mais on doit remarquer que la méthode de Jacobi, pas plus que celle de Lagrange, ne suppose l'existence analytique de la fonction Ω; car cette fonction entre seulement sous les signes de la variation $\delta\Omega$, ou des dérivations partielles $\frac{d\Omega}{d\alpha}$, $\frac{d\Omega}{d\beta}$; et ces symboles sont susceptibles d'une interprétation semblable, déduite de l'identité

$$\delta\Omega = \frac{d\Omega}{d\alpha_1}\delta\alpha_1 + \frac{d\Omega}{d\alpha_2}\delta\alpha_2 + \ldots + \frac{d\Omega}{d\beta_1}\delta\beta_1 + \frac{d\Omega}{d\beta_2}\delta\beta_2 +$$

SOLUTION APPROXIMATIVE DU PROBLÈME DU MOUVEMENT TROUBLÉ.

517. Les équations exactes du mouvement des planètes autour du soleil, ou des satellites autour de la planète principale, sont

$$\frac{d^2x}{dt^2} + \frac{f\mu x}{r^3} = \frac{d\Omega}{dx},$$

$$\frac{d^2y}{dt^2} + \frac{f\mu y}{r^3} = \frac{d\Omega}{dy},$$

$$\frac{d^2z}{dt^2} + \frac{f\mu z}{r^3} = \frac{d\Omega}{dz}$$

On commencera par négliger la fonction perturbatrice, Ω, ce qui réduit les équations aux termes correspondants au mouvement elliptique :

$$\frac{d^2x}{dt^2} + \frac{f\mu x}{r^3} = 0,$$

$$\frac{d^2y}{dt^2} + \frac{f\mu y}{r^3} = 0,$$

$$\frac{d^2z}{dt^2} + \frac{f\mu z}{r^3} = 0.$$

Nous connaissons (§ 279) la solution de ce problème ; elle consiste à exprimer x, y, z en fonction du temps t et de six constantes, soit les *constantes canoniques* fournies par la méthode de Jacobi, soit les *constantes usuelles* qui se déduisent des premières, et qui sont la *longitude du nœud*, *l'inclinaison de l'orbite*, la *longitude du périhélie*, le *grand axe*, *l'excentricité* et enfin la *longitude de l'époque*.

Pour chacun des corps du système planétaire, on pourra déterminer ces six arbitraires, qui restent constantes tant que le mouvement n'est pas troublé, mais qui deviennent variables dès qu'on veut tenir compte des perturbations.

La plupart du temps, la fonction perturbatrice Ω est très-petite, et peut se mettre sous la forme $\varepsilon\Omega'$, ε étant un nombre très-petit, et Ω' une fonction qui ne croît pas indéfiniment. Lorsqu'il est permis de négliger les termes qui contiennent en facteur ε^2, auquel cas on dit qu'*on néglige le carré des forces perturbatrices*, l'approximation du mouvement troublé se fait avec une très-grande facilité. Supposons que l'on ait employé des arbitraires quelconques ; les variations de ces arbitraires seront données par des équations de la forme

$$\frac{d\alpha_\mu}{dt} = (\alpha_\mu, \alpha_1)\frac{d\Omega}{d\alpha_1} + (\alpha_\mu, \alpha_2)\frac{d\Omega}{d\alpha_2} + \cdots + (\alpha_\mu, \alpha_n)\frac{d\Omega}{d\alpha}$$

Les fonctions $\dfrac{d\Omega}{d\alpha_1}$, $\dfrac{d\Omega}{d\alpha_2}$, seront de l'ordre de grandeur du facteur ε. Quant aux arbitraires α, elles se réduisent à une partie constante α' quand $\Omega = 0$; donc on peut les regarder comme égales à cette partie constante α', augmentée d'une partie variable $\delta\alpha'$, de l'ordre de grandeur de ε. La vitesse $\dfrac{d\alpha_\mu}{dt}$ de l'arbitraire α_μ se réduit donc à $\dfrac{d\delta\alpha'_\mu}{dt}$, qui est elle-même de l'ordre de ε. De même les fonctions (α_μ, α_ν) peuvent s'exprimer par la fonction $(\alpha'_\mu, \alpha'_\nu)$ des parties constantes, augmentée d'une partie variable de l'ordre de grandeur de ε ; dans le produit $(\alpha_\mu, \alpha_\nu)\dfrac{d\Omega}{d\alpha_\nu}$, on pourra négliger cette correction du coefficient qui, multipliée par $\dfrac{d\Omega}{d\alpha_\nu}$, serait de l'ordre de ε^2. On trouvera donc la variation de l'arbitraire α_μ par l'équation

$$\frac{d\delta\alpha'_\mu}{dt} = (\alpha'_\mu, \alpha'_1)\frac{d\Omega}{d\alpha_1} + (\alpha'_\mu, \alpha'_1)\frac{d\Omega}{d\alpha_2} + \cdots + (\alpha'_\mu, \alpha'_n)\frac{d\Omega}{d\alpha_n},$$

dans laquelle le coefficient de chaque terme est réduit à sa partie constante, et enfin on en tirera

$$\delta\alpha'_\mu = \int dt \sum_{\nu=1}^{\nu=n} (\alpha'_\mu, \alpha'_\nu)\frac{d\Omega}{d\alpha_\nu},$$

expression qui a un sens parfaitement défini, dès que la fonction Ω est exprimée en fonction du temps t et des arbitraires α, réduites toutes, pour cette première approximation, à leurs valeurs moyennes α'. La méthode consiste à admettre que, pendant un certain intervalle de temps, les corps troublants et le corps troublé suivent rigoureusement les lois de leur mouvement elliptique, et à en déduire d'une manière approchée les variations des éléments elliptiques relatifs au corps troublé seul.

DÉVELOPPEMENT DE LA MÉTHODE DE JACOBI EN TENANT COMPTE DE LA VARIATION DES ARBITRAIRES.

318. L'intégration des équations du mouvement elliptique, par la méthode de Jacobi, introduit dans le calcul *six constantes canoniques*, distribuées en deux groupes de trois chacun, savoir les constantes H, G et C, qui correspondent aux α de la théorie générale, et les constantes h, g, c, qui correspondent aux β. Ces quantités restent constantes tant qu'il s'agit du mouvement elliptique ; elles deviennent variables quand on passe au mouvement troublé, ou qu'on tient compte de la fonction perturbatrice Ω. Les

variations des arbitraires sont définies par le groupe de six équations canoniques :

$$(1) \quad \begin{cases} \dfrac{dH}{dt} = \dfrac{d\Omega}{dh}, \qquad \dfrac{dG}{dt} = \dfrac{d\Omega}{dg}, \qquad \dfrac{dC}{dt} = \dfrac{d\Omega}{dc}, \\[2mm] \dfrac{dh}{dt} = -\dfrac{d\Omega}{dH}, \quad \dfrac{dg}{dt} = -\dfrac{d\Omega}{dG}, \quad \dfrac{dc}{dt} = -\dfrac{d\Omega}{dC}, \end{cases}$$

qu'on peut écrire d'une autre manière, sous forme symbolique (§ 315),

$$(2) \qquad dH\delta h - dh\delta H + dG\delta g - dg\delta G + dC\delta c - dc\delta C = dt\delta\Omega.$$

Dans ces équations, Ω est exprimée en fonction des coordonnées de la
planète dont on étudie le mouvement, et des coordonnées de toutes les
autres planètes qui altèrent le mouvement de la première ; les coordonnées
de la planète s'expriment en fonction du temps et des éléments elliptiques,
soit des éléments canoniques, soit des éléments usuels, par des formules
où le temps n'entre jamais en dehors des signes sinus et cosinus. La fonction Ω ne contient donc que des termes périodiques. Mais nous allons voir
qu'il n'en est pas de même de toutes ses dérivées partielles. Le temps
n'entre dans les équations du mouvement elliptique que joint à la con-
stante c, dans l'équation $\dfrac{d\Theta}{dC} = t + c$. Les dérivées partielles $\dfrac{d\Omega}{dH}, \dfrac{d\Omega}{dh}, \dfrac{d\Omega}{dG},$
$\dfrac{d\Omega}{dg}$ s'obtiendront sans faire sortir le temps t des signes trigonométriques,
de sorte que ces dérivées partielles restent encore périodiques. Pour étudier à ce point de vue la forme des deux dernières dérivées partielles, changeons de variables, et posons $l = n (t + c)$, n représentant *le moyen mou-
vement* $\dfrac{(-2C)^{\frac{3}{2}}}{f\mu}$, et l *l'anomalie moyenne* de la planète ; cette transformation nous permet de remplacer par une lettre unique la somme $t + c$ du
temps et de la variable c. Au système des arbitraires

$$H, h, G, g, C, c,$$

nous substituons donc le système

$$H, h, G, g, C, l.$$

Cela posé, prenons les dérivées de Ω par rapport à c d'abord, puis par rapport à C ; nous aurons

$$\frac{d\Omega}{dc} = \frac{d\Omega}{dl}\frac{dl}{dc} = \frac{d\Omega}{dl} \times n,$$

de sorte que $\dfrac{d\Omega}{dc}$ ne contient pas non plus le temps en dehors des signes sinus et cosinus. Mais il en est autrement de $\dfrac{d\Omega}{dC}$. Observons en effet que Ω exprimée dans le nouveau système de variables contient C explicitement d'abord, et implicitement dans l. Désignons par des parenthèses les dérivées prises dans ce nouveau système ; il viendra

$$\frac{d\Omega}{dC} = \left(\frac{d\Omega}{dC}\right) + \left(\frac{d\Omega}{dl}\right)\frac{dl}{dC}.$$

Mais

$$l = n(t + c) = \frac{(-2C)^{\frac{3}{2}}}{f\mu}(t + c).$$

Donc

$$\frac{dl}{dC} = -\frac{3(-2C)^{\frac{1}{2}}}{f\mu}(t + c),$$

et enfin

$$\frac{d\Omega}{dC} = \left(\frac{d\Omega}{dC}\right) - \frac{3(-2C)^{\frac{1}{2}}}{f\mu}\left(\frac{d\Omega}{dl}\right)(t + c);$$

de sorte que dans l'une des équations (1), la dernière, le temps figure en dehors des signes sinus et cosinus, ce que les astronomes expriment en disant qu'il figure en *arc de cercle*. De là un inconvénient grave au point de vue des approximations. On peut, il est vrai, éviter cet inconvénient en substituant l'arbitraire l à l'arbitraire canonique c. Mais la substitution laisse encore subsister une difficulté. Remplaçons dans l'équation symbolique (2) les arbitraires C et c par les nouvelles arbitraires C et l. Pour cela différentions par la caractéristique d, c'est-à-dire en faisant varier le temps t, puis par la caractéristique δ, c'est-à-dire sans faire varier le temps, l'équation

$$(3) \qquad l = n(t + c),$$

qui lie la nouvelle variable aux anciennes : il vient

$$(4) \qquad \left\{ \begin{aligned} dl &= dn(t + c) + n(dt + dc), \\ \delta l &= \delta n(t + c) + n\delta c. \end{aligned} \right.$$

On a d'ailleurs, puisque n est fonction de C seul,

$$(5) \qquad \left\{ \begin{aligned} dn &= \left(\frac{dn}{dC}\right) dC, \\ \delta n &= \left(\frac{dn}{dC}\right) \delta C. \end{aligned} \right.$$

Multipliant la première des équations (4) par δC, la seconde par dC, et retranchant, puis observant que le premier terme du second membre se réduit identiquement à zéro en vertu des équations (5), il vient

$$(6) \qquad dl\delta C - \delta l dC = n(dt\delta C + dc\delta C - dC\delta c).$$

Donc

$$dC\delta c - \delta c\, dC = \frac{1}{n}\,[dC\delta l - (dl - n\, dt)dC],$$

et substituant dans (2), on obtient l'équation transformée

$$(7)\qquad dH\delta h - dh\delta H + dG\delta g - dg\delta G + \frac{1}{n}\,[dC\delta l - (dl - n\, dt)\,\delta C] = dt\delta\Omega.$$

Cette équation représente à la fois les quatre premières équations (1), et à la place des deux dernières, les équations

$$(8)\qquad \frac{dC}{dt} = n\,\frac{d\Omega}{dl},$$

$$\frac{dl}{dt} = n - n\,\frac{d\Omega}{dC}.$$

Le temps ne sort plus alors des signes sinus et cosinus, mais la vitesse $\dfrac{dl}{dt}$ n'est plus de l'ordre de petitesse des forces perturbatrices, puisqu'elle contient un terme n, indépendant des dérivées partielles de la fonction Ω.

319. On peut employer deux procédés pour tourner cette difficulté.

Le premier consiste à poser

$$(9)\qquad \frac{d\rho}{dt} = n$$

et

$$(10)\qquad l = \rho + \gamma,$$

en appelant ρ et γ deux nouvelles variables. On en déduit en effet

$$\frac{dl}{dt} = \frac{d\rho}{dt} + \frac{d\gamma}{dt} = n + \frac{d\gamma}{dt},$$

et substituant dans la seconde des équations (8), on obtient à la place de cette équation

$$(11)\qquad \frac{d\gamma}{dt} = -\,n\,\frac{d\Omega}{dC},$$

sans terme indépendant des forces perturbatrices.

La variable γ étant définie par cette équation, il reste à trouver ρ par l'équation (9). Or de l'équation

$$n = \frac{(-2C)^{\frac{3}{2}}}{f\mu}$$

on tire, en différentiant et en ayant égard à la première des équations (8),

$$\frac{dn}{dt} = -3\,\frac{(-2C)^{\frac{1}{2}}}{f\mu}\,\frac{dC}{dt} = -3n\,\frac{\sqrt{-2C}}{f\mu}\,\frac{d\Omega}{dl}.$$

L'équation (9) nous donnant

$$\frac{dn}{dt} = \frac{d^2\rho}{dt^2},$$

ρ sera déterminé par la double quadrature de l'équation différentielle du second ordre

$$(12) \qquad \frac{d^2\rho}{dt^2} = -3n \frac{\sqrt{-2C}}{f\mu} \frac{d\Omega}{dt}.$$

320. Une autre méthode, due à Delaunay, consiste à remplacer les arbitraires canoniques conjuguées C et c par deux nouvelles arbitraires, L et l, également conjuguées. L'arbitraire l a déjà été définie. Pour l'arbitraire L, Delaunay pose

$$(13) \qquad L = \frac{f\mu}{\sqrt{-2C}}.$$

On en déduit, en différentiant par d, puis par δ,

$$dL = \frac{f\mu}{(-2C)^{\frac{3}{2}}} dC = \frac{dC}{n},$$
$$\delta L = \frac{\delta C}{n},$$

et la substitution dans (7) de $dC = ndL$ et $\delta C = n\delta L$ nous donne

$$(14) \qquad dH\delta h - dh\delta H + dG\delta g - dg\delta G + (dL\delta l - dl\delta L)$$
$$= dt(\delta\Omega - \delta C) = dt\delta\Omega',$$

en posant encore

$$(15) \qquad \Omega' = \Omega - C = \Omega + \frac{f^2\mu^2}{2L^2}.$$

Ce changement de variables, et l'altération correspondante de la fonction perturbatrice, ramènent donc les équations du mouvement à la forme canonique, sans faire paraître le temps en dehors des signes trigonométriques.

La première méthode est généralement suivie pour l'étude analytique du mouvement des planètes. La seconde réussit dans la théorie du mouvement de la lune, problème qui présente des difficultés particulières, à cause de la grandeur de la masse du corps troublant, le soleil.

SUITE DU CALCUL DANS LE CAS DU MOUVEMENT D'UNE PLANÈTE.

321. Nous supposerons ici qu'il s'agisse du mouvement d'une planète, et nous prendrons pour équations de la variation des arbitraires le groupe

$$(1) \quad \begin{cases} \dfrac{dH}{dt} = \dfrac{d\Omega}{dh}, & \dfrac{dG}{dt} = \dfrac{d\Omega}{dg}, & \dfrac{dC}{dt} = n\,\dfrac{d\Omega}{d\gamma}, \\[2ex] \dfrac{dh}{dt} = -\dfrac{d\Omega}{dH}, & \dfrac{dg}{dt} = -\dfrac{d\Omega}{dG}, & \dfrac{d\gamma}{dt} = -\,n\,\dfrac{d\Omega}{dC}. \end{cases}$$

A ce groupe joignons les deux équations

$$(2) \qquad l = n\,t + c) = \rho + \gamma \qquad \text{et} \qquad \frac{d\rho}{dt} = n.$$

On ne conservera pas dans la suite du calcul les arbitraires canoniques H, h, G, g, C,... mais on y introduira les *arbitraires usuelles*, qui sont exprimables en fonction des premières. Nous en rappellerons ici le tableau.

Soit XOY le *plan fixe* ou plan de l'écliptique; OX la *droite fixe*, dirigée vers l'équinoxe de printemps ; NR le plan de l'orbite ; les arbitraires usuelles seront :

1° La *longitude du nœud ascendant*, $\theta = $ AON ; l'angle θ varie de 0 à 2π, dans le sens de OX vers OY.

2° L'*inclinaison de l'orbite*, φ, est l'angle RNR'.

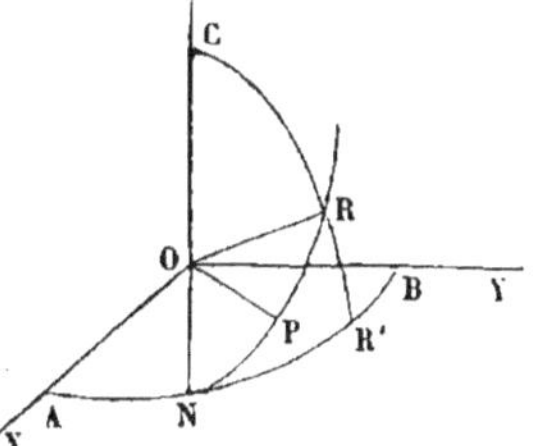

Fig. 157.

3° La *longitude du perihélie*, ϖ, est la somme des angles AON + NOP, et définit l'orientation de la trajectoire dans son plan ;

4° L'*excentricité de l'orbite*, e, détermine la forme de l'orbite ;

5° Le *demi grand axe*, a, en détermine la grandeur.

6° Enfin l'*époque*, ε, c'est-à-dire la *longitude moyenne de l'époque*, est la valeur de la longitude moyenne de la planète pour $t = 0$. Ces six arbitraires sont liées aux arbitraires canoniques par les équations :

$$(3) \quad \begin{cases} \theta = h, \\[1ex] \cos\varphi = \dfrac{H}{G}, \\[1ex] \varpi = h + g, \\[1ex] e^2 = 1 + \dfrac{2CG^2}{f^2\mu^2}, \\[1ex] a = -\dfrac{f\mu}{2C}, \\[1ex] \varepsilon = \gamma + \varpi = \gamma + h + g; \end{cases}$$

et inversement on aurait, en exprimant les arbitraires canoniques en fonction des arbitraires usuelles :

$$(4) \quad \left\{ \begin{aligned} & h = \theta, \\ & g = \varpi - \theta, \\ & C = -\frac{f\mu}{2a}, \\ & G = \sqrt{f\mu a(1 - c^2)}, \\ & H = \cos\varphi \sqrt{f\mu a(1 - e^2)}, \\ & \gamma = \varepsilon - \varpi. \end{aligned} \right.$$

A ces équations on joint encore les deux suivantes qui définissent le moyen mouvement n, et la durée T de la révolution :

$$(5) \quad n = \frac{(-2C)^{\frac{3}{2}}}{f\mu}, \qquad nT = 2\pi.$$

Nous avons enfin, en vertu de la troisième loi de Kepler,

$$(6) \quad n^2 a^3 = f\mu,$$

équation qui nous permettra de ramener à la première puissance le facteur μ dans toutes les équations qui suivront.

Différentions les équations (3), puis remplaçons dans les équations résultantes les éléments canoniques par leurs valeurs en fonction des éléments usuels, déduites des équations (4). Il viendra le groupe

$$(7) \quad \left\{ \begin{aligned} & d\theta = dh, \\ & d\varphi = \frac{na\cos\varphi}{f\mu\sqrt{1 - c^2}\sin\varphi}\,dG - \frac{na}{f\mu\sqrt{1 - c^2}\sin\varphi}\,dH, \\ & d\varpi = dh + dg, \\ & de = \frac{a(1 - c^2)}{f\mu e}\,dC - \frac{na\sqrt{1 - c^2}}{f\mu e}\,dG, \\ & da = \frac{2a^2}{f\mu}\,dC, \\ & d\varepsilon = d\gamma + dh + dg. \end{aligned} \right.$$

Ces équations nous serviront à former les valeurs des dérivées partielles $\dfrac{d\Omega}{dh}, \dfrac{d\Omega}{dH} \cdots$, figurant dans les équations (1), en fonction des éléments usuels. On a en effet, par exemple, l'identité

$$\frac{d\Omega}{dh} = \left(\frac{d\Omega}{d\theta}\right)\frac{d\theta}{dh} + \left(\frac{d\Omega}{d\varphi}\right)\frac{d\varphi}{dh} + \left(\frac{d\Omega}{d\varpi}\right)\frac{d\varpi}{dh} + \cdots,$$

les dérivées entre parenthèses étant celles qui correspondent aux nouvelles variables. Substituant les valeurs des différentielles données par (7), on a

$$\frac{d\theta}{dh} = 1, \quad \frac{d\varphi}{dh} = 0, \quad \frac{d\varpi}{dh} = 1, \quad \frac{de}{dh} = 0, \quad \frac{da}{dh} = 0, \quad \frac{d\varepsilon}{dh} = 1.$$

Donc enfin

$$\frac{d\Omega}{dh} = \left(\frac{d\Omega}{d\theta}\right) + \left(\frac{d\Omega}{d\varpi}\right) + \left(\frac{d\Omega}{d\varepsilon}\right).$$

On forme ainsi le tableau suivant :

$$(8) \quad \begin{cases} \dfrac{d\Omega}{dh} = \left(\dfrac{d\Omega}{d\theta}\right) + \left(\dfrac{d\Omega}{d\varpi}\right) + \left(\dfrac{d\Omega}{d\varepsilon}\right), \\[2mm] \dfrac{d\Omega}{dH} = -\dfrac{na}{f\mu\sqrt{1-e^2}\sin\varphi}\left(\dfrac{d\Omega}{d\varphi}\right), \\[2mm] \dfrac{d\Omega}{dg} = \left(\dfrac{d\Omega}{d\varpi}\right) + \left(\dfrac{d\Omega}{d\varepsilon}\right), \\[2mm] \dfrac{d\Omega}{dG} = -\dfrac{na\sqrt{1-e^2}}{f\mu e}\left(\dfrac{d\Omega}{de}\right) + \dfrac{na\cos\varphi}{f\mu\sqrt{1-e^2}\sin\varphi}\left(\dfrac{d\Omega}{d\varphi}\right), \\[2mm] \dfrac{d\Omega}{d\gamma} = \left(\dfrac{d\Omega}{d\varepsilon}\right), \\[2mm] \dfrac{d\Omega}{dC} = \dfrac{2a^2}{f\mu}\left(\dfrac{d\Omega}{da}\right) + \dfrac{a(1-e^2)}{f\mu c}\left(\dfrac{d\Omega}{de}\right). \end{cases}$$

Divisons ensuite par dt les six équations (7), remplaçons les rapports $\frac{dh}{dt}, \frac{dH}{dt},\dots$ par leurs valeurs $\frac{d\Omega}{dH}, -\frac{d\Omega}{dh},\dots$ données par les équations (1), puis substituons à ces dérivées partielles leurs valeurs en fonction des nouvelles dérivées, fournies par les relations (7). On obtient en définitive le tableau (9), où le changement de variables est entièrement opéré :

$$(9) \quad \begin{cases} \dfrac{d\theta}{dt} = \dfrac{na}{f\mu\sqrt{1-e^2}\sin\varphi}\left(\dfrac{d\Omega}{d\varphi}\right), \\[2mm] \dfrac{d\varphi}{dt} = -\dfrac{na}{f\mu\sqrt{1-e^2}\sin\varphi}\left(\dfrac{d\Omega}{d\theta}\right) \\[2mm] \qquad\quad -\dfrac{na(1-\cos\varphi)}{f\mu\sqrt{1-e^2}\sin\varphi}\left[\left(\dfrac{d\Omega}{d\varpi}\right) + \left(\dfrac{d\Omega}{d\varepsilon}\right)\right], \\[2mm] \dfrac{d\varpi}{dt} = \dfrac{na\sqrt{1-e^2}}{f\mu e}\left(\dfrac{d\Omega}{de}\right) + \dfrac{na(1-\cos\varphi)}{f\mu\sqrt{1-e^2}\sin\varphi}\left(\dfrac{d\Omega}{d\varphi}\right), \\[2mm] \dfrac{de}{dt} = -\dfrac{na\sqrt{1-e^2}}{f\mu c}\left(\dfrac{d\Omega}{d\varpi}\right) + \dfrac{a(1-e^2)-na\sqrt{1-c^2}}{f\mu e}\left(\dfrac{d\Omega}{d\varepsilon}\right), \\[2mm] \dfrac{da}{dt} = \dfrac{2a^2 n}{f\mu}\left(\dfrac{d\Omega}{d\varepsilon}\right), \\[2mm] \dfrac{d\varepsilon}{dt} = \dfrac{na\sqrt{1-e^2}-na(1-c^2)}{f\mu c}\left(\dfrac{d\Omega}{de}\right) \\[2mm] \qquad\quad -\dfrac{2na^2}{f\mu}\left(\dfrac{d\Omega}{da}\right) + \dfrac{na(1-\cos\varphi)}{f\mu\sqrt{1-e^2}\sin\varphi}\left(\dfrac{d\Omega}{d\varphi}\right). \end{cases}$$

Pour faire usage de ces équations, on remplacera la fonction Ω par la valeur

$$\Omega = f \sum m_i \mathrm{R}_{0,i},$$

somme dans laquelle m_i est la masse d'une des planètes troublantes, et $\mathrm{R}_{0,i}$ la fonction

$$\mathrm{R}_{0,i} = \frac{1}{\rho_{0,i}} - \frac{x x_i + y y_i + z z_i}{r_i^3},$$

qui dépend des positions relatives de la planète troublante par rapport au soleil et à la planète troublée. Pour simplifier, on peut se borner à considérer un seul corps troublant, celui qui a le numéro 1, par exemple, les autres pouvant être sous-entendus dans les sommes. Alors les équations (9), dans lesquelles on remplace Ω par $f m_1 \mathrm{R}_{0,1}$, deviennent, en omettant les parenthèses, devenues inutiles :

$$(10) \quad \left\{ \begin{aligned}
\frac{d\theta}{dt} &= \frac{na}{\sqrt{1-e^2}\sin\varphi}\,\frac{m_1}{\mu}\,\frac{d\mathrm{R}_{0,1}}{d\varphi}, \\[1ex]
\frac{d\varphi}{dt} &= -\frac{na}{\sqrt{1-e^2}\sin\varphi}\,\frac{m_1}{\mu}\,\frac{d\mathrm{R}_{0,1}}{d\theta} \\[1ex]
&\quad - \frac{na\tang\frac{\varphi}{2}}{\sqrt{1-e^2}}\,\frac{m_1}{\mu}\left(\frac{d\mathrm{R}_{0,1}}{d\varpi} + \frac{d\mathrm{R}_{0,1}}{d\varepsilon}\right), \\[1ex]
\frac{d\varpi}{dt} &= \frac{na\sqrt{1-e^2}}{e}\,\frac{m_1}{\mu}\,\frac{d\mathrm{R}_{0,1}}{de} + \frac{na\tang\frac{\varphi}{2}}{\sqrt{1-e^2}}\,\frac{m_1}{\mu}\,\frac{d\mathrm{R}_{0,1}}{d\varphi}, \\[1ex]
\frac{de}{dt} &= -\frac{na\sqrt{1-e^2}}{e}\,\frac{m_1}{\mu}\,\frac{d\mathrm{R}_{0,1}}{d\omega} - \frac{nac\sqrt{1-e^2}}{1+\sqrt{1-e^2}}\,\frac{m_1}{\mu}\,\frac{d\mathrm{R}_{0,1}}{d\varepsilon}, \\[1ex]
\frac{da}{dt} &= 2a^2 n \times \frac{m_1}{\mu}\,\frac{d\mathrm{R}_{0,1}}{d\varepsilon}, \\[1ex]
\frac{d\varepsilon}{dt} &= -2a^2 n\,\frac{m_1}{\mu}\,\frac{d\mathrm{R}_{0,1}}{da} \\[1ex]
&\quad + \frac{nac\sqrt{1-e^2}}{1+\sqrt{1-e^2}}\,\frac{m_1}{\mu}\,\frac{d\mathrm{R}_{0,1}}{de} + \frac{na\tang\frac{\varphi}{2}}{\sqrt{1-e^2}}\,\frac{m_1}{\mu}\,\frac{d\mathrm{R}_{0,1}}{d\varphi}.
\end{aligned} \right.$$

A ce tableau il faut joindre la seconde des équations (2), qui, différentiée, devient

$$\frac{d^2\rho}{dt^2} = \frac{dn}{dt}.$$

Or l'équation (6) nous donne

$$dn = -\frac{3n}{2a}\,da.$$

Donc

$$(11) \qquad \frac{dn}{dt} = -\frac{3n}{2a}\frac{da}{dt} = -3an^2\,\frac{m_1}{\mu}\,\frac{dR_{0,1}}{d\varepsilon}.$$

Les six équations (10) et l'équation (11) ne contiennent plus f et renferment toutes le rapport $\frac{m_1}{\mu}$. Si ce rapport est très-petit, ce qui arrive dans la théorie des planètes, et si l'on se borne pour l'intégration aux termes contenant les premières puissances des rapports $\frac{m_1}{\mu}$, l'intégration ne présente aucune difficulté.

322. Lorsqu'on substitue dans $R_{0,1}$ les valeurs des coordonnées en fonction des longitudes moyennes des planètes, la fonction $R_{0,1}$ se développe en une série de la forme

$$R_{0,1} = A + \sum B\cos(il + i'l' + b),$$

A étant un terme qui dépend seulement des éléments elliptiques de la planète, B et b des constantes, l et l' les longitudes moyennes, $nt+\varepsilon$ et $n't+\varepsilon'$, des deux planètes, et i et i deux nombres positifs, qui peuvent être nuls, et qui prennent toutes les valeurs entières de 0 à l'infini. La variation d'une arbitraire quelconque, α, sera donnée de même par une équation de la forme

$$\frac{d\alpha}{dt} = A' + \sum B'\cos(il + i'l' + b),$$

A', B' et b' étant d'autres constantes, et i et i' recevant encore toutes les valeurs entières et positives de 0 à ∞.

Réduisons dans cette expression tous les éléments elliptiques à leur partie constante ; A' deviendra une constante, et l'intégration donnera

$$\alpha = (\alpha) + A't + \int \sum B'\cos(il + i'l' + b')\,dt,$$

en appelant (α) la valeur constante qu'aurait α dans le mouvement non troublé. Or soit n le moyen mouvement et l la latitude moyenne de la planète dont on étudie le mouvement, n' le moyen mouvement et l' la latitude moyenne de l'autre planète, on aura

$$\int \cos(il + i'l' + b')\,dt = \frac{\sin(il + i'l' + b')}{in + i'n'},$$

en observant qu'on a identiquement $dl = ndt$ et $dl' = n'dt$. Donc

$$\alpha = (\alpha) + A't + \sum \frac{B'}{in + i'n'}\sin(il + i'l' + b').$$

La correction de la valeur elliptique (α) comprend donc des termes de diverses natures : l'un A′t, qui croît proportionnellement au temps, constitue l'*inégalité séculaire* de l'élément α ; les autres contiennent implicitement le temps, mais sous les signes trigonométriques, et chacun constitue pour l'arbitraire α une *inégalité périodique* dépendant de la *configuration* des planètes.

Ces expressions doivent être convenablement interprétées. Une *inégalité séculaire* est celle qui dépend des éléments elliptiques de la planète ; elle semble croître indéfiniment avec le temps, mais cette augmentation indéfinie peut n'être qu'apparente ; en effet, le terme A′t peut être le premier terme d'une série, et la substitution de A′t à cette série peut entraîner une erreur, qui grandit de plus en plus à mesure que le temps t s'accroît. C'est ce qui arriverait, par exemple, si la formule rigoureuse renfermait $\sin$ A′t à la place de A′t, premier terme de la série A′$t - \dfrac{A'^3 t^3}{1 \times 2 \times 3} + \ldots$ Ainsi les inégalités dites séculaires peuvent être périodiques, et il en est notamment ainsi pour des inclinaisons et des excentricités. Par contre, une inégalité périodique peut avoir une très-longue période ; cela arrive aux termes du développement pour lesquels le dénominateur $in + i'n'$ est très-petit en valeur absolue.

INVARIABILITÉ DES GRANDS AXES ET DES MOYENS MOUVEMENTS.

523. Les variations du grand axe et du moyen mouvement sont définies par la cinquième des équations (10) et par l'équation (11) :

$$\frac{da}{dt} = 2a^2 n \times \frac{m_1}{\mu} \frac{d\mathrm{R}_{0,1}}{d\varepsilon},$$

$$\frac{dn}{dt} = -3an^2 \frac{m_1}{\mu} \frac{d\mathrm{R}_{0,1}}{d\varepsilon}.$$

Dans ces équations, il n'entre que la dérivée de la fonction $\mathrm{R}_{0,1}$ par rapport à l'époque ε ; mais ε n'entre que dans la longitude moyenne l, et ne figure pas dans le terme A de la valeur de $\mathrm{R}_{0,1}$; on aura donc, en dérivant par rapport à ε une équation de la forme :

$$\frac{d\mathrm{R}_{0,1}}{d\varepsilon} = -\sum i\mathrm{B} \sin(il + i'l' + \alpha),$$

en observant que $l = nt + \varepsilon$, ce qui donne $\dfrac{dl}{d\varepsilon} = 1$.

Donc

$$\frac{da}{dt} = -2a^2 n \frac{m_1}{\mu} \sum i\mathrm{B} \sin(il + i'l' + \alpha);$$

d'où l'on déduit en intégrant,

$$a = (a) + 2a^2 n \frac{m_1}{\mu} \sum \frac{i\mathrm{B}}{in + i'n'} \cos(il + i'l' + \alpha).$$

On aurait de même

$$n = (n) - 3an^2 \frac{m_1}{\mu} \sum \frac{i\mathrm{B}}{in + i'n'} \cos(il + i'l' + \alpha).$$

Les éléments a et n ne diffèrent donc de leurs valeurs moyennes (a) et (n) que de quantités périodiques. Abstraction faite de cette correction, qui tantôt s'ajoute, tantôt se retranche, le grand axe et le moyen mouvement restent constants. Tel est le théorème de Laplace, établi en n'admettant dans les équations du mouvement que les termes du premier degré par rapport aux masses perturbatrices ; ce théorème, d'une importance capitale au point de vue de la stabilité du système solaire, subsiste encore, ainsi que Poisson l'a fait voir, quand on pousse l'approximation jusqu'aux termes du second degré.

Il semble que *l'accélération du moyen mouvement de la lune* soit en contradiction avec le théorème de Laplace sur l'invariabilité des moyens mouvements. Cette contradiction n'est qu'apparente. En réalité, le moyen mouvement de la lune est invariable, abstraction faite des oscillations périodiques qu'il subit ; mais l'époque, ε, est affectée de plusieurs inégalités séculaires, de sorte que si l'on appelle l la longitude de la lune, dépouillée de tous les termes contenant le temps sous les signes sinus et cosinus, on aura pour cette quantité une équation de la forme

$$l = nt + \varepsilon + \alpha t + \beta t^2,$$

αt et βt^2 étant les deux inégalités principales qui s'ajoutent au terme ε.

Au lieu d'écrire ainsi cette équation, on a l'habitude de la ramener à la forme

$$l = \mathrm{N} t + \varepsilon,$$

en faisant

$$\mathrm{N} = n + \alpha + \beta t,$$

et *en laissant l'époque constante*. On considère alors le facteur N comme le moyen mouvement, et on voit qu'il renferme une inégalité séculaire, βt. C'est à ce terme qu'on donne le nom d'*équation séculaire* de la lune. Il varie du reste avec une extrême lenteur, environ 11 secondes par siècle. Laplace a fait voir que ce phénomène était lié à la diminution progressive de l'excentricité de l'orbite terrestre. Depuis, Delaunay a reconnu dans le ralentissement du mouvement de rotation propre de la terre une seconde cause qui contribue à altérer d'une manière apparente ce moyen mouvement N.

LIVRE III

MÉCANIQUE VIBRATOIRE

INTRODUCTION

---

324. Lorsqu'un point matériel M, de masse m, attiré par un centre fixe, O, proportionnellement à la distance MO, parcourt une droite OA, le mouvement oscillatoire du point M est la projection sur la direction OA du mouvement d'un point P qui parcourrait uniformément une circonférence décrite du point O comme centre avec un rayon OA égal à la demi-excursion du point en mouvement. L'équation du mouvement est

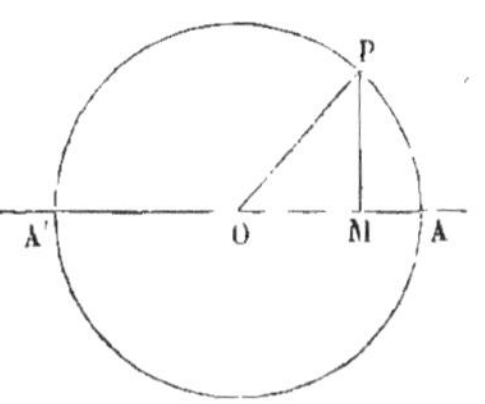

Fig. 156.

$$x = \mathrm{R} \cos \omega t,$$

R représentant le rayon OA, t le temps, x la distance OM, et ω un coefficient constant, égal à la vitesse angulaire du rayon mobile OP autour du point O. L'équation différentielle du même mouvement est

$$m \frac{d^2 x}{dt^2} = - \mathrm{K} x,$$

K représentant un nombre positif, et l'identification des deux équations donne entre les coefficients K et ω la relation $\mathrm{K} = m\omega^2$.

La théorie des mouvements vibratoires peut être regardée comme la généralisation de ce résultat élémentaire. Avant de l'exposer, nous rappellerons la méthode d'intégration des équations linéaires simultanées auxquelles conduit l'analyse du problème.

325. Pour fixer les idées, nous prendrons comme exemple l'intégration de trois équations simultanées, que nous supposerons sous la forme

$$(1) \quad \begin{cases} \dfrac{d^2\alpha}{dt^2} = H \ \ + A\alpha \ \ + B\beta \ \ + C\gamma, \\[2mm] \dfrac{d^2\beta}{dt^2} = H' \ + A'\alpha + B'\beta \ + C'\gamma, \\[2mm] \dfrac{d^2\gamma}{dt^2} = H'' + A''\alpha + B''\beta + C''\gamma, \end{cases}$$

$H, H', H'', A, A', A'', \ldots C, C', C''$ étant des constantes données. La première préparation à faire subir à ce système consiste à changer de variables de manière à chasser les termes constants, H, H', H''. Pour cela on déterminera trois nombres $\alpha_1, \beta_1, \gamma_1$, qui satisfassent aux équations :

$$(2) \quad \begin{cases} A\alpha_1 \ \ + B\beta_1 \ \ + C\gamma_1 \ \ = -H, \\ A'\alpha_1 + B'\beta_1 + C'\gamma_1 = -H', \\ A''\alpha_1 + B''\beta_1 + C''\gamma_1 = -H'', \end{cases}$$

et on posera

$$(3) \qquad \alpha = \alpha_1 + \alpha', \qquad \beta = \beta_1 + \beta', \qquad \gamma = \gamma_1 + \gamma',$$

α', β', γ' étant de nouvelles variables. On en déduit

$$\frac{d^2\alpha}{dt^2} = \frac{d^2\alpha'}{dt^2}, \qquad \frac{d^2\beta}{dt^2} = \frac{d^2\beta'}{dt^2}, \qquad \frac{d^2\gamma}{dt^2} = \frac{d^2\gamma'}{dt^2},$$

et substituant dans les équations (1), on les ramène, en vertu des équations (2), à la forme

$$(4) \quad \begin{cases} \dfrac{d^2\alpha'}{dt^2} = A\alpha' \ \ + B\beta' \ \ + C\gamma' \\[2mm] \dfrac{d^2\beta'}{dt^2} = A'\alpha' + B'\beta' + C'\gamma' \\[2mm] \dfrac{d^2\gamma'}{dt^2} = A''\alpha' + B''\beta' + C''\gamma'. \end{cases}$$

Nous avons supposé que les valeurs de $\alpha_1, \beta_1, \gamma_1$ fournies par le système des équations (2) étaient bien déterminées, ou, ce qui revient au même, que le déterminant

$$(5) \qquad \begin{vmatrix} A & B & C \\ A' & B' & C' \\ A'' & B'' & C'' \end{vmatrix}$$

était différent de zéro. S'il en est autrement, le changement de variables ne peut s'opérer, car on trouverait pour $\alpha_1, \beta_1, \gamma_1$, des valeurs infinies, à moins que l'une des trois équations (2) ne rentrât dans les deux autres, auquel cas l'un des nombres $\alpha_1, \beta_1, \gamma_1$, serait arbitraire. Nous exclurons ces divers cas particuliers, et nous admettrons dans ce qui suit que le déterminant (5) n'est pas nul, ce qui assigne aux inconnues α_1, β_1, γ_1 des valeurs finies et déterminées.

326. On pourra ainsi faire disparaître les termes constants, et ramener le système d'équations données à la forme

$$(1) \quad \begin{cases} \dfrac{d^2\alpha}{dt^2} = A\alpha + B\beta + C\gamma, \\[2mm] \dfrac{d^2\beta}{dt^2} = A'\alpha + B'\beta + C'\gamma, \\[2mm] \dfrac{d^2\gamma}{dt^2} = A''\alpha + B''\beta + C''\gamma. \end{cases}$$

Ces équations étant du second ordre, entre trois fonctions α, β, γ, les intégrales générales du système (6) seront au nombre de trois, et devront contenir six constantes arbitraires ; les équations données étant d'ailleurs linéaires, si l'on en connaît six solutions distinctes, savoir

$$\begin{array}{llll} \alpha = \alpha_0, & \alpha = \alpha_1, & \text{et ainsi de suite jusqu'à} & \alpha = \alpha_5, \\ \beta = \beta_0, & \beta = \beta_1, & & \beta = \beta_5, \\ \gamma = \gamma_0, & \gamma = \gamma_1, & & \gamma = \gamma_5; \end{array}$$

on obtiendra la solution générale en posant

$$(7) \quad \begin{cases} \alpha = L\alpha_0 + M\,\alpha_1 + N\alpha_2 + \ldots + R\alpha_5, \\ \beta = L\beta_0 + M\,\beta_1 + N\beta_2 + \ldots + R\beta_5, \\ \gamma = L\gamma_0 + M\,\gamma_1 + N\gamma_2 + \ldots + R\gamma_5, \end{cases}$$

L, M,... R étant six constantes arbitraires. Le problème est donc ramené à découvrir les six intégrales particulières $(\alpha_0, \beta_0, \gamma_0)$,... $(\alpha_5, \beta_5, \gamma_5)$. On peut y parvenir en employant soit les fonctions exponentielles, soit les fonctions circulaires.

Posons d'abord

$$(8) \quad \begin{cases} \alpha = \rho c^{rt}, \\ \beta = \rho' c^{rt}, \\ \gamma = \rho'' c^{rt}, \end{cases}$$

r, ρ, ρ', ρ'' étant des nombres constants que nous allons déterminer. On remarquera que α, β, γ sont respectivement proportionnels à ρ, ρ', ρ''. De là on déduit

$$(9) \quad \begin{cases} \dfrac{d^2\alpha}{dt^2} = \rho r^2 c^{rt} = r^2\alpha, \\[2mm] \dfrac{d^2\beta}{dt^2} = \rho' r^2 c^{rt} = r^2\beta, \\[2mm] \dfrac{d^2\gamma}{dt^2} = \rho'' r^2 c^{rt} = r^2\gamma \end{cases}$$

Substituons les valeurs (8) et (9) dans le système (6) ; on aura entre les variables α, β, γ et l'inconnue r les trois relations

$$(10) \quad \begin{cases} r^2\alpha = A\alpha + B\beta + C\gamma, \\ r^2\beta = A'\alpha + B'\beta + C'\gamma, \\ r^2\gamma = A''\alpha + B''\beta + C''\gamma, \end{cases}$$

ou bien

$$(11) \quad \begin{cases} (A - r^2)\alpha + B\beta + C\gamma = 0, \\ A'\alpha + (B' - r^2)\beta + C'\gamma = 0, \\ A''\alpha + B''\beta + (C'' - r^2)\gamma = 0. \end{cases}$$

Ces trois équations, homogènes par rapport à α, β, γ, permettent d'éliminer les rapports $\dfrac{\beta}{\alpha}$, $\dfrac{\gamma}{\alpha}$ de deux des variables à la troisième. L'équation finale s'obtiendra en égalant à zéro le déterminant des coefficients de α, β, γ, ce qui donne l'équation

$$(12) \quad \begin{vmatrix} A - r^2, & B, & C \\ A', & B' - r^2, & C' \\ A'', & B'', & C'' - r^2 \end{vmatrix} = 0.$$

L'équation (12) est du troisième degré en r^2 ; elle donnera généralement pour r six valeurs, égales deux à deux au signe près, que nous représenterons par $\pm r_0$, $\pm r_1$, $\pm r_2$. Chacune des trois valeurs de r^2, substituée dans les équations (11), déterminera en général les deux rapports $\dfrac{\beta}{\alpha}$, $\dfrac{\gamma}{\alpha}$, ou, ce qui revient au même, les rapports $\dfrac{\rho'}{\rho}$, $\dfrac{\rho''}{\rho}$, de sorte que nous pourrons obtenir trois systèmes de valeurs des coefficients ρ, ρ', ρ'', savoir

$$\begin{array}{llll} \rho_0, & \rho'_0, & \rho''_0 & \text{correspondant aux racines } r = \pm r_0, \\ \rho_1, & \rho'_1, & \rho''_1 & \text{»} \qquad \text{»} \qquad r = \pm r_1, \\ \rho_2, & \rho'_2, & \rho''_2 & \text{»} \qquad \text{»} \qquad r = \pm r_2. \end{array}$$

Dans chaque rangée, l'un des coefficients ρ, restant arbitraire, se confondra avec la constante par laquelle on devra multiplier l'intégrale particulière pour la faire entrer dans l'intégrale générale.

On a par ce moyen les six solutions préparatoires

$$\begin{array}{lll} \alpha = \rho_0 e^{r_0 t}, & \alpha = \rho_1 e^{r_1 t}, & \alpha = \rho_2 e^{r_2 t}, \\ \alpha = \rho_0 e^{-r_0 t}, & \alpha = \rho_1 e^{-r_1 t}, & \alpha = \rho_2 e^{-r_2 t}, \\ \beta = \rho'_0 e^{r_0 t}, & \beta = \rho'_1 e^{r_1 t}, & \beta = \rho'_2 e^{r_2 t}, \\ \beta = \rho'_0 e^{-r_0 t}, & \beta = \rho'_1 e^{-r_1 t}, & \beta = \rho'_2 e^{-r_2 t}, \\ \gamma = \rho''_0 e^{r_0 t}, & \gamma = \rho''_1 e^{r_1 t}, & \gamma = \rho''_2 e^{r_2 t}, \\ \gamma = \rho''_0 e^{-r_0 t}, & \gamma = \rho''_1 e^{-r_1 t}, & \gamma = \rho''_2 e^{-r_2 t}. \end{array}$$

On en déduit l'intégrale générale

$$(13)\quad\begin{cases}\alpha = \rho_0\left(Le^{r_0 t} + Me^{-r_0 t}\right) + \rho_1\left(Ne^{r_1 t} + Pe^{-r_1 t}\right)\\ \qquad + \rho_2\left(Qe^{r_2 t} + Re^{-r_2 t}\right),\\[2mm] \beta = \rho'_0\left(Le^{r_0 t} + Me^{-r_0 t}\right) + \rho'_1\left(Ne^{r_1 t} + Pe^{-r_1 t}\right)\\ \qquad + \rho'_2\left(Qe^{r_2 t} + Re^{-r_2 t}\right),\\[2mm] \gamma = \rho''_0\left(Le^{r_0 t} + Me^{-r_0 t}\right) + \rho''_1\left(Ne^{r_1 t} + Pe^{-r_1 t}\right)\\ \qquad + \rho''_2\left(Qe^{r_2 t} + Re^{-r_2 t}\right),\end{cases}$$

avec les six constantes arbitraires, L, M,... R.

327. La solution peut s'obtenir aussi à l'aide des lignes trigonométriques.

Au lieu de chercher six intégrales particulières sans constantes arbitraires, puis de former l'intégrale générale par l'addition de ces six fonctions, nous chercherons trois intégrales contenant chacune une constante arbitraire, et la solution s'obtiendra en ajoutant ces trois intégrales, multipliées chacune par un coefficient pris arbitrairement. Le nombre nécessaire de constantes se retrouvera ainsi dans la solution définitive.

Posons

$$(14)\quad\begin{cases}\alpha = \rho\sin(\mu t + \varphi),\\ \beta = \rho'\sin(\mu t + \varphi),\\ \gamma = \rho''\sin(\mu t + \varphi),\end{cases}$$

où μ, ρ, ρ' ρ'' sont des nombres à déterminer, et φ un arc arbitraire. La différentiation nous donnera

$$(15)\quad\begin{cases}\dfrac{d^2\alpha}{dt^2} = -\rho\mu^2\sin(\mu t + \varphi) = -\mu^2\alpha,\\[2mm] \dfrac{d^2\beta}{dt^2} = -\mu^2\beta,\\[2mm] \dfrac{d^2\gamma}{dt^2} = -\mu^2\gamma.\end{cases}$$

Substituant dans (6), il vient

$$(16)\quad\begin{cases}-\mu^2\alpha = A\alpha + B\beta + C\gamma,\\ -\mu^2\beta = A'\alpha + B'\beta + C'\gamma,\\ -\mu^2\gamma = A''\alpha + B''\beta + C''\gamma.\end{cases}$$

On en déduit pour déterminer μ

$$(17)\quad\begin{vmatrix} A + \mu^2, & B, & C\\ A', & B' + \mu^2, & C'\\ A'', & B'', & C'' + \mu^2\end{vmatrix} = 0,$$

équation du troisième degré en μ^2, qui donnera en général pour μ six valeurs égales deux à deux au signe près ; soient $\pm\,\mu_0,\ \pm\,\mu_1,\ \pm\,\mu_2$ ces valeurs. On tirera des équations (15) les valeurs correspondantes des rapports $\dfrac{\beta}{\alpha},\ \dfrac{\gamma}{\alpha}$, c'est-à-dire des rapports $\dfrac{\rho'}{\rho},\ \dfrac{\rho''}{\rho}$. On devra prendre dans chaque groupe de racines égales en valeur absolue et de signes contraires, $\pm\,\mu_0,$ $\pm\,\mu_1,\ \pm\,\mu_2$, l'une des deux racines à l'exclusion de l'autre, et l'on obtiendra l'intégrale générale en posant

$$(18)\ \begin{cases} \alpha = L\rho_0\sin(\mu_0 t + \varphi) + M\rho_1\sin(\mu_1 t + \varphi') + N\rho_2\sin(\mu_2 t + \varphi''),\\[4pt] \beta = L\rho'_0\sin(\mu_0 t + \varphi) + M\rho'_1\sin(\mu_1 t + \varphi') + N\rho'_2\sin(\mu_2 t + \varphi''),\\[4pt] \gamma = L\rho''_0\sin(\mu_0 t + \varphi) + M\rho''_1\sin(\mu_1 t + \varphi') + N\rho''_2\sin(\mu_2 t + \varphi''). \end{cases}$$

La solution contient encore six constantes arbitraires, savoir les trois coefficients L, M, N, et les trois arcs $\varphi,\ \varphi'\ \varphi''$.

Observons que l'équation (17), de laquelle on tire les valeurs de μ, ne diffère de l'équation (12) que par le changement de r^2 en $-\mu^2$, ou de r en $\mu\sqrt{-1}$. Si donc l'équation (12) donne pour r deux racines imaginaires de la forme $\pm\,\lambda\sqrt{-1}$, l'équation (17) donnera pour μ deux racines réelles égales à $\pm\,\lambda$; de sorte qu'en adoptant l'une ou l'autre forme pour les termes de la solution, on pourra éviter les imaginaires dans l'intégrale générale.

528. Mais l'équation (12) peut avoir aussi des racines imaginaires de la forme $\xi + \alpha\sqrt{-1}$, ou encore des racines multiples. Ces deux cas particuliers doivent être examinés à part.

Soit d'abord $r_0 = \xi + \lambda\sqrt{-1}$. L'équation (12) admettra aussi la racine $-r_0 = -\xi - \lambda\sqrt{-1}$, puis les racines conjuguées des deux premières, soit $r_1 = \xi - \lambda\sqrt{-1},\ -r_1 = -\xi + \lambda\sqrt{-1}$. Or

$$e^{r_0 t} = e^{\xi t}\times e^{\lambda t\sqrt{-1}} = e^{\xi t}\times(\cos\lambda t + \sqrt{-1}\sin\lambda t),$$
$$e^{-r_0 t} = e^{-\xi t}(\cos\lambda t - \sqrt{-1}\sin\lambda t),$$
$$e^{r_1 t} = e^{\xi t}(\cos\lambda t - \sqrt{-1}\sin\lambda t),$$
$$e^{-r_1 t} = e^{-\xi t}(\cos\lambda t + \sqrt{-1}\sin\lambda t).$$

Remplaçons aussi le coefficient ρ_0, qui peut être imaginaire, par le produit $\theta_0(\cos\varphi_0 + \sqrt{-1}\sin\varphi_0)$, où θ_0 est le *module* et φ_0 l'*argument* du nombre ρ_0 ; soit de même

$$L = \theta(\cos\varphi + \sqrt{-1}\sin\varphi),$$
$$M = \theta'(\cos\varphi' + \sqrt{-1}\sin\varphi').$$

Le facteur ρ_1 sera le conjugué de ρ_0, et par suite

$$\rho_1 = \theta_0 \left(\cos\varphi_0 - \sqrt{-1}\sin\varphi_0\right).$$

Prenons de même

$$\mathrm{N} = \theta \left(\cos\varphi - \sqrt{-1}\sin\varphi'\right),$$
$$\mathrm{P} = \theta' \left(\cos\varphi' - \sqrt{-1}\sin\varphi'\right).$$

La substitution de ces valeurs dans les termes de α qui contiennent r_0 et r_1 [équations (13)], nous donnera

$$\theta_0 \left(\cos\varphi_0 + \sqrt{-1}\sin\varphi_0\right) \left[\theta\left(\cos\varphi + \sqrt{-1}\sin\varphi\right) e^{\xi t}\left(\cos\lambda t + \sqrt{-1}\sin\lambda t\right)\right.$$
$$\left. + \theta'\left(\cos\varphi' + \sqrt{-1}\sin\varphi'\right) e^{-\xi t}\left(\cos\lambda t - \sqrt{-1}\sin\lambda t\right)\right]$$
$$+ \theta_0 \left(\cos\varphi_0 - \sqrt{-1}\sin\varphi_0\right) \left[\theta\left(\cos\varphi - \sqrt{-1}\sin\varphi\right) e^{\xi t}\left(\cos\lambda t - \sqrt{-1}\sin\lambda t\right)\right.$$
$$\left. + \theta'\left(\cos\varphi' - \sqrt{-1}\sin\varphi'\right) e^{-\xi t}\left(\cos\lambda t + \sqrt{-1}\sin\lambda t\right)\right],$$

ce qui se réduit à

$$\theta_0\theta e^{\xi t}\left[\cos(\lambda t + \varphi + \varphi_0) + \sqrt{-1}\sin(\lambda t + \varphi + \varphi_0)\right]$$
$$+ \theta_0\theta' e^{-\xi t}\left[\cos(\lambda t - \varphi' - \varphi_0) - \sqrt{-1}\sin(\lambda t - \varphi' - \varphi_0)\right]$$
$$+ \theta_0\theta e^{\xi t}\left[\cos(\lambda t + \varphi + \varphi_0) - \sqrt{-1}\sin(\lambda t + \varphi - \varphi_0)\right]$$
$$+ \theta_0\theta' e^{-\xi t}\left[\cos(\lambda t - \varphi' - \varphi_0) + \sqrt{-1}\sin(\lambda t - \varphi' - \varphi_0)\right],$$

ou encore à la fonction réelle

$$2e^{\xi t}\left[\theta_0\theta\cos(\lambda t + \varphi + \varphi_0)\right] + 2e^{-\xi t}\left[\theta_0\theta'\cos(\lambda t - \varphi' - \varphi_0)\right],$$

fonction qui peut se mettre sous la forme

$$\mathrm{L}e^{\xi t}\cos(\lambda t + \psi) + \mathrm{M}e^{-\xi t}\cos(\lambda t + \psi');$$

elle contient quatre arbitraires distinctes, $\mathrm{L}, \mathrm{M}, \psi, \psi'$, et a par conséquent le même degré de généralité que les quatre termes dont elle tient la place. On peut changer les cosinus en sinus, car cela revient à ajouter un quadrant à la constante arbitraire ψ et à changer le signe du facteur arbitraire L.

329. Supposons ensuite que l'équation (12) ait des racines égales, qu'on ait par exemple $r_0 = r_1$. Alors les termes en r_0 et r_1 de la solution générale (13) se fondent l'un dans l'autre, et l'intégrale ainsi formée ne contient plus le nombre demandé de constantes arbitraires.

On tourne cette difficulté en posant d'abord $r_1 = r_0 + h$, et en supposant h infiniment petit, après avoir développé les exponentielles en séries.

On a en effet

$$e^{r_1 t} = e^{(r_0 + h)t} = e^{r_0 t} \times e^{ht} = e^{r_0 t}\left(1 + \frac{ht}{1} + \frac{h^2 t^2}{1.2} + \cdots\right).$$

Multipliant par la constante ρ_1 N, il viendra

$$\rho_1 N e^{r_0 t} + \rho_1 N e^{r_0 t} \frac{ht}{1} + \text{des termes contenant } h^2, h^3, \ldots$$

Le premier terme se confond avec le terme $\rho_0 L e^{r_0 t}$; le second prend la forme $\rho_1 N' e^{r_0 t} t$, en remplaçant le produit Nh par une nouvelle constante N'. Les termes suivants contenant en facteur Nh^2, Nh^3,... ou bien $N'h$, $N'h^2$.... s'annuleront à la fois quand on y fera h infiniment petit ; de sorte que l'on peut substituer à l'ensemble des termes

$$\rho_0 \left(L e^{r_0 t} + M e^{-r_0 t} \right) + \rho_1 \left(N e^{r_1 t} + P e^{-r_1 t} \right),$$

la somme suivante, où les constantes ne se confondent plus :

$$\rho_0 \left(L e^{r_0 t} + M e^{-r_0 t} \right) + \rho_0 \left(N e^{r_0 t} + P e^{-r_0 t} \right) t$$

Nous y avons fait $\rho_1 = \rho_0$, parce que r_0 et r_1 sont supposés égaux.

Le cas où r serait racine triple se traiterait de même : cette supposition introduirait dans la solution un nouveau terme de la forme $\rho_0 L e^{\pm r_0 t} t^2$. Plus généralement, une racine multiple r_0, du degré k de multiplicité, introduit dans la solution des termes contenant en facteurs des expressions de la forme $L e^{\pm r_0 t} t^\omega$, ω prenant toutes les valeurs entières $0, 1,..., k-1$.

Enfin si cette racine multiple était imaginaire, le groupement des termes conjugués dans la solution générale conduirait, grâce à un choix convenable des constantes arbitraires, à faire disparaître les imaginaires, en introduisant en facteurs des lignes trigonométriques.

RÉSUMÉ DE LA SOLUTION GÉNÉRALE.

330. En résumé, la solution la plus générale des équations données peut contenir des termes réels, des formes suivantes :

1° A deux racines réelles, $\pm r_0$ de l'équation (12), correspondent deux termes contenant en facteur les exponentielles $e^{\pm r_0 t}$;

2° A deux racines imaginaires de la forme $\pm \alpha \sqrt{-1}$, un terme contenant en facteur $\sin(\alpha t + \varphi)$, φ étant un arc arbitraire ;

3° A quatre racines imaginaires des formes $\pm \xi \mp \alpha \sqrt{-1}$, deux termes contenant en facteurs, l'un $e^{\xi t} \times \sin(\alpha t + \varphi)$, l'autre $e^{-\xi t} \sin(\alpha t + \varphi')$, φ et φ' étant des arcs arbitraires ;

4° Enfin aux racines multiples de l'équation en r, des termes contenant des facteurs de la forme $e^{rt} \times t^\omega$, ω étant un entier, ces termes pouvant aussi contenir des lignes trigonométriques introduites pour chasser les imaginaires.

Ces différentes sortes de termes se partagent en deux classes distinctes. La première classe contient les termes de la forme L sin $(\alpha t + \mu)$; la seconde, les termes de toutes les autres formes, qui ont pour caractère commun de renfermer des exponentielles ou des puissances entières de t. Comme d'ailleurs au terme contenant l'exponentielle e^{+rt} correspond un autre terme contenant l'exponentielle e^{-rt}, il est certain qu'à moins d'une détermination particulière des facteurs arbitraires par lesquels ces termes sont multipliés, l'ensemble des termes de la seconde classe croît indéfiniment avec le temps t. La première classe, au contraire, contient des termes périodiques, dont les valeurs restent comprises entre des limites finies, quelque valeur qu'on attribue aux constantes arbitraires. La condition nécessaire et suffisante pour que les intégrales générales soient composées de termes périodiques est donc que toutes les racines de l'équation (12) soient inégales et imaginaires de la forme $\pm \alpha \sqrt{-1}$, ou, ce qui revient au même, que l'équation (17) ait toutes ses racines réelles et inégales.

Les méthodes que nous venons d'exposer sont générales, quel que soit le nombre des équations données ; si l'on a, par exemple, n équations du second ordre, contenant linéairement n variables α, β, γ,..., l'intégrale générale aura la forme

$$\alpha = \sum \mathrm{L} \sin(\lambda t + \varphi),$$

la somme $\sum$ comprenant n termes semblables ; les valeurs de λ sont déduites de l'équation qu'on obtient en égalant à zéro le déterminant à n^2 termes

$$\begin{vmatrix} A + \lambda^2, & B, & C, \ldots \\ A', & B' + \lambda^2, & C', \ldots \\ A'', & B'', & C'' + \lambda^2, \ldots \\ \cdot \quad \cdot \quad \cdot \quad \cdot \quad \cdot \quad \cdot \quad \cdot \end{vmatrix} = 0 :$$

elles doivent être toutes réelles et inégales.

CHAPITRE PREMIER

DU MOUVEMENT OSCILLATOIRE D'UN SYSTÈME DE POINTS AUTOUR D'UNE POSITION D'ÉQUILIBRE.

531. Considérons un système formé de n points matériels assujettis à certaines liaisons. Appelons x_1, y_1, z_1, les coordonnées d'un point de masse m_1, x_2, y_2, z_2, celles du point m_2,... x_n, y_n, z_n, celles du point m_n. Le premier point est soumis à l'action d'une force X_1, Y_1, Z_1, le second à l'action d'une force X_2, Y_2, Z_2,..., le $n^{ième}$ à la force X_n, Y_n, Z_n. Entre les coordonnées de ces n points, nous supposerons qu'il y ait k relations, exprimant les liaisons auxquelles est assujetti le système. Ce sont les équations

$$(1) \qquad \begin{cases} L_1 = 0, \\ L_2 = 0, \\ \vdots \\ L_k = 0. \end{cases}$$

Nous supposons aussi les forces X, Y, Z, exprimées par des fonctions des coordonnées, x, y et z, des divers points, indépendamment du temps et des vitesses.

L'équation générale du mouvement du système sera

$$(2) \qquad \sum_{i=1}^{i=n} \left[\left(X_i - m_i \frac{d^2 x_i}{dt^2} \right) \delta x_i + \left(Y_i - m_i \frac{d^2 y_i}{dt^2} \right) \delta y_i + \left(Z_i - m_i \frac{d^2 z_i}{dt^2} \right) \delta z_i \right] = 0,$$

les variations δ devant satisfaire aux équations des liaisons, c'est-à-dire au groupe

$$(3) \quad \begin{cases} \dfrac{dL_1}{dx_1}\,\delta x_1 + \dfrac{dL_1}{dy_1}\,\delta y_1 + \dfrac{dL_1}{dz_1}\,\delta z_1 + \dfrac{dL_1}{dx_2}\,\delta x_2 + \cdots = 0, \\[2ex] \dfrac{dL_2}{dx_1}\,\delta x_1 + \dfrac{dL_2}{dy_1}\,\delta y_1 + \dfrac{dL_2}{dz_1}\,\delta z_1 + \cdots\cdots\cdots = 0. \\[1ex] \vdots \\[1ex] \dfrac{dL_k}{dx_1}\,\delta x_1 + \cdots\cdots\cdots\cdots\cdots\cdots = 0. \end{cases}$$

Supposons que, pour des valeurs particulières des coordonnées $x_1 = a_1$, $y_1 = b_1$, $z_1 = c_1$, $x_2 = a_2$, $y_2 = b_2$, $z_2 = c_2,\ldots x_n = a_n$, $y_n = b_n$, $z_n = c_n$, le système soit dans une position d'équilibre stable. Les forces X, Y, Z, prendront dans cette position certaines valeurs que nous représenterons par les lettres A, B, C, affectées des mêmes indices.

Proposons-nous d'étudier le mouvement du système aux environs de cette position, lorsqu'on l'en écarte infiniment peu. L'équilibre étant stable, l'écart ne dépassera jamais une limite très-étroite, et si nous posons d'une manière générale

$$(4) \quad \begin{cases} x_i = a_i + \alpha_i, \\[1ex] y_i = b_i + \beta_i, \\[1ex] z_i = c_i + \gamma_i, \end{cases}$$

les quantités α_i, β_i, γ_i, resteront elles-mêmes très-petites.

Nous développerons les diverses fonctions qui entrent dans le calcul en séries ordonnées suivant les puissances ascendantes des quantités α, β, γ, et comme ces quantités sont très-petites, nous nous contenterons des termes qui les contiennent au premier degré. Soit, en général,

$$F\left(x_1,\, y_1,\, z_1,\, \ldots,\, x_i,\, y_i,\, z_i,\, \ldots,\, x_n,\, y_n,\, z_n\right)$$

une fonction donnée des coordonnées; on pourra en remplaçant x par $a+\alpha$, y par $b+\beta$, z par $c+\gamma$, la mettre sous la forme

$$(5) \quad F = F\left(a_1,\, b_1,\, c_1,\, \ldots,\, a_i,\, b_i,\, c_i,\, \ldots,\, a_n,\, b_n,\, c_n\right)$$
$$+ \frac{dF}{da_1}\,\alpha_1 + \frac{dF}{db_1}\,\beta_1 + \frac{dF}{dc_1}\,\gamma_1 + \cdots + \frac{dF}{da_i}\,\alpha_i + \frac{dF}{db_i}\,\beta_i + \frac{dF}{dc_i}\,\gamma_i$$
$$+ \cdots + \frac{dF}{dc_n}\,\gamma_n.$$

Nous représentons par les symboles $\dfrac{dF}{da}$, $\dfrac{dF}{db}$, $\dfrac{dF}{dc},\ldots$ les résultats que l'on obtient en remplaçant x par a, y par b, z par c dans les dérivées partielles

$\dfrac{dF}{dx}$, $\dfrac{dF}{dy}$, $\dfrac{dF}{dz}$,... de la fonction F. Le développement de la fonction, arrêté aux termes du premier degré en α, β, γ, revient à traiter ces dernières quantités comme des différentielles.

Appliquons ce developpement aux fonctions X, Y, Z, qui représentent les forces. Nous aurons d'une manière générale

$$(6) \quad \begin{cases} X_i = A_i + \dfrac{dX_i}{da_1}\alpha_1 + \dfrac{dX_i}{db_1}\beta_1 + \dfrac{dX_i}{dc_1}\gamma_1 + \cdots + \dfrac{dX_i}{dc_n}\gamma_n. \\[2mm] Y_i = B_i + \dfrac{dY_i}{da_1}\alpha_1 + \dfrac{dY_i}{db_1}\beta_1 + \cdots\cdots + \dfrac{dY_i}{dc_n}\gamma_n, \\[2mm] Z_i = C_i + \dfrac{dZ_i}{da_1}\alpha_1 + \dfrac{dZ_i}{db_1}\beta_1 + \cdots\cdots\cdots + \dfrac{dZ_i}{dc_n}\gamma_n. \end{cases}$$

Les équations (1), satisfaites par les solutions $x=a$, $y=b$, $z=c$, et par les solutions $x=a+\alpha$, $y=b+\beta$, $z=c+\gamma$, entraînent entre les nouvelles variables α, β, γ, le groupe de k équations :

$$(7) \quad \begin{cases} \dfrac{dL_1}{da_1}\alpha_1 + \dfrac{dL_1}{db_1}\beta_1 + \dfrac{dL_1}{dc_1}\gamma_1 + \cdots = 0, \\[2mm] \dfrac{dL_2}{da_1}\alpha_1 + \dfrac{dL_2}{db_1}\beta_1 + \cdots\cdots = 0, \\[2mm] \vdots \\[2mm] \dfrac{dL_k}{da_1}\alpha_1 + \dfrac{dL_k}{db_1}\beta_1 + \cdots\cdots = 0. \end{cases}$$

Ce dernier groupe se déduirait du groupe (3) en y changeant x, y, z, en a, b, c, et δx, δy, δz, en α, β, γ.

Nous pouvons aussi appliquer la formule (5) aux coefficients des variations dans les équations (3), ce qui nous donnera les relations générales

$$(8) \quad \begin{cases} \dfrac{dL_j}{dx_i} = \dfrac{dL_j}{da_i} + \dfrac{d^2L_j}{da_i da_1}\alpha_1 + \dfrac{d^2L_j}{da_i db_1}\beta_1 + \dfrac{d^2L_j}{da_i dc_1}\gamma_1 + \cdots, \\[2mm] \dfrac{dL_j}{dy_i} = \dfrac{dL_j}{db_i} + \dfrac{d^2L_j}{db_i da_1}\alpha_1 + \dfrac{d^2L_j}{db_i ab_1}\beta_1 + \dfrac{d^2L_j}{db_i dc_1}\gamma_1 + \cdots, \\[2mm] \dfrac{dL_j}{dz_i} = \dfrac{dL_j}{dc_i} + \dfrac{d^2L_j}{dc_i da_1}\alpha_1 + \dfrac{d^2L_j}{dc_i db_1}\beta_1 + \dfrac{d^2L_j}{dc_i dc_1}\gamma_1 + \cdots, \end{cases}$$

équations qui permettent d'exprimer les coefficients des δx, δy, δz, dans les équations (3), en fonction des variables α, β, γ.

La différentiation des équations (4), dans lesquelles les quantités a, b, c, sont indépendantes du temps, nous donne enfin

$$(9) \quad \begin{cases} \dfrac{d^2 x_i}{dt^2} = \dfrac{d^2 \alpha_i}{dt^2}, \\[2mm] \dfrac{d^2 y_i}{dt^2} = \dfrac{d^2 \beta_i}{dt^2}, \\[2mm] \dfrac{d^2 z_i}{dt^2} = \dfrac{d^2 \gamma_i}{dt^2}. \end{cases}$$

Ces diverses préparations effectuées, remplaçons dans les équations (2) et (5) les fonctions X, Y, Z, $\dfrac{d^2 x}{dt^2}$, $\dfrac{d^2 y}{dt^2}$, $\dfrac{d^2 z}{dt^2}$, $\dfrac{dL}{dx}$, $\dfrac{dL}{dy}$, $\dfrac{dL}{dz}$,... par leurs valeurs en α, β, γ,... Nous pourrons exprimer, au moyen des équations (5), k des variations δx, δy, δz... par des fonctions linéaires des $3n - k$ autres; substituant les valeurs de ces k variations dans l'équation (2), et égalant séparément à zéro les coefficients des $3n - k$ variations qui sont conservées dans le calcul, et qui doivent rester arbitraires, nous aurons les $3n - k$ équations à joindre aux k équations (1) pour déterminer en fonction du temps les valeurs des $3n$ variables α, β, γ.

Or le résultat de toutes ces substitutions conduit à exprimer linéairement les accélérations $\dfrac{d^2 \alpha}{dt^2}$,... en fonction de α, β,... En effet, chacun des coefficients des équations (2) et (5) se compose de deux parties : 1° une partie indépendante de α, β, γ, et qui représente la valeur du coefficient relative à l'état d'équilibre; 2° une partie contenant au premier degré les variables α, β, γ,... avec les accélérations $\dfrac{d^2 \alpha}{dt^2}$, $\dfrac{d^2 \beta}{dt^2}$,...

La substitution de la première partie dans l'équation (2) nous donnera l'équation même que nous aurions obtenu en exprimant par le théorème du travail virtuel que le système est en équilibre dans la position (a, b, c), sous l'action des forces (A, B, C) et des liaisons (L = 0). Elle est donc nulle d'elle-même, et il reste seulement la seconde partie; on trouvera les valeurs des accélérations en fonction de α, β, γ,... en égalant à zéro tous les coefficients des $3n - k$ variations indépendantes. Les équations ainsi obtenues contiendront à tous leurs termes quelques-unes des quantités α, β, γ, $\dfrac{d^2 \alpha}{dt^2}$, $\dfrac{d^2 \beta}{dt^2}$, $\dfrac{d^2 \gamma}{dt^2}$, chacune au premier degré, et comme ces quantités sont supposées très-petites, on pourra supprimer comme infiniment petits du second ordre les produits de ces quantités deux à deux, ce qui réduira les équations à la forme linéaire. Le groupe des équations (7) permet d'ailleurs d'exprimer k des quantités α, β, γ, par des fonctions linéaires des $3n - k$ autres, et par suite d'en déduire, par la différentiation, des expressions linéaires pour les accélérations de ces k quantités en fonction des $3n - k$ autres. Substituant ces valeurs dans les $3n - k$ équations du mouvement, on pourra résoudre ces équations par rapport aux accélérations qui y sont conservées, et les exprimer linéairement en fonction de α, β, γ,... par des équations de la forme

$$(10) \begin{cases} \dfrac{d^2\alpha_i}{dt^2} = P_{i,1}\alpha_1 + Q_{i,1}\beta_1 + R_{i,1}\gamma_1 + P_{i,2}\alpha_2 + Q_{i,2}\beta_2 + \cdots, \\[2ex] \dfrac{d^2\beta_1}{dt^2} = P'_{i,1}\alpha_1 + Q'_{i,1}\beta_1 + R'_{i,1}\gamma_1 + \cdots, \\[2ex] \dfrac{d^2\gamma_i}{dt^2} = P''_{i,1}\alpha_1 + Q''_{i,1}\beta_1 + R''_{i,1}\gamma_1 + \cdots \end{cases}$$

A ces $3n - k$ accélérations exprimées par des fonctions linéaires des variables, on pourra joindre k équations semblables, donnant les k accélérations primitivement éliminées, puisqu'elles sont exprimées par des fonctions linéaires des premières : ainsi complété, le groupe (10) peut être regardé comme contenant $3n$ équations.

352. Si, au lieu de conserver dans le calcul les variables α, β, γ,... on introduisait d'autres variables indépendantes α', β', γ',... infiniment petites comme les premières, on pourrait, après avoir exprimé α, β, γ, en fonction de α', β', γ', développer les fonctions en séries ordonnées suivant les puissances de α', β', γ',... et ne conserver que les termes contenant les premières puissances des nouvelles variables. Les termes indépendants seraient d'ailleurs nuls, puisque les nouvelles variables et les anciennes doivent s'annuler ensemble. On aurait donc en définitive α, β, γ,... exprimés linéairement en α', β', γ',... et par suite $\dfrac{d^2\alpha}{dt^2}$, $\dfrac{d^2\beta}{dt^2}$,... exprimés aussi linéairement en $\dfrac{d^2\alpha'}{dt^2}$, $\dfrac{d^2\beta'}{dt^2}$,... La substitution de toutes ces valeurs dans les équations (10) conduirait donc à des équations linéaires de même forme pour exprimer les nouvelles accélérations en fonction des nouvelles coordonnées.

353. C'est encore à cette même forme que se ramènent les équations du mouvement quand on applique au système matériel de nouvelles forces, très-petites, et pouvant modifier la position d'équilibre. Soient en effet H, H', H'',... les composantes de ces nouvelles forces ; on aura pour les équations du mouvement $3n$ équations de la forme

$$(11) \begin{cases} \dfrac{d^2\alpha_i}{dt^2} = H_i + P_{i,1}\alpha_1 + Q_{i,1}\beta_1 + \cdots, \\[2ex] \dfrac{d^2\beta_i}{dt^2} = H'_i + P'_{i,1}\alpha_1 + Q'_{i,1}\beta_1 + \cdots, \\[2ex] \dfrac{d^2\gamma_i}{dt^2} = H''_i + P''_{i,1}\alpha_1 + Q''_{i,1}\beta_1 + \cdots \end{cases}$$

Or on ramène ce cas au précédent en cherchant d'abord les valeurs a', b', c',... des coordonnées α, β, γ, qui satisfont aux $3n$ équations

$$(12) \quad \begin{cases} \mathrm{P}_{i,1}\alpha_1 + \mathrm{Q}_{i,1}\beta_1 + \ldots + \mathrm{H}_i = 0, \\ \mathrm{P}'_{i,1}\alpha_1 + \mathrm{Q}'_{i,1}\beta_1 + \ldots + \mathrm{H}'_i = 0, \\ \mathrm{P}''_{i,1}\alpha_1 + \mathrm{Q}''_{i,1}\beta_1 + \ldots + \mathrm{H}''_i = 0. \end{cases}$$

Ces équations déterminent les coordonnées du système dans la nouvelle position d'équilibre qu'il tend à prendre sous l'action des forces introduites; car si $\alpha_1 = a'_1$, $\beta_1 = b'_1$, $\gamma_1 = c'_1$, sont la solution des équations (12), ces valeurs•constantes, substituées dans les équations (11), annulent tous les premiers membres de ces équations et les satisfont aussi indépendamment du temps t. Le système placé dans la position (a', b', c') est donc en équilibre sous l'action des forces H, H', H''.

Une fois ces valeurs déterminées, on changera de variables par la transformation générale

$$(13) \quad \begin{cases} \alpha_i = a'_i + \alpha'_i, \\ \beta_i = b'_i + \beta'_i, \\ \gamma_i = c'_i + \gamma'_i. \end{cases}$$

Cette transformation ramène, en vertu des équations (12), le système (11) aux équations

$$(14) \quad \begin{cases} \dfrac{d^2\alpha'_i}{dt^2} = \mathrm{P}_{i,1}\alpha'_1 + \mathrm{Q}_{i,1}\beta'_1 + \ldots, \\[2ex] \dfrac{d^2\beta'_i}{dt^2} = \mathrm{P}'_{i,1}\alpha'_1 + \mathrm{Q}'_{i,1}\beta'_1 + \ldots. \\ \vdots \end{cases}$$

lesquelles ne diffèrent des équations données que par la suppression des termes indépendants, et par le changement de α en α', de β en β', de γ en γ' : les coordonnées accentuées représentant des déplacements comptés à partir de la position nouvelle d'équilibre (a', b', c').

Les équations (13) différentiées montrent que les vitesses $\dfrac{d\alpha}{dt}$, $\dfrac{d\beta}{dt}$,... sont respectivement égales à $\dfrac{d\alpha'}{dt}$, $\dfrac{d\beta'}{dt}$,...: donc les valeurs initiales de ces vitesses sont aussi respectivement égales; les valeurs initiales de α'_i, β'_i, γ'_i,... sont d'ailleurs respectivement égales à celles de α_i, β_i, γ_i, diminuées de a'_i, b'_i, c'_i.

Les équations du mouvement (14) étant les mêmes que lorsqu'il n'y a pas eu introduction de forces nouvelles, le mouvement défini par les coordonnées α', β', γ',... est identique au mouvement défini par les coordonnées α, β, γ,... pourvu que les circonstances initiales soient les mêmes. Il suffira donc, pour traiter le cas où des forces nouvelles sont introduites, de conserver les mêmes équations en changeant l'état initial du système ; pour cela, on conservera les vitesses initiales des points mobiles, mais on donnera à ces points, par rapport à la position d'équilibre primitive (a, b, c), des positions identiques à celles qu'ils occupaient à l'instant initial par rapport à la nouvelle position d'équillibre (a', b', c').

INTÉGRATION DES ÉQUATIONS. — STABILITÉ DE L'ÉQUILIBRE.

334. On sera ramené ainsi à intégrer les $3n$ équations (10) ; les intégrales générales, dont la forme nous est connue (§ 330), contiendront $6n$ constantes arbitraires que nous déterminerons en exprimant que, pour $t = 0$, les $3n$ coordonnées α, β, γ, et leurs vitesses $\dfrac{d\alpha}{dt}$, $\dfrac{d\beta}{dt}$, $\dfrac{d\gamma}{dt}$, ont des valeurs données.

On peut reconnaître en même temps si la position d'équilibre (a, b, c) est stable ou instable.

L'équilibre est stable, quand un dérangement infiniment petit, imprimé au système à partir de la position qu'il occupe, ne peut entraîner par la suite un déplacement fini, ou quand les coordonnées α, β, γ, restent infiniment petites pendant toute la durée du mouvement pour des valeurs initiales infiniment petites de ces coordonnées et de leurs vitesses. Or ceci peut avoir lieu de deux manières :

1° Ou bien les intégrales générales des équations (10) ne contiennent que des termes de la forme L sin $(\gamma t + \varphi)$, dont la valeur oscille entre les deux limites $+$L et $-$L, à l'exclusion des termes contenant en facteurs les exponentielles $e^{\pm \xi t}$, ou les puissances t^ω, lesquels termes croîtraient indéfiniment avec le temps. Dans ce cas on peut, en choisissant des valeurs initiales très-petites, donner aux coefficients L qui entrent dans les intégrales générales des valeurs absolues aussi petites qu'on voudra, et par suite la stabilité de l'équilibre est assurée, quels que soient d'ailleurs les petits déplacements imprimés au système.

2° Les coordonnées α, β, γ peuvent être encore limitées à des valeurs infiniment petites, même si les intégrales générales contiennent des termes susceptibles de grandir indéfiniment, lorsqu'on fait un choix convenable des coefficients constants, par exemple lorsqu'on annule séparément les termes en $e^{\pm \xi t}$ ou en t^ω ; d'où résultent certaines déterminations des données initiales, par rapport auxquelles le système est comme en équilibre stable. *La stabilité n'est alors que conditionnelle ; elle existe à l'égard de certains déplace-*

ments, sans exister pour tous. L'équilibre n'est pas stable si on le considère d'une manière absolue.

La condition nécessaire et suffisante pour que l'équilibre soit stable d'une manière absolue dans la position (a, b, c), est donc que les intégrales des équations (10) contiennent seulement des termes de la forme $L \sin (\lambda t + \varphi)$, c'est-à-dire (§ 330) que l'équation en λ

$$\begin{vmatrix} P_{1,1} + \lambda^2, & Q_{1,1}, & R_{1,1}, \ldots \\ P'_{1,1}, & Q'_{1,1} + \lambda^2, & R'_{1,1}, \ldots \\ P''_{1,1}, & Q''_{1,1}, & R''_{1,1} + \lambda^2, \ldots \\ \vdots & \vdots & \vdots \end{vmatrix} = 0$$

ait toutes ses racines réelles et inégales.

MOUVEMENT D'UN POINT PESANT SUR UNE SURFACE, AUX ENVIRONS DU POINT OÙ CETTE SURFACE A UN PLAN TANGENT HORIZONTAL.

335. Comme exemple de cette théorie, nous traiterons le problème du mouvement d'un point pesant sur une surface. Soit $z = \psi (x, y)$ l'équation de la surface ; nous supposerons qu'elle soit rapportée à trois axes rectangulaires, menés par le point 0 où son plan tangent est horizontal ; ce plan tangent sera notre plan des $x\,y$; la normale, qui sera verticale, sera l'axe des z. Les axes des x et des y seront deux droites rectangulaires qu'on mènera arbitrairement dans le plan tangent.

On aura à la fois, pour $x = 0$ et $y = 0$, $z = 0$, et $\dfrac{dz}{dx} = 0$, $\dfrac{dz}{dy} = 0$. Si donc, pour les petites valeurs de x et de y, on développe la valeur de z en série ordonnée suivant les puissances ascendantes des variables, cette série manquera des termes du premier degré, et nous pourrons écrire

$$(1) \qquad z = \frac{1}{2} A x^2 + B xy + \frac{1}{2} C y^2 + \varepsilon,$$

ε étant une fonction infiniment petite du troisième ordre, que nous supprimerons dans ce qui suit. A est la valeur de $\dfrac{d^2 z}{dx^2}$ pour $x = 0, y = 0$, β la valeur de $\dfrac{d^2 z}{dx\,dy}$, C la valeur de $\dfrac{d^2 z}{dy^2}$.

L'équation générale du mouvement du point pesant est

$$(2) \qquad \left(- \frac{d^2 x}{dt^2}\right) \delta x + \left(- \frac{d^2 y}{dt^2}\right) \delta y + \left(- g - \frac{d^2 z}{dt^2}\right) \delta z = 0,$$

les variations δx, δy, δz étant liées ensemble par l'équation

$$(3) \qquad \delta z = Ax\delta x + By\delta x + Bx\delta y + Cy\delta y.$$

Avant d'aller plus loin, observons qu'on peut simplifier l'équation (1) en donnant aux axes des x et des y une orientation qui supprime le terme Bxy. Les axes sont alors tangents aux lignes de courbure qui passent au point O. L'équation (1) devient

$$(4) \qquad z = \frac{1}{2}Ax^2 + \frac{1}{2}Cy^2,$$

et l'équation (3)

$$(5) \qquad \delta z = Ax\delta x + Cy\delta y.$$

Substituant dans l'équation (2), il vient les équations du problème :

$$(6) \qquad \begin{cases} \left(g + \dfrac{d^2z}{dt^2}\right)Ax + \dfrac{d^2x}{dt^2} = 0, \\[2ex] \left(g + \dfrac{d^2z}{dt^2}\right)Cy + \dfrac{d^2y}{dt^2} = 0. \end{cases}$$

Ces équations peuvent se simplifier, en observant que l'accélération verticale $\dfrac{d^2z}{dt^2}$ est infiniment petite par rapport aux accélérations horizontales $\dfrac{d^2x}{dt^2}$, $\dfrac{d^2y}{dt^2}$. En effet, exprimons $\dfrac{d^2z}{dt^2}$ en fonction de x et de y; on tire de l'équation (4), en la différentiant deux fois,

$$dz = Axdx + Cydy,$$
$$d^2z = Adx^2 + Cdy^2 + Axd^2x + Cyd^2y.$$

Donc

$$\frac{d^2z}{dt^2} = A\left(\frac{dx}{dt}\right)^2 + C\left(\frac{dy}{dt}\right)^2 + Ax\frac{d^2x}{dt^2} + Cy\frac{d^2y}{dt^2}.$$

Les vitesses $\dfrac{dx}{dt}$, $\dfrac{dy}{dt}$, sont infiniment petites, comme aussi les accélérations $\dfrac{d^2x}{dt^2}$, $\dfrac{d^2y}{dt^2}$. Les carrés des vitesses et les produits $x\dfrac{d^2x}{dt^2}$, $y\dfrac{d^2y}{dt^2}$ sont des infiniment petits du second ordre; il en est de même par conséquent de $\dfrac{d^2z}{dt^2}$.

On peut donc supprimer $\dfrac{d^2z}{dt^2}$ devant g dans les équations (6), et réduire ces équations à la forme

$$(7) \qquad \begin{cases} \dfrac{d^2x}{dt^2} = -Agx, \\[2ex] \dfrac{d^2y}{dt^2} = Cgy. \end{cases}$$

Les équations (7) s'intègrent séparément, et donnent

$$(8) \qquad \left\{ \begin{array}{l} x = \mathrm{L}\sin(\lambda t + \varphi), \\ y = \mathrm{L}'\sin(\lambda' t + \varphi'), \end{array} \right.$$

λ et λ' étant définis par les équations

$$(9) \qquad \left\{ \begin{array}{l} \lambda = \sqrt{\mathrm{A}g}, \\ \lambda' = \sqrt{\mathrm{C}g}. \end{array} \right.$$

Pour que λ et λ' soient réels, il faut et il suffit que A et C soient positifs, c'est-à-dire que la surface soit tout entière au-dessus de son plan tangent au point O ; ses deux courbures principales sont alors de même signe, et le point O est pour la surface un point d'ordonnée minimum.

336. Si A et C sont négatifs, le point O est un maximum, les intégrales des équations (7) renferment deux exponentielles, et l'équilibre du point mobile est instable au point O. C'est tout ce qu'on peut dire ; car alors x, y, z pouvant grandir au delà d'une limite très-petite, l'équation (4) n'est plus l'équation de la surface donnée, et les équations (7) ne sont plus les équations exactes du mouvement.

337. Si A est positif, et C négatif, les courbures sont opposées, et les intégrales des équations sont

$$x = \mathrm{L}\sin(\lambda t + \varphi), \qquad \lambda \text{ étant égal à } \sqrt{\mathrm{A}g},$$
$$y = \mathrm{L}'e^{rt} + \mathrm{L}''e^{-rt}, \qquad r \text{ étant égal à } \sqrt{-\mathrm{C}g}.$$

L'équilibre au point O est instable à l'égard de tout déplacement pour lequel L' n'est pas nul, tandis que les oscillations du point sont limitées lorsque, en vertu des conditions initiales, on a $\mathrm{L}' = 0$.

De la seconde équation on tire

$$\frac{dy}{dt} = \mathrm{L}'re^{rt} - \mathrm{L}''re^{-rt},$$

et faisant $t = 0$, il vient

$$\frac{dy}{dt} = (\mathrm{L}' - \mathrm{L}'')r.$$

On a d'ailleurs pour $t = 0$

$$y = \mathrm{L}' + \mathrm{L}''.$$

Si donc la position initiale du point mobile est définie par les coordonnées $x = \alpha,\ y = \beta$, et par les vitesses, v suivant l'axe des x, v' suivant l'axe des y, la condition de stabilité s'exprime en posant $\mathrm{L}' = 0$ dans les équations

$$(\mathrm{L}' - \mathrm{L}'')r = v';$$
$$(\mathrm{L}' + \mathrm{L}'') = \beta.$$

On en déduit la condition

$$\beta + \frac{v'}{r} = 0,$$

ou

$$v' = - \beta \sqrt{- Cg}.$$

538. Reprenons le même problème en laissant l'équation (1) sous la forme

$$z = \frac{1}{2} A x^2 + B x y + \frac{1}{2} C y^2.$$

L'équation (2), dans laquelle on introduira la relation (3), nous donnera pour équations du mouvement

$$\frac{d^2x}{dt^2} + \left(g + \frac{d^2z}{dt^2} \right) (Ax + By) = 0,$$

$$\frac{d^2y}{dt^2} + \left(g + \frac{d^2z}{dt^2} \right) (Bx + Cy) = 0,$$

ou bien en supprimant $\dfrac{d^2z}{dt^2}$, qui est infiniment petit vis-à-vis de g,

$$\frac{d^2x}{dt^2} = - Agx - Bgy,$$

$$\frac{d^2y}{dt^2} = - Bgx - Cgy.$$

La solution sera de la forme

$$x = L \sin(\lambda t + \varphi) + L' \sin(\lambda' t + \varphi'),$$
$$y = L'' \sin(\lambda t + \varphi) + L''' \sin(\lambda' t + \varphi'),$$

L, L', φ, φ' étant des arbitraires, L" et L'" des quantités qui dépendent de L et de L', enfin λ et λ' étant les racines réelles et positives de l'équation

$$\begin{vmatrix} - Ag + \lambda^2, & - Bg \\ - Bg, & - Cg + \lambda^2 \end{vmatrix} = 0,$$

ou bien

$$(Ag - \lambda^2)(Cg - \lambda^2) - B^2 g^2 = 0,$$

ou encore

$$\lambda^4 - (A + C) g \lambda^2 + (AC - B^2) g^2 = 0.$$

Pour que les deux valeurs de λ^2 soient réelles, inégales et positives, il faut et il suffit

1° Que $(A + C)^2 > 4 (AC - B^2)$,

2° Que $AC - B^2$ soit positif,

3° Qu'enfin $A + C$ soit positif.

La première condition est toujours remplie, car elle revient à l'inégalité évidente $(A - C)^2 + 4 B^2 > 0$, sauf le cas particulier de $A = C, B = 0$, qui donnerait pour λ^2 deux racines égales à Ag. Nous examinerons tout à l'heure ce cas exceptionnel. $AC - B^2$ positif nous montre que l'indicatrice de la surface aux environs du point O est une ellipse, ou que les deux courbures sont dans le même sens.

Enfin $A + C$ positif entraîne A et C positifs, car AC, étant $> B^2$, est positif ; donc A et C sont de même signe ; ils sont donc positifs si leur somme est positive.

Telles sont les conditions de la stabilité de l'équilibre d'un point pesant placé au point O.

339. Nous avons exclu le cas où $B = 0$, $A = C$; il convient d'y revenir. Dans ce cas, la surface est de révolution autour de l'axe des z, au moins dans les points voisins du point O. Les équations différentielles du mouvement deviennent dans cette hypothèse

$$\frac{d^2x}{dt^2} + Agx = 0,$$
$$\frac{d^2y}{dt^2} + Agy = 0,$$

et les intégrales prennent la forme

$$x = L \sin \left(t \sqrt{Ag} + \varphi\right),$$
$$y = L' \sin \left(t \sqrt{Ag} + \varphi'\right),$$

L, L', φ, φ' étant arbitraires.

Éliminant t entre ces deux équations, on aura l'équation du lieu décrit par le point en projection sur le plan des xy ; ce lieu sera une ellipse. En effet on a

$$x = L \sin t \sqrt{Ag} \cos \varphi + L \cos t \sqrt{Ag} \sin \varphi,$$
$$y = L' \sin t \sqrt{Ag} \cos \varphi' + L' \cos t \sqrt{Ag} \sin \varphi'.$$

Résolvons par rapport à $\sin t \sqrt{Ag}$ et $\cos t \sqrt{Ag}$; il vient

$$\sin t \sqrt{Ag} = \frac{L'x \sin \varphi' - Ly \sin \varphi}{LL' \cos \varphi \sin \varphi' - \sin \varphi \cos \varphi'} = \frac{L'x \sin \varphi' - Ly \sin \varphi}{LL' \sin (\varphi' - \varphi)},$$
$$\cos t \sqrt{Ag} = \frac{Ly \cos \varphi - L'x \cos \varphi'}{LL' \sin (\varphi' - \varphi)}.$$

Élevons enfin un carré et ajoutons : l'équation cherchée sera

$$(L'x \sin \varphi' - Ly \sin \varphi)^2 + (Ly \cos \varphi - L'x \sin \varphi')^2 = L^2 L'^2 \sin^2 (\varphi' - \varphi).$$

Elle représente une ellipse, sauf le cas où l'on aurait à la fois

$$L'x \sin \varphi' - Ly \sin \varphi = 0,$$
$$Ly \cos \varphi - L'x \cos \varphi' = 0,$$
$$LL' \sin (\varphi' - \varphi) = 0.$$

On satisfait à ces dernières conditions en faisant $\varphi = \varphi'$. Le lieu décrit par le point est alors contenu dans le plan

$$\frac{y}{x} = \frac{L'}{L},$$

et le mouvement s'opère suivant un méridien de la surface, comme s'il s'agissait d'un pendule simple.

On voit par cet exemple que l'égalité des racines de l'équation en λ n'empêche pas toujours le mouvement d'être oscillatoire.

SUPERPOSITION DES MOUVEMENTS ET DES EFFETS DES FORCES.

340. Le problème des oscillations d'un système de points se ramène à l'intégration d'un certain nombre d'équations de la forme

$$\frac{d^2\alpha}{dt^2} = A\alpha + B\beta + \cdots,$$
$$\frac{d^2\beta}{dt^2} = A'\alpha + B'\beta + \cdots,$$
$$\vdots$$

ou bien de la forme

$$\frac{d^2\alpha}{dt^2} = H + A\alpha + B\beta + \cdots,$$
$$\frac{d^2\beta}{dt^2} = H' + A'\alpha + B'\beta + \cdots,$$
$$\vdots$$

Ce dernier cas se présente quand on applique au système des forces infiniment petites, H, H',... outre les forces qui le sollicitent dans sa position d'équilibre.

Le second cas se ramène au premier en effaçant les termes H, H',... et en changeant l'état initial du système, de manière à reproduire, par rapport à la position d'équilibre primitive, l'état initial qui existe par rapport à la position d'équilibre modifiée par l'action des forces H, H',...

Sous cette réserve, la solution générale est renfermée dans des équations de la forme

$$\alpha = \sum L \sin (\lambda t + \varphi).$$

Les variables α, β,… sont donc les sommes algébriques de termes dont chacun, pris à part, définit un mouvement simple, et les vitesses des variables, $\dfrac{d\alpha}{dt}$, $\dfrac{d\beta}{dt}$, s'obtiennent de même en composant par voie d'addition algébrique les vitesses correspondantes à ces divers mouvements.

A ces additions algébriques de diverses quantités mesurées dans un sens ou dans l'autre sur un même axe, correspondent dans l'espace les compositions des déplacements et des vitesses ; et en définitive, le mouvement effectif du système résulte de la *superposition* des mouvements simples dans lesquels on l'a décomposé ; chacun de ces mouvements simples part d'un état initial qu'on obtient en opérant une décomposition analogue de l'état initial donné.

Un *mouvement simple* pris en particulier est défini pour les différents points du système par les équations

$$\alpha = L\sin(\lambda t + \varphi),$$
$$\beta = L'\sin(\lambda t + \varphi),$$
$$\gamma = L''\sin(\lambda t + \varphi),$$

pour le premier,

$$\alpha' = L_1\sin(\lambda t + \varphi),$$
$$\beta' = L'_1\sin(\lambda t + \varphi),$$
$$\gamma' = L''_1\sin(\lambda t + \varphi).$$

pour le second, et ainsi de suite, de manière à avoir autant d'équations semblables qu'il y a de coordonnées indépendantes.

Le premier point se meut sur la droite

$$\frac{\alpha}{L} = \frac{\beta}{L'} = \frac{\gamma}{L''},$$

le second sur la droite

$$\frac{\alpha'}{L_1} = \frac{\beta'}{L'_1} = \frac{\gamma'}{L''_1},$$

et ainsi de suite. Tous ces mouvements sont donc rectilignes, périodiques, et semblables au mouvement que nous avons défini au commencement de ce livre. Les périodes de ces mouvements sont les mêmes pour tous les points ; elles ont pour valeur commune $\dfrac{2\pi}{\lambda}$. Les points mobiles ont sur les droites qu'ils parcourent des mouvements semblables, en vertu desquels ils arrivent simultanément aux extrémités de leurs courses.

C'est ainsi, par exemple, que nous avons reconnu (§ 335) que le mouvement d'un point pesant sur une surface autour de son point le plus bas se décompose en deux mouvements simples, tous deux rectilignes, le long des tangentes aux lignes de courbure de la surface en ce point.

Considérés tous à la fois, les divers mouvements simples dans lesquels le mouvement réel est décomposable, ont des périodes différentes, $\frac{2\pi}{\lambda}$, $\frac{2\pi}{\lambda'}$, $\frac{2\pi}{\lambda''}$,... Quand ces périodes ont une commune mesure, il arrivera qu'au bout d'intervalles égaux de temps, le système repassera par un état identique, comme positions et comme vitesses. La composition des divers mouvements périodiques simples donne alors lieu à un mouvement qui est lui-même périodique, et dont la période est le plus petit commun multiple des périodes des mouvements simples. Il en est autrement quand les périodes sont incommensurables : jamais alors le système ne revient à un état antérieur.

Nous avons admis dans tout ce chapitre que le système mobile renfermait un nombre fini de points matériels, ce nombre pouvant être d'ailleurs aussi grand qu'on voudra. Les résultats que nous avons obtenus s'appliquent encore à une infinité de points, formant un système matériel continu, comme une corde, une tige, une plaque, un milieu fluide. Nous traiterons dans les chapitres suivants quelques questions relatives à ce nouveau sujet. Le principe de la superposition des mouvements simples s'applique encore, et simplifie la résolution des problèmes. Mais les équations du mouvement sont plus compliquées : ce sont des équations aux dérivées partielles, au lieu de simples équations différentielles simultanées.

CHAPITRE II

341. Soit OA un fil élastique, ou une corde, de longueur l, tendue en ligne droite du point O au point A, sous une tension donnée T_0.

Pour étudier le mouvement de la corde lorsqu'on la dérange de sa position naturelle en laissant fixes les points O et A, nous prendrons trois axes rectangulaires, l'un OX dans la direction OA, les deux autres OY, OZ normaux aux premiers et perpendiculaires entre eux.

Nous distinguerons les divers points matériels M′ qui composent le fil, en donnant l'abscisse $OM = x$ qu'aurait le point M′ si le fil était ramené dans sa position primitive OA. Les trois coordonnées d'un même point matériel sont donc

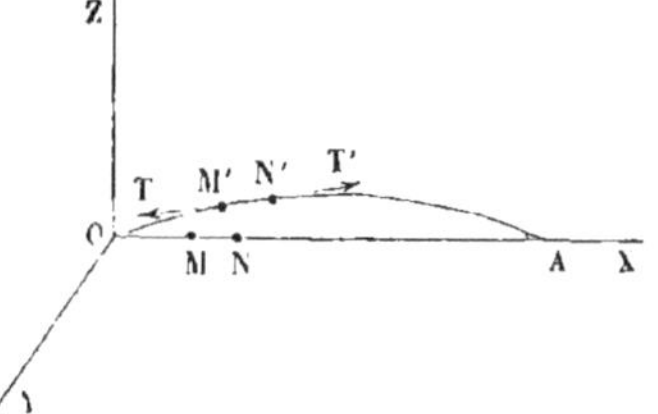

Fig. 157.

$$x, \qquad 0, \qquad 0,$$

dans l'état naturel, et

$$x + u, \qquad y, \qquad z,$$

dans l'état de mouvement; u, y, z sont pour un même point des fonctions du temps t, et pour des points différents, considerés au même instant des fonctions de l'abscisse x qui les distingue; en d'autres termes, u, y, z sont des fonctions des deux variables x et t.

Les forces qui agissent sur un élément M′N′ de fil sont les forces extérieures et les tensions.

Les forces extérieures sont données par leurs composantes X, Y, Z, rapportées à l'unité de masse pour chaque portion du fil.

Les tensions T, T′ qui agissent tangentiellement aux deux extrémités de l'élément M′N′, dépendent du degré d'allongement subi par cet élément.

Soient

m la masse de l'élément M′N′ ;

T la tension en M′, prise dans le sens N′M′ ;

T′ la tension en N′, prise dans le sens M′N′ ;

λ, μ, ν, les angles de la force T avec les axes coordonnés ;

λ', μ', ν', les angles de la force T′ avec les mêmes axes.

Les projections de l'accélération totale de l'élément M′N′ sur les axes sont représentées, à des infiniment petits près, par

$$\frac{d^2u}{dt^2} \text{ suivant OX,}$$

$$\frac{d^2y}{dt^2} \text{ suivant OY,}$$

$$\frac{d^2z}{dt^2} \text{ suivant OZ,}$$

et les équations du mouvement sont par conséquent

$$m\,\frac{d^2u}{dt^2} = mX + T'\cos\lambda' - T\cos\lambda,$$

$$m\,\frac{d^2y}{dt^2} = mY + T'\cos\mu' - T\cos\mu,$$

$$m\,\frac{d^2z}{dt^2} = mZ + T'\cos\nu' - T\cos\nu.$$

Il s'agit d'abord de les transformer en les ramenant à ne contenir que les fonctions X, Y, Z, u, y, z, et les variables indépendantes x et t.

342. Le facteur m est la masse de l'élément MN ; si donc ρ est la *densité* ou la *masse du fil par unité de longueur*, on aura $m = \rho\,dx$.

1° Les angles λ et λ' sont très-petits, et leurs cosinus sont sensiblement égaux à l'unité. La différence T′ — T se change en la différentielle partielle de T par rapport à x, de sorte que la première équation prend la forme

$$\rho dx\,\frac{d^2u}{dt^2} = \rho dx X + \frac{dT}{dx}\,dx,$$

ou bien

$$\frac{d^2u}{dt^2} = X + \frac{1}{\rho}\,\frac{dT}{dx}.$$

Nous allons chasser T de cette équation, en appliquant la loi de l'allongement des fils élastiques. Soit l la longueur d'un fil dans l'état naturel, c'est-à-dire lorsque la tension est nulle ; soit ω sa section, E le coefficient d'élasticité, et ε l'allongement total produit par l'application d'une force égale à T, mesurant la tension communiquée au fil. Entre ces quantités, on a l'équation

$$T = \frac{E\omega\varepsilon}{l}.$$

Pour une autre tension T_0, produisant un allongement ε_0, on aura de même

$$T_0 = \frac{E\omega\varepsilon_0}{l}.$$

Retranchant, il vient

$$T - T_0 = \frac{E\omega(\varepsilon - \varepsilon_0)}{l}.$$

Or $\frac{\varepsilon - \varepsilon_0}{l}$ est l'accroissement de l'allongement proportionnel du fil, et $T - T_0$ est l'accroissement correspondant de la tension. Il existe un rapport constant entre ces deux quantités, et ce rapport est égal à $E\omega$.

Si l'on appelle ϖ le poids spécifique de la matière composant la corde, on aura pour la masse ρ par unité de longueur

$$\rho = \frac{\varpi}{g} \times \omega.$$

Appliquons ces remarques à la transformation du terme $\frac{1}{\rho}\frac{dT}{dx}$.

L'accroissement total de l'élément MN étant égal à $\frac{du}{dx}dx$, l'allongement proportionnel est égal à $\frac{du}{dx}$, et nous aurons l'équation

$$T - T_0 = E\omega\frac{du}{dx}.$$

Donc

$$T = T_0 + E\omega\frac{du}{dx},$$

et, en différentiant par rapport à x,

$$\frac{1}{\rho}\frac{dT}{dx} = \frac{E\omega}{\rho}\frac{d^2u}{dx^2} = \frac{Eg}{\varpi}\frac{d^2u}{dx^2}.$$

En définitive, l'équation du mouvement projeté sur l'axe OX prend la forme

$$\frac{d^2u}{dt^2} = X + \frac{Eg}{\varpi}\frac{d^2u}{dx^2}.$$

2° La projection du mouvement sur l'axe OY est définie par l'équation

$$m \frac{d^2y}{dt^2} = mY + T'\cos\mu' - T\cos\mu,$$

ou bien

$$\rho\, dx\, \frac{d^2y}{dt^2} = \rho\, dx\, Y + \frac{d}{dx}(T\cos\mu)\, dx,$$

ou encore

$$\frac{d^2y}{dt^2} = Y + \frac{1}{\rho}\frac{d}{dx}(T\cos\mu).$$

Nous avons obtenu l'équation $T = T_o + E\,\omega\,\dfrac{du}{dx}$.

Cos μ est égal à la différence des ordonnées y des deux points N' et M', divisée par la distance M' N' de ces deux points, c'est-à-dire à

$$\cos\mu = \frac{\dfrac{dy}{dx}\,dx}{dx + \dfrac{du}{dx}\,dx} = \frac{\dfrac{dy}{dx}}{1 + \dfrac{du}{dx}};$$

donc

$$T\cos\mu = T_0\,\frac{\dfrac{dy}{dx}}{1 + \dfrac{du}{dx}} + E\,\omega\,\frac{\dfrac{du}{dx}\dfrac{dy}{dx}}{1 + \dfrac{du}{dx}},$$

équation qu'on peut simplifier en observant que $\dfrac{du}{dx}$ est extrêmement petit par rapport à l'unité, et que le produit $\dfrac{du}{dx}\dfrac{dy}{dx}$ est un infiniment petit du second ordre ; il vient

$$T\cos\mu = T_0\,\frac{dy}{dx}.$$

Donc

$$\frac{d}{dx}(T\cos\mu) = T_0\,\frac{d^2y}{dx^2}.$$

D'où résulte l'équation

$$\frac{d^2y}{dt^2} = Y + \frac{T_0}{\rho}\frac{d^2y}{dx^2}.$$

3° On trouvera de même pour la troisième équation

$$\frac{d^2z}{dt^2} = Z + \frac{T_0}{\rho}\frac{d^2z}{dx^2}.$$

Dans ces deux dernières équations on peut remplacer $\dfrac{T_o}{\rho}$ par $\dfrac{T_o g}{\varpi \omega}$.

343. Les équations du mouvement sont, en définitive,

$$(1) \quad \begin{cases} \dfrac{d^2u}{dt^2} = X + \dfrac{Eg}{\varpi}\dfrac{d^2u}{dx^2}, \\[2mm] \dfrac{d^2y}{dt^2} = Y + \dfrac{T_0 g}{\varpi\omega}\dfrac{d^2y}{dx^2}, \\[2mm] \dfrac{d^2z}{dt^2} = Z + \dfrac{T_0 g}{\varpi\,\omega}\dfrac{d^2z}{dx^2}, \end{cases}$$

et sous cette forme, on voit clairement que les mouvements projetés sur les trois axes sont indépendants les uns des autres.

Les équations du problème sont des équations linéaires du second ordre aux dérivées partielles. L'intégration est possible quand les forces X, Y, Z sont constantes, ce qui arrive par exemple pour la pesanteur.

Comme il est possible que le fil ne soit pas tendu horizontalement, nous supposerons que la pesanteur fasse des angles donnés α, β, γ avec les trois axes; on aura

$$X = g\cos\alpha,$$
$$Y = g\cos\beta,$$
$$Z = g\cos\gamma,$$

et l'on sera ramené à intégrer des équations de la forme

$$\frac{d^2u}{dt^2} = A + B\frac{d^2u}{dx^2},$$

A et B étant des constantes.

Soit $u = f(x)$ une solution particulière, indépendante du temps t, de l'équation à intégrer, de sorte qu'on ait

$$B\frac{d^2f(x)}{dx^2} + A = 0.$$

On changera de variable et on posera

$$u = f(x) + u',$$

ce qui donne

$$\frac{d^2u}{dx^2} = \frac{d^2f(x)}{dx^2} + \frac{d^2u'}{dx^2},$$

$$\frac{d^2u}{dt^2} = \frac{d^2u'}{dt^2},$$

et par suite

$$\frac{d^2u'}{dt^2} = B\frac{d^2u'}{dx^2},$$

savoir, la même équation privée de son terme indépendant. On remarquera que $u = f(x)$ est l'équation d'équilibre du fil sous l'action de la force A; car l'accélération $\dfrac{d^2u}{dt^2}$ est nulle pour tous les points du fil quand il occupe la position correspondante, de sorte que u' est la portion de l'ordonnée u qui varie avec le temps t, cette portion étant mesurée à partir de la position d'équilibre. Les forces constantes ne changent donc rien au mouvement de la corde.

L'équation différentielle

$$A + B \frac{d^2u}{dx^2} = 0$$

s'intègre en résolvant l'équation du second degré

$$A + B\mu^2 = 0,$$

qui donne

$$\mu = \pm \sqrt{\frac{A}{B}} \sqrt{-1}.$$

On a ensuite

$$u = Ce^{+y\sqrt{\frac{A}{B}}\sqrt{-1}} + C'e^{-y\sqrt{\frac{A}{B}}\sqrt{-1}}.$$

Si A et B sont de même signe, les exponentielles imaginaires se transfor·ment en sinus et cosinus.

On opérerait de même pour y et pour z. Dans les applications aux cordes vibrantes, les composantes X, Y, Z de la pesanteur sont très-petites par rapport aux coefficients $\dfrac{Eg}{\varpi}$, $\dfrac{T_0 g}{\varpi\omega}$, et comme elles ne changent rien d'ailleurs aux lois de l'oscillation de la corde, on peut à ce double point de vue en faire abstraction, et prendre tout de suite les équations de la corde vibrante sous la forme

$$\frac{d^2u}{dt^2} = \frac{Eg}{\varpi} \frac{d^2u}{dx^2} = a^2 \frac{d^2u}{dx^2},$$

$$\frac{d^2y}{dt^2} = \frac{T_0 g}{\varpi\omega} \frac{d^2y}{dx^2} = b^2 \frac{d^2y}{dx^2},$$

$$\frac{d^2z}{dt^2} = b^2 \frac{d^2u}{dx^2},$$

en nous rappelant seulement qu'en toute rigueur u, y, z doivent être comptés à partir de la figure d'équilibre que prendrait la corde sous l'action de la pesanteur si son mouvement était réduit à zéro.

344. Les quantités a et b sont homogènes à la vitesse linéaire d'un point mobile. En effet, le coefficient d'élasticité E est une force divisée par une surface, ou par le carré d'une longueur; l'accélération g est du degré 1 par rapport aux longueurs et du degré -2 par rapport au temps; ϖ est du degré 1 par rapport à la force, et du degré -3 par rapport à la longueur; en

résumé, F, F' étant des forces, l, l', l'' des longueurs et t un temps, on aura

$$a^2 = \frac{Eg}{\varpi} = \frac{\dfrac{F}{l^2} \times \dfrac{l'}{t^2}}{\dfrac{F'}{l''^3}} = \frac{F}{F'} \times \frac{l''^3 \times l'}{l^2} \times \frac{1}{t^2},$$

quantité homogène à $\dfrac{L^2}{t^2}$, en appelant L une longueur; donc $a = \dfrac{L}{t}$ est une vitesse. Il en est de même de b.

Il est facile de voir aussi que b est beaucoup plus petit que a. En effet on a

$$\frac{b^2}{a^2} = \frac{T_0 g}{\varpi \times \omega} \times \frac{\varpi}{Eg} = \frac{T_0}{E\omega};$$

$\dfrac{T_0}{\omega}$ est la tension de la corde par unité de section; si λ est la longueur de la corde dans l'état naturel, et ε son allongement sous la tension T_0, on aura

$$\frac{T_0}{E\omega} = \frac{\varepsilon}{\lambda},$$

de sorte que $\dfrac{b^2}{a^2}$ est égal à l'allongement proportionnel de la corde sous la tension T_0; $\dfrac{b}{a}$ est la racine carrée de cet allongement proportionnel, qui est nécessairement très-petit.

345. L'intégration de l'équation aux différentes partielles

$$\frac{d^2 u}{dt^2} = a^2 \frac{d^2 u}{dx^2},$$

s'opère immédiatement en changeant de variables indépendantes; posons en effet

$$v = x + at,$$
$$w = x - at.$$

Il viendra, en différentiant successivement la fonction u par rapport à t et à x,

$$\frac{du}{dt} = \frac{du}{dv}\frac{dv}{dt} + \frac{du}{dw}\frac{dw}{dt} = \left(\frac{du}{dv} - \frac{du}{dw}\right) a, .$$

$$\frac{du}{dx} = \frac{du}{dv}\frac{dv}{dx} + \frac{du}{dw}\frac{dw}{dx} = \frac{du}{dv} + \frac{du}{dw},$$

$$\frac{d^2 u}{dt^2} = \left(\frac{d^2 u}{dv^2}\frac{dv}{dt} + \frac{d^2 u}{dvdw}\frac{dw}{dt} - \frac{d^2 u}{dw^2}\frac{dw}{dt} - \frac{d^2 u}{dwdv}\frac{dv}{dt}\right) a$$

$$= \left(\frac{d^2 u}{dv^2} - 2\frac{d^2 u}{dvdw} + \frac{d^2 u}{dw^2}\right) a^2,$$

$$\frac{d^2 u}{dx^2} = \frac{d^2 u}{dv^2}\frac{dv}{dt} + \frac{d^2 u}{dvdw}\frac{dv}{dt} + \frac{d^2 u}{dvdw}\frac{dw}{dt} + \frac{d^2 u}{dv^2}\frac{dw}{dt}$$

$$= \frac{d^2 u}{dv^2} + 2\frac{d^2 u}{dvdw} + \frac{d^2 u}{dw^2}.$$

Substituant dans l'équation proposée, et réduisant, on aura

$$\frac{d^2u}{dv\,dw} = 0.$$

Donc u est la somme d'une fonction de v et d'une fonction de w, ou, en revenant aux premières variables,

$$u = \varphi\,(x + at) + \psi(x - at),$$

φ et ψ étant des fonctions entièrement arbitraires. On aurait de même

$$y = \varphi_1(x + bt) + \psi_1(x - bt),$$
$$z = \varphi_2(x + bt) + \psi_2(x - bt).$$

DÉTERMINATION DES FONCTIONS ARBITRAIRES.

346. Nous supposerons qu'on donne pour $t = 0$ la forme de la corde, définie par les équations

$$u = F(x), \qquad y = F_1(x), \qquad z = F_2(x).$$

Dans cette équation x varie de 0 à l; on suppose que pour $x = 0$ et pour $x = l$, on ait $u = 0$, $y = 0$, $z = 0$, les extrémités de la corde étant fixes.

On donne en outre pour chaque point la vitesse initiale, définie par les équations

$$\frac{du}{dt} = f(x), \quad \frac{dy}{dt} = f_1(x), \quad \frac{dz}{dt} = f_2(x),$$

les fonctions f s'annulant encore pour $x = 0$ et $x = l$, et étant connues pour toutes les valeurs intermédiaires.

Quelle que soit la valeur de t, les extrémités de la corde restent fixes; on aura donc pour toute valeur de t les douze équations :

$$
\begin{array}{ll}
(1) \quad 0 = \varphi(at) + \psi(-at), & \quad (7) \quad 0 = \varphi(l + at) + \psi(l - at), \\
(2) \quad 0 = \varphi_1(bt) + \psi_1(-bt), & \quad (8) \quad 0 = \varphi_1(l + bt) + \psi_1(l - bt), \\
(3) \quad 0 = \varphi_2(bt) + \psi_2(-bt), & \quad (9) \quad 0 = \varphi_2(l + bt) + \psi_2(l - bt), \\
(4) \quad 0 = \varphi'(at) - \psi'(-at), & \quad (10) \quad 0 = \varphi'(l + at) - \psi'(l - at), \\
(5) \quad 0 = \varphi_1'(bt) - \psi_1'(-bt), & \quad (11) \quad 0 = \varphi_1'(l + bt) - \psi_1'(l - bt), \\
(6) \quad 0 = \varphi_2'(bt) - \psi_2'(-bt), & \quad (12) \quad 0 = \varphi_2'(l + bt) - \psi_2'(l - bt),
\end{array}
$$

l'accent indiquant les dérivées des fonctions φ, ψ,... par rapport à la variable immédiate de chacune d'elles.

On a aussi pour $t = 0$ les six équations

$$(13) \qquad \varphi(x) + \psi(x) = F(x),$$
$$(14) \qquad \varphi_1(x) + \psi_1(x) = F_1(x),$$
$$(15) \qquad \varphi_2(x) + \psi_2(x) = F_2(x),$$
$$(16) \qquad \varphi'(x) - \psi'(x) = f(x),$$
$$(17) \qquad \varphi_1'(x) - \psi_1'(x) = f_1(x),$$
$$(18) \qquad \varphi_2'(x) - \psi_2'(x) = f_2(x),$$

pour toutes valeurs de x comprises entre 0 et l. Proposons-nous de déterminer d'après ces conditions les fonctions φ et ψ. Les autres fonctions φ_1, ψ_1, φ_2, ψ_2, se détermineraient par une marche toute semblable. Nous aurons recours aux six équations

$$(1) \qquad 0 = \varphi(at) + \psi(-at),$$
$$(4) \qquad 0 = \varphi'(at) - \psi'(-at),$$
$$(7) \qquad 0 = \varphi(l + at) + \psi(l - at),$$
$$(10) \qquad 0 = \varphi'(l + at) - \psi'(l - at),$$
$$(13) \qquad \varphi(x) + \psi(x) = F(x),$$
$$(16) \qquad \varphi'(x) - \psi'(x) = f(x).$$

Commençons par déterminer φ et ψ pour les valeurs de la variable comprises entre 0 et l.

Intégrons l'équation (16) ; il vient, en appelant C une constante,

$$(19) \qquad \varphi(x) - \psi(x) = C + \int f(x)\, dx;$$

d'où l'on déduit, en rapprochant l'équation (19) de l'équation (13).

$$(20) \qquad \left\{ \begin{array}{l} \varphi(x) = \dfrac{1}{2} F(x) + \dfrac{1}{2} C + \dfrac{1}{2} \int f(x)\, dx, \\[2mm] \psi(x) = \dfrac{1}{2} F(x) - \dfrac{1}{2} C - \dfrac{1}{2} \int f(x)\, dx. \end{array} \right.$$

Nous ferons commencer l'intégrale à $x = 0$; les fonctions φ et ψ seront déterminées par une quadrature pour toute valeur de la seconde limite qui ne dépasse pas la valeur $x = l$; φ et ψ sont donc connues dans l'intervalle de 0 à l.

L'équation (1) est vraie pour toute valeur de t, positive ou négative ; faisons $at = \zeta$, puis $at = -\zeta$: nous aurons à la fois

$$\psi(-\zeta) = -\varphi(\zeta) \qquad \text{et} \qquad \varphi(-\zeta) = -\psi(\zeta),$$

de sorte que la connaissance de φ pour les valeurs positives de la variable entraîne la connaissance de ψ pour les mêmes valeurs prises négativement, et réciproquement.

L'équation (7) nous donne par conséquent

$$\psi(l - \zeta) = -\varphi(\zeta - l) = -\varphi(\zeta + l).$$

Donc

$$\varphi(\zeta + l) = \varphi(\zeta - l),$$

ce qui montre que la fonction φ se reproduit périodiquement quand la variable augmente de $2l$. Il en est de même de ψ; car $\varphi(l + \zeta) = -\psi(-l-\zeta) = -\psi(l-\zeta)$; donc $\psi(-\zeta-l) = \psi(-\zeta+l)$.

Connaissant φ et ψ pour toutes les valeurs de la variable de 0 à l, on en déduira les valeurs des mêmes fonctions pour les valeurs de la variable de 0 à $-l$, par les relations

$$\psi(-\zeta) = -\varphi(\zeta), \qquad \varphi(-\zeta) = -\psi(\zeta);$$

on connaîtra alors φ et ψ pour une période entière, ce qui suffit pour définir φ et ψ pour toutes les valeurs réelles de la variable qui entre dans chacune de ces fonctions.

347. La fixité des points extrêmes entraîne comme conséquence la périodicité des fonctions φ, ψ, φ_1, ψ_1, φ_2, ψ_2; la période est $2l$. Il en résulte qu'un même point défini par son abscisse x se retrouve avoir les mêmes écarts longitudinaux, u, au bout d'intervalles de temps θ égaux à $\dfrac{2l}{a}$, et les mêmes écarts transversaux au bout d'intervalles de temps θ' égaux à $\dfrac{2l}{b}$.

Le mouvement de la corde consiste donc dans une série de vibrations, les unes longitudinales, les autres transversales; et si l'on appelle n et n' les nombres des vibrations complètes effectuées dans l'unité de temps, on aura

$$n \times \frac{2l}{a} = 1, \qquad\qquad n' \times \frac{2l}{b} = 1,$$

ou bien

$$n = \frac{a}{2l} = \frac{\sqrt{Eg}}{2\sqrt{\varpi l}}, \qquad\qquad n' = \frac{b}{2l} = \frac{\sqrt{T_0 g}}{2\sqrt{\varpi \omega l}};$$

a étant beaucoup plus grand que b, le nombre n est beaucoup plus grand que le nombre n'; par suite, le son produit par les vibrations longitudinales est beaucoup plus aigu que le son produit par les vibrations transversales. Celles-ci sont les seules qu'on emploie dans la musique. Le nombre en est réglé par la longueur de la portion vibrante de la corde, par la tension $\dfrac{T_0}{\omega}$ qu'elle subit par unité de section, et enfin par son poids spécifique. On peut aussi remarquer que ωl est le volume de la corde réduite à la partie vibrante; que $\varpi \omega l$ est son poids total, et $\dfrac{\varpi \omega l}{g}$ sa masse; mettant l'équation sous la forme $2n'\sqrt{l} = \sqrt{\dfrac{T_0}{\dfrac{(\varpi\omega l)}{g}}}$, on voit que *le produit du double de la racine car-*

rée de la longueur libre de la corde par le nombre de vibrations complètes transversales effectuées dans l'unité de temps est égal à la racine carrée de la tension totale rapportée à l'unité de masse.

Il est remarquable que le nombre n' soit indépendant du coefficient d'é-lasticité E de la matière qui compose la corde ; il n'en serait pas de même, si, au lieu d'un fil flexible, on faisait vibrer transversalement une tige ayant de la raideur.

Quant au nombre n, il est proportionnel à $\sqrt{E}$, et par conséquent l'obser-vation du son rendu par un fil, ou une tige, vibrant longitudinalement, quand ses deux extrémités sont fixes, fournit un moyen de déterminer le coefficient d'élasticité de la matière qui entre en vibration.

Si le fil subit à la fois des vibrations longitudinales et des vibrations transversales, l'ensemble de ces deux mouvements périodiques est lui-même

périodique quand il existe une commune mesure aux durées $\dfrac{a}{2l}$ et $\dfrac{b}{2l}$ des

deux périodes, c'est-à-dire quand il y a une commune mesure entre a et b,

ou enfin, quand le rapport $\sqrt{\dfrac{T}{E\omega}}$ est commensurable.

VIBRATIONS LONGITUDINALES DES TIGES RIGIDES.

348. L'équation

$$\frac{d^2u}{dt^2} = a^2 \frac{d^2u}{dx^2},$$

dans laquelle a^2 représente le rapport $\dfrac{Eg}{\varpi}$, s'applique, comme nous l'avons remarqué, aux vibrations longitudinales d'une tige rigide prismatique de section quelconque, ayant pour poids spécifique le nombre ϖ, et pour coef-ficient d'élasticité la quantité E.

L'intégrale générale de cette équation est

$$u = \varphi(x + at) + \psi(x - at).$$

1ᵉʳ Cas. — Nous allons déterminer les fonctions arbitraires dans l'hy-pothèse d'un ébranlement longitudinal communiqué, à l'époque $t = 0$, à une certaine longueur λ prise dans une tige indéfinie dans les deux sens ;

cet ébranlement, dans lequel les molécules sont déplacées parallèlement à la direction de la tige, sera défini par les équations

$$u = F(x),$$

$$\frac{du}{dt} = f(x),$$

où les fonctions F et f sont connues pour toutes les valeurs de x comprises entre $x = 0$ et $x = \lambda$, et sont nulles en dehors de ces limites. La première donne le déplacement initial d'une section de la tige, la seconde la vitesse imprimée à cette section.

On aura donc pour $t = 0$

$$\varphi(x) + \psi(x) = F(x),$$

et

$$a\left[\varphi'(x) - \psi'(x)\right] = f(x).$$

Intégrant la seconde équation, il vient

$$\varphi(x) - \psi(x) = C + \frac{1}{a}\int f(x)\,dx,$$

avec une constante arbitraire C, l'intégrale étant d'ailleurs prise à partir d'une valeur quelconque de x. Cette équation combinée à la première donne

$$\varphi(x) = \frac{1}{2} F(x) + \frac{C}{2} + \frac{1}{2a}\int f(x)\,dx,$$

$$\psi(x) = \frac{1}{2} F(x) - \frac{C}{2} - \frac{1}{2a}\int f(x)\,dx,$$

et les fonctions φ et ψ sont déterminées pour les mêmes valeurs de la variable que $F(x)$ et $f(x)$. La constante $\frac{C}{2}$ disparaîtra dans l'addition des deux fonctions qui forment la valeur de u.

349. Pour la discussion du résultat, il est préférable de considérer les premières dérivées partielles de u par rapport à t et à x, plutôt que la fonction u elle-même. La dérivée $\frac{du}{dt}$ représente la *vitesse* des molécules situées dans la tranche définie par une valeur donnée de x, à l'instant marqué par une valeur donnée de t ; de même $\frac{du}{dx}$ représente l'*allongement relatif* d'un tronçon infiniment petit de la tige, pris à l'endroit défini par l'abscisse x, et à l'époque désignée par le temps t. Or on a

$$\frac{du}{dx} = \varphi'(x + at) + \psi'(x - at),$$

$$\frac{du}{dt} = a\left[\varphi'(x + at) - \psi'(x - at)\right],$$

φ' et ψ' étant les dérivées de φ et de ψ par rapport à leur variable immédiate, $x + at$ ou $y - at$.

A l'époque $t = 0$, on a, d'après les données initiales,

$$\frac{du}{dx} = F'(x)$$

et

$$\frac{du}{dt} = f(x).$$

Donc

$$\varphi'(x) + \psi'(x) = F'(x),$$
$$\varphi'(x) - \psi'(x) = \frac{1}{a} f(x),$$

et les fonctions φ' et ψ' sont définies par les équations

$$\varphi'(x) = \frac{1}{2} F'(x) + \frac{1}{2a} f(x),$$
$$\psi'(x) = \frac{1}{2} F'(x) + \frac{1}{2a} f(x).$$

Les fonctions F' et f sont supposées connues pour toutes les valeurs de la variable comprise entre 0 et λ ; elles sont nulles quand la variable est en dehors de ces limites. Donc φ' et ψ' sont aussi connues pour toutes les valeurs réelles de la variable, et sont nulles si leurs variables respectives sont ou négatives, ou supérieures à λ.

Pour tout point dont l'abscisse est négative, $x = -x'$, la quantité $x - at$ est négative, et $\psi'(x - at)$ est constamment égale à zéro. Donc pour tout point de la tige situé du côté des x négatifs, le mouvement est réglé simplement par les équations

$$\frac{du}{dx} = \varphi'(x + at),$$
$$\frac{du}{dt} = a\varphi'(x + at).$$

Entre les deux dérivées existe la relation très-simple

$$\frac{du}{dt} = a \frac{du}{dx}.$$

de plus les deux dérivées sont nulles à la fois si $x + at$ est négatif, ou s'il est positif et plus grand que λ ; alors la tranche considérée n'a aucune vitesse et reste immobile. Pour qu'il y ait mouvement de la tranche, il faut donc et il suffit que $x + at$ soit compris entre 0 et λ, ce qui donne la double inégalité

$$0 < -x' + at < \lambda,$$

ou bien

$$\frac{x'}{a} < t < \frac{x' + \lambda}{a}.$$

Le mouvement de la tranche commencera donc lorsque t sera égal à $\frac{x'}{a}$, et cessera lorsque t sera égal à $\frac{x' + \lambda}{a}$, comme si la longueur λ parcourait uniformément la tige, à partir de la région ébranlée, avec une vitesse a dans le sens des abscisses négatives. Ce résultat est indépendant de la forme des fonctions qui définissent l'état initial entre les limites 0 et λ. De même pour tout point correspondant à une abscisse x positive et supérieure à λ, $\varphi'(x + at)$ sera nulle, et le mouvement sera réglé par les équations

$$\frac{du}{dx} = \psi'(x - at),$$

$$\frac{du}{dt} = - a\psi'(x - at),$$

ce qui établit entre les deux dérivées la relation

$$\frac{du}{dt} = - a \frac{du}{dx};$$

on reconnaîtrait comme tout à l'heure que le mouvement de la tranche x commencera pour $t = \frac{x - \lambda}{a}$, et finira pour $t = \frac{x}{a}$, commé si la longueur λ se transportait avec la vitesse a, dans le sens des abscisses positives, à partir de la région ébranlée.

Enfin pour les points situés entre $x = 0$ et $x = \lambda$, leur mouvement sera défini par les équations

$$\frac{du}{dx} = \varphi'(x + at) + \psi'(x - at),$$

$$\frac{du}{dt} = a\,[\varphi'(x + at) - \psi'(x - at)],$$

tant que les deux variables $x + at$ et $x - at$ seront comprises entre 0 et λ; puis l'une des deux fonctions φ' et ψ' s'annulera constamment, dès que la variable de cette fonction deviendra négative ou supérieure à λ; l'autre s'annulera ensuite et la tranche sera ramenée à l'immobilité.

350. Pour nous faire une idée nette du phénomène, représentons par

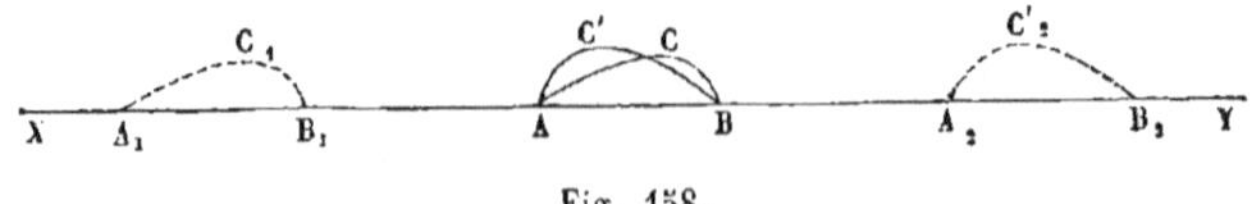

Fig. 158.

XY la tige indéfinie; soit AB la région de longueur λ dans laquelle on communique aux tranches de la tige un ébranlement longitudinal à l'instant $t = 0$. Soit A l'origine des abscisses, que l'on comptera positivement dans le sens AB. Construisons les courbes ACB, AC'B, définies par les équations

$$y = \varphi'(x),$$
$$y = \psi'(x).$$

Les ordonnées de ces courbes représenteront les deux parties qui s'ajoutent pour former l'allongement relatif $\dfrac{du}{dx}$ des diverses tranches à l'instant $t = 0$; pour en déduire les vitesses des tranches, il faudrait prendre la différence des mêmes ordonnées et diviser par a. Imaginons ensuite que la courbe ACB glisse dans le sens négatif avec une vitesse a, et qu'elle soit au bout du temps t parvenue en $A_1\,C_1\,B_1$. L'ébranlement occupera au bout de ce temps la région $A_1\,B_1$, et les ordonnées de la courbe $A_1\,C_1\,B_1$ seront les valeurs de l'allongement relatif dans les diverses tranches de cette région. De même faisons glisser la courbe AC'B dans le sens positif avec cette même vitesse a; au bout du temps t, la courbe occupant la position $A_2\,C'_2\,B_2$, l'ébranlement sera parvenu dans la région $A_2\,B_2$, et les ordonnées de la courbe $A_2\,C'_2\,B_2$ seront égales aux allongements relatifs $\dfrac{du}{dx}$, subis à cet instant par les tranches correspondantes. Les deux courbes se croisent dans la région AB avant de se séparer entièrement, et pour obtenir les valeurs de $\dfrac{du}{dx}$ aux époques où la séparation n'est pas encore achevée, il faudra faire l'addition algébrique des ordonnées qui, dans ces deux courbes, répondent à une même abscisse.

On se fera donc une image de la propagation du mouvement vibratoire en concevant à l'instant initial deux *ondes* dans la région AB, l'une répondant à la courbe ACB et à la fonction φ, et l'autre à la courbe AC'B et à la fonction ψ; puis en imprimant par la pensée à ces deux ondes des vitesses égales à a, dans le sens négatif pour la première, dans le sens positif pour la seconde. Ce sont deux ondes sonores, qui se propagent avec une vitesse uniforme a; ce nombre a est donc la vitesse du *son* dans la tige, et par conséquent, pour les tiges solides vibrant longitudinalement, la vitesse du son est égale à

$$\sqrt{\frac{Eg}{\varpi}}.$$

351. A l'origine du mouvement, il existe à la fois dans la région ébranlée deux ondes, l'une animée de la vitesse $+a$, l'autre animée de la vitesse $-a$; distinguons par des accents les parties du déplacement u qui correspondent à chacune d'elles. La première satisfait à la condition $\dfrac{du'}{dt} = -a\,\dfrac{du'}{dt}$; la se-

conde à la condition $\dfrac{du''}{dt} = + a\dfrac{du''}{dt}$. Il est facile de voir que si l'on astreint,

par un choix convenable des fonctions F et f, les dérivées partielles $\dfrac{du}{dt}$,

$\dfrac{du}{dt}$, à vérifier à l'instant $t = 0$ l'une des conditions

$$\frac{du}{dt} = \pm\, a\,\frac{du}{dx},$$

l'une des deux ondes manquera nécessairement.

En effet, si l'on a $\dfrac{du}{dt} = a\dfrac{du}{dt}$ pour $t = 0$, on en déduit $a\,\mathrm{F}'(x) - f(x) = 0$,
et par suite $\psi'(x)$ est nulle pour toute valeur de la variable; donc l'onde dirigée vers la région négative existe seule. La condition nécessaire et suffisante pour qu'une des deux ondes manque est

$$\left(\frac{du}{dt}\right)^{2} - a^{2}\left(\frac{du}{dx}\right)^{2} = 0$$

à l'instant $t = 0$; cette équation est du reste vraie pour toute valeur de t dès qu'elle l'est pour une seule.

352. 2ᵉ Cas. — *Tige indéfinie dans un seul sens, libre à son extrémité.*

Soit C l'extrémité libre d'une tige indéfinie dans le sens AX. Soit AB la région λ primitivement ébranlée; prenons encore A pour origine des x, et soit $AC = l$.

Fig. 159.

Les diverses circonstances du mouvement seront encore définies par les équations

$$\frac{du}{dx} = \varphi'(x + at) + \psi'(x - at),$$

$$\frac{du}{dt} = a\,[\varphi'(x + at) - \psi'(x - at)].$$

Mais ici x ne peut recevoir d'autres valeurs réelles que celles qui sont comprises entre $-\infty$ et l. Quand on donnera l'état initial de la tige au moyen des équations

$$\frac{du}{dx} = \mathrm{F}'(x),$$

$$\frac{du}{dt} = f(x),$$

à l'instant $t = 0$, la variable x ne s'étendra pas au delà de la limite l.

On exprimera que l'extrémité C est libre en observant que la tension de la tige doit y être constamment nulle; car il n'existe aucun obstacle fixe qui puisse exercer un effort sur la section C. La tension étant nulle, on aura

$\dfrac{du}{dx}$ égal à zéro pour toute valeur du temps et pour $x = l$; en d'autres termes les fonctions φ' et ψ doivent être telles que la somme

$$\varphi'(l + at) + \psi'(l - at)$$

soit nulle pour toutes les valeurs de la variable t.

On satisfait très-simplement
à cette condition en prolongeant fictivement la tige indéfiniment au delà du point C,
et en imaginant qu'à l'origine

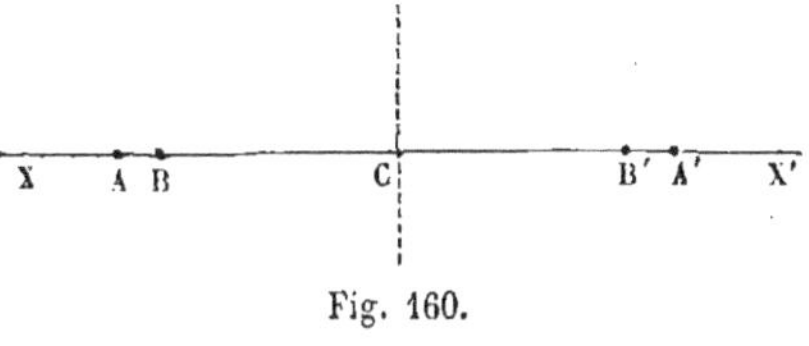

Fig. 160.

du temps on communique à la région A′B′, symétrique de AB par rapport
à la section C, un ébranlement initial défini par les équations

$$\frac{du}{dx} = + \, F'(x),$$

$$\frac{du}{dt} = - \, f(x),$$

l'abscisse x étant ici comptée à partir du point A′, positivement dans le
sens A′B′. Cette hypothèse satisfait encore à la relation $\dfrac{du}{dt} = - a\,\dfrac{du}{dt}$ qui
s'applique à l'onde ψ. Les ébranlements simultanés développés en AB et en
A′B′ vont donner naissance chacun à deux ondes, φ et ψ, partant de AB, et
à deux autres ondes, φ_1 et ψ_1 partant de A′B′; les ondes φ et φ_1, allant
la première dans le sens AX, la seconde dans le sens A′X′, s'éloigneront
indéfiniment l'une de l'autre; mais les ondes ψ et ψ_1, qui marchent
l'une vers l'autre, se superposeront en passant à la section C, qui reste
constamment un plan de symétrie pour les deux régions simultanément
ébranlées.

La valeur de $\dfrac{du}{dx}$ au point C s'obtient en composant les deux valeurs
$\left(\dfrac{du'}{dx}\right)$, $\left(\dfrac{du''}{dx}\right)$, qui correspondent dans chaque onde à ce point C à l'instant
considéré, et le résultat de cette composition sera constamment zéro, puisque
ces deux allongements relatifs partiels ont à chaque instant les mêmes valeurs absolues et des directions contraires. Quant à la valeur de $\dfrac{du}{dt}$, il fau-
dra aussi composer les deux valeurs partielles $\left(\dfrac{du'}{dt}\right)$, $\left(\dfrac{du''}{dt}\right)$ qui, par hypothèse, ont à chaque instant la même valeur et le même sens. Les vitesses
vibratoires partielles s'ajoutent donc pour former la vitesse vibratoire totale.

En résumé, tout se passe comme si l'onde ψ, en arrivant au point C, se repliait en arrière, en changeant le sens de la propagation et le sens de la tension $\dfrac{du}{dt}$, sans rien changer au sens de la vitesse vibratoire $\dfrac{du}{dt}$. Le passage de l'onde ψ à l'extrémité C est donc représenté, pour les tensions par la figure 163, où les ordonnées des deux courbes mn et pq doivent être composées algébriquement,

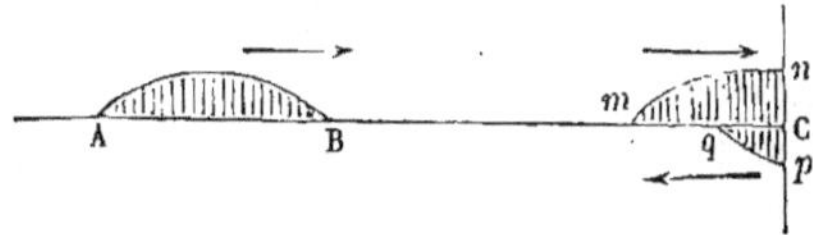

Fig. 161.

et pour les vitesses vibratoires par la figure 164.

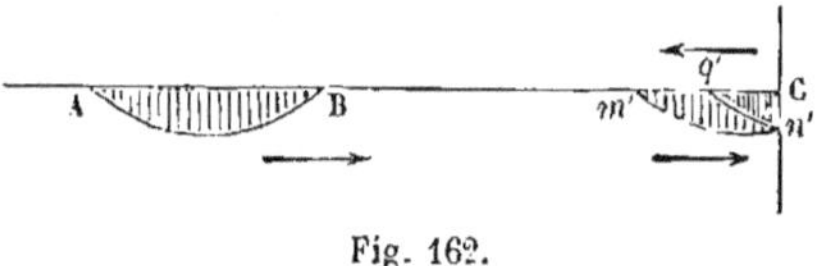

Fig. 162.

Une fois le passage de l'onde entièrement effectué, la tige présente deux ondes, l'onde φ et l'onde ψ réfléchie, marchant dans le même sens, avec une vitesse commune a.

353. 3° CAS. — *Tige indéfinie dans un sens, et ayant une extrémité fixe.*

Si le point C est fixe, la vitesse vibratoire $\dfrac{du}{dt}$ doit y être constamment nulle ; on pourra recourir à la même fiction que tout à l'heure, et imaginer pour la tige un prolongement indéfini, dans lequel on ébranlera la région symétrique A'B', d'après les équations

$$\frac{du}{dx} = - \, F'(x),$$

$$\frac{du}{dt} = + \, f(x),$$

hypothèse qui satisfait encore à la condition $\dfrac{du}{dt} = - a \dfrac{du}{dx}$ de propagation des ondes ψ. De cette manière, les vitesses vibratoires, en se composant au point C, dans le passage simultané des deux ondes ψ qui s'y croisent, se détruiront constamment et laisseront ce point immobile ; tandis que les deux tensions $\dfrac{du}{dx}$ s'ajouteront, et développeront un effort qui sera équilibré par la résistance du point fixe.

354. **4ᵉ Cas.** — *Tige limitée dans les deux sens.*

La tige peut avoir ses deux extrémités libres, ou ses deux extrémités fixes, ou enfin avoir une extrémité libre et l'autre fixe : ce qui fait trois cas à examiner. On peut facilement conclure de ce qui vient d'être dit, que le mouvement des deux ondes se continuera indéfiniment dans la tige, au moyen d'une réflexion apparente à ses deux extrémités : si l'extrémité est libre, cette réflexion changera le sens des tensions, en conservant le sens des vitesses vibratoires ; si elle est fixe, elle changera au contraire le sens des vitesses vibratoires en conservant le sens des tensions.

1°. Si les deux extrémités sont libres, chacune des ondes φ et ψ se réfléchira d'abord à l'extrémité de la tige vers laquelle elle marche, puis elle parcourra la tige entière en sens contraire, se réfléchira de nouveau à l'autre extrémité, et reviendra par conséquent vers son point de départ dans le sens qu'elle avait à l'origine. Les vitesses vibratoires, n'étant pas altérées par le fait de la réflexion, se retrouveront donc les mêmes dans l'onde deux fois réfléchie ; les tensions, qui changent de sens à chaque réflexion, seront aussi les mêmes après les deux réflexions subies. Donc les deux ondes, après avoir parcouru chacune le double de la longueur de la tige, et après avoir été deux fois réfléchies, se retrouveront à leur point commun de départ dans l'état qu'elles avaient au commencement du mouvement. La durée qui sépare deux retours consécutifs à l'état initial s'obtiendra en divisant $2l$, double longueur de la tige, par la vitesse a de la propagation. Et si, au lieu d'un ébranlement limité à une région très-petite, on imagine que la barre entière ait été ébranlée longitudinalement, on sera sûr qu'au bout du temps $\dfrac{2l}{a}$, au maximum, la barre revient à son état primitif. En d'autres termes, le mouvement de la barre est une suite de *vibrations*, dont la durée commune est $\dfrac{2l}{a}$.

2° Les mêmes raisonnements s'appliquent sans modification au second cas, celui où les deux extrémités de la barre sont fixes. C'est alors la vitesse vibratoire qui change de sens à chaque réflexion, et la tension qui conserve son sens ; mais la conclusion définitive est la même, et l'on constate également dans la barre un mouvement vibratoire dont la période est $\dfrac{2l}{a}$.

3° Lorsque l'une des extrémités est libre et que l'autre est fixe, chacune des ondes φ et ψ, après deux réflexions aux extrémités de la tige, change à la fois le sens de ses vitesses vibratoires au point fixe, et le sens de ses tensions à l'extrémité libre. Il en résulte qu'après deux réflexions seulement l'état primitif des ondes n'est pas restitué, mais qu'il est changé de sens, et pour les vitesses, et pour les tensions.

L'état primitif ne sera restitué qu'après deux nouvelles réflexions, quand chacune des ondes aura parcouru quatre fois la longueur de la tige : ce qui revient à dire que la durée de la période vibratoire est au maximum égale à $\dfrac{4l}{a}$. Elle est double de ce qu'elle était dans les deux cas précédents.

Le son rendu par la tige dont un seul bout est fixe est donc l'octave grave du son rendu par la tige qui a ses deux extrémités fixes, ou ses deux extré·mités libres. Nous verrons dans le chapitre suivant que les mêmes lois s'appliquent à la vibration de l'air dans les tuyaux, suivant qu'ils sont ouverts ou fermés.

DÉMONSTRATION ÉLÉMENTAIRE DE LA FORMULE.

355. On peut donner une démonstration élémentaire de la formule, $a = \sqrt{\dfrac{Eg}{\varpi}}$, de la vitesse de son dans une barre prismatique indéfinie, en la rattachant à la théorie du choc direct des corps élastiques (III, § 351).

Partageons la barre en tronçons d'égale masse par des plans transversaux équidistants, que nous considérerons comme des solides venant se choquer à la façon des boules d'ivoire de la page 383 du tome III.

Soit ω la section de la tige ;

    ϖ son poids spécifique ;

    l la longueur commune à tous les tronçons ;

    v la vitesse dont nous supposerons animé le centre de gravité d'un tronçon, à un certain instant, le long de l'axe de la tige ;

    θ la durée du choc, ou le temps pendant lequel la vitesse v abandonne le centre du tronçon considéré A, pour passer au centre de gravité du tronçon suivant, B ;

    F la réaction moyenne des deux tronçons contigus pendant ce temps θ.

La masse de chaque tronçon est mesurée par le produit $\dfrac{\varpi}{g}\,\omega l$; la vitesse v du centre de gravité étant réduite à zéro dans le temps θ par l'action continue de la force F, le théorème des quantités de mouvement nous donne

$$F\theta = \frac{\varpi}{g}\,\omega l v$$

Mais la force F provient de la compression exercée sur le tronçon B par le tronçon A ; la face antérieure du tronçon B est refoulée instantanément d'une quantité égale à $v\theta$, ce qui développe une réaction élastique égale à $\dfrac{E\omega v\theta}{\lambda}$, en appelant E le coefficient d'élasticité. On a donc (II, § 352)

$$F = \frac{E\omega v\theta}{l}.$$

Divisant la première équation par la seconde, on élimine F, ω et v, et on obtient

$$\theta = \frac{\varpi}{g\mathrm{E}} \, \frac{l^2}{\theta}.$$

Donc

$$\frac{l^2}{\theta^2} = \frac{g\mathrm{E}}{\varpi}$$

Or $\dfrac{l}{\theta}$ est la vitesse de propagation a de l'ébranlement ; donc enfin

$$a = \sqrt{\frac{\mathrm{E}g}{\varpi}}.$$

Si, au lieu d'une tige solide, on avait un tuyau cylindrique rempli de gaz, la démonstration serait la même, sauf à observer que la force F est alors l'excès de la pression subie par la section ω pendant le choc, sur la pression p_0 qui règne partout dans le tuyau à l'état de repos. L'application de la loi de Mariotte donnerait donc la proportion

$$\frac{\mathrm{F} + p_0\omega}{p_0\omega} = \frac{l}{l - v\theta} \, ;$$

d'où l'on déduit

$$\mathrm{F} = \frac{p_0\omega v\theta}{l} \, .$$

et

$$a = \sqrt{\frac{p_0 g}{\varpi}},$$

formule qui serait vraie si, au lieu de la pression p_0 initiale, on mettait la pression $p_0 \dfrac{c}{c_1}$ altérée par les circonstances calorifiques

CHAPITRE III

MOUVEMENT VIBRATOIRE DE L'AIR DANS UN TUYAU CYLINDRIQUE.

356. Soit MN un tuyau cylindrique, rempli d'air à une pression et à une température constantes; la section droite du tuyau est arbitraire. Prenons une parallèle à ses génératrices OX pour axe des x, et sur cette droite un point O pour origine. Nous supposerons que, dans le mouvement du gaz à l'intérieur du tuyau, les molécules situées à l'origine dans une section transversale se déplacent toutes ensemble, de manière à se trouver à chaque instant dans un même plan normal à la droite OX. Nous pouvons faire en sorte que

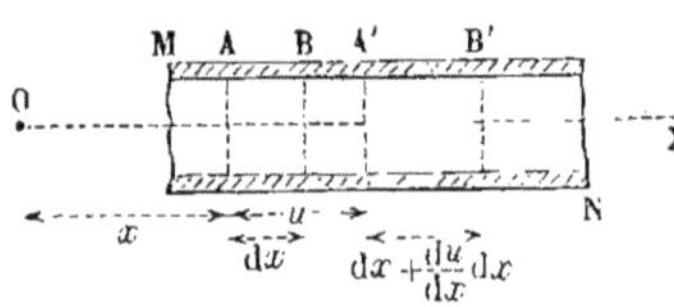

Fig. 165.

cette condition soit satisfaite au moment où le mouvement commence ; et le calcul que nous allons faire nous prouvera qu'il n'y a aucune contradiction à admettre qu'elle soit encore remplie pendant toute la suite du mouvement. Soit donc à l'origine du mouvement, pour $t = 0$, une tranche transversale A définie par son abscisse x; à l'instant t, cette tranche est parvenue en A′, sans cesser d'être normale à OX, et sera définie par une abscisse $x + u$. Considérons encore à l'origine une seconde tranche B, définie par son abscisse $x + dx$; à l'instant t, elle sera parvenue en B′, et aura une abscisse égale à $x + dx + u + \dfrac{du}{dx}\,dx$. Écrivons l'équation du mouvement rectiligne de la masse gazeuse comprise, à l'instant t, entre les tranches A et B, et à l'instant t' entre les tranches A′ et B′.

Pour n'avoir pas à tenir compte de la pesanteur, nous supposerons le tuyau horizontal ; la faible densité des gaz permettrait d'ailleurs de négliger la pesanteur par rapport aux pressions, et de négliger aussi les variations de pression et de densité qui résulteraient dans l'état d'équilibre d'une in-

clinaison prise par le tuyau, de sorte que nos conclusions sont générales.

Le mouvement de la tranche est défini par la valeur de u en fonction de
t; l'accélération est égale à $\dfrac{d^2u}{dt^2}$. Appelant m la masse de la quantité de gaz
comprise entre les plans A et B, ou, à l'époque t, entre les plans A', B', et
p, p' les pressions par unité de surface dans les plans A' et B', l'équation
du mouvement sera, en désignant par ω l'aire de la section transversale,

$$(1) \qquad m\,\frac{d^2u}{dt^2} = \omega\,(p - p').$$

Soit ρ la densité ou masse spécifique du gaz dans l'état de repos et à la
température qu'il possède au commencement du mouvement; nous aurons

$$(2) \qquad m = \rho \times \omega dx.$$

Il reste à exprimer p et p' en fonction des variables u et x. On y parvient
en appliquant les lois de Mariotte et de Gay-Lussac.

Soit p_0 la pression du gaz à l'état de repos;

θ_0 sa température;

α son coefficient de dilatation;

c sa chaleur spécifique à pression constante;

c_1 sa chaleur spécifique à volume constant;

θ sa température à l'état de mouvement, à l'époque t et dans l'intervalle
A'B'.

La pression p, dans la tranche A', est liée à ces diverses quantités par
l'équation

$$(3) \qquad \frac{p}{p_0} = \frac{(\text{vol. AB}) \times (1 + \alpha\theta)}{(\text{vol. A'B'}) \times (1 + \alpha\theta_0)} = \frac{dx}{dx + \dfrac{du}{dx}\,dx} \times \frac{1 + \alpha\theta}{1 + \alpha\theta_0},$$

ou bien, en observant que α et $\dfrac{du}{dx}$ sont très-petits, qu'on peut par suite
remplacer $\dfrac{1 + \alpha\theta}{1 + \alpha\theta_0}$ par $1 + \alpha\,(\theta - \theta_0)$, et $\dfrac{1}{1 + \dfrac{du}{dx}}$ par $1 - \dfrac{du}{dx}$:

$$(4) \qquad \begin{aligned} p &= p_0 \left(1 - \frac{du}{dx}\right)[1 + \alpha\,(\theta - \theta_0)] \\ &= p_0 \left[1 - \frac{du}{dx} + \alpha\,(\theta - \theta_0)\right], \end{aligned}$$

en négligeant encore le produit des nombres très-petits $\dfrac{du}{dx}$ et $\alpha\,(\theta - \theta_0)$.

La différence $p - p'$ n'est autre chose que la différentielle partielle de p, prise relativement à la variable x et avec un signe contraire. Il suffira donc, pour avoir $p - p'$, de différentier par rapport à x l'équation (4), et de changer de signe. Avant de faire cette opération, il convient d'exprimer la différence $\theta - \theta_0$ en fonction des variables u et x.

La température d'une tranche gazeuse s'accroît avec la compression que cette tranche subit, et on trouve le rapport entre ces deux quantités en appliquant les principes de la théorie mécanique de la chaleur.

Le volume de gaz ωdx, pris sous la pression p_0, subit une dilatation qui augmente son volume dans le rapport de l'unité à $1 + \dfrac{du}{dx}$; la variation relative du volume est donc mesurée par le nombre $\dfrac{du}{dx}$. Supposons que ce rapport soit assez petit en valeur absolue pour que la pression p_0 ne varie pas sensiblement par suite de la dilatation du gaz. Le travail développé par ce volume de gaz sera égal au produit

$$p_0 \times \omega dx \times \left(\frac{du}{dx}\right).$$

Nous admettrons que ce travail soit entièrement produit aux dépens de la quantité de chaleur interne du gaz, et qu'il corresponde à un abaissement de température $\theta_0 - \theta$; cette hypothèse revient à négliger la quantité de chaleur fournie ou absorbée par le tuyau. La quantité de chaleur perdue par unité de poids est $c_1 (\theta_0 - \theta)$, et pour le poids considéré elle est égale à

$$c_1 (\theta_0 - \theta) \times \rho g \omega dx.$$

Soit E l'équivalent mécanique de la chaleur ; nous aurons l'équation

$$E c_1 (\theta_0 - \theta) \rho g \omega dx = p_0 \omega dx \frac{du}{dx}.$$

Mais $E = \dfrac{R}{c - c_1}$, R étant la constante de l'équation des gaz, $pV = R\left(\dfrac{1}{\alpha} + \theta\right)$, et l'on a

$$\theta - \theta_0 = -\frac{p_0}{\rho g R} \frac{c - c_1}{c_1} \frac{du}{dx}.$$

Cette équation se simplifie. Dans l'équation $pV = R\left(\dfrac{1}{\alpha} + \theta\right)$, V est le volume de l'unité de poids du gaz, sous la pression p et la température θ, ou l'inverse du poids spécifique ρg ; donc

$$\frac{p_0}{\rho g} = R\left(\frac{1}{\alpha} + \theta_0\right),$$

et

$$\theta - \theta_0 = - \left(\frac{1}{\alpha} + \theta_0 \right) \frac{c - c_1}{c_1} \frac{du}{dx},$$

et enfin

$$(5) \qquad \alpha(\theta - \theta_0) = - (1 + \alpha\theta_0) \frac{c - c_1}{c_1} \frac{du}{dx}.$$

Substituons dans (4) et nous aurons

$$p = p_0 \left(1 - \frac{du}{dx} - (1 + \alpha\theta_0) \frac{c - c_1}{c_1} \frac{du}{dx} \right)$$
$$= p_0 - p_0 \frac{du}{dx} \left(1 + \frac{c - c_1}{c_1} + \alpha\theta_0 \frac{c - c_1}{c_1} \right),$$

ou sensiblement, en négligeant le terme en α, qui est très-petit,

$$(6) \qquad p = p_0 - p_0 \frac{du}{dx} \times \left(\frac{c}{c_1} \right).$$

On commettrait une assez grande erreur si l'on ne tenait pas compte de la variation de la température des tranches suivant leur degré de condensation ou de raréfaction; car les changements de pression sont assez rapides pour qu'une température uniforme n'ait pas le temps de s'établir dans toute la masse en vertu de la conductibilité et du rayonnement. On sait d'ailleurs que le rapport $\dfrac{c}{c_1}$ est notablement supérieur à l'unité.

Différentions l'équation (6) en faisant varier x seul. Nous aurons

$$(7) \qquad p' - p = \frac{dp}{dx} \, dx = - p_0 \frac{d^2u}{dx^2} \, dx \times \frac{c}{c_1},$$

et substituant dans l'équation (1) les valeurs de m et $p - p'$, il viendra pour l'équation du mouvement

$$(8) \qquad \rho \frac{d^2u}{dt^2} = p_0 \frac{c}{c_1} \frac{d^2u}{dx^2},$$

équation de la forme

$$(9) \qquad \frac{d^2u}{dt^2} = a^2 \frac{d^2u}{dx^2},$$

en posant

$$(10) \qquad a = \sqrt{\frac{p_0}{\rho} \times \frac{c}{c_1}}.$$

L'intégrale générale de l'équation (9) sera, avec deux fonctions arbitraires φ et ψ,

$$(11) \qquad u = \varphi(x - at) + \psi(x + at),$$

et on pourra reprendre toute la discussion de cette équation, en suivant la même marche que pour le problème de la vibration longitudinale d'une verge prismatique.

On reconnaîtra que a est la *vitesse du son* dans le gaz du tuyau; si l'on ébranle le gaz sur une petite longueur λ dans le tuyau, deux ondes, en général, naissent de cet ébranlement, et se transportent, chacune dans un sens, le long du tuyau avec une vitesse égale à a. Ceci suppose le tuyau indéfini dans les deux sens. Si le tuyau est limité, l'onde qui aboutit à son extrémité se réfléchit en arrière pour changer de vitesse, comme ferait une onde symétrique, issue fictivement d'une région prise dans le tuyau prolongé.

Si le tuyau est bouché à son extrémité par une paroi solide, on exprimera analytiquement cette circonstance en faisant nulle la vitesse vibratoire $\dfrac{du}{dt}$ pour la tranche gazeuse qui reste en contact avec cette paroi fixe; si au contraire le tuyau est ouvert, et communique avec une atmosphère indéfinie à la pression p_0, la vitesse $\dfrac{du}{dt}$ n'est assujettie par là à aucune condition, mais la *raréfaction* $\dfrac{du}{dx}$ devient nulle, puisque la pression reste constante à cette extrémité. On retrouve tous les résultats obtenus pour les vibrations des verges, par exemple, ces théorèmes d'acoustique : *la période vibratoire a la même durée pour un tuyau cylindrique ouvert aux deux bouts, ou fermé aux deux bouts ; elle a une durée double pour un tuyau ouvert à un bout, fermé à l'autre.*

VITESSE DU SON DANS LES GAZ.

357. L'équation

$$a = \sqrt{\frac{p}{\rho} \times \frac{c}{c_1}}$$

donne la vitesse du son dans un gaz à la pression p, dont la masse spécifique est ρ ; elle est le produit de deux facteurs ; l'un, $\sqrt{\dfrac{p}{\rho}}$, est la vitesse du son d'après la théorie de Newton ; le second, $\sqrt{\dfrac{c}{c_1}}$, a été introduit par Laplace, et représente l'effet des variations de température dues aux condensations et aux raréfactions alternatives de tranches gazeuses. C'est un coefficient de correction. On a à très-peu près $\dfrac{c}{c_1} = \sqrt{2} = 1,41$; $\sqrt{\dfrac{c}{c_1}}$ est donc sensiblement égal à la racine quatrième de 2, ou à 1,28.

La formule newtonienne $a = \sqrt{\dfrac{p}{\rho}}$ est un simple résultat du principe de Newton sur la similitude mécanique (III, § 70).

Considérons deux gaz dont les masses spécifiques soient ρ et ρ', les pressions p et p', et au sein desquels nous excitons deux *ébranlements semblables*. Ces deux ébranlements se propageront semblablement, pourvu que le rapport α des longueurs, le rapport β des masses, le rapport γ des forces, et le rapport ε des temps vérifient la relation

$$\varepsilon^2 = \frac{\alpha\beta}{\gamma}.$$

Or ici le rapport des longueurs $\alpha = 1$;

le rapport des masses $\beta = \dfrac{\rho}{\rho'}$,

le rapport des forces $\gamma = \dfrac{p}{p'}$.

Donc le rapport des temps au bout desquels on doit comparer les deux systèmes est

$$\varepsilon = \sqrt{\frac{\beta}{\gamma}} = \sqrt{\frac{\left(\dfrac{\rho}{p}\right)}{\left(\dfrac{\rho'}{p'}\right)}}.$$

Mais le rapport des vitesses, dans les deux systèmes, est égal au rapport $\dfrac{\alpha}{\varepsilon}$, ou à $\dfrac{1}{\varepsilon}$, puisque $\alpha = 1$. Donc enfin, a et a' étant les vitesses de la propagation de l'ébranlement dans les deux gaz, on a la proportion

$$\frac{a}{a'} = \sqrt{\frac{\left(\dfrac{\rho'}{p'}\right)}{\left(\dfrac{\rho}{p}\right)}} = \sqrt{\frac{p\rho'}{p'\rho}} = \frac{\sqrt{\dfrac{p}{\rho}}}{\sqrt{\dfrac{p'}{\rho'}}}.$$

On a donc

$$a = k\sqrt{\frac{p}{\rho}},$$

en appelant k une constante, que Newton faisait égale à l'unité, et que nous avons reconnue être égale à $\sqrt{\dfrac{c}{c_1}}$.

La masse spécifique ρ est égale au poids spécifique ϖ divisé par g, et la formule prend la forme

$$a = \sqrt{g\frac{p}{\varpi} \times \frac{c}{c_1}}.$$

On peut observer que $\dfrac{p}{\varpi}$ est la hauteur h d'une colonne gazeuse homogène représentative de la pression p; $\sqrt{gh}$ est la vitesse due à la moitié de cette hauteur.

On a aussi

$$pV = R\left(\frac{1}{\alpha} + \theta\right),$$

V étant le volume spécifique, ou l'inverse $\dfrac{1}{\varpi}$ du poids spécifique, et θ la température. Donc

$$\frac{p}{\varpi} = R\left(\frac{1}{\alpha} + \theta\right) = \frac{R}{\alpha}(1 + \alpha\theta),$$

d'où résulte la formule

$$a = \sqrt{\frac{gR}{\alpha}(1 + \alpha\theta)\frac{c}{c_1}},$$

qui donne la vitesse du son dans un gaz en fonction de sa température.

Pour l'air atmosphérique, par exemple, à $0°$ centigrade et sous la pression normale de $0^m,76$ de mercure, on a

$$\frac{p}{\varpi} = \frac{R}{\alpha} = \frac{10340}{1.299} = 7960^m.$$

Donc à zéro on a

$$a = \sqrt{g \times 7960 \times 141} = 346^m,$$

et à θ degrés

$$a = 346^m \times \sqrt{(1 + \alpha\theta)}.$$

358. Lorsque la dilatation relative des tranches gazeuses, $\dfrac{du}{dx}$, n'est pas infiniment petite en valeur absolue, on ne peut plus mesurer le travail extérieur correspondant à la dilatation du gaz par le produit $p_0\, \omega\, \dfrac{du}{dx}\, dx$, parce que la pression ne reste pas égale à p_0 pendant toutes les phases du changement de volume. Dans ce cas, l'équation du mouvement vibratoire n'est plus exacte.

La formule (3), qui n'est autre chose que l'application des lois de Mariotte et de Gay-Lussac, subsiste toujours ; on en déduit

$$p = p_0 \frac{1}{1 + \dfrac{du}{dx}} \frac{1 + \alpha\theta}{1 + \alpha\theta_0} = p_0\left(1 + \frac{du}{dx}\right)^{-1} \times [1 + \alpha(\theta - \theta_0)].$$

Soit v_0 le volume primitif de la tranche gazeuse, sous la pression p_0 ;

v le volume qu'elle acquiert sous une pression p quelconque ;

v_1 le volume particulier qu'elle prend lorsqu'elle reçoit un accroissement relatif de volume égal à $\dfrac{du}{dx}$, et p_1 la pression correspondante.

Par hypothèse, le gaz n'emprunte ni ne communique aucune quantité de chaleur aux parois du tuyau ; la formule de Laplace (§ 152) est donc applicable, et en appelant γ le rapport $\dfrac{c}{c_1}$ des chaleurs spécifiques, on aura à la fois

$$pv^\gamma = p_0 v_0{}^\gamma = p_1 v_1{}^\gamma,$$

et

$$v_1 = v_0 \left(1 + \frac{du}{dx} \right).$$

Le travail T produit par la dilatation du gaz est l'intégrale $\displaystyle\int_{v_0}^{v_1} p\,dv$. Or nous avons déjà effectué cette quadrature dans un cas tout semblable, celui d'un gaz qui suit en se détendant une ligne adiabatique, et nous avons obtenu

$$T = \frac{p_0 v_0}{\gamma - 1}\left(1 - \frac{v_0{}^{\gamma-1}}{v_1{}^{\gamma-1}} \right) = \frac{p_0 v_0}{\gamma - 1}\left[1 - \left(1 + \frac{du}{dx} \right)^{-\gamma+1} \right].$$

Telle est la quantité à égaler au produit

$$E c_1 (\theta_0 - \theta) \rho g v_0,$$

qui représente le travail équivalent à la chaleur interne perdue par la tranche. On en déduit

$$\theta_0 - \theta = \frac{p_0}{E \rho g c_1 (\gamma - 1)}\left[1 - \left(1 + \frac{du}{dx} \right)^{-\gamma-1} \right].$$

Mais remplaçons E par sa valeur

$$\frac{R}{c - c_1} = \frac{p_0}{\rho g (c - c_1)\left(\theta_0 + \dfrac{1}{\alpha} \right)} = \frac{p_0 \alpha}{\rho g (c - c_1)(1 + \alpha \theta_0)},$$

et observons que $c'(\gamma - 1) = c - c_1$. Nous aurons

$$\alpha (\theta_0 - \theta) = (1 + \alpha \theta_0)\left[1 - \left(1 + \frac{du}{dx} \right)^{-\gamma+1} \right].$$

On peut simplifier cette formule en remarquant qu'aux températures ordinaires, $\alpha \theta_0$ est négligeable devant l'unité. Effaçons donc le premier facteur, qui est sensiblement égal à l'unité, et substituons dans la première équation la valeur de $\alpha\,(\theta - \theta_0)$ ainsi simplifiée. Il viendra

$$p = p_0 \left(1 + \frac{du}{dx}\right)^{-1} \times \left(1 + \frac{du}{dx}\right)^{-\gamma+1} = p_0 \left(1 + \frac{du}{dx}\right)^{-\gamma}.$$

Développons le binome en série, et admettons qu'on puisse s'arrêter au troisième terme ; nous aurons

$$p = p_0 - \gamma p_0 \frac{du}{dx} + \frac{\gamma(\gamma+1)p_0}{2}\left(\frac{du}{dx}\right)^2.$$

Donc

$$\frac{dp}{dx} = -\gamma p_0 \frac{d^2u}{dx^2} + \frac{\gamma(\gamma+1)p_0}{2} \times 2 \frac{du}{dx}\frac{d^2u}{dx^2},$$

et l'équation du mouvement devient

$$\rho\frac{d^2u}{dt^2} = p_0\gamma\frac{d^2u}{dx^2} - p_0\gamma(\gamma+1)\frac{du}{dx}\frac{d^2u}{dx^2}$$

$$= p_0\gamma\frac{d^2u}{dx^2}\left(1 - (\gamma+1)\frac{du}{dx}\right).$$

Lorsque $(\gamma+1)\dfrac{du}{dx}$ n'est pas négligeable devant l'unité, la propagation de l'ébranlement suit donc une loi toute différente, qui dépend d'une équation aux dérivées partielles d'une forme plus compliquée.

M. Regnauld (*), en admettant toujours que la vitesse du son est donnée par une formule analogue à celle de Newton et de Laplace, l'a mise sous la forme

$$a = \sqrt{\frac{p_0}{\rho}(1 + \mathrm{K})},$$

et a trouvé pour le coefficient de correction K la série suivante, dans laquelle Δv est la compression éprouvée par le volume v pendant le passage de l'onde sonore :

$$\mathrm{K} = \gamma - 1 + \frac{\Delta v}{v}\left[\frac{\gamma(\gamma+1)}{1\times 2} - 1\right] + \left(\frac{\Delta v}{v}\right)^2\left[\frac{\gamma(\gamma+1)(\gamma+2)}{1\times 2\times 3} - 1\right] + \cdots$$

Réduite en nombre et appliquée à l'air atmosphérique, la formule devient

$$a = 279^{\mathrm{m}},955\sqrt{(1+\alpha\theta_0)}\,\sqrt{1{,}5945 + \frac{\Delta v}{v}\times 0{,}668 + \frac{\Delta v}{v}\times 0{,}886 + \cdots}$$

A 0° centigrade, la vitesse du son dans l'air est exprimée approximative-

<hr>

1 *Relation des expériences pour déterminer les lois et les données nécessaires au calcul des machines à feu*, t. III (1870).

ment par la formule $330^m,60 + 79,18 \times \dfrac{\Delta v}{v}$. Dans les expériences de M. Regnauld, le rapport $\dfrac{\Delta v}{v}$ a parfois atteint la valeur de 0,04496.

INTÉGRATION DE L'ÉQUATION $\dfrac{d^2u}{dt^2} = a^2 \dfrac{d^2u}{dx^2}$ AU MOYEN DES SÉRIES TRIGONOMÉTRIQUES.

359. La discussion de l'équation du mouvement,

$$(1) \qquad u = \varphi(x - at) + \psi(x + at),$$

devient beaucoup plus facile quand on exprime u au moyen de séries de sinus et de cosinus des multiples des deux variables x et t.

Pour parvenir à cette transformation, cherchons d'abord à mettre la fonction u sous la forme d'une série dont chaque terme soit le produit d'une fonction de x par une fonction de t; posons pour cela

$$(2) \qquad u = \sum f(x) \times \varphi(t).$$

Nous pourrons déterminer les fonctions f et φ de manière que chaque terme pris à part satisfasse à l'équation

$$(3) \qquad \frac{d^2u}{dt^2} = a^2 \frac{d^2u}{dx^2}.$$

Prenons la seconde dérivée de u par rapport à t, substituons dans l'équation (3); il vient l'équation de condition :

$$(4) \qquad \sum f(x)\varphi''(t) - a^2 f''(x)\varphi(t) = 0,$$

à laquelle on satisfait en posant séparément

$$(5) \qquad \frac{f''(x)}{f(x)} = -\mu^2, \qquad \frac{\varphi''(t)}{\varphi(t)} = -a^2\mu^2,$$

μ étant une constante arbitraire.

Les équations (5) s'intègrent facilement. On a, en appelant M, N, P, Q, quatre nouvelles constantes,

$$(6) \qquad f(x) = M\sin\mu x + N\cos\mu x,$$
$$\varphi(t) = P\sin a\mu t + Q\cos a\mu t.$$

Nous avons égalé les fonctions $\dfrac{f''(x)}{f(x)}$, $\dfrac{\varphi''(t)}{\varphi(t)}$ à des nombres négatifs $-\mu^2$, $-a^2\mu^2$, pour que les fonctions f et φ fussent périodiques. Si nous les avions égalées à des nombres positifs, l'intégration des équations (5) aurait introduit des exponentielles, que la suite du calcul eût forcé de réduire à des sinus et des cosinus par un choix convenable de constantes imaginaires. Le choix qui nous a donné les équations (6) sera, au contraire, justifié par les résultats que nous obtiendrons plus loin. Nous poserons d'une manière générale

$$(7)\qquad u = \sum (\mathrm{M}\sin\mu x + \mathrm{N}\cos\mu x)(\mathrm{P}\sin a\mu t + \mathrm{Q}\cos a\mu t),$$

équation qui rentre dans la forme (1); en effet, si on fait le produit des deux fonctions, on a

$$\mathrm{MP}\sin\mu x\sin a\mu t + \mathrm{MQ}\sin\mu x\cos a\mu t$$
$$+ \mathrm{NP}\cos\mu x\sin a\mu t + \mathrm{NQ}\cos\mu x\cos a\mu t.$$

Mais

$$\cos\mu x\cos a\mu t = \frac{1}{2}[\cos\mu(x+at) + \cos\mu(x-at)],$$

$$\sin\mu x\cos a\mu t = \frac{1}{2}[\sin\mu(x+at) + \sin\mu(x-at)],$$

$$\cos\mu x\sin a\mu t = \frac{1}{2}[\sin\mu(x+at) - \sin\mu(x-at)],$$

$$\sin\mu x\sin a\mu t = -\frac{1}{2}[\cos\mu(x+at) - \cos\mu(x-at)],$$

ce qui donne, en définitive, pour la somme des quatre termes

$$\frac{1}{2}\mathrm{MP}[\cos\mu(x-at) - \cos\mu(x+at)]$$

$$+ \frac{1}{2}\mathrm{MQ}[\sin\mu(x+at) + \sin\mu(x-at)]$$

$$+ \frac{1}{2}\mathrm{NP}[\sin\mu(x+at) - \sin\mu(x-at)]$$

$$+ \frac{1}{2}\mathrm{NQ}[\cos\mu(x+at) + \cos\mu(x-at)]$$

$$= \frac{1}{2}(\mathrm{NQ} - \mathrm{MP})\cos\mu(x+at)$$

$$+ \frac{1}{2}(\mathrm{MQ} + \mathrm{NP})\sin\mu(x+at)$$

$$+ \frac{1}{2}(\mathrm{MP} + \mathrm{NQ})\cos\mu(x-at)$$

$$+ \frac{1}{2}(\mathrm{MQ} - \mathrm{NP})\sin\mu(x-at),$$

somme égale à une fonction de $(x + at)$ ajoutée à une fonction de $(x - at)$, quelles que soient les constantes M, N, P, Q et μ.

On pourra donc composer la fonction cherchée d'une infinité de termes analogues à ceux qui sont écrits dans l'équation (7); puis il restera à déterminer les arbitraires de manière à satisfaire aux conditions initiales données.

Reprenons le problème du mouvement vibratoire de l'air dans un tuyau de longueur finie. Soit l sa longueur. Trois cas sont à distinguer, suivant que les deux extrémités du tuyau sont ouvertes, ou qu'elles sont toutes deux fermées, ou enfin que l'une est ouverte et l'autre fermée. Nous ne traiterons ici que le premier cas.

360. *Tuyau ouvert à ses deux extrémités.* — Nous compterons les abscisses à partir d'une des extrémités du tuyau, de sorte que x pourra recevoir toutes les valeurs réelles comprises entre 0 et l. L'état initial du gaz est défini par les équations $u = f(x)$ et $\dfrac{du}{dt} = \varphi(x)$, pour $t = 0$; l'une définit les déplacements des tranches, et l'autre les vitesses initiales de ces tranches. De plus, l'ouverture du tuyau à ses deux extrémités entraîne les conditions $\dfrac{du}{dx} = 0$ pour $x = 0$ et pour $x = l$, quel que soit t. Les fonctions données f et φ sont connues pour toutes les valeurs de x comprises entre 0 et l.

Reprenons la série (7), et exprimons les conditions relatives aux extrémités du tuyau. Il vient, en ne considérant, pour abréger, qu'un terme de la série,

$$\frac{du}{dx} = (\mathrm{M}\mu \cos \mu x - \mathrm{N}\mu \sin \mu x)(\mathrm{P} \sin a\mu t + \mathrm{Q} \cos a\mu t);$$

faisant $x = 0$, on aura

$$0 = \mathrm{M}\mu(\mathrm{P} \sin a\mu t + \mathrm{Q} \cos a\mu t),$$

et pour $x = l$,

$$0 = (\mathrm{M}\mu \cos \mu l - \mathrm{N}\mu \sin \mu l)(\mathrm{P} \sin a\mu t + \mathrm{Q} \cos a\mu t),$$

quel que soit t. On satisfait à ces deux conditions en posant $\mathrm{M} = 0$ et $\mu l = \mathrm{K}\pi$, K étant un entier quelconque; la série devient alors

$$(8) \qquad u = \sum \mathrm{N} \cos \frac{\mathrm{K}\pi x}{l} \left(\mathrm{P} \sin \frac{\mathrm{K}\pi a t}{l} + \mathrm{Q} \cos \frac{\mathrm{K}\pi a t}{l} \right).$$

Prenons la dérivée par rapport à t; il vient

$$(9) \quad \frac{du}{dt} = \sum \mathrm{N} \cos \frac{\mathrm{K}\pi x}{l} \left(\mathrm{P} \frac{\mathrm{K}\pi a}{l} \cos \frac{\mathrm{K}\pi a t}{l} - \mathrm{Q} \frac{\mathrm{K}\pi a}{l} \sin \frac{\mathrm{K}\pi a t}{l} \right).$$

Faisant $t = 0$ dans les équations (8) et (9), on a donc

$$(10) \qquad u = f(x) = \sum N \cos \frac{K\pi x}{l} \times Q,$$

$$(11) \qquad \frac{du}{dt} = \varphi(x) = \sum N \cos \frac{K\pi x}{l} \times P \times \frac{K\pi a}{l},$$

équations d'où l'on déduira les valeurs des arbitraires NQ et NP.

Donnons au nombre K toutes les valeurs entières positives, depuis 1 jusqu'à l'infini ; les équations (10) et (11) deviendront, en appelant $A_1, A_2, \ldots B_1, B_2 \ldots$ de nouvelles arbitraires,

$$(12) \qquad f(x) = A_1 \cos \frac{\pi x}{l} + A_2 \cos \frac{2\pi x}{l} + A_3 \cos \frac{3\pi x}{l}$$

$$+ \cdots + A_k \cos \frac{K\pi x}{l} + \cdots,$$

$$(13) \qquad \frac{l \varphi(x)}{\pi a} = B_1 \cos \frac{\pi x}{l} + 2B_2 \cos \frac{2\pi x}{l} + 3B_3 \cos \frac{2\pi x}{l}$$

$$+ \cdots + KB_k \cos \frac{K\pi x}{l} + \cdots.$$

Multiplions la première équation par $\cos \frac{K'\pi x}{l} dx$, et intégrons de 0 à l. Il viendra l'égalité

$$(14) \qquad \int_0^l f(x) \cos \frac{K'\pi x}{l} dx = A_1 \int_0^l \cos \frac{\pi x}{l} \cos \frac{K'\pi x}{l} dx$$

$$+ A_2 \int_0^l \cos \frac{2\pi x}{l} \cos \frac{K'\pi x}{l} dx + \cdots$$

$$\cdots + A_k \int_0^l \cos \frac{K\pi x}{l} \cos \frac{K'\pi x}{l} dx + \cdots$$

Or on a identiquement

$$\int_0^l \cos \frac{K\pi x}{l} \cos \frac{K'\pi x}{l} dx = 0$$

lorsque K est différent de K', et

$$\int_0^l \cos \frac{K\pi x}{l} \cos \frac{K'\pi x}{l} dx = \frac{1}{2} l,$$

lorsque $K' = K$, à moins que $K = K' = 0$, auquel cas le résultat de l'intégration est l. Mais ce cas n'est pas admis dans les séries (12) et (13).

La série (14), dans laquelle on fait $K' = K$, se réduit donc à un seul terme, et donne

$$(15) \qquad A_k = \frac{2}{l} \int_0^l f(x) \cos \frac{K\pi x}{l} \, dx.$$

Le même artifice peut être employé pour trouver le terme général de la série (13); il viendra

$$(16) \qquad KB_k = \frac{2}{l} \int_0^l \frac{l\varphi(x)}{\pi a} \cos \frac{K\pi x}{l} \, dx$$

$$= \frac{2}{\pi a} \int_0^l f(x) \cos \frac{K\pi x}{l} \, dx.$$

Substituant dans (12) et (13), il vient les séries finales :

$$(17) \quad \varphi(x) = \frac{2}{l} \cos \frac{\pi x}{l} \int_0^l f(x) \frac{\cos \pi x}{l} \, dx + \frac{2}{l} \cos \frac{2\pi x}{l} \int_0^l f(x) \frac{\cos 2\pi x}{l} \, dx + \cdots$$

$$= \frac{2}{l} \sum_{K=1}^{K=\infty} \left[\cos \frac{K\pi x}{l} \int_0^l f(x) \cos \frac{K\pi x}{l} \, dx \right],$$

$$(18) \qquad \varphi(x) = \frac{\pi a}{l} \times \sum_{K=1}^{K=\infty} \left[\frac{2}{\pi a} \cos \frac{K\pi x}{l} \int_0^l \varphi(x) \cos \frac{K\pi x}{l} \, dx \right]$$

$$= \frac{2}{l} \times \sum_1^\infty \left[\cos \frac{K\pi x}{l} \int_0^l \varphi(x) \cos \frac{K\pi x}{l} \, dx \right].$$

La seconde équation se déduit de la première en changeant f en φ. On en tire, en comparant les équations (17) et (18) aux équations (10) et (11),

$$NQ = \frac{2}{l} \int_0^l f(x) \cos \frac{K\pi x}{l} \, dx,$$

$$NP = \frac{2}{K\pi a} \int_0^l \varphi(x) \cos \frac{K\pi x}{l} \, dx,$$

d'où résulte enfin, en substituant dans la série (8),

$$(19) \qquad u = \sum_{K=1}^{K=\infty} 2\cos \frac{K\pi x}{l} \left(\frac{1}{K\pi a} \sin \frac{K\pi a t}{l} \int_0^l \varphi(x) \cos \frac{K\pi x}{l} \, dx \right.$$

$$\left. + \frac{1}{l} \cos \frac{K\pi a t}{l} \int_0^l f(x) \cos \frac{K\pi x}{l} \, dx \right).$$

La variable x, qui figure sous les signes de l'intégration, est là une simple variable auxiliaire, que l'intégration entre les limites fixes 0 et l fait disparaitre ; la variable x sous le signe Σ subsiste seule dans le développement de la série. Sous cette forme, on reconnait que la fonction (19) reprend les mêmes valeurs lorsque x augmente de $2l$, ou lorsque t augmente de $\dfrac{2l}{a}$. La durée des périodes au bout desquelles les tranches de gaz se retrouvent dans la même position et dans les mêmes états de condensation et de vitesse est donc égale à $\dfrac{2l}{a}$, ou à une partie aliquote de cette quantité.

361. A chaque valeur particulière de K correspond une vibration simple du système gazeux. Si l'on considère un terme particulier de la série, la durée de la période vibratoire sera égale à $\dfrac{2l}{\text{K}a}$ pour ce mouvement simple ; relativement à x, la longueur de la période sera égale à $\dfrac{2l}{\text{K}}$. Cherchons la position des *nœuds* et des *ventres* dans le tuyau. On appelle *nœud* une tranche dont les molécules restent fixes pendant le mouvement vibratoire, et *ventre* une tranche où la condensation du gaz est constamment nulle. Réduisons l'équation (19) à un seul terme, sous la forme

$$u = \cos \frac{\text{K}\pi x}{l} \left(\text{L} \sin \frac{\text{K}\pi a t}{l} + \text{L}' \cos \frac{\text{K}\pi a t}{l} \right).$$

Prenons les dérivées par rapport à x et à t ; il viendra

$$\frac{du}{dx} = - \frac{\text{K}\pi}{l} \sin \frac{\text{K}\pi x}{l} \left(\text{L} \sin \frac{\text{K}\pi a t}{l} + \text{L}' \cos \frac{\text{K}\pi a t}{l} \right),$$

$$\frac{du}{dt} = \cos \frac{\text{K}\pi x}{l} \left(\text{L} \frac{\text{K}\pi a}{l} \cos \frac{\text{K}\pi a t}{l} - \text{L} \frac{\text{K}\pi a}{l} \sin \frac{\text{K}\pi a t}{l} \right).$$

Les nœuds sont donc définis, indépendamment du temps, par l'équation

$$\cos \frac{\text{K}\pi x}{l} = 0,$$

et les ventres par l'équation

$$\sin \frac{\text{K}\pi x}{l} = 0 ;$$

ce qui donne

$$\frac{\text{K}\pi x}{l} = n\pi + \frac{\pi}{2} \quad \text{pour les nœuds}$$

et

$$\frac{\text{K}\pi x}{l} = n'\pi \quad \text{pour les ventres,}$$

n et n' étant des entiers. On en déduit

$$x = l \times \frac{n + \frac{1}{2}}{K} = \frac{l}{2K} \times (2n + 1) \quad \text{pour les nœuds,}$$

$$x = \frac{ln'}{K} \quad \text{pour les ventres.}$$

Les ventres se trouvent aux points équidistants

$$x = 0, \quad x = \frac{l}{K}, \quad x = \frac{2l}{K}, \ldots x = l,$$

et les nœuds aux points

$$x = \frac{l}{2K}, \quad x = \frac{3l}{2K}, \ldots x = \frac{(2K - 1)l}{2K},$$

qui partagent en deux parties égales la distance des premiers.

A la valeur $K = 1$ correspond le *son fondamental* du tuyau ; la durée de la vibration est égale à $\frac{2l}{a}$, ce qui donne un nombre $\frac{a}{2l}$ de vibrations complètes dans l'unité de temps. Les autres sons rendus par le tuyau correspondent aux valeurs $K = 2$, $K = 3$, ...; ce sont les *harmoniques* du son fondamental : $K = 2$ donne l'*octave*, $K = 3$ l'octave de la *quinte*, $K = 4$ la *double octave*, $K = 5$ la double octave de la *tierce majeure*, $K = 6$ la double octave de la quinte, $K = 7$ un son étranger à la gamme et qui, pris seul, n'est pas admis comme juste par l'oreille, etc.

Toutes ces vibrations simples peuvent s'effectuer simultanément, chacune se comportant comme si elle était seule, ce qui fournit un exemple de la superposition des mouvements vibratoires. Il est même très-remarquable que l'oreille, qui distingue parfaitement les différents sons d'un accord exécuté par des voix ou des instruments, ne perçoive en général qu'une sensation simple à l'audition d'un son fondamental accompagné de ses harmoniques. Une expérience qu'on peut faire sur l'orgue met ce phénomène en évidence. On fait parler un tuyau qui donne le son ut_1, par exemple ; à côté et en même temps, on fait résonner un second tuyau donnant ut_2, un troisième donnant sol_2, un quatrième donnant ut_3, un cinquième donnant mi_3, un sixième sol_3, un septième le son correspondant à $K = 7$, qui n'est pas employé dans la musique, un huitième ut_4, et ainsi de suite. L'ensemble de tous ces sons, produits avec une intensité convenable, donne à l'oreille l'impression unique du son fondamental ut_1 renforcé, bien que dans le nombre des sons entendus il y en ait ($K = 7$, $K = 9$, etc.) d'étrangers à notre système musical (*).

---

¹ D'après les expériences de M. Helmholz, c'est le nombre et l'intensité des harmoniques coexistant avec un son fondamental qui donnent à ce son un *timbre* particulier.

CHAPITRE IV

MOUVEMENTS VIBRATOIRES D'UN GAZ HOMOGÈNE INDÉFINI EN TOUS SENS.

362. Nous avons établi en hydrodynamique (§ 124) l'équation suivante pour définir le mouvement d'un fluide :

$$(1) \qquad \frac{dp}{\rho} = dT - d\frac{d\varphi}{dt} - \frac{1}{2} d \left[\left(\frac{d\varphi}{dx}\right)^2 + \left(\frac{d\varphi}{dy}\right)^2 + \left(\frac{d\varphi}{dz}\right)^2 \right].$$

Dans cette équation, T représente la *fonction des forces*, c'est-à-dire l'intégrale de l'équation

$$dT = X dx + Y dy + Z dz \,;$$

φ représente une fonction analogue donnée par l'équation

$$d\varphi = u dx + v dy + w dz,$$

de sorte qu'on ait les relations

$$u = \frac{d\varphi}{dx}, \quad v = \frac{d\varphi}{dy}, \quad w = \frac{d\varphi}{dz}.$$

Le temps t est traité comme une constante dans l'intégration qui donne φ.

Nous avons reconnu (§ 123) que si, à une certaine époque, la fonction $u dx + v dy + w dz$ est une différentielle exacte, il en est de même dans toute la suite du mouvement. Cette condition est remplie lorsque le fluide part du repos, ou encore lorsqu'il est soumis à des mouvements très-petits. Nous allons faire l'application de l'équation (1) aux mouvements vibratoires d'un gaz indéfini dans tous les sens, soumis à l'instant initial à une pression uniforme p_0 et ayant en tous points une même température θ_0.

Désignons par γ la *condensation relative* du gaz en un point et à une époque donnée, c'est-à-dire le rapport de sa diminution de volume à son volume dans l'état initial. La pression p, au même point et au même instant, sera donnée par la formule

$$(2) \qquad p = p_0 [1 + \gamma + \alpha (\theta - \theta_0)],$$

qui n'est autre que l'équation (4) du § 356, dans laquelle on remplace par γ la condensation relative exprimée par $-\dfrac{du}{dx}$. La température θ est celle qu'acquiert le volume de gaz par suite de la compression ; en effectuant les mêmes transformations que dans le chapitre précédent, nous arriverons à poser l'équation approximative

$$(3) \qquad p = p_0 \left(1 + \gamma \frac{c}{c_1} \right).$$

La densité ρ varie avec la condensation γ, et l'on a sensiblement pour les valeurs de γ positives ou négatives, mais très-petites en valeur absolue,

$$(4) \qquad \rho = \rho_0 (1 + \gamma).$$

Donc

$$(5) \qquad \frac{dp}{\rho} = \frac{p_0 \dfrac{c}{c_1} d\gamma}{\rho_0 (1 + \gamma)} = \frac{p_0}{\rho_0} \frac{c}{c_1} \frac{d\gamma}{1 + \gamma}.$$

Substituons dans l'équation (1) et intégrons ; il viendra

$$(6) \quad \frac{p_0}{\rho_0} \frac{c}{c_1} \log (1 + \gamma) = T - \frac{d\varphi}{dt} - \frac{1}{2} \left[\left(\frac{d\varphi}{dx} \right)^2 + \left(\frac{d\varphi}{dy} \right)^2 + \left(\frac{d\varphi}{dz} \right)^2 \right].$$

Comme il s'agit ici de mouvements vibratoires extrêmement petits, on peut supprimer les carrés des vitesses $\left(\dfrac{d\varphi}{dx} \right)^2$, $\left(\dfrac{d\varphi}{dy} \right)^2$, $\left(\dfrac{d\varphi}{dz} \right)^2$, et comme la valeur absolue de la condensation γ reste aussi très-petite, on peut de même remplacer $\log (1 + \gamma)$ par γ, premier terme du développement du logarithme en série. L'équation (6) prend alors la forme simple

$$(7) \qquad \frac{p_0}{\rho_0} \frac{c}{c_1} \gamma = T - \frac{d\varphi}{dt}.$$

Nous avons admis qu'à l'instant initial la pression p_0 régnait partout ; on suppose que le gaz n'est soumis à aucune force extérieure ; nous devons donc poser aussi $T = 0$, ce qui réduit l'équation (7) à

$$(8) \qquad \frac{p_0}{\rho_0} \frac{c}{c_1} \gamma = - \frac{d\varphi}{dt},$$

ou à

$$a^2 \gamma = - \frac{d\varphi}{dt},$$

en appelant a la quantité constante $\sqrt{\dfrac{p_0}{\rho_0} \times \dfrac{c}{c_1}}$.

La fonction φ, dont les dérivées partielles par rapport à x, y et z donnent les vitesses, u, v, w, des molécules parallèlement aux axes, donne donc aussi par sa dérivée partielle relative au temps t la valeur de la condensation.

Cela posé, prenons l'*équation de continuité* (§ 122)

$$(9) \qquad \frac{d\rho}{dt} + \frac{d(\rho u)}{dx} + \frac{d(\rho v)}{dy} + \frac{d(\rho w)}{dz} = 0,$$

et remplaçons ρ par $\rho_0 (1 + \gamma)$, les vitesses u, v, w par $\dfrac{d\varphi}{dx}$, $\dfrac{d\varphi}{dy}$, $\dfrac{d\varphi}{dz}$; nous négligerons dans le développement les termes provenant de la multiplication des facteurs γ, $\dfrac{d\varphi}{dx}$, $\dfrac{d\varphi}{dy}$, $\dfrac{d\gamma}{dt}$, $\dfrac{d^2\varphi}{dx^2}$, ..., et il viendra, en supprimant le facteur commun ρ_0,

$$(10) \qquad \frac{d\gamma}{dt} + \frac{d^2\varphi}{dx^2} + \frac{d^2\varphi}{dy^2} + \frac{d^2\varphi}{dz^2} = 0,$$

ou bien, en remplaçant γ par sa valeur tirée de (8),

$$(11) \qquad \frac{d^2\varphi}{dt^2} = a^2 \left(\frac{d^2\varphi}{dx^2} + \frac{d^2\varphi}{dy^2} + \frac{d^2\varphi}{dz^2} \right).$$

Une fois l'équation (11) intégrée, on déterminera les fonctions arbitraires qui entrent dans la solution en exprimant que pour l'instant initial $t = 0$, les composantes des vitesses $\dfrac{d\varphi}{dx}$, $\dfrac{d\varphi}{dy}$, $\dfrac{d\varphi}{dz}$ ont en chaque point du fluide des valeurs déterminées, et que la condensation $- \dfrac{1}{a^2} \dfrac{d\varphi}{dt}$ a aussi en chaque point une valeur connue ; ce qui revient à donner les valeurs

$$(12) \qquad \varphi = f(x, y, z),$$
$$\frac{d\varphi}{dt} = F(x, y, z),$$

des fonctions φ et $\dfrac{d\varphi}{dt}$ pour $t = 0$. Les fonctions f et F sont supposées connues pour toutes les valeurs réelles des variables, puisque le gaz est indéfini.

Connaissant, par l'intégration, les fonctions φ pour toutes valeurs du temps et des coordonnées, on en déduira, par les dérivations partielles, les valeurs des vitesses et de la condensation, et le problème sera entièrement résolu.

363. L'équation (11) a été intégrée par Poisson sous la forme d'une intégrale double partielle, portant sur des variables auxiliaires [1].

De l'origine O comme centre, décrivons une sphère ABC avec un rayon égal à l'unité; partageons la surface de cette sphère en éléments infiniment petits P; soit $d\omega$ l'aire de l'un de ces éléments, et λ, μ, ν les angles du rayon OP avec les axes; ces angles définissent la position du point P. Nous représenterons par la lettre S la sommation relative à tous ces éléments $d\omega$, de manière à comprendre la surface entière de la sphère. La solution donnée par Poisson consiste à poser

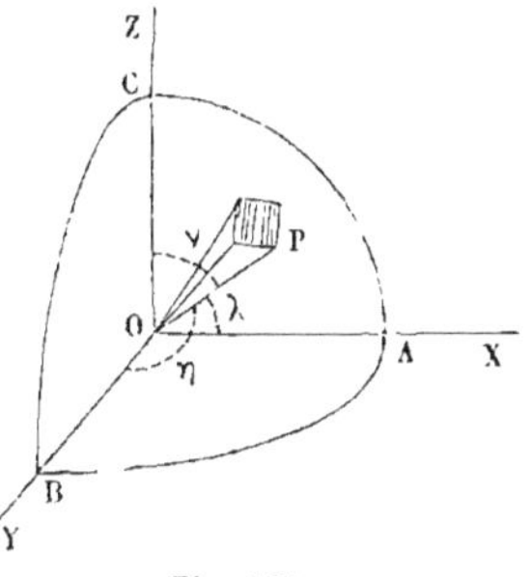

Fig. 164.

$$(13) \qquad \varphi = \frac{1}{4\pi} S\, td\omega\, F(x + at\cos\lambda,\ y + at\cos\mu,\ z + at\cos\nu)$$

$$+ \frac{1}{4\pi} \frac{d}{dt} S\, td\omega\, f(x + at\cos\lambda,\ y + at\cos\mu,\ z + at\cos\nu).$$

Nous nous bornerons à vérifier que l'équation (13) satisfait bien à l'équation (11); il est facile de reconnaître que, pour $t = 0$, elle vérifie les relations (12), qui définissent l'état initial.

Observons d'abord que si $\varphi = H$ est une solution de l'équation (11), $\varphi = \dfrac{dH}{dt}$ sera encore une solution de cette équation, et que si H et H' sont deux fonctions de x, y, z et t qui vérifient séparément l'équation proposée, la somme $H + H'$ la vérifiera pareillement. Il résulte de là qu'on peut se contenter de vérifier que la fonction

$$(14) \qquad \varphi = \frac{1}{4\pi} S\, td\omega\, F(x + at\cos\lambda,\ y + at\cos\mu,\ z + at\cos\nu)$$

satisfait à l'équation (11), quelle que soit la fonction F, pour en conclure que la formule (13) est une solution plus générale de cette même équation.

De l'équation (14) on tire successivement, en différentiant sous le signe S,

$$\frac{d\varphi}{dx} = \frac{1}{4\pi} S\, td\omega\, \frac{dF}{dx},$$

$$\frac{d^2\varphi}{dx^2} = \frac{1}{4\pi} S\, td\omega\, \frac{d^2F}{dx^2},$$

$$\frac{d^2\varphi}{dy^2} = \frac{1}{4\pi} S\, td\omega\, \frac{d^2F}{dy^2},$$

$$\frac{d^2\varphi}{dz^2} = \frac{1}{4\pi} S\, td\omega\, \frac{d^2F}{dz^2};$$

---

[1] *Mémoire lu à l'Académie des Sciences* le 19 juillet 1819.

donc

$$\frac{d^2\varphi}{dx^2} + \frac{d^2\varphi}{dy^2} + \frac{d^2\varphi}{dz^2} = \frac{1}{4\pi} S\, t d\omega \left(\frac{d^2F}{dx^2} + \frac{d^2F}{dy^2} + \frac{d^2F}{dz^2} \right).$$

Les dérivées relatives à t sont un peu plus compliquées. On a d'abord

$$\frac{d\varphi}{dt} = \frac{1}{4\pi} S\, d\omega F + \frac{1}{4\pi} S\, t d\omega \left(\frac{dF}{dx} a\cos\lambda + \frac{dF}{dy} a\cos\mu + \frac{dF}{dz} a\cos\nu \right)$$

$$= \frac{1}{4\pi} S\, d\omega F + \frac{a}{4\pi} S \left(\frac{dF}{dx} t\cos\lambda + \frac{dF}{dy} t\cos\mu + \frac{dF}{dz} t\cos\nu \right) d\omega.$$

Dérivant une seconde fois :

$$\frac{d^2\varphi}{dt^2} = \frac{2a}{4\pi} \left(S\frac{dF}{dx}\cos\lambda d\omega + S\frac{dF}{dy}\cos\mu d\omega + S\frac{dF}{dz}\cos\nu d\omega \right)$$

$$+ \frac{a^2}{4\pi} \left(S\frac{d^2F}{dx^2} t\cos^2\lambda d\omega + S\frac{d^2F}{dy^2} t\cos^2\mu d\omega + S\frac{d^2F}{dz^2} t\cos^2\nu d\omega \right)$$

$$+ \frac{2a^2}{4\pi} \left(S\frac{d^2F}{dxdy} t\cos\lambda\cos\mu d\omega + S\frac{d^2F}{dydz} t\cos\mu\cos\nu d\omega \right.$$

$$\left. + S\frac{d^2F}{dzdx} t\cos\nu\cos\lambda d\omega \right).$$

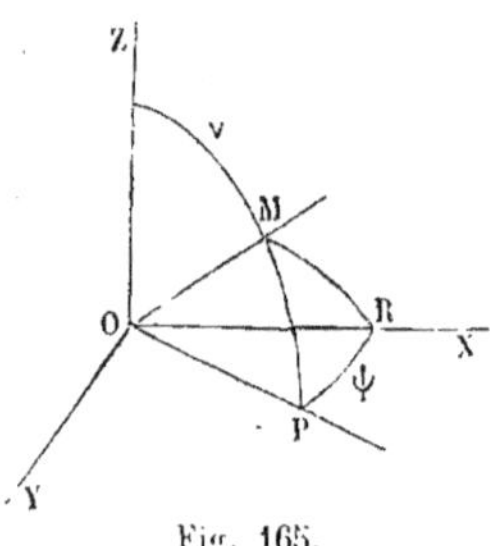

Fig. 165.

Le facteur t, pris sous le signe S, peut sortir du signe, puisque la somme ne porte pas sur cette variable. Pour transformer cette expression, observons que S représente en réalité une double somme d'éléments pris sur la surface d'une sphère de rayon égale à l'unité. Rapportons les directions OM à deux angles variables, l'un $\nu = $ ZOM, l'autre $\psi = $ XOP, angle dièdre du plan ZOM avec le plan ZOX. Nous aurons

$$\cos\lambda = \cos MR = \cos\psi\sin\nu,$$
$$\cos\mu = \cos MOY = \sin\psi\sin\nu,$$

enfin

$$d\omega = \sin\nu\, d\nu\, d\psi.$$

Considérons en particulier le terme $S\dfrac{dF}{dz}\cos\nu\, d\omega$; ce terme prendra la forme

$$\int_{\nu=0}^{\nu=\pi} \int_{\psi=0}^{\psi=2\pi} \frac{dF}{dz}\cos\nu\sin\nu\, d\nu\, d\psi.$$

Occupons-nous d'abord de l'intégration relative à ν. Il viendra, en multipliant par 2 et en intégrant par parties,

$$2 \int \frac{d\mathrm{F}}{dz} \cos\nu \sin\nu\, d\nu = \frac{d\mathrm{F}}{dz} \sin^2\nu - \int \sin^2\nu \frac{d}{d\nu}\left(\frac{d\mathrm{F}}{dz}\right) d\nu.$$

Or F contenant les variables

$$x + at\sin\nu\cos\psi, \qquad y + at\sin\nu\sin\psi \qquad \text{et} \qquad z + at\cos\nu,$$

$\dfrac{d\mathrm{F}}{dz}$ contient les mêmes variables, et la dérivée de $\dfrac{d\mathrm{F}}{dz}$ par rapport à ν renferme trois termes, savoir

$$\frac{d^2\mathrm{F}}{dxdz} at\cos\psi\cos\nu + \frac{d^2\mathrm{F}}{dydz} at\sin\psi\cos\nu - \frac{d^2\mathrm{F}}{dz^2} at\sin\nu.$$

Donc enfin

$$2 \int \frac{d\mathrm{F}}{dz} \cos\nu \sin\nu\, d\nu = \frac{d\mathrm{F}}{dz} \sin^2\nu + at \int \frac{d^2\mathrm{F}}{dz^2} \sin^3\nu\, d\nu$$

$$- at \int \frac{d^2\mathrm{F}}{dxdz} \cos\psi \cos\nu \sin^2\nu\, d\nu - at \int \frac{d^2\mathrm{F}}{dydz} \sin\psi \cos\nu \sin^2\nu\, d\nu.$$

Aux limites $\nu = 0$ et $\nu = \pi$, le premier terme disparaît, et il reste, en indiquant la seconde intégration, relative à ψ, entre les limites 0 et 2π, puis en revenant aux anciens angles λ, μ, ν,

$$\mathrm{S} \frac{d\mathrm{F}}{dz} \cos\nu\, d\omega = \int_0^{2\pi} \int_0^{\pi} \frac{d\mathrm{F}}{dz} \cos\nu \sin\nu\, d\nu d\psi = \frac{1}{2} at \int_0^{2\pi} \int_0^{\pi} \frac{d^2\mathrm{F}}{dz^2} \sin^3\nu\, d\nu d\psi$$

$$- \frac{1}{2} at \int_0^{2\pi} \int_0^{\pi} \frac{d^2\mathrm{F}}{dxdz} \cos\psi \cos\nu \sin^2\nu\, d\theta d\psi$$

$$- \frac{1}{2} at \int_0^{2\pi} \int_0^{\pi} \frac{d^2\mathrm{F}}{dydz} \sin\psi \cos\nu \sin^2\nu\, d\nu d\psi$$

$$= \frac{1}{2} at\, \mathrm{S} \frac{d^2\mathrm{F}}{dz^2} \sin^2\nu\, d\omega + \frac{1}{2} at\, \mathrm{S} \frac{d^2\mathrm{F}}{dxdz} \cos\lambda \cos\nu\, d\omega - \frac{1}{2} at\, \mathrm{S} \frac{d^2\mathrm{F}}{dydz} \cos\mu \cos\nu\, d\omega.$$

On aura de même

$$\mathrm{S} \frac{d\mathrm{F}}{dx} \cos\lambda\, d\omega = \frac{1}{2} at\, \mathrm{S} \frac{d^2\mathrm{F}}{dx^2} \sin^2\lambda\, d\omega - \frac{1}{2} at\, \mathrm{S} \frac{d^2\mathrm{F}}{dxdz} \cos\lambda \cos\nu\, d\omega$$

$$- \frac{1}{2} at\, \mathrm{S} \frac{d^2\mathrm{F}}{dxdy} \cos\lambda \cos\mu\, d\omega,$$

et

$$\mathrm{S}\,\frac{d\mathrm{F}}{dy}\cos\mu\,d\omega = \frac{1}{2}\,at\,\mathrm{S}\,\frac{d^2\mathrm{F}}{dy^2}\sin^2\mu\,d\omega - \frac{1}{2}\,at\,\mathrm{S}\,\frac{d^2\mathrm{F}}{dydx}\cos\mu\cos\nu\,d\omega$$
$$- \frac{1}{2}\,at\,\mathrm{S}\,\frac{d^2\mathrm{F}}{dydz}\cos\mu\cos\nu\,d\omega.$$

Substituons ces trois expressions dans la valeur de $\frac{d^2\varphi}{dt^2}$. Il viendra, en multipliant par 4π,

$$4\pi\,\frac{d^2\varphi}{dt^2}$$

$$= a^2t\,\mathrm{S}\,\frac{d^2\mathrm{F}}{dx^2}\sin^2\lambda\,d\omega \quad + a^2t\,\mathrm{S}\,\frac{d^2\mathrm{F}}{dy^2}\sin^2\mu\,d\omega \quad + a^2t\,\mathrm{S}\,\frac{d^2\mathrm{F}}{dz^2}\sin^2\nu\,d\omega$$
$$- a^2t\,\mathrm{S}\,\frac{d^2\mathrm{F}}{dxdz}\cos\lambda\cos\nu\,d\omega - a^2t\,\mathrm{S}\,\frac{d^2\mathrm{F}}{dydx}\cos\mu\cos\lambda\,d\omega - a^2t\,\mathrm{S}\,\frac{d^2\mathrm{F}}{dzdx}\cos\lambda\cos\nu\,d\omega$$
$$- a^2t\,\mathrm{S}\,\frac{d^2\mathrm{F}}{dzdy}\cos\nu\cos\mu\,d\omega - a^2t\,\mathrm{S}\,\frac{d^2\mathrm{F}}{dxdy}\cos\lambda\cos\mu\,d\omega - a^2t\,\mathrm{S}\,\frac{d^2\mathrm{F}}{dydz}\cos\mu\cos\nu\,d\omega$$
$$+ a^2t\,\mathrm{S}\,\frac{d^2\mathrm{F}}{dx^2}\cos^2\lambda\,d\omega \quad + a^2t\,\mathrm{S}\,\frac{d^2\mathrm{F}}{dy^2}\cos^2\mu\,d\omega \quad + a^2t\,\mathrm{S}\,\frac{d^2\mathrm{F}}{dz^2}\cos^2\nu\,d\omega$$
$$+ 2a^2t\,\mathrm{S}\,\frac{d^2\mathrm{F}}{dxdy}\cos\lambda\cos\mu\,d\omega + 2a^2t\,\mathrm{S}\,\frac{d^2\mathrm{F}}{dydz}\cos\mu\cos\nu\,d\omega + 2a^2t\,\mathrm{S}\,\frac{d^2\mathrm{F}}{dzdx}\cos\nu\cos\lambda\,d\omega,$$

ce qui se réduit à

$$4\pi\,\frac{d^2\varphi}{dt^2} = a^2t\,\mathrm{S}\,\frac{d^2\mathrm{F}}{dx^2}(\sin^2\lambda + \cos^2\lambda)\,d\omega + a^2t\,\mathrm{S}\,\frac{d^2\mathrm{F}}{dy^2}(\sin^2\mu + \cos^2\mu)\,d\omega$$
$$+ a^2t\,\mathrm{S}\,\frac{d^2\mathrm{F}}{dz^2}(\sin^2\nu + \cos^2\nu)\,d\omega$$
$$= a^2t\,\mathrm{S}\,\left(\frac{d^2\mathrm{F}}{dx^2} + \frac{d^2\mathrm{F}}{dy^2} + \frac{d^2\mathrm{F}}{dz^2}\right)d\omega.$$

La seconde dérivée $\frac{d^2\varphi}{dt^2}$ est donc égale à

$$\frac{a^2}{4\pi}\,\mathrm{S}\,t\,d\omega\left(\frac{d^2\mathrm{F}}{dx^2} + \frac{d^2\mathrm{F}}{dy^2} + \frac{d^2\mathrm{F}}{dz^2}\right),$$

en faisant rentrer la variable t sous le signe S, et par suite

$$\frac{d^2\varphi}{dt^2} = a^2\left(\frac{d^2\varphi}{dx^2} + \frac{d^2\varphi}{dy^2} + \frac{d^2\varphi}{dz^2}\right).$$

364. Faisons une application de cette équation (13) au cas le plus simple, celui de la propagation d'un ébranlement excité dans une région infiniment petite autour de l'origine des coordonnées (fig. 166).

Alors les fonctions F et f sont nulles pour toutes les valeurs réelles, positives ou négatives, des variables, sauf celles dont la valeur absolue est au dessous des limites qui définissent la région infiniment petite primitivement ébranlée.

Si donc on fait

$$x + at\cos\lambda = x',$$
$$y + at\cos\mu = y',$$
$$z + at\cos\nu = z',$$

l'équation (15) donnera pour φ une valeur constamment nulle tant que les quantités x', y', z', considérées comme des coordonnées d'un point, placeront ce point en dehors des limites de l'ébranlement primitif.

La condition nécessaire et suffisante pour qu'un point M dont les coordonnées sont x, y, z, soit animé d'un mouvement vibratoire, c'est qu'on puisse trouver des valeurs du temps t et des angles λ, μ, ν, telles, que les sommes $x + at \cos\lambda$, $y + at \cos\mu$, $z + at \cos\nu$, aient des valeurs absolues infiniment petites, inférieures aux limites de l'ébranlement.

On aura donc à la fois, en supposant nulles, pour plus de simplicité les dimensions de la région ébranlée,

$$x + at\cos\lambda = 0,$$
$$y + at\cos\mu = 0,$$
$$z + at\cos\nu = 0.$$

Donc

$$t\cos\lambda = -\frac{x}{a},$$
$$t\cos\mu = -\frac{y}{a},$$
$$t\cos\nu = -\frac{z}{a};$$

élevant au carré et ajoutant, puis extrayant la racine, il vient

$$t = \frac{\sqrt{x^2 + y^2 + z^2}}{a} = \frac{OM}{a},$$

ce qui montre que l'ébranlement excité au point O à l'instant $t = 0$ atteindra un point M, situé dans une direction quelconque, au bout du temps $\frac{OM}{a}$; l'ébranlement se propage donc avec une vitesse égale à a, ou à $\sqrt{\frac{p_0}{\rho_0} \times \frac{c}{c_1}}$, formule que nous avions déjà trouvée pour la vitesse de la propagation du son dans un tuyau cylindrique, et qui s'applique encore à la propagation dans une atmosphère indéfinie dans tous les sens. L'application que nous avons faite de la théorie de la similitude mécanique suffit d'ailleurs pour donner cette extension à la formule.

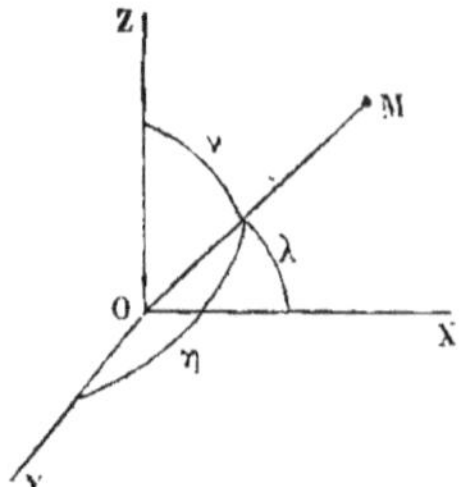

Fig. 166.

365. L'équation (11) montre que le principe de *la superposition des effets* s'applique aux mouvements vibratoires d'une masse gazeuse. En effet, soient φ_1, φ_2,... φ_n,... différentes déterminations de la fonction φ, satisfaisant séparément à l'équation (11); on aura encore une solution de cette équation en posant

$$\varphi = \varphi_1 + \varphi_2 + \ldots + \varphi_n + \ldots;$$

de plus on aura en prenant les dérivées partielles par rapport à t, à x,...

$$\frac{d\varphi}{dt} = \frac{d\varphi_1}{dt} + \frac{d\varphi_2}{dt} + \cdots + \frac{d\varphi_n}{dt} + \cdots,$$

$$\frac{d\varphi}{dx} = \frac{d\varphi_1}{dx} + \frac{d\varphi_2}{dx} + \cdots + \frac{d\varphi_n}{dx} + \cdots,$$

$$\cdots \cdots \cdots \cdots \cdots \cdots \cdots \cdots$$

Or à chaque fonction φ_1, φ_2,... correspond un certain mouvement vibratoire particulier. La fonction φ définit le mouvement vibratoire résultant de la composition de ces mouvements particuliers ; pour chaque valeur du temps t, chaque composante $\dfrac{d\varphi}{dx}$, $\dfrac{d\varphi}{dy}$, $\dfrac{d\varphi}{dz}$, de la vitesse d'une molécule est respectivement la somme algébrique des composantes de même nom, $\dfrac{d\varphi_1}{dx}$, $\dfrac{d\varphi_2}{dx}$,... des vitesses de la même molécule afférentes aux divers mouvements φ_1, φ_2... Les vitesses vibratoires des mouvements φ_1, φ_2..., composées par la règle du polygone des vitesses, donnent la vitesse vibratoire du mouvement φ. De même la condensation $\dfrac{d\varphi}{dt}$ du mouvement total est la somme algébrique des condensations correspondantes à chaque mouvement partiel. Ces relations, satisfaites à l'égard de l'ébranlement initial, continueront à être vérifiées dans toute la suite du mouvement.

Par exemple, si les fonctions

$$\varphi_1 = F(x + at) + F_1(x - at),$$
$$\varphi_2 = F_2(y + at) + F_3(y - at),$$
$$\varphi_3 = F_4(z + at) + F_5(z - at),$$

vérifient séparément l'équation (11), quelles que soient les fonctions F, F_1, F_2..., on la vérifiera encore avec la fonction

$$\varphi = F + F_1 + F_2 + F_3 + F_4 + F_5$$

Cette décomposition de la fonction φ revient à admettre, dans le milieu gazeux, la coexistence de six ondes sonores, animées chacune de la vitesse a, parallèlement aux trois axes coordonnés, et dans les deux sens. Les directions des axes étant d'ailleurs arbitraires, on peut trouver autant de solutions qu'on voudra, en imaginant d'autres ondes sonores parallèles à une direction quelconque, mais toujours animées de la vitesse a. Le problème de l'intégration de l'équation (11), sous la réserve de satisfaire aux conditions initiales (12), consiste donc essentiellement à décomposer la vibration définie par ces équations (12) en une infinité de vibrations infiniment petites, parallèles à une infinité de droites rayonnant dans toutes les directions autour de l'origine. Une fois cette préparation faite, il suffira de communiquer à chacune de ces ondes particulières la vitesse a parallèlement à sa direction propre : or c'est ce qu'on fait dans l'équation (13) par la substitution de $x + at \cos \lambda$ à x, de $y + at \cos \mu$ à y, et de $z + at \cos \nu$ à z. La somme S, tout autour du point O, indique l'addition des fonctions infiniment petites qui correspondent à chacune de ces ondes. Pour revenir aux notations ordinaires du calcul intégral, nous définirons la direction OP par l'angle $COP = \theta$, et l'angle ψ du plan COP avec le plan COX. Nous aurons alors $\cos \nu = \cos \theta$, $\cos \lambda = \sin \theta \cos \psi$, $\cos \mu = \sin \theta \sin \psi$, et $d\omega = \sin \theta \, d\theta \, d\psi$. Cette dernière expression suppose la sphère découpée en éléments par une série de méridiens passant par l'axe OZ et définis par la longitude φ, et par une série de parallèles, définis par la colatitude θ. Les limites des intégrations seront 0 et π pour θ, et 0 et 2π pour ψ. On aura donc

$$(14) \quad \varphi = \frac{1}{4\pi} \int_{\theta=0}^{\theta=\pi} \int_{\psi=0}^{\psi=2\pi} t \sin\theta \, d\theta \, d\psi \, F(x + at\sin\theta\cos\psi, \; y + at\sin\theta\sin\psi,$$
$$z + at\cos\theta)$$
$$+ \frac{1}{4\pi} \frac{d}{dt} \int_{\theta=0}^{\theta=\pi} \int_{\psi=0}^{\psi=2\pi} t\sin\theta \, d\theta \, d\psi \, f(x + at\sin\theta\cos\psi,$$
$$y + at\sin\theta\sin\psi, \; z + at\cos\theta).$$

Malheureusement, cette forme de la fonction φ, excellente pour un milieu indéfini, lorsqu'on connaît les valeurs des fonctions F et f pour toutes les déterminations réelles des variables x, y z, ne se prête plus aussi bien au cas où il s'agit d'un milieu limité, parce qu'alors les variables x, y, z, ne pouvant recevoir toutes les valeurs réelles de $-\infty$ à $+\infty$, les fonctions F et f ne sont pas immédiatement connues, d'après les conditions initiales, pour toutes les valeurs de $x + at \cos \lambda$, $y + at \cos \mu$,...

Dans ce cas la solution est beaucoup plus difficile. Les ondes sonores vont en effet frapper la surface fixe qui enveloppe le milieu, et s'y réfléchissent suivant des directions variables avec la forme et la position de cette surface.

EXPOSÉ DES PRINCIPALES RECHERCHES QUI SE RATTACHENT A LA MÉCANIQUE
VIBRATOIRE.

366. Le phénomène de la *propagation des ondes* à la surface d'un liquide présente des lois analogues à celle de la transmission du son. Lagrange a démontré que la vitesse a de cette propagation est représentée par $a = \sqrt{gh}$, h étant la profondeur du canal rectangulaire dans lequel on fait l'expérience, pourvu que le canal ne soit pas très-profond, et que le relief de l'onde au-dessus du plan d'eau soit très-petit. Cette formule est analogue à la formule $a = \sqrt{\dfrac{p}{\rho}} = \sqrt{\dfrac{pg}{\varpi}}$, qui donne la vitesse du son dans un gaz quand on fait abstraction des circonstances calorifiques. Elle peut se démontrer par un raisonnement analogue à celui qui a été fait au § 355 [1]. La formule de Lagrange est le point de départ des recherches sur le mouvement des marées à l'embouchure des fleuves, sur les crues des rivières, sur la propagation des remous vers l'amont,...

Parmi les vibrations des corps solides, nous n'avons étudié que les vibrations longitudinales des tiges prismatiques et les vibrations des fils. Les *vibrations transversales d'une tige prismatique pesante, posée sur deux appuis fixes*, donnent lieu à une théorie plus difficile ; l'équation aux dérivées partielles à laquelle conduit l'analyse de ce problème est de la forme

$$\frac{d^2y}{dt^2} + a\frac{d^4y}{dx^4} + b = 0,$$

a et b étant des constantes, x l'abscisse mesurée le long de la tige dans son état naturel, et y l'écart transversal. Cette équation s'intègre à l'aide des séries de sinus et de cosinus des multiples des variables indépendantes t et x. Elle peut aussi s'intégrer sous forme d'intégrale partielle [2]. La fixité des appuis entraîne le mouvement oscillatoire de ses différents points.

Le problème devient plus compliqué si, au lieu de supposer à la tige un poids constant uniformément réparti, on la suppose parcourue par une charge mobile, concentrée en un seul point [3], ou étendue sur une certaine région [4]. La solution n'est plus alors exprimable par les séries trigonométriques. Dans un cas particulier remarquable, la tige, sous l'action d'une

[1] M. de Saint-Venant, *Comptes rendus de l'Académie des sciences*, 18 juillet 1870.

[2] Poisson, Mémoire du 19 juillet 1819.

[3] M. Phillips, *Annales des Mines*, 1855.

[4] M. Renaudot, *Annales des Ponts et Chaussées*, 1861.

charge mobile indéfiniment renouvelée, reste en repos, dans un état de flexion qui dépend de la masse en mouvement et de sa vitesse [1].

Les oscillations des *ressorts*, et notamment du *spiral* des chronomètres, dépendent de la théorie des vibrations des pièces courbes [2].

Après les vibrations des solides qui n'ont, pour ainsi dire, qu'une dimension, comme les fils et les tiges rigides, les physiciens ont étudié les vibrations des surfaces, qui comprennent les *membranes*, surfaces sans raideur transversale et analogues aux fils, et les *plaques*, ou surfaces douées de raideur et assimilables aux tiges [3]. L'équation du mouvement des membranes élastiques est

$$\frac{d^2z}{dt^2} = c^2\left(\frac{d^2z}{dx^2} + \frac{d^2z}{dy^2}\right);$$

z est le déplacement très-petit d'un point normalement à la surface de la membrane ; x, y sont les coordonnées de ce point par rapport à des rectangulaires, et c est une constante qui dépend de la tension et du poids spécifique de la membrane. On retrouve l'équation des cordes vibrantes en effaçant l'une des deux dérivées du second membre. L'équation du mouvement des plaques contiendrait des dérivées d'ordre plus élevé, $\dfrac{d^4z}{dx^4}$,... du déplacement par rapport aux coordonnées.

La résistance du milieu dans lequel on fait l'expérience influe sur le mouvement vibratoire ; M. Bourget [3] en a donné la théorie pour les membranes et pour les tuyaux sonores.

Enfin, la plus belle application de la mécanique vibratoire est celle qui en a été faite à la *théorie de la lumière*, considérée comme le résultat des vibrations d'un fluide de densité extrêmement faible, l'éther, qui jouerait, en quelque sorte, dans tout l'univers où il est répandu, le rôle d'un corps solide d'une parfaite élasticité. Devinée par Huygens, soutenue depuis par Euler, appuyée sur les observations les plus précises de Young, la *théorie des ondulations* a été définitivement fixée par les travaux d'Augustin Fresnel, et reste, avec la *théorie mécanique de la chaleur*, l'une des 'plus belles conquêtes scientifiques de notre siècle.

---

[1] M. Bresse, *Mécanique appliquée*, tome II.
[2] M. Phillips, *Annales des Mines*, 1852, 1861.
[3] Lamé, *Leçons sur l'Élasticité*.
[4] *Comptes rendus de l'Académie des Sciences*, 8 mai 1871, 20 novembre 1871.

FAUTES ESSENTIELLES A CORRIGER

DANS LES TROIS PREMIERS VOLUMES.

Tome I, page 101. — La vitesse de la lumière, d'après les expériences récentes de M. Cornu, doit être réduite à 298,500 kilomètres par seconde (*Journal de l'École polytechnique*, 1874).

— *Page* 383. — Corriger de la manière suivante la seconde et la troisième équation, qui sont fautives :

$$\varepsilon' = \frac{\omega''' - \omega'}{\omega'' - \omega'} = -\frac{p}{r} \text{ (train épicycloïdal P, R),}$$

$$\varepsilon'' = \frac{-\omega'}{\omega'' - \omega'} = -\frac{q}{s} \text{ (train épicycloïdal Q, S).}$$

Il en résulte pour les valeurs des inconnues :

$$\omega' = -\frac{\omega m}{n},$$

$$\omega'' = \omega' \times \frac{q+s}{q} = -\omega \times \frac{m}{n}\left(\frac{q+s}{q}\right),$$

$$\omega''' = \omega' - \frac{p}{r}(\omega'' - \omega') = -\omega \times \frac{m}{n}\left(1 - \frac{ps}{qr}\right).$$

Mêmes rectifications page 384 :

$$\varepsilon' = \frac{\omega''' - \omega'}{\omega'' - \omega'} = -\frac{p}{r},$$

$$\varepsilon'' = \frac{\omega^{\text{IV}} - \omega'}{\omega'' - \omega'} = -\frac{q}{r},$$

$$\varepsilon''' = \frac{\omega^{\text{IV}}}{\omega} = -\frac{s}{m'};$$

par suite

$$\omega' = -\omega \times \frac{m}{n},$$

$$\omega^{\text{IV}} = -\omega \times \frac{s}{m'},$$

$$\omega'' = \omega' - \frac{s}{q}(\omega^{\text{IV}} - \omega') = -\omega\left(\frac{m}{n} - \frac{s^2}{qm'} + \frac{sm}{qn}\right),$$

$$\omega''' = \omega' - \frac{p}{r}(\omega'' - \omega') = -\omega\left[\frac{m}{n} + \frac{ps}{qr}\left(\frac{s}{m'} - \frac{m}{n}\right)\right].$$

— *Page* 443. — M. le colonel Peaucellier avait fait connaître ce dispositif quelques années avant M. Lipkine (voy. la *Revue des Cours scientifiques* du 21 novembre 1874, leçon de M. Sylvester à l'Institution royale de la Grande-Bretagne). Depuis on a découvert de nouveaux dispositifs qui résolvent rigoureusement le problème de Watt (voy. *Congrès de Nantes de l'Association française pour l'avancement des sciences*, 1875. — *Nouvelles annales de mathématiques*, 1875, article de M. Liguine, professeur à l'Université d'Odessa).

— *Page* 486. — Dernière ligne de l'avant-dernier alinéa. Au lieu de l'angle AOA', c'est de l'angle a'OA' que l'arbre O a tourné.

— *Page* 489. — L'approximation signalée dans le texte pour la mesure du temps est très-exagérée, tant à cause du retard du courant électrique, qu'à ceux de l'étendue occupée sur la surface du chronographe par les éclats de l'étincelle, qu'on suppose dans le texte concentrée en un point unique.

En terminant le chapitre des appareils d'observation, il convient de signaler plusieurs travaux importants, entre autres les recherches de M. Lissajous sur l'étude optique des sons, les études de M. Marey sur le vol des oiseaux et sur divers phénomènes physiologiques, les expériences récentes de M. Marcel Deprez sur la pression des gaz de la poudre et sur le retard de l'étincelle d'induction. Voy. notamment, dans le *Mémorial de l'Artillerie de la Marine* (1875), un article de M. Sébert sur les appareils Marcel Deprez, contenant la description de l'*accélérographe* et de l'*accéléromètre*.

Tome II, page 383. — Supprimer toute la dernière phrase de l'article relatif à la balance de Quintenz, à partir de « *Or cette somme* », et la remplacer par la phrase suivante : P et Q étant les seuls poids qu'on suppose appliqués à la machine, le poids total P + Q se répartit entre les deux appuis extérieurs F et H, de sorte qu'on a dans tous les cas

$$R + R' = P + Q.$$

La somme $P + q' + T = R'$ décroît donc à mesure que R augmente.

— *Page* 449. — La figure 280 n'est pas d'accord avec le texte. Les forces F, F sont dirigées de telle sorte qu'elles tendent à faire monter la vis, et non de manière à la faire descendre. La force P est dirigée en sens contraire de la réaction développée sur la vis par le corps pressé par elle quand elle descend. La même erreur se retrouve dans la figure 281, page suivante. Le mouvement de la vis étant descendant, d'après le texte, la pression P, réaction de l'obstacle sur la vis, appuie les filets de la vis par leur face supérieure contre les filets de l'écrou. La figure doit être faite comme ci-contre.

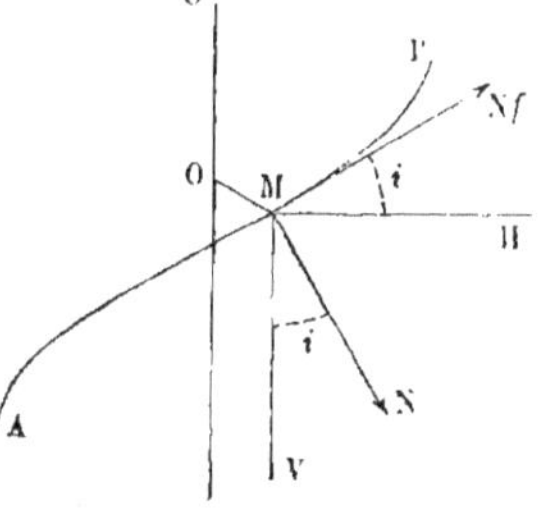

N et fN étant les réactions de l'écrou sur la vis, on a les mêmes équations que dans le texte, savoir :

$$P = \sum (N\cos i - fN\sin i) = (\cos i - f\sin i)\sum N,$$

$$2Pb = \sum (N\sin i + fN\cos i)r = r(\sin i + f\cos i)\sum N.$$

et, en divisant,

$$\frac{\mathrm{P}r}{2\mathrm{F}b} = \frac{\cos i - f\cos i}{\sin i + f\cos i} = \cot(i + \varphi).$$

Tome III, page 486, *ligne* 7. — Après ces mots : « Il est dû à l'action du soleil, » ajouter « et de la lune »; l'influence de la lune sur le phénomène de la précession des équinoxes surpasse même celle du soleil.

Page 540, *ligne* 13. — *Au lieu de*

$$+ (2\mathrm{A}\sin\theta - \mathrm{C})(\omega\cos\lambda\sin\psi\sin\theta + \omega\sin\lambda\cos\theta)\frac{d\theta}{dt},$$

lire

$$+ (2\mathrm{A} - \mathrm{C})\sin\theta(\omega\cos\lambda\sin\psi\sin\theta + \omega\sin\lambda\cos\theta)\frac{d\theta}{dt}.$$

INDEX ALPHABÉTIQUE

TABLE DES MATIÈRES

SUITE DE LA DYNAMIQUE

LIVRE V.

Du mouvement dans les machines.

CHAPITRE PREMIER.

CHAPITRE II.

CHAPITRE III.

CHAPITRE IV.

CHAPITRE V

LIVRE VI.

Mécanique des fluides.

CHAPITRE PREMIER.

CHAPITRE II.

CHAPITRE III.

LIVRE VII.

Des moteurs.

CHAPITRE PREMIER.

CHAPITRE II.

CHAPITRE III.

COMPLÉMENTS

LIVRE PREMIER.
De l'Attraction.

CHAPITRE PREMIER.

CHAPITRE II.

CHAPITRE III.

CHAPITRE IV.

LIVRE II.

Dynamique analytique.

CHAPITRE PREMIER.

CHAPITRE II.

CHAPITRE III.

LIVRE III.

Mécanique vibratoire.

CHAPITRE PREMIER.

CHAPITRE II.

CHAPITRE III.

CHAPITRE IV.

Typographie Lahure, rue de Fleurus, 9, à Paris.

www.ingramcontent.com/pod-product-compliance
Lightning Source LLC
Chambersburg PA
CBHW061252030726
47595CB00001B/26